Mischner
Juch
Kurth
Flüssiggasanlagen

Jens Mischner, Thomas Juch, Klaus Kurth

Flüssiggasanlagen

Entwurf, Planung und Optimierung

Verlag für Bauwesen · Berlin

Text, Abbildungen, Tabellen und Arbeitsblätter wurden mit größter Sorgfalt erarbeitet. Verlag und Autoren können jedoch für eventuell verbliebene fehlerhafte Angaben und deren Folgen weder eine juristische Verantwortung noch irgendeine Haftung übernehmen.

Die Deutsche Bibliothek — CIP-Einheitsaufnahme

Mischner, Jens:
Flüssiggasanlagen : Entwurf, Planung und Optimierung / Jens Mischner ; Thomas Juch ; Klaus Kurth. — 1. Aufl. — Berlin : Verl. für Bauwesen, 1999
    ISBN 3-345-00620-0

ISBN 3-345-00620-0

1. Auflage
© Verlag für Bauwesen GmbH · Berlin 1999
Am Friedrichshain 22, D-10407 Berlin

Printed in Germany
Druck: Druckhaus „Thomas Müntzer", Bad Langensalza
Lektorat: Dipl.-Ing. *Barbara Roesler*
Herstellung: *Rainer Spitzweg*
Einbandgestaltung: *Christine Bernitz*

Geleitwort

Flüssiggas ist ein wichtiger Energieträger in Europa. In Deutschland wurden 1997 mehr als 3 Millionen Tonnen Flüssiggas abgesetzt.

Aktuelle Fachliteratur zum Thema Flüssiggas war dagegen bislang als umfassendes Sammelwerk nicht verfügbar. Die Fachbücher der allgemeinen gastechnischen Literatur befassen sich überwiegend mit der leitungsgebundenen Energie Erdgas und behandeln den Energieträger Flüssiggas am Rande und seine Besonderheiten unvollständig. Die Regelwerke für das Flüssiggas decken nur die jeweiligen Teilgebiete ab. Die Anforderungen an die Anlagen sind somit verteilt auf eine Vielzahl von Vorschriften, technischen Regeln, Richtlinien, Unfallverhütungsvorschriften und dergleichen. Auch andere Literatur über Flüssiggas beschränkt sich auf Sektoren, wie z. B. die Installation von Flüssiggasanlagen.

Der Fachmann muß daher die Unterlagen für seine Tagesarbeit aus unterschiedlichen Quellen zusammentragen und selbständig aktualisieren. Der angehende Fachmann hat Mühe, diese Unterlagen überhaupt zu finden und sie umfassend zu berücksichtigen. Im übrigen werden naturgemäß die physikalischen und chemischen Zusammenhänge nicht oder nur unzureichend in Regelwerken oder bei der Darstellung von Teilgebieten einer Fachdisziplin behandelt.

Es ist den Autoren Prof. Dr.-Ing. *Jens Mischner*, Prof. Dr.-Ing. habil. *Klaus Kurth* und Dr.-Ing. *Thomas Juch* zu danken, daß sie mit dem Fachbuch

Flüssiggasanlagen
Entwurf, Planung, Optimierung

eine eindeutig vorhandene Lücke in der Fachliteratur schließen.

Die Autoren haben sich durch eine große Zahl einschlägiger fachlicher Veröffentlichungen zum Thema Flüssiggas bestens auf diese zusammenfassende Darstellung vorbereitet. Sie gehen das Thema wissenschaftlich fundiert und systematisch an, um schließlich eingehend die praktische Umsetzung zu behandeln.

So werden zunächst die chemisch-physikalischen Grundlagen unter Berücksichtigung des realen Stoffverhaltens behandelt. Alle relevanten Stoffwerte der Einzelkomponenten des Flüssiggases und einer Reihe von Flüssiggasgemischen sind in einer Vielzahl von Tabellen und Diagrammen dargestellt. Dadurch erübrigt sich bei Berechnungen in aller Regel die Zuhilfenahme allemeiner Literatur über Stoffwerte und das Heraussuchen der speziell benötigten Werte aus umfangreichen Tabellenwerken, was die praktische Arbeit des Planers und Betreibers von Anlagen erheblich erleichtert.

Anschließend behandeln die Autoren intensiv die Ausführung der praktischen Anlagen. Das ist deshalb besonders hervorzuheben, weil die Symbiose aus den theoretischen Grundlagen und der praktischen Anwendung in der Fachliteratur häufig vernachlässigt wird. So findet der Leser z. B. alles Wissenswerte über die Lagerung, Beförderung und das Umfüllen von Flüssiggas sowie über die Gasbereitstellung aus Flüssiggaslagerbehältern und deren Entnahmefähigkeit.

In weiteren Abschnitten folgt die ausführliche Behandlung der Rohrleitungen mit allen Bauteilen sowie die Druckverlustberechnung und Leitungsbemessung für die gasförmige und flüssige Phase. Ein weiterer Abschnitt über die Gestaltung der Flüssiggasversorgungs- und -verbrauchsanlagen berücksichtigt von der Gaslagerung bis zum Abgas alle einschlägigen Verordnungen, Vorschriften, wie z. B. die Druckbehälterverordnung und die daraus ausfließenden technischen Regeln sowie die für den Haushaltsbereich wichtigen technischen Regeln Flüssiggas TRF 1996. Schließlich wird eine technische und sicherheitstechnische Bewertung von Flüssiggasanlagen vorgestellt.

Zusammenfassend sei festgestellt, daß das vorliegende Werk die bislang vorhandene Lücke in der gastechnischen Literatur umfassend schließt. Es kann als gute Grundlage für die Aus- und Weiterbildung von Ingenieuren eingesetzt werden und bietet den Planern und Betreibern von Flüssiggasanlagen umfangreiche Informationen und Erleichterungen bei der Tagesarbeit. Ich wünsche dem Fachbuch „Flüssiggas" den verdienten Erfolg.

Prof. Dr.-Ing. Günter Cerbe, Wolfenbüttel

Vorwort

Innerhalb der deutschen Gaswirtschaft kommt der Versorgung breiter Kundenkreise mit Flüssiggas neben der leitungsgebundenen Energieversorgung mit Erdgas große Bedeutung zu. Mit stetig zunehmender Gasverwendung und dem damit verbundenen Umschlag von Flüssiggas sowie seiner dezentralen Lagerung und Bereitstellung gewannen die damit zusammenhängenden wissenschaftlichen, ingenieurtechnischen und wirtschaftlichen Probleme an Bedeutung, deren Lösung letztlich nur durch qualifizierte Fachleute möglich ist. Diese Feststellung erfährt nicht zuletzt im Hinblick auf eine gefahrlose, resp. sichere Flüssiggasanwendung eine besondere Akzentuierung.

Die Praxis der Flüssiggasanwendung wird in einer Reihe von Publikationen besprochen. Dem Bereich der Lagerung und Bereitstellung von Flüssiggas aus Lagerbehältern wird hingegen lediglich am Rande Aufmerksamkeit geschenkt bzw. es erfolgt eine praktisch ausschließlich regelwerksbezogene, d. h. auf sicherheitstechnische Fragen konzentrierte Darlegung anlagentechnischer Lösungen. Auf die Grundlagen der Gasbereitstellung einzugehen, bleibt in den o. g. Publikationen in der Regel keine Gelegenheit, obwohl gerade diesen Problemen bei der Planung und Konzipierung von Flüssiggasversorgungsanlagen aus Sicht der Wirtschaftlichkeit und Sicherheit zentrale Bedeutung beizumessen ist. Hier setzt das vorliegende Fachbuch an: „Flüssiggasanlagen" soll den Leser in recht geschlossener, konzentrierter Form in die chemisch – physikalischen sowie die thermodynamisch – ingenieurtechnischen Grundlagen der Flüssiggastechnik einführen. Strömungstechnische und energiewirtschaftliche Fragen werden, so sie für die Belange der Flüssiggasbereitstellung wichtig sind, behandelt. Bereiche der Flüssiggaswirtschaft, die die Gewinnung, Erzeugung und Aufbereitung des Brenngases angehen, sind nicht Gegenstand des Buches.

Die Publikation wendet sich an Fachleute der Flüssiggasbranche, Ingenieure des Gasfaches, Planer und Anlagenbauer der Sparten Energietechnik, Technische Gebäudeausrüstung und Versorgungstechnik. Auch Mitarbeiter kommunaler Versorgungsunternehmen sowie von Genehmigungsbehörden werden hoffentlich auf das Fachbuch zurückgreifen. Die Verfasser gehen nicht zuletzt davon aus, daß die Akzeptanz von Flüssiggas und eine erfolgreiche breite Anwendung dieses Energieträgers auch an die Vermittlung von entsprechendem Fachwissen in der Ausbildung von Fachingenieuren geknüpft ist. Deshalb trägt das Buch neben seiner klaren, praktisch ausgerichteten Grundkonzeption lehrbuchhafte Züge, die es Fachkollegen und Studierenden aus energie- und versorgungstechnisch orientierten Fachrichtungen erleichtern sollen, sich in wichtige Grundprobleme der Flüssiggastechnik einzuarbeiten. Die Verfasser sind sich dessen bewußt, daß eine optimale Synthese beider Pole nur schwerlich zu erreichen sein wird. Dennoch hoffen wir, mit dem vorliegenden Fachbuch wenigstens ansatzweise eine Lücke im Literaturangebot zu schließen, da eine umfassende praxisgerechte Darstellung der Fragen der Flüssiggaslagerung/Flüssiggasbereitstellung aus Lagerbehältern nach unserer Kenntnis auch international bislang offen geblieben ist.

Die einzelnen Abschnitte des Buches sind relativ unabhängig voneinander entstanden, so daß wir es vorgezogen haben, Literaturhinweise jeweils dem betreffenden Kapitel zuzuordnen. An einigen wenigen Stellen mußten wir zugunsten der Verständlichkeit des betreffenden Abschnittes inhaltliche Überschneidungen mit anderen Teilen des Buches in Kauf nehmen. Andererseits läßt sich das Buch so auch abschnittsweise nutzen, ohne alle vorangegangenen Kapitel studieren zu müssen. Obschon die einzelnen Kapitel inhaltlich abgestimmt worden sind, ist jeder der Autoren in den von ihm verfaßten Abschnitten für mögliche Fehler allein verantwortlich.

Wir hoffen auf eine freundliche Aufnahme dieses Buches durch Fachkollegen, praktisch tätige Ingenieure und Studenten gleichermaßen.

Die Herausgabe des Fachbuches wurde durch die Verbundnetz Gas AG, Leipzig unterstützt. Wir haben hier besonders Herrn Dr. *Hauenherm* für die verständnisvolle Förderung zu danken.

Herr Prof. Dr.-Ing. habil. *Je. Je. Novgorodskij*, Staatliche Bauuniversität Rostow am Don, hat keine Mühe gescheut, benötigte Literatur, die recht oft schwer zu beschaffen gewesen sein dürfte, zur Verfügung zu stellen.

Unser Dank gilt ebenso dem Verlag für Bauwesen und insbesondere Frau *Roesler* für die geduldige und sicher nicht immer einfache Zusammenarbeit in der Entstehungsphase dieses Buches. Zahlreiche Unternehmen, Institutionen und Einzelpersonen haben uns Bildmaterial und Informationen zur Verfügung gestellt. Obwohl sie natürlich in jedem Einzelfall erwähnt werden, möchten wir ihnen allen hier noch einmal danken. Große Teile des Manuskriptes wurden von Frau *Johannsen*, Avanti-Schreibbüro Kleinnaundorf, zu einer reproduktionsfähigen Druckvorlage zusammengestellt. Nicht zuletzt hat ein jeder der Verfasser seiner Frau, seiner Familie für die verständnisvolle Geduld während der langen Monate der Entstehung dieses Buches zu danken, was wir hier gern tun.

Ein neu konzipiertes Buch wie das vorliegende weist trotz sorgfältiger Bearbeitung aller Erfahrung nach noch (viele) Fehler und Ungereimtheiten auf. Auch wenn man uns ein gewisses Recht des Irrens einräumen sollte, bitten wir alle Leserinnen und Leser um entsprechende Hinweise und kritische Rückäußerungen. Für diese danken wir vorab.

Erfurt; Dresden; Freital, im Herbst 1998

Jens Mischner
Thomas Juch
Klaus Kurth

Inhaltsverzeichnis

Prof. Dr.-Ing. Jens Mischner

1	**Flüssiggase und ihre Eigenschaften**	15
1.1	**Flüssiggase**	15
1.1.1	Grundlagen	15
1.1.2	Zusammensetzung von Flüssiggasen	16
1.1.3	Gütewerte von Flüssiggasen	18
1.1.4	Struktur der Kohlenwasserstoffe	18
1.2	**Grundbegriffe. Allgemeine Konstanten und Gesetzmäßigkeiten**	19
1.2.1	Einführung	19
1.2.2	Begriffe	20
1.2.3	Mischungen. Masse-, Raum- und Stoffmengenanteile. Thermische Zustandsgleichung idealer Gase	25
1.2.4	Thermisches Zustandsverhalten realer Fluide. Gasgesetze	30
1.2.5	Energetisches Zustandsverhalten von Fluiden	43
1.2.6	Phasengleichgewicht von Flüssigkeitsgemischen	44
1.3	**Stoffwerte von Flüssiggasen**	50
1.3.1	Kritische Daten	50
1.3.2	Molare Masse und Gaskonstante	50
1.3.3	Realgasverhalten	51
1.3.4	Dichte, Dichteverhältnis, spezifisches Volumen	58
1.3.5	Ausdehnungskoeffizienten	64
1.3.6	Viskosität	69
1.3.7	Spezifische Wärmekapazität	76
1.3.8	Wärmeleitfähigkeit. Temperaturleitfähigkeit	82
1.3.9	*Prandtl*-Zahl	85
1.3.10	Dampfdruck	85
1.3.11	Verdampfungsenthalpie	90
1.3.12	Siedepunkt und Taupunkt von Flüssiggasen	92
1.3.13	Gleichgewichtswert	95
1.3.14	Energetische Zustandsdiagramme	98
1.3.15	Diffusionskoeffizient	98
1.3.16	Oberflächenspannung	103
1.3.17	Löslichkeit von Gasen in Flüssigkeiten	105
1.3.18	Gasfeuchte	106
1.3.19	Hydratbildung	109
1.3.20	*Joule-Thomson*-Effekt	118
1.3.21	Schallgeschwindigkeit	120

1.4	**Ausgewählte thermodynamische Zusammenhänge und Gesetzmäßigkeiten für binäre Gemische bei Verdampfungs- und Entnahmevorgängen**	120
1.4.1	Gaszusammensetzung	120
1.4.2	Gleichgewichtsverdampfung	120
1.4.3	Änderung der Zusammensetzung eines Flüssiggases bei Entnahme aus der Gasphase eines Behälters	130
1.4.4	Minimale Endmasse im Behälter	132
1.5	**Brenntechnische Kennwerte**	133
1.5.1	Heizwert, Brennwert, *Wobbe*-Zahl	133
1.5.2	Luftbedarf zur Verbrennung	134
1.5.3	Verbrennungsgasmenge	137
1.5.4	Zusammensetzung der Verbrennungsgase	139
1.5.5	Verbrennungstemperatur	140
1.6	**Sicherheitstechnische Kennwerte**	142
1.6.1	Zündbereitschaft, Zündfähigkeit	142
1.6.1.1	Zündgrenzen, Explosionsgrenzen	142
1.6.1.2	Stöchiometrisches Gemisch	146
1.6.1.3	Minimaler explosionsgefährlicher Sauerstoffgehalt	147
1.6.1.4	Phlegmatisierende Mindestkonzentration	147
1.6.1.5	Zündtemperatur	148
1.6.1.6	Mindestzündenergie	148
1.6.2	Brennbarkeit, Explosionsfähigkeit	149
1.6.2.1	Allgemeines	149
1.6.2.2	Grenzspaltweite	150
1.6.3	Ablauf von Zündvorgängen und Explosionen	150
1.6.3.1	Allgemeines	150
1.6.3.2	Sauerstoffäquivalent	151
1.6.3.3	Flammengeschwindigkeit	152
1.6.4	Begleiterscheinungen von Bränden und Explosionen	154
1.6.4.1	Allgemeines	154
1.6.4.2	Explosionsgeschwindigkeit	155
1.6.4.3	Explosionsdruck	155
1.6.4.4	Brisanz, Explosionskonstante	157
1.7	**Spezielle Kennwerte**	159
1.7.1	Brechungsindex	159
1.7.2	Dielektrizitätskonstante	159
1.8	**Energiewirtschaftliche Charakteristika**	160
1.8.1	Randbedingungen	160
1.8.2	Energiewandlungskette	161
1.8.	Emissionsbewertung. THG-Emissionen	161

Prof. Dr.-Ing. habil. *Klaus Kurth*

2	**Lagerung, Beförderung und Umfüllen von Flüssiggas**	165
2.1	**Grundsätzliches**	165
2.2	**Lagerung von Flüssiggas**	165
2.2.1	Allgemeines, Begriffe	165
2.2.2	Flüssiggasbehälter	167

2.2.2.1	Druckgasbehälter	167
2.2.2.2	Druckbehälter	171
2.2.3	Aufstellung von Flüssiggasbehältern	175
2.2.3.1	Lagern von Druckgasbehältern	175
2.2.3.2	Lagern von Flüssiggas in Druckbehältern	179
2.3	**Beförderung von Flüssiggas**	**206**
2.3.1	Begriffe, Arten	206
2.3.2	Transport von Flüssiggas in Flaschen	211
2.3.3	Transport von Flüssiggas in Straßentankwagen, Eisenbahnkesselwagen bzw. Tankschiffen	228
2.4	**Umfüllen von Flüssiggas**	**228**
2.4.1	Begriffe, Arten	228
2.4.2	Füllanlagen zum Abfüllen von Flüssiggasen aus Druckgasbehältern in Druckbehälter	230
2.4.3	Füllanlagen zum Abfüllen von Flüssiggas aus Druckbehältern in Druckgasbehälter	232
2.4.4	Füllanlagen zum Abfüllen von Flüssiggas aus Druckgasbehältern in Druckgasbehälter	245

Dr.-Ing. Thomas Juch

3	**Gasbereitstellung aus Flüssiggaslagerbehältern**	**249**
3.1	**Arten der Gasbereitstellung aus Flüssiggaslagerbehältern**	**249**
3.2	**Gasbereitstellung aus Flüssiggaslagerbehältern ohne Hilfsenergie**	**251**
3.2.1	Grundlagen der Berechnung von Entnahmevorgängen ohne Hilfsenergie	251
3.2.1.1	Begriffsbestimmung	251
3.2.1.2	Thermodynamisches Modell	252
3.2.1.3	Randbedingungen für die Berechnung von Entnahmevorgängen	254
3.2.2	Die Berechnung der Entnahmeleistung von Flüssiggaslagerbehältern	257
3.2.2.1	Beschreibung des Entnahmevorgangs und Prozesse bei der Entnahme	257
3.2.2.2	Berechnungsverfahren für ununterbrochene Entnahme aus Flüssiggaslagerbehältern	261
3.2.2.3	Modell zur unterbrochenen Entnahme aus Flüssiggaslagerbehältern	274
3.2.2.4	Berechnungsverfahren	275
3.2.3	Die Entnahmeleistung von Flüssiggaslagerbehältern und Flüssiggasflaschen	276
3.2.3.1	Bemessungsparameter, Auslegungsbedingungen	276
3.2.3.2	Gasleistungsfähigkeit oberirdisch aufgestellter Flüssiggaslagerbehälter	278
3.2.3.3	Gasleistungsfähigkeit erdreicheingebetteter Flüssiggaslagerbehälter	279
3.2.3.4	Gasleistungsfähigkeit erdreichabgedeckter Flüssiggaslagerbehälter	279
3.2.3.5	Gasleistungsfähigkeit halb erdreicheingebetteter Flüssiggaslagerbehälter	281
3.2.3.6	Gasleistungsfähigkeit von Behälterbatterien	282
3.2.3.7	Gasleistungsfähigkeit von Flüssiggasflaschen	284
3.2.4	Einfluß ausgewählter Parameter auf die Entnahmeleistung von Flüssiggaslagerbehältern	285
3.2.4.1	Entnahmedauer und Entnahmeregime	285
3.2.4.2	Füllfaktor	287
3.2.4.3	Zusammensetzung des Flüssiggases	287
3.2.4.4	Gegendruck der zu versorgenden Anlage	289

3.2.4.5	Anfangstemperaturverhältnisse in der Behälterumgebung	289
3.2.4.6	Einbettungsverhältnisse erdgedeckter Flüssiggaslagerbehälter	290
3.2.4.7	Stoffwerte des Erdreiches	291
3.2.4.8	Zusammenfassung	293
3.3	**Gasbereitstellung aus Flüssiggaslagerbehältern mit Hilfsenergie**	**299**
3.3.1	Verdampfer für die Flüssiggasbereitstellung	299
3.3.2	Grundzüge der Bemessung und Auswahl von Verdampferanlagen	300

Prof. Dr.-Ing. Jens Mischner

4	**Rohrleitungen**	**301**
4.1	**Grundsätzliches**	**301**
4.2	**Begriffe, Definitionen**	**301**
4.3	**Rohrleitungen und Armaturen**	**305**
4.3.1	Überblick	305
4.3.2	Armaturen	305
4.3.3	Absperrarmaturen. Kugelhähne	312
4.3.4	Überströmventile	315
4.3.5	Rückschlagventile	315
4.3.6	Rohrbruchventile	315
4.3.7	Füllventile	317
4.3.8	Schmutzfänger	318
4.3.9	Sicherheitsabsperrventile	319
4.3.10	Sicherheitsabblaseventile	321
4.3.11	Schnellschlußarmaturen	323
4.3.12	Rohrleitungen	325
4.4	**Flüssiggasverdampfer**	**328**
4.4.1	Bauarten. Klassifizierung	328
4.4.2	Aufstellung und Betrieb von Flüssiggasverdampfern	343
4.5	**Druckregler**	**346**
4.6	**Flüssiggaspumpen. Kompressoren**	**356**
4.6.1	Flüssiggaspumpen	356
4.6.1.1	Allgemeines	356
4.6.1.2	Bauarten von Flüssiggaspumpen	356
4.6.1.3	Anlageneinbindung	361
4.6.1.4	Besonderheiten bei der Förderung von Flüssigkeits-Gas-Gemischen	364
4.6.1.5	Ausrüstung und Aufstellung von Pumpen in Flüssiggasanlagen	365
4.6.2	Kompressoren	365
4.6.2.1	Allgemeines	365
4.6.2.2	Bauarten von Flüssiggaskompressoren	365
4.6.2.3	Ausrüstung und Aufstellung von Kompressoren in Flüssiggasanlagen	369
4.7	**Sonstige Bauteile für Flüssiggasanlagen**	**370**
4.7.1	Isolierflansche	370
4.7.2	Flüssigkeitsabscheider	370

4.7.3	Druckbegrenzer	370
4.7.4	Überfüllsicherung	373
4.7.5	Schlauchanschlüsse. Schlauchabreißkupplung	375
4.7.6	Methanol – Fülleinrichtung	376
4.8	**Bemessung von Rohrleitungen in Flüssiggasanlagen**	**377**
4.8.1	Grundlagen der Druckverlustberechnung	377
4.8.2	Gebrauchsgleichungen für Niederdruck – Flüssiggasleitungen	383
4.8.3	Bemessung von Flüssigphaseleitungen	387

Dr.-Ing. Thomas Juch

5	**Gestaltung von Flüssiggasanlagen**	**391**
5.1	**Grundsätzliches**	**391**
5.2	**Flüssiggasversorgungsanlagen**	**391**
5.2.1	Anlagen mit Flüssiggasflaschen	391
5.2.1.1	Flüssiggasflaschen	391
5.2.1.2	Flüssiggasversorgungsanlagen mit Flüssiggasflaschen	393
5.2.2	Anlagen mit Flüssiggaslagerbehältern	396
5.2.2.1	Flüssiggaslagerbehälter	396
5.2.2.2	Flüssiggasversorgungsanlagen mit Flüssiggaslagerbehältern	400
5.2.3	Anlagen mit Flüssiggasverdampfern	411
5.2.3.1	Arten von Verdampfern	411
5.2.3.2	Anforderungen bei der Aufstellung von Verdampfern	414

Prof. Dr.-Ing. Jens Mischner

6	**Bewertung von Flüssiggasanlagen**	**417**
6.1	**Technische und sicherheitstechnische Bewertung von Flüssiggasanlagen**	**417**
6.1.1	Grundsätzliches	417
6.1.2	Gesetzliche Grundlagen. Technisches Regelwerk	417
6.1.3	Prüfung von Flüssiggasanlagen	420
6.2	**Sicherheitstechnische Betrachtungen**	**424**
6.2.1	Einführung	424
6.2.2	Sicherheitsrelevante Kenndaten von Flüssiggasen	424
6.2.3	Austritt von Flüssiggasen beim Anlagenbetrieb sowie Entleerungs- und Entspannungsvorgängen	425
6.2.3.1	Grundsätzliches	425
6.2.3.2	Abschätzung der Leckverluste bei normalem Anlagenbetrieb	426
6.2.3.3	Gasfreisetzung aus Flüssiggasanlagen	426
6.2.3.4	Gaswolken	430
6.2.3.5	Brandwirkungen	434
6.2.3.6	Ausbreitungsrechnung	434
6.2.3.7	Sicherheitsabstand	447
6.2.4	Risikoanalysen	456

Anhang 457

Stoffdaten ausgewählter Flüssiggase bei Sättigung (Tabellen A 1.1 bis A 1.9) 458
Sicherheitsdatenblatt Propan 463
Sicherheitsdatenblatt Butan. 469
Arbeitsblätter zur Ermittlung des Entnahmemassestroms 475

Literaturverzeichnis 481

Sachwortverzeichnis 501

1 Flüssiggase und ihre Eigenschaften

1.1 Flüssiggase

1.1.1 Grundlagen

Die sichere Lagerung und Bereitstellung des Gebrauchs-, d. h. des Endenergieträgers „Flüssiggas" setzt die Kenntnis seiner chemischen und physikalischen Eigenschaften voraus.

Hierzu ist es erforderlich, die Zusammensetzung des Flüssiggases zu kennen, um reglementierte anwendungstechnische Parameter einzuhalten, die für eine ordnungsgemäße und sichere Betriebsführung der Gasanwendungsanlagen unabdingbar sind.

Betrachtet man hierzu die Gase der öffentlichen Gasversorgung, so stellt man fest, daß unterschiedliche Klassifizierungen gängig sind [1.1]. Eine Einteilung der Brenngase nach charakteristischen Eigenschaften nimmt DIN 1340 [1.2] vor, die vier Gasgruppen nach Brennwertbereichen unterscheidet (siehe Tabelle 1.1).

Traditionell war eine Einteilung von Brenngasen nach ihrer Herkunft (Hochofengas, Deponiegas, Kokereigas etc.) gebräuchlich [1.3].

In der öffentlichen Gasversorgung kommt es schwerpunktmäßig darauf an, die Möglichkeiten der Erzeugung/Bereitstellung und Verwendung von Gasen optimal aufeinander abzugleichen. DVGW – G 260/1 [1.4] regelt die Gasbeschaffenheit und legt die Anforderungen an die Gase der öffentlichen Gasversorgung fest. Gemäß [1.4] sind 4 Gasfamilien definiert (Tabelle 1.2).

Tabelle 1.1 Einteilung der Brenngase nach DIN 1340

Gruppe	Brennwert [MJ/m^3(N)]	Hauptbestandteile	Beispiele	Verwendung als Brennstoff in
1	bis 10	N_2, O_2, H_2	Hochofengas, Generatorgas	Industrie
2	10 … 30	CO, H_2, CH_4, N_2	Wasserstoff, Stadtgas, Deponiegas	Industrie, Gewerbe, Öffentl. Einrichtungen, Haushalt
3	≈ 30 … ≈ 75	CH_4, C_xH_y	Erdgas SNG	Industrie, Gewerbe, öffentl. Einrichtungen, Haushalt, Rohstoff für chemische Prozesse
4	> 75	C_xH_y	Propan Butan	dto.

Tabelle 1.2 Einteilung der Brenngase nach DVGW — G 260/I

Gasfamilie	Hauptbestandteil	Gruppe
1	Wasserstoff H_2	A: Stadtgas B: Kokerei-(Fern-)Gas
2	Methan CH_4	L: Erdgas L H: Erdgas H
3	Propan C_3H_8 Butan C_4H_{10}	1. Propan 2. Propan/Butan-Gemische
4	Kohlenwaserstoff/Luft-Gemische	1. Flüssiggas/Luft 2. Erdgas/Luft

Tabelle 1.3 DVGW G 260/I: 3. Gasfamilie

Flüsiggasart	Formel	Hauptbestandteile nach DIN 51622
Propan	C_3H_8	mind. 95 Masse-% ($C_3H_8 + C_3H_6$), überwiegend C_3H_8
Propan-Butan-Gemisch	C_3H_8-C_4H_{10}-Gemisch	max. 60 Masse-% C_4-Kohlenwasserstoffe
Butan	C_4H_{10}	mind. 95 Masse-% ($C_4H_{10} + C_4H_8$), überwiegend C_4H_{10}

Fließdruck am Gerät: Nennwert $p_e = 50$ mbar; Gesamtbereich $p_e = (47,5 \ldots 57,5)$ mbar

Flüssiggase sind der 3. Gasfamilie zuzuordnen, weisen eine Beziehung zur 4. Gasfamilie auf und finden im allgemeinen in typischen, oft handelsüblichen Zusammensetzungen Verwendung (siehe Tabelle 1.3).

1.1.2 Zusammensetzung von Flüssiggasen

Die Anforderungen an die Zusammensetzung und die Reinheit von Flüssiggasen regelt DIN 51622 [1.5].

Gemäß DIN 51622 sind unter Flüssiggasen die handelsüblichen technischen Qualitäten der C_3- und C_4-Kohlenwasserstoffe, d. h. Propan, Propen, Butan, Buten und deren Gemische zu verstehen.

In Anlehnung an den Einsatzbereich der Brenngase, der durch DVGW — G 260/I erfaßt wird, sollen im vorliegenden Fachbuch jedoch primär die Flüssiggasarten „Propan" und „Propan-Butan-Gemische" bis hin zu „Butan" behandelt werden, da die Gase dieser Zusammensetzung bevorzugt im energetischen Bereich eingesetzt werden. Gebiete der Verfahrenstechnik oder der chemischen Verarbeitung sind nicht primär Gegenstand dieser Arbeit.

Formal sind die Anforderungen an die genannten Flüssiggase in DIN 51622 festgelegt:

Propan
Handelsübliches Propan ist ein Gemisch aus mindestens 95 Masse-% Propan und Propen; der Propangehalt muß überwiegen. Der Rest darf aus Ethan, Ethen, Butan- und Butenisomeren bestehen.

Butan

Handelsübliches Butan ist ein Gemisch aus mindestens 95 Masse-% Butan und Butenisomeren; der Gehalt an Butanisomeren muß überwiegen. Der Rest darf aus Propan, Propen, Pentan- und Pentenisomeren bestehen.

Gemische

Propan-Butan-Gemische bestehen aus den oben genannten „Einzelgasen" Propan und Butan in im allgemeinsten Falle beliebigem Mischungsverhältnis.

Für Haushalt und Gewerbe sollen Brenngasgemische nach DIN 51622 nicht mehr als 60 Masse-% Butan und nicht weniger als 40 Masse-% Propan im obigen Sinne enthalten.

Weitergehende Forderungen hinsichtlich der Gaszusammensetzung/Reinheit reglementiert wiederum DIN 51622 (siehe Kapitel 1.1.3).

In Tabelle 1.4 sind typische Zusammensetzungen handelsüblicher Flüssiggase angegeben.

Aus thermodynamischer oder chemisch-physikalischer Sicht stellt Flüssiggas immer ein Gemisch dar, das aus mehreren Stoffen in veränderlichem Mengenverhältnis besteht. Die Stoffe liegen in molekularer Verteilung vor. Systeme, die diese Bedingung erfüllen, sind echte homogene Mischungen. Nachfolgend soll für die Mischung „Flüssiggas" im flüssigen Aggregatzustand ideales Verhalten unterstellt werden; für den gasförmigen Aggregatzustand kann in erster Näherung ebenfalls Idealgasverhalten angenommen werden, sonst ist die Berücksichtigung des Realgasverhaltens erforderlich. Flüssiggas ist streng genommen immer eine Vielkomponentenmischung. Oft wird jedoch eine weitere Vereinfachung getroffen, indem man Flüssiggas modellhaft als Zweikomponentengemisch, bestehend aus Propan (C_3H_8) und Butan (C_4H_{10}) betrachtet, ohne hierdurch die Genauigkeit der Aussagen über die Mischungseigenschaften wesentlich zu beeinträchtigen. Flüssiggas wird dabei immer als homogene Mischung aus chemisch beständigen Verbindungen betrachtet.

Auf beide Vereinfachungen und ihre Zulässigkeit wird in [1.6] und [1.7] ausdrücklich hingewiesen.

Diese Art der Betrachtung und Aufbereitung der Kenndaten und der physikalischen Zusammenhänge geht im wesentlichen von einem energetisch geprägten Einsatz des Flüssiggases aus, sichert aber dennoch eine breite Anwendbarkeit der Ergebnisse.

Tabelle 1.4 Zusammensetzung handelsüblicher Flüssiggase. Mittelwerte und Konzentrationsbereiche deutscher Raffinerien (DGMK, 1993; Deutsche Shell AG, 1992 und 1993)

Flüssiggas-komponenten	Propan [Masse-%]	Butan [Masse-%]
Ethan	1,1 (0 ... 2,49)	–
Propan	93,4 (60,2...99,1)	0,9 (0 ... 3,0)
Propen	3,3 (0 ... 37,8)	<0,1 (0 ... 0,3)
Isobutan	1,9 (0 ... 12,7)	29,5 (4,6 ... 62,0)
n-Butan	0,3 (0 ... 3,0)	67,0 (35,0 ... 94,3)
Butene	<0,1 (0 ... 0,2)	1,3 (0,1 ... 8,0)
1,3-Butadien	–	<0,1 (< 0,01 ... 0,13)
Isopentan	–	1,2 (0 ... 4,3)
n-Pentan	–	0,1 (0 ... 0,4)
Schwefelwasserstoff	≤ 1 mg/m^3*	≤ 1 mg/m^3*
Elementarschwefel	$\leq 0,5$ mg/kg*	$\leq 0,5$ mg/kg*
Kohlenstoffdioxid-sulfidschwefel	≤ 1 mg/m^3*	≤ 1 mg/m^3*
Flüchtiger Schwefel	10 mg/kg*	≤ 10 mg/kg*

* Die unterschiedlichen Maßeinheiten bei den Schwefelverunreinigungen ergeben sich aus den vorgeschriebenen Analysemethoden der Anforderungsnorm für Flüssiggase DIN 51622.

Tabelle 1.5 Reinheitsanforderungen an Flüssiggase nach DIN 51622

Bestandteile	Menge
Wasserstoff + Stickstoff + Sauerstoff + Methan	max. 0,2 Masse-%
Schwefelwasserstoff	nicht nachweisbar
Elementarschwefel	max. 1,5 mg/kg
Kohlenoxidsulfid-Schwefel + Elementarschwefel	max. 5 mg/kg
Flüchtiger Schwefel	max. 50 mg/kg
Abdampfrückstand	max. 50 mg/kg
Ammoniak	nicht nachweisbar
Wasser	nicht nachweisbar
Lauge	nicht nachweisbar

Die Flüssiggase nach DIN 51622 fallen bei der Gewinnung und Verarbeitung des Erdöls und Erdgases, bei der Synthese von Kohlenwasserstoffen und bei petrolchemischen Prozessen an. Der zunehmende Anteil der Flüssiggasdarbietung aus der Erdölverarbeitung führt zu vorwiegend gesättigten Kohlenwasserstoffen (Alkane C_2H_6, C_3H_8, C_4H_{10}). Butan und Pentan zeigen Isometrie, d. h., es tritt eine Verzweigung der sonst geradkettigen Alkane auf. Bestimmte physikalische Eigenschaften geradkettiger und verzweigter Alkane sind geringfügig unterschiedlich [1.8]. Die Annahme geradkettiger Kohlenwasserstoffe stellt für den energetischen Einsatzzweck i. d. R. eine genügend genaue Näherung dar, so daß Flüssiggas oft als Propan/n-Butan-Gemisch modellmäßig dargestellt werden kann.

1.1.3 Gütewerte von Flüssiggasen

Anforderungen an die Reinheit der Flüssiggase sind in DIN 51622 formuliert. Diese sind auszugsweise in Tabelle 1.5 wiedergegeben.

Die o. g. zulässigen Grenzwerte für Beimengungen zum Flüssiggas werden in der Praxis oft weit unterschritten [1.9].

1.1.4 Struktur der Kohlenwasserstoffe

Flüssiggase bestehen aus einfachen Kohlenwasserstoffverbindungen, also organischen Verbindungen, die aus den Elementen Kohlenstoff (C) und Wasserstoff (H) gebildet werden. Das Kohlenstoffatom besitzt auf seiner Außenschale 4 Elektronen. Der angestrebte Sättigungszustand der Außenschale mit 8 Elektronen wird durch Bildung gemeinsamer Elektronenpaare mit anderen Elementen erreicht. Die Kohlenwasserstoffe unterscheiden sich durch die Anzahl der Kohlenstoffatome und der Wasserstoffatome im Molekül sowie durch die Art der Bindungen zwischen den Einzelatomen im Molekül. Da Kohlenstoffatome ohne Ionenbildung Verbindungen eingehen können, ist es möglich, daß sich Kohlenstoffatome miteinander zu Ketten oder Ringen mit eventuellen Verzweigungen verknüpfen. Die Kohlenwasserstoffe des Flüssiggases sind kettenförmige aliphatische Verbindungen [1.6].

Flüssiggas enthält hauptsächlich die gesättigten Kohlenwasserstoffe (Alkane) Propan und Butan. Der einfachste Kohlenwasserstoff dieser Reihe ist das Methan (CH_4) als Hauptbestandteil des Erdgases. Zu dieser Reihe gehören u. a. Methan CH_4, Ethan C_2H_6, Propan C_3H_6, n-Butan n-C_4H_{10} und Pentan C_5H_{12}. Geradkettige Kohlenwasserstoffe werden als normale (n-) Kohlenwasserstoffe bezeichnet. Bei Butan tritt in einer Modifikation eine Verzweigung auf; diese Kohlenwasserstoffe werden durch den Präfix „iso-" oder kürzer „i-" gekennzeichnet (i-Butan i-C_4H_{10}). Alle Alkane gehorchen der allgemeinen Summenformel C_nH_{2n+2}. Alkane sind verhältnismäßig stabile Verbindungen.

Neben Alkanen dürfen in Flüssiggasen auch ungesättigte Kohlenwasserstoffe enthalten sein. Das sind Kohlenwasserstoffe, bei denen Kohlenstoffatome Zweifachbindungen eingehen; diese werden als Alkene bezeichnet und sind gegenüber Alkanen wesentlich reaktionsfreudiger, weisen im Grundsatz aber ähnliche physikalische Eigenschaften wie diese auf. Hierzu gehören insbesondere Ethen C_2H_4, Propen C_3H_6, Buten C_4H_8 und Penten C_5H_{10}. Alle Alkene gehorchen der allgemeinen Summenformel C_nH_{2n}.

Eine Dreifachbindung zwischen Kohlenstoffatomen liegt bei Alkinen vor, diese sind daher die chemisch aktivsten Kohlenwasserstoffe dieser Reihung. Alle Alkine gehorchen der allgemeinen Summenformel C_nH_{2n-2}.

Abbildung 1.1 gibt einen Überblick über die Struktur wichtiger Bestandteile des Flüssiggases.

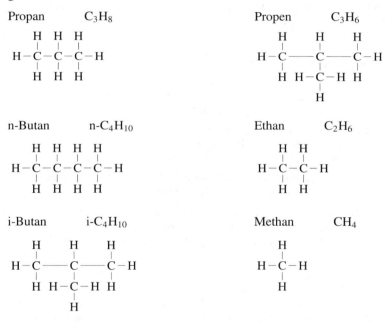

Abb. 1.1 Struktur ausgewählter Flüssiggase

1.2 Grundbegriffe. Allgemeine Konstanten und Gesetzmäßigkeiten

1.2.1 Einführung

Übersichtliche Darstellungen der thermodynamischen Gesetzmäßigkeiten, die für die Flüssiggastechnik wesentlich sind, finden sich beispielsweise in [1.10, 1.11]. Zahlreiche Beispiele und Erläuterungen mit Bezug zur Flüssiggastechnik sind in [1.7, 1.12] und [1.13] enthalten. Auf [1.14] sei verwiesen.

Nachfolgend sollen insbesondere die für Entnahme-, Umsetzungs- und Strömungsvorgänge in Flüssiggasanlagen wichtigen Stoffdaten von Flüssiggasen und insbesondere Flüssiggasmischungen und die Grundzüge ihrer Ermittlung dargelegt werden.

Einzelstoffwerte wurden der Literatur entnommen. Hier sind besonders [1.6, 1.7, 1.8] sowie [1.15−1.28] hervorzuheben. Weitere spezielle Literaturhinweise finden sich in den nachfolgenden Kapiteln.

Vergleichswerte für Stoffeigenschaften, beispielsweise von Wasser oder Luft sowie die Methodik der Darstellung und Aufbereitung der Stoffdaten orientiert sich an [1.29].

Für die Berechnung der Stoffdaten von Mischungen, sowohl in der Gas- als auch in der Flüssigphase finden sich Hinweise insbesondere in [1.30−1.37].

Zur Kennzeichnung des thermodynamischen Zustandes von Systemen und für die Ermittlung der bei Prozessen ablaufenden Zustandsänderungen wird auf thermodynamische Zustandsgrößen zurückgegriffen. In den nachfolgenden Abschnitten sollen daher nach einer einführenden Betrachtung die wesentlichen thermischen und energetischen Zustandsgrößen zusammengestellt werden.

1.2.2 Begriffe [1.38, 1.39]

Da in der Flüssiggastechnik häufig auf thermodynamische Sachverhalte zurückgegriffen werden muß, sollen wesentliche Begriffe in gedrängter Form zusammengestellt werden:

Zustandsgrößen. Der Zustand eines thermodynamischen Systems wird durch eine Anzahl meßbarer makroskopischer Größen, die Zustandsgrößen, beschrieben. Das sind z. B. das Volumen V, der Druck p, die Dichte ϱ u. ä.

Ideales Gas. Verdünnte Gase, deren Moleküle oder Atome eine geringe Wechselwirkung aufweisen, können durch das Modell des idealen Gases beschrieben werden.

Thermodynamisches Gleichgewicht. Der Zustand eines thermodynamischen Systems heißt stationär, wenn er sich zeitlich nicht ändert. Ein stationärer Zustand wird als Gleichgewichtszustand bezeichnet, wenn die zeitliche Invarianz des Systems nicht durch äußere Einflüsse erzwungen ist.

Thermodynamisches System. Energietechnische und darin eingebettet thermodynamische Untersuchungen erfordern es zumeist, ein Anlagenelement oder Teile desselben oder nur den darin befindlichen Stoff geeignet von seiner Umgebung zu trennen. Man spricht hier von einem thermodynamischen System und den Systemgrenzen. Solche Hüllen können gedacht oder (körperlich) vorhanden und von konstanter Größe sein (z. B. Behälterwandung). Zur näheren Systemcharakterisierung werden die Eigenschaften der Systemgrenze benutzt.

Es werden stoffdurchlässige (offene) Systeme, über deren Grenzen ein Stofftransport stattfindet, und stoffdichte (geschlossene) Systeme unterschieden.

Ein weiteres Kriterium zur Systematisierung ist die energetische Wechselwirkung des Systems mit der Umgebung. Hier ist oft der technisch interessante Sonderfall des thermisch ideal isolierten Systems von Bedeutung, das als adiabat bezeichnet wird.

Systeme bzw. die in ihnen enthaltenen Stoffe sind Träger meßbarer oder aus Meßdaten berechenbarer physikalischer Größen. Damit wird der jeweilige Zustand eindeutig beschrieben. Deshalb werden diese auch als Zustandsgrößen bezeichnet. Eine Unterscheidung erfolgt zum einen hinsichtlich äußerer (Koordinaten, Geschwindigkeit) und innerer (Druck, Temperatur) und zum anderen extensiver (stoffmengenabhängiger) und intensiver (stoffmengenunabhän-

1.2 Grundbegriffe. Allgemeine Konstanten und Gesetzmäßigkeiten

giger) Zustandsgrößen. Bei Teilung des Gesamtsystems in $i = 1 \ldots k$ Teilsysteme weisen die extensiven Zustandsgrößen (z. B. Volumen V, innere Energie U u. a. m.) ein additives Verhalten auf, so daß

$$Z = Z_1 + Z_2 + \ldots + Z_i + \ldots + Z_k = \sum_{i=1}^{k} Z_i$$

gilt. Bei den intensiven Zustandsgrößen unterscheidet man:
- spezifische (auf die Masse m des Stoffes im System bezogene):

  $z = Z/m$

- molare (auf die Stoffmenge n im System bezogene):

  $\bar{z} = Z/n$

Durch den Zusammenhang zwischen Masse und Stoffmenge über die molare Masse M

$m = n \cdot M$

kann demnach auch

$\bar{z} = z \cdot M$

geschrieben werden.

Ist der Stoff aus einer idealen Vermischung von $i = 1 \ldots k$ Komponenten entstanden, so müssen zur Kennzeichnung des Zustandes ferner entweder die
- Masseanteile

  $\xi_i = m_i/m$

oder
- Molanteile

  $\psi_i = n_i/n$

bekannt sein. Auf diese Weise kann bei jeweils konstanter Zusammensetzung das Gemisch unter Verwendung der Mischungsregel hinsichtlich seiner fiktiven intensiven Zustandsgrößen

$$z_M = \sum_{i=1}^{k} (\xi_i \cdot z_i) \quad \text{bzw.} \quad z_M = \sum_{i=1}^{k} (\psi_i \cdot z_i)$$

wie ein neuer reiner Einzelstoff behandelt werden. Unter Verwendung der scheinbaren molaren Masse des Gemisches

$$M_M = \sum_{i=1}^{k} (\psi_i \cdot M_i)$$

kann leicht der Masse- aus dem Molanteil und umgekehrt berechnet werden.

$\xi_i = (M_i/M_M) \cdot \psi_i$

Stoffmengen. Zustandsgleichungen enthalten als Parameter häufig ein Maß für die in einem thermodynamischen System eingeschlossene Stoffmenge. Die SI-Einheit der Stoffmenge ist das Mol ($[n]$ = mol oder kmol). 1 mol ist die Stoffmenge eines Systems, das aus ebenso vielen Molekülen, Atomen oder Ionen besteht, wie Atome in 12 g des reinen Kohlenstoffisotops ^{12}C enthalten sind. Die in der Stoffmenge 1 mol enthaltene Anzahl N_A Moleküle, Atome oder Ionen wird nach *Avogadro* (1776–1856) oder nach *Loschmidt* (1821–1895) benannt.

$N_A = 6{,}0221 \cdot 10^{23} \text{ mol}^{-1}$

Ferner wird häufig zur Kennzeichnung von Systemen der von *Gibbs* (1839–1903) definierte Phasenbegriff verwendet.

Aggregatzustand. Als Aggregatzustand eines Teiles oder des ganzen thermodynamischen Systems bezeichnet man seinen physikalischen Zustand, nämlich fest, flüssig oder gasförmig.

Phasen. Als Phasen bezeichnet man chemisch und physikalisch homogene Bereiche, die durch Trennflächen gegeneinander abgegrenzt sind. Chemisch und physikalisch identische, aber räumlich getrennte Bereiche in festen Körpern und Flüssigkeiten werden zu derselben Phase gerechnet. Wegen der kompletten Mischbarkeit von Gasen gibt es in jedem System jedoch nur eine gasförmige Phase. In einem Behälter befindliche Flüssiggase liegen also unter normalen Verhältnissen (keine Behältervollfüllung) in 2 Phasen (flüssig und gasförmig) vor. Demgemäß wird ein homogener Stoff − in diesem Sinne auch ein Stoffgemisch − der/das an jeder Stelle eine identische Zusammensetzung und gleiche intensive Zustandsgrößen besitzt, als Phase bezeichnet. Ein System, das aus einer Phase besteht, heißt demnach homogen, während man beim Vorhandensein mehrerer Phasen von heterogenen Systemen spricht.

Komponenten. Als Komponenten bezeichnet man die verschiedenen chemischen Bestandteile oder unveränderliche Bausteine, aus denen Phasen aufgebaut sind (Propan, Butan etc.).

*Gibbs*sche *Phasenregel.* Im o. g. Zusammenhang ist auch die Fragestellung nach der Anzahl der Freiheitsgrade im System interessant. Antwort darauf gibt die sog. *Gibbs*sche Phasenregel bei nicht reagierenden Systemen:

$$f = 2 + k - p$$

mit der Anzahl der Freiheitsgrade f, der Komponenten k und der Phasen p.

Chemisch reine Substanzen. Chemisch reine Substanzen entsprechen thermodynamischen Systemen mit nur einer Komponente. Die *Gibbs*sche Phasenregel reduziert sich in diesem Fall wegen $k = 1$ zur Gleichung

$$f = 3 - p,$$

die durch Zustandsdiagramme leicht zu illustrieren ist.

Thermische Zustandsdiagramme. Die Existenzbedingungen unterschiedlicher Phasen lassen sich zunächst für reine Stoffe an Hand des für alle Stoffe qualitativ ähnlichen Druck-Temperatur-Verhaltens darstellen (Abb. 1.2).

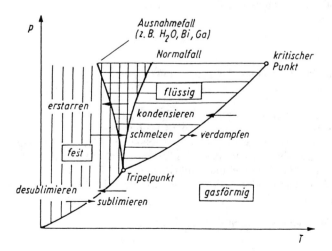

Abb. 1.2 *p, T-Diagramm für reine reale Stoffe (in Anlehnung an [1.39])*

1.2 Grundbegriffe. Allgemeine Konstanten und Gesetzmäßigkeiten

Die jeweiligen Phasengrenzkurven werden als Schmelzdruckkurve, Dampfdruckkurve p_S und Sublimationskurve bezeichnet.

Die weiterhin aufgezeichneten Punkte sind der kritische Punkt K, oberhalb dessen keine Unterscheidung zwischen Flüssigkeit und Gas möglich ist und der Tripelpunkt Tr, bei dem ein Phasengleichgewicht fest-flüssig-gasförmig vorliegt.

Thermische Zustandsgrößen. Für die Modellierung von Zustandsgrößen ist es wichtig, die Anzahl der für die eindeutige Festlegung des Zustandes notwendigen Zustandsparameter zu kennen. Auch darüber gibt die Phasenregel Auskunft. Im Falle eines reinen Stoffes ist $k = 1$ und die Anzahl der Freiheitsgrade beträgt $f = 3 - p$. Deshalb besitzt ein einphasiger reiner Stoff $f = 2$ Freiheitsgrade (z. B. Druck p und Temperatur T). Bei Gleichgewicht zweier Phasen ($p = 2$) existiert folglich nur ein Freiheitsgrad, so daß z. B. mit dem Druck alle anderen Zustandsgrößen eindeutig festgelegt sind. Am Tripelpunkt ($p = 3$) ist keine Zustandsgröße mehr frei wählbar.

Die *Temperatur* als meßbare Größe ist u. a. wichtig für die Feststellung des thermischen Gleichgewichts in einem Stoff oder mehrerer im Gleichgewicht befindlicher Stoffe. Sie wird als thermodynamische bzw. *Kelvin*-Temperatur T oder *Celsius*-Temperatur t verwendet.

$$\{T\} = \{t\} + 273{,}15$$

Der *Druck* p ist der Maßstab für die Ermittlung des mechanischen Gleichgewichts.
Die dritte thermische Zustandsgröße ist das *spezifische Volumen*.

$$v = V/m$$

Insbesondere in der ingenieurtechnischen Praxis wird gern die *Dichte*

$$\varrho = m/V = 1/v$$

verwendet.

Normbedingungen. Das Gas befindet sich unter Normbedingungen, wenn die Temperatur $T = 273{,}15$ K $= 0\,°\text{C}$ und der Druck $p = 1{,}01325 \cdot 10^5$ Pa $= 1{,}01325$ bar $= 760$ Torr beträgt. Ein Mol eines idealen Gases mit $N = N_A = 6{,}0221 \cdot 10^{23}$ Atomen hat unter Normbedingungen das Volumen

$$V_m = 22{,}414 \text{ l/mol} = 22{,}414 \text{ m}^3/\text{kmol} .$$

V_m heißt molares Volumen der idealen Gase. Für einige ausgewählte Gase und Dämpfe sind in Tabelle 1.6 einige grundlegende Kennwerte zusammengestellt.

Stoffgemisch. Stoffgemische aus chemisch miteinander nicht reagierenden Stoffen können bei Kenntnis der spezifischen Volumina aller Komponenten durch

$$v_M = \sum_{i=1}^{k} (\xi_i \cdot v_i)$$

beschrieben werden.

Wegen $\sum_{i=1}^{k} \xi_i = 1$ müssen für die Festlegung des Zustandes i. allg. Druck und Temperatur sowie $(k-1)$-Masseanteile (oder Molanteile) bekannt sein.

Die obige Gleichung läßt sich auch auf Phasengleichgewichte anwenden. Liegt z. B. für einen reinen Stoff ein Phasengleichgewicht von Flüssigkeit und Dampf vor, dann läßt sich für das spezifische Volumen gleichfalls

$$v_M = \xi' \cdot v' + \xi'' \cdot v''$$

Tabelle 1.6 Grundlegende Stoffdaten ausgewählter Flüssiggase [1.28]

Stoff	Formel	molare Masse M [kg/kmol]	molares Volumen V_m [m³/kmol]	Norm-dichte ϱ_0 [kg/m³]	Spezielle Gaskonstante R [J/(kg*K)]	Schmelzpunkt T_{Schm} [K]	Siedepunkt T_S [K]
Propan	C_3H_8	44,094	221,94	2,011	188,6	85,5	231,1
n-Butan	n-C_4H_{10}	58,124	21,53	2,708	143,1	134,8	272,7
i-Butan	i-C_4H_{10}	58,124	221,53	2,708	143,1	113,6	261,4
Propen	C_3H_6	42,081	22,03	1,913	197,6	87,9	225,5
Buten	C_4H_8	56,108	22,44	2,50[1]	148,2	87,8	266,9
Ethan	C_2H_6	30,070	22,24	1,355	276,5	89,9	184,6
Ethen	C_2H_4	28,054	22,26	1,261	296,4	104,0	169,3
n-Pentan	C_5H_{12}	72,151	20,91	3,452	115,2	143,4	309,2
Penten	C_5H_{10}	70,135	22,41	3,13[1]	118,5	107,9	303,1
Methan	CH_4	16,043	22,28	0,728	520,0	90,7	111,6

[1]) Nach [1.28] Wert für ein (hypothetisches) ideales Gas im Normzustand

mit $\xi' + \xi'' = 1$ schreiben. Offensichtlich sind hier zwei Freiheitsgrade wählbar, z. B. der Dampfdruck p_S und ein Masseanteil. Bei dem mit der oben angegebenen Gleichung berechneten spezifischen Volumen handelt es sich um eine fiktive Größe, da sich in einem solchen System auf Grund der großen Dichteunterschiede zwischen Dampf und Flüssigkeit zwei getrennte Phasen ausbilden, wohingegen v_M für Mischphasen dem realen spezifischen Volumen entspricht.

In Abb. 1.3 ist der qualitative Verlauf des Zustandsverhaltens realer Fluide dargestellt.

Die Siedelinie $v'(p)$ grenzt den Bereich der unterkühlten Flüssigkeit vom Zweiphasengebiet ab, wohingegen die Taulinie $v''(p)$ das Zweiphasengebiet vom Gasgebiet – auch als überhitzter Dampf bezeichnet trennt. Innerhalb des Zweiphasengebietes existiert eine feste Zuordnung zwischen Dampfdruck und Temperatur.

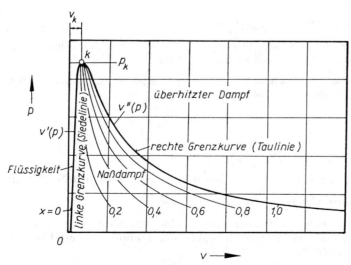

Abb. 1.3 p, v-Diagramm realer Fluide (in Anlehnung an [1.39])

1.2.3 Mischungen. Masse-, Raum- und Stoffmengenanteile. Thermische Zustandsgleichung idealer Gase

Flüssiggase stellen i. allg. Mischungen aus mehreren Komponenten dar, die während der Lagerung und Anwendung in zwei koexistierenden Phasen vorliegen. Im einfachsten Falle kann hier das Modell einer binären Mischung, z. B. der Komponenten Propan und Butan angewandt werden.

Es ist beispielsweise zur Berechnung von Prozessen während der Phasenwandlung oder Entnahme von Flüssiggas aus Lagerbehältern permanent erforderlich, Stoffmengenanteile und Konzentrationsangaben ineinander umzurechnen.

Für die Beschreibung des Zustandsverhaltens im üblichen technischen Anwendungsbereich kann dabei vorausgesetzt werden, daß sich die Gemische ideal verhalten, d. h. sich aus nahezu idealen Einzelgasen als Gemischkomponenten zusammensetzen. Es wird weiterhin unterstellt, daß sich die Gemische aus chemisch miteinander nicht reagierenden Gasen zusammensetzen. Das Gemisch sei außerdem homogen und befinde sich im mechanischen und thermischen Gleichgewicht.

Kennzeichnung von Gemischen [1.40]
Während der thermische Zustand eines homogenen Einstoffsystems durch die Vorgabe von nur zwei Zustandsparametern bereits eindeutig festgelegt ist, sind bei Mehrstoffsystemen noch zusätzliche Angaben über die Gemischzusammensetzung notwendig. Die unten angegebenen Beziehungen sind in ihrer Anwendung nicht auf das ideale Gasgemisch beschränkt. Sie gelten vielmehr für ganz beliebige Gemischsysteme, da die Zustandseigenschaften der Gemischpartner in die angeführten Gleichungen nicht eingehen. Diese Angaben können sowohl in Form von *Masseanteilen*

$$\xi_i = \frac{m_i}{\sum_{i=1}^{k} m_i}$$

als auch in Form von *Molanteilen*

$$\psi_i = \frac{m_i}{\sum_{i=1}^{k} n_i}$$

gegeben sein. In diesen Definitionsgleichungen bedeuten m_i die Masse und n_i die Stoff- oder Molmenge des Gemischpartners i, wobei k Komponenten an der Gemischbildung beteiligt sind.
Da definitionsgemäß

$$\sum_{i=1}^{k} \xi_i = 1 \quad \text{und} \quad \sum_{i=1}^{k} \psi_i = 1$$

ist, sind von den jeweils k Angaben zur Gemischzusammensetzung nur $(k-1)$ Angaben frei wählbar.
Für die Gesamtmasse m bzw. die Stoffmenge n des Gemisches gilt weiter

$$m = \sum_{i=1}^{k} m_i \quad \text{bzw.} \quad n = \sum_{i=1}^{k} n_i$$

Zwischen den Molanteilen ψ_i und den Masseanteilen ξ_i besteht ein ganz bestimmter Zusammenhang, den man durch Verknüpfung der Definitionsgleichung für ξ_i und ψ_i über den Ansatz $n_i = m_i/M_i$ mit M_i als der molaren Masse des Gemischpartners i leicht herstellen kann. So erhält man für die *Umrechnung von Masseanteilen in Molanteile* die Beziehung

$$\psi_i = \frac{\xi_i/M_i}{\sum\limits_{i=1}^{k} \xi_i/M_i}$$

Umgekehrt gilt für die *Umrechnung von Molanteilen in Masseanteile* der Zusammenhang

$$\xi_i = \frac{\psi_i M_i}{\sum\limits_{i=1}^{k} \psi_i M_i} \ .$$

Thermische Zustandsgleichung idealer Gase

Zustandsgleichung der idealen Gase. Die Zustandsgleichung der idealen Gase basiert auf den Beobachtungen von *Boyle* (1627–1691), *Mariotte* (1620–1684) und *Gay-Lussac* (1778–1850). Sie lautet:

$$p \cdot V = (m/M) \cdot \bar{R} \cdot T = n \cdot \bar{R} \cdot T = N \cdot k \cdot T$$

Darin bedeuten:

p	den Druck	n	die Stoffmenge (Anzahl der Mole)
V	das Volumen	N	die Anzahl der Moleküle
T	die Temperatur	$\bar{R}$	die molare oder universelle Gaskonstante
m	die Masse	k	die *Boltzmann*-Konstante
M	die molare Masse		

Die zuletzt genannten Größen sind über die *Avogdro*-Zahl verknüpft:

$$\bar{R} = N_A \cdot k$$

mit
$$\bar{R} = 8{,}314 \, \text{kJ}/(\text{K} \cdot \text{kmol}) = 8{,}314 \, \text{J}/(\text{K} \cdot \text{mol})$$

$$k = 1{,}3806 \cdot 10^{-23} \, \text{J/K}$$

Die spezielle Gaskonstante erhält man aus

$$R = \bar{R}/M$$

Thermische Zustandsgleichung des idealen Gasgemisches

Nach dem *Avogadro*schen Gesetz ist es offenbar zulässig, die für ein ideales Einzelgas gültige thermische Zustandsgleichung in der Form

$$p\bar{V} = \bar{R}T$$

$$pV = \bar{R}T \sum_{i=1}^{k} n_i$$

auf ein Gemisch idealer Einzelgase anzuwenden, da diese Gleichung unabhängig von der Art des jeweiligen Gases gilt und damit auch gültig bleibt, wenn sich die Stoffmenge n aus den Stoffmengen unterschiedlicher Einzelgase zusammensetzt. Mit $n_i = m_i/M_i$ nimmt diese Gleichung die Gestalt an

$$pV = \bar{R}T \sum_{i=1}^{k} \frac{m_i}{M_i}$$

1.2 Grundbegriffe. Allgemeine Konstanten und Gesetzmäßigkeiten

Es ist zweckmäßig, den Begriff der molaren Masse auch für das Gasgemisch einzuführen und in Analogie zur thermodynamischen Behandlung idealer Einzelgase zu schreiben

$$pV = \frac{\sum_{i=1}^{k} m_i}{M_M} = RT$$

wobei die auf das Gemisch bezogenen Größen mit dem Index „M" gekennzeichnet werden. Die weitere Ableitung und Erläuterung folgt im wesentlichen *Elsner* [1.40].

Aus der Gleichsetzung beider Beziehungen folgt als Berechnungsgleichung für die molare Masse des Gemisches

$$M_M = \frac{\sum_{i=1}^{k} m_i}{\sum_{i=1}^{k} m_i/M_i} = \frac{1}{\sum_{i=1}^{k} \xi_i/M_i}$$

Im Unterschied zu den molaren Massen der Einzelgase besitzt die molare Masse M_M des Gemisches lediglich den Charakter einer formalen Rechengröße und wird daher auch als *scheinbare molare Masse des idealen Gasgemisches* bezeichnet. Die letztgenannte Gleichung schreibt sich einfacher, wenn man die Masseanteile durch die Molanteile ersetzt.

Die Substitution führt zunächst auf die Beziehung

$$M_M = \frac{1}{\sum_{i=1}^{k} \frac{\psi_i}{\sum_{i=1}^{k} \psi_i M_i}} = \frac{1}{\frac{1}{\sum_{i=1}^{k} \psi_i M_i} \sum_{i=1}^{k} \psi_i}$$

die sich mit $\sum_{i=1}^{k} \psi_i = 1$ auf die endgültige Form

$$M_M = \sum_{i=1}^{k} \psi_i M_i$$

bringen läßt. *Danach setzt sich die scheinbare molare Masse eines idealen Gasgemisches aus den molaren Massen der Einzelgase entsprechend ihren Molanteilen zusammen.*

Mit Hilfe der scheinbaren molaren Masse wird nun gleichfalls eine *spezifische Gaskonstante des idealen Gasgemisches* definiert, indem man in Analogie zum idealen Einzelgas

$$R_M = \frac{\bar{R}}{M_M}$$

setzt. Dafür kann man auch schreiben

$$R_M = \bar{R} \sum_{i=1}^{k} \frac{\xi_i}{M_i} = \sum_{i=1}^{k} \xi_i \frac{\bar{R}}{M_i}$$

woraus mit $\frac{\bar{R}}{M_i} = R_i$ schließlich folgt:

$$R_M = \sum_{i=1}^{k} \xi_i R_i$$

Die spezielle Gaskonstante eines idealen Gasgemisches setzt sich aus den speziellen Gaskonstanten der einzelnen Komponenten entsprechend ihren Masseanteilen zusammen.

Wird R_M in die Zustandsgleichung eingeführt, so erhält man

$$pV = M_M R_M T \sum_{i=1}^{k} n_i = R_M T \sum_{i=1}^{k} \psi_i M_i \sum_{i=1}^{k} n_i$$

oder

$$pV = R_M T \sum_{i=1}^{k} m_i$$

Allerdings erfaßt auch diese Zustandsgleichung ebenso wie die eingangs benutzte Gleichung das Zustandsverhalten des idealen Gasgemisches nur rein summarisch, ohne daß damit Aussagen über das Verhalten der Einzelgase im Gemisch, d. h. über den Aufbau des idealen Gasgemisches aus den Einzelgasen, gemacht werden.

Hierzu bedarf es einer zusätzlichen Annahme. Sie steht in Gestalt des *Daltonschen Gesetzes* zur Verfügung, wonach *in einem idealen Gasgemisch jedes Einzelgas, unabhängig von den übrigen Gemischpartnern den gesamten zur Verfügung stehenden Gemischraum einnimmt.*

Zur mathematischen Formulierung dieses Gesetzes denke man sich sämtliche Gemischpartner zunächst als unvermischte ideale Einzelgase bei der Temperatur T und dem Druck p des Gemisches vorgegeben. Für jedes dieser Einzelgase gilt dann die Zustandsgleichung in der Form

$$pV_i = n_i \bar{R} T$$

Entsprechend dem *Daltonschen Gesetz expandiert nunmehr bei der Gemischherstellung jedes Einzelgas bei konstanter Temperatur T auf das Volumen V des Gemisches. Dadurch sinkt der Druck p des Gases auf einen durch die Gleichung

$$p_i V = n_i \bar{R} T$$

vorgeschriebenen Druck $p_i = p_i(T, V)$ ab. Man nennt ihn den *Partialdruck* der Komponente i.

Wird diese Betrachtung auf sämtliche Gemischpartner ausgedehnt, d. h., obige Gleichung für alle k Einzelgase angeschrieben und sodann die Summe gebildet, so erhält man

$$\sum_{i=1}^{k} p_i V = \sum_{i=1}^{k} n_i \bar{R} T \equiv pV$$

Daraus folgt als Ergebnis die wichtige Beziehung

$$p = \sum_{i=1}^{k} p_i$$

Der vom Gasgemisch auf die Begrenzungswände des Systems ausgeübte Druck p setzt sich additiv aus denjenigen Drücken $p_i = p_i(T, V)$ zusammen, die die idealen Einzelgase ausüben würden, wenn sie einzeln bei der Temperatur T des Gemisches dessen Volumen V einnehmen.

Dieser Satz ist eine wesentliche Folgerung aus dem *Daltonschen Gesetz und diesem inhaltlich äquivalent. Man spricht in diesem Zusammenhang auch vom *Gesetz der additiven Drücke*.

Weiter ergibt sich

$$\frac{p_i}{p} = \frac{n_i}{\sum_{i=1}^{k} n_i} \equiv \psi_i$$

oder
$$p_i = \psi_i p$$

d. h., die *Partialdrücke sind den Molanteilen direkt proportional.*

Denkt man sich das ideale Gasgemisch auf *isotherm-isobarem* Wege aus den bei der Temperatur T und dem Druck p unvermischt bereitgestellten idealen Einzelgasen mit den Volumina V_i aufgebaut, so erhält man

$$p \sum_{i=1}^{k} V_i = \sum_{i=1}^{k} n_i \bar{R} T \equiv pV$$

Daraus folgt die bezüglich des Volumenverhaltens eines idealen Gasgemisches wichtige Beziehung

$$V = \sum_{i=1}^{k} V_i$$

Das von einem idealen Gasgemisch eingenommene Volumen ist gleich der Summe derjenigen Volumina, die die idealen Einzelgase im Zustand (T, p) vor der Vermischung einnehmen (Gesetz der additiven Volumina).

Danach ist nicht nur das Druckverhalten, sondern auch das Volumenverhalten eines idealen Gasgemisches rein additiv. $V_i = V_i(T, p)$ wird als *Partialvolumen* der Komponente i des Gemisches bezeichnet. Seine Einführung läßt es vor allem aus meßtechnischen Gründen zweckmäßig erscheinen, die Zusammensetzung eines idealen Gasgemisches außer in Massen- und Molanteilen auch in *Raumanteilen*

$$r_i = \frac{V_i(T, p)}{V(T, p)}$$

anzugeben. Mit

$$V_i(T, p) = n_i \bar{R} T / p \quad \text{und} \quad V(T, p) = \sum_{i=1}^{k} n_i \bar{R} T / p$$

kann dafür auch geschrieben werden:

$$r_i = \frac{n_i}{\sum_{i=1}^{k} n_i} \equiv \psi_i$$

Die Zusammensetzung des idealen Gasgemisches in Raumanteilen ist demnach mit der Angabe in Molanteilen identisch. Für reale Gase müssen beide Größen zahlenmäßig nicht übereinstimmen.

Damit gilt für das Partialvolumen – in Analogie zur Gleichung für den Partialdruck p_i – auch der Ansatz

$$V_i = \psi_i V$$

Bei realen Gasmischungen bestehen gegenüber dem Verhalten idealer Gasgemische mehr oder weniger starke Abweichungen, die formelmäßig nicht immer einfach zu erfassen sind. Um aber auch bei realen Gemischsystemen die wichtigen Begriffe des Partialdruckes sowie des Partialvolumens ohne Schwierigkeiten verwenden zu können, werden beide Größen formal auch in diesem Fall durch die Gleichungen

$$p_i = \psi_i p \quad \text{und} \quad V_i = \psi_i V$$

definiert, die damit Allgemeingültigkeit erlangen und somit nicht mehr nur für ideale Gasgemische zutreffende Zusammenhänge wiedergeben. Allerdings sind dann p_i und V_i durch Definition festgelegte reine Rechengrößen, denen im Unterschied zu der hier auf das ideale Gasgemisch bezogenen Darstellung keine durch eine thermische Zustandsgleichung erläuterte physikalische Bedeutung mehr zukommt.

Zusammenfassend sei vermerkt, daß zur Kennzeichnung von Gemischen Masse-, Mol- und Raumanteile genutzt werden. Diese lassen sich ineinander umrechnen.

$$\xi_i = \frac{\psi_i \cdot M_i}{\sum\limits_{i=1}^{k}(\psi_i \cdot M_i)}; \qquad \psi_i = \frac{\xi_i \cdot M_i}{\sum\limits_{i=1}^{k}(\xi_i \cdot M_i)}$$

$$\xi_i = \frac{r_i \cdot \varrho_i}{\sum\limits_{i=1}^{k}(r_i \cdot \varrho_i)}; \qquad \psi_i = \frac{r_i \cdot \varrho_i/M_i}{\sum\limits_{i=1}^{k}(r_i \cdot \varrho_i/M_i)}$$

$$r_i = \frac{\psi_i \cdot M_i/\varrho_i}{\sum\limits_{i=1}^{k}(\psi_i \cdot M_i/\varrho_i)}; \qquad r_i = \frac{\xi_i/M_i}{\sum\limits_{i=1}^{k}(\xi_i/M_i)}$$

Unter Verwendung der oben angegebenen allgemeinen Umrechnungsgleichungen lassen sich für das Modellgemisch Propan-Butan folgende einfache Beziehungen anschreiben:

$$\xi_{Pr} = \left[1 + \left(\frac{1}{\psi_{Pr}} - 1\right)\frac{M_{Bu}}{M_{Pr}}\right]^{-1}; \qquad \psi_{Pr} = \left[1 + \left(\frac{1}{\xi_{Pr}} - 1\right)\frac{M_{Pr}}{M_{Bu}}\right]^{-1}$$

$$\xi_{Pr} = \left[1 + \left(\frac{1}{r_{Pr}} - 1\right)\frac{\varrho_{Bu}}{\varrho_{Pr}}\right]^{-1}; \qquad \psi_{Pr} = \left[1 + \left(\frac{1}{r_{Pr}} - 1\right)\frac{\varrho_{Bu} \cdot M_{Pr}}{\varrho_{Pr} \cdot M_{Bu}}\right]^{-1}$$

$$r_{Pr} = \left[1 + \left(\frac{1}{\xi_{Pr}} - 1\right)\frac{\varrho_{Pr}}{\varrho_{Bu}}\right]^{-1}; \qquad r_{Pr} = \left[1 + \left(\frac{1}{\psi_{Pr}} - 1\right)\frac{\varrho_{Pr} \cdot M_{Bu}}{R_{Bu} \cdot M_{Pr}}\right]^{-1}$$

1.2.4 Thermisches Zustandsverhalten realer Fluide. Gasgesetze

Zustandsgleichungen realer Fluide. Die Darstellung gemessener Zustandsgrößen durch mathematische Gleichungen sog. Zustandsgleichungen ist eine der Schwerpunktaufgaben der Technischen Thermodynamik.

Auf ideale Gase war eine allgemeine Zustandsgleichung anwendbar.

$$p \cdot V = \frac{m}{M} \cdot \bar{R} \cdot T = m \cdot R \cdot T$$

oder

$$p \cdot v = R \cdot T$$

Reale Gase unterscheiden sich von idealen Gasen dadurch, daß die Wechselwirkung der Moleküle oder Atome in der Zustandsgleichung zur Geltung kommt. Obwohl der Versuch, mit Hilfe des Theorems der korrespondierenden Zustände eine stoffunabhängige Berechnung zu erreichen, sich nicht ausnahmslos als tragfähig erwiesen hat, bringt die Verwendung sog. reduzierter, d. h. auf die kritischen Zustandsdaten bezogener Größen, Vorteile [1.39].

1.2 Grundbegriffe. Allgemeine Konstanten und Gesetzmäßigkeiten

Die allgemein bevorzugten thermodynamischen Zustandsgleichungen, die gegenüber dem Idealgasverhalten das Eigenvolumen der Moleküle und die zwischenmolekularen Kräfte berücksichtigen, gehen im ersten Ansatz auf *van-der-Waals* (1837–1927) zurück.

Die van-der-Waals-Gleichung lautet [1.41]:

$$\left(p + \frac{a}{v^2}\right)(v - b) = RT = \frac{\bar{R}}{M} T$$

oder in anderer Schreibweise

$$pv\left(1 + \frac{a}{v^2 p}\right)\left(1 - \frac{b}{v}\right) = RT = \frac{\bar{R}T}{M} T$$

Hier bedeuten: v das Volumen, T die *Kelvin*-Temperatur, p der Druck, R die spezielle und $\bar{R}$ die universelle Gaskonstante. Der für $\bar{R}$ bzw. R einzusetzende Zahlenwert richtet sich nach den Maßeinheiten für p und v [1.37]:

$$\bar{R} = 83{,}144 \text{ bar} \cdot \text{cm}^3/(\text{mol} \cdot \text{K})$$

$$\bar{R} = 8{,}3144 \text{ J}/(\text{mol} \cdot \text{K})$$

$$\bar{R} = 82{,}057 \text{ atm} \cdot \text{cm}^3/(\text{mol} \cdot \text{K})$$

Die Konstante b trägt dem Eigenvolumen der Moleküle Rechnung, a/v^2 der Druckvermehrung infolge Kohäsion. Die Konstanten a und b sind für einige Gase in Tabelle 1.7 zusammengestellt.

Die von *van-der-Waals* entwickelte Gleichung ist qualitativ richtig, aber quantitativ oft unbefriedigend. Eine ausführliche Diskussion ihrer Nachteile findet sich in [1.41]: Die *van-der-Waals*-Gleichung beschreibt das Flüssigkeitsgebiet und das Gebiet des überhitzten Dampfes im Prinzip richtig. Im Naßdampfgebiet berücksichtigt sie zwar nicht, daß Isobare und Isotherme zusammenfallen, aber die Isothermen, die sie im Naßdampfgebiet liefert, sind physikalisch sinnvoll. Sie erfassen die Sonderfälle der Überhitzung der Flüssigkeit und der Unterkühlung des Sattdampfes. Die Siedelinie und die Taulinie lassen sich aus der *van-der-Waals*schen Gleichung ermitteln. Auch wenn sie eine Gleichung 3. Grades bezüglich v ist, handelt es sich um eine einfache Gleichung, die außer der Gaskonstanten nur zwei weitere Koeffizienten enthält. Diese Koeffizienten sind physikalisch deutbar, ihr Verschwinden bewirkt den Übergang in die thermische Zustandsgleichung idealer Gase.

Die Ungenauigkeiten bei der Anwendung in einem größeren Bereich und die Notwendigkeit der dauernden Anpassung der Koeffizienten weist darauf hin, daß die Zahl der Koeffizienten zu gering ist. Deshalb hat man mit komplizierteren Ansätzen versucht, den Erfordernissen der Praxis Rechnung zu tragen. Eine solche Gleichung wurde von *Redlich* und *Kwong* vorgeschlagen, sowie von *Soave* in der Folge weiter verbessert.

Tabelle 1.7 Koeffizienten der *van-der-Waals*-Gleichung für ausgewählte Flüssiggase [1.42]

Stoff	Formel	a	b
Propan	C_3H_8	0,02884	0,003770
n-Butan	n-C_4H_{10}	0,02564	0,005472
i-Butan	i-C_4H_{10}	0,01670	0,005098
Propen	C_3H_6		0,003693
n-Pentan	n-C_5H_{10}	0,03788	0,006516
i-Pentan	i-C_5H_{10}	0,03651	0,006409
Methan	CH_4	0,00449	0,001910

Kurth [1.15] nutzt die *Redlich-Kwong*-Gleichung (RK-Gleichung) zur Berechnung von Realgasfaktoren, daher soll kurz auch auf diese Gleichung näher eingegangen werden.

Die von *Redlich* und *Kwong* angegebene Gleichung zur Beschreibung des p, v, T-Verhaltens gasförmiger Gemische wurde empirisch aufgestellt [1.35]. Die Konstanten der Gleichung lassen sich aus den kritischen Daten der Gemischkomponenten berechnen.

$$p = \frac{R \cdot T}{(v-b)} - \frac{a}{T^{0,5} \cdot v \cdot (v+b)}$$

Für reine Stoffe ermittelten *Redlich* und *Kwong* die Konstante a und b, indem sie die erste und zweite Ableitung des Druckes nach dem Volumen am kritischen Punkt gleich Null setzen.

$$a = 0{,}42748 \cdot \frac{R^2 \cdot T_{\text{krit.}}^{2,5}}{P_{\text{krit.}}}$$

$$b = 0{,}08664 \cdot \frac{R \cdot T_{\text{krit.}}}{P_{\text{krit.}}}$$

Da a und b dimensionsbehaftete Größen sind, muß für die spezielle Gaskonstante R der mit den Dimensionen des spezifischen Volumens v, der Temperatur T und des Druckes p konsistente Wert verwendet werden.

Für die Anwendung auf Gemische ist die Darstellung der Gleichung mit explizitem Realgasfaktor z vorzuziehen [1.35].

$$z = \frac{1}{1-E} - \left(\frac{A^2}{D}\right) \cdot \left(\frac{E}{1+E}\right)$$

mit

$$A^2 = \frac{a}{R^2 \cdot T^{2,5}}; \qquad D = \frac{b}{R \cdot T}; \qquad E = \frac{D \cdot p}{z}$$

Für Gemische gelten folgende Kombinationsregeln:

$$A = \sum_{i=1}^{k} \psi_i \cdot A_i; \qquad D = \sum_{i=1}^{k} \psi_i \cdot D_i$$

Die Berechnung des Realgasfaktors muß in praxi iterativ erfolgen.

Die *Redlich-Kwong*-Gleichung zeichnet sich dadurch aus, daß bei Verwendung von nur zwei Konstanten zur Beschreibung des p, v, T-Verhaltens von reinen Gasen oder gasförmigen Gemischen eine Genauigkeit erreicht wird, die i. allg. nur über Zustandsgleichungen mit einer wesentlich höheren Anzahl von Konstanten erreichbar ist. Vorzugsweise ist die RK-Gleichung für gasförmige Gemische anzuwenden, da die Mischungsregeln für die individuellen Konstanten der Gemischkomponenten bei der Anwendung auf dampfförmige Gemische zu einer etwas geringeren Genauigkeit führen.

Eine Weiterentwicklung dieser Gleichung stammt von *Soave* (siehe [1.41]). Er führte eine Temperaturfunktion und den azentrischen Faktor nach *Pitzer* in die *Redlich-Kwong*-Gleichung ein. Die *Redlich-Kwong-Soave*-Gleichung (RKS-Gleichung) hat dann die Form [1.43]

$$p = \frac{R \cdot T}{v - b_1} - \frac{a_1 \cdot \alpha(T)}{v(v + b_1)}$$

Dabei ist

$$\alpha(T) = [1 + (0{,}480 + 1{,}574\omega - 0{,}176\omega^2)(1 - \sqrt{T_r})]^2$$
$$= [1 + \beta(1 - \sqrt{T_r})]^2$$

T_r ist die reduzierte Temperatur nach

$$T_r = \frac{T}{T_{krit.}}$$

ω ist der azentrische Faktor.

$$\omega = -\log\left(\frac{p_S}{p_{krit.}}\right)_{T_r = 0{,}7} - 1$$

Der Quotient

$$p_{S,r} = \frac{p_S}{p_{krit.}}$$

wird als reduzierter Sättigungsdruck bei der reduzierten Temperatur $T_r = 0{,}7$ bezeichnet. Die Konstanten a_1 und b_1 werden wie bei der *van der Waals*schen Gleichung aus den kritischen Daten berechnet.

$$a_1 = \frac{1}{9(2^{1/3}-1)} \frac{R^2 \cdot T_{krit.}^2}{p_{krit.}}; \qquad b_1 = \frac{1}{3}(2^{1/3}-1) \frac{R \cdot T_{krit.}}{p_{krit.}}$$

Diese halbempirische, im Ursprung auf *van der Waals* zurückgehende Gleichung berücksichtigt die Abweichung realer Gase vom Idealgasverhalten somit durch die Einführung zweier Korrekturgrößen zur Berücksichtigung der Anziehungskräfte und des Eigenvolumens der Moleküle.

In der Literatur ist auch eine andere Schreibweise dieser Zustandsgleichung gebräuchlich. Diese wird beispielsweise von *Nixdorf* [1.44] benutzt. Nach *Soave* [1.43] gilt für die *Redlich-Kwong-Soave*-Gleichung:

$$p = \frac{R \cdot T}{v - b_2} - \frac{a_2}{\sqrt{T} \cdot v(v + b_2)}$$

mit

$$a_2 = 0{,}42747 \frac{R^2 T_{krit.}^2}{p_{krit.}} \sqrt{T} \cdot \alpha(\tau),$$

wobei

$$\alpha(T) = (1 + m(1 - \sqrt{T_r}))^2$$

bzw.

$$m = 0{,}480 + 1{,}574 \cdot \omega - 0{,}176 \cdot \omega^2$$

und

$$b_2 = 0{,}0866 \cdot R \frac{T_{krit.}}{p_{krit.}} \quad \text{gilt.}$$

Bei Mischungen werden die Parameter a und b durch die entsprechenden Mischparameter a_M und b_M ersetzt.

Es gilt

$$a_M = \sum_{i=1}^{k} \sum_{j=1}^{k} \psi_i \cdot \psi_j \cdot a_{ij}$$

mit

$$a_{ij} = \sqrt{a_i \cdot a_j} \cdot (1 - k_{ij})$$

wobei a_i und a_j für Reinstoffe mit den oben angegebenen Gleichungen berechnet werden. Für b_M gilt der einfache Zusammenhang

$$b_M = \sum_{i=1}^{k} \psi_i b_i$$

Die Größe k_{ij} wird als binärer Wechselwirkungsparameter bezeichnet.

Tabelle 1.8 enthält die verwendeten stoffspezifischen Größen $p_{krit.}$, $T_{krit.}$ und ω auf die später zurückgekommen wird.

In Tabelle 1.9 sind die binären Wechselwirkungsparameter aufgeführt, die von *Nixdorf* [1.44] nach [1.45] (Karlsruhe-Berliner-Prozeß-Berechnungspaket „KBP") zitiert werden. Die lfd. Nummern entsprechen den Gaskomponenten aus Tab. 1.8. Die Daten im oberen Teil der Tab. 1.9 entsprechen den Daten im unteren Teil, wenn man sie an der Diagonalen spiegelt. Alle weiteren nicht angeführten Kombinationen (z. B. 1−17 oder 16−14) haben den Wert 0.

Als Vorläufer der modernen Entwicklung kann die Gleichung von *Beattie* und *Bridgeman* angesehen werden [1.41], die in der ingenieurtechnischen Praxis recht häufig angewandt wird [1.46, 1.47].

$$p = \frac{RT(1-\varepsilon)}{v^2}(v+B) - \frac{A}{v^2}$$

Tabelle 1.8 Stoffspezifische Größen zur Berechnung der Koeffizienten der *Redlich-Kwong-Soave*-Gleichung nach [1.44]

Komponente	Nr.	$T_{krit.}$ [K]	$p_{krit.}$ [bar]	ω [−]
Stickstoff	1	126,2	33,9	0,040
Methan	2	190,6	46,0	0,008
Ethan	3	305,4	48,8	0,098
Propan	4	369,8	42,4	0,152
i-Butan	5	408,1	36,5	0,176
n-Butan	6	425,2	38,0	0,193
Kohlenstoffdioxid	7	304,2	73,8	0,225
Schwefelwasserstoff	8	373,6	90,05	0,268
i-Pentan	9	460,4	33,8	0,200
n-Pentan	10	469,7	33,7	0,254
n-Hexan	11	507,5	30,1	0,890
n-Heptan	12	540,3	27,4	0,828
n-Oktan	13	568,8	24,9	0,402
n-Nonan	14	594,6	22,9	0,446
Benzol	15	562,2	49,0	0,213
Toluol	16	591,8	41,1	0,260
Xylol	17	630,4	37,3	0,302

Tabelle 1.9 Binäre Wechselwirkungsparameter, zitiert nach [1.44]

Nr.	1	2	3	4	5	6	7	8	9	10	11	12	13
1													
2	0,0278												
3	0,0407	−0,078											
4	0,0763	0,0090	−0,0022										
5	0,0944	0,0241	−0,0010	0,001									
6	0,0700	0,0056	0,0067	0,0000	0,0110								
7	−0,0315	0,0933	0,1363	0,1298	0,1285	0,1430							
8	0,1696	0,0767	0,0852	0,0885	0,0511	0,0689	0,0989						
9	0,0867	−0,0078	0,0000	0,0780	0,000	0,0000	0,1307	0,0000	−0,03				
10	0,0878	0,0190	0,0056	0,0233	0,000	0,0204	0,1311	0,0689	0,000	0,0000			
11	0,1496	0,0347	−0,0156	−0,0022	0,000	−0,0111	0,1178	0,0000	0,000	0,0019	0,000		
12	0,1422	0,0307	0,0041	0,0044	0,000	−0,0004	0,1100	0,0000	0,000	−0,0022	0,000	0,0000	
13	−0,400	0,0448	0,0017	0,0000	0,000	0,0000	0,000	0,0000	0,000	0,0000	0,000	0,0000	0,000
14	0,0000	0,0448	0,0000	0,0000	0,000	0,0000	0,0000	0,0000	0,000	0,0000	0,000	0,0000	0,000
15	0,1530	0,0209	0,0289	0,0020	0,000	0,0000	0,0767	0,0000	0,000	0,0222	0,0141	0,0059	0,007
16	0,0000	0,0978	0,0000	0,0000	0,000	0,0000	0,1130	0,0000	0,000	0,0000	0,000	0,0000	0,000

Tabelle 1.10 Koeffizienten der *Beattie-Bridgeman*-Gleichung nach [1.42, 1.47, 1.48]

Stoff	Formel	A_0	a	B_0	b	$c \cdot 10^{-4}$
Propan	C_3H_8	11,920	0,07321	0,18100	0,04293	120,00
Butan	C_4H_{10}	17,794	0,12161	0,24620	0,09423	350,00
Methan	CH_4	2,2769	0,0185	0,05587	$-0,01587$	12,83
Luft	–	1,3012	0,01931	0,04611	$-0,001101$	4,34

mit

$$B = B_0 \left(1 - \frac{b}{v}\right)$$

$$A = A_0 \left(1 - \frac{a}{v}\right)$$

$$\varepsilon = \frac{c}{v \cdot T^3}$$

Wobei a, A_0, b, B_0 und c empirisch ermittelte Koeffizienten sind. Für ausgewählte Gase sind diese in [1.42, 1.47, 1.48] enthalten und in Tabelle 1.10 zusammengestellt.

Eine Verbesserung der Gleichung von *Beattie* und *Bridgeman* wurde von *Benedict*, *Webb* und *Rubin* (BWR-Gleichung) [1.49, 1.50] (siehe auch [1.41]) vorgenommen.

$$p = RT\varrho + (B_0 RT - A_0 - C_0/T^2)\varrho^2 + (bRT - a)\varrho^3) +$$
$$\rightarrow a\alpha\varrho^5 + \frac{c\varrho^3}{T^2}\left[(1 + \gamma\varrho^2)\exp(-\gamma\varrho^2)\right]$$

oder

$$p = \frac{RT}{v} + (B_0 RT - A_0 C_0/T^2) \cdot \frac{1}{v^2} + \frac{bRT - a}{v^3} +$$
$$\rightarrow \frac{a\alpha}{v^6} + \frac{C}{v^3 T^2}\left[\left(1 - \frac{\gamma}{v^2}\right)\exp\left(-\frac{\gamma}{v^2}\right)\right]$$

Darin bedeuten:

A_0, B_0, C_0 individuelle Stoffkonstanten des Gasgemisches für die BWR-Zustandsgleichung
a, b, c
α, γ
p Druck des Gasgemisches [atm]
T absolute Temperatur des Gasgemisches [K]
R allgemeine Gaskonstante ($R = 0,0820544$ l atm/(K mol))
v molares Volumen des Gasgemisches [l/mol]
ϱ Moldichte des Gasgemisches [mol/l]
exp Basis des natürlichen Logarithmus, $e = 2,718$

Alle tabellierten Daten für die BWR-Zustandsgleichung liegen, wie auch die für die bisher angegebenen Zustandsgleichungen, historisch bedingt, in inzwischen veralteten Druckeinheiten vor.

1.2 Grundbegriffe. Allgemeine Konstanten und Gesetzmäßigkeiten

Die BWR-Stoffkonstanten für Kohlenwasserstoff-Gasgemische können nach unterschiedlichen Methoden berechnet werden:

a) auf der Grundlage bekannter (tabellierter) Stoffkonstanten der Einzelkomponenten unter Anwendung von Mischungsregeln
b) durch Anwendung des „Erweiterten Theorems der übereinstimmenden Zustände" [1.51], indem über die pseudokritischen Größen (pseudokritischer Druck, Temperatur und *Riedel*-Parameter) für das Gasgemisch die entsprechenden Stoffkonstanten für die BWR-Zustandsgleichung ermittelt werden.

Die zur Anwendung des erstgenannten Verfahrens erforderlichen Koeffizienten der BWR-Gleichung für ausgewählte Einzelgase finden sich in den Tabellen 1.11 und 1.12.

Ein großer Vorteil der BWR-Gleichung besteht in der Möglichkeit, das reale Zustandsverhalten von Gemischen aus dem bekannten thermischen Zustandsverhalten der Einzelkomponenten annähernd mit Hilfe spezieller Mischungsregeln vorauszuberechnen. Diese Mischungsregeln zur Ermittlung der Koeffizienten der thermischen Zustandsgleichung wurden von *Benedict*, *Webb* und *Rubin* [1.50] angegeben (siehe auch [1.35]):

$$B_0 = \left[\sum_{i=1}^{k}(\psi_i \cdot B_0)\right] \qquad b = \left[\sum_{i=1}^{k}(\psi_i \cdot b_i^{1/3})\right]^3$$

$$A_0 = \left[\sum_{i=1}^{k}(\psi_i \cdot A_{0i}^{1/2})\right]^2 \qquad a = \left[\sum_{i=1}^{k}(\psi_i \cdot a_i^{1/3})\right]^3$$

$$C_0 = \left[\sum_{i=1}^{k}(\psi_i \cdot C_{0i}^{1/2})\right]^2 \qquad c = \left[\sum_{i=1}^{k}(\psi_i \cdot c_i^{1/3})\right]^3$$

$$\alpha = \left[\sum_{i=1}^{k}(\psi_i \cdot \alpha_i^{1/3})\right]^3 \qquad \gamma = \left[\sum_{i=1}^{k}(\psi_i \cdot \gamma^{1/2})\right]^2$$

Fasold und *Wahle* [1.52, 1.53] bevorzugen die Berechnung der BWR-Stoffkonstanten mit Hilfe des „Erweiterten Theorems der übereinstimmenden Zustände". Das von *van der Waals* postulierte „Theorem der übereinstimmenden Zustände" besagt, daß für alle Stoffe eine universell gültige Zustandsgleichung der Form

$$f(p_r, T_r, v_r) = 0$$

existieren müßte, wenn die Zustandsgleichung in „reduzierten Zustandsgrößen"

$$p_r = \frac{p}{p_{krit.}}; \qquad T_r = \frac{T}{T_{krit.}} \quad \text{und} \quad v_r = \frac{v}{v_{krit.}}$$

formuliert wird. Tatsächlich trifft dieses Postulat nur näherungsweise zu.

Die Aufstellung einer relativ universell gültigen Zustandsgleichung gelingt über die Erweiterung des „Theorems der übereinstimmenden Zustände", indem – nach *Riedel* [1.54] – ein für jeden Stoff spezifischer „kritischer Parameter α_k" eingeführt wird, der als Korrekturgröße in die Berechnung der Stoffkonstanten eingeht.

Das „Theorem der übereinstimmenden Zustände" und seine Erweiterung ist zunächst nur für Einzelgase formuliert worden. Es hat sich jedoch erwiesen, daß es sich näherungsweise auch auf Gasgemische anwenden läßt, wenn aus den jeweiligen kritischen Größen der Gemischkomponenten über die molare Gewichtung die sog. pseudokritischen Größen des

Tabelle 1.11 Koeffizienten der *Benedict-Webb-Rubin*-Gleichung nach [1.49, 1.50]

Stoff	Formel	A_0	B_0	C_0	a	b	c	α	γ
Propan	C_3H_8	6,87225	0,0973130	$0,508256 \cdot 10^6$	0,947700	0,0225000	$0,129000 \cdot 10^6$	$0,607175 \cdot 10^{-3}$	$2,20000 \cdot 10^{-2}$
n-Butan	$n\text{-}C_4H_{10}$	10,0847	0,124361	$0,992830 \cdot 10^6$	1,88231	0,0399983	$0,316400 \cdot 10^6$	$1,10132 \cdot 10^{-3}$	$3,40000 \cdot 10^{-2}$
i-Butan	$i\text{-}C_4H_{10}$	10,23264	0,137544	$0,845943 \cdot 10^6$	1,93763	0,024352	$0,286010 \cdot 10^6$	$1,07408 \cdot 10^{-3}$	$3,40000 \cdot 10^{-2}$
Propen	C_3H_6	6,11220	0,0850647	$0,439182 \cdot 10^6$	0,774056	0,0187059	$0,102611 \cdot 10^6$	$0,455696 \cdot 10^{-3}$	$1,82900 \cdot 10^{-2}$
Buten	C_4H_8	8,95325	0,116025	$0,927280 \cdot 10^6$	1,69270	0,0348156	$0,274920 \cdot 10^6$	$0,910889 \cdot 10^{-3}$	$2,95945 \cdot 10^{-2}$
Ethan	C_2H_6	4,15556	0,0627724	$0,179592 \cdot 10^6$	0,345160	0,0111220	$0,0327670 \cdot 10^6$	$0,243389 \cdot 10^{-3}$	$1,18000 \cdot 10^{-2}$
Ethen	C_2H_4	3,33958	0,0556833	$0,131140 \cdot 10^6$	0,25900	0,0086000	$0,021120 \cdot 10^6$	$0,178000 \cdot 10^{-3}$	$0,923000 \cdot 10^{-2}$
n-Pentan	$n\text{-}C_5H_{12}$	12,1794	0,156751	$2,121211 \cdot 10^6$	4,07480	0,0668120	$0,824170 \cdot 10^6$	$1,81000 \cdot 10^{-3}$	$4,75000 \cdot 10^{-2}$
i-Pentan	$i\text{-}C_5H_{12}$	12,7959	0,160053	$1,746321 \cdot 10^6$	3,75620	0,0668120	$0,695000 \cdot 10^6$	$1,70000 \cdot 10^{-3}$	$4,63000 \cdot 10^{-2}$
Methan	CH_4	1,85500	0,0426000	0,0225700	0,494000	0,0033804	$0,00254500 \cdot 10^6$	$0,124359 \cdot 10^{-3}$	$0,60000 \cdot 10^{-2}$

Tabelle 1.12 Koeffizienten der *Benedict-Webb-Rubin*-Gleichung nach [1.51]

Stoff	Formel	R [J/(kg·K)]	A_0 [N·m^4/kg^2]	B_0 [m^3/kg]	C_0 [N·m^4·K^2/kg^2]	a [N·m^7/kg^3]	b [m^6/kg^2]	c [N·m^7·K^2/kg^3]	α [m^9/kg^3]	γ [m^6/kg^2]
Propan	C_3H_8	188,6	358,575	$2,20855 \cdot 10^{-3}$	$2,65194 \cdot 10^7$	1,12224	$1,15892 \cdot 10^{-5}$	$1,52759 \cdot 10^5$	$7,09776 \cdot 10^{-9}$	$11,3317 \cdot 10^{-6}$
n-Butan	$n\text{-}C_4H_{10}$	143,1	302,865	$2,14127 \cdot 10^{-3}$	$2,98168 \cdot 10^7$	0,97334	$1,18582 \cdot 10^{-5}$	$1,63610 \cdot 10^5$	$5,62184 \cdot 10^{-9}$	$10,0799 \cdot 10^{-6}$
i-Butan	$i\text{-}C_4H_{10}$	143,1	307,308	$2,36826 \cdot 10^{-3}$	$2,55256 \cdot 10^7$	1,00195	$1,25806 \cdot 10^{-5}$	$1,47891 \cdot 10^5$	$5,48279 \cdot 10^{-9}$	$10,0799 \cdot 10^{-6}$
Propen	C_3H_6	197,6	350,217	$2,02308 \cdot 10^{-3}$	$2,51642 \cdot 10^7$	1,05482	$1,05826 \cdot 10^{-5}$	$1,39829 \cdot 10^5$	$6,13014 \cdot 10^{-9}$	$10,3453 \cdot 10^{-6}$
Buten	C_4H_8	148,2	288,571	$2,06958 \cdot 10^{-3}$	$2,98871 \cdot 10^7$	0,97316	$1,10774 \cdot 10^{-5}$	$1,58056 \cdot 10^5$	$5,16963 \cdot 10^{-9}$	$9,41616 \cdot 10^{-6}$
Ethan	C_2H_6	276,5	466,269	$2,08914 \cdot 10^{-3}$	$2,01509 \cdot 10^7$	1,28892	$1,23101 \cdot 10^{-5}$	$1,22361 \cdot 10^5$	$8,97220 \cdot 10^{-9}$	$13,0701 \cdot 10^{-6}$
Ethen	C_2H_4	296,4	430,550	$1,98649 \cdot 10^{-3}$	$1,69071 \cdot 10^7$	1,19119	$1,09451 \cdot 10^{-5}$	$0,97133 \cdot 10^5$	$8,08173 \cdot 10^{-9}$	$11,7469 \cdot 10^{-6}$
n-Pentan	$n\text{-}C_5H_{12}$	115,2	237,376	$2,17426 \cdot 10^{-3}$	$4,13424 \cdot 10^7$	1,10159	$1,28545 \cdot 10^{-5}$	$2,22807 \cdot 10^5$	$4,83038 \cdot 10^{-9}$	$9,13893 \cdot 10^{-6}$
i-Pentan	$i\text{-}C_5H_{12}$	115,2	249,391	$2,22006 \cdot 10^{-3}$	$3,40357 \cdot 10^7$	1,01546	$1,28545 \cdot 10^{-5}$	$1,87887 \cdot 10^5$	$4,53682 \cdot 10^{-9}$	$8,90805 \cdot 10^{-6}$
Methan	CH_4	520,0	731,195	$2,65735 \cdot 10^{-3}$	$0,889635 \cdot 10^7$	1,21466	$1,31523 \cdot 10^{-5}$	$0,62577 \cdot 10^5$	$30,1853 \cdot 10^{-9}$	$23,3469 \cdot 10^{-6}$

1.2 Grundbegriffe. Allgemeine Konstanten und Gesetzmäßigkeiten

Gasgemisches gebildet werden. Die kritischen Größen (kritischer Druck, kritische Temperatur und kritischer *Riedel*-Parameter) für einzelne Gaskomponenten wurden von *Jaeschke* [1.55] zusammengestellt und sind für wichtige Flüssiggaskomponenten in Tabelle 1.8 ausgewiesen.

Für die pseudokritischen Größen gilt:

$$T_{krit.,M} = \sum_{i=1}^{k} (\psi_i \cdot T_{krit.,i})$$

$$p_{krit.,M} = \sum_{i=1}^{k} (\psi_i \cdot p_{krit.,i})$$

$$\alpha_{krit.,M} = \sum_{i=1}^{k} (\psi_i \cdot \alpha_{krit.,i})$$

Hier bedeuten:

$T_{krit.,M}$ pseudokritische Temperatur des Gasgemisches, [K]
$T_{krit.,i}$ kritische Temperatur der *i*-ten Gaskomponente, [K]
$p_{krit.,M}$ pseudokritischer Druck des Gasgemisches, [atm]
$p_{krit.,i}$ kritischer Druck der *i*-ten Gaskomponente, [atm]
$\alpha_{krit.,M}$ pseudokritischer *Riedel*-Parameter des Gasgemisches, [–]
$\alpha_{krit.,i}$ kritischer *Riedel*-Parameter der *i*-ten Gaskomponente, [–]
ψ_i Molanteil der *i*-ten Gaskomponente am Gasgemisch, [–]

Die „reduzierte" BWR-Zustandsgleichung erhält man durch Einführen der reduzierten Zustandsgrößen in die oben angegebene BWR-Gleichung, so daß sich eine Gleichung ergibt, in der die reduzierten Größen als Variable auftreten. Formal entspricht die reduzierte BWR-Gleichung der allgemeinen Formulierung; die entsprechenden reduzierten Stoffkonstanten stehen – über die kritischen Größen der Edelgase bzw. die pseudokritischen Größen der Gasgemische und die universelle Gaskonstante R – in Korrelation zu den individuellen Stoffkonstanten [1.52]:

$$A_0 = A_0' \frac{T_{krit.,M}^2 \cdot R^2}{p_{krit.,M}} \qquad a = a' \frac{T_{krit.,M}^3 \cdot R^3}{p_{krit.,M}^2}$$

$$B_0 = B_0' \frac{T_{krit.,M} \cdot R}{p_{krit.,M}} \qquad b = b' \frac{T_{krit.,M}^2 \cdot R^2}{p_{krit.,M}^2}$$

$$C_0 = C_0' \frac{T_{krit.,M}^4 \cdot R_2}{p_{krit.,M}} \qquad c = c' \frac{T_{krit.,M}^5 \cdot R^2}{p_{krit.,M}^2}$$

$$\alpha = \alpha' \frac{T_{krit.,M}^3 \cdot R^3}{p_{krit.,M}^3} \qquad \gamma = \gamma' \frac{T_{krit.,M}^2 \cdot R^2}{p_{krit.,M}^2}$$

Hier sind A_0', B_0', C_0', a', b', c', α' und γ' die reduzierten Stoffkonstanten.

Fasold und *Wahle* erörtern die Problematik wie folgt weiter: Bei Gültigkeit des Theorems der übereinstimmenden Zustände müßten die jeweiligen reduzierten Konstanten verschiedener Stoffe denselben Zahlenwert aufweisen; das trifft jedoch in nicht hinreichendem Maße zu [1.52]. Die Erweiterung des Theorems führt zu einer Korrektur der reduzierten Stoffgrößen durch den kritischen *Riedel*-Parameter $\alpha_{\text{krit.}}$, wobei in guter Näherung für die Flüssiggaskomponenten ein linearer Zusammenhang zwischen den reduzierten Stoffgrößen und den *Riedel*-Parametern angesetzt werden kann [1.56]:

$$A'_0 = -0{,}06000000 \qquad \alpha_{\text{krit.,M}} = +0{,}6900000 ,$$

$$B'_0 = 0{,}00797872 \qquad \alpha_{\text{krit.,M}} = +0{,}0781383 ,$$

$$C'_0 = 0{,}02000000 \qquad \alpha_{\text{krit.,M}} = +0{,}0340000 ,$$

$$a' = 0{,}04083330 \qquad \alpha_{\text{krit.,M}} = -0{,}0706000 ,$$

$$b' = 0{,}01700000 \qquad \alpha_{\text{krit.,M}} = -0{,}0706000 ,$$

$$c' = 0{,}02400000 \qquad \alpha_{\text{krit.,M}} = -0{,}0980000 ,$$

$$\alpha' = -0{,}00183333 \qquad \alpha_{\text{krit.,M}} = +0{,}0138333 ,$$

$$\gamma = -0{,}014000000 \qquad \alpha_{\text{krit.,M}} = +0{,}1332000$$

Nach Vorgabe von Druck, Temperatur und Gaszusammensetzung kann mit Hilfe der BWR-Gleichung das Molvolumen (resp. die Dichte) des Gasgemisches berechnet werden. *Fasold* und *Wahle* weisen darauf hin, daß aufgrund des transzendenten Charakters der BWR-Gleichung eine explizite Lösung nicht darstellbar ist und statt dessen ein iteratives Lösungsverfahren einzusetzen ist [1.52].

Mit den oben angegebenen Gleichungen von *van-der-Waals*, *Beattie* und *Bridgeman* sowie von *Benedict*, *Webb* und *Rubin* wird der Sättigungszustand nicht erfaßt [1.41]. Er wird durch besondere Gleichungen für die Dampfdruckkurve und die Dichte der siedenden Flüssigkeit beschrieben. Soll beispielsweise die *Benedict-Webb-Rubin*-Gleichung auch Aussagen über den Sättigungszustand ermöglichen, muß die Zahl der Koeffizienten erhöht werden. Eine solche Zustandsgleichung wurde von *Bender* ausgearbeitet; sie wird daher *Bender*-Gleichung genannt. Von *Teja* und *Singh* [1.57] wird diese von *Bender* entwickelte Zustandsgleichung des Typs

$$p = \varrho T [R + B\varrho + C\varrho^2 + D\varrho^3 + E\varrho^4 + F\varrho^5 + (G + H\varrho^2)\varrho^2 \exp(-a_{20}\varrho^2)]$$

auf Ethan, Propan, n-Butan und n-Pentan zugeschnitten.

Die Koeffizienten der *Bender*-Gleichung sind temperaturabhängig.

Es gelten folgende Verknüpfungen:

$$B = a_1 - a_2/T - a_3/T^2 - a_4/T^3 - a_5/T^4$$

$$C = a_6 + a_7/T + a_8/T^2$$

$$D = a_9 + a_{10}/T$$

$$E = a_{11} + a_{12}/T$$

$$F = a_{13}/T$$

$$G = a_{14}/T^3 + a_{15}/T^4 + a_{16}/T^5$$

$$H = a_{17}/T^3 + a_{18}/T^4 + a_{19}/T^5$$

Die Zahlenwerte der Koeffizienten der *Bender*-Gleichung sind in Tabelle 1.13, 1.14 und 1.15 zusammengestellt.

1.2 Grundbegriffe. Allgemeine Konstanten und Gesetzmäßigkeiten

Tabelle 1.13 Koeffizienten der *Bender*-Gleichung für Propan, n-Butan, Ethan und n-Pentan nach [1.57]

Stoff Formel/Konstante	Propan C_3H_8	n-Butan C_4H_8	Ethan C_2H_6	n-Pentan C_5H_{12}
a_1	0,5031986270	0,3993694830	0,6253902481	$-0,4267872893 \cdot 10^1$
a_2	$0,4394688071 \cdot 10^3$	$0,2178844962 \cdot 10^3$	$0,4076241196 \cdot 10^4$	$-0,5439064341 \cdot 10^4$
a_3	$-0,6383251733 \cdot 10^4$	$0,2154396675 \cdot 10^6$	$0,3657009143 \cdot 10^5$	$0,2546496570 \cdot 10^7$
a_4	$0,2074712789 \cdot 10^8$	$-0,7223743133 \cdot 10^8$	$0,2256673672 \cdot 10^8$	$-0,4426280749 \cdot 10^9$
a_5	$-0,8291766046 \cdot 10^8$	$0,1386063959 \cdot 10^{11}$	$0,2507686766 \cdot 10^{10}$	$0,3177928340 \cdot 10^{11}$
a_6	0,9360340886	$-0,1120757173 \cdot 10^1$	$0,1421334667 \cdot 10^1$	$0,1115914116 \cdot 10^2$
a_7	$0,5387026946 \cdot 10^3$	$0,7514626393 \cdot 10^3$	$0,7234713345 \cdot 10^3$	$-0,4869040700 \cdot 10^4$
a_8	$0,5419456051 \cdot 10^4$	$0,2572220481 \cdot 10^6$	$0,1111440234 \cdot 10^6$	$-0,1560216842 \cdot 10^6$
a_9	$-0,1094122025 \cdot 10^1$	$0,8604362991 \cdot 10^1$	$-0,8564586574 \cdot 10^1$	$-0,2534174848 \cdot 10^2$
a_{10}	$-0,9455422899 \cdot 10^3$	$-0,5338048073 \cdot 10^4$	$0,1449440207 \cdot 10^4$	$0,1163536157 \cdot 10^5$
a_{11}	$0,3424398705 \cdot 10^1$	$-0,368441009 \cdot 10^1$	$0,3009089843 \cdot 10^2$	$0,8477729284 \cdot 10^1$
a_{12}	$-0,1929017338 \cdot 10^4$	$0,1718202456 \cdot 10^4$	$-0,1900395994 \cdot 10^5$	$-0,8896016687 \cdot 10^3$
a_{13}	$0,618064888 \cdot 10^4$	$0,4555840592 \cdot 10^4$	$0,2251972161 \cdot 10^5$	$-0,1429139251 \cdot 10^4$
a_{14}	$-0,6582559014 \cdot 10^9$	$-0,4628243212 \cdot 10^8$	$-0,8185051961 \cdot 10^9$	$-0,2150974812 \cdot 10^{10}$
a_{15}	$0,4982683494 \cdot 10^{12}$	$0,9652058735 \cdot 10^{11}$	$0,4390245956 \cdot 10^{12}$	$0,1943310935 \cdot 10^{13}$
a_{16}	$-0,9719451727 \cdot 10^{14}$	$-0,3746336818 \cdot 10^{14}$	$-0,6267734616 \cdot 10^{14}$	$-0,4186979612 \cdot 10^{15}$
a_{17}	$0,4874984031 \cdot 10^{10}$	$0,1132557724 \cdot 10^{10}$	$0,6508952557 \cdot 10^{10}$	$-0,1019610391 \cdot 10^{11}$
a_{18}	$-0,6683531028 \cdot 10^{13}$	$-0,2875587840 \cdot 10^{13}$	$-0,5066940892 \cdot 10^{13}$	$0,1297088605 \cdot 10^{13}$
a_{19}	$0,1955016089 \cdot 10^{16}$	$0,1215950261 \cdot 10^6$	$0,9897879182 \cdot 10^{15}$	$0,2116825611 \cdot 10^{16}$
a_{20}	$0,2253 \cdot 10^2$	$0,1887 \cdot 10^2$	$0,2500 \cdot 10^2$	$0,1682 \cdot 10^2$

Tabelle 1.14 Koeffizienten der *Bender*-Gleichung für Ethen und Propen nach [1.58]

Bezeichnung Formel/Konstante		Ethen C_2H_4	Propen C_3H_6
R	in [J/(gK)]	0,296367	0,197578
a_1		0,6199009568	0,7282876415
a_2		$0,5480331377 \cdot 10^3$	$0,691595787 \cdot 10^3$
a_3		$-0,59490338263 \cdot 10^5$	$-0,1232721329 \cdot 10^6$
a_4		$0,2978456993 \cdot 10^8$	$0,5363598403 \cdot 10^8$
a_5		$-0,1410862498 \cdot 10^{10}$	$-0,4704449163 \cdot 10^{10}$
a_6		$0,2099253547 \cdot 10^1$	$-0,1144303984 \cdot 10^1$
a_7		$-0,3023961281 \cdot 10^3$	$0,1150332286 \cdot 10^4$
a_8		$0,2126582512 \cdot 10^6$	$-0,63588604332 \cdot 10^5$
a_9		$0,4064840279 \cdot 10^1$	$0,1072352773 \cdot 10^2$
a_{10}		$-0,4409410402 \cdot 10^4$	$-0,7396844590 \cdot 10^4$
a_{11}		0,4569939966	$-0,1210690018 \cdot 10^2$
a_{12}		$0,6188244460 \cdot 10^4$	$0,1405092248 \cdot 10^5$
a_{13}		$0,5116189590 \cdot 10^3$	$-0,4328660394 \cdot 10^4$
a_{14}		$0,5920592324 \cdot 10^8$	$0,6680314909 \cdot 10^8$
a_{15}		$-0,3868585434 \cdot 10^{11}$	$0,3816884968 \cdot 10^{11}$
a_{16}		$0,6383210497 \cdot 10^{13}$	$-0,1503361977 \cdot 10^{14}$
a_{17}		$-0,3452285470 \cdot 10^{10}$	$0,6299803992 \cdot 10^9$
a_{18}		$0,2067324621 \cdot 10^{13}$	$0,6964578103 \cdot 10^{12}$
a_{19}		$0,2179125512 \cdot 10^{15}$	$0,6429702784 \cdot 10^{14}$
a_{20}		$0,21000000 \cdot 10^2$	$0,15000000 \cdot 10^2$

Von *McCarty* [1.60] wird eine modifizierte BWR-Gleichung, die dem *Bender*-Typ entspricht, für Methan angeboten:

$$p = \varrho RT + \varrho^2(a_1 T + a_2 T^{1/2} + a_3 + a_4/T + a_5/T^2)$$
$$+ \varrho^3(a_6 T + a_7 + a_8/T + a_9/T^2)$$
$$+ \varrho^4(a_{10}T + a_{11+a_{12}}/T) + \varrho^5(a_{13})$$
$$+ \varrho^6(a_{14}/T + a_{15}/T^2) + \varrho^7(a_{16}/T)$$
$$+ \varrho^8(a_{17}/T + a_{18}/T^2) + \varrho^9(a_{19}/T)$$
$$+ \varrho^3(a_{20}/T^2 + a_{21}/T^3) \exp(-\gamma \varrho^2)$$
$$+ \varrho^5(a_{22}/T + a_{23}/T^4) \exp(-\gamma^2)$$

Die Koeffizienten der Gleichung von *McCarty* enthält Tabelle 1.16.

Weitere Erläuterungen zum Problemfeld thermodynamischer Zustandsgleichungen finden sich beispielsweise in [1.10]. Es sei außerdem auf *Köpsel* [1.35] verwiesen. Für gastechnische Belange siehe besonders [1.61–1.63], außerdem [1.64].

Zur einfachen Berücksichtigung des Realgasverhaltens ist es in der Gastechnik üblich, auf den sog. Realgasfaktor z zurückzugreifen. Die Zustandsgleichung idealer Gase ist dann wie folgt anzuschreiben:

$$p \cdot v = z \cdot R \cdot T$$

Angaben zum Realgasfaktor finden sich in Kapitel 1.3.3.

1.2 Grundbegriffe. Allgemeine Konstanten und Gesetzmäßigkeiten

Tabelle 1.15 Koeffizienten der *Bender*-Gleichung für Methan nach [1.59]

Bezeichnung Formel/Konstante		Methan CH$_4$
R	in [kJ/(kgK)]	0,518251
a_1		0,17191020 · 10^1
a_2		0,86366402 · 10^3
a_3		−0,25005236 · 10^5
a_4		0,12533848 · 10^8
a_5		−0,34169547 · 10^9
a_6		0,75523689
a_7		−0,12111233 · 10^3
a_8		0,20547188 · 10^6
a_9		0,32337540 · 10^2
a_{10}		−0,61948317 · 10^4
a_{11}		−0,25603806 · 10^2
a_{12}		0,11556713 · 10^4
a_{13}		0,27425297 · 10^5
a_{14}		0,49499620 · 10^8
a_{15}		−0,11956135 · 10^{11}
a_{16}		0,88302981 · 10^{12}
$a17$		−0,31713486 · 10^{10}
a_{18}		0,12302028 · 10^{13}
a_{19}		−0,64499295 · 10^{14}
a_{20}		0,37000000 · 10^2

Tabelle 1.16 Koeffizienten der *Bender* Gleichung für Methan nach [1.60]

Bezeichnung Formel/Konstante		Methan CH$_4$
R	in [l · atm/(mol · K)]	0,08205616
a_1		−1,8439486666 · 10^2
a_2		1,0510162064
a_3		−1,6057820303 · 10^1
a_4		8,4844027562 · 10^2
a_5		−4,2738409106 · 10^4
a_6		7,6565285254 · 10^{-4}
a_7		−4,8360724197 · 10^{-1}
a_8		8,5195473835 · 10^1
a_9		−1,6607434721 · 10^4
a_{10}		−3,7521074532 · 10^{-5}
a_{11}		2,8616309259 · 10^{-2}
a_{12}		−2,8685285973
a_{13}		1,1906973942 · 10^{-4}
a_{14}		−8,5315715699 · 10^{-3}
a_{15}		3,8365063841
a_{16}		2,4986828379 · 10^{-5}
a_{17}		5,7974531455 · 10^{-6}
a_{18}		−7,1648329297 · 10^{-3}
a_{19}		1,2577853784 · 10^{-4}
a_{20}		2,2240102466 · 10^4
a_{21}		−1,4800512328 · 10^6
a_{22}		5,0498054887 · 10
a_{23}		1,6428375992 · 10^6
a_{24}		2,1325387196 · 10^{-1}
a_{25}		3,7791273422 · 10^1
a_{26}		−1,1857016815 · 10^{-5}
a_{27}		−3,1630780767 · 10^1
a_{28}		−4,1006782941 · 10^{-6}
a_{29}		1,4870043284 · 10^{-3}
a_{30}		3,1512261532 · 10^{-9}
a_{31}		−2,1670774745 · 10^{-6}
a_{32}		2,4000551079 · 10^{-5}
γ		+0,0096

1.2.5 Energetisches Zustandsverhalten von Fluiden

Bei der Bilanzierung und Modellierung von thermodynamischen Systemen der Flüssiggastechnik ist die Kenntnis des energetischen Zustandsverhaltens unerläßlich. Neben den bereits eingeführten thermischen Zustandsgrößen Druck, Volumen, Temperatur etc. sind hierfür besonders die spezifische Enthalpie und die spezifische Entropie gebräuchlich [1.39].

Technische Anwendungen im Bereich der Flüssiggastechnik treten sowohl im fluiden Einphasengebiet (gasförmig oder flüssig) als auch im fluiden Zweiphasengebiet (Naßdampf) auf. Einige Hinweise zu wichtigen thermodynamischen Verknüpfungen sind z. B. in [1.39] zu finden. Das gilt sowohl für den Bereich überhitzter Dampf, fluides Zweiphasengebiet und unterkühlte Flüssigkeit.

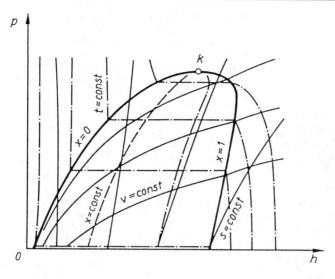

Abb. 1.4 Mollier p,h Diagramm (in Anlehnung an [1.39])

Trotz vielfältiger rechentechnischer Möglichkeiten zur Bestimmung energetischer Zustandsgrößen sind Zustandsdiagramme zum einen zur Diskussion qualitativer Zusammenhänge sowie für Prozeßdarstellungen und zum anderen für schnelle überschlägige Berechnungen oft in Gebrauch. Die meisten energetischen Zustandsdiagramme wurden für die Arbeitsstoffe Wasser und Luft aufgezeichnet. Hierzu zählen insbesondere das T, s-Diagramm bzw. das h, s-Diagramm als wohl gebräuchlichstes Ablesediagramm (*Mollier*-Diagramme). Ähnlich sind Tafelwerke aufgebaut. Insbesondere für die Berechnung von Kältemaschinenprozessen wird gern das *Mollier-p, h*-Diagramm verwendet, wie es qualitativ in Abb. 1.4 dargestellt ist.

1.2.6 Phasengleichgewicht von Flüssigkeitsgemischen

Eine für Flüssigkeiten typische Eigenschaft ist ihre Verdampfungsfähigkeit. Bei jeder Temperatur geht ein Teil der Moleküle unter dem Einfluß der Wärmebewegung in den gasförmigen Zustand über. Die Neigung zur Verdampfung ist um so größer, je höher die Temperatur ist; sie hängt aber auch stark vom individuellen Charakter der Flüssigkeit ab [1.65, 1.66].

Wird in einem Behälter eine Flüssigkeit erwärmt, so entsteht also eine verstärkte Bewegung der Moleküle, und der Anteil der den Flüssigkeitsverband verlassenden Moleküle nimmt zu. Wird dabei die Siedetemperatur der Flüssigkeit erreicht, dann ist die innere Energie des Molekülverbandes so weit angestiegen, daß ein gleichmäßiges Abströmen der Moleküle aus dem Flüssigkeitsverband auftritt (Verdampfungsvorgang). Erfolgt dieser Vorgang in einem geschlossenen Gefäß und gehen unabhängig von der Temperatur in der gleichen Zeit ebenso viele Moleküle aus der Flüssigkeit in den Dampfraum wie aus dem Dampf in die Flüssigkeit über, dann liegt ein Phasengleichgewicht vor, d. h., Flüssigkeit und Dampf befinden sich im Gleichgewicht. Dieses Gleichgewicht wird durch einen bestimmten Dampfdruck charakterisiert, der weder von der Menge der Flüssigkeit noch von der Menge des Dampfes, sondern nur von der Temperatur abhängt.

Im Falle der Flüssiggase liegen i. d. R. Mischphasen (Mehrkomponentensysteme) vor.

1.2 Grundbegriffe. Allgemeine Konstanten und Gesetzmäßigkeiten

Der Gesamtdampfdruck eines Flüssigkeitsgemisches setzt sich aus den Partialdrücken der einzelnen Komponenten zusammen. Bei k Komponenten gilt:

$$p_{ges} = \sum_{i=1}^{k} p_i$$

Auf ein Zweistoffsystem, bestehend aus den Komponenten A und B, angewandt, bedeutet das, daß sowohl die Anziehungskräfte der Komponente A mit der Komponente B von entscheidendem Einfluß sind. Bezeichnet man die Anziehungskraft der Molekeln der Komponente A untereinander mit a_{AA}, die der Molekeln B untereinander mit a_{BB} und die Anziehungskraft der Moleküle der beiden Komponenten A und B untereinander mit a_{AB}, so kann man auf dieser Basis das Wesen der unterschiedlichen Gemischarten recht anschaulich erklären. Ein Gemisch, in dem die Anziehungskräfte alle gleich groß sind ($a_{AA} = a_{BB} = a_{AB}$), bezeichnet man als ideale Lösung, da die Komponenten in jedem beliebigen Verhältnis miteinander mischbar sind. Die Kraft, die erforderlich ist, um ein Molekül der Komponente A im Flüssigkeitsverband zu halten, ist in diesem Falle unabhängig von der Zusammensetzung des Gemisches, denn es ist gleichgültig, von welchen Molekülen das betreffende Molekel umgeben ist. Die haltende Kraft ist immer gleich groß. Damit wird der Partialdruck einer Komponente nur bestimmt von der Anzahl der Moleküle, die in der Zeiteinheit die Flüssigkeitsoberfläche mit der zur Überwindung der Anziehungskräfte notwendigen Geschwindigkeit erreichen. Der Partialdruck p_i stellt sich als der Konzentration der Flüssigkeit ψ'_i entsprechender Teil des Dampfdruckes der jeweiligen Komponente $p_{S,i}$ dar. Diese Beziehung wird im *Raoult*schen Gesetz formuliert:

$$p_i = \psi'_i \cdot p_{S,i}$$

Ist dagegen die Anziehungskraft a_{AB} der Moleküle zweier verschiedener Komponenten bedeutend größer als die Anziehungskräfte a_{AA} bzw. a_{BB} ($a_{AB} \gg a_{AA}$ bzw. $a_{AB} \gg a_{BB}$), so werden die Moleküle weniger stark in der Flüsigkeit festgehalten, als wenn sie nur von Molekülen der gleichen Art umgeben sind. Das bedeutet, daß die Moleküle geringere Kohäsions- bzw. Adhäsionskräfte zu überwinden haben und leichter in den Dampf gelangen. Dementsprechend bezeichnet man solche Gemische als Gemisch mit positiver Abweichung vom *Raoult*schen Gesetz. Nimmt die Anziehungskraft der Moleküle a_{AB} der Moleküle zweier Komponenten Werte an, die nur wenig von Null verschieden sind ($a_{AB} \approx 0$), so werden die verbindenden Kräfte zwischen den verschiedenartigen Molekülen nur noch sehr gering wirksam. Das Gemisch beginnt sich zu trennen, und es treten zwei Schichten auf, wobei die spezifisch schwerere Komponente die untere Schicht bildet. Man spricht von teilweise löslichen Gemischen bzw. bei vollständiger Trennung von Gemischen mit ineinander unlöslichen Komponenten. In Tabelle 1.17 sind die verschiedenen Gemischarten eines Zweistoffsystems in Abhängigkeit der Anziehungskräfte nochmals systematisierend zusammengefaßt.

Flüssiggasgemische können in sehr guter Näherung als ideale Mischungen behandelt werden, für die das *Raoult*sche Gesetz zutreffend ist.

Gemische ohne konstante Siedetemperatur
Es handelt sich hierbei um ideale Gemische, die dem *Raoult*schen Gesetz gehorchen.

Beschränkt man sich modellhaft auf ein Zweistoffsystem, gilt für die Partialdrücke der einzelnen Komponenten:

Komponente A: $p_A = \psi'_A \cdot p_{S,A}$
Komponente B: $p_B = \psi'_B \cdot p_{S,B}$

Die entsprechenden Verhältnisse sind in Abb. 1.5 skizziert.

Tabelle 1.17 Gemischarten eines Zweistoffsystems in Abhängigkeit von der Relation der Anziehungskräfte nach [1.66]

Zeile	Anziehungskräfte	Löslichkeit ineinander	Anwendbarkeit des *Raoult*schen Gesetzes	Gemischart
1	$a_{AB} = a_{AA} = a_{BB}$	vollständig	vollständig	ohne konstante Siedetemperatur
2	$a_{AB} > a_{AA};\ a_{BB}$	vollständig	mit negativer Abweichung	mit maximaler Siedetemperatur
3	$a_{AB} < a_{AA};\ a_{BB}$	vollständig	mit positiver Abweichung	mit minimaler Siedetemperatur
4	$a_{AB} \to 0$	teilweise	nicht anwendbar	teilweise lösliche Gemische
5	$a_{AB} = 0$	keine	nicht anwendbar	fast unlösliche Gemische

Auf die in Abb. 1.5 dargestellten Zusammenhänge soll zunächst erläuternd näher eingegangen werden. Es wird ein Zweistoffgemisch mit dem leichtersiedenden Anteil ψ_A (Komponente 1 in Abb. 1.5) betrachtet, welches sich in einem Behälter befindet. Die Zusammensetzung des Gemisches soll im weiteren durch den Stoffmengenanteil der leichtersiedenden Komponente $\psi_A = \psi$ beschrieben werden. Der anfängliche Zustand sei durch den Punkt 1 gegeben. Der Druck des Flüssigkeitsgemisches kann nun isotherm verringert werden, bis in einem Zustandspunkt 2 der erste Dampf entsteht. Die ersten Spuren des Dampfes haben eine Zusammensetzung, die durch den Punkt 3 gegeben ist. Verringert man den Druck weiter bis zum Punkt 4, so befindet sich in dem Gefäß eine Flüssigkeit der Konzentration ψ', gekennzeichnet durch die Zusammensetzung im Zustandspunkt 5. Das Dampfgemisch über der Flüssigkeit besitzt die Zusammensetzung ψ'' die man auf der zum Zustandspunkt 6 gehörenden Abszisse abliest. Flüssigkeit der Zusammensetzung ψ' und Dampf der Zusammensetzung ψ'' befinden sich bei dem Druck $p_4 = p_5 = p_6$ und der Temperatur T im Gleichgewicht. Ent-

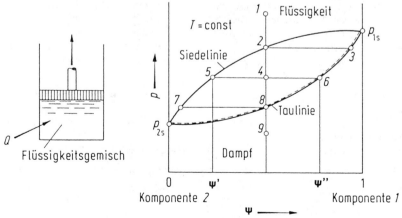

Abb. 1.5 p, ψ-Diagramm (Siedediagramm) eines binären Gemisches (Idealgemisch). Zustandsverlauf für isotherme Verdampfung in einem geschlossenen Gefäß [1.11]

1.2 Grundbegriffe. Allgemeine Konstanten und Gesetzmäßigkeiten

spannt man weiter, so erreicht man schließlich einen Zustand, bei dem die letzten Flüssigkeitstropfen gerade verschwinden. Diese haben eine Zusammensetzung, welche durch den den Punkt 7 gekennzeichnet ist und befinden sich im Gleichgewicht mit einem Dampf, dessen Zusammensetzung durch Punkt 8 gegeben ist. Da die gesamte Stoffmenge im Behälter eingeschlossen ist, muß die Zusammensetzung des Dampfes dann, wenn alle Flüssigkeit verdampft wurde, gerade so groß wie die Zusammensetzung der anfänglich vorhandenen Flüssigkeit sein. Wiederholt man den Versuch mit verschiedenen Anfangszusammensetzungen, so erhält man stets andere Punkte für die Gleichgewichtszusammensetzung der Flüssigkeit und des Dampfes. Die Verbindungslinie aller Punkte, bei denen eine Flüssigkeit gerade zu sieden beginnt, nennt man *Siedelinie*. Würde man umgekehrt ein Dampfgemisch vom Zustand 9 ausgehend isotherm verdichten, so würden sich im Punkt 8 die ersten Flüssigkeitstropfen abscheiden, deren Zusammensetzung durch den Punkt 7 gegeben ist. Die Verbindungslinie aller Punkte, bei denen ein Dampf gerade zu kondensieren beginnt, nennt man *Taulinie*. Die Taulinie und die Siedelinie treffen sich auf beiden Ordinatenachsen, weil sich bei reinen Stoffen die Zusammensetzung von Flüssigkeit und Dampf nicht unterscheiden. Verhalten sich Dampf- und flüssige Phase ideal, so verläuft die Siedelinie im p, ψ-Diagramm geradlinig. Würde man allerdings die Zusammensetzung nicht durch Stoffmengenanteile, sondern durch Masseanteile ξ kennzeichnen, so wäre die Siedelinie im p, ξ-Diagramm i. allg. gekrümmt [1.11]. Die letztgenannte Art der Darstellung wird in der Flüssiggastechnik bevorzugt.

Das p, ψ-Diagramm gilt jeweils für eine bestimmte Temperatur. Da nach der *Gibbs*schen Phasenregel ein Zusammenhang $f(p, T, \psi) = 0$ existiert, kann man Phasengleichgewichte binärer Gemische auch in einem T, ψ-Diagramm darstellen, das für einen konstanten Druck gilt.

Abbildung 1.6 zeigt noch einmal den Vorgang der Verdampfung und Verflüssigung in einem p, ψ- und T, ψ-Diagramm.

Zur Berechnung sind die Dampfdrücke der reinen Komponenten p_S für die jeweils vorliegende Temperatur der Flüssigkeit beispielsweise Tabellen zu entnehmen oder zu berechnen. Die Partialdrücke ergeben sich nun entsprechend der Konzentration der Komponenten im Gemisch. Der Gesamtdampfdruck wird dann

$$p_{ges} = p_A + p_B = \psi'_A \cdot p_{S,A} + \psi'_B \cdot p_{S,B}$$

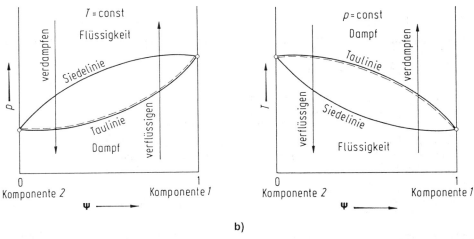

Abb. 1.6 *Verdampfen und Verflüssigen eines binären Gemisches im p, ψ-Diagramm (a) und im T, ψ-Diagramm (b) [1.11]*

Da für ein Zweistoffgemisch gilt $\psi'_A + \psi'_B = 1$, kann nach Einsetzen von $\psi''_B = 1 - \psi'_A$ der Gesamtdampfdruck auch aus

$$p_{ges} = \psi'_A \cdot p_{S,A} + (1 + \psi'_A) \cdot p_{S,B}$$

berechnet werden. Aus dieser Relation geht klar hervor, daß der Gesamtdampfdruck linear von der Konzentration abhängig ist. Es lassen sich entsprechende Druck-Konzentrations-Diagramme (p, ψ-Diagramme) für Zweistoffgemische zeichnen [1.12], [1.66].

Aus der Addition der beiden Partialdruckkurven erhält man, wie oben dargestellt, den Gesamtdampfdruck des Gemisches.

Wird über einer Flüssigkeit bei gegebener Temperatur der äußere Druck p konstant und niedriger als der Dampfdruck gehalten, so verdampft die Flüssigkeit nicht nur an der Oberfläche, sondern auch in ihrem Inneren; die Flüssigkeit siedet. Eine solche Situation liegt beispielsweise bei der Entnahme von Flüssiggas aus dem Dampfraum eines Behälters vor. Die Temperatur, bei der der Dampfdruck gerade gleich dem äußern Druck ist, wird Siedetemperatur genannt.

Für den Siedezustand gilt

$$p_{ges} = p$$

Unter dieser Maßgabe ist

$$p = \psi'_A \cdot p_{S,A} + (1 - \psi'_A) \cdot p_{S,B}$$

oder

$$p = \psi'_A (p_{S,A} - p_{S,B}) + p_{S,B}$$

Um die Siedetemperatur für eine bestimmte Zusammensetzung des Flüssiggases zu ermitteln, bestimmt man mit der letztgenannten Beziehung die Siedetemperatur von Gemischen verschiedener Zusammensetzung bei gegebenem Systemdruck und zeichnet die untere Kurve in Abb. 1.6, die sog. Siedelinie.

Die Taulinie gemäß Abb. 1.6 entsteht analog der Siedelinie. Unter Benutzung des *Dalton*schen Gesetzes

$$p_i = \psi''_i \cdot p$$

erhält man durch Gleichsetzen mit dem schon eingeführten *Raoult*schen Gesetz das sog. erweiterte *Raoult*sche Gesetz:

$$\psi'_i \cdot p_{S,i} = \psi''_i \cdot p$$

Auf ein Zweistoffsystem angewandt, folgt

$$\psi'_A \cdot p_{S,A} = \psi''_A \cdot p \quad \text{bzw.} \quad \psi'_A \cdot p_{S,B} = \psi''_B \cdot p$$

Unter Einbeziehung von $\psi'_A + \psi'_B = 1$ und Einsetzen der Ausdrücke für ψ'_A und ψ'_B aus dem erweiterten *Raoult*schen Gesetz entsteht nach Division durch den Systemdruck p die Taupunktgleichung

$$\frac{\psi''_A}{p_{S,A}} + \frac{\psi''_B}{p_{S,B}} = \frac{1}{p}$$

Bestimmt man mit Hilfe dieser Gleichung die Taupunkttemperatur für Gemische verschiedener Zusammensetzung bei gleichem Systemdruck, erhält man die obere Linie in Abb. 1.6, die sog. Taulinie.

1.2 Grundbegriffe. Allgemeine Konstanten und Gesetzmäßigkeiten

Aus Abb. 1.5 kann man sowohl die Siedetemperatur für ein Zweistoffgemisch als auch die mit der Flüssigkeit im Gleichgewicht stehende Dampfzusammensetzung ablesen.

Der Gleichgewichtszustand, wie in Abb. 1.5 bzw. 1.6 schematisch dargestellt, kann exakt berechnet und als Funktion für die Gleichgewichtskurve angegeben werden. Geht man von der Siedepunktgleichung für ein Zweistoffgemisch aus und setzt für p das erweiterte *Raoult*sche Gesetz für die Komponente A ein, dann erhält man:

$$\frac{\psi'_A \cdot p_{S,A}}{\psi''_A} = \psi'_A \cdot (p_{S,A} - p_{S,B}) + p_{S,B}$$

Dividiert man diese Gleichung durch $p_{S,B}$ und führt den Ausdruck $(p_{S,A}/p_{S,B}) = k$ ein, so erhält man die Gleichung für die Gleichgewichtskurve:

$$\psi''_A = \frac{\psi'_A \cdot k}{\psi'_A(k-1)+1}$$

Der Ausdruck $(p_{S,A}/p_{S,B}) = k$ wird als relative Flüchtigkeit bzw. Trennfaktor bezeichnet.

Fugazität [1.10]

Eine dominierende Rolle bei der Beschreibung von thermodynamischen Gleichgewichtszuständen spielt die molare freie Enthalpie der Komponente i in der Mischung $\bar{g}_i^*$, die auch als chemisches Potential bezeichnet wird.

Unterstellt man hier das Verhalten idealer Gemische, so kann diese Zustandsgröße aus derjenigen der reinen Komponente $\bar{g}_i(T, p)$ sowie für ideale Gasgemische mit Hilfe des Partial- und Gesamtdruckes p_i bzw. p aus

$$\bar{g}_i^* = \bar{g}_i(T, p) + \bar{R}T \ln \frac{p_i}{p}$$

und für ideale kondensierte Phasen aus dem Molanteil ψ_i durch

$$\bar{g}_i^* = \bar{g}_i(T, p) + \bar{R}T \ln \psi_i$$

ermittelt werden. Um mit allgemeingültigen Berechnungsgleichungen auch diese wichtigen Grenzfälle beschreiben zu können, werden z. B. nach [1.67] für gasförmige Phasen korrigierte Drücke, sog. Fugazitäten φ_i^* und φ_i eingeführt, mit denen die molare freie Enthalpie ermittelt werden kann:

$$\bar{g}_i^* = \bar{g}_i + \bar{R}T \ln \frac{\varphi_i^*}{\varphi_i}$$

In der Gastechnik wird beispielsweise bei der Modellierung der Hydratbildung [1.44] auf die Fugazität bzw. den Fugazitätskoeffizienten zurückgegriffen.

Hierzu setzt man die Zustandsgleichung, z. B. in der Formulierung von *Redlich-Kwong-Soave* in die Berechnungsvorschrift für den Fugazitätskoeffizienten ein, löst das Integral und erhält so den Ausdruck für die Fugazitätskoeffizienten φ_i der Komponenten $i = 1$ bis k [1.44].

$$\ln \varphi_i = \frac{b_i}{b_M}\left(\frac{pv - RT}{RT}\right) - \ln\left[\frac{p}{RT}(v - b_M)\right] - \frac{a_M}{b_M RT}\left(2\sqrt{\frac{a_i}{a_M}} - \frac{b_i}{b_M}\right)\ln\left(\frac{v + b_M}{v}\right)$$

Die Fugazität f_i der Komponente i im Gemisch ergibt sich dann aus der Beziehung

$$f_i = \varphi_i \cdot \psi_i \cdot p$$

mit

p absoluter Druck
φ_i Fugazitätskoeffizient
ψ_i Molanteil der Komponente,

wobei die Fugazitätskoeffizienten aus einer Zustandsgleichung berechnet werden können. Hier wurde die kubische Zustandsgleichung von *Redlich-Kwong-Soave* empfohlen.

1.3 Stoffwerte von Flüssiggasen

1.3.1 Kritische Daten

Für zahlreiche Berechnungen ist die Kenntnis der kritischen Temperatur und des kritischen Druckes, oft im Zusammenhang mit der Dichte oder dem spezifischen Volumen im kritischen Punkt erforderlich. Der kritische Punkt ist derjenige Ort im Druck-Temperatur-Diagramm, an dem die Dampf-Flüssigkeits-Gleichgewichtslinie bei weiterer Temperaturerhöhung aufhört zu existieren.

Diese Daten sind in Tabelle 1.18 zusammengestellt.

Die kritischen Daten eines Stoffgemisches werden als pseudokritische Daten bezeichnet. Für diese gilt:

$$T_{\text{krit.,M}} = \sum_{i=1}^{k} (\psi'_i \cdot T_{\text{krit.,i}}); \qquad p_{\text{krit.,M}} = \sum_{i=1}^{k} (\psi'_i \cdot p_{\text{krit.,i}})$$

Zur Berechnung von Stoffwerten durch stoffunabhängige Gleichungen werden häufig sog. reduzierte Größen benutzt:

$$p_r = p/p_{\text{krit.}}; \qquad T_r = T/T_{\text{krit.}}$$
$$\varrho_r = \varrho/\varrho_{\text{krit.}} \quad \text{bzw.} \quad v_r = v/v_{\text{krit.}}$$

1.3.2 Molare Masse und Gaskonstante

Die spezielle Gaskonstante R, die beispielsweise in Zustandsgleichungen enthalten ist, kann über die allgemeine Gaskonstante $\bar{R}$ mit Hilfe der molaren Masse M für jedes Einzelgas angegeben werden:

$$R = \bar{R}/M$$

Entsprechende Einzelstoffwerte finden sich in Tab. 1.6. $\bar{R} = 8{,}3143$ kJ/(kmol · K).

Auf Gasmischungen ist die einfache Mischungsregel zur Berechnung der speziellen Gaskonstante anzuwenden:

$$R_M = \sum_{i=1}^{k} (\zeta_i \cdot R_i) \quad \text{bzw.} \quad R_M = \bar{R} \Big/ \sum_{i=1}^{k} (\zeta_i \cdot M)$$

Für ein Zweistoffgemisch aus Propan und Butan gilt dann entsprechend

$$R_M = \zeta_{\text{Pr}} \cdot R_{\text{Pr}} + \zeta_{\text{Bu}} \cdot R_{\text{Bu}} \quad \text{bzw.} \quad R_M = \zeta_{\text{Pr}} \cdot R_{\text{Pr}} + (1 - \zeta_{\text{Pr}}) \cdot R_{\text{Bu}}$$

Vorstehende Gleichung ist in Abb. 1.7 graphisch für ein Propan-Butan-Gemisch ausgewertet.

1.3.3 Realgasverhalten

Bei der Berechnung von Kenngrößen eines Stoffes oder Stoffgemisches steht oft die Frage der Berücksichtigung des Realgasverhaltens auf möglichst rationale Weise. Einige recht praktikable Vorschläge stammen von *Tham* [1.55]; andere Berechnungen wurden früher auf der Grundlage der Zustandsgleichung von *Redlich* und *Kwong* von *Kurth* [1.15] angestellt.

Zunächst muß davon ausgegangen werden, daß für die Einzelstoffe, aus denen Flüssiggase bestehen, und die im Behälter als Sattdampf bzw. siedende Flüssigkeit vorliegen, das Realgasverhalten nicht vernachlässigt werden kann [1.15].

Das flüssige oder dampfförmige Gemisch kann in sehr guter Näherung als ideales Gemisch aufgefaßt werden:

- Alle Komponenten haben einen recht ähnlichen Molekülaufbau (Alkane und Alkene unterschiedlicher Kettenlänge). Damit sind die Unterschiede der zwischenmolekularen Wechselwirkungen zwischen gleichartigen und ungleichartigen Teilchen vernachlässigbar.
- Die kritischen Temperaturen der einzelnen Komponenten sind größer als die Gemischsiedetemperatur.

Die nachfolgenden Angaben entstammen [1.68].

Das reale Verhalten der Einzelstoffe wird durch den Realgasfaktor z berücksichtigt:

$$z' = p/(\varrho' \cdot R \cdot T);$$
$$z'' = p/(\varrho'' \cdot R \cdot T)$$

Tham berechnet den Realgasfaktor für die siedende Flüssigkeit sowie den Sattdampf (Phasengleichgewicht) nach *Pitzer* [1.69, 1.70]. Ausgangspunkt bildet hier das *Theorem der korrespondierenden Zustände*: Verwendet man die zum kritischen Punkt eines

Tabelle 1.18 Kritische Daten ausgewählter Flüssiggase nach [1.28]

Bezeichnung	Formel	kritischer Druck p_{krit}		kritische Temperatur T_{krit}		kritisches Volumen v_{krit}		kritische Dichte q_{krit}
Litstelle:		[1.28]	[1.51]	[1.28]	[1.51]	[1.28]	[1.51]	
Maßeinheit:		[bar]	[atm]	[MPa]	[°C]	[K]	[cm³/mol]	[m³/kmol]	[kg/m³]
Propan	C_3H_8	42,4	42,0	4,25	96,65	370,0	203,0	0,1998	217,2
n-Butan	$n-C_4H_{10}$	38,0	37,5	3,80	152,05	425,2	255,0	0,2547	227,9
i-Butan	$i-C_4H_{10}$	36,5	36,0	3,65	135,05	408,1	263,0	0,263	2221,0
Propen	C_3H_6	46,2	45,6	4,62	91,85	365,0	181,0	0,1811	232,5
Buten	C_4H_8	40,2	–	–	146,45	–	240,0	–	233,8
Ethan	C_2H_6	48,8	48,2	4,88	32,25	305,5	148,3	0,1480	202,8
Ethen	C_2H_4	50,4	50,5	5,12	9,25	282,4	130,4	0,11243	215,1
Pentan	C_5H_{12}	33,7	33,04	3,347	196,45	470,3	304,0	0,3103	237,3
Penten	C_5H_{10}	35,3	–	–	191,55	–	300,0	–	233,8
Methan	CH_4	46,0	45,8	4,64	–82,55	191,1	99,2	0,0990	161,7

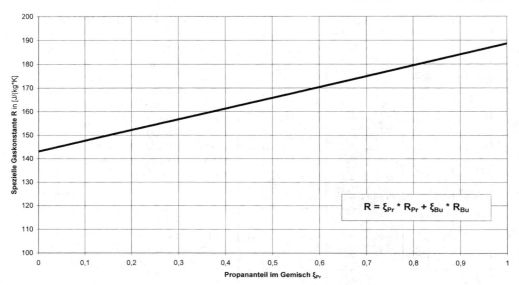

Abb. 1.7 *Spezielle Gaskonstante R von Propan/n-Butan-Gemischen*

Stoffes gehörenden Zustandsgrößen als Bezugswerte für p, v und T, so verhalten sich alle Stoffe ähnlich.

Bei gleicher reduzierter Temperatur und gleichem reduziertem Druck stimmen die Realgasfaktoren nicht für alle Stoffe überein, sondern nur für solche mit einem ähnlichen Molekülaufbau. Besonders große Abweichungen vom Theorem der korrespondierenden Zustände treten im unterkritischen Bereich auf. *Pitzer* definiert deshalb einen in diesem Bereich liegenden azentrischen Faktor

$$\omega = -\lg p_\mathrm{r}(T_r = 0{,}7) - 1$$

und berechnet nunmehr den Realgasfaktor nach der Beziehung

$$z = z^{(0)} + \omega \cdot z^{(1)}$$

Der erste Summand $z^{(0)}$ entspricht dem Realgasfaktor von Stoffen mit kugelförmig aufgebauten Molekülen (z. B. Argon, Krypton, Xenon, Methan). Für derartige Stoffe führt *Pitzer* den Begriff „simple Fluid" ein. „Simple Fluids" haben einen azentrischen Faktor von Null, d. h. bei einer reduzierten Temperatur von 0,7 hat ihr reduzierter Druck den Wert 0,1. Bei allen anderen Stoffen ist der charakteristische Parameter ω von Null verschieden. Er beschreibt also die Abweichung des p, v, T-Verhaltens eines Stoffes vom „simple Fluid". Die ω-Werte der Einzelgase sind bekannt. Gemeinsam mit dem kritischen Realgasfaktor $z_\mathrm{krit.}$ sind diese in Tabelle 1.19 zusammengestellt.

Die Zahlenwerte für $z^{(0)}$ und $z^{(1)}$ wurden von *Pitzer* in Abhängigkeit vom reduzierten Druck und der reduzierten Temperatur experimentell bestimmt. Da im Phasengleichgewicht Flüssigkeit/Dampf ein Freiheitsgrad entfällt, reicht eine der beiden Größen zur eindeutigen Bestimmung von $z^{(0)}$ und $z^{(1)}$ aus. Auf dieser Grundlage ermittelte Realgasfaktoren für Propan und n-Butan wurden von *Tham* [1.68] berechnet. Bei dampfförmigen Gemischen kann man den Realgasfaktor über die pseudokritischen Konstanten und den molaren Mittelwert des azentrischen Faktors nach *Pitzer* bestimmen.

1.3 Stoffwerte von Flüssiggasen

Tabelle 1.19 Azentrischer Faktor und kritischer Realgasfaktor von Flüssiggasen nach [1.28]

Stoff	Formel	azentrischer Faktor ω [−]	kritischer Realgasfaktor $z_{krit.}$ [−]
Propan	C_3H_8	0,153	0,281
n-Butan	n-C_4H_{10}	0,199	0,274
i-Butan	i-C_4H_{10}	0,183	0,283
Propen	C_3H_6	0,144	0,274
Buten	C_4H_8	0,191	0,277
Ethan	C_2H_6	0,099	0,285
Ethen	C_2H_4	0,089	0,280
n-Pentan	C_5H_{12}	0,251	0,263
Penten	C_5H_{10}	0,233	0,310
Methan	CH_4	0,011	0,288

Kurth [1.15] greift außerdem auf Realgasfaktoren, die mit Hilfe der Zustandsgleichung von *Redlich* und *Kwong* berechnet wurden, zurück. Es gilt

$$p \cdot v = z \cdot R \cdot T$$

mit $z > 1$, $z = 1$ bzw. $z < 1$.

Die unter Verwendung der Zustandsgleichung von *Redlich* und *Kwong* bestimmten Realgasfaktoren finden sich in [1.6, 1.15].

Nach einem Vorschlag von *Fasold* und *Wahle* kann der Realgasfaktor eines Gases oder Gasgemisches recht elegant mit Hilfe der Zustandsgleichung von *Benedict-Webb-Rubin* (BWR-Zustandsgleichung) angegeben werden. Es gilt die BWR-Gleichung (siehe Abschnitt 1.2.4)

$$p = \frac{R \cdot T}{v} + \left(B_0 \cdot R \cdot T - A_0 - \frac{C_0}{T^2}\right) \cdot \frac{1}{v^2} + \frac{b \cdot R \cdot T - a}{v^3} + \frac{a \cdot \alpha}{v^6} + \frac{c}{v^3 \cdot T^2}\left[\left(1 + \frac{\gamma}{v^2}\right)\exp\left(-\frac{\gamma}{v^2}\right)\right]$$

die auch wie folgt angeschrieben werden kann:

$$p = \frac{R \cdot T}{v} + \frac{B_0 \cdot T - A_0 - \frac{C_0}{T^2}}{v^2} + \frac{b \cdot R \cdot T - a}{v^3} + \frac{a \cdot \alpha}{v^6} + \frac{c}{v^3 \cdot T^2} \cdot \left(1 + \frac{\gamma}{v^2}\right)\exp\left(-\frac{\gamma}{v^2}\right)$$

Mit der Definitionsgleichung des Realgasfaktors

$$z = \frac{p \cdot v}{R \cdot T}$$

kann unter Zugrundelegung der BWR-Zustandsgleichung der Realgasfaktor folgendermaßen ermittelt werden [1.71]:

$$z = 1 + \frac{b_0 - \dfrac{A_0}{R \cdot T} - \dfrac{C_0}{R \cdot T^3}}{v} + \frac{b - \dfrac{a}{R \cdot T}}{v^2} + \frac{\dfrac{a \cdot \alpha}{R \cdot T}}{v^5} + \frac{c}{v^2 \cdot R \cdot T}\left(1 + \frac{\gamma}{v^2}\right)\exp\left(-\frac{\gamma}{v^2}\right)$$

Mit Hilfe des PC-Programms „OPTIPLAN" [1.72] berechnete Realgasfaktoren für Flüssiggase sind in den Abbildungen 1.8 bis 1.11 dargestellt.

1 Flüssiggase und ihre Eigenschaften

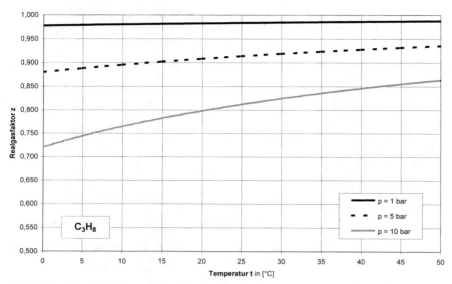

Abb. 1.8 Realgasfaktor z von Propan (isobar)

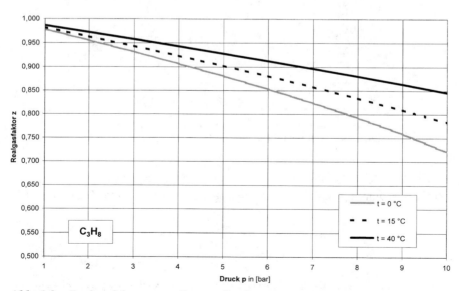

Abb. 1.9 Realgasfaktor z von Propan (isotherm)

1.3 Stoffwerte von Flüssiggasen

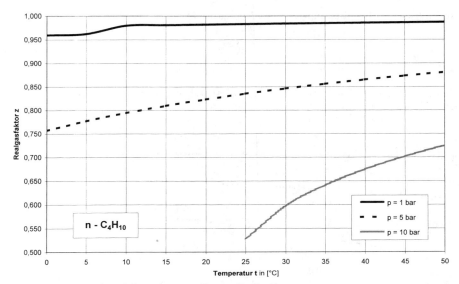

Abb. 1.10 Realgasfaktor z von n-Butan (isobar)

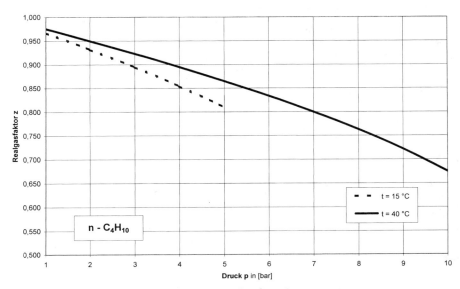

Abb. 1.11 Realgasfaktor z von n-Butan (isotherm)

In der Gastechnik ist es oft üblich, anstelle des Realgasfaktors z die Kompressibilitätszahl K

$$K = \frac{z(p, t)}{z_0(p_0, t_0)}$$

zu verwenden.

Die Kompressibilitätszahlen für Flüssiggase und Flüssiggaskomponenten wurden ebenfalls mit „OPTIPLAN" berechnet und nachfolgend ausgewiesen (Abb. 1.12 bis 1.15).

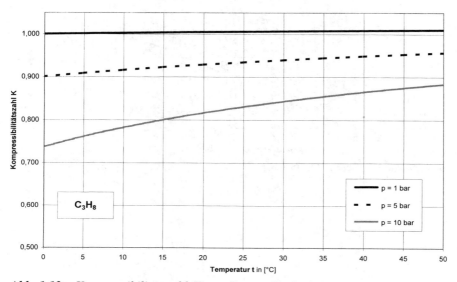

Abb. 1.12 Kompressibilitätszahl K von Propan (isobar)

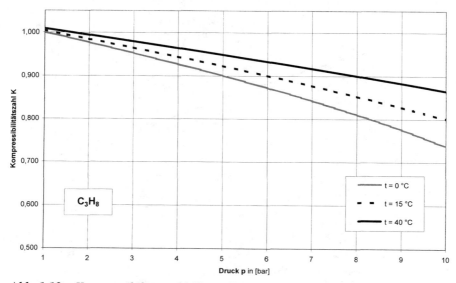

Abb. 1.13 Kompressibilitätszahl K von Propan (isotherm)

1.3 Stoffwerte von Flüssiggasen

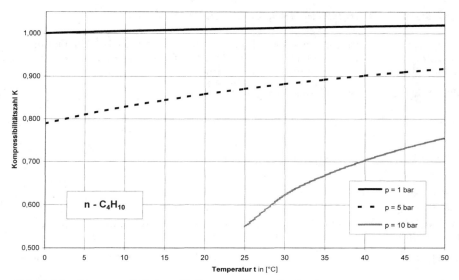

Abb. 1.14 Kompressibilitätszahl K von n-Butan (isobar)

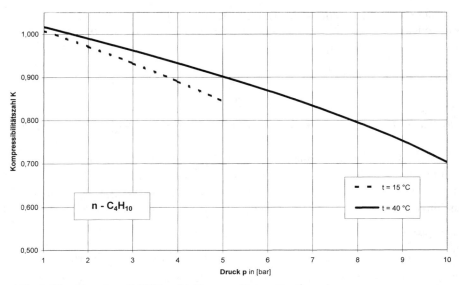

Abb. 1.15 Kompressibilitätszahl K von n-Butan (isotherm)

1.3.4 Dichte, Dichteverhältnis, spezifisches Volumen

Die Dichte ϱ eines Stoffes ist die Masse des Stoffes je Raumeinheit. Sie ist bei Flüssigkeiten und Gasen druck- und temperaturabhängig. Die Druck- und Temperaturabhängigkeit der Dichte der Flüssigkeiten ist im Vergleich zu Gasen gering.

- Für praktisch inkompressible Flüssigkeiten gilt:

$$\varrho_2 = \varrho_1 \frac{1}{1 + \beta(T_2 - T_1)}$$

- Für überhitzte Flüssiggasdämpfe gilt näherungsweise:

$$\varrho_2 = \varrho_1 \frac{p_2}{p_1} \frac{T_1}{T_2}$$

Die Dichte von Gasen nimmt mit steigendem Druck zu und mit steigender Temperatur ab. Die Dichte von Flüssigkeiten nimmt mit steigender Temperatur ab.

Unter sonst gleichen Bedingungen errechnet sich die Dichte der flüssigen oder gasförmigen Mischung aus

$$\varrho_M = \sum_{i=1}^{k} r_i \varrho_i$$

oder

$$\varrho_M = \frac{1}{\sum_{i=1}^{k} \frac{\xi_i}{\varrho_i}}$$

Bezieht man die Dichte eines Stoffes auf die eines Bezugsstoffes, so ergibt sich das Dichteverhältnis d_v (relative Dichte). Bei Flüssigkeiten ist der Bezugsstoff Wasser, bei Gasen Luft.

Flüssigkeiten: $\quad d_v = d = \dfrac{\varrho_{\text{Flüssigkeit}}}{\varrho_{\text{Wasser}}}$

Gase: $\quad d_v = d = \dfrac{\varrho_{\text{Gas}}}{\varrho_{\text{Luft}}}$

Die Dichten der Stoffe sind stets bei denselben thermischen und Druckbedingungen einzusetzen.

Um Verwechslungen in der Bezeichnung mit dem Durchmesser auszuschließen, wird das Dichteverhältnis (relative Dichte) nachfolgend mit d_v bezeichnet.

Das spezifische Volumen eines Stoffes gibt an, welchen Raum die Mengeneinheit eines Stoffes einnimmt. Bei gleichem Druck und gleicher Temperatur ist

$$v \cdot \varrho = 1$$

Deshalb genügt die Angabe von Dichte oder spezifischem Volumen als Stoffwert.

In Abb. 1.16 und 1.17 sind die Dichte der siedenden Flüssigkeit ϱ' sowie des Sattdampfes ϱ'' über der Temperatur aufgetragen.

1.3 Stoffwerte von Flüssiggasen

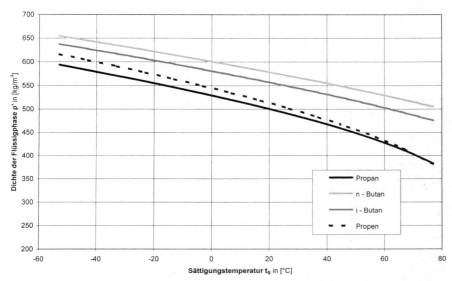

Abb. 1.16 Dichte der Flüssigphase ausgewählter Flüssiggase $\varrho' = f(T)$ im Phasengleichgewicht (Sättigungszustand)

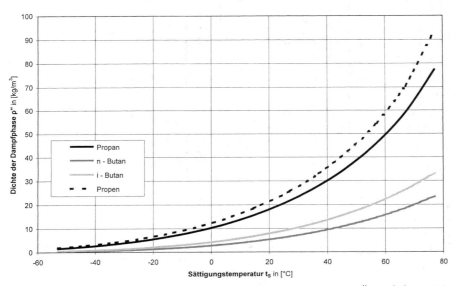

Abb. 1.17 Dichte der Dampfphase ausgewählter Flüssiggase $\varrho'' = f(T)$ im Phasengleichgewicht (Sättigungszustand)

Tabelle 1.20 Koeffizienten der Approximationsgleichung zur Berechnung der Dichte der siedenden Flüssigkeit $\varrho' = f(T)$ und des Sattdampfes $\varrho'' = f(T)$ für ausgewählte Flüssiggase

$\varrho'_1 = A_1 + B_1 \cdot T + C_1 \cdot T^2 + D_1 \cdot T^3 + E_1 \cdot T^4 + F_1 \cdot T^5 + G_1 \cdot T^6 + H_1 \cdot T^7$ in [kg/m³]

Stoff	Formel	A_1	B_1	C_1	D_1	E_1	F_1	G_1	H_1	T in [K]
Propan	C_3H_8	3911,23	−126,499	2,09266	−1,86126·10⁻²	9,55591·10⁻⁵	−2,83923·10⁻⁷	4,53246·10⁻¹⁰	−3,00813·10⁻¹³	90–365
n-Butan	$n\text{-}C_4H_{10}$	16313,2	−467,286	5,88307	−4,02281·10⁻²	1,61145·10⁻⁴	−3,78504·10⁻⁷	4,83214·10⁻¹⁰	−2,59003·10⁻¹³	135–425
i-Butan	$i\text{-}C_4H_{10}$	10172,6	−313,827	4,35903	−3,27078·10⁻²	1,42922·10⁻⁴	−3,64248·10⁻⁷	5,02171·10⁻¹⁰	−2,89471·10⁻¹³	115–405
Propen	C_3H_6	4434,37	−145,213	2,39834	−2,13464·10⁻²	1,09894·10⁻⁴	−3,27918·10⁻⁷	5,26394·10⁻¹⁰	−3,51663·10⁻¹³	90–365
Ethan	C_2H_6	10580,3	−423,346	7,56289	−7,32671·10⁻²	4,15070·10⁻⁴	−1,37681·10⁻⁶	2,479212·10⁻⁹	−1,87250·10⁻¹²	90–305
Ethen	C_2H_4	39331,7	−1602,99	28,0138	−0,26742	1,50568·10⁻³	−5,00281·10⁻⁶	9,08870·10⁻⁹	−6,97000·10⁻¹²	105–280
Pentan	C_5H_{12}	21444,6	245,317	−1,01387	1,84990·10⁻³	−1,26392·10⁻⁶	–	–	–	310–465

$\varrho'' = A_2 + B_2 \cdot T + C_2 \cdot T_2 + D_3 \cdot T_3 + E_2 \cdot T^4$

$\varrho'' = A_3 \cdot \exp(B_3 \cdot T)$ in [kg/m³]

Stoff	Formel	A_2	B_2	C_2	D_2	E_2	A_3	B_3	T in [K]
Propan	C_3H_8	6,95240	−0,22190	2,60898·10⁻³	−1,34389·10⁻⁵	2,56950·10⁻⁸	4,79722·10⁻³	2,79631·10⁻²	250–360
n-Butan	$n\text{-}C_4H_{10}$	10,7983	−0,26793	2,49250·10⁻³	−1,03169·10⁻⁵	1,60566·10⁻⁸	1,90534·10⁻³	2,67246·10⁻²	250–420
i-Butan	$i\text{-}C_4H_{10}$	8,80523	−0,23935	2,42172·10⁻³	−1,08289·10⁻⁵	1,80953·10⁻⁸	2,23428·10⁻³	2,75030·10⁻²	250–400
Propen	C_3H_6	7,85352	−0,25059	2,95373·10⁻³	−1,52944·10⁻⁵	2,94708·10⁻⁸	5,29223·10⁻³	2,82353·10⁻²	250–360
Ethan	C_2H_6	14,1683	−0,46550	5,77055·10⁻³	−3,22060·10⁻⁵	6,8689·10⁻⁸	2,98959·10⁻³	3,54907·10⁻²	250–300
Ethen	C_2H_4	13,0229	−0,45847	6,19545·10⁻³	−3,81468·10⁻⁵	9,03244·10⁻⁸	6,28380·10⁻³	3,57125·10⁻²	220–280
Pentan	C_5H_{12}	22555,0	−248,386	1,02192	−1,86322·10⁻³	1,27208·10⁻⁶	1,77492·10⁻³	2,43078·10⁻²	310–460

Tabelle 1.21 Dichte von flüssigen $\varrho' = f(T)$ und dampfförmigen $\varrho'' = f(T)$ Flüssiggasen im Phasengleichgewicht (Sättigungszustand) nach [1.23]

Stoff	Formel	Temperatur in [K]												
		220	230	240	250	260	270	280	290	300	310	320	330	340	350
Dichte der siedenden Flüssigkeit ϱ' in [kg/l]															
Propan	C_3H_8	0,5938	0,5825	0,5708	0,5588	0,5463	0,5332	0,5195	0,5050	0,4896	0,4729	0,4546	0,4343	0,4410	0,3831
n-Butan	$n\text{-}C_4H_{10}$	0,6546	0,6448	0,6349	0,6247	0,6144	0,6039	0,5931	0,5820	0,5705	0,5586	0,5462	0,5332	0,5195	0,5049
i-Butan	$i\text{-}C_4H_{10}$	0,6375	0,6273	0,6169	0,6063	0,5954	0,5842	0,5727	0,5607	0,5484	0,5354	0,5218	0,5074	0,4920	0,4754
Propen	C_3H_6	0,6158	0,6034	0,5906	0,5774	0,5636	0,5493	0,5342	0,5183	0,5012	0,4828	0,4626	0,4400	0,4136	0,3805
Dichte des Sattdampfes ϱ'' in [kg/m³]															
Propan	C_3H_8	1,497	2,314	3,439	4,945	6,913	9,439	12,64	16,65	21,66	27,93	35,80	45,86	59,06	77,39
n-Butan	$n\text{-}C_4H_{10}$	0,2497	0,4330	0,7119	1,118	1,689	2,466	3,496	4,833	6,536	8,673	11,33	14,59	18,58	23,44
i-Butan	$i\text{-}C_4H_{10}$	0,4422	0,7424	1,185	1,813	2,672	3,816	5,305	7,205	9,595	12,57	16,24	20,75	26,29	33,15
Propen	C_3H_6	1,860	2,845	4,188	5,974	8,295	11,26	15,02	19,73	25,62	33,00	42,35	54,41	70,51	93,57

1.3 Stoffwerte von Flüssiggasen

Die funktionellen Zusammenhänge werden in der Form

$$\varrho' = A_1 + B_1 \cdot T + C_1 \cdot T^2 + D_1 \cdot T^3 + E_1 \cdot T^4$$

bzw.

$$\varrho'' = A_2 + B_2 \cdot T + C_2 \cdot T^2 + D_2 \cdot T^3 + E_2 \cdot T^4$$

und

$$\varrho'' = A_3 \, e^{B_3 \cdot T}$$

auf der Grundlage von Stoffdaten nach [1.23] abschnittsweise approximiert.

Die Koeffizienten der beiden o. g. Zusammenhänge $\varrho'' = \varrho''(T)$ und $\varrho = \varrho/T)$ sind in Tabelle 1.20 zusammengefaßt. Für einen technisch interessanten Temperaturbereich wurden die Stoffdaten in Tabelle 1.21 ausgewiesen.

Von *Tham* [1.68] wurden Polynomgleichungen zur Ermittlung der Dichte von flüssigem und dampfförmigem Propan und n-Butan aufgestellt und ausgewertet. Diese Polynomansätze entsprechen den oben gewählten. Die dazugehörigen Koeffizienten enthält Tabelle 1.22.

Die Abhängigkeit der Dichte gasförmiger Flüssiggase bei Normdruck ist in Abb. 1.18 dargestellt; einige mit dem nach der BWR-Gleichung ermittelten Realgasfaktor berechnete Stoffdaten sind ergänzend in Tabelle 1.23 zusammengestellt.

Nachfolgend werden analoge Stoffdaten in Abb. 1.19 und 1.20 für verschiedene Flüssiggaszusammensetzungen (Propan-Butan-Gemische) angeboten [1.15].

Für praktische Berechnungen in der Gasphase kann im Temperaturbereich von $-25\,°C$ bis $60\,°C$ und bei Drücken bis 1,4 MPa ($\approx$14 bar) von idealem Gasverhalten ausgegangen werden [1.15]; anderenfalls muß das reale Verhalten der Gase zwingend berücksichtigt werden.

Für die überschlägige Berechnung der Dampfdichte lassen sich daher folgende Gleichungen anwenden [1.24]:

$$\varrho_{Pr} = \frac{p}{188,6 \cdot T}; \quad \varrho_{Bu} = \frac{p}{143,1 \cdot T}$$

Tabelle 1.22 Koeffizienten der Approximationsgleichung zur Berechnung der Dichte der siedenden Flüssigkeit $\varrho' = f(T)$ und des Sattdampfes $\varrho'' = f(T)$ für Propan und n-Butan nach [1.68]

Stoff	Propan	n-Butan
$\varrho' = A_3 + B_3 \cdot T + C_3 \cdot T^2 + D_3 \cdot T^3$ in [kg/m³]		
A_3	$9,76495140 \cdot 10^2$	$8,7455831584 \cdot 10^2$
B_3	$-3,1679366637$	$-1,4465566332$
C_3	$1,0200123262 \cdot 10^{-2}$	$3,4416040193 \cdot 10^{-3}$
D_3	$-1,6795565093 \cdot 10^{-5}$	$-6,655871961 \cdot 10^{-6}$
$\varrho'' = A + B_4 \cdot T + C_4 \cdot T^2 + D_4 \cdot T^2 + E_4 \cdot T^4 + F_4 \cdot T^5$ in [kg/m³]		
A_4	$-1,9992035099 \cdot 10^3$	$8,9745470461 \cdot 10^1$
B_4	$4,0718140976 \cdot 10^1$	$-1,4780172043$
C_4	$-3,2929144145 \cdot 10^{-1}$	$9,4461184567 \cdot 10^{-3}$
D_4	$1,3235367343 \cdot 10^{-3}$	$-2,8100839420 \cdot 10^{-5}$
E_4	$-2,6521747163 \cdot 10^{-6}$	$3,3181973773 \cdot 10^{-8}$
F_4	$2,1351173310 \cdot 10^{-9}$	–

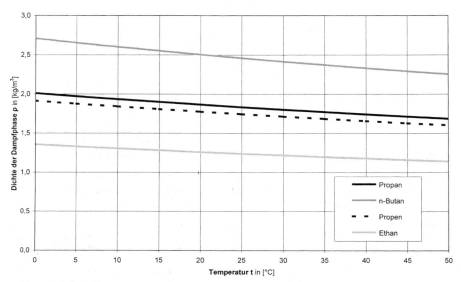

Abb. 1.18 Dichte gasförmiger Flüssiggase $\varrho = f(T)$ bei Normdruck in Abhängigkeit von der Temperatur

Diese wurden aus

$$\varrho = \frac{p}{z \cdot R \cdot T}$$

mit $z = z'' = 1$ gewonnen.

Der Druck ist hierbei in Pa einzusetzen.

Berücksichtigt man, daß die spezielle Gaskonstante einer Gasmischung der einfachen Mischungsregel gehorcht

$$R_M = \sum_{i=1}^{k} (\zeta_i \cdot R_i)$$

Tabelle 1.23 Dichte gasförmiger Flüssiggase bei Normdruck in Abhängigkeit von der Temperatur

Stoff	Formel	Dichte gasförmiger Flüssiggase ϱ bei p_0 = 1 bar in [kg/m³]										
		$t = 0\,°C$	5	10	15	20	25	30	35	40	45	50
Propan	C_3H_8	2,011	1,972	1,935	1,900	1,866	1,833	1,801	1,771	1,741	1,713	1,686
Butan	C_4H_{10}	2,708	2,653	2,601	2,552	2,504	2,459	2,415	2,373	2,332	2,293	2,255
Propen	C_3H_6	1,913	1,876	1,841	1,807	1,775	1,744	1,714	1,684	1,656	1,629	1,603
Ethan	C_2H_6	1,355	1,330	1,306	1,283	1,260	1,239	1,218	1,197	1,178	1,159	1,141
Ethen	C_2H_4	1,261	1,238	1,215	1,194	1,173	1,153	1,134	1,115	1,097	1,079	1,062
Pentan	C_5H_{12}	3,452	3,377	3,308	3,242	3,179	3,119	3,061	3,005	2,952	2,901	2,852
Methan	CH_4	0,718	0,704	0,692	0,680	0,668	0,657	0,646	0,635	0,625	0,615	0,606

1.3 Stoffwerte von Flüssiggasen

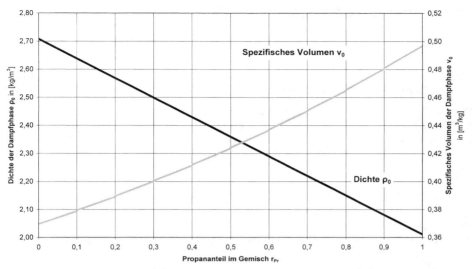

Abb. 1.19 Dichte $\varrho_0 = f(T)$ und spezifisches Volumen $v_0 = f(T)$ gasförmiger Propan/n-Butan-Gemische im Normzustand

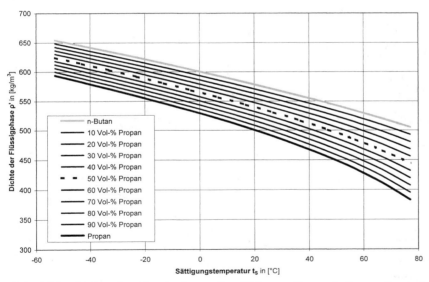

Abb. 1.20 Dichte der Flüssigphase $\varrho' = f(T)$ von Propan/n-Butan-Gemischen im Phasengleichgewicht (Sättigungszustand)

gilt für die Dampfdichte der Mischung

$$\varrho_M = \frac{p}{R_M \cdot T}$$

analog.

1.3.5 Ausdehnungskoeffizienten

Kondensierte (feste und flüssige) Körper ändern bei Druck- bzw. Temperaturänderung ihr Volumen.

Zur Beschreibung dieser Änderungen dienen u. a. der Volumenausdehnungskoeffizient β und der isotherme Kompressibilitätskoeffizient χ.

Im Unterschied zur Mehrzahl der Flüssigkeiten, deren Dichte oder spezifisches Volumen sich in Abhängigkeit von der Temperatur nur geringfügig ändert, sind bei Flüssiggasen erhebliche Änderungen in der Flüssigphase zu berücksichtigen. Das ist besonders beim Füllen von Behältern zu beachten (maximal zulässiger Füllgrad!).

Es gilt der Zusammenhang

$$v_2 = v_1[1 + \beta(T_2 - T_1)],$$

wobei β den Volumenausdehnungskoeffizienten ($[\beta] = 1/K$) bezeichnet. Dieser gibt die relative Volumenvergrößerung bei konstantem Druck, bezogen auf eine Temperaturdifferenz von 1 K an. Mittlere Werte des Volumenausdehnungskoeffizienten für Flüssiggase enthält Abb. 1.21 bzw. 1.22.

Für andere Flüssiggase kann der Volumenausdehnungskoeffizient aus den Angaben für Dichte/spezifisches Volumen unter Nutzung der Definitionsgleichung für β

$$\beta = \frac{1}{v}\left(\frac{\partial v}{\partial T}\right)_{p=\text{const.}}$$

bzw. in Differenzenschreibweise

$$\beta = \frac{1}{v}\left(\frac{\Delta v}{\Delta T}\right)_{p=\text{const.}}$$

berechnet werden.

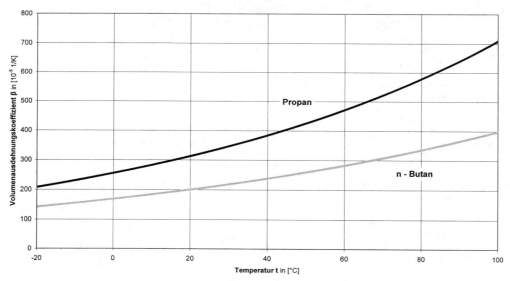

Abb. 1.21 *Volumenausdehnungskoeffizient β der Flüssigphase von Propan und n-Butan*

1.3 Stoffwerte von Flüssiggasen

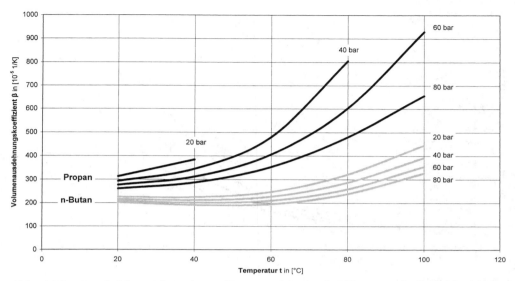

Abb. 1.22 *Druckabhängigkeit des Volumenausdehnungskoeffizienten β der Flüssigphase von Propan und n-Butan*

Vergleicht man die Werte von Propan und Wasser (siehe z. B. [1.29]) im entsprechenden Temperaturbereich, dann erweist sich der thermische Volumenausdehnungskoeffizient des Flüssiggases etwa um den Faktor 16 größer als der des Wassers.

Bei Druckerhöhung in der Flüssigphase sind Flüssiggase kompressibel. Der Grad der Kompressibilität einer Flüssigkeit wird mit Hilfe des Kompressibilitätskoeffizienten $\chi([\chi] = 1/\text{bar})$ bewertet (Abb. 1.23 und 1.24).

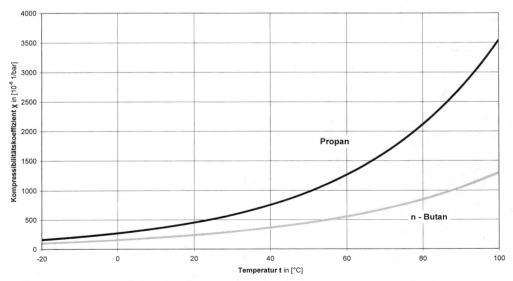

Abb. 1.23 *Kompressibilitätskoeffizient χ der Flüssigphase von Propan und n-Butan*

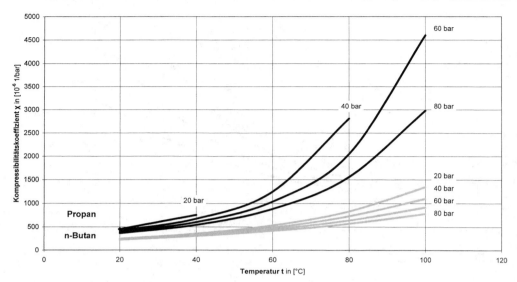

Abb. 1.24 Druckabhängigkeit des Kompressibilitätskoeffizienten χ der Flüssigphase von Propan und n-Butan

Für den Kompressibilitätskoeffizienten χ gilt per Definition in differentieller Schreibweise

$$\chi = \frac{1}{v}\left(\frac{\partial v}{\partial p}\right)_{t=\text{const.}}$$

bzw. eine Differenzengleichung

$$\chi = \frac{1}{v}\left(\frac{\Delta v}{\Delta p}\right)_{t=\text{const.}}$$

für praktische Auswertungen.

Der Kehrwert des Kompressibilitätskoeffizienten wird als Elastizitätsmodul E bezeichnet:

$$E = 1/\chi$$

In Tabelle 1.24 sind der isobare thermische Ausdehnungskoeffizient β und der isotherme Kompressibilitätskoeffizient χ für jeweils gleiche Druck- und Temperaturbedingungen gegenübergestellt.

Der häufig gebrauchte thermische Ausdehnungskoeffizient β kann mit Hilfe einfacher Ansätze für den Sättigungszustand berechnet werden:

$$\beta' = \frac{1}{A_1 + B_1 \cdot T}$$

Die Koeffizienten der Approximationsgleichung sind für verschiedene Kohlenwasserstoffe in Tabelle 1.25 zusammengefaßt. Hierbei wurde auf Werte für den Volumenausdehnungskoeffizienten gemäß Anhang 1 Tab. A1.1–A1.9 zurückgegriffen. Der jeweils angegebene Gültigkeitsbereich der Gleichungen ist zu beachten.

1.3 Stoffwerte von Flüssiggasen

Tabelle 1.24 Volumenausdehnungskoeffizient β und Kompressibilitätskoeffizient χ von Propan und n-Butan (Flüssigphase) bei verschiedenen Temperaturen und Drücken nach [1.22, 1.24]

Stoff/Formel	Druck [MPa]	$\beta \cdot 10^5$ [1/K]			$\chi \cdot 10^5$ [1/MPa]		
		$T = 293$ K	313 K	333 K	293 K	313 K	333 K
Propan C_3H_8	2,0	313	384	–	451	755	–
	4,0	293	345	480	420	674	1250
	6,0	277	312	406	393	602	1040
	8,0	261	287	353	364	544	884
	10,0	248	265	311	343	492	758
	15,0	223	227	251	295	394	542
	20,0	205	204	218	256	320	404
n-Butan n-C_4H_{10}	2,0	226	225	247	247	355	533
	4,0	217	212	227	238	335	488
	6,0	209	201	210	230	319	450
	8,0	202	191	195	223	303	415
	10,0	105	182	182	215	284	386
	15,0	182	164	164	200	256	313
	20,0	169	151	151	185	229	273

In dem Fall, daß die Flüssigphase das gesamte geometrische Volumen eines Lagerbehälters ausfüllt, führt jede Temperaturänderung Δp zu einer entsprechenden Druckänderung Δp im Behälter [1.22]:

$$p_2 - p_1 = \beta(T_2 - T_1)/\chi$$

oder

$$\Delta p = \beta \cdot \Delta T/\chi$$

bzw.

$$\frac{p_2 - p_1}{T_2 - T_1} = \frac{\Delta p}{\Delta T} = \frac{\beta}{\chi}$$

Das Verhältnis β/χ, das den relativen Druckanstieg, bezogen auf die Temperaturerhöhung angibt, ist mit den Werten aus Tab. 1.25 für Propan in Abb. 1.25 ausgewertet.

Tabelle 1.25 Koeffizienten der Approximationsgleichung zur Berechnung des Volumenausdehnungskoeffizienten β' von Flüssiggasen

$\beta' = 1/(A_1 + B_1 T)$ in [1/K]

Stoff	Formel	A_1	B_1	T in [K]
Propan	C_3H_8	1303,72	−3,38156	250−350
n-Butan	n-C_4H_{10}	1660,56	−3,96605	270−380
i-Butan	i-C_4H_{10}	1377,87	−3,17299	260−380
Propen	C_3H_6	1216,86	−3,11931	225−340
Ethan	C_2H_6	1240,30	−3,94770	185−290
Ethen	C_2H_4	878,584	−2,79321	170−260
Pentan	C_5H_{12}	1898,02	−3,95913	310−420

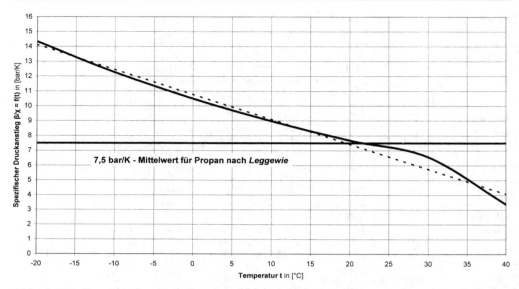

Abb. 1.25 *Theoretischer Druckanstieg* $(\beta/\chi) = f(T)$ *in einem mit Propan vollgefüllten Flüssiggasbehälter*

Die Druckerhöhung infolge Volumenausdehnung in einem nur mit Flüssigphase gefüllten Behälter beträgt demgemäß für Propan im Mittel $\approx 0{,}75$ MPa/K ($\approx 7{,}5$ bar/K).

Aus Sicherheitsgründen ist daher ein maximaler Füllgrad (Füllfaktor) f_G zu beachten, der sicherstellt, daß über dem Flüssigkeitsspiegel auch bei Erwärmung der Flüssigphase im Lagerbehälter ein genügend großes Dampfpolster vorhanden ist.

Will man den zur Verhinderung der Behältervollfüllung infolge thermischer Volumenausdehnung nach dem Befüllen eines Behälters maximal zulässigen Füllgrad f_G ermitteln, bietet es sich an, folgenden Zusammenhang zu entwickeln:

$$V_2 = V_1[1 + \beta(T_2 - T_1)]$$

Index „1" kennzeichnet den Einfüllzustand, „2" bezeichnet den Lagerzustand des Flüssiggases. Teilt man beide Seiten der Gleichung durch das geometrische Behältervolumen, kann der Zusammenhang wie folgt angeschrieben werden

$$\frac{V_2}{V_{\text{geom.}}} = \frac{V_1}{V_{\text{geom.}}} (1 + \beta \cdot \Delta T)$$

bzw.

$$f_{G,2} = f_{G,1}(1 + \beta \cdot \Delta T)$$

Will man verhindern, daß das in den Behälter eingefüllte Flüssiggas das gesamte Behältervolumen einnimmt ($f_{G,2} = 1$), kann der beim Einfüllen höchstens zulässige Füllgrad infolge Erwärmung im Lagerzustand $f_{G,1} = f_{G,\max}$) aus der Bedingung

$$f_{G,\max} \leq \frac{1}{1 + \beta \cdot \Delta T}$$

berechnet werden.

1.3 Stoffwerte von Flüssiggasen

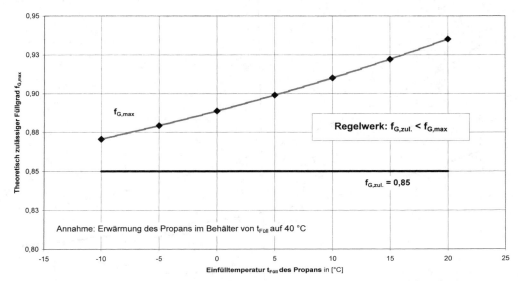

Abb. 1.26 *Theoretisch zulässiger Füllgrad f_G zur Vermeidung der Behälterüberfüllung (Vollfüllung des Behälters)*

ΔT bezeichnet hier die Temperaturdifferenz im Behälter zwischen seiner Befüllung und im Betriebsfall. Sollte es erforderlich sein, die zulässige Temperaturdifferenz bei gegebenem Füllgrad zu ermitteln, ist von

$$\Delta T_{\max} = (1 - f_G)/(f_G \cdot \beta)$$

auszugehen.

Obige Zusammenhänge wurden in Abb. 1.26 ausgewertet.

Es ist erkennbar, daß der in der Praxis zulässige Füllgrad von 0,85 eine ausreichende Sicherheit selbst bei extremen Temperaturdifferenzen zwischen der Temperatur der Flüssigphase bei der Behälterfüllung und der sich einstellenden Betriebstemperatur, resp. der zu erwartenden maximalen Betriebstemperatur des Lagerbehälters gewährleistet.

1.3.6 Viskosität

Die Zähigkeit oder Viskosität ist ein Maß für die innere Reibung. Sie charakterisiert die Eigenschaft einer Flüssigkeit oder eines Gases, der Relativbewegung der Schichten einen Widerstand entgegenzusetzen. Man unterscheidet die dynamische (η) und die kinematische Viskosität (ν). Beide Größen sind miteinander verknüpft:

$$\nu = \frac{\eta}{\varrho}$$

Die Viskosität ist von Druck, Temperatur und bei Gemischen von deren Zusammensetzung abhängig. Bei Gasen vergrößert sich die Zähigkeit mit der Temperatur stark, bei Flüssigkeiten nimmt sie mit steigender Temperatur ab. Die Änderung der dynamischen Zähigkeit mit dem Druck ist bei Flüssigkeiten verhältnismäßig klein und wird daher oft vernachlässigt; bei Gasen muß sie für große Drucksteigerungen unter Umständen berücksichtigt werden.

In Abb. 1.27 bis 1.31 wurden entsprechende Daten für die Flüssigphase und den gasförmigen Aggregatzustand aufgetragen.

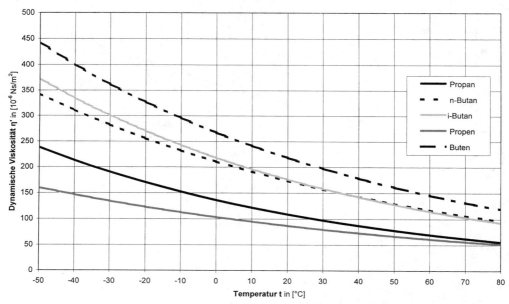

Abb. 1.27 Dynamische Viskosität der Flüssigphase $\eta' = f(t)$ ausgewählter Flüssiggase im Phasengleichgewicht (Sättigungszustand)

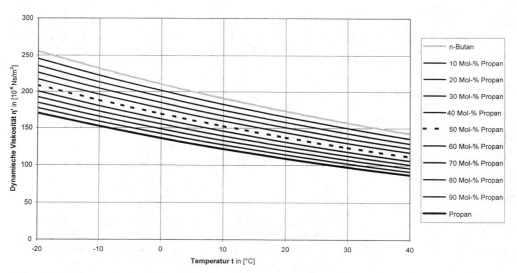

Abb. 1.28 Dynamische Viskosität der Flüssigphase $\eta' = f(t)$ von Propan/n-Butan-Gemischen im Phasengleichgewicht (Sättigungszustand)

1.3 Stoffwerte von Flüssiggasen

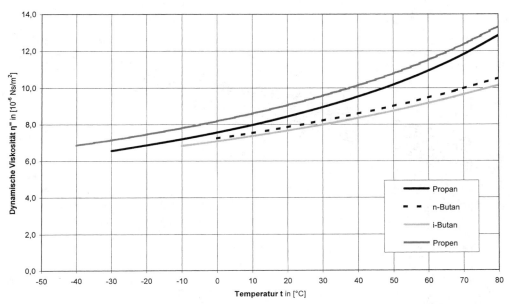

Abb. 1.29 Dynamische Viskosität der Dampfphase $\eta'' = f(t)$ ausgewählter Flüssiggase im Phasengleichgewicht (Sättigungszustand)

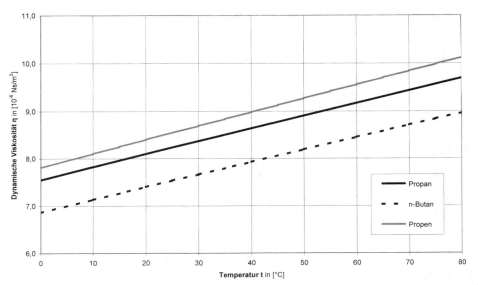

Abb. 1.30 Dynamische Viskosität $\eta = f(t)$ ausgewählter Flüssiggase

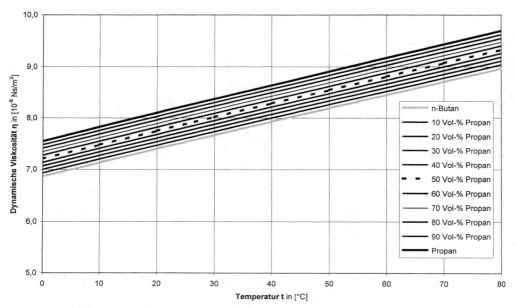

Abb. 1.31 Dynamische Viskosität $\eta = f(t)$ von Propan/n-Butan-Gemischen

Die dynamische Zähigkeit η von Flüssigkeiten bei der Temperatur T kann aus zwei bekannten Stützwerten $\eta_1(T_1)$ und $\eta_2(T_2)$ wie folgt ermittelt werden [1.30]:

$$\eta_T = \eta_1 \left(\frac{\eta}{\eta_2}\right)^{\frac{T_1}{T_2}\left(\frac{T_1-T}{T_2-T}\right)}$$

In [1.24] wird vorgeschlagen, die dynamische Viskosität in Abhängigkeit von der Temperatur mit Gleichungen der Form

$$\eta = A_1 \exp(B_1/T)$$

zu approximieren.

Die Koeffizienten A_1 und B_1 sind in Tab. 1.26 angegeben.

Tabelle 1.26 Koeffizienten der Approximationsgleichung zur Berechnung der dynamischen Viskosität von Kohlenwasserstoffen $\eta = f(T)$ (Flüssigphase) [Ns/m^2] nach [1.24]

$\eta = A_1 \exp(B_1/T)$ in [Ns/m^2]

Stoff	A_1	B_1	Temperaturbereich T in [K] von	bis
Propan	$0{,}773 \cdot 10^{-5}$	777,20	213	342
n-Butan	$1{,}613 \cdot 10^{-5}$	689,00	203	342
iso-Butan	$3{,}351 \cdot 10^{-5}$	463,94	203	342
Ethan	$1{,}335 \cdot 10^{-5}$	433,20	101,2	288
Ethen	$1{,}385 \cdot 10^{-5}$	418,30	105	273
n-Pentan	$2{,}151 \cdot 10^{-5}$	700,15	153	342

1.3 Stoffwerte von Flüssiggasen

In [1.37] werden hingegen Gleichungen der Form

$$\ln \eta = A_2 + B_2/T$$

bzw.

$$\ln \eta = A_2 + B_2/T + C_2 T + D_2 T^2$$

zur Erfassung der Temperaturabhängigkeit der Viskosität der Flüssigphase angegeben. Aus den letztgenannten Zusammenhängen kann die Viskosität wie folgt approximiert werden:

$$\eta = \exp\left[A_2 + B_2/T - \ln 1000\right] \quad \text{(a)}$$

$$\eta = \exp\left[A_2 + B_2/T + C_2 T + D_2 T^2 - \ln 1000\right] \quad \text{(b)}$$

Die Koeffizienten dieser Approximationsgleichungen sind unter Angabe des Gleichungstyps in Tabelle 1.27 nach [1.37] zusammengestellt.

Rjabzev unterstellt die Abhängigkeit

$$\eta = A_3 \exp(-B_3 \cdot T)$$

zur Approximation der Zähigkeit der Flüssigphase [1.73].

Die Zahlenwerte der Koeffizienten dieser Gleichung enthält Tabelle 1.28.

Zum Vergleich sind die Ergebnisse eigener Berechnungen für den Sättigungszustand auf der Grundlage des Datenmaterials nach [1.23, 1.28] in Tabelle 1.28 angefügt. Es wird im Grundsatz die Funktionsgleichung analog *Rjabzev* in der Form $\eta' = A_4 \exp(-B_4 \cdot T_S)$ unterstellt.

Die Druckabhängigkeit der Viskosität der Flüssigphase läßt sich in erster Näherung mit einem einfachen Ansatz berücksichtigen [1.24]:

$$\eta = \eta_0 + a \cdot \Delta p$$

η_0 dynamische Viskosität in einem Bezugszustand (Bezugsdruck: p_0)
Δp Druckdifferenz $p - p_0$, ([bar] bei Gebrauch des Koeffizienten a gemäß Tab. 1.29)

Tabelle 1.27 Koeffizienten der Approximationsgleichung zur Berechnung der dynamischen Viskosität von Kohlenwasserstoffen $\eta = f(T)$ (Flüssigphase) [$\eta = 10^3$ Ns/m²] nach [1.37]

$\eta = f(T)$ in [Ns/m²]

Stoff	Gleichungs-typ	A_2	B_2	C_2	D_2	Temperatur-bereich [°C] von	bis
Propan	(b)	− 7,764	$7,219 \cdot 10^2$	$2,381 \cdot 10^{-2}$	$-4,665 \cdot 10^{-5}$	−187	96
n-Butan	(a)	− 3,821	$6,121 \cdot 10^2$			− 90	0
i-Butan	(a)	− 4,093	$6,966 \cdot 10^2$			− 80	0
Propen	(b)	− 11,53	$9,514 \cdot 10^2$	$4,078 \cdot 10^{-2}$	$-7,120 \cdot 10^{-5}$	−160	91
1-Buten	(b)	−110,63	$9,816 \cdot 10^2$	$3,525 \cdot 10^{-2}$	$-5,593 \cdot 10^{-5}$	−140	146
Ethan	(b)	− 10,23	$6,680 \cdot 10^2$	$4,386 \cdot 10^{-5}$	$-9,588 \cdot 10^{-5}$	−183	32
Ethen	(b)	− 17,74	$1,078 \cdot 10^3$	$8,577 \cdot 10^2$	$-1,758 \cdot 10^{-4}$	−169	9
n-Pentan	(a)	− 3,958	$7,222 \cdot 10^2$			−130	40
1-Penten	(a)	− 4,023	$7,029 \cdot 10^2$			− 90	0
Methan	(b)	− 26,87	$1,150 \cdot 10^3$	$1,871 \cdot 10^{-1}$	$-5,211 \cdot 10^{-4}$	−180	−84

$[\eta]$ = Ns/m²; $[T]$ = K

Tabelle 1.28 Koeffizienten der Approximationsgleichung zur Berechnung der dynamischen Viskosität von Kohlenwasserstoffen (Flüssigphase) im Phasengleichgewicht $\eta' = f(T)$ [Ns/m^2] nach [1.73]

$\eta' = A_3 \cdot \exp(-B_3 \cdot T_S)$ in [Ns/m^2]				$\eta' = A_1 \cdot \exp(-B_4 \cdot T_S)$ in [Ns/m^2]	
Stoff	**Formel**	Koeffizienten nach [1.73]		berechnet nach Werten gemäß [1.28]	
		A_3	B_3	A_4	B_4
Propan	C$_3$H$_8$	2,881 · 10^{-3}	0,01118	5,64445 · 10^{-3}	0,0137114
n-Butan	n-C$_4$H$_{10}$	2,998 · 10^{-3}	0,09730	3,78683 · 10^{-3}	0,0105248
i-Butan	i-C$_4$H$_{10}$	4,039 · 10^{-3}	0,01069	7,48763 · 10^{-3}	0,0130456
Propen	C$_3$H$_6$	–	–	1,11849 · 10^{-3}	0,00872312
Buten	C$_4$H$_8$	4,2100 · 10^{-3}	0,01010	–	–
Ethan	C$_2$H$_6$	6,560 · 10^{-4}	0,00863	1,76761 · 10^{-3}	0,0125887
Ethen	C$_2$H$_4$	3,309 · 10^{-4}	0,00600	1,78149 · 10^{-3}	0,0135743
n-Pentan	n-C$_5$H$_{12}$	3,1200 · 10^{-3}	0,00875	3,14667 · 10^{-3}	0,00890537
i-Pentan	i-C$_5$H$_{12}$	3,8500 · 10^{-3}	0,01048	–	–
Methan	CH$_4$	–	–	8,95485 · 10^{-4}	0,0191313

Die Zähigkeit von Flüssigkeitsgemischen η_M kann angenähert nach *Kendall* und *Monroe* [1.30] berechnet werden:

$$\eta_M^{1/3} = \sum_{i=1}^{k} \psi_i \eta_i^{1/3}$$

bzw.

$$\eta_M = \left[\sum_{i=1}^{k} \psi_i \eta_i^{1/3}\right]^3$$

Rjabzev nutzt folgende Variante [1.58]

$$\ln \eta_M = \sum_{i=1}^{k} \psi_i \ln \eta_i$$

bzw.

$$\eta_M = \exp\left(\sum_{i=1}^{k} \psi_i \ln \eta_i\right)$$

Tabelle 1.29 Beiwert a zur Berücksichtigung der Druckabhängigkeit der dynamischen Viskosität flüssiger Kohlenwasserstoffe [(Ns/m^2)/bar]

Stoff	**Formel**	a in [(Ns/m^2)/bar]	
		[1.24]	berechnet nach Werten gemäß [1.23]
Propan	C$_3$H$_8$	2,379 · 10^{-7}	2,225 · 10^{-7}
n-Butan	n-C$_4$H$_{10}$	6,535 · 10^{-7}	2,834 · 10^{-7}
i-Butan	i-C$_4$H$_{10}$	–	2,450 · 10^{-7}
Propen	C$_3$H$_6$	–	1,658 · 10^{-7}

1.3 Stoffwerte von Flüssiggasen

Die Temperaturabhängigkeit der dynamischen Zähigkeit von Gasen wird im Gasfach durch eine Beziehung von *Sutherland* beschrieben:

$$\eta_T = \eta_0 \sqrt{\frac{T}{T_0}} \frac{1 + \dfrac{C}{T_0}}{1 + \dfrac{C}{T}}$$

η_0 dynamische Zähigkeit bei T_0 ([K])
η_T dynamische Zähigkeit bei T ([K])
C *Sutherland*-Konstante. Überschlägig gilt $C \approx 0{,}87 T_{krit}$.

Die Zahlenangaben zur *Sutherland*-Konstante differieren z. T. erheblich und werden daher in Tabelle 1.30 jeweils unter Angabe der Fundstelle angegeben.

Rjabzev [1.73] unterstellt jedoch folgende Abhängigkeit

$$\eta = \eta_0 \left(\frac{T}{T_0}\right)^{3/2} \frac{T_0 + C}{T + C}$$

Die *Sutherland*-Konstante kann für Gasgemische näherungsweise unter Anwendung der einfachen Mischungsregel ermittelt werden [1.20].

$$C_M = \sum_{i=1}^{k} r_i C_i$$

Von *Tschernyschev* und *Kornejev* [1.76] stammt der Vorschlag, die Viskosität nomographisch ermittelbar darzustellen (siehe auch [1.27]).

Die dynamische Zähigkeit einer Gasmischung $\eta_{M,T}$ kann nach der Gleichung von *Herning* und *Zipperer* ermittelt werden [1.75]:

$$\eta_{T,M} = \frac{\sum_{i=1}^{k} r_i \eta_{T,i} \sqrt{M_i \cdot T_{krit.,i}}}{\sum_{i=1}^{k} r_i \sqrt{M_i \cdot T_{krit.,i}}}$$

Deren Anwendung ist im Gasfach üblich und hat sich bewährt.

Tabelle 1.30 *Sutherland*-Konstante C für ausgewählte Kohlenwasserstoffe

Stoff	Formel	*Sutherland*-Konstante C				
		[1.18]	[1.103]	[1.13]	[1.3]	[1.15]
Propan	C_3H_8	278	324	278	278	278
n-Butan	n-C_4H_{10}	377,4	349	358	358	362
i-Butan	i-C_4H_{10}	368	–	–	330	–
Propen	C_3H_8	321,6	322	362	362	362
Buten	C_4H_8	328,9	329	–	–	–
Ethan	C_2H_6	252	287	252	252	252
Ethen	C_2H_4	225	–	257	225	257
Pentan	C_5H_{12}	382,8	–	–	–	383
Methan	CH_4	164	198	171	164	–

Tabelle 1.31 Koeffizienten der Approximationsgleichung zur Berechnung der dynamischen Viskosität dampfförmiger Kohlenwasserstoffe im Phasengleichgewicht $\eta'' = f(T)$

$\eta' = 1/[A_5 + B_5 \cdot T]$ in [Ns/m^2]

Stoff	Formel	A_5	B_5	Temperaturbereich T in [K]
Propan	C$_3$H$_8$	$3{,}17611 \cdot 10^5$	$-679{,}167$	240–350
n-Butan	n-C$_4$H$_{10}$	$2{,}85509 \cdot 10^5$	$-539{,}991$	270–390
i-Butan	i-C$_4$H$_{10}$	$2{,}86868 \cdot 10^5$	$-533{,}868$	260–390
Propen	C$_3$H$_8$	$2{,}83402 \cdot 10^5$	$-590{,}323$	230–350
Ethan	C$_2$H$_6$	$3{,}38861 \cdot 10^5$	$-926{,}540$	190–290
Ethen	C$_2$H$_4$	$3{,}04803 \cdot 10^5$	$-832{,}332$	170–260
n-Pentan	C$_5$H$_{12}$	$2{,}90249 \cdot 10^5$	$-472{,}100$	310–430
Methan	CH$_4$	$3{,}98048 \cdot 10^5$	$-1589{,}93$	120–180

Für erste Überschlagsrechnungen ist die Anwendung der einfachen Mischungsregel

$$\eta_{T,M} = \sum_{i=1}^{k} r_i \cdot \eta_{T,i}$$

oft genügend genau, da alle Flüssiggaskomponenten chemisch-physikalisch recht ähnliche Stoffe sind [1.15].

Die dynamische Viskosität des Sattdampfes kann in einem wichtigen Temperaturbereich recht gut mit einem Ansatz der Form

$$\eta'' = \frac{1}{A_5 + B_5 T_S}$$

angenähert werden.

Die Koeffizienten der Bestimmungsgleichung finden sich in Tabelle 1.31.

1.3.7 Spezifische Wärmekapazität

Die spezifische Wärmekapazität eines Stoffes ist die Wärmemenge, die erforderlich ist, eine Mengeneinheit des betreffenden Stoffes um 1 K zu erwärmen. Sie ist für feste und flüssige Stoffe von der Temperatur und für Gase zusätzlich von der Art der Zustandsänderung abhängig.

Einige Werte nach [1.28] wurden in Tab. 1.32 und 1.33 zusammengestellt.

Die Tabellenwerte werden für den Druckbereich 0...1 bar mit Hilfe von Polynomansätzen der Form

$$c_p = A + B \cdot T + C \cdot T^2 + D \cdot T^3$$

sowohl für die Flüssig- als auch die Gasphase approximiert.

Die Koeffizienten der Gleichungen sind in Tab. 1.34 und 1.35 zusammengefaßt. In Abb. 1.32 wurden die Funktionswerte graphisch dargestellt.

1.3 Stoffwerte von Flüssiggasen

Tabelle 1.32 Spezifische Wärmekapazität c_p [kJ/(kg · K)] ausgewählter Flüssiggase (Flüssigphase) nach [1.28]

c_p in [kJ/(kg · K)] nach [1.28]

Stoff	Formel	Temperatur t in [°C]							
		−150	−100	−75	−50	−25	0	20	50
Propan	C_3H_8	1,959	2,056	2,119	2,202	2,330	2,456	2,592	2,840
Butan	C_4H_{10}	(1,461)*)	2,001	2,052	2,119	2,194	2,278	2,480	2,713
Propen	C_3H_6	2,098	2,085	2,123	2,177	2,435	2,590	2,784	3,286
Buten	C_4H_8	1,888	1,909	1,959	2,022	2,102	2,186	2,273	2,437
Ethan	C_2H_6	2,319	2,403	2,474	2,600	2,818	3,266	4,312	
Ethen	C_2H_4	2,41	2,43	2,51	2,74	3,32			
Pentan	C_5H_{12}	(1,818)*)	1,972	2,001	2,060	2,123	2,206	2,273	
Penten	C_5H_{10}		1,859	1,901	1,955	2,026	2,119	2,219	2,479
Methan	CH_4	3,59							

*) feste Phase

Tabelle 1.33 Spezifische Wärmekapazität c_p [kJ/(kg · K)] ausgewählter Flüssiggase (Gasphase) bei konstantem Druck im Bereich 0...1 bar nach [1.28]

c_p in [kJ/(kg · K)] nach [1.28]

Stoff	Formel	Temperatur t in [°C]							
		−150	−100	−50	0	25	100	200	300	400
Propan	C_3H_8	1,022	1,151	1,310	1,549	1,671	2,018	2,458	2,839	3,169
Butan	C_4H_{10}	0,992	1,110	1,264	1,599	1,700	2,031	2,453	2,822	3,136
Propen	C_3H_6				1,424	1,520	1,800	2,160	2,479	2,755
Buten	C_4H_8				1,482	1,595	1,905	2,278	2,596	2,868
Ethan	C_2H_6	1,243	1,352	1,478	1,650	1,754	2,068	2,491	2,876	3,220
Ethen	C_2H_4	1,185	1,254	1,319	1,461	1,553	1,830	2,177	2,479	2,738
Pentan	C_5H_{12}	0,971	1,080	1,223	1,599	1,700	2,026	2,445	2,809	3,115
Penten	C_5H_{10}				1,537	1,637	1,938	2,311	2,629	2,901
Methan	CH_4	1,876	1,968	2,068	2,165	2,227	2,449	2,805	3,178	3,534

Die Druckabhängigkeit der spezifischen Wärmekapazität kann in den in der Flüssiggastechnik üblichen Bereichen zunächst vernachlässigt werden.

Die spezifische Wärmekapazität von Gemischen kann nach der einfachen Mischungsregel ermittelt werden:

$$c_{p,M} = \sum_{i=1}^{k} \xi_i c_{p,i} \quad \text{in} \quad \frac{\text{kJ}}{\text{kg K}}$$

bzw.

$$c_{p,M} = \sum_{i=1}^{k} r_i c_{p,i} \quad \text{in} \quad \frac{\text{kJ}}{\text{m}^3 \text{ K}}$$

Tabelle 1.34 Koeffizienten der Approximationsgleichung zur Berechnung der spezifischen Wärmekapazität $c_p = f(T)$ [kJ/(kg·K)] ausgewählter Flüssiggase (Flüssigphase)

$c_p = A_1 + B_1 \cdot T + C_1 \cdot T^2 + D_1 \cdot T^3$ in [kJ/(kg·K)]

Stoff	Formel	A_1	B_1	C_1	D_1	T in [K]
Propan	C_3H_8	1,77532	$2,18865 \cdot 10^{-3}$	$-1,11955 \cdot 10^{-5}$	$4,52534 \cdot 10^{-8}$	125 – 325
Butan	C_4H_{10}	0,84412	$1,58272 \cdot 10^{-2}$	$-7,78511 \cdot 10^{-5}$	$1,45007 \cdot 10^{-7}$	175 – 325
Propen	C_3H_6	2,29784	$-3,06351 \cdot 10^{-4}$	$-2,37223 \cdot 10^{-5}$	$1,05394 \cdot 10^{-7}$	125 – 325
Buten	C_4H_8	2,12505	$-3,77219 \cdot 10^{-3}$	$1,50284 \cdot 10^{-5}$	$1,22045 \cdot 10^{-9}$	125 – 325
Ethan	C_2H_6	$-5,06049$	0,12833	$-7,20935 \cdot 10^{-4}$	$1,33530 \cdot 10^{-6}$	125 – 300
Ethen	C_2H_4	$-2,58585$	$9,66556 \cdot 10^{-2}$	$-6,14939 \cdot 10^{-4}$	$1,29508 \cdot 10^{-6}$	125 – 250
Pentan	C_5H_{12}	2,76805	$-1,16885 \cdot 10^{-2}$	$4,07787 \cdot 10^{-5}$	$-5,68329 \cdot 10^{-8}$	175 – 300
Penten	C_5H_{10}	$1,31999 \cdot 10^{-2}$	$2,45761 \cdot 10^{-2}$	$-1,12775 \cdot 10^{-4}$	$1,86663 \cdot 10^{-7}$	175 – 325

Tabelle 1.35 Koeffizienten der Approximationsgleichung zur Berechnung der spezifischen Wärmekapazität $c_p = f(T)$ [kJ/(kg·K)] ausgewählter Flüssiggase (Gasphase)

$c_p = A_2 + B_2 \cdot T + C_2 \cdot T^2 + D_2 \cdot T^3$ in [kJ/(kg·K)]

Stoff	Formel	A_2	B_2	C_2	D_2	T in [K]
Propan	C_3H_8	0,80135	$4,73312 \cdot 10^{-4}$	$1,08584 \cdot 10^{-5}$	$-9,44272 \cdot 10^{-9}$	125 – 650
n-Butan	n-C_4H_{10}	0,63962	$1,66613 \cdot 10^{-3}$	$8,40432 \cdot 10^{-6}$	$-8,01562 \cdot 10^{-9}$	125 – 650
Propen	C_3H_6	0,39404	$3,54321 \cdot 10^{-3}$	$1,44952 \cdot 10^{-6}$	$-2,23233 \cdot 10^{-9}$	275 – 650
Buten	C_4H_8	$3,69197 \cdot 10^{-2}$	$6,11036 \cdot 10^{-3}$	$-3,08967 \cdot 10^{-6}$	$3,87358 \cdot 10^{-10}$	275 – 650
Ethan	C_2H_6	1,17474	$-7,83498 \cdot 10^{-4}$	$1,18757 \cdot 10^{-5}$	$-9,22289 \cdot 10^{-9}$	125 – 650
Ethen	C_2H_4	1,26770	$-2,25276 \cdot 10^{-3}$	$1,40543 \cdot 10^{-5}$	$-1,11128 \cdot 10^{-8}$	125 – 650
Pentan	C_5H_{12}	0,59348	$1,79894 \cdot 10^{-3}$	$8,43241 \cdot 10^{-6}$	$-8,27519 \cdot 10^{-9}$	125 – 650
Penten	C_5H_{10}	0,32736	$4,54368 \cdot 10^{-3}$	$-5,63049 \cdot 10^{-9}$	$-1,58233 \cdot 10^{-9}$	275 – 650
Methan	CH_4	1,84761	$-5,20360 \cdot 10^{-4}$	$7,39524 \cdot 10^{-6}$	$-4,29363 \cdot 10^{-9}$	125 – 650

Regressionskoeffizienten nach [1.23]

Stoff	Formel	A_2	B_2	C_2	D_2	T in [K]
Propan	C_3H_8	$8,30829 \cdot 10^{-2}$	$5,77693 \cdot 10^{-3}$	$-1,30581 \cdot 10^{-6}$	$-6,91000 \cdot 10^{-10}$	273 – 780
n-Butan	n-C_4H_{10}	$2,36311 \cdot 10^{-1}$	$5,10795 \cdot 10^{-3}$	$-4,20789 \cdot 10^{-7}$	$-1,14214 \cdot 10^{-9}$	270 – 790
iso-Butan	iso-C_4H_{10}	$-8,47423 \cdot 10^{-2}$	$6,79624 \cdot 10^{-3}$	$-3,21809 \cdot 10^{-6}$	$4,03637 \cdot 10^{-10}$	273 – 785
Propen	C_3H_6	$8,89545 \cdot 10^{-2}$	$5,55737 \cdot 10^{-3}$	$-2,73410 \cdot 10^{-6}$	$5,16178 \cdot 10^{-10}$	298 – 1500
Buten	C_4H_8	$-4,24524 \cdot 10^{-2}$	$6,21281 \cdot 10^{-3}$	$-3,4062 \cdot 10^{-6}$	$7,34696 \cdot 10^{-10}$	298 – 1500
Ethan	C_2H_6	$5,32623 \cdot 10^{-1}$	$3,75217 \cdot 10^{-3}$	$1,79627 \cdot 10^{-6}$	$-2,13668 \cdot 10^{-9}$	273 – 780
Ethen	C_2H_4	$2,48863 \cdot 10^{-1}$	$4,86256 \cdot 10^{-3}$	$-1,56553 \cdot 10^{-6}$	$-2,42177 \cdot 10^{-11}$	273 – 785
Methan	CH_4	2,01108	$-1,09345 \cdot 10^{-3}$	$8,69870 \cdot 10^{-6}$	$-5,23071 \cdot 10^{-9}$	270 – 790

Oft interessieren neben der wahren spezifischen Wärmekapazität für praktische Rechnungen Mittelwerte in einem bestimmten Temperaturintervall (mittlere spezifische Wärmekapazität). Von *Kurth* [1.6] werden die in Tabelle 1.36 zusammengefaßten Angaben gemacht. Diese beziehen sich auf Temperaturen zwischen 0 °C und t °C.

1.3 Stoffwerte von Flüssiggasen

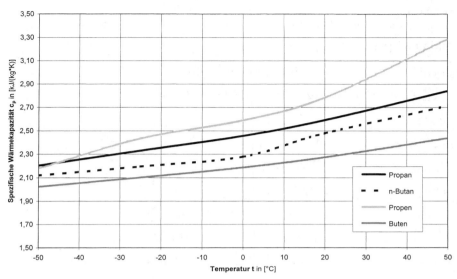

Abb. 1.32 Spezifische Wärmekapazität $c_p = f(t)$ der Flüssigphase ausgewählter Flüssiggase

Die mittlere spezifische Wärmekapazität im Temperaturintervall zwischen t_1 und t_2 ergibt sich daraus nach

$$c\big|_{t_1}^{t_2} = \frac{c\big|_0^{t_2} \cdot t_2 - c\big|_0^{t_1} \cdot t_1}{t_2 - t_1}$$

Für Gase benötigt man hauptsächlich die spezifische Wärmekapazität bei konstantem Druck (isobare Zustandsänderung) c_p und bei konstantem Volumen (isochore Zustandsänderung) c_v.

Tabelliert ist nur die spezifische Wärmekapazität c_p, da für ideale Gase gilt

$$c_p - c_v = 0{,}3726 \ \frac{\text{kJ}}{\text{m}^3\,\text{K}}$$

Tabelle 1.36 Mittlere spezifische Wärmekapazität von gasförmigen Kohlenwasserstoffen bei konstantem Druck (Angaben nach *Faltin*, zitiert in [1.6])

Stoff	Formel	$c_p\big|_0^t$ in [kg/(m³·K)]					
		$t = 0\,°\text{C}$	100	200	300	400	500
Propan	C_3H_8	3,0396	3,4499	3,8602	4,2705	4,6808	5,0911
n-Butan	n-C_4H_{10}	4,3375	5,5475	5,6779	7,6200	8,4783	9,2319
Ethan	C_2H_6	2,2441	2,4786	2,7591	2,9726	3,3075	3,5253
Ethen	C_2H_4	1,8924	2,1060	2,3279	2,5330	2,7214	2,8931
Methan	CH_4	1,5449	1,6161	1,7585	1,8882	2,0138	2,1311

Kurth [1.6] gibt folgende, auf Daten von *Faltin* [1.77] beruhende analytische Fassungen zur Berechnung der mittleren spezifischen Wärmekapazität für Propan und n-Butan an:

- Gase c_p in [kJ/(m³(N) · K)]

$$c_{p,C_3H_8} = 3{,}115 + 4{,}9927 \cdot 10^{-3} t_m - 1{,}5802 \cdot 10^{-6} t_m^2$$

$$c_{p,C_4H_{10}} = 4{,}3328 + 6{,}3727 \cdot 10^{-3} t_m - 1{,}9675 \cdot 10^{-6} t_m^2$$

c_p in [kJ/(kg · K)]

$$c_{p,C_3H_8} = 1{,}5525 + 2{,}4910 \cdot 10^{-3} t_m - 0{,}7884 \cdot 10^{-6} t_m^2$$

$$c_{p,C_4H_{10}} = 1{,}6027 + 2{,}3572 \cdot 10^{-3} t_m - 0{,}7278 \cdot 10^{-6} t_m^2$$

- flüssige Flüssiggase im Siedezustand c_p [kJ/(kgK)]

$$c_{p,C_3H_8} = 5{,}95010 - 3{,}224 \cdot 10^{-2} T_m + 7{,}0556 \cdot 10^{-5} T_m^2$$

$$c_{p,C_4H_{10}} = 2{,}94243 - 1{,}562 \cdot 10^{-2} T_m + 4{,}7778 \cdot 10^{-5} T_m^2$$

Für Gemische aus C₃H₈/n-C₄H₁₀ weisen die Abb. 1.33 und 1.34 die spezifischen Wärmekapazitäten aus.

Oft ist es nützlich, neben den technischen Bezugsgrößen Masse und Volumen für die spezifische Wärmekapazität die Stoffmenge [kmol] als Einheit zu wählen.

Die molare spezifische Wärmekapazität $\overline{c_p}$ [kJ/(kmol · K)] ist über die molare Masse mit der bisher gebrauchten spezifischen Wärmekapazität c_p [kJ/(kg · K)] verknüpft:

$$c_p = \frac{\overline{c_p}}{M}$$

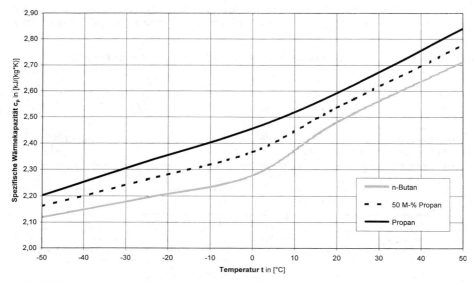

Abb. 1.33 *Spezifische Wärmekapazität $c_p = f(t)$ der Flüssigphase von Propan/n-Butan-Gemischen*

1.3 Stoffwerte von Flüssiggasen

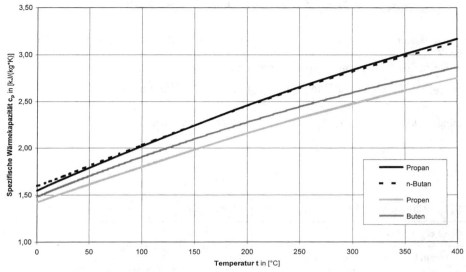

Abb. 1.34 Spezifische Wärmekapazität $c_p = f(t)$ gasförmiger Flüssiggase

Es gilt die Mischungsregel:

$$\bar{c}_{p,M} = \sum_{i=1}^{k} \psi_i \bar{c}_{p,i}$$

In [1.37] werden für Einzelstoffe Approximationsgleichungen der Form

$$\bar{c}_p = A + B + CT^2 + DT^3$$

mit $\bar{c}_p$ in kJ/(kmol · K) und T in K angegeben. Die Koeffizienten der Bestimmungsgleichung für die spezifische molare Wärmekapazität finden sich in Tabelle 1.37.

Tabelle 1.37 Koeffizienten der Approximationsgleichung zur Berechnung der molaren Wärmekapazität $\bar{c}_p = f(T)$ [kJ/(kmol · K)] ausgewählter Flüssiggase (Gasphase) nach [1.37]

$\bar{c}_{p,id.} = A + B \cdot T + C \cdot T^2 + D \cdot T^3$ in [kg/(kmol · K)]					
Stoff	**Formel**	**A**	**B**	**C**	**D**
Propan	C_3H_8	$-4{,}224 \cdot 10^0$	$3{,}063 \cdot 10^{-1}$	$-1{,}586 \cdot 10^{-4}$	$3{,}215 \cdot 10^{-8}$
n-Butan	$n\text{-}C_4H_{10}$	$9{,}487 \cdot 10^0$	$3{,}313 \cdot 10^{-1}$	$-1{,}108 \cdot 10^{-4}$	$-2{,}822 \cdot 10^{-9}$
iso-Butan	$iso\text{-}C_4H_{10}$	$-1{,}390 \cdot 10^0$	$3{,}847 \cdot 10^{-1}$	$-1{,}846 \cdot 10^{-4}$	$2{,}895 \cdot 10^{-8}$
Propen	C_3H_6	$3{,}710 \cdot 10^0$	$2{,}345 \cdot 10^{-1}$	$-1{,}160 \cdot 10^{-4}$	$2{,}205 \cdot 10^{-8}$
1-Buten	C_4H_8	$-2{,}994 \cdot 10^0$	$3{,}532 \cdot 10^{-1}$	$-1{,}990 \cdot 10^{-4}$	$4{,}463 \cdot 10^{-8}$
Ethan	C_2H_6	$5{,}409 \cdot 10^0$	$1{,}781 \cdot 10^{-1}$	$-6{,}938 \cdot 10^{-5}$	$8{,}713 \cdot 10^{-9}$
Ethen	C_2H_4	$3{,}806 \cdot 10^0$	$1{,}566 \cdot 10^{-1}$	$-8{,}348 \cdot 10^{-5}$	$1{,}755 \cdot 10^{-8}$
n-Pentan	$n\text{-}C_5H_{12}$	$-3{,}626 \cdot 10^0$	$4{,}873 \cdot 10^{-1}$	$-2{,}580 \cdot 10^{-4}$	$5{,}305 \cdot 10^{-8}$
1-Penten	C_5H_{10}	$-1{,}340 \cdot 10^{-1}$	$4{,}329 \cdot 10^{-1}$	$-2{,}317 \cdot 10^{-4}$	$4{,}681 \cdot 10^{-8}$
Methan	CH_4	$1{,}925 \cdot 10^{-1}$	$5{,}213 \cdot 10^{-2}$	$1{,}197 \cdot 10^{-5}$	$-1{,}132 \cdot 10^{-8}$

1.3.8 Wärmeleitfähigkeit. Temperaturleitfähigkeit

Der Wärmeleitkoeffizient eines Stoffes λ gibt an, welcher Wärmestrom durch Wärmeleitung bei einem Temperaturgradienten von 1 K/m je Flächeneinheit fließt. Der Wärmeleitkoeffizient eines Stoffes ist temperatur- und konzentrationsabhängig.

Stoffdaten für die Flüssig- und Dampfphase sind nach [1.28] in Tabelle 1.38 und 1.39 angegeben.

Diese Angaben können wiederum durch Polynomgleichungen der Form

$$\lambda = A + BT + CT^2 + DT^3$$

angenähert werden.

Tabelle 1.38 Wärmeleitfähigkeit λ [W/(m · K)] ausgewählter Flüssiggase (Flüssigphase) nach [1.28]

λ in [W/(m · K)] nach [1.28]

Stoff	Formel	Temperatur t in [°C]									
		−150	−100	−75	−50	−25	0	20	50	100	150
Propan	C_3H_8	0,194	0,165	0,150	0,136	0,122	0,108	0,096	0,080		
Butan	C_4H_{10}		0,165	0,152	0,140	0,129	0,118	0,109	0,097	0,079	
Propen	C_3H_6	0,2217	0,179	0,162	0,145	0,129	0,115	0,105	0,092		
Buten	C_4H_8	0,204	0,175	0,161	0,147	0,134	0,122	0,113	0,100	0,083	
Ethan	C_2H_6	0,222	0,172	0,149	0,128	0,108	0,089	0,075			
Ethen	C_2H_4	0,237	0,191	0,166	0,140	0,113	0,080	0,121			
Pentan	C_5H_{12}		0,164	0,153	0,142	0,132	0,122	0,114	0,103	0,087	0,071
Penten	C_5H_{10}	0,196	0,172	0,160	0,149	0,137	0,127	0,119	0,107	0,091	0,077
Methan	CH_4	0,167	0,097								

Tabelle 1.39 Wärmeleitfähigkeit λ [W/(m · K)] ausgewählter Flüssiggase (Gasphase) nach [1.28]

λ in [W/(m · K)] nach [1.28]

Stoff	Formel	Temperatur t in [C]							
		−100	−50	0	25	100	200	300	400
Propan	C_3H_8	0,007	0,011	0,015	0,018	0,027	0,042	0,059	0,079
Butan	C_4H_{10}	0,006	0,011	0,014	0,016	0,025	0,038	0,054	0,071
Propen	C_3H_6			0,014	0,0166	0,0256	0,0389	0,0537	
Buten	C_4H_8			0,013	0,015	0,022	0,034	0,048	
Ethan	C_2H_6	0,010	0,013	0,018	0,021	0,034	0,047	0,064	0,081
Ethen	C_2H_4	0,009	0,013	0,017	0,021	0,031	0,044		
Pentan	C_5H_{12}		0,010	0,013	0,014	0,021	0,034	0,040	0,065
Penten	C_5H_{10}					0,021	0,032	0,045	
Methan	CH_4	0,019	0,024	0,030	0,034	0,044	0,061	0,079	0,099

1.3 Stoffwerte von Flüssiggasen

In Tabelle 1.40 und 1.41 sind die Koeffizienten der Bestimmungsgleichungen für die Flüssigphase und die Gasphase angegeben; zusätzlich wurden die Vorschläge nach [1.37] ausgewiesen.

Die Wärmeleitfähigkeitskoeffizienten für verschiedene Flüssiggase sind in Abb. 1.35 und 1.36 graphisch dargestellt.

Der Wärmeleitkoeffizient von Flüssiggasgemischen ist mit folgenden empirischen Formeln mit genügender Genauigkeit berechenbar [1.30]:

Gasgemische

$$\lambda_M = \sum_{i=1}^{k} r_i \lambda_i$$

Binäre Flüssigkeitsgemische nach *Fillipow*

$$\lambda_M = \xi_1 \lambda_1 + \xi_2 \lambda_2 - 0{,}72 \xi_1 \xi_2 (\lambda_2 - \lambda_1)$$

Bedingung: $\lambda_2 \geq \lambda_1$

Der Temperaturleitkoeffizient, der für Wärmeleitungsvorgänge bei zeitlich veränderlichen Wärmeströmen eine maßgebende Größe ist, gehorcht folgender Gleichung:

$$a = \frac{\lambda}{c_p \cdot \varrho}$$

Tabelle 1.40 Koeffizienten der Approximationsgleichung zur Berechnung der Wärmeleitfähigkeit $\lambda = f(T)$ [W/(m·K)] ausgewählter Flüssiggase (Flüssigphase)

$\lambda = A_1 + B_1 \cdot T$ in [W/(m·K)]

Stoff	Formel	A_1	B_1	T in [K]
Propan	C_3H_8	0,26362	$-5{,}70651 \cdot 10^{-4}$	175–325
Butan	C_4H_{10}	0,24176	$-4{,}52077 \cdot 10^{-4}$	175–325
Propen	C_3H_6	0,28859	$-6{,}28244 \cdot 10^{-4}$	150–325
Buten	C_4H_8	0,26539	$-5{,}21654 \cdot 10^{-4}$	150–325
Ethan	C_2H_6	0,32286	$-8{,}60245 \cdot 10^{-4}$	150–300
Ethen	C_2H_4	0,36849	$-1{,}03714 \cdot 10^{-3}$	150–275
Pentan	C_5H_{12}	0,23354	$-4{,}07176 \cdot 10^{-4}$	150–325
Penten	C_5H_{10}	0,24913	$-4{,}45559 \cdot 10^{-4}$	150–325

$\lambda = A_2 + B_2 \cdot T + C_2 \cdot T^2$ in [W/(m·K)] nach [1.37]

Stoff	Formel	A_2	B_2	C_2	T in [K]
Propan	C_3H_8	$2{,}611 \cdot 10^{-1}$	$-5{,}309 \cdot 10^{-4}$	$-8{,}876 \cdot 10^{-8}$	85–353
Butan	C_4H_{10}	–	–	–	
Propen	C_3H_6	$2{,}906 \cdot 10^{-1}$	$-6{,}053 \cdot 10^{-4}$	$1{,}256 \cdot 10^{-8}$	88–343
Buten	C_4H_8	$2{,}554 \cdot 10^{-1}$	$-3{,}984 \cdot 10^{-4}$	$-1{,}135 \cdot 10^{-7}$	88–393
Ethan	C_2H_6	$2{,}928 \cdot 10^{-1}$	$-6{,}945 \cdot 10^{-4}$	$-2{,}039 \cdot 10^{-7}$	90–293
Ethen	C_2H_4	$3{,}565 \cdot 10^{-1}$	$-9{,}586 \cdot 10^{-4}$	$-1{,}972 \cdot 10^{-7}$	104–269
Methan	CH_4	$3{,}026 \cdot 10^{-1}$	$-6{,}047 \cdot 10^{-4}$	$-3{,}197 \cdot 10^{-6}$	90–183

Tabelle 1.41 Koeffizienten der Approximationsgleichung zur Berechnung der Wärmeleitfähigkeit $\lambda = f(T)$ [W/(m·K)] ausgewählter Flüssiggase (Gasphase)

$\lambda = A_3 \cdot T^{B_3}$ in [W/(m·K)]

Stoff	Formel	A_3	B_3	T in [K]
Propan	C_3H_8	$6{,}70873 \cdot 10^{-7}$	1,79187	175–650
Butan	C_4H_{10}	$6{,}33695 \cdot 10^{-7}$	1,78638	175–650
Propen	C_3H_6	$5{,}43838 \cdot 10^{-7}$	1,81289	250–550
Buten	C_4H_8	$6{,}38130 \cdot 10^{-7}$	1,76697	250–550
Ethan	C_2H_6	$2{,}29671 \cdot 10^{-6}$	1,60953	200–650
Ethen	C_2H_4	$2{,}21494 \cdot 10^{-6}$	1,60639	200–450
Pentan	C_5H_{12}	$7{,}05430 \cdot 10^{-7}$	1,75098	200–650
Penten	C_5H_{10}	$5{,}71285 \cdot 10^{-7}$	1,77520	200–650
Methan	CH_4	$3{,}06534 \cdot 10^{-5}$	1,23455	200–650

$\lambda = A_4 + B_4 \cdot T + C_4 \cdot T^2 + D_4 \cdot T^3$ in [W/(m·K)] nach [1.37]

Stoff	Formel	A_4	B_4	C_4	D_4	T in [K]
Propan	C_3H_8	$1{,}858 \cdot 10^{-3}$	$-4{,}698 \cdot 10^{-6}$	$2{,}177 \cdot 10^{-7}$	$-8{,}409 \cdot 10^{-11}$	273–1270
Butan	C_4H_{10}	–	–	–	–	–
Propen	C_3H_6	$-7{,}5840 \cdot 10^{-3}$	$6{,}101 \cdot 10^{-5}$	$9{,}966 \cdot 10^{-8}$	$-3{,}840 \cdot 10^{-11}$	175–1270
Buten	C_4H_8	$-1{,}052 \cdot 10^{-2}$	$5{,}771 \cdot 10^{-5}$	$1{,}018 \cdot 10^{-7}$	$-4{,}271 \cdot 10^{-11}$	175–1270
Ethan	C_2H_6	$-3{,}174 \cdot 10^{-2}$	$2{,}201 \cdot 10^{-4}$	$-1{,}923 \cdot 10^{-7}$	$1{,}664 \cdot 10^{-10}$	273–1020
Ethen	C_2H_4	$-1{,}760 \cdot 10^{-2}$	$1{,}200 \cdot 10^{-4}$	$3{,}335 \cdot 10^{-8}$	$-1{,}366 \cdot 10^{-11}$	200–1270
Methan	CH_4	$-1{,}869 \cdot 10^{-3}$	$8{,}727 \cdot 10^{-5}$	$1{,}179 \cdot 10^{-7}$	$-3{,}614 \cdot 10^{-11}$	273–1270

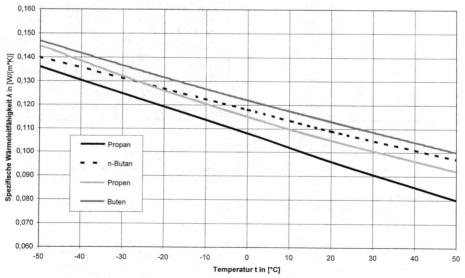

Abb. 1.35 Wärmeleitfähigkeit $\lambda = f(t)$ der Flüssigphase ausgewählter Flüssiggase

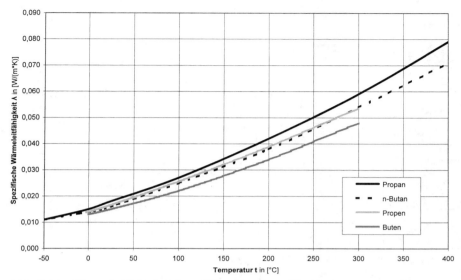

Abb. 1.36 Wärmeleitfähigkeit $\lambda = f(t)$ gasförmiger Flüssiggase

1.3.9 *Prandtl*-Zahl

Für Berechnungen im Bereich der Wärmeübertragung oder Strömungslehre wird oft auf eine dimensionslose Größe, die aus verschiedenen Stoffwerten gebildet wird, zurückgegriffen. Es gilt der Zusammenhang

$$Pr = \frac{\nu}{a} = \frac{\eta}{\varrho} \frac{c_p \varrho}{\lambda} = \frac{\eta c_p}{\lambda}$$

Die *Prandtl*-Zahl ist temperaturabhängig; die Druckabhängigkeit kann in erster Näherung vernachlässigt werden (siehe Anhang I).
In Abb. 1.37 ist der Zusammenhang für die siedende Flüssigkeit, in Abb. 1.38 für den Sattdampf ausgewiesen.

1.3.10 Dampfdruck

Einzelstoff
Eine für die Flüssiggastechnik wesentliche Eigenschaft der Flüssigkeiten ist ihre Verdampfungsfähigkeit.

Bei jeder Temperatur kann ein Teil der Moleküle unter dem Einfluß der Molekülbewegung in den gasförmigen Zustand übergehen. Die Verdampfungsneigung ist stoffabhängig und nimmt mit steigender Temperatur zu.

Findet die Verdampfung in einem abgeschlossenen, teilweise mit Flüssigkeit gefüllten Raum statt, dann stellt sich zwischen Flüssigkeit und Dampf ein Gleichgewicht ein; der Raum über der Flüssigkeit ist dabei mit Dampf gesättigt. Der sich bei diesem Vorgang einstellende Druck wird als Dampfdruck (Sättigungsdampfdruck) p_S bezeichnet.

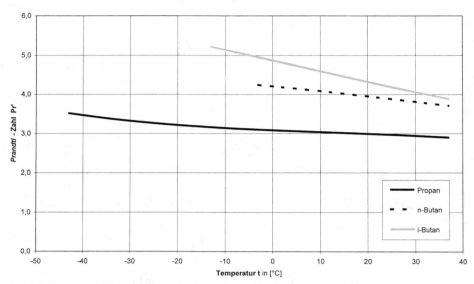

Abb. 1.37 Prandtl-Zahl der Flüssigphase $Pr' = f(t)$ ausgewählter Flüssiggase im Phasengleichgewicht (Sättigungszustand)

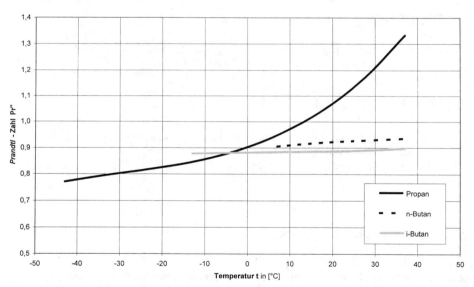

Abb. 1.38 Prandtl-Zahl der Dampfphase $Pr'' = f(t)$ ausgewählter Flüssiggase im Phasengleichgewicht (Sättigungszustand)

Für viele Flüssigkeiten läßt sich der Dampfdruck gut mit der *August*schen Dampfdruckgleichung

$$\lg p_S = A_1 - \frac{B_1}{T}$$

beschreiben.

1.3 Stoffwerte von Flüssiggasen

Kurth [1.28] gibt für Propan und Butan folgende Gleichungen an:

$$C_3H_8: \quad \lg p_S = 6{,}2886 - \frac{987}{T}$$

$$n\text{-}C_4H_{10}: \quad \lg p_S = 6{,}5586 - \frac{1245{,}14}{T}$$

$[p_S] = $ kPa; $[T] = $ K

Gültigkeitsbereich: $T = 230 - 350$ K

Der Ansatz von *August* zur Berechnung der Dampfdrücke wurde später z. B. von *Antoine* modifiziert:

$$\lg p_S = A_2 - \frac{B_2}{C_2 + T}$$

$[p_S] = $ kPa; $[T] = $ K

Die Koeffizienten der *Antoine*-Dampfdruckgleichung werden beispielsweise in [1.27] bzw. von *Schurkin* und *Rubinstein* [1.24] angegeben. Letztere finden sich auch in Tabelle 1.42.

Die Gleichungen sind nur innerhalb der angegebenen Temperaturbereiche mit guter Genauigkeit anwendbar, Extrapolationen führen i. d. R. zu erheblichen Fehlern.

In der Folge wurden weitere Verbesserungen der Dampfdruckgleichungen angestrebt, siehe [1.37, 1.23].

In [1.23] werden Gleichungen des Typs

$$\lg p_S = A_3 + \frac{B_3}{C_3 + T} + D_3 T + E_3 T^2 + F_3 \lg T$$

$[p_S] = $ bar; $[T] = $ K

Tabelle 1.42 Koeffizienten der *Antoine*-Dampfdruckgleichung $p_S = f(T)$ für ausgewählte Flüssiggase nach [1.24]

$\lg p_S = A_2 - B_2/(C_2 + T)$ in [MPa]

Stoff	Formel	A_2	B_2	C_2	T [K]
Propan	C_3H_8	3,43368	1048,900	5,610	232 ... 302
		4,73870	1578,210	87,498	302 ... 370
n-Butan	n-C_4H_{10}	3,00522	968,098	−30,598	135 ... 272
		3,11808	1030,340	−22,109	272 ... 348
i-Butan	i-C_4H_{10}	2,95313	926,054	−29,367	183 ... 261
		3,31173	1120,115	− 1,297	261 ... 407
Propen	C_3H_6	2,77287	712,188	−36,354	226 ... 273
		3,70437	1220,330	36,650	273 ... 364
Buten	C_4H_8	3,05000	9611,437	−29,173	154 ... 318
Ethan	C_2H_6	3,10102	722,955	− 7,995	189,7 ... 243
		3,67841	1030,628	39,083	243 ... 305,3
Ethen	C_2H_4	3,33160	768,260	9,280	204 ... 282,8
Methan	CH_4	2,94973	437,085	− 0,486	111,6 ... 154,9
		3,44082	600,175	25,272	154,9 ... 190,9

Tabelle 1.43 Koeffizienten $A_3 - F_3$ der Dampfdruckgleichung $p_S = f(T)$ für ausgewählte Flüssiggase nach [1.23]

$\lg p_S = A_3 + B_3/(C_3 + T) + D_3 \cdot T + E_3 \cdot T^2 + T_3 \lg T$ in [bar]

Stoff	Formel	A_3	B_3	C_3	D_3	E_3	F_3	T [K]
Propan	C_3H_8	17,79011	$-1482,367$	0,0	$-3,347221 \cdot 10^{-3}$	$7,554073 \cdot 10^{-6}$	$-4,653021$	86…369
n-Butan	$n-C_4H_{10}$	24,23151	$-1901,155$	0,0	$3,688122 \cdot 10^{-4}$	$3,851243 \cdot 10^{-6}$	$-7,242328$	135…425
i-Butan	$i-C_4H_{10}$	15,43263	$-1689,710$	0,0	$-7,089560 \cdot 10^{-3}$	$9,096872 \cdot 10^{-6}$	$-3,19073$	114…407
Propen	C_3H_6	12,94762	$-1381,908$	0,0	$-7,590480 \cdot 10^{-3}$	$1,062665 \cdot 10^{-5}$	$-2,397088$	88…365
Buten	C_4H_8	5,201783	$-1298,722$	0,0	$-1,24829 \cdot 10^{-3}$	0,0	0,0	198…398
Ethan	C_2H_6	17,77276	$-1133,456$	0,0	$-4,21419510^{-5}$	$6,751740 \cdot 10^{-6}$	$-5,227982$	91…305
Ethen	C_2H_4	20,94610	$-1096,210$	0,0	$2,85970710^{-3}$	$5,662132 \cdot 10^{-6}$	$-6,781872$	104…282
Methan	CH_4	7,030889	$-523,9767$	0,0	$-8,218194 \cdot 10^{-3}$	$2,323305 \cdot 10^{-5}$	$-0,8318782$	91…190

zur Bestimmung des Dampfdruckes einer Vielzahl von Kohlenwasserstoffen und anderer Substanzen verwendet. Die Koeffizienten dieser Gleichung enthält Tabelle 1.43.

Es erweist sich, daß sich die Dampfdrücke von Flüssiggasen sehr gut durch einfache Polynomansätze der Form

$$p_S = A_4 + B_4 T + C_4 T^2 + D_4 T^3 + E_4 T^4$$

$[p_S] = $ bar; $[T] = $ K

angeben lassen.

Auf der Basis von Stoffdaten nach [1.23] wurden die in Tabelle 1.44 zusammengestellten Koeffizienten gewonnen.

Die Dampfdrücke ausgewählter Kohlenwasserstoffe sind in Abb. 1.39 aufgetragen.

Stoffgemisch
Der Dampfdruck einer idealen homogenen Mischung ist eine Funktion der Temperatur und der Zusammensetzung der Flüssigkeit.

Tabelle 1.44 Koeffizienten der Polynomansätze zur Berechnung des Dampfdruckes $p_S = f(T)$ ausgewählter Flüssiggase

$p_S = A_4 + B_4 \cdot T + C_4 \cdot T^2 + D_4 \cdot T^3 + E_4 \cdot T^4$ in [bar]

Stoff	Formel	A_4	B_4	C_4	D_4	E_4	T [K]
Propan	C_3H_8	4,76677	$-0,14633$	$1,65491 \cdot 10^{-3}$	$-8,15249 \cdot 10^{-6}$	$1,48580 \cdot 10^{-8}$	86…369
n-Butan	$n-C_4H_{10}$	7,53830	$-0,17623$	$1,54629 \cdot 10^{-3}$	$-6,04058 \cdot 10^{-6}$	$8,87167 \cdot 10^{-9}$	135…425
i-Butan	$i-C_4H_{10}$	5,96247	$-0,15260$	$1,45178 \cdot 10^{-3}$	$-6,10004 \cdot 10^{-6}$	$9,57512 \cdot 10^{-9}$	114…407
Propen	C_3H_6	4,45121	$-0,14296$	$1,68258 \cdot 10^{-3}$	$-8,61832 \cdot 10^{-6}$	$1,62703 \cdot 10^{-8}$	88…365
Ethan	C_2H_6	2,22860	$-0,11006$	$1,81274 \cdot 10^{-3}$	$-1,23739 \cdot 10^{-5}$	$3,02890 \cdot 10^{-8}$	91…305
Ethen	C_2H_4	$-1,80699$	$-2,04412 \cdot 10^{-2}$	$1,25259 \cdot 10^{-3}$	$-1,24602 \cdot 10^{-5}$	$3,75302 \cdot 10^{-8}$	104…282
Methan	CH_4	84,3353	$-2,37071$	$2,58254 \cdot 10^{-2}$	$-1,36648 \cdot 10^{-4}$	$3,19569 \cdot 10^{-7}$	112…190

1.3 Stoffwerte von Flüssiggasen

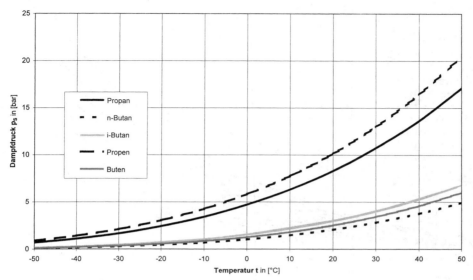

Abb. 1.39 Sättigungsdampfdruck $p_S = f(t)$ ausgewählter Flüssiggase

Nach *Raoult* gilt für den Dampfdruck jeder Komponente der Flüssigkeitsmischung

$$p_i'' = \psi_i' p_{S,i}$$

In der Gasphase übt daher jede Komponente eben diesen Partialdruck aus. Für den Gesamtdampfdruck über der Flüssigkeitsmischung gilt das *Dalton*sche Gesetz.

$$p_{S,M} = \sum_{i=1}^{k} p_i''$$

womit sich der Dampfdruck über einer Flüssigkeitsmischung zu

$$p_{S,M} = \sum_{i=1}^{k} \psi_i' p_{S,i}$$

ergibt.

Bei idealen Mischungen ist also das Verhältnis des Partialdrucks jeder Komponente zum Dampfdruck, den sie als reiner Stoff aufweist, gleich ihrem Stoffmengenanteil (Molenbruch) in der Flüssigphase.

Für ein Zweistoffgemisch aus Propan und Butan gilt demgemäß für den Dampfdruck des Gemisches:

$$p_{S,M} = \psi_{Pr}' p_{S,Pr} + \psi_{Bu}' p_{S,Bu}$$

Der Dampfdruck von Propan/n-Butan-Mischungen ist in Abb. 1.40 abgetragen.

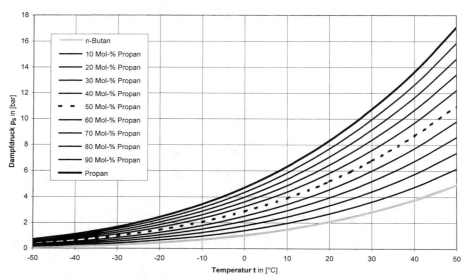

Abb. 1.40 Sättigungsdampfdruck $p_S = f(t)$ von Propan/n-Butan-Gemischen

1.3.11 Verdampfungsenthalpie

Die Verdampfungsenthalpie ist diejenige Wärmemenge, die zur Umwandlung einer Mengeneinheit siedender Flüssigkeit in trocken gesättigtem Dampf bei konstantem Druck aufzuwenden ist. Sie wird zur Sprengung der Bindungskräfte und zur Raumausdehnung benötigt; sie äußert sich nicht durch Temperaturzunahme. Beim umgekehrten Vorgang, der isobaren Kondensation, wird sie als Kondensationswärme wieder freigesetzt.

Für den Fall des Zweiphasensystems Flüssigkeit/Dampf gibt die *Clausius-Clapeyron*sche Gleichung die Abhängigkeit der Verdampfungswärme bei der Temperatur T von der Volumenzunahme bei der Verdampfung und vom Anstieg der Dampfdruckkurve an [1.40]:

$$h'' - h' = \Delta h_v = (v'' - v') \left(\frac{dp}{dT}\right)_{\text{Verd.}}$$

Mit Hilfe der *August*schen Dampfdruckgleichungen lassen sich die Verdampfungsenthalpien reiner Stoffe ermitteln [1.15]. Hierzu finden sich weitere Hinweise bei *Dittmann* [1.78].

Beträge für die Verdampfungsenthalpie ausgewählter Kohlenwasserstoffe sind in Tabelle 1.45 zusammengestellt.

Die tabellierten Werte lassen sich mit Hilfe einfacher Polynomansätze der Form

$$\Delta h_V = A_1 + B_1 T + C_1 T^2 + D_1 T^3 + E_1 T^4 + F_1 T^5 + G_1 T^6 + H_1 T^7$$

approximieren.

Die Koeffizienten der Approximationsgleichung enthält Tabelle 1.45.

Die Abhängigkeiten sind in Abb. 1.41 dargestellt.

1.3 Stoffwerte von Flüssiggasen

Tabelle 1.45 Verdampfungsenthalpie Δh_V [kJ/kg] ausgewählter Flüssiggase nach [1.23]

Δh_V in [kJ/kg]

Stoff	Formel	$T = 200$ K	220 K	240 K	260 K	280 K	300 K	320 K	340 K	360 K
Propan	C_3H_8	456,1	436,8	415,7	392,0	364,6	332,0	291,5	238,1	153,1
n-Butan	$n-C_4H_{10}$	443,1	428,2	413,0	396,7	379,1	359,4	337,2	311,6	281,3
i-Butan	$i-C_4H_{10}$	417,5	401,9	385,6	368,1	348,9	327,6	303,3	274,8	239,7
Propen	C_3H_6	465,59	445,08	422,50	396,91	367,02	331,20	286,60	226,7	121,9
Ethan	C_2H_6	467,1	435,0	395,5	344,9	274,7	194,4	–	–	–
Ethen	C_2H_4	432,4	391,0	338,0	263,0	111,5	–	–	–	–
Pentan	C_5H_{12}	–	–	–	–	–	–	350,0	332,4	311,9
Methan	CH_4	–	–	–	–	–	–	–	–	–

Für das Stoffgemisch Flüssiggas sind folgende Verdampfungsenthalpien zu unterscheiden [1.15]:

Gleichgewichtsverdampfungsenthalpie $\Delta h_{V,Gl.}$ ist diejenige Wärmemenge, die bei der Verdampfung einer Mengeneinheit aus einer sehr großen Flüssigkeitsmenge bei konstanter Temperatur und gleichbleibendem Druck in die entsprechende Gleichgewichtskonzentration des Dampfes aufzubringen ist, ohne daß sich die Zusammensetzung der Flüssigphase, resp. die jeweilige Konzentration der Einzelbestandteile merklich ändert:

$$\Delta h_{V,Gl.} = \sum_{i=1}^{k} \xi_i'' \, \Delta h_{V,Gl.,i} \quad \text{in kJ/kg}$$

ξ_i'' Masseanteil der Komponente i im Dampf

Integrale isobare Verdampfungsenthalpie $\Delta h_{V,p}$ ist diejenige Wärmemenge, die aufgebracht werden muß, um eine Mengeneinheit einer Flüssigkeit bei konstantem Druck und konstanter

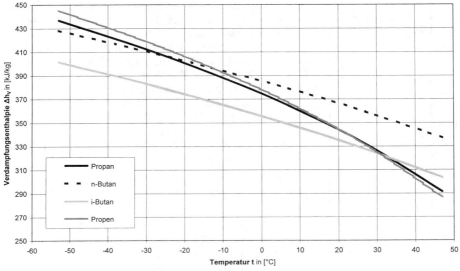

Abb. 1.41 Verdampfungsenthalpie $\Delta h_V = f(t)$ ausgewählter Flüssiggase

Tabelle 1.46 Koeffizienten der Approximationsgleichung zur Berechnung der Verdampfungsenthalpie $\Delta h_V = f(T)$ [kJ/kg] ausgewählter Flüssiggase

$\Delta h_V = A_1 + B_1 \cdot T + C_1 \cdot T^2 + D_1 \cdot T^3 + E_1 \cdot T^4 + F_1 \cdot T^5 + G_1 \cdot T^6 + H_1 \cdot T^7$ in [kJ/kg]

Stoff	Formel	A_1	B_1	C_1	D_1	E_1	F_1	G_1	H_1	T [K]
Propan	C_3H_8	4178,05	−144,451	2,39666	−2,13740·10^{-2}	1,10116·10^{-4}	−3,28364·10^{-7}	5,26053·10^{-10}	−3,50359·10^{-13}	85,47…365
n-Butan	$n-C_4H_{10}$	16411,8	−477,902	6,02263	−4,12370·10^{-2}	1,65482·10^{-4}	−3,89457·10^{-7}	4,98175·10^{-10}	−2,67533·10^{-13}	134,86…420
i-Butan	$i-C_4H_{10}$	9391,19	−296,469	4,11789	−3,09000·10^{-2}	1,35086·10^{-4}	−3,44525·10^{-7}	4,75402·10^{-10}	−2,74336·10^{-13}	113,55…405
Propen	C_3H_6	5050,42	−177,743	2,92371	−2,58373·10^{-2}	1,32094·10^{-4}	−3,91624·10^{-7}	6,24945·10^{-10}	−4,15318·10^{-13}	87,89…365
Ethan	C_2H_6	15039,3	−618,021	11,0667	−0,10741	6,09705·10^{-4}	−2,02636·10^{-6}	3,65537·10^{-9}	−2,76540·10^{-12}	90,35…305
Ethen	C_2H_4	56833,7	−2336,77	40,8874	−0,39061	2,20050·10^{-3}	−7,31403·10^{-6}	1,32896·10^{-8}	−1,01917·10^{-11}	103,99…280

Konzentration zu verdampfen. Die Temperatur des Systems steigt bei diesem Vorgang vom Siedepunkt zum Taupunkt an:

$$\Delta h_{V,p} = \sum_{i=1}^{i} \xi'_i \, \Delta h_{V,i} \quad \text{in kJ/kg}$$

ξ'_i Masseanteil der Komponente i in der Flüssigkeit

Die Gleichgewichtsverdampfungsenthalpie ist bei der Gasentnahme aus dem Dampfraum von Flüssiggaslagerbehältern anzusetzen; bei Verdampfern muß mit der integralen isobaren Verdampfungsenthalpie gerechnet werden.

Für Flüssiggas beträgt die mittlere Verdampfungsenthalpie $\Delta h_V \approx 420$ kJ/kg $\cong 116$ Wh/kg $= 0,116$ kWh/kg [1.15]. Der Betrag der Verdampfungsenthalpie ist mit dem der Kondensationsenthalpie identisch.

In Tabelle 1.47 ist die Gleichgewichtsverdampfungsenthalpie $\Delta h_{V,Gl.}$ für Propan/n-Butan-Gemische ausgewiesen und in Abb. 1.42 graphisch dargestellt worden.

1.3.12 Siedepunkt und Taupunkt von Flüssiggasen

Der *Siedepunkt* ist die Temperatur während des Verdampfungsvorganges, bei der der Dampfdruck über der Flüssigkeit den äußeren Druck überschreitet, dem die Flüssigkeit ausgesetzt ist.

Beim isobaren Phasenübergang $L \rightarrow V$ ist der Siedepunkt die Temperatur, bei der der Verdampfungsvorgang gerade beginnt. Diese Temperatur bleibt bei weiterer Wärmezufuhr so lange konstant, bis die gesamte Flüssigkeit verdampft ist (Einstoffsystem). Das beim Phasenübergang bestehende Zweiphasensystem LV wird Naßdampf (Sattdampf) genannt; der bei Siedetemperatur restlos verdampfte Stoff wird als trocken gesättigter Dampf bezeichnet. Bei Einstoffsystemen ist jedem Druck eine bestimmte Siedetemperatur zugeordnet und umgekehrt. Dieser Zusammenhang wird durch Dampfdruckdiagramme beschrieben.

Bei der Diskussion des Taupunktes ist bei Erreichen des Phasengleichgewichtes von der gasförmigen Phase auszugehen.

Der *Taupunkt* wird bestimmt durch die Temperatur bei einem gegebenen Druck, bei der der Phasenübergang $V \rightarrow L$ einsetzt, d. h. der Taupunkt ist die Temperatur, bei der bei Abkühlung eines Gases oder Dampfes Kondensation eintritt.

1.3 Stoffwerte von Flüssiggasen

$\Delta h_{V,\text{Gl.}}$ in [kJ/kg]

[°C]	$\xi''_{\text{Pr}} = 1{,}0$	0,8	0,6	0,4	0,2	0
−30	390,61	390,23	389,84	389,46	389,07	388,69
−25	387,56	387,53	387,50	387,48	387,45	387,42
−20	383,89	384,34	384,80	385,25	385,70	386,16
−15	379,48	380,53	381,57	382,62	383,67	384,72
−10	374,61	376,32	378,02	379,72	381,42	383,13
− 5	369,44	371,82	374,21	376,59	378,98	381,36
0	363,98	367,05	370,11	373,18	376,25	379,31
5	358,12	361,88	365,64	369,40	373,16	376,92
10	351,61	356,18	360,74	365,31	369,88	374,44
15	344,43	349,93	355,43	360,92	366,42	371,92
20	336,79	343,18	349,58	355,97	362,36	368,75
25	328,60	335,90	343,20	350,50	357,80	365,09
30	319,87	328,12	336,38	344,63	352,88	361,13
35	310,50	319,79	329,08	338,37	347,66	356,96
40	300,67	311,05	321,43	331,82	342,20	352,58
45	290,38	301,87	313,36	324,86	336,35	347,84
50	278,43	291,30	304,17	317,04	329,90	342,77
55	266,07	280,28	294,48	308,69	322,89	337,10
60	253,23	268,79	284,35	299,92	315,48	331,04
65	236,88	254,42	271,97	289,51	307,06	324,60
70	220,21	239,72	259,22	278,73	298,24	317,74

Tabelle 1.47 Gleichgewichtsverdampfungsenthalpie $\Delta h_{V,\text{Gl.}}$ [kJ/kg] von Propan/n-Butan-Gemischen nach [1.15]

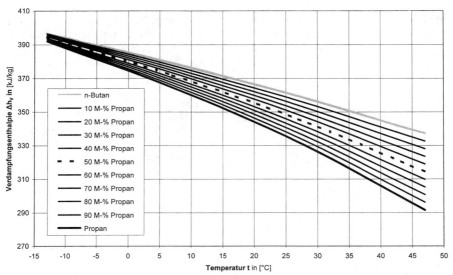

Abb. 1.42 *Gleichgewichtsverdampfungsenthalpie* $\Delta h_V = f(t)$ *von Propan/n-Butan-Gemischen*

Für Einzelstoffe stimmen Siedepunkt und Taupunkt überein.

Flüssiggas ist eine homogene Mischung. Das Gleichgewicht Flüssigkeit — Dampf zeigt nahezu ideales Verhalten. Die zugrundeliegenden thermodynamischen Gesetzmäßigkeiten sind in [1.11] ausführlich erläutert. Für das binäre Gemisch Propan/n-Butan wurden von *Kurth* die das Systemverhalten bei Gleichgewichtsverdampfung beschreibenden Siede-Taupunkt-Diagramme berechnet.

Zum prinzipiellen Verständnis sei auf Abb. 1.43 hingewiesen. Dort ist der typische linsenförmige Siede-Taupunktverlauf bei konstantem Systemdruck eingetragen.

Die untere Begrenzung der linsenförmigen Figur (Siedelinie) zeigt die Zusammensetzung der Flüssigkeit und die obere Begrenzung (Taulinie) die Zusammensetzung des Dampfes, die bei einem bestimmten Druck zum Siede- und Taupunkt gehören.

Wird eine Gleichgewichtsverdampfung bei $p_1 =$ const. eines Flüssiggases der Ausgangszusammensetzung 40 Masse-% n-Butan und 60 Masse-% Propan durchgeführt, beginnt die Verdampfung bei der Temperatur t_1 (Siedebeginn). Der bei gleicher Temperatur entstehende Dampf hat eine andere Zusammensetzung als die Flüssigkeit. Er besteht aus etwa 10 Masse-% n-Butan und 90 Masse-% Propan. Kehrt man den Vorgang um und kühlt ein gasförmiges Propan-Butan-Gemisch der Ausgangszusammensetzung 40 Masse-% n-Butan und 60 Masse-% Propan im Dampf isobar ab, dann beginnt die Kondensation bei der Temperatur t_2.

Das erste Kondensat hat dann folgende Zusammensetzung: 80 Masse-% n-Butan, 20 Masse-% Propan.

Der Verlauf und die Lage der Linse sind vom jeweiligen Systemdruck abhängig; in jedem Falle ist die Siedetemperatur des Flüssiggases ein Bereich und stimmt mit dem Taupunkt einer definierten Mischung nicht überein.

Es erweist sich, daß sich die Zusammensetzung des Gases und der Flüssigkeit bei Entnahme von gasförmigem Flüssiggas aus einem Vorratsbehälter von propanreich zu butanreich hin verändert.

Die Konstruktion von Siede-Taupunkt-Diagrammen für Propan-Butan-Gemische wird beispielsweise von *Ionin* [1.12] eingehend erläutert und soll daher an dieser Stelle nicht näher betrachtet werden (siehe auch [1.10]).

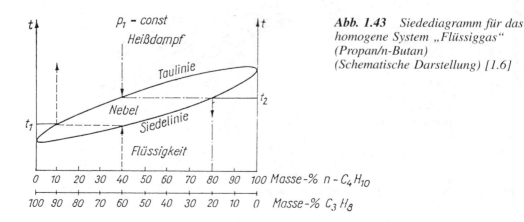

Abb. 1.43 *Siedediagramm für das homogene System „Flüssiggas" (Propan/n-Butan) (Schematische Darstellung)* [1.6]

1.3 Stoffwerte von Flüssiggasen

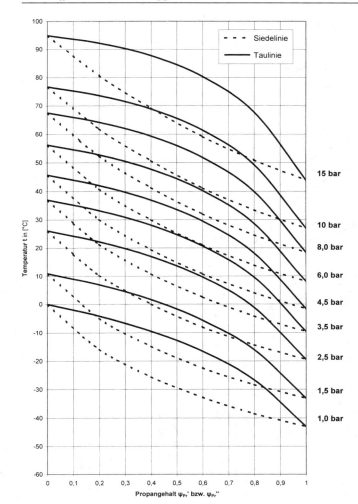

Abb. 1.44 Isobares Siede-Taupunkt-Diagramm für Propan/n-Butan-Gemische (Parameter: Druck $p = 1 \ldots 15$ bar) [1.15]

Die gemeinsame Wiedergabe des Siede- und Taupunktverhaltens ergeben die in Abb. 1.44 und 1.45 gezeichneten linsenförmigen Schaubilder. Diese werden als Siede-Taupunkt-Diagramme bezeichnet. Sie ermöglichen neben der Bestimmung der Siedetemperatur und des Taupunktes bei vorgegebener Zusammensetzung und bekanntem Systemdruck auch die Ermittlung der Zusammensetzung der sich bildenden Phasen.

1.3.13 Gleichgewichtswert

Ein System befindet sich im Gleichgewicht, wenn in ihm unter den gegebenen äußeren Bedingungen kein Stoff- und Energieumsatz mehr erfolgt.

So stellt sich z. B. in einem abgeschlossenen System bei konstanter Temperatur zwischen einer Flüssigkeit und ihrem Dampf ein Gleichgewicht ein. Es handelt sich hier um ein

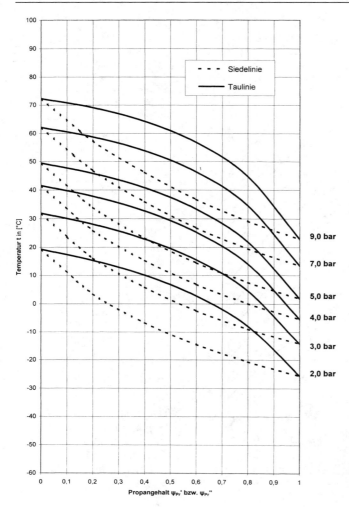

Abb. 1.45 Isobares Siede-Taupunkt-Diagramm für Propan/n-Butan-Gemische (Parameter: Druck $p = 2\ldots9$ bar) [1.15]

Phasengleichgewicht, das gemäß der kinetischen Gastheorie dynamisches Verhalten aufweist.

Die thermodynamische Beschreibung des Gleichgewichtes einer Mischung verfolgt das Ziel, den Zusammenhang zwischen der Zusammensetzung der flüssigen und gasförmigen Phase der Mischung festzustellen. Es bietet sich an, hier auf den sog. Gleichgewichtswert zurückzugreifen.

Der *Gleichgewichtswert K* gibt den Zusammenhang der Konzentration der Komponenten einer Mischung in zwei im Gleichgewicht stehenden Phasen der Mischung an. In der Flüssiggastechnik interessieren die Phasen flüssig/gasförmig. Der Gleichgewichtswert wird zur Charakterisierung von Flüssigkeits-Dampf-Gleichgewichten von Kohlenwasserstoffgemischen bevorzugt verwendet [1.79, 1.80].

Weitere Möglichkeiten der Formulierung dieses Zusammenhanges sind über die „relative Flüchtigkeit" und „Selektivität" gegeben [1.79, 1.80]. Die Grundlage zur Berechnung des Gleichgewichtswertes liefern die Gesetze von *Raoult* und *Dalton*.

1.3 Stoffwerte von Flüssiggasen

Für jeweils ideales Verhalten gilt nach

Raoult $\quad p_i = \psi'_i p_{S,i}$

Dalton $\quad p = \sum_{i=1}^{k} p_{S,i}$

resp. $\quad p_{S,i} = \psi''_i p$

durch Gleichsetzen

Raoult-Dalton $\quad \psi''_i p = \psi'_i p_{S,i}$

die Definitionsgleichung für den Gleichgewichtswert allgemein

$$K_i = \frac{\psi''_i}{\psi'_i} = \frac{p_{S,i}}{p}$$

Der Gleichgewichtswert der Komponenten einer Mischung für das Dampf-Flüssigkeits-Gleichgewicht ist demgemäß gleich dem Quotienten aus dem Dampfdruck der reinen Komponente zum Gemischdampfdruck, da im Phasengleichgewicht $p = p_{S,M}$ ist. Der Gleichgewichtswert K_i ist also eine Funktion der Temperatur und des Druckes. Die Gleichgewichtswerte leichter Kohlenwasserstoffe kann man [1.11] (zitiert nach [1.81]) für höhere bzw. niedrigere Temperaturen entnehmen.

Der Gleichgewichtswert einer Komponente in einer Flüssiggasmischung ist druck-, temperatur- und konzentrationsabhängig.

Von *Kurth* unter Berücksichtigung des realen Verhaltens der Komponenten unter Annahme von idealem Verhalten für die Mischung berechnete Gleichgewichtswerte für Propan in C_3H_8/n-C_4H_{10}-Gemischen sind in Abb. 1.46 aufgetragen.

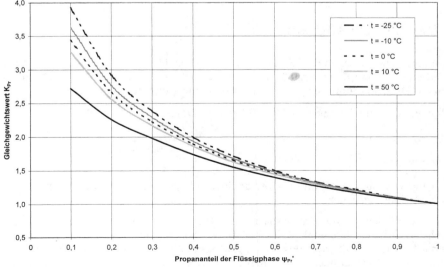

Abb. 1.46 *Gleichgewichtswerte K von Propan/n-Butan-Gemischen [1.15]*

Tabelle 1.48 Gleichgewichtswert K von Propan in Propan/n-Butan-Mischungen zwischen 250 K und 325 K nach [1.15]

Temperatur T [K]	Gleichgewichtswert $K_{C_3H_8}$									
	$\xi'_{C_3H_8} = 0{,}1$	0,2	0,3	0,4	0,5	0,6	0,7	0,8	0,9	1,0
250	3,923	2,920	2,385	1,993	1,711	1,498	1,332	1,200	1,091	1,000
263	3,6	2,764	2,292	1,935	1,675	1,476	1,319	1,192	1,088	1,000
273	3,437	2,659	2,228	1,895	1,649	1,460	1,309	1,516	1,086	1,000
283	3,266	2,564	2,171	1,859	1,626	1,445	1,300	1,182	1,084	1,000
325	2,719	2,259	1,979	1,737	1,548	1,395	1,270	1,165	1,076	1,000

1.3.14 Energetische Zustandsdiagramme

Allgemeine Hinweise zur Gestaltung und zum Gebrauch von Zustandsdiagrammen unterschiedlicher Art finden sich in der thermodynamischen Literatur, beispielsweise [1.39–1.41, 1.67].

Insbesondere sei beachtet, daß trotz vielfältiger rechentechnischer Möglichkeiten zur Bestimmung energetischer Zustandsgrößen Zustandsdiagramme zum einen zur Diskussion qualitativer Zusammenhänge sowie für Prozeßdarstellungen und zum anderen für schnelle überschlägliche Berechnungen auch heute noch in Gebrauch sind.

In der Gas- und Flüssiggastechnik wird besonders häufig auf *Mollier-p, h*-Diagramme zurückgegriffen [1.7, 1.12].

In den Abb. 1.47 bis 1.49 wurden entsprechende Diagramme für C_3H_8, $n-C_4H_{10}$ und $i-C_4H_{10}$ angegeben; für C_3H_6, C_2H_4 und CH_4 finden sich entsprechende Diagramme in [1.26].

1.3.15 Diffusionskoeffizient

Diffusion ist ein Transportvorgang in Stoffen, bei dem Moleküle zweier oder mehrerer Komponenten aufgrund von Konzentrationsunterschieden (Partialdruckunterschieden) ausgetauscht werden. Diffusion führt demgemäß tendenziell zum Konzentrationsausgleich.

Die Berechnung der Diffusionsstromdichte erfolgt in Analogie zur Wärmeleitung.

$$\dot{q} = -\lambda \operatorname{Grad} t$$
$$\dot{n} = -D \operatorname{Grad} c$$

Ein Maß für die Intensität der Stofftransportvorgänge infolge von Konzentrationsunterschieden ist der Diffusionskoeffizient D.

Der Diffusionskoeffizient D für ein Gaspaar ist stoff-, druck-, temperatur- und konzentrationsabhängig. Die Druckabhängigkeit ist bei Gasen bis zu einem Druck von 2,5 MPa (25 bar) vernachlässigbar. Die Kenntnis des Diffusionskoeffizienten für Flüssiggas-Luft-Mischungen ist für die Flüssiggastechnik von besonderer Bedeutung. *Kurth* [1.6] gibt die Diffusionskoeffizienten für Propan-Butan-Gemische an, siehe Abb. 1.50.

1.3 Stoffwerte von Flüssiggasen

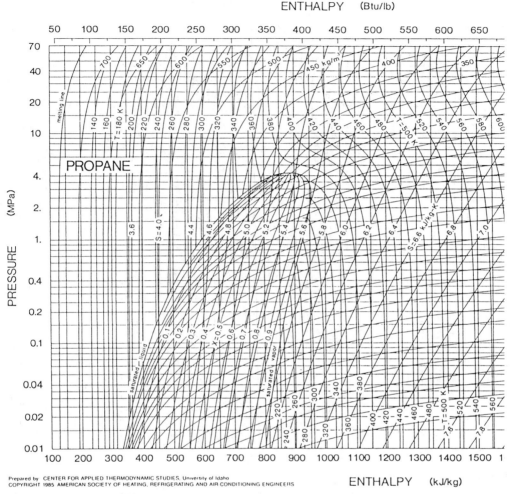

Abb. 1.47 Mollier-log p, h-Diagramm für Propan [1.26]

Allgemein gilt eine Abhängigkeit der Art

$$D = D_0 \left(\frac{T}{T_n}\right)^n \frac{p_0}{p}$$

wobei in technisch wichtigen Bereichen von $p_0/p \approx 1$ ausgegangen wird, so daß lediglich die Temperaturabhängigkeit des Diffusionskoeffizienten zu erfassen ist. Modifiziert läßt sich nun

$$\frac{D_{T_2}}{D_{T_1}} = \left(\frac{T_2}{T_1}\right)^n$$

schreiben.

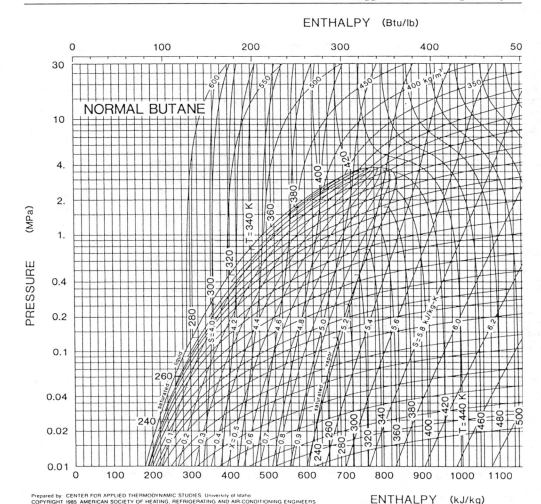

Abb. 1.48 Mollier-log p, h-Diagramm für n-Butan [1.26]

Kurth geht von $n = 1,823$ aus; *Rjabzev* gibt $n \approx 1,5 \ldots 2,0$ an. Für praktische Berechnungen wird in [1.18] $n = 1,70$ empfohlen.

Die o. g. Rechengrößen unterstellen, daß sich die diffundierenden Fluide in Ruhe befinden. In Systemen, in denen das nicht der Fall ist, beispielsweise bei Strömungsvorgängen, muß eine Modifikation des Diffusionskoeffizienten vorgenommen werden. Es ist nunmehr

$$D^* = D \cdot \sqrt{w}$$

mit w als Strömungsgeschwindigkeit in [m/s] zu schreiben.

Es gilt folgende grundsätzliche Festellungen zu treffen:
- der Diffusionskoeffizient nimmt mit größer werdender molarer Masse der diffundierenden Stoffe ab

1.3 Stoffwerte von Flüssiggasen

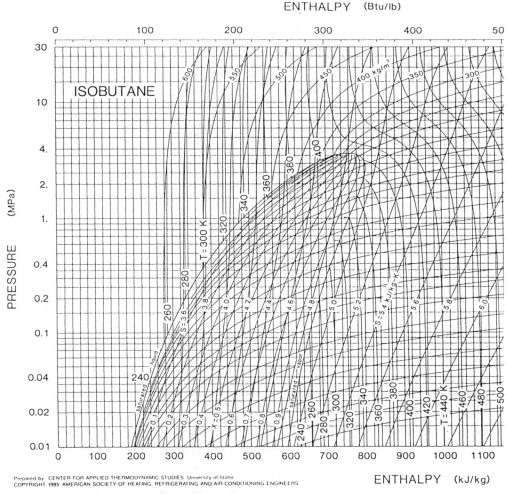

Abb. 1.49 Mollier-log p, h-Diagramm für i-Butan [1.26]

- mit steigendem Druck sinkt der Diffusionskoeffizient; dieser Effekt ist bis zu Drücken von 25 bar vernachlässigbar
- der Diffusionskoeffizient nimmt mit steigender Temperatur zu

In Tabelle 1.49 sind Diffusionskoeffizienten für ausgewählte Stoffpaare ausgewiesen.

Die durch den Diffusionskoeffizienten ausgedrückte Mischungsfähigkeit („Mischungswilligkeit") weist vergleichsweise niedrige Beträge auf, die Ursache für die niedrige Mischungsneigung durch Diffusion zwischen Luft und Flüssiggas sind. Das bedingt spezielle sicherheitstechnische Forderungen im Bereich der Flüssiggaslagerung und -anwendung. Im allgemeinen muß für eine intensive Durchlüftung gefährdeter Bereiche gesorgt werden, gleichbedeutend einem Stoffaustausch durch Konvektion („Mitnahme").

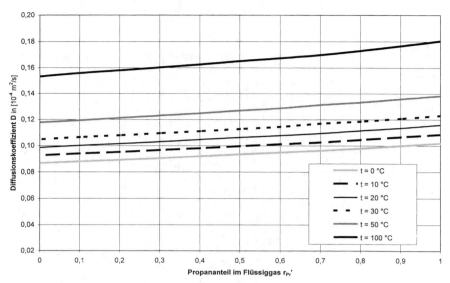

Abb. 1.50 *Diffusionskoeffizient D für Flüssiggas (Propan/n-Butan-Gemische)-Luft-Mischungen [1.15]*

Tabelle 1.49 Diffusionskoeffizienten D von Flüssiggasen nach [1.15, 1.18]

Stoffpaarung 1−2	D_{12} [10^{-4} m²/s]					
Formel		273 K	283 K	293 K	303 K	323 K
C_3H_8-n-C_4H_{10}						
$r_{C_3H_8}$	$r_{C_4H_{10}}$					
1,0		0,1019	0,1086	0,1160	0,1231	0,1383
0,9	0,1	0,0999	0,1067	0,1135	0,1208	0,1358
0,8	0,2	0,0979	0,1046	0,1115	0,1186	0,1332
0,7	0,3	0,0962	0,1026	0,1094	0,1170	0,1313
0,6	0,5	0,0947	0,1012	0,1078	0,1145	0,1287
0,5	0,5	0,0934	0,0997	0,1063	0,1128	0,1269
0,4	0,6	0,0919	0,0981	0,1047	0,1111	0,1248
0,3	0,7	0,0903	0,0967	0,1030	0,1095	0,1230
0,2	0,8	0,0892	0,0952	0,1015	0,1079	0,1212
0,1	0,9	0,0881	0,0940	0,1001	0,1065	0,1194
0	1,0	0,0867	0,0926	0,0985	0,1048	0,1178
$CO_2-C_3H_8$				0,086		
$C_2H_6-CH_4$				0,085		
$C_2H_6-C_3H_8$				0,163		
$H_2-C_3H_8$				0,450		
$H_2-C_2H_6$		0,439				

1.3.16 Oberflächenspannung

Zweiphasensysteme, z. B. Flüssiggase in Lagerbehältern, sind inhomogene Systeme mit einer definierten Oberfläche, die die Phasen trennt. Flüssigkeiten unterscheiden sich von Gasen, indem sie freie Oberflächen aufweisen. Zwischen den Molekülen einer Flüssigkeit wirken starke kurzreichweitige Kräfte, welche nur zwischen den allernächsten Nachbarn zur Geltung kommen. Befindet sich ein Molekül im Inneren der Flüssigkeit, so heben sich diese Kräfte im zeitlichen Mittel auf. Liegt das Molekül aber an der Oberfläche S, so resultiert eine Kraft F_S, welche das Molekül ins Innere der Flüssigkeit zu ziehen versucht. Deshalb wirkt die Oberfläche einer Flüssigkeit wie eine Gummihaut, welche sich so weit wie möglich zusammenzieht. Eine anschauliche Vorstellung vom Wesen der Oberflächenspannung gewinnt man aus zweierlei Überlegungen [1.38]:

Mikroskopische Begründung der Oberflächenenergie
Schiebt sich ein Molekül vom Inneren der Flüssigkeit an deren Oberfläche S, so leistet es gegen die Oberflächenkraft $F_S(M)$ die Arbeit $A_{iS}(M)$, welche es beim Wiedereindringen ins Innere zurückgewinnt. Die Arbeit $A_{iS}(M)$ hat daher den Charakter einer potentiellen Energie: $E_{pot}(M) = A_{iS}(M)$. Eine Flüssigkeit mit $n \cdot S$ Molekülen an der Oberfläche S besitzt daher die Oberflächenenergie:

$$E_{pot}(\text{Oberfläche}) = \sigma_S \cdot S$$

$$\sigma_S = n \cdot E_{pot}(M)$$

wobei σ_S die Konstante der Oberflächenspannung bezeichnet. Die Einheit von σ_S ist die einer Arbeit [N/m].

Phänomenologie der Oberflächenspannung
Die intermolekularen Kräfte in einer Flüssigkeit erstreben eine Verkleinerung der Oberfläche. Schneidet man einen Spalt in einen dünnen Flüssigkeitsfilm, so wirken an dessen Kanten Kräfte, welche in den Oberflächen und senkrecht zum Spalt liegen. Ihr Betrag ist bestimmt durch eine Materialkonstante, die Oberflächenspannung σ_S.

Bei Wärme- und Stoffübertragungsvorgängen charakterisiert die Oberflächenspannung das System Flüssigkeit — Dampf.

Angaben zur Oberflächenspannung ausgewählter Flüssiggase finden sich in Anlage 1.

Die Zusammenhänge wurden in Abb. 1.51 graphisch ausgewertet.

Die Oberflächenspannung in einem Zweiphasensystem gehorcht folgender Beziehung

$$\sigma_S = k^*(\varrho' - \varrho'')$$

wobei ϱ' und ϱ'' die Flüssigkeits- bzw. Dampfdichte bezeichnen und k^* ein für einen gegebenen Stoff konstanter Proportionalitätsfaktor ist [1.18]. Mit höher werdender molarer Masse steigt die Oberflächenspannung, mit Erhöhung der Temperatur nimmt sie ab und wird im kritischen Punkt gleich Null.

Rjabzev gibt zur Berücksichtigung der Temperaturabhängigkeit der Oberflächenspannung folgende Beziehung an:

$$\sigma_S = \sigma_{S,0} \left(\frac{T_{kr} - T}{T_{kr} - T_0} \right)^{1,2}$$

wobei $\sigma_{S,0}$ die Oberflächenspannung bei Normbedingungen bezeichnet.

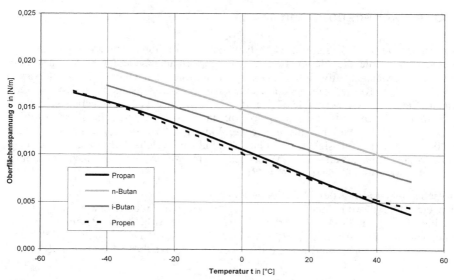

Abb. 1.51 Oberflächenspannung σ_S ausgewählter Flüssiggase [1.18]

Auf der Grundlage von Angaben nach [1.28] kann die Oberflächenspannung an der Sättigungslinie leicht mit Polynomansätzen approximiert werden:

$$\sigma_S = A + B + CT^2 + DT^3$$

Die Koeffizienten der Polynomansätze finden sich in Tabelle 1.50.

Druckerhöhung führt gleichfalls zur Abnahme der Oberflächenspannung.

Die Oberflächenspannung eines Gemisches aus zwei Komponenten kann wie folgt ermittelt werden [1.18]:

$$\sigma_{S,M} = \frac{\sigma_{S,A}\sigma_{S,B}}{\psi'_A \sigma_{S,A} + \psi'_B \sigma_{S,B}}$$

Hier bezeichnen $\sigma_{S,A}$ und $\sigma_{S,B}$ die Oberflächenspannungen der Gemischkomponenten und ψ'_A, ψ'_B deren Molanteile in der Flüssigkeit.

Tabelle 1.50 Koeffizienten der Approximationsgleichung zur Berechnung der Oberflächenspannung $\sigma_S = f(T)$ [N/m] ausgewählter Flüssiggase im Phasengleichgewicht

$\sigma_S = A + B \cdot T + C \cdot T^2 + D \cdot T^3$ in [N/m]

Stoff	Formel	A	B	C	D	T [K]
Propan	C_3H_8	$-833344 \cdot 10^{-2}$	$1{,}27417 \cdot 10^{-3}$	$-5{,}03161 \cdot 10^{-6}$	$5{,}94919 \cdot 10^{-9}$	200...350
n-Butan	n-C_4H_{10}	$1{,}01504 \cdot 10^{-2}$	$2{,}68822 \cdot 10^{4}$	$-1{,}34645 \cdot 10^{-6}$	$1{,}55321 \cdot 10^{-9}$	250...450
i-Butan	i-C_4H_{10}	$3{,}34312 \cdot 10^{-2}$	$1{,}52997 \cdot 10^{-5}$	$-5{,}23677 \cdot 10^{-7}$	$6{,}97193 \cdot 10^{-10}$	250...400
Propen	C_3H_6	$-6{,}26684 \cdot 10^{-2}$	$1{,}12846 \cdot 10^{-3}$	$-4{,}82858 \cdot 10^{-6}$	$6{,}12380 \cdot 10^{-9}$	225...350
Ethan	C_2H_6	$2{,}52126 \cdot 10^{-2}$	$1{,}66778 \cdot 10^{-4}$	$-1{,}73276 \cdot 10^{-6}$	$3{,}00504 \cdot 10^{-9}$	170...300
Ethen	C_2H_4	$3{,}50103 \cdot 10^{-2}$	$3{,}22388 \cdot 10^{-5}$	$-1{,}26380 \cdot 10^{-6}$	$2{,}51730 \cdot 10^{-9}$	150...300
Pentan	C_5H_{12}	$4{,}63164 \cdot 10^{-2}$	$-4{,}53631 \cdot 10^{-5}$	$-3{,}31304 \cdot 10^{-7}$	$4{,}62597 \cdot 10^{-10}$	300...450
Metan	CH_4	$2{,}72946 \cdot 10^{-2}$	$7{,}47081 \cdot 10^{-5}$	$-2{,}69931 \cdot 10^{-6}$	$8{,}15647 \cdot 10^{-9}$	120...190

1.3.17 Löslichkeit von Gasen in Flüssigkeiten

Viele Brenngase, insbesondere Kohlenwasserstoffe, lösen sich in Flüssigkeiten, z. B. in Wasser. Hierzu gilt es oft qualitative Abschätzungen vorzunehmen.

Kommt ein reines Gas oder Gasgemisch mit einer Flüssigkeit in Berührung, wird ein Teil des Gases oder Gasgemisches in der Flüssigkeit gelöst. Es liegt damit ein Dampf/Flüssigkeits-Gleichgewicht eines Gemisches vor. Die Löslichkeit gibt an, welche Menge eines Gases bei einer bestimmten Temperatur und einem bestimmten Druck von der Flüssigkeit maximal aufgenommen werden kann. Zumeist wird zur Beschreibung der Löslichkeit von Gasen in Flüssigkeiten für das Gas Idealgasverhalten unterstellt.

Verschiedene Möglichkeiten der mathematischen Beschreibung werden in [1.23] erläutert. Hier soll auf den sog. *Ostwald*-Koeffizienten L zurückgegriffen werden. Er ist definiert als Quotient aus dem Volumen V_{Gas} des gelösten Gases bei p und T und dem Volumen des reinen Lösungsmittels V_{LM} bei eben diesen Parametern p und T.

$$L = \frac{V_{Gas}(p, T)}{V_{LM}(p, T)}$$

Analog ist der sog. *Bunsen*-Koeffizient α definiert, der das Verhältnis der gelösten Gasmenge im Normzustand $V_{Gas,0}$ im Lösungsmittel V_{LM} angibt.

$$\alpha = \frac{V_{Gas,0}}{V_{LM}} = \frac{(p_0, T_0)}{V_{LM}}$$

Zwischen dem *Ostwald*- und dem *Bunsen*-Koeffizienten besteht folgende Verknüpfung [1.23]:

$$L = \alpha \frac{T}{T_0} = \alpha \frac{T}{273,15}$$

In Tabelle 1.51 sind Beträge für den *Ostwald*-Koeffizienten nach [1.23] zusammengestellt; Tabelle 1.52 enthält entsprechende Angaben zum *Bunsen*-Koeffizienten, die auf Angaben von *Rjabzev* [1.18] basieren.

Die Löslichkeit ist grundsätzlich temperatur- und druckabhängig.

Mit steigender Temperatur nimmt die Löslichkeit von Kohlenwasserstoffen in Flüssigkeiten ab; ungesättigte Kohlenwasserstoffe lösen sich in Wasser in sehr viel höherem Maße als gesättigte; i. d. R. nimmt die Löslichkeit von Kohlenwasserstoffen mit steigender molarer Masse zu.

Tabelle 1.51 *Ostwald*-Koeffizient L [m³(Gas)/m³(H₂O)]$_{(p,T)}$ ausgewählter Flüssiggase [1.18, 1.23]

Ostwald-**Koeffizient** L [m³(Gas)/m³(H²O)]$_{(p,t)}$

Stoff	Formel	0 °C	10 °C	20 °C	30 °C	40 °C	50 °C	60 °C	70 °C
Propan	C₃H₈	0,09179	0,05988	0,04235	0,03220	0,02611	0,02241	0,02023	0,01910
n-Butan	n-C₄H₁₀	0,08511	0,05243	0,03524	0,02557	0,01985	0,01637	0,01423	0,01298
i-Butan	i-C₄H₁₀	0,03900	0,02981	0,02271	0,01728	0,01314	0,009985	0,007592	0,005776
Propen	C₃H₆			0,2157	0,1518	0,1073	0,07609	0,05417	0,03872
Ethan	C₂H₆	0,09959	0,06910	0,05135	0,04053	0,03373	0,02943	0,02677	0,02527
Ethen	C₂H₄		0,1579	0,1275	0,1068	0,09253	0,08251	0,07550	0,07071
Methan	CH₄	0,05729	0,04491	0,03668	0,03156	0,02800	0,02565	0,02417	0,02337

Tabelle 1.52 *Bunsen*-Koeffizient α [m^3(Gas(N))/m^3(H$_2$O)] ausgewählter Flüssiggase [1.23]

***Bunsen*-Koeffizient α** in [m^3(N)(Gas)/m^3(H^{2}O)]

Stoff	Formel	0 °C	10 °C	20 °C	30 °C	40 °C	50 °C	60 °C	70 °C
Propan	C$_3$H$_8$	0,09170	0,05777	0,03946	0,02901	0,02277	0,01894	0,01659	0,01520
n-Butan	n-C$_4$H$_{10}$	0,08511	0,05058	0,03284	0,02304	0,01731	0,01384	0,01167	0,01033
i-Butan	i-C$_4$H$_{10}$	0,03899	0,02980	0,02271	0,01728	0,01314	0,00998	0,00759	0,00578
Propen	C$_3$H$_6$	–	–	0,21567	0,15179	0,10729	0,07609	0,05417	0,03872
Ethan	C$_2$H$_6$	0,09958	0,06909	0,05135	0,04053	0,03373	0,02943	0,02677	0,02527
Ethen	C$_2$H$_4$	–	0,15790	0,12740	0,10674	0,09249	0,08249	0,07549	0,07070
Methan	CH$_4$	0,05727	0,04490	0,03667	0,03156	0,02800	0,02565	0,02417	0,02337

Mit steigendem Druck erhöht sich die Löslichkeit von Gasen in Flüssigkeiten z. T. sehr stark. Einige Angaben hierzu finden sich in [1.18].

Ergänzend seien die Größenordnungen der Löslichkeit einiger Flüssiggaskomponenten in destiliertem Wasser vermerkt (Angaben nach *McAuliffe*, zitiert in [1.9]):

>   Propan: 62,4 mg/kg
>   n-Butan: 61,4 mg/kg
>   i-Butan: 48,9 mg/kg

1.3.18 Gasfeuchte

Als feuchte Gase bezeichnet man Gase oder Gasgemische, die Wasser als Gemischkomponente enthalten.

Gase können bei gegebener Temperatur Wasserdampf bis zu einem maximalen Wert aufnehmen, der als Sättigungsgehalt bezeichnet wird. Wird der Sättigungsgehalt überschritten, so beginnt Wasser zu kondensieren, d. h. Wasser taut flüssig aus. Bei technischen Anwendungen ist grundsätzlich davon auszugehen, daß der Feuchtegehalt im Brenngas klein ist, da Eis- oder Hydratbildung in Armaturen oder Druckreglern zur Beeinträchtigung der Funktionssicherheit der Anlagen führt.

Man unterscheidet die absolute und die relative Gasfeuchte.

Die relative Gasfeuchte ist als Verhältnis des Wasserdampfpartialdruckes im Gas zum Sättigungsdruck des Wasserdampfes definiert:

$$\varphi = \frac{p_D}{p_S}$$

Bei kleinen Wasserdampfpartialdrücken kann Wasserdampf als ideales Gas betrachtet werden. Es gilt dann auch

$$\varphi = \frac{\varrho_D}{\varrho_S}$$

mit der absoluten Gasfeuchtigkeit ϱ_D und bei Sättigung ϱ_S. Werte für p_S und ϱ_S finden sich beispielsweise in [1.1] und sind für die jeweilige Gastemperatur anzusetzen. Bei bekannter Wasserdampfmasse je m^3 feuchten Gases im Betriebszustand ϱ_D kann die relative Feuchte φ

1.3 Stoffwerte von Flüssiggasen

somit gemäß der o. g. Gleichung berechnet werden. Angaben zu weiteren Feuchtigkeitsmaßen finden sich beispielsweise in [1.1, 1.23].

Die Dampfdruckkurve von Wasser läßt sich sehr gut mit einem Ansatz von *Glück* [1.29] abschnittsweise beschreiben:

$$p_S = 611 \exp(-4{,}909965 \cdot 10^{-4} + 8{,}183197 \cdot 10^{-2} t$$
$$- 5{,}552967 \cdot 10^{-4} t^2 - 2{,}228376 \cdot 10^{-5} t^3 - 6{,}211808 \cdot 10^{-7} t^4)$$

$[p_S] = $ Pa, $[t] = °C$; $-20 \leq t \leq 0{,}01 °C$

$$p_S = 611 \exp(-1{,}91275 \cdot 10^{-4} + 7{,}258 \cdot 10^{-2} t - 2{,}939 \cdot 10^{-4} t^2$$
$$+ 9{,}841 \cdot 10^{-7} t^3 - 1{,}920 \cdot 10^{-9} t^4)$$

$[p_S] = $ Pa, $[t] = °C$; $-20 \leq t \leq 0{,}01 °C$

Der Wassergehalt ξ in einem Gas kann bekanntermaßen wie folgt ermittelt werden:

$$\xi = \frac{R_{Gas}}{R_D} \cdot \frac{\varphi \cdot p_S}{p - \varphi \cdot p_S}$$

ξ Wassergehalt des Gases, kg Wasserdampf/kg trockenes Gas
R_{Gas}, R_D spezielle Gaskonstante des trockenen Gases und des Wasserdampfes
     $R_D = 461{,}4$ J/(kgK)
p_S Sättigungsdruck des Wasserdampfes bei der Temperatur t
p Systemdruck

Bei der Nutzung der Tabellenwerte ist jedoch zu beachten, daß unter realen Bedingungen diese theoretischen Werte von den tatsächlich auftretenden abweichen können.

Die oben gemachten Angaben zum Feuchtegehalt beziehen sich ausschließlich auf die gas- bzw. dampfförmige Phase.

Bei der Anwendung von Flüssiggasen gilt es jedoch zu beachten, daß auch in der Flüssigphase Wasser enthalten sein kann, wobei die oben erörterten Gesetzmäßigkeiten nicht zutreffend sind.

Beim praktischen Umgang mit Flüssiggasen ist zu berücksichtigen, daß Propan, Butan und andere Kohlenwasserstoffe in der Lage sind, eine bestimmte Menge Wasser zu lösen, die mit steigender Temperatur wächst (siehe Abb. 1.52 nach [1.22]).

Obwohl die hydratbildenden Kohlenwasserstoffe Methan bis Butan nur in geringem Maße in Wasser löslich sind, ist es doch oft notwendig, den Wassergehalt abzuschätzen. *Nixdorf* [1.44] empfiehlt zur Berechnung des Molanteils Wasser in der flüssigen Phase für Erdgaskomponenten die Gleichung von *Krichevsky-Kasarnovsky*:

$$\psi_{H_2O} = 1 - \sum_{i=1}^{n} \varphi_i = 1 - \sum_{i=1}^{n} \varphi_i \frac{f_i}{H^* \cdot \exp\left(\frac{p\bar{v}^\infty}{\bar{R}T}\right)}$$

Hierbei ist die *Henry*-Konstante definiert durch

$$H = \exp\left(A + \frac{B}{T}\right)$$

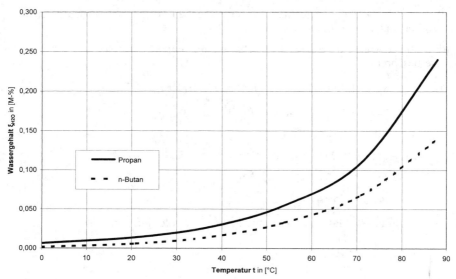

Abb. 1.52 Maximaler Gehalt an gelöstem Wasser $\xi_{H_2O} = f(t)$ in der Flüssigphase von Propan [1.22]

Zum Abgleich der Einheiten für die *Henry*-Konstante ist zu beachten:

$$H^* = 1{,}01325 H$$

mit

$\bar{R}$	universelle Gaskonstante $\bar{R} = 83{,}144$ bar cm³/(mol K)
p	Druck [bar]
f_i	Gasfugazität der Komponente i im Gemisch, [bar]
H	*Henry*-Konstante [atm]
H^*	*Henry*-Konstante [bar]
A, B	stoffspezifische Konstanten zur Berechnung der *Henry*-Konstante gemäß Tab. 1.53
$\bar{v}^\infty$	partielles molares Volumen $\bar{v}^\infty$ bei unendlicher Verdünnung gemäß Tab. 1.53

Bezüglich des Feuchtigkeitsgehaltes in der Flüssigphase und im Dampf sei auf folgenden Umstand hingewiesen:
Der maximale Wasserdampfgehalt des Dampfes bei einer bestimmten Temperatur ist jeweils bedeutend höher als der der Flüssigkeit. Es zeigt sich, daß sich das Verhältnis der maximalen Wassergehalte mit sinkender Temperatur zum Dampf hin verschiebt. Bei einer Tempera-

Tabelle 1.53 Koeffizienten zur Berechnung der *Henry*-Konstante H [atm] und der Gaslöslichkeit ψ_{H_2O} [kmol (H_2O)/ kmol (FLG)] nach [1.44]

Stoff	Formel	A	B	$\tilde{V}^\infty$ [cm³/mol]
Propan	C_3H_8	20,958631	−3109,3918	32
n-Butan	n-C_4H_{10}	22,150557	−3407,2181	32
iso-Butan	iso-C_4H_{10}	20,108263	−2739,7313	32
Ethan	C_2H_6	18,400368	−2410,4807	32
Methan	CH_4	15,826277	−1559,0631	32

tur von 5 °C kann 1 kg Dampf die 8,2fache Menge an Wasserdampf enthalten als 1 kg Flüssigkeit; bei 40 °C beläuft sich das entsprechende Verhältnis auf 4,1.

Dieser Umstand ist besonders beim Winterbetrieb von Flüssiggasanlagen im Zusammenhang mit isenthalpen Drosselvorgängen, z. B. in Druckreglern, zu beachten. Außerdem ist zu bedenken, daß bei Abkühlung des Flüssiggases Wasser ausgeschieden werden könnte, welches sich in Behältern bzw. Rohrleitungsanlagen ansammelt. Hier ist nicht so sehr möglicherweise im Brenngas enthaltene Feuchtigkeit von Interesse, sondern in Behältern bzw. Leitungsanlagen aufgrund von Rückständen aus Druckprüfungen, Baufeuchtigkeit u. ä. verbliebenes Wasser von Bedeutung. Ebenso ist die Abscheidung von Wasser aus in Flüssiggasanlagen vorhandener feuchter Luft möglich.

1.3.19 Hydratbildung

Hydratstrukturen
Der derzeitige Wissensstand zu Fragen der Gashydratbildung und verwandten Problemen wird ausführlich von *Nixdorf* [1.44] referiert.

Gashydrate gehören nach *Ripmeester* bei den Wirt-Gast-Hydraten zu der Gruppe der „wahren" Einschlußverbindungen, deren prägnantes Merkmal es ist, daß Wirt und Gast keine chemische Verbindung miteinander eingehen können. Demgegenüber steht eine Vielzahl von Salz- oder Ionenhydraten, bei denen die Gastmoleküle gerade diese chemische Verbindung mit dem Wirtsmolekül eingehen; hier werden gemeinsame Elektronenschalen gebildet.

Vom Aggregatzustand her handelt es sich bei diesen Hydraten um kristalline feste Stoffe weißer Farbe mit teilweise rostfarbenen Flecken. Die Bildungsbedingungen der Hydrate beeinflussen deren äußeres Erscheinungsbild maßgeblich. Hydrate, die in einer turbulenten Strömung entstehen, bilden eher eine amorphe, fest gepreßtem Schnee ähnliche, Masse; im allgemeinen sehen Kohlenwasserstoffhydrate äußerlich gewöhnlichem Eis sehr ähnlich. Propanhydrat brennt mit stark blakender Flamme. Bei sonst gleichen Bedingungen nimmt die Neigung zur Hydratbildung mit abnehmender Anzahl der Kohlenstoffatome im Molekül gleichfalls ab [1.24].

Da die Entstehung von Gashydrat in Flüssiggasanlagen zu erheblichen Beeinträchtigungen der Betriebssicherheit führen kann, sollen weitere Aussagen zu dessen Bildungsbedingungen getroffen werden.

Unter Bezugnahme auf *v. Stackelberg* und *Ripmeester* (zitiert in [1.44]) werden Hydratstrukturen gemäß Abb. 1.53 unterschieden.

Kohlenwasserstoffe bilden in der Regel Hydrate der Struktur I oder II.
Kohlenwasserstoffe und Wasser gehen bei der Hydratbildung eine Verbindung der Form

$$C_xH_y + nH_2O \rightarrow C_xH_y \cdot nH_2O \text{ (s)}$$

ein.

Die Fragen der räumlichen Zuordnung der Moleküle, des Einbaus der Gastmoleküle in die Gitterstruktur des Hydrates werden sehr anschaulich von *Nixdorf* diskutiert.

Bisher wurden weit über 100 verschiedene Hydratbildner identifiziert, zu denen auch die Kohlenwasserstoffe Methan, Ethan, Propan, i-Butan gehören. Weitere technisch bedeutsame Hydratbildner sind beispielsweise Stickstoff und Kohlendioxid. Größere Moleküle wie beispielsweise n-Butan oder Cyclopentan können nur zusammen mit einem im Sinne der Hydratbildung aktiveren Hilfsgas Hydratstrukturen bilden [1.83].

In Tabelle 1.54 sind wichtige Geometriegrößen der beiden Hydratstrukturen I und II zusammengefaßt (nach [1.84], zitiert in [1.44]).

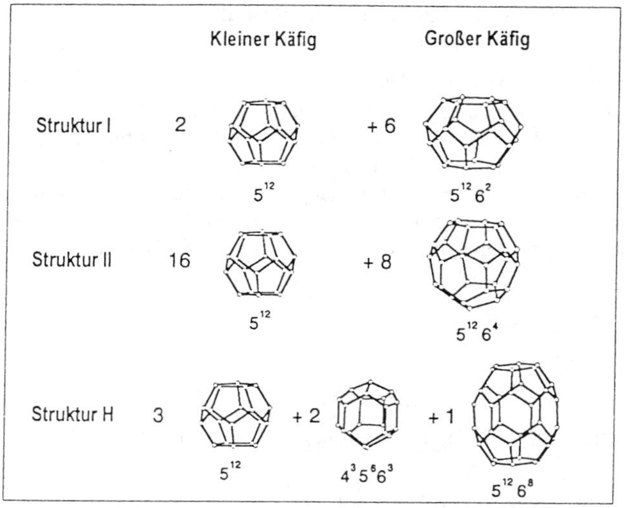

Abb. 1.53 Hydratstrukturen (schematische Darstellung) [1.44]

Tabelle 1.54 Geometriegrößen von Hydratstrukturen und Gastmolekülen [1.84] (zitiert in [1.44])

	Struktur I		Struktur II	
H_2O-Moleküle pro Zelle	46		136	
Käfigbeschreibung	5^{12}	$5^{12}6^2$	5^{12}	$5^{12}6^4$
Koordinationszahl	20	24	20	28
freie Käfiggröße*) [nm]	0,503	0,586	0,503	0,657
Käfige pro Einheitszelle	2	6	16	8
mittlerer Käfigradius [nm]	0,3965	0,438	0,3965	0,4735

Gastmolekül	äquivalente Größe [nm]	Verhältnis von Gast- zu Käfiggröße			
Ne	0,0297	0,591	0,507	0,591	9,452
Ar	0,380	0,756	0,649	**0,756**	**0,579**
Kr	0,400	0,795	0,683	**0,795**	**0,609**
N_2	0,410	0,815	0,700	**0,815**	**0,624**
O_2	0,420	0,835	0,717	**0,835**	**0,640**
CH_4	0,436	**0,867**	**0,744**	0,867	0,664
Xe	0,458	**0,911**	**0,782**	0,911	0,698
H_2S	0,458	**0,911**	**0,782**	0,911	0,698
CO_2	0,512	1,018	**0,874**	1,018	0,780
N_2O	0,525	1,044	**0,897**	1,044	0,800
C_2H_2	0,573	1,139	**0,978**	1,139	0,873
C_2H_4	0,550	1,094	**0,939**	1,094	0,838
C_2H_6	0,550	1,094	**0,939**	1,094	0,838
c-C_3H_6	0,580	1,153	0,990	1,153	**0,883**
C_3H_8	0,628	1,249	1,072	1,249	**0,957**
i-C_4H_{10}	0,650	1,292	1,110	1,292	**0,990**
n-C_4H_{10}	0,710	1,412	1,212	1,412	1,081

*) freie Käfiggröße = 2× (mittlerer Käfigradius – Radius-Wassermolekül [0,145 nm])

1.3 Stoffwerte von Flüssiggasen

Welche der beiden Strukturen von den verschiedenen Gasen gebildet wird, hängt zum einen von der Molekülgröße und dem Besetzungsverhältnis, und bei Gemischen zusätzlich auch von der Zusammensetzung ab. Druck und Temperatur können ebenfalls einen — wenn auch geringen — Einfluß auf die Art der Struktur haben.

Die fett gedruckten Zahlen in der Tab. 1.54 zeigen jeweils die Struktur an, die von dem jeweiligen Reinstoff bevorzugt gebildet wird.

Reine Gase wie zum Beispiel Ethan und Propan sind einfach zu klassifizieren, weil sie nur in einen Käfig hineinpassen (Propan in Struktur II) oder in einem Käfig für eine höhere Stabilität sorgen (Ethan: 0.939 in Struktur I gegenüber 0,838 in Struktur II). Bei Methan wird die Einstufung etwas schwieriger, weil Methan in beide kleine Käfige (Struktur I und II) paßt. Da Methan aber in Struktur I dem großen Käfig eine höhere Stabilität vermittelt als dem großen Käfig der Struktur II, wird insgesamt von Methan Struktur I gebildet [1.44].

Grundsätzlich läßt sich also sagen, daß CH_4, C_2H_4, C_2H_6, CO_2 und H_2S Hydrate der Struktur I und C_3H_8 sowie $i-C_4H_{10}$ Hydrate der Struktur II bilden [1.83]; bezüglich $n-C_4H_{10}$ läßt sich keine eindeutige Präferenz erkennen.

Thermodynamische Grundlagen
Ein aus mehreren Phasen bestehendes Stoffsystem ist eindeutig charakterisiert, wenn in jeder Phase der Druck, die Temperatur und die Zusammensetzung bekannt sind. Die Bedingungen des thermischen, des mechanischen und des stofflichen Gleichgewichtes haben zur Folge, daß nicht alle intensiven Zustandsgrößen und die Zusammensetzung in allen Phasen frei wählbar sind. Dieser Sachverhalt wird durch die *Gibbs*sche Phasenregel

$$f = k - p + 2$$

beschrieben (hier ohne äußere Felder und chemische Reaktionen), die die Grundlage für die Untersuchung des thermodynamischen Gleichgewichtes mehrphasiger Systeme darstellt [1.10].

Es bedeuten:

f Anzahl der Freiheitsgrade
k Anzahl der Komponenten
p Anzahl der Phasen

Die Darstellung der einzelnen Gebiete eines Gemisches aus Kohlenwasserstoffen und Wasser (Hydrate) in anschaulichen Zustandsdiagrammen ist eine Anwendung der *Gibbs*schen Phasenregel. Die Gemische aus Kohlenwasserstoffen und Wasser weisen gegenüber normalen Kohlenwasserstoffgemischen ein besonderes Verhalten auf, da Wasser Wasserstoffbrücken bildet. Für alle leichtsiedenden Kohlenwasserstoffe bis n-Butan müssen Hydrate als feste Mischphase berücksichtigt werden. Da die wechselseitigen Löslichkeiten von Wasser und Kohlenwasserstoffen in den flüssigen Phasen sehr gering sind, können zusätzlich zwei nicht mischbare flüssige Phasen koexistieren [1.85].

Abbildung 1.54 zeigt ein vereinfachtes Phasendiagramm für ein System mit einer Propan-Wasser-Mischung [1.44].

Die Linie AQ_1Q_2B ist die Phasengleichgewichtskurve, bei der jeweils 3 Phasen im Gleichgewicht miteinander stehen. Unterhalb dieser Kurve stehen jeweils 2 Phasen miteinander im Gleichgewicht (Eis + Gas, flüssiges Wasser + Gas, flüssiges Wasser + kondensiertes Gas = flüssiges Propan). Oberhalb der Kurve liegen ebenfalls 2 Phasen vor. Die Hydratphase und eine weitere Phase. In Abhängigkeit von der Konzentration kann das entweder die hydratbildende Komponente (in diesem Fall Propan) oder das Wasser sein. Der Darstellung in Abb. 1.54 liegt die Annahme zugrunde, daß die hydratbildende Komponente (Propan) in der

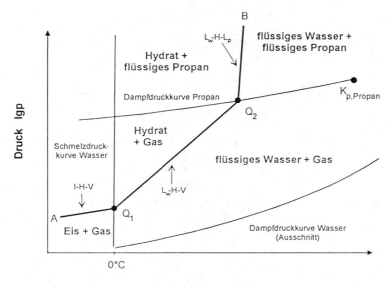

Abb. 1.54 *Phasendiagramm (schematisch) für ein Kohlenwasserstoff(Propan)-Wasser-Gemisch [1.44]*

Gesamtmischung im Überschuß vorliegt. Ein vollständiges Phasendiagramm müßte auf einer dritten Achse noch die Konzentration der beiden Komponenten berücksichtigen. Aus Gründen der Vereinfachung wird auf eine solche Darstellung aber üblicherweise verzichtet [1.44].

Die Linie AQ_1 trennt die Gebiete, in denen Eis und Gas bzw. Hydrat und Gas vorliegen. Die Linie endet in dem ersten Quadrupelpunkt Q_1, bei dem vier Phasen (Eis – flüssiges Wasser – Gas – Hydrat) im Gleichgewicht miteinander vorliegen. Wendet man die *Gibbs*-sche Phasenregel an

$$f = k - p + 2 = 2 - 4 + 2 = 0$$

so erkennt man, daß der Punkt eindeutig festgelegt ist, da das System keinen Freiheitsgrad mehr besitzt. Der Punkt liegt für Propan bei 0 °C und 1.72 bar [1.85]. An der Gleichgewichtslinie ist zusätzlich die international gebräuchliche Schreibweise vermerkt (I-H-V; Ice-Hydrate-Vapor). Dies gilt auch für die Linie Q_1Q_2 (L_W-H-V; Liquid Water-Hydrate-Vapor) und die Linie Q_2B (L_W-H-L_P; Liquid Water-Hydrate-Liquid Propane).

Oberhalb von 0 °C trennt die Linie Q_1Q_2 die Gebiete, bei denen flüssiges Wasser und Gas bzw. Hydrat und Gas vorliegen. Entlang dieser Linie besitzt das System einen Freiheitsgrad. Das bedeutet, daß das System nach Festlegung einer Zustandsgröße (z. B. Temperatur) eindeutig festgelegt ist. Bei dem zweiten Quadrupelpunkt stehen bei 5,7 °C und 5,56 bar wieder vier Phasen miteinander im Gleichgewicht (flüssiges Wasser, Hydrat, Gas und kondensiertes Gas).

Die Linie Q_2B bildet den Abschluß der Phasengleichgewichtskurve und trennt die Gebiete Hydrat/flüssiges Propan und flüssiges Wasser/flüssiges Propan.

Die Druck- und Temperaturbedingungen des zweiten Quadrupelpunktes sind sehr unterschiedlich. So liegt zum Beispiel der zweite Quadrupelpunkt von Ethan-Wasser bei 14,65 °C und 33,9 bar, Methan-Wasser und Stickstoff-Wasser haben keinen zweiten Quadrupelpunkt. In dem relevanten Temperaturbereich von 0 °C bis maximal 30 °C liegen Methan und Stickstoff immer

1.3 Stoffwerte von Flüssiggasen

überkritisch vor. Der Abschnitt der Gleichgewichtskurve oberhalb des ersten Quadrupelpunktes ist sicherlich der bedeutsamste für die Fragen des Betriebes von Flüssiggasanlagen.

Kinetik der Hydratbildung
Die Kinetik der Hydratbildung hat sich in der Vergangenheit zu einem eigenen Forschungsgebiet entwickelt, da diese Aspekte für die Betriebsführung von Gastransportsystemen und Gasspeichern, aber auch die Erschließung von Erdgashydrat-Lagerstätten zunehmend signifikante Bedeutung haben.

Für das hier zu behandelnde Problem kann von der Vorstellung ausgegangen werden, daß der Vorgang der Hydratbildung grundsätzlich die zwei Phasen Keimbildung und Hydratwachstum zu unterteilen ist [1.85].

Während der Keimbildungsphase werden Hydratkeime gebildet, die langsam wachsen und auch wieder zerfallen können. Sobald eine kritische Keimgröße erreicht ist, setzt das makroskopische Hydratwachstum ein. Der zweite Teil läuft üblicherweise sehr schnell und kontinuierlich ab.

Hier bilden sich in Wasser bei Anlagerung von Gasen zunächst labile Cluster. Agglomerate dieser Cluster können im Hydratgebiet stabile Keime ergeben und sich aneinander ablagern. Diese Cluster sind schon relativ langlebig, jedoch nicht stabil. Solange diese metastabilen Agglomerate kleiner sind als eine bestimmte kritische Keimgröße, werden sie entweder wachsen oder zerfallen. Erst wenn die Agglomerate die kritische Keimgröße erreicht haben, setzt das Hydratwachstum ein.

Während des Hydratbildungsprozesses sind die labilen Cluster der Ansatzpunkt für einen Aufbau der Hydrate. Für jede Hydratstruktur ist das Vorhandensein einer bestimmten Clusterart von Vorteil. Wenn beispielsweise Methan in Wasser gelöst ist, besitzen die labilen Cluster die Koordinationszahl 20. Ist Ethan gelöst, besitzen sie die Koordinationszahl 24, bei Propan 28. Um die Struktur I zu bilden, werden Cluster mit der Zahl 20 und 24 benötigt. Für Struktur II sind Cluster mit der Zahl 20 und 28 erforderlich.

Wenn die Cluster in der flüssigen Phase bereits die für die jeweilige Hydratstruktur notwendige Koordinationszahl besitzen, ist die Hydratbildung erleichtert. Andernfalls muß ein Teil der Cluster umgewandelt werden. Dieser Prozeß geht mit dem Aufbrechen und Bilden von Wasserstoffbindungen einher. Er benötigt daher eine gewisse Aktivierungsenergie und verlangsamt die Hydratbildung.

Ein weiteres Kriterium für die Wachstumsgeschwindigkeit besteht noch in der Form der Seiten der einzelnen Käfige. Bei Struktur I wird eine hexagonale Seite eines $5^{12}6^2$ an die Seite eines anderen $5^{12}6^2$ Käfigs angelagert. Eine Rotation der einzelnen Käfige hat keinen Einfluß auf die entstehende Struktur. Das Wachstum wird nicht behindert. Zum Aufbau der Struktur II müssen hingegen $5^{12}6^4$ Käfige kombiniert werden. Hier bestehen mehrere Kombinationsmöglichkeiten, von denen aber nicht alle stabil sind. Das Wachstum der Struktur II verläuft daher langsamer. Die Wahrscheinlichkeit, daß sich die richtigen Flächen verbinden, ist geringer [1.84].

Auf einen weiteren Aspekt der Hydratbildung, der für Flüssiggasanlagen besondere Bedeutung hat, sei hingewiesen (*Nixdorf* [1.44] führt diesen Gedanken ausführlich aus):

Nach *Sloan* [1.85] ist das am weitesten verbreitete Mißverständnis im Zusammenhang mit Hydratbildung die Annahme, daß unbedingt eine flüssige wäßrige Phase Voraussetzung für die Hydratbildung ist. Betrachtet man Hydratgleichgewichtslinien, so erkennt man, daß unter rein thermodynamischen Gesichtspunkten schon geringe Wassermengen (< 1000 ppm) ausreichen, um Hydrate zu bilden. Gase mit Wassergehalten, die unter den Sättigungsbedingungen liegen, können somit theoretisch auch Hydrate aus der reinen Gasphase bilden.

Über entsprechende experimentelle Untersuchungen mit Propan wird in [1.44] berichtet.

Hydratbildung in Flüssiggasanlagen

In Flüssiggasanlagen kommt es unter bestimmten Bedingungen zur Bildung von Gashydraten. Die Natur der Gashydrate und allgemeine Bildungsmechanismen wurden oben beschrieben.

Eine typische Verbindung stellt Propanhydrat dar [1.7]:

$$C_3H_8 + 17\,H_2O \rightarrow C_3H_8 \cdot 17\,H_2O$$

Hydrate bilden sich sowohl in flüssigphase- als auch in gasphaseführenden Rohrleitungen. Die Haupteinflußgrößen auf die Bildung von Kohlenwasserstoffhydraten sind

- Druck- und Temperaturbedingungen
- Zusammensetzung des Flüssiggases
- Anwesenheit von Wasser/(lokale) Wasserdampfsättigung des Gases
- hohe Turbulenz des Gasstromes (Mischungsintensität)

Gemeinhin wird unterstellt, daß die vollständige Wasserdampfsättigung des Gases Voraussetzung für die Bildung von Hydrat wäre. Eingehende Untersuchungen von *Makogon* haben gezeigt, daß Hydratbildung auch unter den Bedingungen ungesättigten Gases/Dampfes möglich ist [1.18].

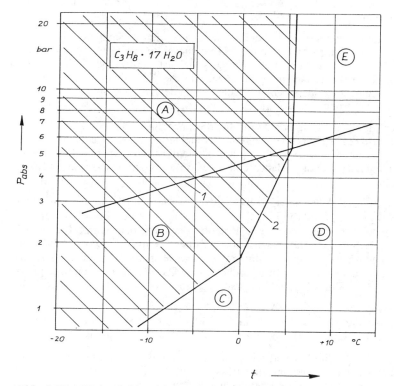

Abb. 1.55 *Hydratbildungsbedingungen für Propan nach Preobrashenskij [1.7]*
Ⓐ Hydrat = flüssiges Propan + Wasser; Ⓑ Hydrat = dampfförmiges Propan + Wasser; Ⓒ dampfförmiges Propan/Eis; Ⓓ dampfförmiges Propan/Wasser; Ⓔ flüssiges Propan/Wasser; 1 Dampfdruckkurve Propan; 2 Grenzkurve für Hydratbildung

1.3 Stoffwerte von Flüssiggasen 115

Die o. g. Faktoren treffen vor allem in Absperrorganen, Druckreglern (insbesondere bei Behälterdruckreglern), Rohrleitungen kleinen Querschnitts und sonstigen Drosselstellen zusammen, so daß die unerwünschten Verschlüsse des Strömungsquerschnittes erfahrungsgemäß nur lokal und an bestimmten charakteristischen Stellen auftreten.

Die Möglichkeit der Hydratbildung läßt sich am Beispiel von Propan (Abb. 1.55) gut erläutern. In Abb. 1.56 sind für weitere Kohlenwasserstoffe die Grenzkurven für die Hydratbildung angegeben.

Die Lage der Quadrupelpunkte (siehe Abb. 1.55) ist in Tabelle 1.55 neben der Hydratstruktur für ausgewählte Stoffe angegeben [1.83].

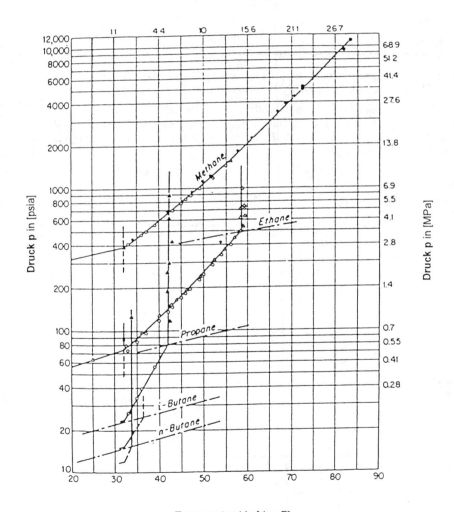

Abb. 1.56 *Hydratbildungsbedingungen ausgewählter Flüssiggase nach Katz et al. [1.83]*

Tabelle 1.55 Hydratstrukturen und Hydratbildungsbedingungen für ausgewählte Gase [1.83]

Stoff	Formel	Hydratstruktur	Quadrupelpunkte	
			Q_1 (0 °C, p) $[p]$ = kPa	$Q_2(t/p)$ $[t]$ = °C; $[p]$ = kPa
Propan	C_3H_8	II	176	5,8 / 552
n-Butan	n-C_4H_{10}	II	–	– / –
iso-Butan	iso-C_4H_{10}	II	113	1,9 / 167
Propen	C_3H_6	II	466	1,0 / 601
Buten	C_4H_8	II	–	– / –
Ethan	C_2H_6	I	530	14,7 / 3 390
Ethen	C_2H_4	I	551	– / –
Methan	CH_4	I	2,560	– / –

Die kritische Hydratbildungstemperatur (2. Quadrupelpunkt) entspricht in Abb. 1.55 dem Schnittpunkt der Dampfdruckkurve und der Grenzkurve für Hydratbildung.

Es zeigt sich, daß die Bildung von Hydraten deutlich oberhalb von 0 °C möglich ist und daß höhere Kohlenwasserstoffe eher zur Hydratbildung neigen, als solche geringerer Kettenlänge. Bei Temperaturen unterhalb der kritischen Hydratbildungstemperatur ist bei entsprechend hohen Drücken Hydratbildung möglich.

In [1.24] wird vorgeschlagen, die Grenzkurven der Hydratbildung mit Hilfe einer empirischen Gleichung zu beschreiben:

$$\lg p = A_1 - B_1/T$$

in der der Gleichgewichtsdruck p und die zugehörige Temperatur T der Hydratbildung miteinander verknüpft werden ($[p]$ = MPa; $[T]$ = K). Die Koeffizienten der Gleichung enthält Tabelle 1.56.

Ähnlich wird von *Holder* et al. (zitiert in [1.83]) vorgegangen. Für Kohlenwasserstoffe und andere Substanzen werden die Kurvenzüge gemäß Abb. 1.56 durch folgende Gleichung angenähert:

$$p = \exp\left(A_2 + \frac{B_2}{T}\right)$$

mit

$[p]$ = kPa; $[T]$ = K

Tabelle 1.56 Koeffizienten der Approximationsgleichung für die Hydratbildungsgrenzkurven ausgewählter Flüssiggase [1.24]

$\lg p = A_1 - B_1/T$ p in [MPa]

Stoff	Formel	$T \leq 273,15$ K		$T \geq 273,15$ K	
		A_1	B_1	A_1	B_1
Propan	C_3H_8	4,42	1418	25,41	7149
Butan	C_4H_{10}	5,11	1688	25,45	7210
Ethan	C_2H_6	5,92	1695	15,63	4348
Methan	CH_4	4,64	1155	13,71	3631

1.3 Stoffwerte von Flüssiggasen

Tabelle 1.57 Koeffizienten der Approximationsgleichung für die Hydratbildungsparameter ausgewählter Flüssiggase [1.83]

$p = \exp(A_2 + B_2/T)$ p in [kPa]

Stoff	Formel	Hydratstruktur gem. Abb. 1.53	Koeffizienten A_2	B_2	Temperaturbereich $[T] = K$
Propan	C_3H_8	II	17,1560 67,1301	$-$ 3269,6455 $-$16921,74	248...273 273...278
Ethan	C_2H_6	I	17,5110 44,2728	$-$ 3104,535 $-$10424,248	248...273 273...287
Methan	CH_4	I	14,7170 38,9803	$-$ 1886,79 $-$ 8533,80	248...273 273...298
Kohlendioxid	CO_2	I	18,5939 44,5776	$-$ 3161,41 $-$10245,01	248...273 273...284
Stickstoff	N_2	I	15,1289 37,8079	$-$ 1504,276 $-$ 7688,6266	248...273 273...298
Schwefelwasserstoff	H_2S	I	16,5597 34,8278	$-$ 3270,408 $-$ 8266,1023	248...273 273...298

Die Koeffizienten der Gleichung sind in Tabelle 1.57 ausgewiesen

Es ist davon auszugehen, daß sich die Molekularstruktur des Wassers bei Temperaturen unterhalb 14 °C der Bindungsstruktur von Eis annähert. Hierbei entstehen zwischen den einzelnen Wassermolekülen „Hohlräume", Gastmoleküle, die in diese Hohlräume eindringen, bilden Hydrate. Die Molekülstruktur der Hydrate entspricht der gewöhnlichen Eises.

Der Vorgang der Hydratbildung selbst kann sehr unterschiedlich schnell ablaufen. In Bereichen hoher Turbulenz (enge Querschnitte, Umlenkungen, hohe Druckdifferenzen, Einschnürungen der Strömungswege u. ä.) wird der vollständige Strömungsquerschnitt oft in 15 − 20 min vollständig verschlossen, in Anlagenbereichen ohne diese Bedingungen verläuft die Hydratbildung weniger intensiv. *Preobraschenskij* gibt Zeitspannen in der Größenordnung von 15 h an [1.7].

In diesem Zusammenhang ist außerdem zu beachten, daß Stoffe, die selbst keine Hydrate bilden, die Entstehung selbiger jedoch fördern können. Hierzu zählen N_2, CO_2, H_2, aber auch Pentan.

Theoretisch sind verschiedene Wege der Beseitigung der Hydratbildungsgefahr denkbar. Nicht alle sind praktikabel.

Zu letzteren zählt beispielsweise die Absenkung des Systemdruckes; sehr eingeschränkt anwendbar ist eine Erwärmung des zu transportierenden Flüssiggases.

Üblich hingegen ist der Zusatz von Substanzen zum Flüssiggas, die die chemische Reaktion der Hydratbildung verhindern bzw. stark verlangsamen. Zu diesen Substanzen zählen beispielsweise Methanol und Isopropanol. Der Zusatz des letztgenannten Stoffes zum Flüssiggas wird oft als *vorbeugende Maßnahme* empfohlen und praktiziert. Zur Behebung von Anlagenstörungen ist die Injektion von Isopropanol in den Flüssiggasbehälter i. allg. wirkungslos.

Empfohlen wird ein Isopropanol-Zusatz zum Flüssiggas von 1 Liter Isopropanol pro 1000 Liter Propan bei Erstbefüllung eines Lagerbehälters. In [1.22] werden einige Richtwerte hinsichtlich des Methanols mitgeteilt. Man rechnet mit ca. 0,26 kg Methanol-Zusatz pro 1000 kg Propan (ca. 200 bis 300 g (Inhibitor)/1000 kg (FLG)) bei Vorhandensein von ausschließlich gelöstem Wasser; liegt im Flüssiggas Wasser ungebunden vor, so ist von 0,5–0,6 kg Methanol pro 1 kg Wasser auszugehen.

Zusammenfassend sollen folgende präventive Maßnahmen zur Verhinderung der Hydratbildung in Flüssiggasanlagen genannt werden:

- ordnungsgemäße und gründliche Trocknung der Flüssiggaslagerbehälter und Rohrleitungen
- korrekte Spülung aller Anlagenteile zur Entfernung (feuchter) Luft und Verhinderung des Aufstauens der Luftfeuchtigkeit der Druckbeaufschlagung
- Zusatz von Isopropanol bei der Erstbefüllung des Behälters; nachträglicher Isopropanolzusatz

Aufgetretene Anlagenstörungen – „Vereisungen" – von Armaturen, Reglern oder Rohrleitungsabschnitten lassen sich i. d. R. nur mit hohem Aufwand beseitigen.

Eine erste Maßnahme besteht in der partiellen Erwärmung des betroffenen Anlagenabschnittes, beispielsweise mit Hilfe heißen Wassers. Es besteht jedoch die Gefahr, daß der Hydratpfropfen äußerlich „auftaut" und an anderer Stelle den Gasdurchgang erneut versperrt.

Eine andere Maßnahme besteht in der Entspannung des betreffenden Anlagenabschnittes, da gemäß Abb. 1.55/1.56 eine Druckabsenkung bei jeweils herrschender Temperatur eine Verschiebung des „Arbeitspunktes" nach unterhalb der Grenzlinie für die Hydratbildung bewirkt. Das Hydrat zerfällt dann in Propan und Wasser bzw. Eis. Es ist jedoch zu beachten, daß eine plötzliche Entspannung zur intensiven Verdampfung von Flüssiggas bzw. Hydrat führt, die in jedem Falle von einer starken Abkühlung der unmittelbaren Umgebung begleitet wird, was zu neuerlichen Komplikationen führen kann. Es sei betont, daß die zuletzt diskutierten Maßnahmen die Ursache des Auftretens von Propanhydrat, nämlich das Vorhandensein von Feuchtigkeit in der Anlage, nicht beseitigen.

1.3.20 *Joule-Thomson*-Effekt

In Flüssiggasanlagen finden beispielsweise in Druckreglern oder Armaturen Drosselvorgänge statt. Die Drosselung eines realen Gases wird von einer entsprechenden Temperaturänderung, i. d. R. -absenkung, begleitet. Dieser Effekt wird *Joule-Thomson*-Effekt genannt. Eine möglichst exakte Kenntnis der *Joule-Thomson*-Koeffizienten von Gasen ist erforderlich, um das Abkühlverhalten von Flüssiggasen bei der Drosselung beschreiben zu können. Dies ist von Bedeutung bei der planerischen Berechnung und Auslegung von Vorwärmanlagen, als Anlagenkomponenten für die Gasfortleitung bzw. Gasdruckregelung.

Hinweise zur Natur des *Joule-Thomson*-Effektes werden in der thermodynamischen Literatur, siehe [1.40], [1.87] ausführlich behandelt.

In der Gasversorgungstechnik war es lange üblich, die *Joule-Thomson*-Koeffizienten grob abzuschätzen (0,4 – 0,7 K/bar) oder mit Hilfe empirisch gewonnener Gleichungen zu berechnen. So entsprechende Unterlagen vorhanden waren, können entsprechende Zustandsänderungen auch in h, T-Diagramme eingetragen und der zugehörige *Joule-Thomson*-Koeffizient bestimmt werden [1.88].

Eine auf gastechnische Belange zugeschnittene Darstellung der Problematik stammt von *Fasold* und *Wahle* [1.89]. In aller Regel wird bei der Behandlung des Drosseleffektes von einer

1.3 Stoffwerte von Flüssiggasen

isenthalpen Zustandsänderung (h = const.) ausgegangen. Das heißt, es gilt allgemein folgender Ansatz

$$dh = \left[\frac{\partial h}{\partial T}\right]_p dT + \left[\frac{\partial h}{\partial p}\right]_T dp = 0$$

Aus dieser grundlegenden Beziehung wird von *Fasold* und *Wahle* folgende Beziehungen für den integralen *Joule-Thomson*-Koeffizienten gefunden:

$$\bar{\mu} = \frac{\int_{p_1}^{p_2} \left[\frac{\partial T}{\partial p}\right]_h dp}{\int_{p_1}^{p_2} dp} = \frac{T_2 - T_1}{p_2 - p_1} \quad \text{mit}$$

$\bar{\mu}$ integraler *Joule-Thomson*-Koeffizient [K/bar] oder [K/MPa]
T_1 Gastemperatur bei Beginn der Entspannung, [K]
T_2 Gastemperatur bei Beendingung der Entspannung, [K]
p_1 Gasdruck bei Beginn der Entspannung, [bar] oder [MPa]
p_2 Gasdruck bei Beendigung der Entspannung, [bar] oder [MPa]

Fasold und *Wahle* [1.89] schlagen vor, den *Joule-Thomson*-Effekt für reale Gase mit Hilfe der BWR-Zustandsgleichung zu berechnen. Auf dieser Grundlage wurde von *Wahle* ein entsprechender Algorithmus programmiert [1.90]. Mit Hilfe von [1.90] berechnete Drosselvorgänge wurde für Propan unten dargestellt (Abb. 1.57). Zum Vergleich wurde die Zustandsänderung von Methan festgehalten (Abb. 1.58). Es erweist sich, daß der *Joule-Thomson*-Koeffizient für Flüssiggase wesentlich größer als der für Erdgase ist.

Für schnelle Überschlagsrechnungen kann mit den in Abb. 1.57 angegebenen Werten von $\bar{\mu} \cong 2{,}2 - 2{,}8$ K/bar die Höhe der bei Entspannungsprozessen eintretenden Abkühlung in

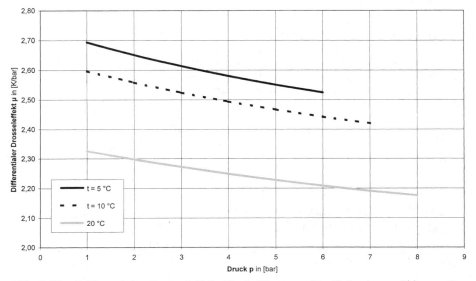

Abb. 1.57 *Differentialer Drosseleffekt (Joule-Thomson-Koeffizient) $\mu = f(t)$ von Propan bei isenthalper Drosselung*

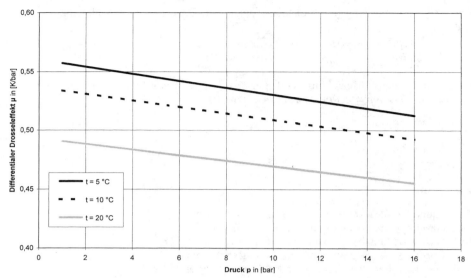

Abb. 1.58 Differentialer Drosseleffekt (Joule-Thomson-Koeffizient) $\mu = f(t)$ von Methan bei isenthalper Drosselung

guter Näherung abgeschätzt werden:

$$\Delta t = \bar{\mu} \cdot \Delta p$$

mit

Δt Temperaturabsenkung bei der Drosselung, [K]
$\bar{\mu}$ integraler *Joule-Thomson*-Koeffizient, [K/bar]
Δp Druckintervall bei der Drosselung, [bar]

1.3.21 Schallgeschwindigkeit

Für eine Vielzahl thermodynamischer (gasdynamischer) Berechnungen ist die Kenntnis der Schallgeschwindigkeit von Nutzen. Das gilt insbesondere für Strömungsvorgänge in Rohrleitungen bzw. Armaturen (Druckreglern, Sicherheitsventilen etc.).
Eine ausführliche Diskussion der Problematik findet sich bei *Glück* [1.91] (siehe auch *Rist* [1.92]).
Es gilt für Gase allgemein:

$$a = \sqrt{\varkappa \cdot R \cdot T}$$

$$\varkappa = \frac{c_p}{c_v} \quad \text{Isentropenkoeffizient}$$

Analog wird von *Glück* [1.91] die Schallgeschwindigkeit in Flüssigkeiten behandelt. In Tabelle 1.58 sind einige Angaben für Flüssiggase zusammengestellt.

Die isentrope Schallgeschwindigkeit von Gasen ist temperaturabhängig und kann in guter Näherung mit einem Ansatz der Form

$$a = A_1 \sqrt{T}$$

berechnet werden.

1.3 Stoffwerte von Flüssiggasen

Es gilt:

$$A_1 = \sqrt{\varkappa \cdot R}$$

Die Koeffizienten A_1 sind in Tabelle 1.58 für verschiedene Flüssiggase zusammengestellt. Tabelle 1.59 enthält ausführlichere Angaben für Propan.

Tabelle 1.58 Isentropenkoeffizient $\varkappa$ und Schallgeschwindigkeit a [m/s] ausgewählter Flüssiggase

Stoff	Formel	R [J/(kg·K)]	$\varkappa$ [1.13]	a in [m/s] 0 °C	20 °C	40 °C	A_1
Propan	C_3H_8	188,6	1,14	242	251	259	14,66
n-Butan	$n-C_4H_{10}$	143,1	1,108	208	216	223	12,59
i-Butan	$i-C_4H_{10}$	143,1	1,11	208	216	223	12,60
Propen	C_3H_6	197,6	1,17	251	260	269	15,20
Etan	C_2H_6	276,5	1,22	304	315	325	18,37
Ethen	C_2H_4	296,4	1,24	198	205	212	19,17
n-Pentan	$n-C_5H_{12}$	115,2	–	–	–	–	–
Methan	CH_4	520,00	1,30	430	445	460	26,00

Tabelle 1.59 Schallgeschwindigkeit in Propan C_3H_8: a'-Flüssigphase, a''-Dampfphase, jeweils im Phasengleichgewicht; a-Gasphase [m/s] nach [1.26]

T [K]	a' [m/s]	a'' [m/s]	a[1]) [m/s]
150	1649	185	–
160	1575	190	–
170	1505	195	–
180	1436	199	–
190	1370	203	–
200	1306	207	–
210	1243	210	–
220	1182	213	–
230	1122	216	–
231,08[2])	1115	218	218
240	1062	219	222
250	1003	220	227
260	944	220	231
270	885	219	236
280	826	218	240
290	766	216	244
300	705	214	248
310	642	211	252
320	577	206	256
330	503	198	260
340	437	188	264
350	359	174	268
360	269	155	271
369,96[3])	0	0	275
370	–	–	275
380	–	–	278
390	–	–	282
400	–	–	285
420	–	–	292
440	–	–	299
460	–	–	305
480	–	–	311
500	–	–	317

[1]) Gas bei 101,325 kPa; [2]) Siedepunkt; [3]) kritischer Punkt

1.4 Ausgewählte thermodynamische Zusammenhänge und Gesetzmäßigkeiten für binäre Gemische bei Verdampfungs- und Entnahmevorgängen

1.4.1 Gaszusammensetzung

Besteht die Phase eines Systems aus mehreren Komponenten, so ist die Zusammensetzung der betreffenden Phase charakterisiert durch Angabe der Menge der einzelnen Komponenten. Anstelle der Absolutwerte werden häufig bezogene Mengen, d. h. Mengenanteile angegeben. Für diese gibt es kein einheitliches Maß, auch haben sich unterschiedliche Bezeichnungen und Termini eingebürgert.

Um die doppelte Benutzung des Buchstaben x für den Stoffmengenanteil und den Dampfgehalt zu vermeiden, werden in dieser Arbeit die von *Elsner* [1.40] eingeführten Symbole benutzt. Aus den Definitionsgleichungen für

Masseanteil $\quad \xi_i = \dfrac{m_i}{\sum_i m_i}$

Stoffmengenanteil $\quad \psi_i = \dfrac{n_i}{\sum_i n_i}$

Raumanteil $\quad r_i = \dfrac{v_i}{\sum_i v_i}$

molare Masse $\quad M = m/n$

und Dichte $\quad \varrho = m/v$

ergeben sich für ein modellhaft unterstelltes Propan-Butan-Gemisch folgende Gleichungen für die Beziehungen zwischen den Masse-, Stoffmengen- und Raumanteilen:

$$\xi_{\text{Pr}} = \left[1 + \left(\frac{1}{\psi_{\text{Pr}}} - 1\right) \frac{M_{\text{Bu}}}{M_{\text{Pr}}}\right]^{-1} = \left[1 + \left(\frac{1}{r_{\text{Pr}}} - 1\right) \frac{\varrho_{\text{Bu}}}{\varrho_{\text{Pr}}}\right]^{-1}$$

$$\psi_{\text{Pr}} = \left[1 + \left(\frac{1}{\xi_{\text{Pr}}} - 1\right) \frac{M_{\text{Pr}}}{M_{\text{Bu}}}\right]^{-1} = \left[1 + \left(\frac{1}{r_{\text{Pr}}} - 1\right) \frac{\varrho_{\text{Bu}} \cdot M_{\text{Pr}}}{\varrho_{\text{Pr}} \cdot M_{\text{Bu}}}\right]^{-1}$$

$$r_{\text{Pr}} = \left[1 + \left(\frac{1}{\xi_{\text{Pr}}} - 1\right) \frac{\varrho_{\text{Pr}}}{\varrho_{\text{Bu}}}\right]^{-1} = \left[1 + \left(\frac{1}{\psi_{\text{Pr}}} - 1\right) \frac{\varrho_{\text{Pr}} \cdot M_{\text{Bu}}}{\varrho_{\text{Bu}} \cdot M_{\text{Pr}}}\right]^{-1}$$

Die benötigten Stoffdaten finden sich in den vorangegangenen Abschnitten.

1.4.2 Gleichgewichtsverdampfung

Für binäre Gemische ist es wichtig, Aussagen über das Gleichgewicht zwischen Flüssigkeitsgemischen und ihren Dämpfen zu formulieren. Hierzu betrachtet man zunächst ein homogenes Flüssigkeitsgemisch, über dem sich ein homogenes Dampfgemisch befindet (siehe Abb. 1.59).

1.4 Ausgewählte thermodynamische Zusammenhänge

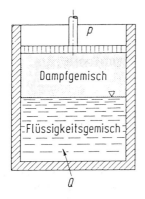

Abb. 1.59 *Zum Gleichgewicht zwischen einem Flüssigkeitsgemisch und seinem Dampf [1.11]*

Durch Wärmezufuhr von außen können die Temperatur und durch einen verschiebbaren Kolben der Druck des aus flüssiger und gasförmiger Phase bestehenden Systems auf vorgegebene Werte „eingestellt" werden. Solange die chemischen Potentiale einzelner Komponenten in beiden Phasen voneinander verschieden sind, findet ein Stofftransport vom höheren zum tieferen Potential statt, so daß je nach Richtung des Potentialgefälles die Flüssigkeit oder der Dampf an bestimmten Komponenten verarmt [1.11]. Angewandt auf das in Abb. 1.59 skizzierte Beispiel interessiert also die Frage, welches die Gleichgewichtszusammensetzung des Dampfgemisches ist, wenn bei vorgegebenen Werten des Druckes und der Temperatur die Gleichgewichtszusammensetzung der Flüssigkeit bekannt ist. Umgekehrt kann man auch nach der Zusammensetzung der flüssigen Phase fragen, wenn die der dampfförmigen Phase vorgegeben ist.

Eine ausführliche Ableitung aller Zusammenhänge erfolgt in [1.11] und führt letztlich zu der Aussage, daß die Partialdrücke der beiden Gase bei fester Temperatur vollständig durch die Zusammensetzung der Flüssigkeit bestimmt sind. Es trifft letztlich das *Raoult*sche Gesetz zu. Für die gasförmige Phase gilt für ein Zweistoffgemisch (Komponenten 1 und 2) das *Dalton*sche Gesetz, wonach sich der Gesamtdruck einer Gasmischung aus der Summe der Partialdrücke der Einzelgase ergibt:

$$p = \sum_{i=0}^{k} p_i$$

oder für ein binäres Gemisch ($k = 2$)

$$p = p_1 + p_2$$

Ein siedendes binäres Flüssigkeitsgemisch gemäß Abb. 1.59 befinde sich im Gleichgewicht mit seinem Dampf. Stellt man für eine bestimmte Temperatur die Partialdrücke p_1 und p_2 des Dampfes in Abhängigkeit vom Stoffmengenanteil der Komponente 1 in der Flüssigkeit (ψ'_1) dar, so müssen die Graphen $p_1(\psi'_1)$ und $p_2(\psi'_2)$ formal nachstehenden Grenzbedingungen genügen:

Besteht die Flüssigkeit nur aus der Komponente 1, so ist der Partialdruck p_1 stets gleich dem Sättigungsdruck $p_{1,s}$ der reinen Komponente und der Partialdruck p_2 der anderen Komponente verschwindet.

$$p_1(\psi'_1 = 1) = p_{1,s}; \quad p_2(\psi'_1 = 1) = 0$$

Ist umgekehrt nur die Komponente 2 vorhanden, so gilt

$$p_1(\psi'_1 = 0) = 0; \quad p_2(\psi'_1 = 0) = p_{2,s}$$

Selbstverständlich wird immer die Relation

$$\sum \psi = 1, \quad \text{d. h.} \quad \psi'_1 + \psi'_2 = 1$$

eingehalten.

Gleichermaßen gilt für den Dampf

$$\psi''_1 + \psi''_2 = 1$$

Die einfachsten Ansätze, welche die Grenzbedingungen erfüllen, sind die linearen Gesetzmäßigkeiten

$$p_1 = p_{1,s} \cdot \psi'_1; \qquad p_2 = p_{2,s} \cdot (1 - \psi'_1); \qquad p_2 = P_{2,s} \cdot \psi'_2$$

Die oben stehenden Verknüpfungen sind unter dem Namen „*Raoult*sches Gesetz" bekannt. Demgemäß ist der Partialdruck in der Gasphase direkt proportional dem Stoffmengenanteil der betreffenden Komponente in der Flüssigkeit. In Abb. 1.60 ist der Verlauf der Partialdrücke und des Gesamtdruckes dargestellt.

Mathematisch läßt sich der dargestellte Zusammenhang allgemein wie folgt anschreiben (*Raoult*sches Gesetz):

$$p_i = \psi'_i \cdot p_{i,s}$$

Außerdem kann man festhalten, daß die Abweichung vom *Raoult*schen Gesetz bei Gemischen aus chemisch ähnlichen Stoffen recht gering ist [1.1]. Diese Feststellung trifft auf Flüssiggase, speziell auf Propan und Butan zu, so daß das Flüssiggas in der ingenieurtechnischen Praxis der Gasanwendung als ideale Mischung behandelt wird [1.15], [1.17; 1.18], [1.22], [1.24]. Aber auch in den Bereichen Herstellung und Transport von Flüssiggasen wird i. d. R. von dieser Annahme ausgegangen [1.93–1.97].

Eine Mischung wird aus thermodynamischer Sicht als ideal bezeichnet, wenn das chemische Potential idealer Gase übereinstimmt.

Für diese Konstellation gilt neben dem *Raoult*schen auch das *Dalton*sche Gesetz. Letzteres besagt, daß der Partialdruck einer Komponente in Gasmischung proportional seinem Stoffmengenanteil ist.

Dieser Sachverhalt läßt sich wie folgt formulieren (*Dalton*sches Gesetz):

$$p_i = \psi''_i \cdot p$$

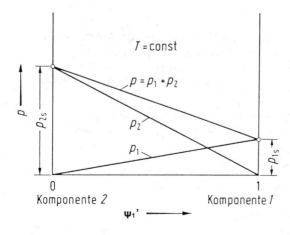

Abb. 1.60 *Partialdrücke und Gesamtdruck nach dem Raoultschen Gesetz [1.11]*

1.4 Ausgewählte thermodynamische Zusammenhänge

Die Summe aller Partialdrücke ergibt bekanntlich den Gesamtdruck ihres Systems:

$$p = \sum_{i=1}^{k} p_i$$

Für Flüssiggase gilt demgemäß

$$p_i = \psi'_i \cdot p_{i,S} = \psi''_i \cdot p$$

Hieraus kann man für die Siedelinie eines idealen binären Gemisches anschreiben:

$$p = p_1 + p_2 = \psi'_1 \cdot p_{1,S} + (1 - \psi'_1) p_{2,S}$$

Sie stellt eine Gerade im p, ψ-Diagramm dar. Die zugehörige Taulinie findet man gemäß

$$\psi''_1 = \frac{\psi'_1 \cdot p_{1,S}}{\psi'_1 \cdot p_{1,S} + (1 - \psi'_1) p_{2,S}}$$

Der sog. Gleichgewichtswert wird wie folgt gebildet:

$$K_i = \frac{p_{i,S}}{p} = \frac{\psi''_i}{\psi'_i}$$

Die oben allgemein abgeleiteten Beziehungen sollen nunmehr explizit für ein Propan/Butan-Gemisch angeschrieben werden:

*Raoult*sches Gesetz

$$p_{Pr} = \psi'_{Pr} \cdot p_{Pr,S}; \qquad p_{Bu} = \psi'_{Bu} \cdot p_{Bu,S}$$

*Dalton*sches Gesetz

$$p_{Pr} = \psi''_{Pr} \cdot p; \qquad p_{Bu} = \psi''_{Bu} \cdot p$$

p bezeichnet den Gesamtdruck im System. Für den Gleichgewichtsfaktor folgt:

$$K_{Pr} = \frac{p_{Pr,S}}{p} = \frac{\psi''_{Rr}}{\psi'_{Pr}}$$

und analog

$$K_{Bu} = \frac{p_{Bu,S}}{p} = \frac{\psi''_{Bu}}{\psi'_{Bu}}$$

Der Gleichgewichtswert hängt somit von der Temperatur, dem Druck und sämtlichen Stoffmengenanteilen des Gemisches ab.

Mit Hilfe des *Raoult*schen und des *Dalton*schen Gesetzes lassen sich einige Zusammenhänge zwischen praktisch leicht bestimmbaren Größen ableiten.

A: Ermittlung der Zusammensetzung der Dampfphase bei bekannter Zusammensetzung der Flüssigphase

Es soll von Abb. 1.61 ausgegangen werden.

Es gilt:

$$\psi'_{Pr} = \psi'_{Pr} \frac{p_{Pr,S}(t)}{p}; \qquad \psi''_{Bu} = \psi'_{Bu} \frac{p_{Bu,S}(t)}{p}$$

Aus den o. g. Gleichungen kann bei bekannter Zusammensetzung der Flüssigphase leicht durch Messen der Temperatur t im thermodynamischen Gleichgewicht und Ablesen des Druckes im Dampfraum (Systemdruck) auf die Zusammensetzung des Dampfes geschlossen

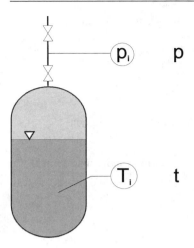

Abb. 1.61 Prinzipskizze Flüssiggasbehälter

werden. Der jeweilige Sättigungsdampfdruck ($p_{Pr,S}$; $p_{Bu,S}$) ist ein tabellierter Wert und lediglich von der Temperatur abhängig (siehe Pkt. 1.3.10).

Weiter läßt sich schreiben:

$$\psi''_{Pr} + \psi''_{Bu} = \frac{1}{p}(\psi'_{Pr} \cdot p_{Pr,S} + \psi'_{Bu} \cdot p_{Bu,S})$$

Mit $\psi''_{Pr} + \psi''_{Bu} = 1$ folgt schließlich

$$p = \psi'_{Pr} \cdot p_{Pr,S} + \psi'_{Bu} \cdot p_{Bu,S}$$

Beispiel 1: Ein Behälter wird mit Flüssiggas bei einer Temperatur von 20 °C befüllt. Die Zusammensetzung der Flüssigphase ist bekannt

$$\psi'_{Pr} = 0{,}25; \qquad \psi'_{Bu} = 0{,}75$$

Es soll der sich einstellende Druck im Behälter und die Zusammensetzung der Dampfphase ermittelt werden.

Zunächst werden die Sättigungsdampfdrücke beider Komponenten bei 20 °C notiert:

$$p_{Pr,S} = 0{,}83 \text{ MPa}; \qquad p_{Bu,S} = 0{,}23 \text{ MPa}$$

Für den sich einstellenden Systemdruck erhält man nunmehr

$$p = \psi'_{Pr} \cdot p_{Pr,S} + \psi'_{Bu} \cdot p_{Bu,S}; \qquad p = 0{,}25 \cdot 0{,}83 + 0{,}75 \cdot 0{,}23 = 0{,}38 \text{ MPa}$$

Die Zusammensetzung der Dampfphase ergibt sich aus

$$\psi''_{Pr} = \psi'_{Pr} \cdot \frac{p_{Pr,S}}{p} = 0{,}25 \frac{0{,}83}{0{,}38} = 0{,}55; \qquad \psi''_{Bu} = \psi'_{Bu} \cdot \frac{p_{Bu,S}}{p} = 0{,}75 \frac{0{,}23}{0{,}83} = 0{,}45$$

Es erweist sich, daß die tiefersiedende Komponente in der Dampfphase mit einem signifikant höheren Stoffmengenanteil als in der Flüssigphase vertreten ist.

B: Berechnung der Zusammensetzung der Flüssigphase bei bekannter Zusammensetzung der Dampfphase

Gemäß dem *Raoult*schen und *Dalton*schen Gesetz gilt:

$$\psi'_{Pr} = \psi''_{Pr} \cdot \frac{p}{p_{Pr,S}}; \qquad \psi'_{Bu} = \psi''_{Bu} \cdot \frac{p}{p_{Bu,S}}$$

1.4 Ausgewählte thermodynamische Zusammenhänge

Über

$$\psi'_{Pr} + \psi'_{Bu} = p \left(\frac{\psi''_{Pr}}{p_{Pr,S}} + \frac{\psi''_{Bu}}{p_{Bu,S}} \right)$$

folgt mit $\psi'_{Pr} + \psi'_{Bu} = 1$ für den Gesamtdruck

$$p = \left(\frac{\psi''_{Pr}}{p_{Pr,S}} + \frac{\psi''_{Bu}}{p_{Bu,S}} \right)^{-1}$$

Beachtet man zudem, daß sich der Gesamtdruck stets als Summe aller Partialdrücke darstellt, d. h. hier

$$p = p_{Pr} + p_{Bu} = \psi''_{Pr} \cdot p + \psi''_{Bu} \cdot p$$

läßt sich zeigen, daß folgende Beziehung zwischen den Propananteilen in Dampf und in der Flüssigkeit besteht [1.68]:

$$\psi''_{Pr} = \frac{\psi'_{Pr} \cdot p_{Pr,S}}{\psi'_{Pr} \cdot p_{Pr,S} + (1 - \psi'_{Pr}) \cdot p_{Bu,S}}$$

$$\psi''_{Pr} = \left[1 + \left(\frac{1}{\psi'_{Pr}} - 1 \right) \frac{p_{Bu,S}}{p_{Pr,S}} \right]^{-1}$$

Tham [1.68] hat unter Nutzung der von *Kurth* vorgeschlagenen Dampfdruckgleichungen den Zusammenhang zwischen der Zusammensetzung des flüssigen Flüssiggases und der Zusammensetzung des damit im Gleichgewicht befindlichen Dampfes für verschiedene Temperaturen berechnet. Die zugehörigen Werte sind Abb. 1.62 entnehmbar.

In Abb. 1.63 ist die Abhängigkeit der Stoffmengen von Masseanteilen von Propan/n-Butan-Gemischen dargestellt; Abb. 1.64 weist den Zusammenhang von Raum- und Molanteilen für die Flüssigphase aus.

C: Ermittlung der Zusammensetzung des Propan-Butan-Gemisches aus der Temperatur und dem Behälterdruck
Es liegt wiederum die prinzipielle Situation gemäß Abb. 1.61 zugrunde.

Zunächst lassen sich wieder die Grundzusammenhänge gemäß dem *Raoult*schen und *Dalton*schen Gesetz anschreiben:

$$p_{Pr} = \psi'_{Pr} \cdot p_{Pr,S} \, ; \qquad p_{Bu} = \psi'_{Bu} \cdot p_{Bu,S}$$

$$\psi'_{Pr} \cdot p_{Pr,S} + \psi'_{Bu} \cdot p_{Bu,S} = p \, ; \qquad p_{Pr} + p_{Bu} = p$$

Außerdem gilt

$$\psi'_{Pr} + \psi'_{Bu} = 1; \qquad \psi''_{Pr} + \psi''_{Bu} = 1$$

Damit ergeben sich nachstehende Zusammenhänge:

$$\psi''_{Pr} = \frac{p - p_{Bu,S}}{p - p \dfrac{p_{Bu,S}}{p_{Pr,S}}} \, ; \qquad \psi'_{Pr} = \frac{p - p_{Bu,S}}{p_{Pr,S} - p_{Bu,S}}$$

$$\psi''_{Bu} = \frac{p - p_{Pr,S}}{p - p \dfrac{p_{Pr,S}}{p_{Bu,S}}} \, ; \qquad \psi'_{Bu} = \frac{p - p_{Pr,S}}{p_{Pr,S} - p_{Bu,S}}$$

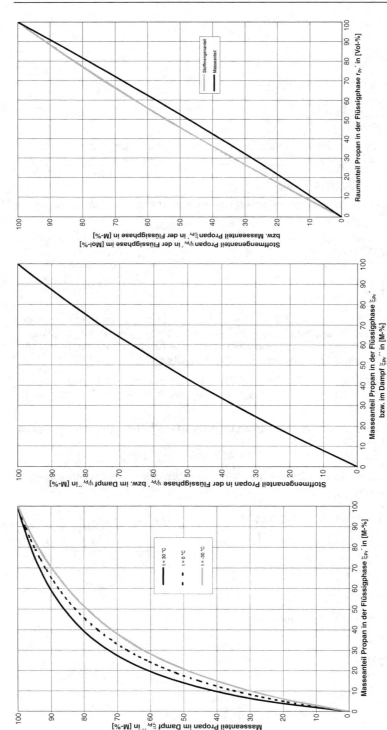

Abb. 1.62 Zusammensetzung der Flüssigphase und des Dampfes bei Gleichgewichtsverdampfung von Propan/n-Butan-Gemischen

Abb. 1.63 Zusammenhang zwischen Masse- und Stoffmengenanteilen von Propan/n-Butan-Gemischen (Der Zusammenhang gilt gleichermaßen für die Flüssig- und die Dampfphase.)

Abb. 1.64 Zusammenhang zwischen Raum- und Stoffmengenanteilen der Flüssigphase von Propan/n-Butan-Gemischen

1.4 Ausgewählte thermodynamische Zusammenhänge

Eine weitere Betrachtung soll angestellt werden: Ein Behälter wird mit Flüssiggas befüllt. Es gilt selbstverständlich $\sum \psi_i = 1$. Die Temperatur t und der Druck p im Behälter sowie die Ausgangszusammensetzung der Flüssigkeit (Index „0") seien bekannt. Für letztere gilt $\sum \psi_{i,0} = 1$. Die Zusammensetzung der Flüssig- und Dampfphase sind zu bestimmen, ebenso die Stoffmengenanteile, die sich in Dampf umwandeln (n'') bzw. als Flüssigphase verbleiben (n'). Es läßt sich komponentenweise formulieren:

$$\psi_{i,0} = \psi_i' \cdot n' + \psi_i'' \cdot n''; \qquad 1 = n' + n''$$

Gleichzeitig ist

$$\psi_i'' = \psi_i' \frac{p_{i,S}}{p}$$

Mit $n'' = 1 - n'$ erhält man

$$\psi_{i,0} = \psi_i' \cdot n' + \psi_i' \frac{p_{i,S}}{p} (1 - n')$$

Eine weitere Umformung führt auf

$$\psi_i' = \frac{\psi_{i,0}}{\dfrac{p_{i,S}}{p} - \left(\dfrac{p_{i,S}}{p} - 1\right) n'}; \qquad \psi_1' = \frac{\psi_{i,0}}{K_i - (K_i - 1) n'}$$

Durch Aufsummieren von ψ_i' über alle Komponenten ergibt sich letztlich

$$\sum \psi_i' = \sum \frac{\psi_{i,0}}{K_i - (K_i - 1) n'} = 1$$

Für das Zweistoffgemisch Propan-Butan läßt sich übersichtlicher schreiben:

$$\psi_{Pr}' + \psi_{Bu}' = 1; \qquad \psi_{Pr}' = \frac{\psi_{Pr,0}}{K_{Pr} - (K_{Pr} - 1) n'}; \qquad \psi_{Bu}' = \frac{\psi_{Bu,0}}{K_{Bu} - (K_{Bu} - 1) n'}$$

Beispiel 2: Ein Behälter wurde mit Flüssigphase befüllt, die folgende Ausgangszusammensetzung hat:

$$\psi_{Pr,0} = 0{,}60; \qquad \psi_{Bu,0} = 0{,}40$$

Im Behälter bildet sich ein Zweiphasensystem. Nachdem sich das thermodynamische Gleichgewicht eingestellt hat, werden Temperatur und Druck gemessen: $t = 30\,°C$, $p = 0{,}687$ MPa (abs.). Es soll die Zusammensetzung der Dampf- und Flüssigphase ermittelt werden, die sich nach dem Befüllen des Behälters eingestellt hat; außerdem ist der Stoffmengenanteil abzuschätzen, der in die Dampfphase übergegangen ist.

Zunächst seien die Sättigungsdampfdrücke der Einzelkomponenten bei 30 °C vermerkt:

$$p_{Pr,S} = 1{,}070 \text{ MPa}; \qquad p_{Bu,S} = 0{,}314 \text{ MPa}$$

Die Gleichgewichtswerte betragen

$$K_{Pr} = \frac{p_{Pr,S}}{p} = \frac{1{,}070}{0{,}687} = 1{,}560; \qquad K_{Bu} = \frac{p_{Pr,S}}{p} = \frac{0{,}314}{0{,}687} = 0{,}457$$

Die Verhältnisgleichung zur Bestimmung des Flüssigphaseanteils ist dann wie folgt zu schreiben:

$$\frac{\psi_{Pr,0}}{K_{Pr} - (K_{Pr} - 1) n'} + \frac{\psi_{Bu,0}}{K_{Bu} - (K_{Bu} - 1) n'} = 1$$

$$\frac{0{,}60}{1{,}560 - (1{,}560 - 1) n'} + \frac{0{,}40}{0{,}457 - (0{,}457 - 1) n'} = 1$$

Da sich eine explizite Lösung für n' nicht angeben läßt, muß n' iterativ ermittelt werden. Nach einer ersten Schätzung und einigen anschließenden Korrekturen erhält man $n' = 0{,}55$.

Das heißt, als Flüssigkeit verbleibt ein Anteil von 55% der eingefüllten Gesamtstoffmenge, während $1 - 0{,}55 = 0{,}45$ (45%) der Gesamtmolzahl in die Dampfphase übergehen.

Die Zusammensetzung der gebildeten Flüssigphase ist

$$\psi'_{Pr} = \frac{0{,}60}{1{,}560 - (1{,}560 - 1) \cdot 0{,}55} = 0{,}48 \,; \qquad \psi'_{Bu} = \frac{0{,}40}{1{,}457 - (0{,}457 - 1) \cdot 0{,}55} = 0{,}52$$

Die Zusammensetzung des Dampfes wird wie folgt berechnet:

$$\psi''_{Pr} = \psi'_{Pr} \cdot \frac{p_{Pr,S}}{p} = 0{,}48 \cdot 1{,}560 = 0{,}76 \,; \qquad \psi''_{Bu} = \psi'_{Bu} \cdot \frac{p_{Bu,S}}{p} = 0{,}52 \cdot 0{,}457 = 0{,}24$$

1.4.3 Änderung der Zusammensetzung eines Flüssiggases bei Entnahme aus der Gasphase eines Behälters

Bei Entnahme von gasförmigem Flüssiggas aus dem Gasraum eines Vorratsbehälters ändert sich dessen Zusammensetzung laufend.

Bekanntermaßen enthält das Dampfgemisch im Behälter einen höheren Anteil der leichter flüchtigen Komponente als die siedende Flüssigkeit. Im speziellen Fall der Propan-Butan-Mischung weist Propan immer einen höheren Dampfdruck auf; die Propankonzentration im Sattdampf ist deshalb stets größer als in der Flüssigkeit. Während der Entnahme wird sich demgemäß die Zusammensetzung der Flüssigkeit und des Dampfes ändern, die Konzentration der leichter siedenden Komponente nimmt ab. Für die isotherme Gasentnahme kann bei bekannter Ausgangszusammensetzung der Verlauf der Konzentrationsänderung in der Flüssigkeit mit folgender Beziehung beschrieben werden [1.15, 1.16, 1.98]:

$$\lg \frac{m_{Pr,1}}{m_{Pr,2}} = \frac{p_{Pr,S}}{p_{Bu,S}} \cdot \lg \frac{m_{Bu,1}}{m_{Bu,2}}$$

mit

m_i Masse der Komponente i (Pr, Bu) im Gemisch der Flüssigkeit
p_s Dampfdruck der Komponente i bei t
1   ursprüngliche Zusammensetzung
2   Zusammensetzung im betrachteten Zeitpunkt

Tham [1.68] formuliert diesen Zusammenhang anschaulich wie folgt:

$$\frac{m_1 \cdot \xi_{Pr,1}}{m_2 \cdot \xi_{Pr,2}} = \left[\frac{m_1 \cdot (1 - \xi_{Pr,1})}{m_2 \cdot (1 - \xi_{Pr,2})}\right]^C \,; \qquad C = \frac{p_{Pr,s}}{p_{Bu,s}}$$

mit

$$m_1 = \xi_{Pr,1} \cdot m_{Pr,1} + \xi_{Bu,1} \cdot m_{Bu,1} \,; \qquad m_2 = \xi_{Pr,2} \cdot m_{Pr,2} + \xi_{Bu,2} \cdot m_{Bu,2}$$

Von *Tham* [1.68] wurde die Propankonzentration in Abhängigkeit von der Zusammensetzung des Flüssiggases bei Entnahmebeginn berechnet. Dabei wurde die Temperatur als konstant über den Entnahmezeitraum angenommen. Abbildung 1.65 und Abb. 1.66 zeigt eine graphische Auswertung der Ergebnisse.

1.4 Ausgewählte thermodynamische Zusammenhänge

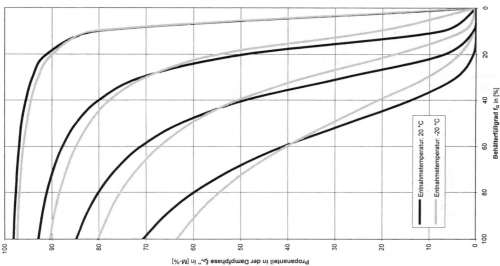

Abb. 1.65 *Propankonzentration ξ''_{Pr} im flüssigen Propan/n-Butan-Gemisch bei Entnahme aus dem Dampfraum in Abhängigkeit von der Entnahmetemperatur [1.63] (links)*

Abb. 1.66 *Propankonzentration ξ''_{Pr} in der Gasphase des Propan/n-Butan-Gemisches bei Entnahme aus dem Dampfraum in Abhängigkeit von der Entnahmetemperatur (rechts)*

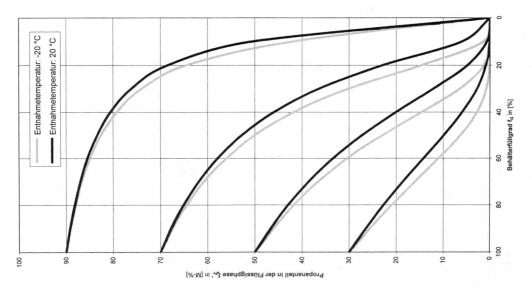

1.4.4 Minimale Endmasse im Behälter

Während der Entnahme sinkt die Propankonzentration und damit der Dampfdruck der Mischung. Eine Gasentnahme ist jedoch nur möglich, so lange der Dampfdruck (Behälterinnendruck) höher als der Gegendruck in der Anschlußleitung ist. Die Propankonzentration, bei der eine weitere Entnahme gerade unmöglich wird, läßt sich mit der nachfolgenden Beziehung und dem erforderlichen Gegendruck p_{geg} bestimmen [1.68]:

$$\psi'_{Pr} = \frac{p_{geg} - p_{Bu,S}(t)}{p_{Pr,S}(t) - p_{Bu,S}(t)}$$

Der auf diese Weise ermittelte minimale Stoffmengenanteil (Molenbruch) des Propans ist gemäß

$$\xi'_{Pr} = \left[1 + \left(\frac{1}{\psi'_{Pr}} - 1\right) \frac{M_{Bu}}{M_{Pr}}\right]^{-1}$$

in Masseanteile umzurechnen, mit deren Hilfe dann die minimale Endmasse im Behälter berechenbar wird ($\xi'_{Pr} \equiv \xi_{Pr,2}$) [1.68]:

$$m_2 = m_1 \left[\frac{(1 - \xi_{Pr,2})^C \cdot \xi_{Pr,1}}{(1 - \xi_{Pr,1})^C \cdot \xi_{Pr,2}}\right]^{\frac{1}{1-C}}$$

Unter der minimalen Endmasse im Behälter wird also der durch Butananreicherung nicht mehr verdampfbare Rest im Behälter verstanden. Die Ergebnisse einer Beispielrechnung für p_{geg} = 50 kPa (Ü) = 151 32 kPa (abs.) sind nachfolgend dargestellt (Abb. 1.67).

Auf weitere Beispiele soll an dieser Stelle verzichtet werden. Einige sehr nützliche Beispielrechnungen finden sich als Übungsaufgaben in den Lehrbüchern von *Ionin* [1.12] und *Skaftymov* [1.99], für andere Anregungen siehe die Monographie von *Ravitsch* [1.100].

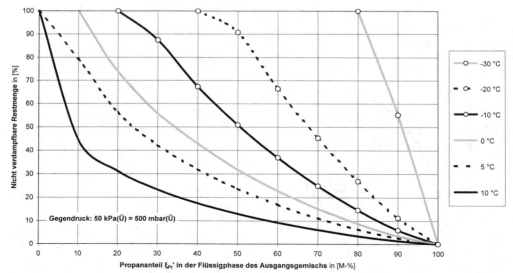

Abb. 1.67 *Minimale Endmasse (nicht verdampfbare Restmenge) im Behälter am Entnahmeende bei einem Gegendruck in der Anschlußleitung von 50 kPa (Ü) (500 mbar (Ü))*

1.5 Brenntechnische Kennwerte

1.5.1 Heizwert, Brennwert, Wobbe-Zahl

Der Heizwert H_i (früher H_u) ist die Wärmemenge, die bei der vollständigen Verbrennung einer Mengeneinheit Brennstoff frei wird, wenn folgende Bedingungen eingehalten werden:
— Die Bezugstemperatur des Brennstoffes und die seiner Verbrennungsprodukte beträgt 25 °C.
— Das vor dem Verbrennen im Brennstoff vorhandene Wasser und das beim Verbrennen wasserstoffhaltiger Verbindungen des Brennstoffes gebildete Wasser liegen nach dem Verbrennen im gasförmigen Zustand bei 25 °C vor.
— Die Verbrennungsprodukte von Kohlenstoff und Schwefel liegen als Kohlendioxid bzw. Schwefeldioxid vor.

Eine Oxydation des Stickstoffes hat nicht stattgefunden.

Der Brennwert H_s (früher H_o) ist die Wärmemenge, die bei der vollständigen Verbrennung einer Mengeneinheit Brennstoff entsteht, wenn ansonsten gleiche Bedingungen wie beim Heizwert eingehalten werden, das beim Verbrennen der wasserstoffhaltigen Verbindungen des Brennstoffes gebildete Wasser nach dem Verbrennen jedoch im flüssigen Zustand vorliegt.

Heizwert und Brennwert von Flüssiggasen können mit hinreichender Genauigkeit aus der Zusammensetzung und den Heizwerten der Komponenten nach der einfachen Mischungsregel errechnet werden. Je nachdem, welche Bezugsgröße (Stoffmenge, Masse, Volumen) gewählt wird, gilt:

$$H_{(i,s),M} = \sum_{j=1}^{k} \psi_j \cdot H_{(i,s),j}; \qquad H_{(i,s),M} = \sum_{j=1}^{k} \xi_j \cdot H_{(i,s),j}$$

$$H_{(i,s),M} = \sum_{j=1}^{k} r_j \cdot H_{(i,s),j}$$

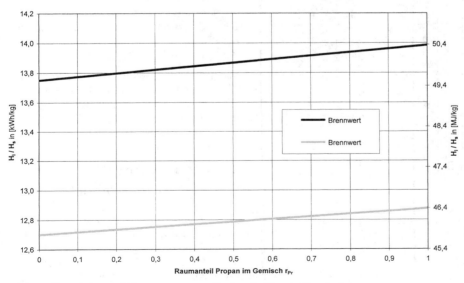

Abb. 1.68 *Heiz- und Brennwert von Propan/n-Butan-Gemischen*

Heiz- und Brennwerte interessierender Einzelgase enthält Tabelle 1.60. Für Mischungen aus Propan/Butan weist dies Abb. 1.68 aus.

Für den Betrieb und die Einstellung der Nennwärmebelastung von Gasanwendungsanlagen stellt die *Wobbe*-Zahl (*Wobbe*-Index) eine wichtige Größe dar. Der *Wobbe*-Index (W) ist ein Kennwert für die Austauschbarkeit von Gasen hinsichtlich der Wärmebelastung der Gasgeräte. In Abhängigkeit von den Bezugsgrößen wird zwischen oberem W_s (früher W_o) und unterem W_i (früher W_u) Wobbe-Index unterschrieben.

Die *Wobbe*-Zahl wird als Quotient aus dem Heizwert (Brennwert) und dem Dichteverhältnis (relative Dichte) gebildet:

$$W_i = \frac{H_i}{\sqrt{d_v}}; \quad W_s = \frac{H_s}{\sqrt{d_v}}$$

Die *Wobbe*-Zahl einer Gasmischung gehorcht folgender Regel:

$$W_{(i,s),M} = \frac{H_{(i,s),M}}{\sqrt{d_{v,M}}} = \frac{\sum_{j=1}^{k} H_{(i,s),j}}{\sqrt{\sum_{j=1}^{k}(r_j \cdot dv_j)}}$$

In der Regel wird der *Wobbe*-Index auf den Normzustand bezogen; zur Ermittlung der *Wobbe*-Zahl ist der Heiz- oder Brennwert dann in MJ/m³(N) einzusetzen.

Tabelle 1.61 enthält *Wobbe*-Zahlen von Einzelgasen. Aus Abb. 1.69 kann die Wobbe-Zahl von Propan-Butan-Mischungen entnommen werden.

1.5.2 Luftbedarf zur Verbrennung

Die zur Verbrennung des Flüssiggases notwendige Luftmenge ist der theoretische Luftbedarf L_{min}. Der theoretische Luftbedarf ist die stöchiometrisch erforderliche Luftmenge zur restlosen Verbrennung einer Mengeneinheit Brennstoff. Die darin ent-

Tabelle 1.60 Brenn (H_s)- und Heizwerte (H_i) ausgewählter Flüssiggase

Stoff	Formel	Brennwerte und Heizwerte									
		$H_{s,m}$		$H_{i,m}$		H_s		H_i		$H_{s,n}$		$H_{i,n}$	
		[MJ/kmol]	[kWh/kmol]	[MJ/kmol]	[kWh/kmol]	[MJ/kg]	[kWh/kg]	[MJ/kg]	[kWh/kg]	[MJ/m³(N)]	[kWh/m³(N)]	[MJ/m³(N)]	[kWh/m³(N)]
Propan	C_3H_8	2220,03	616,68	2044,02	567,78	50,345	13,985	46,354	12,876	101,242	28,123	93,215	25,893
n-Butan	$n\text{-}C_4H_{10}$	2877,08	799,19	2657,08	738,08	49,500	13,750	45,715	12,699	134,061	37,233	123,810	34,392
i-Butan	$i\text{-}C_4H_{10}$	2868,72	796,87	2648,71	735,75	49,356	13,710	45,571	12,659	133,119	36,978	122,910	34,142
Propen	C_3H_6	2058,49	571,80	1926,48	535,13	48,918	13,588	45,781	12,717	93,576	25,993	87,575	24,326
Buten	C_4H_8	2700,02	750,01	2524,01	701,11	48,123	13,368	44,986	12,496	125,088	34,747	116,934	32,482
Ethan	C_2H_6	1559,88	433,30	1427,87	396,63	51,887	14,410	47,486	13,191	70,293	19,526	64,345	17,874
Ethen	$C_2H_{4,n-}$	1410,64	391,84	1322,63	367,40	50,283	13,968	47,146	13,096	63,414	17,615	59,497	16,527
n-Pentan	C_5H_{12}	3536,15	982,26	3272,14	908,93	49,011	13,614	45,352	12,598	169,19	46,998	156,56	43,489
Methan	CH_4	890,35	247,32	802,35	222,88	55,498	13,416	50,013	13,893	39,819	11,061	35,883	9,968

1.5 Brenntechnische Kennwerte

Tabelle 1.61 Wobbe-Zahl W ausgewählter Flüssiggase

Stoff	Formel	$W_{s,n}$		$W_{i,n}$	
		[MJ/m³]	[kWh/m³]	[MJ/m³]	[kWh/m³]
Propan	C_3H_8	81,181	22,550	74,744	20,762
Butan	C_4H_{10}	92,635	25,732	85,552	23,764
Propen	C_3H_6	76,934	21,371	72,000	20,000
Ethan	C_2H_6	68,666	19,074	62,856	17,460
Ethen	C_2H_4	64,211	17,838	60,204	16,723
Pentan	C_5H_{12}	103,54	28,76	95,81	26,61
Methan	CH_4	53,454	14,848	48,170	13,381

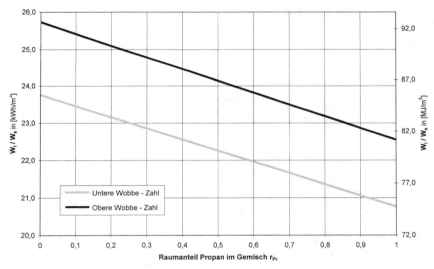

Abb. 1.69 Wobbe-Zahl W von Propan/n-Butan-Gemischen

haltene Sauerstoffmenge ist der theoretische Sauerstoffbedarf $O_{2,\,min}$.

$$L_{min} = 4{,}762 \cdot O_{2,\,min} \quad \text{in } \frac{m^2 \text{ Luft}}{m^3 \text{ FLG}}$$

Für Gasgemische, deren brennbare Komponenten Kohlenwasserstoffe sind, errechnet sich der theoretische Sauerstoffbedarf nach

$$O_{2,\,min} = \left[\sum \left(x + \frac{y}{4}\right) r_{C_xH_y}\right] - r_{O_2} \quad \text{in } \frac{m^2 \text{ } O_2}{m^3 \text{ FLG}}$$

Der zur Verbrennung praktisch erforderliche Luftbedarf L ist je nach den Anforderungen an das Verbrennungsgas verschieden vom theoretischen Luftbedarf.

$$L = \lambda L_{min}$$

λ Luftzahl

Tabelle 1.62 Verbrennungskennwerte ausgewählter Flüssiggase

Stoff	Formel	L_{min}	V^f_{min}	V^{tr}_{min}	Abgaszusammensetzung ($\lambda = 1$)						Taupunkt t_τ $\lambda = 1$, Luft 20 °C $\varphi_L = 80$ °C
					feuchtes Abgas			trockenes Abgas			
					CO_2	H_2O	N_2	$CO_{2,max}$		N_2	
		$\left[\dfrac{m^3\,L}{kg\,BG}\right]$	$\left[\dfrac{m^3\,f.\,AG}{kg\,BG}\right]$	$\left[\dfrac{m^3\,tr.\,AG}{kg\,BG}\right]$	[Vol-%]	[Vol-%]	[Vol-%]	[Vol-%]		[Vol-%]	[°C]
Propan	C_3H_8	11,84	12,83	10,84	11,6	15,5	72,9	13,8		86,2	56
Butan	C_4H_{10}	11,43	12,35	10,50	12,0	14,9	73,1	14,0		85,9	55
Propen	C_3H_6	11,20	11,98	10,41	13,1	13,1	78,8	115,1		84,9	53
Ethan	C_2H_6	12,30	13,40	11,19	11,0	16,5	72,5	13,2		86,8	58
Ethen	C_2H_4	11,32	12,12	10,53	13,1	13,1	73,8	15,1		84,9	53
Pentan	C_5H_{12}	11,04	11,61	10,17	12,2	14,6	73,2	14,2		85,8	56
Methan	CH_4	13,27	14,65	11,88	9,5	19,0	71,5	11,7		88,3	60

1.5 Brenntechnische Kennwerte

Wird eine vollständige Verbrennung aller brennbaren Gaskomponenten verlangt, muß bei Flüssiggasverbrennung mit

$$\lambda = 1{,}02 \text{ bis } 1{,}25$$

gearbeitet werden [1.102].

Tabelle 1.62 enthält für gasförmige Kohlenwasserstoffe den theoretischen Luft- und Sauerstoffbedarf je 1 m³ Brenngas, bezogen auf den Normzustand.

Daraus läßt sich der Sauerstoff- oder Luftbedarf einer sauerstofffreien Gasmischung wie folgt ermitteln:

$$O_{2,\min} \sum_{i=1}^{k} r_i O_{2,\min,i} \quad \text{in} \quad \frac{m^3 \, O_2}{m^3 \, \text{FLG}}$$

$$L_{\min} = \sum_{i=1}^{k} r_i L_{\min,i} \quad \text{in} \quad \frac{m^3 \, \text{Luft}}{m^3 \, \text{FLG}}$$

1.5.3 Verbrennungsgasmenge

Das Verbrennungsgas ist das stoffliche Produkt der Verbrennung eines Brennstoffes. Die je Mengeneinheit Brennstoff entstehende Verbrennungsgasmenge V^f ist von der Art der Verbrennung abhängig [1.102]. Unter der theoretischen Verbrennungsgasmenge $V^f_{\min}$ versteht man die bei vollkommener Verbrennung mit der theoretischen Luftmenge $L_{\min}$ entstehende Verbrennungsgasmenge.

Für Brenngase, die nur Kohlenwasserstoffe als brennbare Komponenten besitzen, errechnet sie sich aus

$$V^f_{\min} = \sum x r_{C_x H_y} + \sum \frac{y}{2} r_{C_x H_y} + r_{N_2} + 0{,}79 L_{\min} \quad \text{in} \quad \frac{m^3 \, (N) \, \text{Vbg}}{m^3 \, (N) \, \text{FLG}}$$

Unter Verwendung der Zahlenwerte aus Tabelle 1.62 kann die Verbrennungsgasmenge für Flüssiggas vereinfacht wie folgt berechnet werden:

$$V^f_{\min} = \sum_{i=1}^{k} r_i V^f_{\min,i} \quad \text{in} \quad \frac{m^3 \, (N) \, \text{Vbg}}{m^3 \, (N) \, \text{FLG}}$$

bzw.

$$V^f_{\min} = \sum_{i=1}^{k} \xi_i V^f_{\min,i} \quad \text{in} \quad \frac{m^3 \, (N) \, \text{Vbg}}{\text{kg FLG}}$$

Bei der vollständigen Verbrennung ($\lambda > 1$, nichts Unverbranntes im Verbrennungsgas) entsteht die Verbrennungsmenge V^f [1.102]

$$V^f = V^f_{\min} + (\lambda - 1) L_{\min}$$

Die Verbrennungsgasmenge V^f ist mit der Abgasmenge identisch.

Die an Apparate gebundene Ermittlung der Zusammensetzung von Verbrennungsgasen oder Ab- bzw. Rauchgasen wird bei Umgebungstemperatur vorgenommen. Das bedeutet, daß der in den Verbrennungsgasen enthaltene Wasserdampf vorher kondensiert. Somit wird die Zusammensetzung des Verbrennungsgases ohne Wasserdampf ermittelt, des sogenannten „trockenen" Verbrennungsgases V^{tr} [1.102].

$$V^{tr} = V^f - V_{H_2O}; \qquad V^{tr}_{min} = V^f_{min} - V_{H_2O}; \qquad V^{tr} = V^{tr}_{min} + (\lambda - 1) L_{min}$$

Die Abb. 1.70 und 1.71 geben für Gemische aus Propan und Butan den Verbrennungsmittelbedarf und die Verbrennungsgasmengen an.

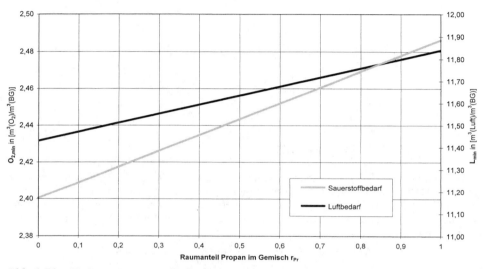

Abb. 1.70 Verbrennungsmittelbedarf von Propan/n-Butan-Gemischen

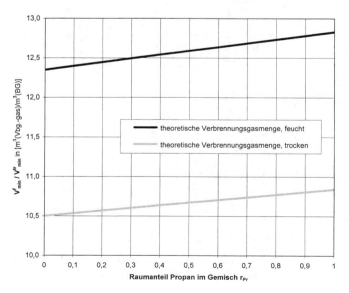

Abb. 1.71 Verbrennungsgasmengen von Propan/n-Butan-Gemischen

1.5.4 Zusammensetzung der Verbrennungsgase

Die Kenntnis der Zusammensetzung der Verbrennungsgase erlaubt u. a. Rückschlüsse auf die Feuerführung und ist für die Berechnung der Wärmeübertragung durch Gasstrahlung erforderlich.

Vollkommene Verbrennung vorausgesetzt, enthält das Verbrennungsgas nur inerte Bestandteile. Im originalen Verbrennungsgas sind CO_2, H_2O_D, N_2 und O_2 (feuchtes Verbrennungsgas) enthalten.

Stellt man die Zusammensetzung des Verbrennungsgases mit üblichen Analysengeräten fest, so wird es vor der Untersuchung auf Raumtemperatur abgekühlt. Der Wasserdampf kondensiert weitgehend aus. Die Zusammensetzung des Verbrennungsgases wird ohne Wasserdampf angegeben (trockenes Verbrennungsgas). Der CO_2-Gehalt des trockenen Verbrennungsgases ist bei vollkommener Verbrennung ($\lambda = 1{,}0$, nichts Unverbranntes) am größten. Dieser Wert ist der verbrennungstechnische Kennwert $CO_{2,\,max}$.

Die Zusammensetzung ist unter Nutzung der bereits eingeführten Größen berechenbar.

Feuchtes Verbrennungsgas   Trockenes Verbrennungsgas

CO_2-Gehalt

$$r^f_{CO_2} = \frac{V_{CO_2}}{V^f} \qquad\qquad r^{tr}_{CO_2} = \frac{V_{CO_2}}{V_{tr}}$$

$$CO_{2,\,max} = \frac{V_{CO_2}}{V^{tr}_{min}} \cdot 100\%$$

H_2O_D-Gehalt

$$r^f_{H_2O} = \frac{V_{H_2O}}{V^f}$$

N_2-Gehalt

$$r^f_{N_2} = \frac{V_{N_2}}{V^f} \qquad\qquad r^{tr}_{N_2} = \frac{V_{N_2}}{V^{tr}}$$

O_2-Gehalt

$$r^f_{O_2} = \frac{V_{O_2}}{V^f} \qquad\qquad r^{tr}_{O_2} = \frac{V_{O_2}}{V^{tr}}$$

mit

$$V_{H_2O} = \sum_{i=1}^{k} \frac{y}{2} r_{C_xH_y} \qquad \text{in } \frac{m^3\,(N)\,H_2O_D}{m^3\,(N)\,FLG}$$

$$V_{CO_2} = \sum_{i=1}^{k} x r_{C_xH_y} \qquad \text{in } \frac{m^3\,(N)\,CO_2}{m^3\,(N)\,FLG}$$

$$V_{N_L} = r_{N_2} + 0{,}79 \lambda L_{min} \qquad \text{in } \frac{m^3\,(N)\,N_2}{m^3\,(N)\,FLG}$$

$$V_{O_2} = r_{O_2} + 0{,}21(\lambda - 1)\,L_{min} \qquad \text{in } \frac{m^3\,(N)\,O_2}{m^3\,(N)\,FLG}$$

$r_{C_xH_y}$, r_{O_2}, r_{N_2} Brenngasbestandteile

Aus der Zusammensetzung der Verbrennungsgase kann auf die Luftzahl der Verbrennung geschlossen werden:

$$\lambda = 1 + \left(\frac{CO_{2,max}}{r_{CO_2}^{tr} \cdot 100} - 1 \right) \frac{V_{min}^{tr}}{L_{min}}$$

$$\lambda = 1 + \frac{r_{O_2}}{0{,}21 - r_{O_2}^{tr}} \frac{V_{min}^{tr}}{L_{min}}$$

Liegt unvollständige oder unvollkommene Verbrennung vor, gelten andere Zusammenhänge [1.104].

Es sei darauf verwiesen, daß es in der Praxis ratsam sein kann, die oft umständlichere stöchiometrische Rechnung abzukürzen, indem man auf sinnvoll definierte Kennzahlen zurückgreift. Letztere wurden von *Mollier* und *Boie* [1.106] in die ingenieurtechnische Praxis eingeführt. *Glück* [1.29] hat den darauf basierenden Rechenalgorithmus ausführlich erläutert.

1.5.5 Verbrennungstemperatur

Die Verbrennungstemperatur ist die Temperatur der Verbrennungsgase an der Grenze der Flamme. Der Betrag der Verbrennungstemperatur ist u. a. abhängig von Gasart, Luftzahl, Vorwärmgrad und von der Wärmedämmung durch die Gasanwendungsanlage.

Als theoretische Verbrennungstemperatur wird jene Grenztemperatur bezeichnet, die das Verbrennungsgas erreichen würde, wenn die gesamte freiwerdende Reaktionswärme ausschließlich zu seiner Erwärmung dient. Es soll also keine Wärme mit der Umgebung ausgetauscht werden (adiabate Verbrennung).

Die adiabate Verbrennung ist ein theoretischer Vorgang; trotzdem hat die theoretische Verbrennungstemperatur praktische Bedeutung, da mit ihrer rechnerisch ermittelbaren Größe auch die Größe der tatsächlich erreichbaren Verbrennungstemperatur abschätzbar ist:

$$t_{V,praktisch} = 0{,}7 \text{ bis } 0{,}9 \; t_{V,theoretisch}$$

0,7   frei ausbrennende Flamme
0,9   sehr gut isolierter Verbrennungsraum

Tabelle 1.63 Theoretische Verbrennungstemperatur $t_{V,th}$ [°C] ausgewählter Flüssiggase in Luft [1.103]

Stoff	Formel	$t_{V,th}$ bei $\lambda = 1{,}0$ in [°C]	
		ohne Dissoziation	mit Dissoziation
Propan	C_3H_8	2170	2040
n-Butan	$n\text{-}C_4H_{10}$	2210	2060
i-Butan	$i\text{-}C_4H_{10}$	–	–
Propen	C_3H_6	2280	–
Ethan	C_2H_6	2120	2000
Ethen	C_2H_4	2320	2140
Pentan	C_5H_{12}	–	2050
Methan	CH_4	2050	1950

Anm.: Bei Verbrennungstemperaturen oberhalb 1800 K wirkt die thermische Dissoziation des CO_2 temperaturerniedrigend.

1.5 Brenntechnische Kennwerte

Tabelle 1.64 Theoretische Verbrennungstemperatur $t_{V,th}$ [°C] ausgewählter Flüssiggase in Luft ohne Vorwärmung unter Berücksichtigung der CO_2-Dissoziation [1.108]

Stoff	Formel	$t_{V,th}$ in [°C]	
		$\lambda = 1{,}0$	$\lambda = 1{,}3$
Propan	C_3H_8	1040	1760
n-Butan	n-C_4H_{10}	2060	1790
Propen	C_3H_6	2090	1840
Ethan	C_2H_6	2000	1730
Ethen	C_2H_4	2140	1880
Methan	CH_4	1950	1670

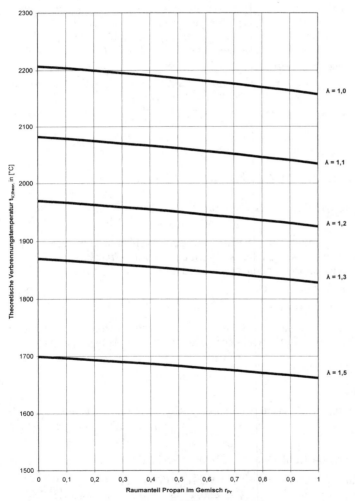

Abb. 1.72 Theoretische Verbrennungstemperatur $T_{V,th}$ von Propan/n-Butan-Gemischen mit Luft (ohne Vorwärmung, keine Berücksichtigung der Dissoziation) [1.6]

Grundlage für die Vorausberechnung der Verbrennungstemperatur ist eine Enthalpiebilanz um den Feuerraum, die letztlich auf nachstehende Bestimmungsgleichung bei vollkommener oder vollständiger Verbrennung führt [1.1, 1.13]:

$$T_{V,th} = \frac{H_i + \Delta h_{BG}^{ph} + \Delta h_L^{ph}}{V^f \cdot c_p|_{T_U}^{T_{V,th}}} - T_U$$

H_i	Heizwert
Δh_{BG}^{ph}	physikalische Enthalpie des Brenngases
Δh_L^{ph}	physikalische Enthalpie der Verbrennungsluft
V^f	Verbrennungsgasmenge
c_p	mittlere spezifische Wärmekapazität des Verbrennungsgases
T_U	Umgebungstemperatur

Da in dieser Grundgleichung zur Vorausberechnung der theoretischen Verbrennungstemperatur die mittlere spezifische Wärmekapazität des Verbrennungsgases die gesuchte Größe enthält, sind verschiedene Lösungsmethoden entwickelt worden [1.3, 1.100]. Häufig ist eine Ermittlung der theoretischen Verbrennungstemperatur mit Hilfe des h, t-Diagramms nach *Rosin* und *Fehling* [1.107] genügend genau.

In Tabelle 1.63 sind nach [1.13] einige Angaben zur Verbrennungstemperatur für verschiedene Brenngase zusammengestellt, Tabelle 1.64 enthält nähere Angaben zu Flüssiggaskomponenten. Bei diesen Angaben wurde stets Verbrennung mit Luft als Verbrennungsmittel vorausgesetzt.

1.6 Sicherheitstechnische Kennwerte

1.6.1 Zündbereitschaft, Zündfähigkeit

Kennzahlen der *Zündbereitschaft* sind solche, die in Form einer Konzentration oder Temperatur den zündbereiten Stoffzustand beschreiben. Kennzahlen der *Zündfähigkeit* drücken die Eigenschaft von Zündquellen aus, Stoffe zünden zu können.

1.6.1.1 Zündgrenzen, Explosionsgrenzen

Um ein Brenngas zu verbrennen, ist Sauerstoff als Reaktionspartner erforderlich. Es gibt Mischungen zwischen Brenngas und Luft (Sauerstoff), in denen sich keine Flamme mehr auszubreiten vermag.

Die Grenzkonzentration, bei der sich gerade keine Flamme mehr ausbreitet, nennt man Zündgrenze (Explosionsgrenze).

Dabei treten eine obere Zündgrenze Z_o (viel Brenngas, wenig Luft) und eine untere Zündgrenze Z_u (wenig Brenngas, viel Luft) auf. Zwischen oberer und unterer Zündgrenze liegt der zündfähige Bereich des Brenngases.

Die Meßwerte der Zündgrenzen von Kohlenwasserstoffgasen enthält Tabelle 1.65.

Thiel-Böhm [1.110] weist darauf hin, daß mit der Verabschiedung der DIN 51649 [1.111] die Bestimmung von Zündgrenzen in Deutschland endgültig standardisiert wurde. Die in Tabelle 1.65 zusammengestellten Daten beruhen z. T. auf anderen Meßmethoden. Für bestimmte Berechnungen, speziell sicherheitstechnischer Art, sollte jedoch auf „verbindliche"

1.6 Sicherheitstechnische Kennwerte

Tabelle 1.65 Zündgrenzen (Z_u, Z_o) [Vol-%] ausgewählter Flüssiggase in Mischung mit Luft oder Sauerstoff bei 101,3 kPa (1013 mbar) und 20 °C [1.104, 1.109]

Stoff	Formel	Zündgrenzen Z in [Vol-%]			
		Luft		Sauerstoff	
		Z_u	Z_o	Z_u	Z_o
Propan	C_3H_8	2,1	9,5	2,12	55,0
n-Butan	n-C_4H_{10}	1,5	8,5	1,84	49,0
i-Butan	i-C_4H_{10}	1,5	8,5	1,84	49,0
Propen	C_3H_6	2,2	9,7	2,10	53,0
Buten	C_4H_8	1,7	9,0	1,60	50,0
Ethan	C_2H_6	3,0	14,0	3,9	50,5
Ethen	C_2H_4	3,0	33,3	2,7	80,0
n-Pentan	n-C_5H_{12}	1,3	7,8	–	–
Methan	CH_4	5,0	15,0	5,0	60,0

Tabelle 1.66 Zündgrenzen (Z_u, Z_o) [Vol-%] ausgewählter Flüssiggase in Mischung mit Luft bei 101,3 kPa (1013 mbar) und 20 °C

Stoff	Formel	Zündgrenzen Z in [Vol-%]			
		Z_u		Z_o	
		1963	1990	1963	1990
Propan	C_3H_8	2,1	1,7	9,5	10,9
n-Butan	n-C_4H_{10}	1,5	1,4	8,5	9,3
i-Butan	i-C_4H_{10}	1,8	1,8	8,5	8,5
Propen	C_3H_6	2,0	2,0	11,7	11,1
Buten	C_4H_8	1,6	1,6	9,3	9,3
Ethan	C_2H_6	3,0	2,7	12,5	14,7
Ethen	C_2H_4	2,7	2,3	28,5	32,4
n-Pentan	n-C_5H_{12}	1,4	1,4	7,8	7,8
i-Pentan	i-C_5H_{12}	1,3	1,3	7,6	7,6
Methan	CH_4	5,0	4,4	15,0	16,5

Daten zurückgegriffen werden. Für einige Kohlenwasserstoffe wurden entsprechende Werte in Tabelle 1.66 zusammengestellt.

Weitere Angaben und Daten finden sich in der Literatur [1.114–1.117]. Eine kritische Sichtung der Datenlage für Kohlenwasserstoffe stammt von *Weßing* [1.18].

Zunehmende Temperatur verursacht im allgemeinen eine Erweiterung der Zündgrenzen. Mit steigendem Druck bleibt die untere Zündgrenze unverändert, die obere Zündgrenze wird größer [1.108].

Die Zündgrenze einer Gasmischung kann mit ausreichender Genauigkeit aus den Zündgrenzen der Komponenten und deren Konzentration nach *LeChatelier* berechnet werden:

$$Z_M = \frac{100}{\sum_{i=1}^{k} \frac{r_i}{Z_i}} \quad \text{in Vol-\%}$$

Z_M untere (obere) Zündgrenze der Mischung in [Vol-%] Brenngas im Gas-Luft-Gemisch
r_i Konzentration der brennbaren Komponente i in [Vol-%]
Z_i untere (obere) Zündgrenze der Komponente i des Brenngases in [Vol-%]

Erfahrungsgemäß empfiehlt es sich, bei Berechnung der unteren Zündgrenze in obige Formel die Konzentration r_i auf das ursprüngliche Brenngas zu beziehen; bei Berechnung der oberen Zündgrenze jedoch auf die Konzentration der einzelnen Bestandteile im inertgasfrei gedachten Brenngas [1.110]. Die Zündgrenzen können auch durch Luftzahlen ausgedrückt werden:

$$\lambda_Z = \frac{100 - Z}{Z \cdot L_{min}}$$

Die Zündgrenzen, ausgedrückt durch Luftzahlen λ, für eine Gasmischung errechnen sich mit den Werten der Tabelle 1.65 nach [1.103]

$$\lambda_{Z,M} = \frac{[\sum r_i(\lambda_{Z,i} + 1)] - 1}{L_{min}}$$

Diese Zündgrenzen enthält Tabelle 1.67.

Die Zündgrenzen von Propan/n-Butan-Gemischen können Abb. 1.73 entnommen werden.

Einen breiten Überblick zum Problemfeld der Simulation der Zündgrenzen brennbarer Gasgemische geben *Rennhack* und *Thiel-Böhm* in [1.119].

Oft ist es hilfreich, die Lage der Zündgrenzen eines Gases in Luft graphisch darzustellen (Abb. 1.74).

Es ist deutlich erkennbar, daß bei in Luft verteilten gas- oder staubförmigen Brennstoffen die lokale Einwirkung einer Zündquelle nur dann zur Flammfortpflanzung und somit Verbrennung des gesamten Gemisches führt, wenn Luft und Brennstoff im richtigen Mischungsbereich vorliegen. Einerseits darf in brennstoffarmen Gemischen zwischen den Brennstoffteilchen kein zu großer Abstand sein, zum anderen müssen brennstoffreiche Gemische noch ausreichend Luft besitzen. Das erklärt die Existenz von Zünd- bzw. Explosionsgrenzen (vgl. Abbildung 1.74):

Tabelle 1.67 Zündgrenzen λ_Z ausgewählter Flüssiggase in Mischung mit Luft, berechnet als Luftzahl bei 101,3 kPa (1013 mbar) und 20 °C

Stoff	Formel	Luftzahl λ_Z an der Zündgrenze[1])	
		Z_u	Z_o
Propan	C_3H_8	2,430	0,343
n-Butan	n-C_4H_{10}	2,276	0,315
i-Butan	i-C_4H_{10}	1,763	0,348
Propen	C_3H_6	2,288	0,374
Buten	C_4H_8	2,131	0,338
Ethan	C_2H_6	2,163	0,348
Ethen	C_2H_4	2,975	0,146
n-Pentan	n-C_5H_{12}	1,848	0,310
i-Pentan	i-C_5H_{12}	1,993	0,319
Methan	CH_4	2,282	0,532

[1]) berechnet mit den Zündgrenzen Z_u, Z_o gemäß Tab. 1.66 Stand 1990

1.6 Sicherheitstechnische Kennwerte

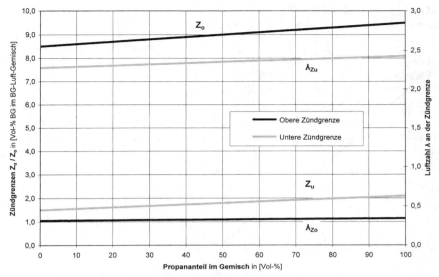

Abb. 1.73 *Zündgrenzen Z_u, Z_o von Propan/n-Butan-Gemischen*

Die untere Zündgrenze (Z_u = UZG) ist der Mindestgehalt an Brennstoff (Höchstgehalt an Luft) und die obere Zündgrenze (Z_o = OZG) der Höchstgehalt an Brennstoff (Mindestgehalt an Luft) in zündwilligen Gemischen.

Die untere Zündgrenze wird bei zunehmender Temperatur geringer, die obere steigt. Gemische, die bei Normaltemperatur zu mager bzw. zu fett sind, können dadurch zündwillig werden.

Erhöhter Sauerstoffgehalt der Luft verändert die untere Zündgrenze – bei der ohnehin Luft – und somit Sauerstoffüberschuß besteht – nur wenig, die obere dagegen steigt beträchtlich.

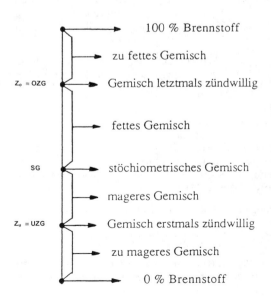

Abb. 1.74 *Zusammensetzung von Brennstoff-Luft-Gemischen. Markante Brennstoffkonzentrationen [1.114]*

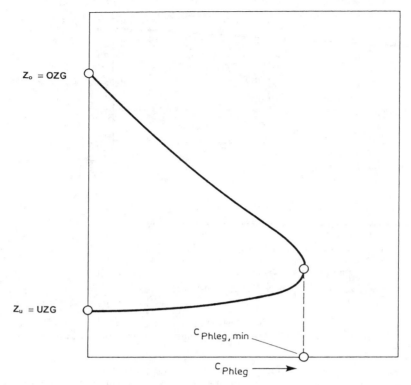

Abb. 1.75 Änderung des Zündbereiches in Abhängigkeit von der Phlegmatisierungskonzentration c_{Phleg}. *[1.114]*

Ein zunehmender Inertgasanteil (z. B. Kohlendioxid) engt den Zündbereich vor allem durch die fallende obere Zündgrenze immer mehr ein, bis anstelle zweier Zündgrenzen nur noch eine existiert (Abb. 1.75). Weiterer Inertgaszusatz führt dann wegen der überschrittenen phlegmatisierenden Mindestkonzentration zu nicht mehr zündwilligen Gemischen.

Unterdrücke bis zu 400...530 mbar verändern den Zündbereich der meisten Brennstoffe nur wenig, bei weiterer Druckverminderung aber bis zu einem Grenzdruck (bei vielen Brennstoffen im Bereich von 13...67 mbar) geht die Zündwilligkeit verloren [1.114].

1.6.1.2 Stöchiometrisches Gemisch

Für Gemische von gas- oder staubförmigen Brennstoffen in Luft gibt es eine Gemischzusammensetzung, bei der Brennstoff und Luft genau in dem Verhältnis vorliegen, wie es die Reaktionsgleichung der vollständigen Verbrennung verlangt. Dieses Mischungsverhältnis bezeichnet man als stöchiometrisches Gemisch (vgl. Abb. 1.74).

So gilt für Methan bei vollständiger Verbrennung in Luft folgende Reaktion:

$$CH_4 + \frac{y}{2}(O_2 + 3{,}76\,N_2) \rightarrow x\,CO_2 + \frac{y}{2}\,H_2O + \frac{y}{2} \cdot 3{,}76\,N_2$$

Das Methanvolumen beträgt 22,4 l (= 1 mol), das Luftvolumen 213,25 l (= 2 · 4,76 mol) und das Gemischvolumen somit 235,65 l im Normzustand. Angegeben wird das stöchiome-

1.6 Sicherheitstechnische Kennwerte

Tabelle 1.68 Stöchiometrische Brenngaskonzentration ausgewählter Flüssiggase in Luft [Vol-%]

Stoff	Formel	Stöchiometrische Brenngaskonzentration in Luft [Vol-%]
Propan	C_3H_8	4,54
Butan	C_4H_{10}	3,60
Propen	C_3H_6	5,79
Buten	C_4H_8	4,34
Ethan	C_2H_6	6,14
Ethen	C_2H_4	8,68
Pentan	C_5H_{12}	2,98
Penten	C_5H_{10}	3,47
Methan	CH_4	9,51

trische Gemisch in Form der hierbei vorliegenden Brennstoffkonzentration. Für Methan im o. g. Gemisch sind das 22,4 l in 235,65 l, d. h. 9,5 Vol-%.
Entsprechende Angaben für Flüssiggase enthält Tabelle 1.68.
Das stöchiometrische Gemisch beträgt bei vielen Stoffen das 2...3fache der unteren Zündgrenze. Da es ein optimales Gemisch ist, d. h. weder Brennstoff noch Luft im Unter- oder Überschuß vorliegen, müßte es sich mit der geringsten Energie im Vergleich zu anderen Gemischen zünden lassen und auch am heftigsten reagieren (höchste Flammentemperatur, stärkster Explosionsdruck). Dieses gefährlichste Gemisch ist in der Praxis wegen der Spezifik der Verbrennungsreaktion jedoch nur selten genau das stöchiometrische, sondern befindet sich in dessen Nähe.

1.6.1.3 Minimaler explosionsgefährlicher Sauerstoffgehalt

Diese Kennzahl — auch Sauerstoffgrenze genannt — ist die geringste Sauerstoffkonzentration in einem Luft-Inertgas-Gemisch, in dem gas- oder staubförmige Brennstoffe nach der Zündung gerade noch eine Ausbreitung der Verbrennung im gesamten Gemisch zulassen.

Die Sauerstoffgrenze ist stoffabhängig (Tabelle 1.69). Sie nimmt mit steigender Temperatur und Zündenergie — bei Stäuben auch mit wachsender Staubfeinheit — geringere Werte an. Außerdem wird sie von der Art des Inertgases insofern beeinflußt, wie dessen Fähigkeit als wärmeaufnehmendes Ballastgas ausgeprägt ist: Für Methan beträgt die Sauerstoffgrenze nach [1.114] in Kohlendioxid 15,5 Vol-%, in Stickstoff 12,7 Vol-%, in Helium 12,6 Vol-% und in Argon 10 Vol-% (Kohlendioxid ist demnach hier wie bei den meisten Brennstoffen das wirksamste Inertgas; vgl. Tabelle 1.69).

1.6.1.4 Phlegmatisierende Mindestkonzentration

Die Verringerung der Sauerstoffkonzentration in der Verbrennungsluft durch Inertgas führt zur Sauerstoffgrenze. Der hierfür erforderliche Inertgasanteil heißt phlegmatisierende Mindestkonzentration (Abb. 1.75 und Tabelle 1.70). Wird diese überschritten und somit die Sauerstoffgrenze unterschritten, so sind Gemische mit beliebiger Brennstoffkonzentration nicht mehr zündwillig.

Für die Umrechnung zwischen Sauerstoffgrenze $c_{S,min}$ [Vol-%] und phlegmatisierender Mindestkonzentration $c_{phleg.\,min}$ [Vol-%] gilt:

$$c_{S,\,min} = \frac{100 - c_{phleg.\,min}}{4,76}$$

Tabelle 1.69 Minimaler explosionsgefährlicher Sauerstoffgehalt (Sauerstoffgrenze) im Luft-Inertgas-Gemisch $c_{S,min}$ [Vol-%] [1.116]

Stoff	Formel	Sauerstoffgrenze[1]) $c_{S,min}$ in	
		N_2 [Vol-%]	CO_2 [Vol-%]
Propan	C_3H_8	11,5	14,0
Ethen	C_2H_4	10,0	11,5
Methan	CH_4	12,0	14,5

[1]) bei 20 °C, 1013 mbar

Tabelle 1.70 Theoretische CO_2-Mindestkonzentration (Phlegmatisierende Mindestkonzentration) $c_{phleg.,min}$ [Vol-%] zum Löschen ausgewählter Flüssiggase [1.114]

Stoff	Formel	$c_{Phleg,min}$ [Vol-%]
Propan	C_3H_8	30
Propen	C_3H_6	30
Ethan	C_2H_6	33
Ethen	C_2H_4	41
Methan	CH_4	25

Bedeutung hat die Sauerstoffgrenze für die Verhinderung von Explosionen sowie das Löschen von Bränden in Behältern und Räumen durch Stickgasanwendung.

Die praktisch erforderliche CO_2-Mindestkonzentration beträgt i. d. R.

$$c_{phleg.\,prakt} = 1{,}20 \cdot c_{phleg.\,min}$$

1.6.1.5 Zündtemperatur

Unter der Zündtemperatur eines Brennstoffes versteht man die niedrigste Temperatur der Brennstoffoberfläche, bei welcher die Verbrennungsreaktion mit solcher Geschwindigkeit abläuft, daß eine ununterbrochene selbständige Verbrennung des Brennstoffes eintritt.

Der Betrag der Zündtemperatur ist von der Art des Brennstoffes, dem Gemischverhältnis Brennstoff zu Luft, dem Gemischdruck, von der Form der Wärmequelle und von der Versuchsanordnung abhängig. Zündtemperaturen sind vor allem sicherheitstechnisch interessant. Dafür werden die niedrigsten gemessenen Zahlenwerte unter Ausschluß katalytischer Wirkungen angegeben.

Eine sichere Vorausberechnung der Zündtemperatur einer Gasmischung aus den Zündtemperaturen von Einzelgasen ist problematisch.

Tabelle 1.71 weist Zündtemperaturen gasförmiger Kohlenwasserstoffe aus.

1.6.1.6 Mindestzündenergie

Während die Zündtemperaturen von vielen Gasen und Dämpfen auf einem beträchtlichen Temperaturniveau liegen (vgl. Tabelle 1.71), lassen sich diese Stoffe andererseits schon durch einen sehr kleinen Funken, der lokal die reaktionsauslösende Energie bereitstellt, zün-

1.6 Sicherheitstechnische Kennwerte

Tabelle 1.71 Zündtemperatur t_Z [°C] ausgewählter Flüssiggase

Stoff	Formel	Zündtemperatur t_Z [°C]
Propan	C_3H_8	510
n-Butan	$n\text{-}C_4H_{10}$	490
i-Butan	$i\text{-}C_4H_{10}$	–
Propen	C_3H_6	455
Buten	C_4H_8	445
Ethan	C_2H_6	530
Ethen	C_2H_4	540
n-Pentan	$n\text{-}C_5H_{12}$	285
Ethin	C_2H_2	335
Methan	CH_4	645

den. Hieraus ergibt sich die Mindestzündenergie als kleinste Energiemenge eines Kondensator-Entladungsfunkens, die das zündwilligste Gemisch von Gasen, Dämpfen, Nebeln oder Stäuben mit Luft gerade noch zünden kann.

Mindestzündenergien für Gas- und Dampf-Luft-Gemische befinden sich überwiegend im Bereich von 0,01 ... 1 mJ, solche für Staub-Luft-Gemische liegen je nach Staubfeinheit häufig zwischen 5 ... 100 mJ (Tabelle 1.72).

Als ein technisches Maß für die Gefahrenbeurteilung werden die Mindestzündenergien in Form eines Mindestzündstromverhältnisses für die Unterteilung von Stoffen in Explosionsgruppen (DIN EN 50014) herangezogen.

Tabelle 1.72 Mindestzündenergie ausgewählter Flüssiggase [1.116]

Stoff	Formel	Mindestzündenergie [mJ]
Propan	C_3H_8	0,26
Butan	C_4H_{10}	0,26
Ethan	C_2H_6	0,27
Methan	CH_4	0,29

Tabelle 1.72 Mindestzündenergie ausgewählter Flüssiggase [1.116]

1.6.2 Brennbarkeit, Explosionsfähigkeit

1.6.2.1 Allgemeines

Die Zündbereitschaft (Entzündlichkeit) ist auf die Eigenschaft von Stoffen bezogen, sich bei Einwirkung von Zündquellen zu entzünden. Maßstab für Unterschiede dabei können der Energiegehalt der Zündquelle und deren Einwirkdauer sein.

Die Brennbarkeit hingegen soll hier allgemein als die Befähigung zur selbständigen Aufrechterhaltung der stabilen Verbrennung nach der Zündquellenentfernung verstanden werden. Die Stoffe kann man so global nach unbrennbaren und mehr oder weniger brennbaren unterscheiden.

Kompliziert und umstritten ist es, für die Stoffe aus physikalisch-chemischer Sicht eine Brennbarkeitsrangfolge nach einer zweckmäßigen Eigenschaft wie z. B. der Brandausbrei-

Tabelle 1.73 Grenzspaltweite (MESG) ausgewählter Flüssiggase [1.116]

Stoff	Formel	MESG[1] [mm]
Propan	C_3H_8	0,92
Ethen	C_2H_4	0,65
Ethin	C_2H_2	0,37
Methan	CH_4	1,14

[1]) MESG: Maximum experimental safe gape

tung oder Wärmefreisetzung aufzustellen (im bautechnischen Brandschutz gibt es auf der Basis mehrerer Kriterien als praxisbezogene Einteilung die Brennbarkeitsgruppen nach der DIN 4102).

Für Gase lassen sich die Unterschiede in der Explosionsfähigkeit (als Befähigung zur selbständigen Flammenfortpflanzung in der Gasphase) durch die Grenzspaltweite ausdrücken.

1.6.2.2 Grenzspaltweite

Unter der Explosionsfähigkeit von Gas-, Dampf- und Staub-Luft-Gemischen soll die Eigenschaft dieser Stoffe verstanden werden, nach der Zündung zur schnellen selbständigen Flammenfortpflanzung durch das gesamte Gemisch in der Lage zu sein. Ebenso wie bei der Beurteilung der Brennbarkeit ist es schwierig und umstritten, die unterschiedliche explosive Reaktionsfähigkeit mit einem geeigneten Kriterium zu charakterisieren. Stark vereinfachend kann man die Grenzspaltweite zur Einschätzung heranziehen.

Zum Verständnis dieser Kenngröße wird von zwei Gefäßen ausgegangen, die beide das gleiche explosionsfähige Brennstoff-Luft-Gemisch enthalten und miteinander durch einen schmalen Spalt bestimmter Länge und Weite verbunden sind. Ab einer bestimmten Spaltweite – als Abstand der ebenen parallelen Spaltflächen zueinander – findet vom einen Gefäß in das andere kein Zünddurchschlag mehr statt, d. h. es wird keine Explosion mehr übertragen. Eine der Ursachen hierfür kann in der übermäßigen Abführung der Reaktionswärme an die Begrenzungsflächen des Spaltes gesehen werden.

Aus dem o. g. Sachverhalt ergibt sich die Kennzahl Grenzspaltweite (Tabelle 1.73): Sie ist der größte Abstand ebener Flächen eines Spaltes, bei dem das zünddurchschlagwilligste Gemisch keine Flamme mehr durch den Spalt hindurch in das benachbarte Gemisch fortpflanzen kann.

Je kleiner – die im Gerät vorgeschriebener Bauart bei 20 °C und 1 bar ermittelte – Grenzspaltweite als größte noch sichere Spaltweite ist, um so explosionsfähiger ist das Gemisch. Als Normspaltweite bzw. MESG-Wert dient die Grenzspaltweite zur Einteilung von Gasen und Dämpfen in Explosionsgruppen (DIN EN 50014; VDE 0170/0171) und ist für die Schutzart druckfeste Kapselung bei elektrischen Betriebsmitteln wichtig.

1.6.3 Ablauf von Zündvorgängen und Explosionen

1.6.3.1 Allgemeines

Mit diesen Kenngrößen werden der Stoffumsatz (Brennstoff, Oxydationsmittel), die Bildung von Verbrennungsprodukten und die Fortbewegung von Reaktionszonen charakterisiert. Zum Teil handelt es sich um Kennzahlen, die die Dynamik der Verbrennungsreaktion beschreiben.

1.6 Sicherheitstechnische Kennwerte

Für gasförmige Stoffe können hier insbesondere folgende Kenngrößen benutzt werden:
— Sauerstoffäquivalent
— Sauerstoff- und Verbrennungsluftbedarf
— Verbrennungsgasmenge
— Verbrennungstemperatur
— Verbrennungsgeschwindigkeit

Einige der oben genannten Größen wurden allerdings bereits in Abschnitt 1.5 als „Brenntechnische Kennwerte" behandelt, so daß sich ein Zurückkommen auf selbige hier erübrigt.

1.6.3.2 Sauerstoffäquivalent

Diese Kennzahl gibt die Stoffmenge Sauerstoff an, die zur vollständigen Verbrennung von 1 mol des entsprechenden brennbaren Stoffes benötigt wird. Sie charakterisiert damit den auf die Verbrennungsgleichung bezogenen Bedarf an reinem Oxydationsmittel.

Zum Beispiel läuft die vollständige Verbrennung von Propan in Sauerstoff nach der Gleichung $C_3H_8 + 5\,O_2 \rightarrow 3\,CO_2 + 4\,H_2O$ ab. Es werden demnach 5 mol Sauerstoff pro mol Brennstoff verbraucht, d. h. das Sauerstoffäquivalent n_S beträgt 5.

Die Größe n_S (Tabelle 1.74) kann entweder aus der Reaktionsgleichung (siehe oben) entnommen oder ohne diese direkt aus der Elementarzusammensetzung des brennbaren organischen Stoffes (C_xH_y) berechnet werden:

$$n_S = x + \frac{y}{4}$$

Sie wird in der Feuerungstechnik auch theoretischer oder minimaler Sauerstoffbedarf $O_{2,\,min}$ genannt.

Für Propan C_3H_8 gilt $n_S = 3 + \frac{8}{4} = 5$. Aus dem n_S-Wert können die stöchiometrischen Konzentrationen in Luft c_{SG-L} (vgl. Abschnitt 1.6.1.2) und in Sauerstoff c_{SG-S} in Vol-% abgeleitet werden:

$$c_{SG-L} = \frac{100}{1 + 4{,}76 \cdot n_S}; \quad c_{SG-L} = \frac{100}{1 + n_S}.$$

Stoff	Formel	Sauerstoffäquivalent n_S
Propan	C_3H_8	5,0
Butan	C_4H_{10}	6,5
Propen	C_3H_6	4,5
Buten	C_4H_8	6,0
Ethan	C_2H_6	3,5
Ethen	C_2H_4	3,0
Pentan	C_5H_{12}	8,0
Penten	C_5H_{10}	7,5
Ethin	C_2H_2	2,5
Methan	CH_4	2,0

Tabelle 1.74 Sauerstoffäquivalent n_S (theoretischer Sauerstoffbedarf $O_{2,\,min}$) [kmol(O_2)/kmol(FLG)] ausgewählter Flüssiggase

1.6.3.3 Flammengeschwindigkeit

Der Verbrennungsprozeß läuft selbständig weiter, nachdem er durch Zünden des brennfähigen Brenngas-Verbrennungsmittel-Gemisches eingeleitet wurde.

Die Flammengeschwindigkeit Λ ist die Geschwindigkeit, mit der die Verbrennung in einer Brennfläche gegen das brennfähige Gemisch fortschreitet.

Geht man von einem strömenden brennfähigen Gasgemisch (Gasbrenner) aus, wird eine stationäre Flamme dann erreicht, wenn zwischen Flammengeschwindigkeit und Ausströmgeschwindigkeit als entgegengerichtete Größen entsprechende Proportionen eingehalten werden; anderenfalls kann die Flamme zurückschlagen bzw. abheben.

Synonym zum Begriff Flammengeschwindigkeit werden die Begriffe Zündgeschwindigkeit, Verbrennungsgeschwindigkeit und Flammenfortpflanzungsgeschwindigkeit verwendet.

Der Betrag der Flammengeschwindigkeit von Einzelgasen ist unter sonst gleichen Bedingungen verschieden (siehe Tabelle 1.75).

Innerhalb des zündfähigen Bereiches ist der Betrag der Verbrennungsgeschwindigkeit verschieden (Abb. 1.76).

Tabelle 1.75 Laminare Flammengeschwindigkeit $\Lambda_{max.,lam.}$ [cm/s] ausgewählter Flüssiggase (Verbrennungsmittel: Luft) bei 101,3 kPa (1013 mbar) und 20°C [1.13, 1.102]

Stoff	Formelzeichen	$\Lambda_{max,lam}$ [cm/s]
Propan	C_3H_8	42
n-Butan	$n-C_4H_{10}$	39
i-Butan	$i-C_4H_{10}$	–
Propen	C_3H_6	40
Buten	C_4H_8	46
Ethan	C_2H_6	43
Ethen	C_2H_4	70
n-Pentan	$n-C_5H_{12}$	–
Ethin	C_2H_2	150
Methan	CH_4	40

Tabelle 1.76 Maximale Verbrennungsgeschwindigkeit $\Lambda_{max.,lam.}$ [cm/s] laminarer Flammen ausgewählter Flüssiggase mit Luft/Sauerstoff bei 101,3 kPa (1013 mbar) und 20 °C [1.104]

Stoff	Formel	Verbrennung mit			
		Luft		Sauerstoff	
		$\Lambda_{max,lam}$ [cm/s]	r_{BG} [Vol-%]	$\Lambda_{max,lam}$ [cm/s]	r_{BG} [Vol-%]
Propan	C_3H_8	42	4,3	365	17
Butan	C_4H_{10}	39	3,5	480	13
Propen	C_3H_6	46	5,0	–	–
Ethan	C_2H_6	443	6,3	–	–
Ethen	C_2H_4	70	7,3	540	27,5
Ethin	C_2H_2	150	9,5	1140	–
Methan	CH_4	40	10,1	420	33

1.6 Sicherheitstechnische Kennwerte

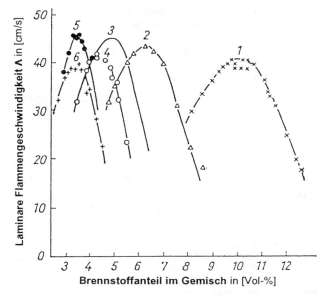

Abb. 1.76 Laminare Verbrennungsgeschwindigkeit Λ_{lam} ausgewählter Flüssiggase im zündfähigen Bereich [1.108]

Die maximale Verbrennungsgeschwindigkeit wird bei Luftzahlen wenig unter 1 erreicht. Bei Verbrennung mit Sauerstoff wird eine gegenüber der Verbrennung mit Luft wesentlich höhere Flammengeschwindigkeit erzielt (Tabelle 1.76).

Folgende Gleichungen sind zur Vorausberechnung der Flammengeschwindigkeit anwendbar [1.1, 1.13, 1.20]:

Maximale laminare Flammengeschwindigkeit mit den Ausgangsdaten 293 K, 101,3 kPa nach *Weaver*:

$$\Lambda_{max, lam} = \frac{2,8 \cdot \sum_{i=1}^{k} r_i \cdot F_i}{L_{min} + 1 + 5r_I - 18,8r_{O_2}}$$

Λ in [cm/s]
r_i Raumanteil der jeweiligen brennbaren Komponente des Brenngases
F_i relative Flammengeschwindigkeit nach *Weaver* (Tab. 1.77)
r_I Raumanteil Inerte (ohne Sauerstoff) des Brenngases
r_{O_2} Sauerstoffgehalt des Brenngases (Raumanteil)

Der Einfluß anderer Randbedingungen kann wie folgt abgeschätzt werden [1.13]:
Mit steigender Frischgastemperatur steigt die Verbrennungsgeschwindigkeit an:

$$\Lambda_T = \Lambda_0 \left(\frac{T}{T_0}\right)^2$$

Tabelle 1.77 Flammengeschwindigkeitsfaktor F nach *Weaver* ausgewählter Flüssiggase

Stoff	Formel	F_i nach *Weaver*
Propan	C_3H_8	398
Butan	C_4H_{10}	513
Propen	C_3H_6	674
Ethan	C_2H_6	301
Ethen	C_2H_4	454
Ethin	C_2H_2	776
Methan	CH_4	148

Druckerhöhung verringert bei Kohlenwasserstoff-Luft-Gemischen, laminare Strömung vorausgesetzt, die Verbrennungsgeschwindigkeit

$$\Lambda_p = \Lambda_0 \left(\frac{p}{p_0}\right)^{-0,25}$$

Mit Übergang zur turbulenten Strömung des der Verbrennung zuströmenden Frischgases nimmt die Verbrennungsgeschwindigkeit zu.

Für Kohlenwasserstoff-Luft-Gemische gilt [1.108]

$$\Lambda_{turb} = \Lambda_L \left(\frac{Re_{turb}}{Re_{lam}}\right)^{0,715} \quad (4000 < Re < 20000)$$

Weitere Details zu Einflußgrößen auf die Verbrennungsgeschwindigkeit, allgemein zum Brennverhalten von Flüssiggaskomponenten finden sich in der Literatur (siehe [1.13, 1.103, 1.121−1.123]).

Es erweist sich also generell, daß die laminare Flammengeschwindigkeit der meisten Kohlenwasserstoff-Luft-Gemische im Bereich von etwa 0,4 ... 0,8 m/s liegt. Bei Brennstoff-Sauerstoff-Gemischen weisen Wasserstoff und Ethin mit 11 ... 12 m/s die höchsten Werte auf.

1.6.4 Begleiterscheinungen von Bränden und Explosionen

1.6.4.1 Allgemeines

Mit einer Reihe von Kenngrößen werden bestimmte gefährdungsrelevante thermische, mechanische und stoffliche Sachverhalte näher charakterisiert, die sich aus der Stoff- und Energiefreisetzung bei Bränden und Explosionen ergeben.
Für gasförmige Brennstoffe zählen hierzu:

− Heizwert, Brennwert
− Flammentemperatur
− Flammenfortpflanzungsgeschwindigkeit, Explosionsgeschwindigkeit
− Explosionsdruck
− Brisanz, Explosionskonstante

Einige der oben genannten Größen wurden in Abschnitt 1.5 als „Brenntechnische Kennwerte" betrachtet, so daß auf diese an dieser Stelle nicht mehr eingegangen werden soll.

Wenn Brenngas und Luft (Sauerstoff) undefiniert innerhalb der Zündgrenzen zusammenkommen und zur Reaktion gebracht werden, können Explosionen auftreten. Deren Stärke hängt

1.6 Sicherheitstechnische Kennwerte

von der Fortpflanzungsgeschwindigkeit, der Druckanstiegsgeschwindigkeit und dem Druckverhältnis ab.

Der Begriff Explosion wird als Oberbegriff für Deflagrationen und Detonationen verwendet. Bei der Explosion im engeren Sinne (*Deflagration*) schreitet die Reaktion infolge Wärmeleitung und adiabater Kompression mit Geschwindigkeiten von 10 ... 500 m/s erheblich schneller als bei der Verbrennung fort. Das Druckverhältnis p_{Ex}/p_1 stellt sich in einer Größenordnung von $p_{Ex}/p_1 = 7 \ldots 2$ ein.

Bei schwachen Explosionen im offenen Raum mit örtlich begrenztem Druckanstieg und geringen mechanischen Wirkungen spricht man von *Verpuffung*.

Als *Detonation* bezeichnet man eine Reaktion, die von einer durch Explosion ausgelösten Stoßwelle verursacht wird. Die Detonation pflanzt sich mit der Geschwindigkeit dieser Stoßwelle oberhalb der Schallgeschwindigkeit im nichtreagierenden Medium fort. Es werden einige km/s bis zu 40 km/s bei Druckverhältnissen $p_{Ex}/p_1 > 20$ erreicht. Detonationen können z. B. in langgestreckten Behältern oder Rohrleitungen auftreten und haben stark zerstörende Wirkung [1.1].

1.6.4.2 Explosionsgeschwindigkeit

Für Gasexplosionen, die z. B. in Rohrleitungen oder Apparaten ablaufen können, sind Flammenfortpflanzungsgeschwindigkeiten von über 1 km/s bei Gas-Sauerstoff-Gemischen bis etwa 4 km/s — möglich. Das ist im wesentlichen auf die starke turbulente Vermischung und den großen Druckanstieg infolge der Gaskomprimierung durch Stoßwellen zurückzuführen. Gasdynamische Fragen und Probleme der Reaktionskinetik werden u. a. in [1.124, 1.125] ausführlich besprochen.

An dieser Stelle soll es genügen, auf die Daten nach Tabelle 1.78 und Abb. 1.77 zu verweisen. Diese Angaben gestatten eine erste Einschätzung der Größenordnung der Detonationsgeschwindigkeit.

1.6.4.3 Explosionsdruck

Der Explosionsdruck ist ein Maß für die Kraft pro Flächeneinheit, die von auftreffenden Gasmolekülen bei einer Explosion ausgeübt wird. Einen Explosionsdruck üben alle gasförmigen Brennstoffe in Luft oder Sauerstoff aus, sofern vor der Zündung ein ausreichender

Tabelle 1.78 Detonationsgeschwindigkeit c_{Ex} [m/s] ausgewählter Gemische bei 101,3 kPa (1013 mbar) und 20 °C (nach *Laffitte*, zitiert in [1.121, 1.125]

Gemischzusammensetzung	Explosionsgeschwindigkeit [m/s]
$C_3H_8 + 3\ O_2$	2600
$C_3H_8 + 6\ O_2$	2280
$i\text{-}C_4H_{10} + 4\ O_2$	2613
$i\text{-}C_4H_{10} + 8\ O_2$	2270
$C_2H_6 + 3{,}5\ O_2$	2363
$C_2H_4 + 3\ O_2$	2209
$C_2H_4 + 2\ O_2 + 8\ N_2$	1734
$C_5H_{12} + 8\ O_2$	2371
$C_5H_{12} + 8\ O_2 + 24\ N_2$	1680
$CH_4 + 2\ O_2$	2146
$CH_4 + 1{,}5\ O_2 + 2{,}5\ N_2$	1880

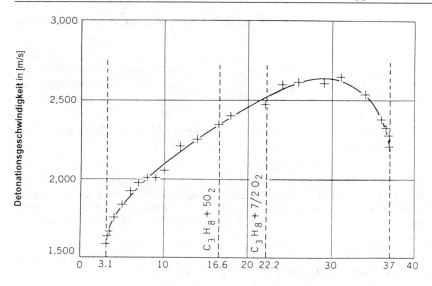

Abb. 1.77 *Detonationsgeschwindigkeit von Propan/n-Sauerstoff-Gemischen (nach Breton, zitiert in [1.121, 1.125]*

Vermischungsgrad in wenigstens einem Teil des Gesamtvolumens vorlag. Dieser Druck baut sich je nach der Art und Konzentration des Brennstoffes, dem Ausgangsdruck und der Temperatur sowie der Zündquelle und dem räumlichen Explosionsverlauf allgemein im Zeitbereich von zehn bis hundert Millisekunden bis wenigen Sekunden zu einem Maximalwert auf, um danach wieder abzunehmen (Abb. 1.78).

Der maximale Explosionsdruck tritt, ähnlich wie die Flammengeschwindigkeit, in der Nähe des stöchiometrischen Gemisches auf.

Unter Normalbedingungen erreicht der Explosionsdruck bei Brennstoff-Luft-Gemischen Werte im Bereich 10 bar; bei Brennstoff-Sauerstoff-Gemischen können bis zu 20 bar auftreten [1.116].

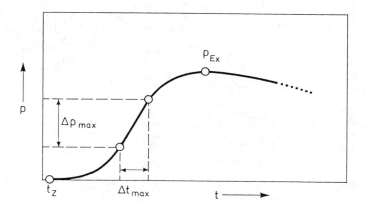

Abb. 1.78 *Zusammenhang zwischen maximalem Explosionsdruck und Brisanz [1.116]*

1.6 Sicherheitstechnische Kennwerte

Tabelle 1.79 Explosionsdruck p_{Ex} [bar] ausgewählter Flüssiggas-Luft-Gemische [1.108, 1.125] (Berechnung gemäß Näherungsgleichung)

Stoff	Formel	p_{Ex} [1.108, 1.125][1]) [bar]	Berechnung gemäß Näherungsgleichung [bar]
Propan	C_3H_8	8,4	9,5
Butan	C_4H_{10}	–	9,8
Propen	C_3H_6	–	8,8
Buten	C_4H_8	–	9,2
Ethan	C_2H_6	–	9,1
Ethen	C_2H_4	–	8,0
Pentan	C_5H_{12}	8,5	9,9
Penten	C_5H_{10}	–	9,5
Ethin	C_2H_2	10,1	6,7
Methan	CH_4	7,1	8,3
Wasserstoff	H_2	7,3	–

[1]) als maximaler Überdruck in einem 5-l-Gefäß bei 20 °C und 1013 mbar Ausgangsdruck

Der Explosionsdruck von Brennstoff-Luft-Gemischen kann für Kohlenwasserstoffverbindungen C_xH_y in grober Näherung wie folgt abgeschätzt werden [1.116]:

$$p_{Ex} \approx 10^{-2} \cdot \left[\frac{330{,}7x + 83{,}6y}{0{,}5x + 0{,}1y} + 92{,}9\right] \cdot \left[\frac{x + 0{,}5y}{1 + x + 0{,}25y}\right]$$

mit
p_{Ex} maximaler Explosionsdruck, [bar]

Anhaltswerte für den Explosionsdruck von Kohlenwasserstoffen enthält Tabelle 1.79.

Umfassungskonstruktionen üblicher Gebäude werden bei Explosionsdrücken weit unter 1 bar beschädigt oder zerstört. Die in Tabelle 1.79 angegebenen Drücke sind deshalb für solche mechanischen Explosionsfolgen i. d. R. nicht maßgebend, wohl aber für die Konzipierung schadensbegrenzender Maßnahmen [1.126].

1.6.4.4 Brisanz, Explosionskonstante

Der zeitliche Verlauf des Explosionsdruckes in einem geschlossenen Volumen (Behälter, Raum) ist in Abb. 1.78 schematisch dargestellt worden. Dieser Verlauf wurde charakterisiert durch einen sehr steilen Anstieg unmittelbar nach erfolgter Zündung bis zu einem Scheitelpunkt, in dem kein Druckanstieg mehr zu verzeichnen ist. Der Anstieg der Kurve stellt die Druckanstiegsgeschwindigkeit dar. Der Höchstwert der Druckanstiegsgeschwindigkeit $(dp/d\tau)_{max}$ wird auch Brisanz genannt [1.116] und stellt ein Maß für die Explosionsheftigkeit dar. *Bussenius* [1.115] teilt von *Bartknecht* in einem 0,014-m³-Behälter ermittelte Druckanstiegsgeschwindigkeiten mit (Tabelle 1.80).

In Abb. 1.78 ist erkennbar, daß sich die Brisanz vor dem maximalen Explosionsdruck einstellt. Sie kann zur Bemessung von Öffnungen zur Explosionsdruckentlastung herangezogen werden.

Tabelle 1.80 Druckanstiegsgeschwindigkeit $dp/d\tau$ verschiedener Gas-Luft-Gemische in einem 0,014 m^3-Behälter nach *Bartknecht* [1.127], zitiert in [1.115]

Stoff	Anteil im Gemisch	Druckanstieg ($dp/d\tau$)	
	[Vol-%]	[MPa/s]	[bar/s]
Propan	6,0	17,0	170
	4,0	36,0[1])	360
Methan	10,0	32,0[1])	320
Wasserstoff	29,5	270,0[1])	2700
Stadtgas	23,0	80,0	800

[1]) stöchiometrisches Gemisch

Die bisherigen Ausführungen zeigen, daß bei allen sicherheitstechnischen Betrachtungen neben der Höhe des bei einer Explosion zu erwartenden Enddruckes (p_{Ex}) vor allen Dingen die Geschwindigkeit des Druckanstieges ($dp/d\tau$) von Interesse ist. Der Druckanstieg ist sowohl vom Medium als auch von der Größe und der Form des Explosionsraumes abhängig [1.115]. *Bartknecht* [1.127] beschreibt die Dynamik des Druckaufbaus mit Hilfe des folgenden Ansatzes:

$$\frac{\tau}{V^{1/3}} = \int_{p_A}^{p_E} \frac{dp}{f(p)}$$

p_E Enddruck der Explosion
p_A Anfangsdruck der Explosion
τ Zeit
$f(p)$ Funktion des Druckes

Auf experimentellem Wege wurden von *Bartknecht* die in Tabelle 1.81 zusammengestellten Durchschnittswerte für den Ausdruck $\tau/V^{1/3} =$ EK (= „Explosionskennwert") ermittelt.

Aufgrund der von *Bartknecht* und anderen durchgeführten Untersuchungen kann von folgender Grundgleichung zur Beurteilung des Druckaufbaus bei Explosionen ausgegangen werden [1.115]:

$$\left(\frac{dp}{d\tau}\right)_{max} \cdot V^{1/3} = \text{const.} = K$$

K ([bar m/s], [MPa m/s]) wird als „Explosionskonstante" bezeichnet.

Tabelle 1.81 Mittelwerte des Explosionskennwerts EK $= \tau/V^{1/3}$ nach *Bartknecht* [1.127], zitiert in [1.115]

Stoff	$\tau/V^{1/3}$ [s · m^{-1}]	Volumen [m^3]
Propan	0,096	100
Methan	0,0130	100
Wasserstoff	0,014	100
Stadtgas	0,051	100

1.7 Spezielle Kennwerte

Es zeigt sich, daß die Brisanz $(dp/d\tau)_{max}$ mit zunehmendem Behältervolumen geringer wird (in der Potenz 1/3).

Die Explosionskonstante wird beispielsweise zur Beurteilung der Wirksamkeit von Explosionsunterdrückungsanlagen zum Schutz von Räumen und Behältern herangezogen.

1.7 Spezielle Kennwerte

1.7.1 Brechungsindex

Das Verhältnis der Ausbreitungsgeschwindigkeit von Licht im Vakuum c_0 zu der in einem bestimmten Stoff c wird als Brechungsindex n bezeichnet und stellt ein wichtiges optisches Charakteristikum eines Stoffes dar [1.38].

$$n = \frac{c_0}{c}$$

In Tabelle 1.82 sind einige Daten für Flüssiggaskomponenten zusammengestellt.

Tabelle 1.82 Brechungsindex n ausgewählter Flüssiggase [1.27]

Stoff	Formel	Brechungsindex n			
		Flüssigkeit		Dampf	
		t [°C]	n	n	Bemerkung
Propan	C_3H_8	−80	1,3657	−	(1)
n-Butan	$n\text{-}C_4H_{10}$	−15	1,3562	1,001390	
Propen	C_3H_6	−40	1,3567	−	
Ethan	C_2H_6	−	−	1,0007629	(2)
Ethen	C_2H_4	−	−	1,00072016	(2)
n-Pentan	$n\text{-}C_5H_{12}$	20	1,35769	−	
Methan	CH_4	−	−	1,000451	(1)

(1) Brechungsindex, bezogen auf eine Dichte, bei der die Anzahl der Moleküle in der Volumeneinheit ebenso groß ist, wie in demselben Volumen eines idealen Gases bei 0 °C, 1013 mbar
(2) Brechungsindex bei 0 °C, 1013 mbar

1.7.2 Dielektrizitätskonstante

ε bezeichnet hier die Dielektrizitätskonstante. Das optische Verhalten unmagnetischer Stoffe ist dadurch gekennzeichnet, daß gilt: $\mu = 1$, so daß der Brechungsindex n lediglich von der Dielektrizitätskonstanten abhängt. Theoretisch gilt dann [1.38]

$$n = \sqrt{\varepsilon} \quad \text{für} \quad \mu = 1$$

Entsprechende Angaben für Flüssiggase enthält Tabelle 1.83.

Tabelle 1.83 Dielektrizitätskonstante ε ausgewählter Flüssiggase [1.27]

Stoff	Formel	Dielektrizitätskonstante ε			
		Flüssigkeit		Dampf[1])	
		t [C]	ε	t [C]	ε
Propan	C_3H_8	0	1,61	25	1,001960
n-Butan	n-C_4H_{10}	–	–	25	1,002540
Propen	C_3H_6	20	1,85	25	1,002250
Ethan	C_2H_6	–	–	25	1,001380
Ethen	C_2H_4	–	–	25	1,001328
n-Pentan	n-C_5H_{12}	20	1,84	–	–
Methan	CH_4	–	–	25	1,000804

[1]) bei 1013 mbar

1.8 Energiewirtschaftliche Charakteristika

1.8.1 Randbedingungen

Brenngase als Energieträger zeichnen sich durch zahlreiche und vorteilhafte Anwendungsmöglichkeiten aus. Das resultiert u. a. aus günstigen Verbrennungseigenschaften bei vergleichsweise geringen Emissionen, den einfachen und unaufwendigen Transportmöglichkeiten, der vorzüglichen Regelbarkeit von Gasverwendungsanlagen sowie der bequemen und sicheren Gasanwendung. Als Brenngase spielen Erdgas und Flüssiggas eine beachtliche Rolle in der Energieversorgung der Bundesrepublik Deutschland und ergänzen sich gegenseitig [1.128–1.130].

Flüssiggas stellt einen am Markt eingeführten fossilen Energieträger dar. Um seine Marktposition zu behaupten oder auszubauen ist es auch erforderlich, hinsichtlich technisch-wirtschaftlicher Prämissen seiner Darbietung optimale und vorteilhafte Lösungen im betriebswirtschaftlichen Bilanzkreis zu erzielen. Ein weiterer Aspekt darf heute jedoch keineswegs vernachlässigt werden: die ökologische Sinnfälligkeit der technischen und möglicherweise wirtschaftlich zweckmäßigen Lösung. Vor- und Nachteile des Einsatzes eines bestimmten Energieträgers sind gegeneinander und im Vergleich zu möglichen Alternativen abzuwägen. Einige Gedanken, denen aus Sicht des Verf. nichts hinzuzusetzen ist, führt *Drake* aus [1.131]:

„Durch die Energieversorgung auf der Basis fossiler Brennstoffe werden in zunehmendem Maße Kohlendioxid und weitere Gase emittiert, die durch eine Verstärkung des atmosphärischen Treibhauseffekts zu erheblichen Klimaveränderungen führen können. Angesichts dieser Gefahr werden Energietechniken mit deutlich reduziertem Treibhausgasausstoß gefordert. Für eine gerechte Beurteilung des Potentials eines Energiesystems zur Emissionsminderung sind nicht nur die CO_2-Emissionen während des Betriebes, sondern auch die herstellungsbedingten und weitere Emissionen im gesamten Lebensweg des Systems zu erfassen.

Energiesysteme dienen der Bereitstellung von Energie in für den Menschen nutzbaren Erscheinungsformen. Die Beurteilung von Energiesystemen kann nach vielen Kriterien erfolgen. Hierzu zählen bedarfsgerechte Nutzungsqualität und -flexibilität, langfristige Versor-

1.8 Energiewirtschaftliche Charakteristika

gungssicherheit, Betriebssicherheit, Umweltverträglichkeit und soziale Verträglichkeit. Das klassische Bewertungskriterium ist jedoch die Wirtschaftlichkeit der Anlage, also die nutzungsgerechte und gesicherte Bereitstellung von Energie zu wettbewerbsfähigen Kosten. Die Umsetzung von Forderungen zur verstärkten Berücksichtigung der Sicherheit und Umweltverträglichkeit beeinflußt die Wirtschaftlichkeit der Anlage.

In den Augen vieler Kritiker der heutigen, auf der Nutzung von fossilen Brennstoffen beruhenden Energieversorgung werden die langfristigen Gefährdungspotentiale durch die Ressourcenverknappung und eine mögliche Klimaveränderung durch ökonomische Kriterien nicht ausreichend berücksichtigt. Sie fordern daher Bewertungsmaßstäbe, die dem Verbrauch von fossilen Brennstoffen und der Freisetzung von Treibhausgasen stärker Rechnung tragen, und den verstärkten Einsatz regenerativer Energieanlagen, die Strom oder Wärme ohne die Verbrennung fossiler Ressourcen liefern.

Eine gerechte Beurteilung von Energiesystemen hinsichtlich ihres Beitrags zum Ressourcenverbrauch und zum Treibhauseffekt darf sich jedoch nicht auf den Brennstoffbedarf zum Betrieb der Systeme beschränken. In die Betrachtung muß hingegen ihr gesamter Lebensweg von der Herstellung über den Betrieb bis zur Entsorgung einbezogen werden. Die Gesamtheit aller Energieaufwendungen, die zur Bereitstellung von Strom, Wärme oder eines anderen ökonomischen Guts notwendig sind, wird als kumulierter Energieaufwand (KEA) bezeichnet."

1.8.2 Energiewandlungskette

Bei der Errichtung, dem Betrieb und der Entsorgung von Wärmeerzeugungsanlagen wird Energie aufgewandt.

Prinzipiell kann auf verschiedenste Energieträger zurückgegriffen werden. Zur korrekten energetischen Bilanzierung ist es jedoch erforderlich, nicht mit der „Endenergie" zu operieren, sondern den jeweiligen Primärenergieaufwand zu benutzen. Es sei daran erinnert, daß die Bereitstellungskette von Energieträgern alle Prozeßschritte von der Gewinnung des Primärenergieträgers über die Aufbereitung, Umwandlung und Veredlung bis hin zur Auslieferung des Endenergieträgers an den Verbraucher umfaßt. Alle Transportleistungen sind hier eingeschlossen.
Die Umwandlungsschritte umfassen: Primärenergie – (Gebrauchsenergie) – Endenergie – Nutzenergie.
Für diese Prozesse sind energetische Aufwendungen erforderlich. Die einzelnen Prozesse sind verlustbehaftet, und es treten Emissionen auf. Als Maß für die primärenergetische Güte der Energiebereitstellung bis zum Ort des Bedarfs (Bereitstellung der Endenergie) wird der Nutzungs- oder Bereitstellungsfaktor π_B (hier nach *Drake*) für Brennstoffe als das Verhältnis der bereitgestellten Energie zum kumulierten Primärenergieaufwand verwendet. Die Nutzungsfaktoren der Brennstoffbereitstellung nach *Drake* sind in Tabelle 1.84 zusammengestellt. Die für die Effizienz der Bereitstellung von Elektroenergie maßgebenden Größen enthält Tabelle 1.85. Zum Vergleich sind jeweils die GEMIS-Daten [1.132] angegeben.

1.8.3 Emissionsbewertung, THG-Emissionen

Auf der Basis einer detaillierten Ermittlung der im Lebensweg eines Produktes/einer technischen Anlage kumuliert eingesetzten kohlenstoffhaltigen Energieträger lassen sich die durch ihre Verbrennung resultierenden CO_2-Emissionen mit Hilfe von brennstoffspezifischen Emissionsfaktoren bestimmen.

Tabelle 1.84 Nutzungsfaktoren der Brennstoffbereitstellung π_B für die Bundesrepublik Deutschland (Angaben in Prozent nach *Jensch*, zitiert in [1.131])

Brennstoff	π_B
Steinkohle	96,6
Steinkohlebriketts	94,3
Steinkohlekoks	84,8
Rohbraunkohle	96,1
Braunkohlebriketts	83,1
Braunkohlekoks	84,8
Rohöl	95,2
Heizöl EL, Diesel	88,0
Heizöl S	85,0
Motorenbenzin	86,0
Flüssiggas	85,5
Erdgas	90,0
Raffineriegas	85,5
Kokereigas	83,1

Tabelle 1.85 Kennwerte des deutschen Kraftwerksparks 1987 [1.131]

Kraftwerkstyp	f_{KW} [%]	$\eta_{KW,a}$	π_{EE}
Kernenergie	31,2	0,33	0,32
Steinkohle	32,5	0,36	0,35
Braunkohle	18,6	0,34	0,33
Heizöl	2,9	0,37	0,315
Erdgas und Sonstige	9,9	0,34	0,305
Wasserkraft	4,9	–	∞
Mittelwert der Stromerzeugung			0,346
..., einschl. Verteilung ($\eta_{V,EE} = 0,952$)			**0,329**

Die Wirkung anderer Treibhausgasemissionen läßt sich recht elegant mit Hilfe der sog. CO_2-Äquivalente in die Prozeßkette einbinden. Die Umrechnung der Klimawirksamkeit wird i. allg. mit Hilfe des GWP („Global Warming Potential") vorgenommen.

Wenn die kumulierten CO_2-äquivalenten Emissionen anderer Treibhausgase als $C_ä$ und die gesamten kumulierten Treibhausgasemissionen als $C_{+ä}$ bezeichnet werden, kann ein Emissionsfaktor der kumulierten Treibhausgasemissionen $\Gamma_{+ä}$ definiert werden. Diese Größe hat sich besonders in der Kältetechnik als TEWI („Total Equivalent Warming Impact") etabliert [1.131].

Zur Kennzeichnung der brennstoffspezifischen CO_2-Emissionen wird die Masse des bei der Verbrennung entstehenden Kohlendioxids auf die freigesetzte Energie bezogen, die als das Produkt der Brennstoffmasse und des Heizwertes gegeben ist. Die entsprechenden Emissionsfaktoren Γ_i sind in Tabelle 1.86 ausgewiesen.

Die Bereitstellung von Energieträgern umfaßt alle Prozeßschritte von der Gewinnung des Primärenergieträgers über die Aufbereitung, Umwandlung und Veredlung bis hin zur Auslieferung des Endenergieträgers an den Verbraucher. Transportleistungen sind hierin eingeschlossen.

Der Emissionsfaktor der Brennstoffbereitstellung (Γ_{Bb}) wird als das Verhältnis der auf dem gesamten Bereitstellungspfad kumuliert freigesetzten CO_2-Masse zum Heizwert des bereitgestellten Brennstoffes definiert.

1.8 Energiewirtschaftliche Charakteristika

Tabelle 1.86 Emissionsfaktoren von Brennstoffen Γ_i [kg/MWh] nach *Birnbaum* (zitiert in [1.131], umgerechnet und gerundet)

Brennstoff	H_i in [kWh/kg]	Γ_i in [kg/MWh]
Feste Brennstoffe		
Steinkohle (Ruhr)	8,11	336
Steinkohle-Briketts	8,11	335
Steinkohle-Koks	7,97	389
Braunkohle (roh)	2,28	400
Brasunkohle-Briketts	5,36	364
Braunkohle-Koks	8,31	387
Flüssige Brennstoffe		
Rohöl	11,83	270
Heizöl EL, Diesel	11,86	265
Heizöl S	11,39	283
Benzin	12,08	260
Gasförmige Brennstoffe		
Flüssiggas	12,86	233
Erdgas	9,58	200
Gichtgas	0,89	948
Kokereigas	4,86	157
Raffineriegas	11,61	195
Grubengas	5,00	196

Tabelle 1.87 Emissionsfaktoren von Brennstoffen Γ_i [kg/MWh], umgerechnet und gerundet nach [1.131]

Brennstoff	π_B	Γ_{BS}	$\Gamma_{ä,BS}$	$\Gamma_{+ä,BS}$	$\Gamma_{+ä,BS}$ [1.132]
Steinkohle	0,0966	348	40,3	388	406
Steinkohlenbriketts	0,943	356	40,3	396	418
Steinkohlekoks	0,848	449	45	494	473
Brasnkohle	0,961	417	≈0	417	413
Braunkohlenbriketts	0,831	445	≈0	445	453
Baunkohlekoks	9,848	459	≈0	459	—
Rohöl	0,952	283	7,6	291	—
Heizöl EL, Diesel	0,880	302	7,6	310	301
Heizöl S	0,851	330	9,0	339	319
Motorenbenzin	0,861	304	8,0	312	331
Flüssiggas	0,855	279	8,0	287	—
Erdgas	0,900	221	13	234	233
Raffineriegas	0,855	240	11	251	—
Kokereigas	0,831	225	45	270	—
Kernbrennstoff	0,970	6,8	0,8	7,6	7,6
Restholz, -stroh	20	14,4	—	—	18–72[1])
Holz-/Schilfvergas.	5–10	29–58	—	—	36–72
Bio-Gas	3–4	72–108	—	—	≈144[2])
Bio-Alkohol	≈1	216–230	—	—	252–288

[1]) abhängig vom Trocknungsgrad
[2]) ohne die in [1.132] berücksichtigte Gutschrift für Kraft-Wärme-Kopplung

Der Emissionsfaktor

$$\Gamma_B = \Gamma_i + \Gamma_{Bb}$$

enthält neben den Emissionen der Bereitstellung auch die verbrennungsbedingte CO_2-Freisetzung (Tabelle 1.87). Analog sind die spezifischen kumulierten CO_2-Emissionen der Stromerzeugung (Γ_{EE}) eingeführt. Andere Treibhausgase werden durch die äquivalenten Emissionsfaktoren ($\Gamma_{ä,Bb}$ bzw. $\Gamma_{ä,EE}$) in CO_2-Äquivalenten erfaßt.

Der Emissionsfaktor $\Gamma_{EE,lok}$ berechnet sich als Quotient des brennstoffspezifischen Emissionsfaktors Γ_i und des mittleren Nettowirkungsgrades $\eta_{KW,a}$ des Kraftwerks; er gibt die lokalen Emissionen eines Kraftwerkes selbst an, während Γ_{EE} die vorgelagerten Dioxidemissionen und

$$\Gamma_{+ä,EE} = \Gamma_{EE,lok} + \Gamma_{Bb} + \Gamma_{ä,EE}$$

zusätzlich die Methanemissionen bei der Brennstoffbereitstellung einschließt (siehe Tabelle 1.88)

Tabelle 1.88 Kennwerte des deutschen Kraftwerksparks 1987 [1.131]

Kraftwerkstyp	f_{KW} [%]	$\eta_{KW,a}$	π_{EE}	$\Gamma_{EE,lok}$ [kg/MWh]	Γ_{EE} [kg/MWh]	$\Gamma_{+ä,EE}$ [kg/MWh]
Kernenergie	31,2	0,33	0,32	0,0	20,9	23,0
Steinkohle	32,5	0,36	0,35	933	965	1080
Braunkohle	18,6	0,34	0,33	1179	1224	1231
Heizöl	2,9	0,37	0,315	753	875	904
Erdgas u. Sonstige	9,9	0,34	0,305	590	652	784
Wasserkraft	4,9	–	∞	0,0	0,0	0,0
Mittelwert der Stromerzeugung			0,346	601	637	680
..., einschl. Verteilung ($\eta_{V,EE} = 0{,}952$)			0,329	634	670	717

2 Lagerung, Beförderung und Umfüllen von Flüssiggas

2.1 Grundsätzliches

Flüssiggas wird auf dem Weg von der Quelle bis zu den Verbrauchsgeräten mehrfach umgeschlagen (siehe Abb. 2.1). Wesentliche Elemente der Transport- und Bereitstellungskette sowie der damit verbundenen Umschlagprozesse sind die Lagerung, die Beförderung und das Umfüllen von Flüssiggas.

2.2 Lagerung von Flüssiggas

2.2.1 Allgemeines, Begriffe

Lagerung von Flüssiggas liegt vor, wenn Flüssiggas in Behältern gespeist wird.

Die Bevorratung des Flüssiggases erfolgt in flüssigem Zustand in Behältern. Die Bereitstellung von Flüssiggas ist sowohl in der gasförmigen als auch in der flüssigen Phase möglich.

Flüssiggas wird in Druckbehältern oder in Druckgasbehältern gelagert.

Druckbehälter bzw. Druckgasbehälter sind Behälter, in denen durch die Betriebsweise ein Betriebsüberdruck herrscht oder entstehen kann, der größer als 0,1 bar ist. Als Druckbehälter werden aber auch solche Behälter bezeichnet, in denen tiefkalte, flüssige Gase bevorratet werden, wenn in ihnen ein Betriebsüberdruck herrscht oder entstehen kann, der größer als 0,01 bar ist. Diese Bedingungen sind beim Lagern von flüssigem Flüssiggas erfüllt. Grundsätzlich verbleiben Druckbehälter zum Lagern von Flüssiggas stationär am einmal eingerichteten Aufstellungsort; sie sind sogenannte ortsfeste Behälter.

Druckgasbehälter sind dagegen ortsbewegliche Behälter, die mit Druckgasen gefüllt und nach dem Füllen zur Entnahme der Druckgase an einen anderen Ort verbracht werden (z. B. Flüssiggasflaschen, Behälter auf Tankkraftwagen/Eisenbahnkesselwagen).

In diesem Prozeß ist technologisch im allgemeinen auch ein Lagern des Flüssiggases enthalten.

Druckgase werden Stoffe genannt, deren kritische Temperatur unter 50 °C liegt, oder deren Dampfdruck bei 50 °C mehr als 3 bar beträgt. Auch dieser Definition entspricht das hier behandelte Flüssiggas.

Das „Lagern" von Flüssiggas ist bei Anlagen mit Druckgasbehältern (z. B. Flüssiggasflaschen) anders definiert als das „Lagern" im Zusammenhang mit ortsfesten Behältern (Druckbehälter). Als Lagern von Flüssiggas in Flaschen u. ä. Behältern gilt, wenn Druckgasbehälter in Vorrat gehalten werden.

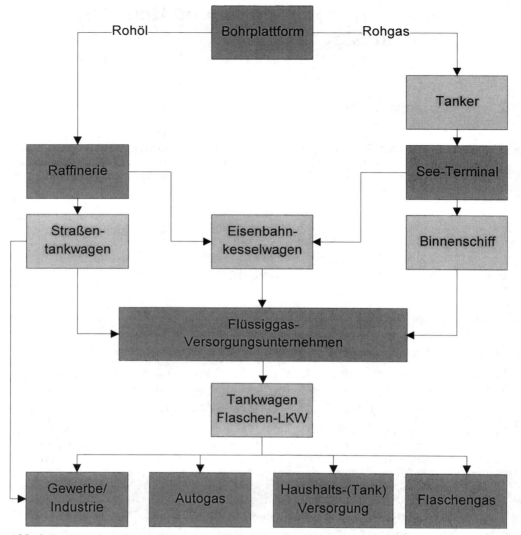

Abb. 2.1 Weg des Flüssiggases von der Quelle zum Verbraucher (schematisch)

Als Lagern von Flüssiggas in Druckgasbehältern gilt nicht, wenn Gase
— sich in einem Arbeitsgang befinden,
— nur in der für den Fortgang der Arbeiten erforderlichen Menge bereitgehalten werden (Reservebehälter),
— in Laboratorien in der für den Handgebrauch erforderlichen Menge bereitgehalten werden

bzw. wenn
— Druckgasbehälter zum Entleeren angeschlossen sind oder zum Zwecke ihrer Instandhaltung bereitgestellt werden.

Als Lagern von Flüssiggas in Druckbehältern wird allgemein das Aufbewahren zur späteren Verwendung und/oder zur Abgabe an Dritte verstanden.

2.2 Lagerung von Flüssiggas 167

Gemäß der technologischen Zweckbestimmung des Lagerns von Flüssiggas in der Bereitstellungskette werden folgende Typen von Lägern unterschieden:

- Umschlagläger sind Behälteranlagen, die dem Umschlag von Flüssiggas von einem Verkehrsmittel über Lagerbehälter in ein anderes Verkehrsmittel dienen.
- Verteilläger sind Behälteranlagen, die dem Umfüllen von Flüssiggas aus Druckbehältern in Druckgasbehälter dienen.
- Verbrauchsläger dienen der Versorgung von Flüssiggasverbrauchseinrichtungen.

Die unterschiedliche Benutzung der Begriffe „Lagern" und „Bereitstellung" bei Anlagen mit Druckgasbehältern (Flüssiggasflaschen) und Anlagen mit Druckbehältern (z. B. ortsfesten Flüssiggasbehältern) sei nochmals wie folgt deutlich gemacht: Während der ortsfeste Behälter einer Flüssiggasversorgungsanlage ein Druckbehälter ist, in dem Flüssiggas bevorratet, d. h. gelagert wird ($\Rightarrow$ Lagerbehälter), ist die zur Entnahme an eine Flüssiggasversorgungsanlage angeschlossene Flüssiggasflasche unter „Bereitstellen" eines Druckgasbehälters und nicht unter „Lagern" einzustufen. Es muß hier begrifflich Behälter und Inhalt als Einheit betrachtet werden.

Beim Herstellen, Aufstellen und Betreiben von Druckbehältern und Druckgasbehältern sind Regeln einzuhalten, die ein wirtschaftliches und sicheres Lagern von Flüssiggas ermöglichen. Diese sollen nachfolgend erläutert werden.

2.2.2 Flüssiggasbehälter

2.2.2.1 Druckgasbehälter

- **Flüssiggasflaschen**

Flüssiggasflaschen sind ortsbewegliche Behälter, die mit Flüssiggas gefüllt sind, und die nach dem Füllen und Zwischenlagern zur Entnahme des Flüssiggases an einen anderen Ort verbracht werden.

Es dürfen nur Flüssiggasflaschen in Verkehr gebracht werden, die nach der Druckbehälterverordnung und den dazugehörigen Technischen Regeln (Technische Regeln Druckgase-TRG), DIN 4661 für die Flaschen und DIN 477, Teil 1, für das Flaschenventil, hergestellt sind [2.1–2.4].

Wichtige Parameter von in Deutschland gebräuchlichen Flüssiggasflaschen weist Tabelle 5.1 aus.

Spezielle Flüssiggasflaschen sind sogenannte Campingflaschen (TRG 602 [2.5]). Diese Flaschen dürfen für Propan ein zulässiges Höchstgewicht von nicht mehr als 2,5 kg aufweisen und müssen mit einem Rückschlagventil zur Absperrung des Behälters ausgestattet sein.

Sollten solche Flaschen nicht über ein Sicherheitsventil (Überdruckventil) verfügen, dürfen sie nur im Freien angewandt werden. In Wohnwagen dürfen solche Flaschen ohne Sicherheitsventil nicht verwendet werden. Das Rückschlagventil gemäß DIN 477 T.4, muß im betriebsfertigen Zustand mit einem zugehörigen Schraubstöpsel oder einer Schraubkappe ausgerüstet sein. Zur betriebsmäßigen Entnahme dürfen nur Geräte mit einem entsprechenden Entnahmestutzen angeschlossen werden.

Umfang und Durchführung der vorgeschriebenen alle 10 Jahre wiederkehrenden Prüfung von Flüssiggasflaschen durch Sachverständige ist in TRG 765 [2.6] festgelegt. Demgemäß sind Flaschen u. a. einer Druckprüfung, äußeren und inneren Prüfung, Gewichtsprüfung, Prüfung der Ausrüstungsteile und einer Dichtheitsprüfung zu unterziehen.

- **Treibgastanks**

Treibgastanks sind dauernd fest mit Kraftfahrzeugen oder sonstigen ortsbeweglichen Betriebsanlagen verbundene und volumetrisch zu füllende Druckgasbehälter. Zu einem Treibgastank gehören sowohl der eigentliche Behälter als auch seine Ausrüstung.

Treib- und Brenngastanks aus Stahl in geschweißter Ausführung mit einem Nenninhalt bis 200 l haben den Ansprüchen der TRG 380 [2.7] zu genügen.

Das Füllventil am Treibgastank muß als Doppelrückschlagventil ausgeführt sein. Sie sind mit einer automatisch arbeitenden Füllstandsbegrenzung auszurüsten, die die zulässige Füllung des Tanks bei 80% des geometrischen Tankvolumens begrenzt. Ein entsprechend dieser Füllstandsbegrenzung bei 0 °C mit Propan befüllter Behälter wäre dann bei Erwärmung des flüssigen Flüssiggases auf 50 °C zu 95% seines Fassungsraumes gefüllt.

Der Füllanschluß ist außen am Fahrzeug anzuordnen. Zur Ausrüstung eines Treibgastanks gehören das Füllventil, die Einrichtung zur Füllstandsbegrenzung und ein Entnahmeventil für die flüssige Phase.

- **Druckgasbehälter auf Fahrzeugen**

Straßentankwagen
Straßentankwagen werden häufig zum Transport von Flüssiggas eingesetzt. Man unterscheidet Straßentankwagen (TKW) bis 11 t Fassungsvermögen (sog. Kleintankwagen) und Sattelauflieger mit einem Fassungsvermögen bis 22 t (sog. Großtankwagen). Angaben zu Straßentankwagen weist Abb. 2.2 aus.

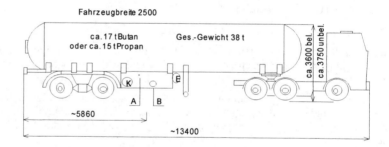

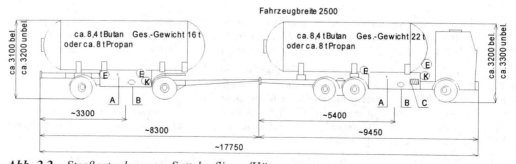

Abb. 2.2   Straßentankwagen, Sattelauflieger/Hängerzug
Abbildung oben: Sattelauflieger, Tankwagenanschlüsse Fahrtrichtung rechts; Abbildung unten: Hängerzug, Tankwagenanschlüsse Fahrtrichtung rechts; A = 3 1/4″ ACME; B = 2 1/4″ ACME; C = 1 3/4″ ACME mit 40 m Schlauch NW 32; K Massekabeltrommel; E Erdungswinkel

2.2 Lagerung von Flüssiggas

Kleintankwagen werden in der Regel durch Flüssiggasversorgungsunternehmen oder beauftragte Dienstleister zur Betankung von Kundenbehältern mit einem Nennfüllgewicht ≤ 3 t (Behälter der Gruppe 0) eingesetzt. Deshalb sind solche TKW außer mit einer bordeigenen Abfüllpumpe auch mit einem geeichten Volumenmeßgerät ausgerüstet. Ein Kompressor ermöglicht die Entleerung von Kundentanks. Diese Straßentankwagen werden in der Regel in den Lägern der Flüssiggasversorgungsunternehmen volumetrisch befüllt und das zulässige Füllvolumen über fest eingestellte Peilrohre kontrolliert. Die Abfüllpumpe mit einem Förderstrom zwischen 250 bis 300 l/min wird entweder direkt vom Nebenantrieb des Fahrzeugs mittels Winkelgetriebe und Gelenkwelle oder hydraulisch angetrieben. An der rechten hinteren Seite des TKW befindet sich die pneumatisch oder hydraulisch betätigte Schlauchtrommel mit wenigstens 25 m Flüssiggasschlauch DN 32. Gleichzeitig mit dem Füllschlauch wird das Verbindungskabel zwischen dem TKW und der Überfüllsicherung des zu befüllenden Behälters verlegt. Die Abfülleinrichtungen der TKW sind vorzugsweise auf der rechten Seite angeordnet. Es wird grundsätzlich mit dem sog. Vollschlauchsystem gearbeitet. D. h., beim Transport und bei allen Anschlußarbeiten ist der Schlauch stets voll mit Flüssiggas gefüllt. Abb. 2.3 zeigt ein

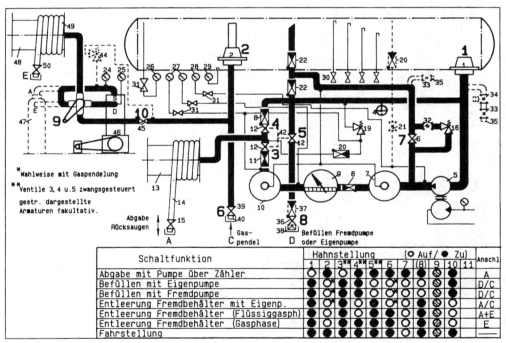

Abb. 2.3 *Funktionsschema eines Flüssiggas-Straßentankwagens mit Kompressor und Gasphasen-Schlauchtrommel (Schwelm Anlagen + Apparate GmbH)*
1 Bodenventil DN 80…100; 2 Bodenventil DN 32…100; 4 Durchflußanzeiger; 5 Pumpe DN 80; 6 Absperrorgan DN 50; 7 Gasabschneider DN 50 mit Thermometerprüfanschluß; 8 Rückschlagventil DN 50; 9 Zähler DN 50 Nennleistung max. 400 l/min; 10 Druckhalteventil DN 50; 11 Rohrbruchventil DN 50; 12 Kugelhahn DN 50; 13 Schlauchtrommel; 14 HO Schlauch DN 32; 15 Füllpistole, Anschluß 1 3/4" ACME; 16 Überströmventil; 19 Übersrtrömventil; 20 Rückschlagventil; 21 Absperrorgan DN 12; 22 Rückschlagventil CN 65; 26 Manometer R 1/4", 0–25 bar; 27 Manometer R 1/4", 0–25 bar; 28 Manometer R 1/4", 0–25 bar; 29 Thermometer –40 °C bis 30 °C; 30 Peilventile R 1/4"; 31 Absperrorgan DN 4; 32 Kugelhahn DN 40; 33 Absperrorgan DN 32; 34 Absperrorgan DN 20 pneum. mit Bodenventil verriegelt; 35 Anschlußkupplung 3/4" NPT; 36 Absperrorgan DN 50/65/80; 37 Rückschlagventil DN 65/80; Anschlußkupplung mit Filtersieb (3 1/4" ACME); 39 Absperrorgan DN 40; 40 Anschlußkupplung (1 1/4" ACME); 42 mechanische Verriegelung für Ventile 12; 44 Überströmventil; 45 Absperrorgan DN 32; 46 Kompressor mit 4-Wegehahn; 47 Flüssigkeitsfalle (wahlweise); 48 Schlauchtrommel; 49 HD-Schlauch DN 25; 50 Füllpistole, Anschluß 1 3/4" ACME

Fließschema eines Straßentankwagens, das Zusammenwirken der Überfüllsicherung des zu füllenden Behälters und des TKW ist beispielhaft in Abb. 2.4 dargestellt.

Großtankwagen (Abb. 2.2) werden vorzugsweise für den Transport von Flüssiggas ab Raffinerie verwendet. Konstruktiv sind diese meist als Sattelauflieger ausgeführt. Da aus Großtankwagen i. allg. nur ganze Ladungen abgegeben werden, ist im Normalfall keine Mengen-

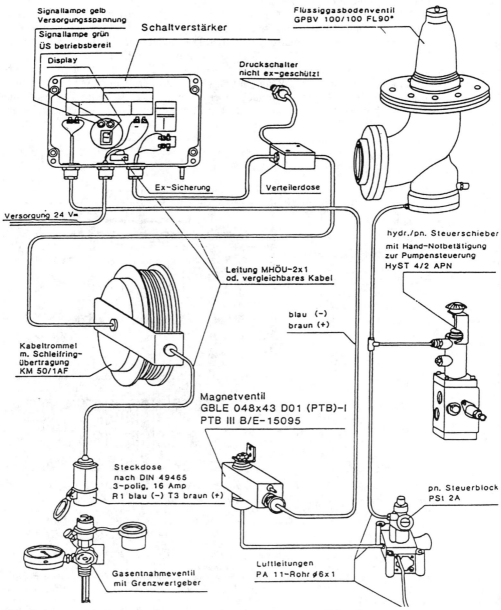

Abb. 2.4 Anschlußschema Überfüllsicherung-TKW

meßeinrichtung am Fahrzeug installiert. Das Abfüllen in den Lagerbehälter wird mit Hilfe der bordeigenen, hydraulisch angetriebenen Pumpe durchgeführt. Die Abfülleinrichtungen der Sattelauflieger sind vorwiegend auf der rechten Fahrzeugseite in einem separaten Armaturenschrank untergebracht. Die Schläuche haben Längen bis zu 40 m.

Als Straßentankwagen werden auch Hängerzüge eingesetzt. In diesem Fall ist nur der Motorwagen mit einer Abfülleinrichtung ausgestattet, mit deren Hilfe auch der Druckgasbehälter des Hängers entleert werden kann (Abb. 2.2).

Eisenbahnkesselwagen
Großabnehmer mit Gleisanschluß werden auch mit Eisenbahnkesselwagen (EKW) zwischen 45 bis 110 m^3 Volumen versorgt. Man unterscheidet zwischen zweiachsigen Kesselwagen mit einer Ladefähigkeit bis ca. 20 t und vierachsigen Kesselwagen mit einer Ladefähigkeit bis 46 t (Abb. 2.5).

Die Füllung der Kesselwagen erfolgt gravimetrisch. Nach der Befüllung ist eine Kontrollwägung auf einer zweiten geeichten Waage obligatorisch.

Zur Füllung und Entleerung sind die Eisenbahnkesselwagen auf jeder Seite mit je einem Flanschanschluß für die Flüssigphase (DN 80) und für die Gasphase (DN 50) ausgerüstet (Abb. 2.5). Diesen Anschlußstutzen ist jeweils ein Absperrorgan vorgeschaltet. Weiterhin sind alle Behälterentnahmestutzen mit innenliegenden Schnellschlußeinrichtungen ausgestattet.

Eisenbahnkesselwagen zum Flüssiggastransport setzen natürlich das Vorhandensein eines Gleisanschlusses voraus. Bei großen Umschlagmengen und langen Transportwegen ist der Flüssiggastransport per Schiene effektiv.

Flüssiggas wird zudem über *Tankschiffe* transportiert, worauf im Rahmen dieses Buches jedoch nicht eingegangen werden soll.

2.2.2.2 Druckbehälter

Ortsfeste frei, halboberirdisch oder erdgedeckt aufgestellte Behälter zur Lagerung von Flüssiggasen nach DIN 51622 sind gemäß Druckbehälterverordnung und den daraus abgeleiteten Technischen Regeln (TRB-Regelwerk) herzustellen.

Spezielle konstruktive Anforderungen an erdgedeckte Behälter sind in DIN 4681 formuliert [2.8].

Folgende Maßgaben sind zu erfüllen:

— einheitliche Maße von Behältern mit einem Nennvolumen von 5000 bis 100000 l gemäß Tabelle 2.1/Tabelle 2.2 (Abb. 2.6)

Die Druckbehälter sind mind. auszurüsten mit Anschlüssen für:

— Füllung
— Entnahme für flüssige und gasförmige Phase
— Druckmeßgerät
— Sicherheitsventil
— Flüssigkeitsstandanzeiger
— Anzeige für höchsten Füllungsgrad.

Bei Verwendung von kombinierten Armaturen kann die Anzahl der Anschlüsse entsprechend verringert werden.

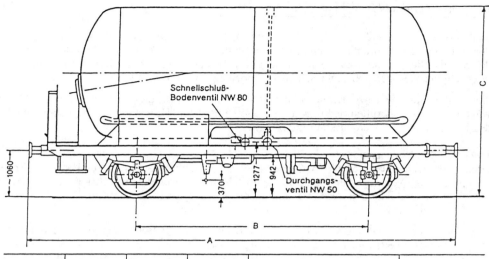

Kesselinhalt	Länge über Puffer A	Radabstand B	Gesamthöhe C	Lastgrenze Ø			Eigengewicht des Kwg
				Propan	Butan	Gemisch	
45 m³	9 500 mm	5 200 mm	4 227 mm	19,5 t	22,0 t	20,9 t	18,4 t
50 m³	10 430 mm 10 860 mm	5 400 mm 5 300 mm	4 060 mm 4 040 mm	21,4 t	21,4 t	21,4 t	18,5 t 18,0 t

Zweiachsiger Eisenbahn - Kesselwagen

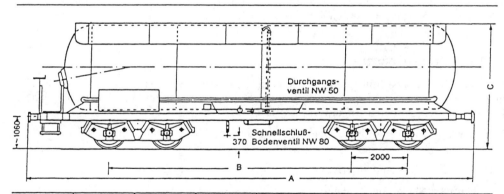

Kesselinhalt	Länge über Puffer A	äußerer Radabstand B	Gesamthöhe C	Lastgrenze Ø			Eigengewicht des Kwg
				Propan	Butan	Gemisch	
62 m³	12 700 mm	9 200 mm	4 250 mm	25,7 t	29,5 t	27,5 t	35 t
80 m³	15 000 mm	10 200 mm	4 260 mm	34,0 t	39,2 t	36,6 t	32 t
95 m³	16 100 mm	12 900 mm	4 220 mm	41,2 t	44,0 t	42,0 t	31 t
110 m³	18 000 mm	13 900 mm	4 220 mm	46,0 t	46,0 t	46,0 t	34 t

Vierachsiger Eisenbahn - Kesselwagen

Abb. 2.5 *Eisenbahnkesselwagen*

2.2 Lagerung von Flüssiggas

Tabelle 2.1 Anforderungen an Druckbehälter mit einem Nennvolumen von 5000 bis 100000 Liter gemäß DIN 4681 T.1 (siehe Abb. 2.6)

Nenn-volumen	D_a	$l \approx$ bei		zulässiger Betriebsüberdruck					
		Klöpper-böden	Korb-bogen-boden	$s_1^{1)}$	15,6 bar $s_2^{1)}$ für		$s_1^{1)}$	12,1 bar $s_2^{1)}$ für	
[Liter]					Klöpper-boden	Korb-bogen-boden		Klöpper-boden	Korb-bogen-boden
5000	1600	2755	2790	7,6	9,8	7,4	6,5	8,4	6,3
12000	1600	6320	6400	7,6	9,8	7,4	6,5	8,4	6,3
24000	2000	8150	8150	9,2	12,1	8,9	7,5	10,3	7,5
40000	2500	8660	8715	11,5	14,9	11,0	9,0	12,5	9,0
60000	2500	12810	12865	11,5	14,9	11,0	9,0	12,5	9,0
80000	2900	12750	12810	13,0	17,0	12,5	10,2	14,3	10,5
10000	2900	15835	15890	13,0	17,0	12,5	10,2	14,3	10,5

[1]) Die in den Tabellen eingetragenen Wanddicken sind Richtwerte und für die nach folgenden Verhältnissen ermittelt; sie gelten für den eingesetzten Mannloch Flanschstutzen mit Deckel:
— Werkstoff: Für druckbeanspruchte Teile (Mantel, Böden und Mannlochstutzen einschließlich Deckel): Stahl St E 355 (Werkstoff-Nr. 1.0562) mit einer garantierten Mindeststreckgrenze von $R_e \geq 365$ N/mm²

Erdabdeckung [m]	zulässiger Betriebsüberdruck [bar]	Bemerkungen
<1	15,6	—
≥1	12,1	siehe Abschnitt 5 DIN 4681 T.1

— Lastannahme: SLW 30 nach DIN 1072
— Boden: Korbbogenboden für Abschnitt 2.1 (Druckbehälter mit Nennvolumen von 2700 und 4850 Liter) nach DIN 26 013 Klöpper- oder Korbbogenboden für Abschnitt 2.2 (Druckbehälter mit Nennvolumen von 5000 bis 100000 Liter) nach DIN 28 011 oder DIN 28 013 nach Wahl des Herstellers
— Schweißnaht: Ausnutzung der zulässigen Berechnungsspannung in der Schweißnaht von 85 %
— Abnutzungszuschlag: 1 mm; übliche Unterschreitung der Nenndicke s_1 nach DIN 1543
— Bei Einsatz anderer geeigneter Werkstoffe sowie einer Höherbewertung der Schweißnaht sind die Wanddicken entsprechend abzuändern.

Die Anschlüsse sind im allgemeinen in einem Mannlochdeckel angebracht, können aber auch außerhalb des Mannlochdeckels und im Boden angeordnet sein. Flanschanschlüsse sind nach DIN 2635 [2.9] auszuführen.

Für erdgedeckt aufgestellte Behälter ist ein äußerer Korrosionsschutz vorgeschrieben. Das kann eine Bitumenumhüllung des Umhüllungstyps A 3.5 nach DIN 30673 [2.10] sein. Die Güte dieser Isolierung ist unmittelbar vor der Einlagerung mit einer Spannung von 20 kV auf elektrische Durchschlagsfestigkeit zu prüfen.

Zunehmend werden Flüssiggasbehälter mit einer Epoxidharzbeschichtung ausgeführt, die einen besonderen Schutz gegenüber chemischen und mechanischen Einflüssen gewährleistet. Dazu enthält DIN 4681 T.3 detaillierte Anforderungen. Die Unversehrtheit und damit Wirksamkeit der Epoxidharzbeschichtung ist unmittelbar vor der Einlagerung des Behälters mit einer Prüfspannung von 10 kV pro mm Schichtdicke zu kontrollieren und zu bescheinigen:

— Die Behälter sind nach Druckbehälterverordnung zu prüfen.
— In der Bescheinigung der Bauprüfung ist die Länge des Höchststandspeilrohres anzugeben.
— Behälter dieser Art sind gemäß TRB 401 [2.11] zu kennzeichnen, zusätzlich sind auf dem Typenschild folgende Angaben erforderlich: nach DIN 4681 hergestellt, Gasart, höchstzulässige Füllung.

Die Ausrüstung der Druckbehälter mit Armaturen und Einrichtungen richtet sich nach deren Verwendung und ist in den Mindestanforderungen in den jeweils zutreffenden TRB-Regelungen verankert. Ausgewählte Angaben finden sich in den Tabellen 2.2 ff.

Tabelle 2.2 Stückliste für die Ausrüstung von Flüssiggasbehältern gemäß DIN 4681 T.1 (siehe Abb. 2.6)

Pos.-Nr.	Benennung	für Druckbehälter nach Abschnitt		Bemerkung
		2.1[1])	2.2[2])	
1	Mannloch-Stutzen und Deckel und Lasche für Anschluß von Kathodenschutz	×	×	nach Bild 3 DIN 4681 T. 1: statt Feder und Nut auch Vor- und Rücksprung nach Wahl des Herstellers
2	Blockflansch	×	×	für Flüssigkeitsstandanzeiger, wahlweise
3	Herstellerschild	×	×	gemäß TRB 401; zusätzlich: DIN 4681, Gasart, höchstzulässige Füllung
4	Muffe mit NPT-Gewinde bzw. Flanschanschluß	×	×	1 NPT-Gewinde für Druckbehälter nach Abschnitt 2.1 1 NPT-Gewinde für Druckbehälter nach Abschnitt 2.2 für Sicherheitsventil, nach Vereinbarung
5	Druckmeßgerät Gewinde G 1/2 nach DIN 16 284	–	×	–
6	Muffe bzw. Rohrstutzen NPT-Gewinde bzw. Flanschanschluß	×	×	Anschlüsse für: Füllung, Entnahme (flüssige und gasförmige Phase), Druckmeßgerät, Sicherheitsventil, Flüsigkeitsstandanzeiger, Anzeige für höchsten Füllgrad
7	Tragöse	×	×	2 Stück
8	Versteifungsringe	–	×	statischer Nachweis erforderlich
9	Mantel	×	×	–
10	Boden	×	×	–

[1]) Druckbehälter mit Nennvolumen von 2700 und 4850 Liter; [2]) Druckbehälter mit Nennvolumen von 5000 bis 100 000 Liter

2.2 Lagerung von Flüssiggas

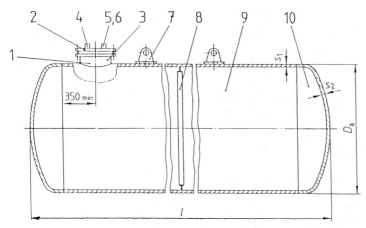

Abb. 2.6 *Flüssiggasbehälter gemäß DIN 4681 T.1 (Abmessungen und Stückliste siehe Tab. 2.1/2.2)*

2.2.3 Aufstellung von Flüssiggasbehältern

2.2.3.1 Lagern von Druckgasbehältern

Beim Umgang mit Druckgasbehältern ist es notwendig, einige Begriffe des technischen Regelwerkes korrekt zu verstehen und unmißverständlich zu interpretieren.

Einen zentralen Begriff stellt das Lagern von Druckgasbehältern dar. Es sei festgestellt, daß man vom Lagern von Druckgasbehältern spricht, wenn diese in einem Vorrat gehalten werden.

Zur Abgrenzung von anderen Sachverhalten wird das oben definierte Lagern von Druckgasbehältern auch im Ausschlußverfahren zu anderen Vorgängen näher bezeichnet.

So sind neben dem Lagern, das Befördern, das Bereitstellen, das Entleeren und Instandhalten von Druckgasbehältern im Regelwerk eingeführt. Für diese zuletzt genannten Vorgänge gelten z. T. andere Aufstellungsbedingungen für Druckgasbehälter als bei deren Lagerung.

Unter Befördern ist das Vollziehen des Ortswechsels der Druckgasbehälter (z. B. von der Füllstelle zum Verbraucher) zu verstehen (siehe auch Abschnitt 2.3).

Als Bereitstellen gilt, wenn gefüllte Druckgasbehälter an den zum Entleeren vorgesehenen Stellen als Reservebehälter an Entnahmeeinrichtungen angeschlossen sind oder zum baldigen Anschluß bereitgehalten werden, soweit dies für den Fortgang der betreffenden Arbeiten erforderlich ist [2.12].

Gleichermaßen spricht man vom Bereitstellen, wenn gefüllte Druckgasbehälter an Arbeitsplätzen für den Handgebrauch, auf Verladerampen oder -flächen zum alsbaldigen Abtransport bzw. in Verkaufsräumen zur Darbietung des Warensortiments in der jeweils erforderlichen Anzahl und Größe bereitgehalten werden.

Wenn Druckgasbehälter mit Gasverbrauchs- resp. Entnahmeeinrichtungen verbunden sind und aus ihnen Gas entnommen wird, wird der Druckgasbehälter entleert.

Das Instandhalten umfaßt alle Maßnahmen zur Wartung, Inspektion und Instandsetzung der Druckgasbehälter. Die Bereitstellung zum Zwecke der Instandhaltung gilt nicht als Lagern.

Eine möglichst exakte begriffliche Abgrenzung der verschiedenen Sachverhalte ist notwendig, um nicht unzutreffende Forderungen anzuwenden.

Beim Lagern wird unterschieden zwischen dem Lagern im Freien und dem Lagern in Räumen.

Von Lagern im Freien wird bestimmungsgemäß [2.12] auch dann gesprochen, wenn Flüssiggasflaschen in einem Raum gelagert werden, der mindestens nach 2 Seiten offen ist bzw. wenn der Raum nur nach einer Seite offen ist, dabei aber dessen Tiefe, von der offenen Seite aus gesehen, nicht größer ist als die Raumhöhe der offenen Seite. Eine Seite gilt auch dann als offen, wenn sie aus einem Gitter aus Draht o. ä. besteht.

Grundsätzlich ist es verboten, Druckgasbehälter

— in Räumen unter Erdgleiche,
— in Treppenräumen, Haus- und Stockwerksfluren, engen Höfen sowie Durchgängen und Durchfahrten oder in deren unmittelbarer Nähe,
— an Treppen von Freianlagen,
— an besonders gekennzeichneten Rettungswegen,
— in Garagen,
— in Arbeitsräumen (zu den Arbeitsräumen gehören nicht Lagerräume, auch wenn dort Arbeitnehmer beschäftigt sind)

zu lagern.

Abweichend von der o. g. grundsätzlichen Forderung dürfen bis zu 50 Flüssiggasflaschen unter bestimmten Bedingungen in Räumen unter Erdgleiche gelagert werden. Hierzu sind folgende Forderungen maßgebend:

• Bei technischer Lüftung (Lüftungsanlage) ist mind. der 2-fache Luftwechsels pro Stunde zu gewährleisten. Dieser Luftwechsel muß entweder ständig sichergestellt sein oder lediglich dann, wenn durch eine Gaswarneinrichtung unzulässige Luftzusammensetzungen festgestellt wird. Fällt die lüftungstechnische Anlage aus, muß ein Alarm ausgelöst werden.
• Bei natürlicher Lüftung (lüftungstechnische Einrichtung) müssen die Lüftungsöffnungen mindestens einen freien Gesamtquerschnitt von 10% der Grundfläche des Raumes aufweisen und eine vollständige Raumdurchlüftung bewirken; der Fußboden darf hierbei nicht mehr als 1,5 m unter Geländeoberfläche liegen.

Eine ordnungsgemäße Durchlüftung des Raumes bewirken Lüftungsöffnungen in gegenüberliegenden Umfassungswänden, aber auch in einer Wand angebrachte Öffnungen erfüllen den angestrebten Zweck. In beiden Fällen sind Lüftungsöffnungen im Bodenbereich mit Öffnungen im oberen Wandbereich zu kombinieren.

In solchen Lägern dürfen die Druckgase nicht gleichzeitig umgefüllt sowie die Instandhaltung von Druckgasbehältern durchgeführt werden.

Flüssiggasläger dürfen dem allgemeinen Verkehr nicht zugänglich sein. Unbefugten ist das Betreten der Läger zu verbieten. Darauf muß u. a. durch Schilder hingewiesen werden.

Von jedem Flüssiggaslager aus muß es im Brand- und/oder Schadensfall möglich sein, unverzüglich Hilfe anzufordern. Dem wird ein schnell erreichbarer Fernsprecher gerecht.

In Flüssiggaslägern muß ein Feuerlöscher (z. B. ABC-Pulver-Löscher) leicht erreichbar sein. Werden mehr als 500 Flaschen oder mehr als 50 Fässer gelagert, muß ein Hydrant in der Nähe des Lagers vorhanden sein.

Eine Werksfeuerwehr löst die o. g. Forderungen ab.

In Lagerräumen sind Gruben, Kanäle, Abflüsse ohne Flüssigkeitsverschluß, Kellerzugänge oder sonstige offene Verbindungen zu Kellerräumen nicht zulässig.

2.2 Lagerung von Flüssiggas

Das trifft ebenso auf Reinigungs- und Kontrollöffnungen von Schornsteinen in Lagerräumen zu.

Werden Flüssiggasbehälter im Freien gelagert, gelten die o. g. Forderungen hinsichtlich Gruben, Kanälen usw. nur im sog. Schutzbereich (gasexplosionsgefährdeter Raum).

Der bei der Lagerung von Flüssiggas in Druckgasbehältern erklärte Schutzbereich (gasexplosionsfähige Atmosphäre, Zone 2 gemäß Elex-Verordnung) ist in Abb. 5.1 und 5.2 dargestellt. Auf TRG 280 [2.12] sei verwiesen.

In diesem Schutzbereich verbietet sich logisch die Einordnung von Zündquellen, die Flüssiggas — Luft-Mischungen zünden können. Fahrzeuge dürfen in diesen Schutzbereichen verkehren, soweit sie zum Betrieb des Lagers erforderlich sind und nicht Zündquelle sein können.

Auf die Schutzbereiche und sonstige Gefahren durch die Gaslagerung ist durch Schilder hinzuweisen. Ein Beispiel zeigt Abb. 2.7.

Zusätzlich sind bei der *Lagerung von Druckgasbehältern in Räumen* folgende sicherheitstechnische Forderungen nach TRG 280 [2.12] einzuhalten:

- Der Lagerraum muß zu angrenzenden Räumen und nach außen durch Bauteile in mindestens feuerhemmender Bauweise abgegrenzt sein. Der Fußbodenbelag muß mindestens schwer entflammbar sein. Ist in angrenzenden Räumen von einer Brand- oder Explosionsgefährdung auszugehen, müssen die Trennwände aus feuerbeständigen Materialien hergestellt sein. Der Fußboden muß eben sein.
- Der Lagerraum ist ausreichend zu durchlüften. Dafür ist eine natürliche Durchlüftung ausreichend. Hierbei müssen unmittelbar ins Freie führende Öffnungen mit einem Gesamtquerschnitt von mindestens 1/100 der Bodenfläche der eigentlichen Lagerfläche vorhanden sein.
- Im allgemeinen ist das gleichzeitige Lagern von anderen brennbaren Stoffen (Holz, Papier, Gummi, Heu, brennbare Flüssigkeiten u. ä.) zu unterlassen.

Abweichend hiervon dürfen in *Lagerhallen*, in denen nicht mehr als 25 Flüssiggasflaschen gelagert werden, brennbare Stoffe, ausgenommen brennbare Flüssigkeiten, gelagert werden, wenn der Lagerplatz für Flüssiggasflaschen durch eine mindestens 2 m hohe Wand aus nicht brennbaren Baustoffen abgetrennt ist und zwischen der Wand und den brennbaren Stoffen ein Abstand von mindestens 5 m eingehalten wird.

- Lagerräume für Flüssiggasflaschen, die an öffentliche Verkehrswege angrenzen, sind an der unmittelbar an den Verkehrsweg angrenzenden Seite mit einer Wand ohne Türen und

Abb. 2.7 *Sicherheitskennzeichen für Flüssiggasanlagen*

bis zu einer Höhe von 2 m ohne öffenbares Fenster oder sonstigen Öffnungen auszuführen. Dies gilt nicht für Türen, die selbstschließend und mindestens feuerhemmend ausgeführt sind.
- Flüssiggaslagerräume müssen schnell verlassen werden können.
- Flüssiggaslagerräume, in denen mehr als 25 gefüllte Flaschen oder 2 gefüllte Fässer gelagert werden, dürfen nicht unter oder über Räumen liegen, die dem dauernden Aufenthalt von Menschen dienen. Verbindungen zu anderen Räumen sind zulässig, wenn letztere einen eigenen Rettungsweg haben.
- In Lagerräumen aufgestellte Flüssiggasbehälter sind allseitig von einem Schutzbereich umgeben. Bei Räumen unter 20 m^2 ist der gesamte Raum Schutzbereich.
- Flüssiggase in Druckgasbehältern dürfen mit anderen Gasen in Druckbehältern zusammen gelagert werden. Dabei sind die nachfolgenden Regeln einzuhalten:

Es dürfen nicht mehr als 150 Druckgasflaschen mit brennbaren und brandfördernden Gasen zusammen gelagert werden. Zusätzlich dürfen Druckbehälter mit inerten Gasen in beliebiger Menge gelagert werden. Außerdem können bis zu 15 Druckgasflaschen mit sehr giftigen Gasen zusätzlich gelagert werden.

Bei der *Lagerung von Druckgasbehältern im Freien* gelten ergänzend folgende Regeln:

- Die Aufstellfläche muß fest und eben sein.
- Um die Flüssiggasflaschen ist allseitig ein Schutzbereich anzunehmen – Zone 2 ElexV (TRG 280).
- Der Schutzbereich darf sich nicht auf Nachbargrundstücke und öffentliche Verkehrsflächen erstrecken. Der Schutzbereich darf an höchstens 2 Seiten durch mindestens 2 m hohe, öffnungslose Wände aus nicht brennbaren Baustoffen eingeengt sein.
- Zu benachbarten Anlagen und Einrichtungen, von denen eine Gefährdung ausgehen kann, ist ein Sicherheitsabstand von mindestens 5 m einzuhalten. Er kann durch eine 2 m hohe Schutzwand aus nicht brennbaren Baustoffen ersetzt werden.

Einen typischen Fall für die Lagerung von Flüssiggasflaschen stellen die sog. *Vertriebsstellen* oder *Agenturen* dar, wie sie im Flüssiggasvertrieb üblich sind. Hier finden vielfach industriell gefertigte Aufstellboxen Verwendung.

Eisenbahnkesselwagen und *Straßentankwagen* sind als Druckgasbehälter zu klassifizieren. Im allgemeinen kann davon ausgegangen werden, daß hierbei Flüssiggas nicht gelagert wird. Für das Betreiben solcher Druckgasbehälter sind die Regeln TRB 851 [2.13] und TRB 852 [2.14] sinngemäß anzuwenden.

Parallel zu den Anforderungen an die Flüssiggaslagerung gemäß den Regeln der *Druckbehälterverordnung* und deren Untersetzungen (TRG 280), behandelt auch das Baurecht die Lagerung von Brennstoffen, also auch Flüssiggasen in Gebäuden und auf Grundstücken. Entsprechende Aussagen enthalten die Feuerungsverordnungen (FeuVO) der Länder. Grundlage für die nachstehenden Aussagen ist die Muster-Feuerungsverordnung [2.15].

Danach darf Flüssiggas in Behältern mit einem Füllgewicht von mehr als 14 kg nur in besonderen Räumen (Brennstofflagerräumen) gelagert werden, die nicht für andere Zwecke genutzt werden dürfen. Das Fassungsvermögen der Behälter darf je Brennstofflagerraum insgesamt 30000 l Flüssiggas je Gebäude oder Brandabschnitt nicht überschreiten.

Die Anforderungen an den besonderen *Aufstellraum* sind mit den o. g. Ansprüchen an die Lagerung in Räumen nach TRG 280 [2.12] identisch, gehen aber im Detail weiter.

- Wände und Stützen von Brennstofflagerräumen sowie Decken über oder unter ihnen müssen feuerbeständig sein. Durch Decken und Wände von Brennstofflagerräumen dürfen keine Leitungen geführt werden, ausgenommen Leitungen, die zum Betrieb dieser Räume

2.2 Lagerung von Flüssiggas

erforderlich sind sowie Heizungsrohrleitungen, Wasserleitungen und Abwasserleitungen. Türen von Brennstofflagerräumen müssen mindestens feuerhemmend und selbstschließend sein.
- Brennstofflagerräume für Flüssiggas müssen über eine ständig wirksame Lüftung verfügen, dürfen keine Öffnungen zu anderen Räumen, ausgenommen Öffnungen für Türen, und keine offenen Schächte und Kanäle haben, dürfen mit ihren Fußboden nicht allseitig unterhalb der Geländeoberfläche liegen, dürfen in ihren Fußböden außer Abläufen mit Flüssigkeitsverschluß keine Öffnungen haben und müssen an ihren Zugängen mit der Aufschrift „Flüssiggaslagerung" gekennzeichnet sein.

Für die Lagerung im Freien sei auf TRF 96 [2.16] verwiesen (ortsfeste Behälter).

Die Muster-Feuerungsverordnung geht auch auf die „Lagerung" von Flüssiggas in Wohnungen, also außerhalb der o. g. Brennstofflagerräume ein.

Danach darf in einer Wohnung nur ein Flüssiggasbehälter mit einem Füllgewicht von nicht mehr als 14 kg (Kleinflasche) gelagert werden. Der Fußboden muß allseitig oberhalb der Geländeoberfläche liegen und darf außer Abläufen mit Flüssigkeitsverschluß keine Öffnungen besitzen.

2.2.3.2 Lagern von Flüssiggas in Druckbehältern

Das Lagern von Flüssiggas in Druckbehältern erfolgt in sog. Flüssiggas-Lagerbehälteranlagen. Darunter versteht man die Gesamtheit aller notwendigen sowie in Reserve stehenden Einrichtungen für das Lagern und zur Versorgung von Verbrauchsanlagen und Füllanlagen mit Flüssiggas. Die maßgebende Vorschrift hierfür ist TRB 801, Anlage „Flüssiggaslagerbehälteranlagen" zu Nr. 25 [2.17] in Verbindung mit TRB 610 [2.18].

Die in [2.17] definierte Flüssiggaslagerbehälteranlage endet an der Verbindungsstelle der Leitung zur Fortleitung des Flüssiggases an der Ausgangsseite der Druckregelung bzw. an der Verbindungsstelle mit Anlagen zum Füllen von Druckgasbehältern.

Wesentliche Bestandteile solcher Flüssiggaslagerbehälteranlagen sind:
— die in einem engen räumlichen und betrieblichen Zusammenhang stehenden Druckbehälter zur Lagerung von Flüssiggas, Einrichtungen zum Abfüllen von Druckgasbehältern in Druckbehälter, Pumpen, Verdichter, Verdampfer und Rohrleitungen,
— die Sicherheitseinrichtungen (wie Wasserberieselungseinrichtungen, Meßwarten, MSR-System, Gaswarneinrichtung u. a.) sowie
— die sonstigen betriebstechnischen und sicherheitstechnischen Einrichtungen.

Unter Lagern versteht man hier das Aufbewahren von Flüssiggas zur späteren Verwendung sowie zur Abgabe an andere.

Flüssiggaslagerbehälteranlagen werden nach ihrem Fassungsvermögen und der Art der Gasentnahme in folgende Gruppen eingeteilt:

Gruppe 0: Lagerkapazität <3 t   Entnahmeart: beliebig
Gruppe A: Lagerkapazität ≥ 3 t bis <200 t   Entnahme aus der Gasphase
Gruppe B: Lagerkapazität ≥ 3 t bis <30 t   Entnahme aus der Flüssigphase
Gruppe C: Lagerkapazität ≤ 30 t bis <200 t   Entnahme aus der Flüssigphase
Gruppe D: Lagerkapazität ≤ 200 t   Entnahmeart: beliebig

Unter Umschlaglägern versteht man Behälteranlagen, die dem Umschlag von Flüssiggas von einem Verkehrsmittel auf ein anderes dienen.

Verteilerläger sind Behälteranlagen, die dem Umfüllen von Flüssiggas aus Druckbehältern in Druckgasbehälter dienen, die von Sachverständigen abgenommen werden müssen.

Verbrauchsläger dienen der Versorgung von Verbrauchseinrichtungen oder dem Befüllen von Druckgasbehältern, die der Prüfung durch Sachverständige nicht unterliegen.

Das Fassungsvermögen (Lagerkapazität) einer Flüssiggaslagerbehälteranlage entspricht der Summe der zulässigen Nennfüllmengen der Gase in den ortsfesten Lagerbehältern.

Das durch den zulässigen Füllgrad bestimmte maximal zulässige Fassungsvermögen kann durch den Einbau von Überfüllsicherungen reduziert werden.

Grundsätzlich sind die gasbeaufschlagten Teile einer Flüssiggaslagerbehälteranlage so auszuführen, daß sie bei der vorgesehenen Betriebsweise unter den zu erwartenden mechanischen, chemischen und thermischen Beanspruchungen technisch dicht sind. Dieser Anspruch ist nicht auf betriebsbedingte Gasaustritte zu übertragen. Dafür wurden detaillierte Ansprüche formuliert, die im einzelnen in TRB 801, Anlage zu Nr. 25 [2.17] ausgewiesen sind.

Für eine Anlage ab der Gruppe A sind im Rahmen des Genehmigungsverfahrens nach BImSch-Gesetz Sicherheitsbetrachtungen anzustellen, in denen die Einhaltung der gesetzlichen Forderungen nachgewiesen wird.

Es hat sich bewährt, diese *Sicherheitsbetrachtungen* tabellarisch zu gestalten. In Tabelle 2.3 findet sich ein Beispiel für ein Umschlag- und Verteillager. Tabelle 2.3 können darüber hinaus auch die detaillierten Forderungen entnommen werden.

Auf einige dieser Anforderungen soll nachfolgend näher eingegangen werden.

TRB 801, Nr. 25, Anlage, fordert bezüglich der Aufstellung in Abschnitt 7.1.1, daß für Anlagen, bei denen die Bildung gefährlicher explosionsfähiger Atmosphäre nicht sicher zu verhindern ist, ausreichend bemessene explosionsgefährdete Bereiche festgelegt werden. Diese sind in der Dokumentation für eine Flüssiggasanlage in einem sogenannten Ex-Zonen-Plan auszuweisen. Ein Beispiel dafür enthält Tabelle 2.4, zu dieser gehört Abb. 2.8, die beispielhaft einen Ex-Zonen-Plan darstellt.

Ein besonderer Anspruch an das Umfeld der Flüssiggaslagerbehälteranlage ist der sogenannte *Sicherheitsabstand* gemäß Abschnitt 7.1.22 der TRB 801, Nr. 25, Anlage. Im allgemeinen wird man auf die geforderten Sicherheitsabstände nach Tabelle 1 der TRB 801, Nr. 25 zurückgreifen. Treffen die dafür vereinbarten Verhältnisse nicht zu, wird eine Einzelfallbetrachtung nach VDI 3783, Blatt 2 [2.19] verlangt. Hierbei wird je nach Situation ein größerer oder kleinerer Wert als die o. g. ermittelt.

Gründlich ist in jedem Fall zu prüfen, zu welchen Objekten der Sicherheitsabstand einzuhalten ist.

Zur *Bewertung öffentlicher Verkehrswege*, die aus Gründen geringer Nutzungsintensität nicht als Schutzobjekte einzustufen sind, können als Orientierung Aussagen über Verkehrswege, denen man eine hohe Verkehrsbelastung (Nutzungsintensität) unterstellt, herangezogen werden. Das sind im einzelnen:

— Bundesautobahnen,
— Straßen mit einer Verkehrsbelastung von mehr als 5000 Fahrzeugen innerhalb von 24 Stunden (im Jahresmittel),
— Eisenbahnstrecken mit einer Streckenbelastung von mehr als 24 Reisezügen innerhalb von 24 Stunden in jeder Richtung,
— Wasserwege, deren Verkehrsaufkommen 1 Mio. Ladetonnen oder 5000 Fahrzeuge im Jahr überschreitet (Begrenzung auf den betonnten Schiffahrtsweg).

Somit lassen sich alle anderen öffentlichen Verkehrswege im ersten Ansatz als Verkehrswege mit geringer Nutzungsintensität einstufen, zu denen der verlangte Sicherheitsabstand nicht einzuhalten wäre. Eine besondere Rolle spielt in diesem Zusammenhang auch die mögliche

Tabelle 2.3 Beispiel für eine Sicherheitsbetrachtung nach TRB 801, Nr. 25, Anlage, Fassung Juni 1997 für ein Umschlag- und Verteillager

Flüssiggasanlagengruppe C: Lagerbehältergröße: 400 m³/185 t	Gr. C	Bemerkung
3. Allgemeine Anforderungen *3.1. Anlagen* 3.1.1. Gasbeaufschlagte Anlagenteile sowie ihre Ausrüstungsteile einschließlich aller Rohrleitungsverbindungen müssen so ausgeführt sein, daß sie bei den aufgrund der vorgesehenen Betriebsweise zu erwartenden mechanischen, chemischen und thermischen Beanspruchungen technisch dicht sind.	×	vorgesehen
3.1.2. Abschnitt 3.1.1. gilt nicht im Hinblick auf betriebsbedingte Gasaustritte	×	vorgesehen
4. Berechnung *4.1. Lagerbehälter* Bei Neuanlagen ist die Bemessung der Behälterwandung für einen zulässigen Betriebsüberdruck von 15,6 bar, bezogen auf eine Betriebstemperatur von 40 °C, vorzunehmen.	×	wird beachtet
4.3. Rohrleitungen Rohrleitungen, die mit Flüssiggas in der Flüssigphase oder in ungeregelter Gasphase betrieben werden, sind festigkeitsmäßig in der Regel für einen zulässigen Betriebsüberdruck von 25 bar zu bemessen.	×	wird beachtet
4.4. Armaturen Armaturen, die mit Flüssiggas oder in ungeregelter Gasphase betrieben werden, sind festigkeitsmäßig in der Regel für einen zulässigen Betriebsüberdruck von 25 bar zu bemessen.	×	vorgesehen
5. Herstellung *5.1. Lagerbehälter* 5.1.1. Bei Neuanlagen darf bei Lagerbehältern ab der Gruppe C die Ausnutzung der zulässigen Berechnungsspannung in der Schweißnaht 0,85 nicht überschreiten, es sei denn, es wird eine Bauüberwachung durchgeführt.	×	wird beachtet
5.1.2. An Lagerbehältern sollten nicht mehr Öffnungen angebracht werden, als für den vorgesehenen Betrieb unbedingt notwendig sind.	×	wird beachtet
5.1.3. Stutzen, sonstige Anschlüsse und Einstiegsöffnungen sind im Bereich der Gasphase anzuordnen. Ist dies aus technischen Gründen nicht zu erfüllen, dürfen sie auch im Bereich der Flüssigphase angeordnet werden.	×	vorgesehen
5.1.4. Bei erdgedeckter Aufstellung von Lagerbehältern sollen die ersten Absperrarmaturen innerhalb des Domschachtes angebracht werden.	×	vorgesehen
5.2. Füllanlagen Bewegliche Anschlußleitungen müssen für Temperaturen von −20 °C bis +70° C geeignet sein − siehe hierzu auch DIN 4815 Teil 1.	×	vorgesehen
5.3. Armaturen Drucktragende Teile von sicherheitstechnisch erforderlichen Absperrarmaturen von Lagerbehältern und die sicherheitstechnisch erforderlichen Hauptabsperrarmaturen von flüssiggasbeaufschlagten Rohrleitungen müssen a) in Neuanlagen, bei Umschlagslägern ab der Gruppe B und bei Verbrauchslägern ab der Gruppe C, frei von Buntmetallen sein und b) in Anlagen ab der Gruppe B so angeordnet oder ausgeführt sein, daß sie ausreichend gegen Wärmeeinwirkung geschützt sind, z. B. durch Fire-Safe-Ausführungen nach ISO 10497.	×	vorgesehen
5.4. Flanschverbindungen Flanschverbindungen sind ausreichend gegen die Folgen einer Wärmeeinwirkung zu schützen, z. B. durch Verwendung von wärmebeständigen Dichtungswerkstoffen.	×	vorgesehen

Tabelle 2.3 (Fortsetzung)

Flüssiggasanlagengruppe C: Lagerbehältergröße: 400 m³/185 t	Gr. C	Bemerkung
6. Ausrüstung *6.1. Anlagen* 6.1.1. Anlagen ab der Gruppe C müssen zur Abwendung oder Minderung einer unmittelbar drohenden oder eingetretenen Gefährdung mit einem Not-Aus-System ausgerüstet sein. Dazu muß an leicht erreichbarer Stelle auch mindestens ein Notausschlagtaster vorhanden sein, z. B. im Bereich von Armaturenanhäufungen, Verdampfern, Pumpen, Verdichtern, Füllanlagen und Fluchtwegen.	×	vorgesehen
6.1.1.1. Die Betätigung des Not-Aus-Systems muß in der Meßwarte oder am Meßstand angezeigt werden.	×	vorgesehen
6.1.1.2. Not-Aus-Systeme müssen nach dem Betätigen in der „Aus"-Stellung verbleiben, bis sie durch Entsperren oder bewußtes Zurückführen wieder die Ausgangsstellung erreichen.	×	vorgesehen
6.1.2. In Anlagen müssen Einrichtungen zum Melden von Bränden oder Explosionsgefahr vorhanden sein.	×	vorhanden
6.1.2.1. Diese Forderung ist bei Anlagen bis Gruppe B erfüllt, wenn ein Fernsprecher, Funksprechgerät oder Feuermelder schnell erreichbar ist.	×	vorhanden
6.1.2.2. Bei Umschlaglägern ab der Gruppe B und bei Verbrauchslägern ab der Gruppe C müssen selbsttätig wirkende Einrichtungen zum Erkennen und Melden von Bränden oder Explosionsgefahr vorhanden sein (Gaswarneinrichtung).	×	vorgesehen
6.1.3. Die Gaswarneinrichtungen müssen so ausgelegt sein, daß sie bei einer Konzentration von 20% der unteren Explosionsgrenze Voralarm, bei 40% Hauptalarm auslösen.	×	vorgesehen
6.1.3.1. Der Voralarm muß in dem Anlagenbereich eine akustische oder optische Warneinrichtung auslösen und muß an einer ständig besetzten Stelle, z. B. Meßwarte, Meßstand, betriebliche Zentralverwaltung, angezeigt werden.	×	vorgesehen
6.1.3.2. Der Hauptalarm muß das Not-Aus-System auslösen.	×	vorgesehen
6.1.4. Anlagen müssen so ausgeführt sein, daß ein Überfüllen der Lagerbehälter sicher verhindert wird.	×	vorgesehen
6.1.4.1. Diese Forderung ist insbesondere erfüllt, wenn eine bauteilgeprüfte Überfüllsicherung eingebaut oder eine Einzelprüfung der Überfüllsicherung durch den Sachverständigen durchgeführt wird und auf den zulässigen Füllgrad des Lagerbehälters eingestellt ist.	×	vorgesehen
6.1.4.2. An Lagerbehältern in Umschlag- und Verteillägern von Anlagen der Gruppe C — ist in Füllstandsanzeiger anzubringen, der den Füllstand örtlich anzeigt und zum Meßstand oder zur Meßwarte überträgt und Vor- und Hauptalarm auslöst und — sind mindestens zwei voneinander unabhängige Überfüllsicherungen zu installieren.	×	vorgesehen
6.1.4.3. Der Voralarm muß in dem Anlagenbereich eine akustische oder optische Warneinrichtung auslösen und muß an einer ständig besetzten Stelle, z. B. Meßwarte, Meßstand, betriebliche Zentralverwaltung, angezeigt werden.	×	vorgesehen
6.1.4.4. Der Hauptalarm muß das Not-Aus-System auslösen.	×	vorgesehen
6.1.5. Bei Anlagen ab der Gruppe C müssen bei allen wichtigen Anlagenteilen (wie z. B. Pumpen, Verdichter, sicherheitstechnisch erforderliche Absperreinrichtungen), die Lauf- und Stellungsanzeigen zur Meßwarte bzw. zum Meßstand übertragen werden.	×	vorgesehen

2.2 Lagerung von Flüssiggas

Tabelle 2.3 (Fortsetzung)

Flüssiggasanlagengruppe C: Lagerbehältergröße: 400 m³/185 t	Gr. C	Bemerkung
6.1.6. Die Anlagen müssen möglichst so ausgerüstet werden, z. B. durch Verriegelungssysteme, daß durch Fehlbedienung gefährliche Situationen nicht herbeigeführt werden können.	×	vorgesehen
6.2. *Lagerbehälter* 6.2.1. In Anlagen müssen ab der Gruppe C der Behälterdruck zum Meßstand bzw. zur Meßwarte übertragen werden.	×	vorgesehen
6.2.3. Ergänzend zu TRB 403 Abschnitt 3.1. sind die Sicherheitsventile an Lagerbehältern für das verdrängte Gasvolumen auszulegen. Hierbei sind die maximale Förderleistung der Pumpe oder des Verdichters zu berücksichtigen.	×	keine SV vorgesehen
6.2.4. Lagerbehälter in Umschlag- oder Verteillägern ab der Gruppe C sind mit zwei Sicherheitsdruckbegrenzern auszustatten, die sich gegenseitig nicht beeinflussen. Die Ansprechdrücke müssen mindestens 2 bar unter dem zulässigen Betriebsüberdruck des Lagerbehälters liegen.	×	vorgesehen
6.2.4.1. Druckbegrenzer müssen beim Ansprechen einen Alarm auslösen und das selbständige Schließen aller Armaturen in Behälterfüll- und Gaspendelleitungen und selbsttätiges Abschalten der Fördereinrichtungen bewirken.	×	vorgesehen
6.2.5. In Anlagen ab der Gruppe C ist ein Füllstandsanzeiger anzubringen, der den Füllstand örtlich anzeigt und zum Meßstand oder zur Meßwarte überträgt und Vor- und Hauptalarm auslöst.	×	vorgesehen
6.2.5.1. Der Voralarm ist jeweils so viel niedriger einzustellen, daß für das Bedienungspersonal noch so viel Zeit verbleibt, den Füllvorgang abzubrechen, ohne daß es zum Ansprechen der Überfüllsicherung kommt. Bei Hauptalarm muß das Not-Aus-System ansprechen.	×	vorgesehen
6.2.6. Lagerbehälter müssen mit Füllstandspeilventilen zur Überprüfung des zulässigen Füllstandes ausgerüstet sein. Der Öffnungsdurchmesser von den Füllstandspeilventilen darf höchstens 1,5 mm betragen.	×	vorgesehen
6.2.7. In Anlagen müssen die Rohrleitungsanschlüsse am Lagerbehälter für Befüll-, Entnahme- und Pendelleitungen ab — der Gruppe A mit > DN 32 mit einer fernbetätigbaren Schnellschlußarmatur mit Stellungsanzeige, — der Gruppe B mindestens mit einer fernbetätigbaren Schnellschlußarmatur mit Stellungsanzeige und für den Wartungsfall zusätzlich mit einer Handabsperrarmatur und — der Gruppe C mindestens mit zwei fernbetätigbaren Schnellschlußarmaturen mit Stellungsanzeige, ausgenommen Leitungen < DN 50, die mit der Gasphase in Verbindung stehen, hier genügt eine Schnellschlußarmatur mit Stellungsanzeige, ausgerüstet sein.	×	vorgesehen
6.2.9. Auf die Handabsperrarmatur kann verzichtet werden, wenn eine der fernbetätigbaren Schnellschlußarmaturen von Hand betätigt werden kann.	×	vorgesehen
6.2.10. Die fernbetätigbaren Schnellschlußarmaturen sind in Faire-Safe-Schaltung (Ruhesignal-Prinzip) auszuführen und in das Not-Aus-System einzubeziehen. Die behälterseitigen Rohranschlüsse müssen bis zur ersten Absperrarmatur den materiellen Anforderungen der Druckbehälter und deren Prüfkriterien entsprechen.	×	vorgesehen
6.2.11. Probenahmeöffnungen müssen — mit zwei hintereinandergeschalteten Absperrarmaturen ausgerüstet und — im Durchmesser mindestens an einer Stelle kleiner als 2 mm sein.	×	vorgesehen

Tabelle 2.3 (Fortsetzung)

Flüssiggasanlagengruppe C: Lagerbehältergröße: 400 m³/185 t	Gr. C	Bemerkung
6.2.12. Es ist darauf zu achten, daß alle Stutzen, die nicht an Rohrleitungen angeschlossen sind, mindestens mit Blindverschlüssen, auch wenn Absperrarmaturen vorhanden sind, abgeschlossen sind. Dies gilt auch, wenn Rohrleitungsverbindungen kurzzeitig gelöst werden. An den Lagerbehältern sind Stutzen, die als Reservestutzen dienen und bereits zum Zeitpunkt der Inbetriebnahme nicht zum Einsatz vorgesehen sind, mit Schweißkappen blindzusetzen.	×	vorgesehen
6.2.13. In Anlehnung an TRB 403 darf bei Lagerbehältern nach Rücksprache mit dem Sachverständigen anstelle eines Sicherheitsventils auch ein System von automatisch gesteuerten Sicherheitsmaßnahmen vorhanden sein, die durch eine entsprechende Meß- und Regeltechnik derart wirksam werden, daß der Betriebsdruck den zulässigen Wert zu keiner Zeit um mehr als 10% überschreitet. Die Anforderungen an MSR-Sicherheitseinrichtungen sind z. B. erfüllt, wenn das AD-Merkblatt A 6 eingehalten ist. Zusätzlich muß der Lagerbehälter: — erddeckt, gemäß 7.2.2. aufgestellt sein — mit einer Überfüllsicherung nach Abschnitt 6.1.4.1. ausgerüstet sein.	×	soll genutzt werden

6.2.15. Bei erdgedeckten unbeheizten Lagerbehältern ab der Gruppe A, bei denen unzulässiger Druckaufbau nur entstehen kann durch
— Erwärmung von außen,
— Überfüllung oder
— Pumpen- oder Kompressorendruck,
kann abweichend von TRB 403 Abschnitt 3 auf den Einsatz eines Sicherheitsventils verzichtet werden, wenn folgende Voraussetzungen erfüllt sind:
1. Erddeckung bei Lagerbehältern
  a) allseitig unter Erdgleiche: min. 0,5 m
  b) nicht allseitig unter Erdgleiche. min. 1 m, wobei als Bemessungsgrundlage für den Lagerbehälter der Betriebsdruck entsprechend einer Bezugstemperatur von 40 °C angesetzt wird
2. redundante Sicherung gegen Überfüllung,
3. redundanter Sicherheitsdruckbegrenzer, der bei Überschreiten des zulässigen Betriebsdruckes den Füllvorgang unterbricht,
4. Auslegung des Lagerbehälters für 15,6 bar; aufgrund behördlicher Erlaubnisse oder Genehmigungen kann die Auslegung des Lagerbehälters auch für Flüssiggase mit niedrigem Dampfdruck erfolgen, sofern die Verwechslung mit Flüssiggasen mit höherem Dampfdruck ausgeschlossen ist, und
5. ausreichender Schutz des Domschachtes für den Brandfall, z. B. Brandschutzisolierung, Möglichkeit zum Fluten des Domschachtes.
	×	vorgesehen

6.3. Verdampfer		
6.4. Rohrleitungen Absperrbare Rohrleitungen und Rohrleitungsteile mit Flüssiggas in der Flüssigphase müssen mit Sicherheits- oder Überströmventilen ausgerüstet sein — siehe hierzu Abschnitt 7.2.4. und TRB 600 Abschnitt 3.4.	×	vorgesehen
6.5. Verdichter 6.5.1. Verdichter müssen mit Sicherheitseinrichtungen gegen Drucküberschreitung ausgerüstet sein. Dieses können Sicherheits- oder Überströmventile sein, die höchstens auf den zulässigen Betriebsdruck des Verdichters eingestellt sind. Darüber hinaus sind Verdichter mit Druckschaltern als Höchstdruckbegrenzer auf der Druckseite bzw. als Tiefstdruckbegrenzer auf der Saugseite sowie mit Temperaturanzeigern und -begrenzern (bei Überströmventilen) auf Saug- und Druckseite auszurüsten.	×	vorgesehen

2.2 Lagerung von Flüssiggas

Tabelle 2.3 (Fortsetzung)

Flüssiggasanlagengruppe C: Lagerbehältergröße: 400 m³/185 t	Gr. C	Bemerkung
6.5.2. Der Flüssigkeitsstand in Flüssigkeitsabscheidern vor Verdichtern muß überwacht werden. Bei Erreichen des Höchststandes müssen selbsttätig wirkende Einrichtungen vorhanden sein, die den Verdichter abschalten. 6.5.3. Die Leitungsverbindungen von Verdichtern müssen so ausgebildet sein, daß Schwingungen nicht auf andere Anlagenteile übertragen werden.	× ×	vorgesehen vorgesehen
6.6. Pumpen 6.6.1. Bei Pumpen, bei denen funktionsbedingt ein Heißlaufen der Lager zu befürchten ist, muß die Lagertemperatur überwacht werden und bei Überschreiten des zulässigen Grenzwertes selbsttätige Abschaltung erfolgen. 6.6.2. Bewegte Teile von Flüssiggaspumpen müssen eine hochwertige dynamische Abdichtung gegenüber dem Gehäuse erhalten, z. B. doppeltwirkende, entlastete Gleitringdichtungen in Back-to-Back-Anordnung mit drucküberwachtem Sperrmedium. Das Sperrmedium muß kontrolliert werden. Bei zu hohem oder zu niedrigem Druck im Sperrmediumkreislauf muß die Pumpe unter gleichzeitiger Alarmauslösung selbsttätig abschalten. 6.6.3. Flüssiggaspumpen müssen gegen Trockenlauf geschützt sein, z. B. durch Niveauwächter im Druckbehälter der Saugseite oder durch Differenzdruckschalter. 6.6.4. Zum Anfahren der Pumpen dürfen die Niveauwächter mit einem Schalter ohne Selbsthaltung überbrückt werden.	× × × ×	vorgesehen Magnetkupplung vorgesehen vorgesehen vorgesehen
6.7. Füllanlagen 6.7.1. In Füllschläuchen und Verladearmen für Anlagen ab der Gruppe C sind Schnelltrennstellen vorzusehen, die sich beim Fortrollen des Eisenbahnkesselwagens bzw. Straßentankwagens selbsttätig lösen und durch das Schließen von Armaturen beiderseits der Trennstelle eine Gasfreisetzung begrenzen. 6.7.2. Die folgenden Anforderungen gelten für Anlagen mit einem gesamten Fassungsvermögen ab 300 t und für Umschlags- und Verteilerläger.	×	vorgesehen
7. Aufstellung *7.1. Anlagen* 7.1.1. Für Anlagen, bei denen die Bildung gefährlicher explosionsfähiger Atmosphäre nicht sicher verhindert ist, müssen um mögliche Gasaustrittsstellen ausreichend bemessene explosionsgefährdete Bereiche festgelegt sein. In diesen Bereichen müssen Maßnahmen zur Vermeidung von Zündquellen getroffen sein. Beispiele für ausreichend bemessene explosionsgefährdete Bereiche und für die geometrische Gestaltung von explosionsgefährdeten Bereichen siehe TRB 610 Abschnitt 4.2.1.1.2. Hinsichtlich der Maßnahmen, welche die Entzündung gefährlicher explosionsfähiger Atmosphäre verhindern, wird auf Abschnitt E 2 der „Richtlinien für die Vermeidung der Gefahren durch explosionsfähige Atmosphäre mit Beispielsammlung – Explosionsschutz-Richtlinien (EX-RL)" (ZH1/10) verwiesen. 7.1.2. Die Einschränkungen des explosionsgefährdeten Bereichs durch bauliche Maßnahmen ist möglich. Beispiele für bauliche Maßnahmen siehe TRB 610 Abschnitt 4.2.1.1.5. 7.1.3. Explosionsgefährdete Bereiche müssen in einem Aufstellungsplan Ex-Zonen-Plan dargestellt sein. In diesem Plan sind auch temporäre explosionsgefährdete Bereiche darzustellen.	× × ×	vorgesehen soll nicht in Anspruch genommen werden vorgesehen

Tabelle 2.3 (Fortsetzung)

Flüssiggasanlagengruppe C: Lagerbehältergröße: 400 m³/185 t	Gr. C	Bemerkung
7.1.4. Flüssiggasbeaufschlagte Anlagenteile müssen gegen Außenkorrosion geschützt sein, siehe hierzu auch TRB 600 Abs. 4.4.	×	vorgesehen
7.1.5. Kabel und Leitungen für Energienotversorgung, Sicherheitsfunktionen und Kommunikationseinrichtungen sind vor mechanischen und thermischen Einflüssen geschützt zu verlegen. Eine gegenseitige Beeinträchtigung der Funktionen der Steuer- und Leitungskabel muß auch im Brandfall sicher ausgeschlossen sein (z. B. durch getrennte Verlegung).	×	vorgesehen
7.1.6. Sicherheitsrelevante Ausrüstungsteile, die bei einer Störung des bestimmungsgemäßen Betriebs funktionsfähig bleiben müssen, und einer Energienotversorgung bedürfen, müssen an einer Energieversorgung angeschlossen sein, die mindestens ein sicheres Abfahren der Anlage und die Funktion der Sicherheits- und Alarmeinrichtung gewährleistet. Sicherheitsrelevante Einrichtungen, deren Funktion auch bei Energieausfall sichergestellt sein muß, können z. B. Beleuchtungen, Überwachungseinrichtungen, Lüftungsanlagen, Gaswarneinrichtungen, Absperreinrichtungen, Berieselungsanlage sein.	×	vorgesehen
7.1.6.1. Bei Wiederkehr der Netzspannung ist selbsttätig von der Energienotversorgung auf das Netz zurückzuschalten. Ausfälle der Netzstromversorgung oder der Energienotversorgung müssen erkennbar sein.	×	vorgesehen
7.1.6.2. Abschnitt 7.1.6. gilt nicht für Ausrüstungsteile, die bei Energieausfall selbsttätig in einen für die Anlage sicheren Betriebszustand übergehen.	×	vorgesehen
7.1.7. Energienotversorgung muß gewährleistet sein – für mindestens 72 Stunden bei Brandmeldeanlagen und Gaswarnanlagen, – für mindestens 3 Stunden bei * Alarm- und Signalanlagen, * Stellungsanzeigen der Sicherheitsabsperrorgane, * Kommunikationseinrichtungen und Lautsprecheranlagen, * Lüftungseinrichtungen zur Vermeidung gefährlicher explosionsfähiger Atmosphäre, * Feuerlöschpumpen, sofern keine Ersatzwasserquelle oder Ersatzenergie zur Verfügung steht und * für den Betrieb und den Notfall wichtiger Beleuchtungseinrichtungen	×	vorgesehen
7.1.8. Die Anlagen müssen so ausgeführt werden, daß Zündgefahren infolge elektrostatischer Auflading oder durch Blitzschlag vermieden werden.	×	vorgesehen
7.1.9. Sicherheitsrelevante Anlagenteile sind vor Eingriffen Unbefugter zu schützen, z. B. durch		
– eine Umfriedung,	×	Umfriedung
– eine Überwachung,	×	vorgesehen
– Einschluß der Armaturen.	×	vorgesehen
7.1.10. Bei der Aufstellung von Anlagen sind Gefahrenquellen, die sich aus der Umgebung ergeben, z. B. Hochwasser, Erdbeben, Bergsenkungen, Nachbaranlagen, zu berücksichtigen.	×	wird beachtet
7.1.11. Im Bereich der Anlagen der Gruppe A muß mindestens eine Wasserentnahmestelle vorhanden sein, die an das öffentliche Wasserwerk angeschlossen ist oder aus der zu jeder Zeit, d. h. auch unter ungünstigen klimatischen Bedingungen die notwendige Löschwasser- bzw. Kühlwassermenge für die Dauer von mindestens 2 Stunden entnommen werden kann.	×	Wassersysteme
7.1.12. Die notwendige Löschwasser- bzw. Kühlwassermenge beträgt bei möglicher direkter Flammenbeaufschlagung – mindestens 400 l/m² h an ungestörten Flächen, – mindestens 600 l/m² h im Bereich von Anschlüssen, Armaturen und sonstigen komplizierten Geometrien.		wird eingehalten

2.2 Lagerung von Flüssiggas

Tabelle 2.3 (Fortsetzung)

Flüssiggasanlagengruppe C: Lagerbehältergröße: 400 m³/185 t	Gr. C	Bemerkung
Bei ausschließlicher Wärmestrahlung mit einer Wärmestromdichte von nicht größer als 60 kW/m² ist eine Wassermenge von mindestens 100 l/m² h ausreichend.		
7.1.13. Im Bereich der Anlagen ab der Gruppe C, wo eine gefährliche Wärmeeinwirkung auf die Anlage nicht auszuschließen ist und im Bereich der Anlagen mit einem gesamten Fassungsvermögen ab 300 t, müssen Brandmeldeanlagen z. B. nach DIN 14675 und DIN VDE 0833 Teil 1 und Teil 2 vorhanden sein. Die Brandmeldung ist an eine ständig besetzte Stelle (z. B. betriebliche Zentralverwaltung, betrieblichen Notdienst oder Standleitung zur Feuerwehr/Polizei) weiterzuleiten.	×	vorgesehen
7.1.14. Bei Anlagen ab der Gruppe C sind Zufahrts- und Aufstellflächen für die Feuerwehr in Anlehnung an DIN 14090 vorzusehen.	×	vorgesehen
7.1.15. Im Bereich der Anlagen müssen mindestens — bei Anlagen der Gruppe 0 ein Pulverlöscher PG 6, — bei Anlagen der Gruppe A zwei Pulverlöscher PG 6 oder ein Pulverlöscher PG 12, — bei Anlagen der Gruppe B zwei Pulverlöscher PG 12, — bei Anlagen ab der Gruppe C vier Pulverlöscher PG 12 und ein fahrbares Feuerlöschgerät PU 50 vorhanden sein.	×	vorgesehen
7.1.16. Tragende Teile von Anlagenteilen müssen so ausgeführt oder geschützt sein, daß sie im Brandfall tragfähig bleiben und sich nicht unzulässig verformen. Die Forderung ist insbesondere erfüllt, wenn die Behälterfundamente mindestens entsprechend der Feuerwiderstandsklasse F 90, Stützen von Rohrleitungen mindestens entsprechend der Feuerwiderstandsklasse F 30 ausgeführt sind oder im Brandfall kühl gehalten werden können.	×	vorgesehen
7.1.17. Bei Anlagen ab der Gruppe C müssen die sicherheitstechnisch relevanten Daten an einer zentralen Stelle (Meßstand) zusammengefaßt werden, von der aus erforderliche Steuerungs- und Notfunktionen eingeleitet werden können.	×	vorgesehen
7.1.18. Bei Anlagen mit einem Fassungsvermögen von 1000 t oder mehr muß die zentrale Stelle nach Abschnitt 7.1.17. als Meßwarte ausgelegt sein.		trifft nicht zu
7.1.19. Um im Gefahrfall bei Gasaustritt die Windrichtung erkennen zu können, ist bei Anlagen ab der Gruppe C ein jederzeit gut sichtbarer Windrichtungsanzeiger vorzusehen. Solche Windrichtungsanzeiger sind z. B. Windsäcke.	×	vorgesehen
7.1.20. Bei Anlagen mit einem gesamten Fassungsvermögen ab 300 t ist zusätzlich ein Windgeschwindigkeitsanzeiger mit Fernanzeige zur Meßwarte nach Abschnitt 7.1.17. vorzusehen.		trifft nicht zu
7.1.21. In Anlagen mit einem gesamten Fassungsvermögen ab 300 t müssen für den Fall einer Störung des bestimmungsgemäßen Betriebs zur Warnung der auf dem Werksgelände befindlichen Personen Lautsprecheranlagen o. ä. vorhanden sein.		trifft nicht zu
7.1.22. Flüssiggasbehälteranlagen (Anlagen) haben zu Schutzobjekten einen Sicherheitsabstand einzuhalten. Der Sicherheitsabstand ist der Abstand zwischen einer Anlage und einem Schutzobjekt außerhalb der Anlage, das vor den Auswirkungen eines Gasaustritts bei Abweichung von bestimmungsgemäßen Betrieb geschützt werden soll; er soll auch Vorsorge sein, um die Auswirkungen von störungsbedingten Gasaustritten so gering wie möglich zu halten.	×	wird eingehalten
7.1.22.1. Der Sicherheitsabstand kann bestimmt werden — nach Abschnitt 7.1.23. über eine Einzelfallbetrachtung oder — nach Abschnitt 7.1.24.	×	nach Tabelle

Tabelle 2.3 (Fortsetzung)

Flüssiggasanlagengruppe C: Lagerbehältergröße: 400 m³/185 t	Gr. C	Bemerkung
Dieser Sicherheitsabstand stellt unter den Rahmenbedingungen der Vorgaben der Abschnitte 7.1.23. und 7.1.24. sicher, daß außerhalb dessen — das Auftreten einer explosionsfähigen Atmosphäre ausgeschlossen werden kann, d. h. die untere Explosionsgrenze (UEG) nicht überschritten wird und — keine Gefährdungen durch die Auswirkungen von Druck- oder Hitzewellen vorliegen. 7.1.22.2. Der Sicherheitsabstand ist von den Schutzobjekten nach Abschnitt 7.1.22.3. zu den lösbaren Verbindungen der Flüssiggasanlage zu bemessen, in denen sich Flüssigphase befindet oder beim Befüll- oder Entleervorgang Flüssigphase befinden kann. 7.1.22.3. Schutzobjekte sind — Wohngebäude, — betriebsfremde Anlagen, Gebäude und Einrichtungen außerhalb des Werkgeländes, in oder auf denen sich dauernd oder regelmäßig Menschen aufhalten, zu deren Schutz bei störungsbedingten Gasaustritten nicht ebensolche Vorsorgemaßnahmen getroffen sind, wie für die eigenen Mitarbeiter (Alarm- und Gefahrenabwehrpläne), — betriebsfremde Anlagen, Gebäude und Einrichtungen innerhalb des Werkgeländes, in oder auf denen sich dauernd oder regelmäßig und gleichzeitig eine größere Anzahl von betriebsfremden Menschen aufhalten, zu deren Schutz bei störungsbedingten Gasaustritten nicht ebensolche Vorsorgemaßnahmen getroffen sind, wie für die eigenen Mitarbeiter (Alarm- und Gefahrenabwehrpläne) und — öffentliche Verkehrswege. In Abstimmung mit der zuständigen Behörde kann festgelegt werden, daß z. B. Verkehrswege mit geringer Nutzungsintensität keine Schutzobjekte im Sinne dieser TRB sind.		
7.1.22.4. Bei Anlagen der Gruppe 0 beträgt der Sicherheitsabstand 3 m. Die Einschränkung des Sicherheitsabstandes nach Satz 1 ist durch bauliche Maßnahmen möglich. Bauliche Maßnahmen sind Abtrennungen, die zu Räumen gasdicht sein müssen; eine derartige Maßnahme kann auch Bestandteil des Schutzobjektes sein. Die Abtrennungen müssen nicht für Beanspruchungen durch Explosionen ausgelegt sein. Um die natürliche Umlüftung zu erhalten, ist eine Einschränkung nur an höchstens zwei Seiten zulässig. Bei Einschränkung an mehr als zwei Seiten sind ergänzende Lüftungsmaßnahmen vorzusehen.	×	trifft nicht zu
7.1.23. Einzelfallbetrachtung Der Sicherheitsabstand ist durch eine Einzelfallbetrachtung zu ermitteln, z. B. durch eine Ausbreitungsrechnung für schwere Gase nach VDI 3783 Blatt 2. Liegt im Sinne der VDI 3783 Blatt 2 ebenes Gelände ohne Hindernisse vor, sind die Auswirkungen entstehender Druck- und Hitzewellen berücksichtigt. Liegen andere Ausbreitungsgebiete vor, sind hinsichtlich der Auswirkungen von Druck- und Hitzewellen zusätzliche Überlegungen erforderlich. Bei der Einzelfallbetrachtung nach Absatz 1 Satz 1 ist mindestens der Ausflußmassenstrom nach Abschnitt 7.1.24. zugrundezulegen.	×	nicht vorgesehen
7.1.24. Abweichend von Abschnitt 7.1.23 kann der Sicherheitsabstand auch nach folgender Tabelle 1 festgelegt werden, wenn die angegebenen Randbedingungen eingehalten sind oder günstigere Ausbreitungsgebiete vorliegen.	×	vorgesehen

2.2 Lagerung von Flüssiggas

Tabelle 2.3 (Fortsetzung)
Tabelle 1 Sicherheitsabstände

Gruppe/Anlagentyp	Fassungs-vermögen (t)	maximal zulässige Anschlußnennweite [DN]	Sicher-heitsabstand [m]
A Verbrauchslager (Entnahme aus der Gasphase)	$\geq 3 \leq 15$ $> 15 < 200$	32 50 80	20 30 40
B Verbrauchslager oder Umschlaglager	$\geq 3 < 30$	50 80 100	30 40 50
C Verbrauchslager	$\geq 30 < 200$	50 80 100	30 40 50
Umschlaglager	$\geq 30 < 200$	80 100 125	40 50 60
D Verbrauchslager oder Umschlaglager	≥ 200	80 100 123	40 50 60

Diese Sicherheitsabstände berücksichtigen die Auswirkungen entstehender Druck- und Hitzewellen. Wenn ungünstigere Ausbreitungsbedingungen wie z. B. windparallele Wand, senkrechte Schlucht, größere Anschlußweiten oder ein größerer Ausflußmassenstrom vorliegen, sind die Sicherheitsabstände der Tabelle 1 nicht anzuwenden, sondern ist eine Einzelfallbetrachtung nach Abschnitt 7.1.23. durchzuführen.

Flüssiggasanlagengruppe C: Lagerbehältergröße: 400 m³/185 t	Gr. C	Bemerkung
7.2. Lagerbehälter 7.2.1. Die Lagerbehälter sind gegen mechanische Einwirkungen und unzulässige Erwärmung auf Dauer zu schützen.	×	vorgesehen
7.2.2. Lagerbehälter in Anlagen ab der Gruppe A müssen in der Regel erdgedeckt aufgestellt werden. Bei Neuanlagen muß die Erddeckung bei Lagerbehältern in Anlagen — ab der Gruppe A mindestens 0,5 m und — ab der Gruppe C mindestens 1 m betragen. — ab der Gruppe A mindestens 0,5 m und — ab der Gruppe C mindestens 1 m betragen. Anstelle der vollständigen Erddeckung kann auch an einer Stirnseite als Schutzmaßnahme gegen unzulässige Erwärmung eine Wärmedämmung nach TRB 610 Abschnitt 3.2.3.3.4. oder eine feuerbeständige Ummauerung angebracht werden. Ist aus betriebstechnischen oder anderen Gründen eine allseitige Deckung nicht möglich, sind zum Schutz gegen unzulässige Erwärmung Maßnahmen nach TRB 610 Abschnitt 3.2.3.3.4. und 3.2.3.3.5. zulässig. Bei erdgedeckten Lagerbehältern, außer mit Bitumenumhüllung, kann auf einen kathodischen Korrosionsschutz verzichtet werden, wenn die Lagerbehälter besonders wirksam gegen chemische und mechanische Angriffe geschützt sind siehe Anhang II Nr. 25 Abs. 7 DruckbehV.	×	vorgesehen 1 m

Tabelle 2.3 (Fortsetzung)

Flüssiggasanlagengruppe C: Lagerbehältergröße: 400 m³/185 t	Gr. C	Bemerkung
7.2.3. Vor der Aufstellung von Lagerbehältern mit einem Fassungsvermögen >30 t sind bodenmechanische Untersuchungen (Bohrproben, Drucksonden) des Aufstellungsortes durchzuführen (Bodengutachten). Deren Ergebnisse sind bei der Aufstellung zu berücksichtigen. Bodenmechanische Untersuchungen müssen nicht durchgeführt werden, wenn bereits für den vorgesehenen Anlagenbereich gutachterliche Aussagen vorhanden sind, aus denen hervorgeht, daß mit Setzungen nicht zu rechnen ist.	×	Gutachten liegt vor
7.2.4. Bei der Verwendung einer Abblaseleitung siehe TRB 600 Abschnitt 3.4. zum gefahrlosen Ableiten des Gases beim Ansprechen des Sicherheitsventils sollte die Ausmündung der Abblaseleitung mindestens 2,5 m über der Erddeckung oder dem Behälterscheitel liegen.	×	vorgesehen
7.2.5. Entwässerungsstutzen müssen mit zwei Absperrarmaturen oder einem absperrbaren Abscheidebehälter (Schleuse) versehen werden. Sie müssen gegen Einfrieren und unbeabsichtigte Gasfreisetzung geschützt sein. Die Forderung gegen Einfrieren und unbeabsichtigte Gasfreisetzung ist insbesondere erfüllt, wenn Entwässerungseinrichtungen beheizt werden oder durch zweckentsprechende Konstruktion verhindert wird, daß sich Wasser in dem Anschlußstutzen sammelt (Spazierstockmethode) bzw. das Einfrieren von Wasser im Anschluß Schäden hervorrufen kann. Hinter der ersten Absperrarmatur ist zusätzlich eine Querschnittsverengung vorzusehen. Hierdurch wird sichergestellt, daß der Lagerbehälter mit der zweiten Absperrarmatur noch abgesperrt werden kann, wenn die erste vereist.	×	nicht vorhanden
7.3. Verdampfer 7.3.1. Verdampfer sind nur in dem Betrieb der Anlage dienenden Räumen oder im Freien aufzustellen. 7.3.2. Die Räume nach Abschnitt 7.3.1. sind — mindestens in Feuerwiderstandsklasse F 30 auszuführen, — gegenüber Nachbarräumen entsprechend Feuerwiderstandsklasse F 90 abzutrennen, — müssen bei Anlagen ab der Gruppe C eine Gaswarneinrichtung haben, die in das Not-Aus-System eingebunden ist, — mit elektrischen Betriebsmitteln nach DIN VDE 0165 auszurüsten und — ausreichend zu be- und entlüften, wobei die Entlüftung in Bodennähe wirken muß. Die Forderung nach ausreichender Be- und Entlüftungsöffnung jeweils mindestens 1/100 der Bodenfläche beträgt. Als Gesamtfläche ist mindestens 400 cm² vorzusehen. 7.3.3. Verdampfer dürfen grundsätzlich nicht unter Erdgleiche aufgestellt werden. 7.3.4. In explosionsgefährdeten Bereichen dürfen nur Verdampfer nachstehender Bauarten aufgestellt sein: — Verdampfer mit elektrischer Beheizung und Ausrüstung nach DIN VDE 50014, — Verdampfer, die durch Warmwasser, Öl oder Dampf beheizt werden, wenn die Aufheizung des Wärmeträgers außerhalb des explosionsgefährdeten Bereichs erfolgt. Elektrische Ausrüstungen müssen der DIN VDE 50014 entsprechen.	×	nicht vorhanden

2.2 Lagerung von Flüssiggas

Tabelle 2.3 (Fortsetzung)

Flüssiggasanlagengruppe C: Lagerbehältergröße: 400 m³/185 t	Gr. C	Bemerkung
7.4. *Rohrleitungen* Rohrleitungsanschlüsse sind so auszuführen, daß durch die zulässigen Bewegungen an den Anschlüssen der Lagerbehälter keine unzulässigen Zusatzbeanspruchungen bewirkt werden (biegeweiche Verlegung der Leitungen federnd gelagert, Kompensatoren).	×	vorgesehen
7.5. *Verdichter* Für die Aufstellung von Verdichtern ist Abschnitt 7.3. sinngemäß anzuwenden.	×	wird beachtet
7.6. *Pumpen* Für die Aufstellung von Pumpen ist Abschnitt 7.3. sinngemäß anzuwenden.	×	wird beachtet
8. Betrieb *8.1. Anlagen* 8.1.1. Für Anlagen ab der Gruppe C ist eine Beaufsichtigung durch eine unterwiesene Person auch außerhalb der Betriebszeit erforderlich. Diese Forderung ist erfüllt, wenn z. B. mindestens einmal pro 8 Stunden ein Kontrollgang erfolgt.	×	vorgesehen
8.1.2. In Anlagen ab der Gruppe C und in Umschlags- und Verteilerlägern müssen in regelmäßigen zeitlichen, mindestens halbjährlichen Abständen Übungen nach Alarm- und Gefahrenabwehrplan durchgeführt werden. Hierüber ist ein schriftlicher Nachweis zu führen.	×	vorgesehen
8.1.3. Anlagenteile müssen vor der Füllung mit Gas luftfrei gemacht werden, z. B. durch Spülen mit Stickstoff oder einem anderen Inertgas, wobei der Sauerstoffgehalt überwacht wird. Gas darf erst eingefüllt werden, wenn der Sauerstoffgehalt unter 5% gesunken ist.	×	vorgesehen
8.1.4. Bei Stillegung von Anlagen ist das Gas bis auf Restgasmengen in geschlossene Systeme zurückzunehmen. Gegebenenfalls sind Restgasmengen über eine Fackel gefahrlos zu verbrennen.	×	vorgesehen
8.1.5. Der Betreiber hat vor Beginn von Schweiß- und sonstigen Feuerarbeiten sowie für Arbeiten, bei denen mit Gasaustritt zu rechnen ist, eine schriftliche Freigabeerklärung zu erteilen, in der die anzuwendenden sicherheitstechnischen Maßnahmen anzugeben sind. Die Beschäftigten dürfen ohne die schriftliche Freigabeerklärung des Betreibers die Arbeiten nicht durchführen.	×	wird beachtet
8.1.6. Wenn bei Arbeiten in Anlagen mit einem Gasaustritt zu rechnen ist, muß dafür gesorgt werden, daß auch außerhalb der Ex-Zone in möglicherweise gefährdeten Bereichen während der Dauer der Arbeiten keine Zündquellen vorhanden sind. Hierbei ist festzustellen, inwieweit Zündquellen auch außerhalb der Ex-Zone gefährlich werden können siehe auch Ex-RL Abschnitt E 4.2	×	wird beachtet
8.1.7. Für die Anlage ist ein Alarm- und Gefahrenabwehrplan zu erstellen.	×	vorgesehen
8.1.8. Für Anlagen ab der Gruppe B ist mit den für den Brandschutz zuständigen Stellen ein Feuerwehrplan nach DIN 14095 Teil 1 zu erstellen; hierbei sind insbesondere auch die Einrichtung und Alarmierung eines Entstördienstes festzulegen.	×	vorgesehen
8.1.9. Für den Betrieb von Anlagen muß eine Betriebsanweisung, inhaltlich entsprechend TRB 700 Abschnitt 2.3., erstellt werden.	×	vorgesehen
8.2. Lagerbehälter 8.2.1. Ein Befüllen des Lagerbehälters ist nur zulässig, wenn sichergestellt ist, daß ein Überfüllen sicher verhindert wird.	×	gewährleistet

Tabelle 2.3 (Fortsetzung)

Flüssiggasanlagengruppe C: Lagerbehältergröße: 400 m³/185 t	Gr. C	Bemerkung
8.2.1.1. Diese Forderung ist erfüllt, wenn eine bauteilgeprüfte Überfüllsicherung verwendet wird oder die in den Unterlagen für die Einzelprüfung nach Abschnitt 6.1.4. festgelegten Maßnahmen eingehalten werden.	×	vorgesehen
9. Prüfung *9.1. Anlagen* 9.1.1. Bei Anlagen ab der Gruppe A ist die Erfüllung dieser sicherheitstechnischen Anforderungen vor der ersten Inbetriebnahme und nach wesentlichen Änderungen durch einen Sachverständigen festzustellen. Zusätzliche Festlegungen in den Genehmigungsbescheiden sind zu berücksichtigen.	×	wird beachtet
9.1.2. Die Feststellung nach Absatz 9.1.1. ist spätestens in Abständen von zwei Jahren zu wiederholen. Bei Anlagen bis der Gruppe B können diese Prüfungen durch Sachkundige durchgeführt werden.	×	vorgesehen
9.1.3. Über die Feststellung nach den Abschnitten 9.1.1. und 9.1.2. sind Bescheinigungen der Sachverständigen und Sachkundigen auszustellen, die am Betriebsort, ggf. in Kopie, aufzubewahren sind.	×	vorgesehen
9.1.4. Bei Anlagen ab der Gruppe A sind über den Umfang und Zeitpunkt sicherheitstechnisch bedeutsamer Instandhaltungsarbeiten sowie Inspektionen schriftliche Unterlagen zu erstellen.	×	vorgesehen
9.1.5. Bei Umschlaglägern ab der Gruppe B und bei Verbrauchslägern ab Gruppe C sind die Gaswarn- und Brandmeldeanlagen, in mindestens vierteljährlichen Abständen, Funktionsprüfungen durch eine sachkundige Person zu unterziehen.	×	vorgesehen
9.2. Lagerbehälter 9.2.1. Lagerbehälter mit einem Fassungsvermögen von mehr als 30 t und baustellengefertigte Schweißnähte sind einer objektbezogenen zerstörungsfreien Prüfung im Umfang nach Tabelle 1 zu unterziehen.	×	vorgesehen
9.2.2. Zur Sicherung der Güte der Schweißungen sind baustellengefertigte Schweißnähte in Anlagen ab der Gruppe C während der Herstellung im Rahmen der Bauprüfung einer begleitenden Bauüberwachung durch den Sachverständigen unterziehen zu lassen.	×	falls erforderlich, vorgesehen
9.2.3. Lagerbehälter mit einem Fassungsvermögen von mehr als 30 t sind, sofern es die Bodenverhältnisse es erfordern (Bodengutachten), während des Betriebes einer regelmäßigen Prüfung durch sachkundige Personen von Setzungen des Behälters (z. B. mittels Peilbolzen) zu unterziehen. Soweit aufgrund des Bodengutachtens Setzungen nicht auszuschließen sind, die zu unzulässigen Beanspruchungen des Lagerbehälters und der angeschlossenen Rohrleitungen führen können, sind regelmäßige Prüfungen der Setzungen durch sachkundige Personen durchzuführen.	×	geplant
9.3. Rohrleitungen In den Anlagen ab der Gruppe C sind die Rohrleitungen einer Bauüberwachung durch den Sachverständigen zu unterziehen und alle Rundnähte 100% zerstörungsfrei zu prüfen.	×	vorgesehen

2.2 Lagerung von Flüssiggas

Tabelle 2.4 Beispiel für einen Ex-Zonen-Plan (Explosionsgefährdete Bereiche)

Flüssiggas-Umfüll- und Verteilerlager 400 m³/185 t   Flurstück: 888
Firma: ABC   Gemarkung: Adorf, 0xxxx Adorf, Am Bahnhof

1. Grundsätzliche Aussagen

1.1 Funktion und Ausrüstung des Flüssiggaslagers ist der Sicherheitsbetrachtung zu entnehmen
1.2 Gefährdungsart: Gasexplosionsgefährdung
1.3 Gefährdungsgrade
Zone 0: Bereiche, in denen ständig oder langzeitig explosionsfähige Atmosphäre vorhanden ist
Zone 1: Bereiche, in denen damit zu rechnen ist, daß gefährliche explosionsfähige Atmosphäre gelegentlich auftritt
Zone 2: Bereiche, in denen damit zu rechnen ist, daß gefährliche explosionsfähige Atmosphäre nur selten und dann auch nur kurzzeitig auftritt
1.4 Explosionsgefährdete Räume sind Bereiche, in denen auf Grund der örtlichen und betrieblichen Verhältnisse explosionsfähige Atmosphäre in gefahrdrohender Menge auftreten kann
1.5 Verursachender Stoff:
Technisches Propan nach DIN 51622   MAK-Wert: 1800 mg/m^3
Dampfdruck bei +50 C: max. 17,3 bar   Zündgruppe: G1
Zündtemperatur in Luft: 510 °C   Explosionsklasse: 1
untere Explosionsgrenze in Luft: 2,1 Vol-%
obere Explosionsgrenze in Luft: 9,5 Vol-%
1.6 Gefahrmindernde Faktoren:
– Emission tritt im Freien auf
– Ausführung der Umfüllung nach Vorschrift
– Bedienung der Anlage durch unterwiesenes Fachpersonal
– Projektgerechte Ausführung der Anlage
– Gaswarnanlage, redundante Überfüllsicherung, keine Sicherheitsventile am Behälter, Vollschlauchsystem u. a.
1.7 Gefahrerhöhende Faktoren:
– Das ausströmende Gas ist schwerer als Luft
– Gruben, Kanäle und Schächte, sofern im Wirkungsbereich vorhanden, sind besonders zu beachten
1.8 Vorschriften, Richtlinien
Die konkreten Aussagen zu den explosionsgefährdeten Bereichen fußen auf folgenden Quellen:
[1] TRB, Anlage zu TRB 801, Nr. 25, Flüssiggasbehälteranlagen, Ausgabe Juli 1997
[2] TRB 610: Druckbehälter, Aufstellen von Druckbehältern zum Lagern von Gasen, Stand: Februar 1997
[3] TRB 851/852: Füllanlagen zum Abfüllen von Druckgasen aus Druckgasbehältern in Druckbehälter, Stand Februar 1997
[4] Verordnung über elektrische Anlagen in explosionsgefährdeten Räumen (ElexV), Fassung vom September 1994
[5] Beispielsammlung zu den Explosionsschutz-Richtlinien, Ausgabe XI 1989
[6] UVV „Verwendung von Flüssiggas", VBG 221, vom Okt. 1993
[7] Richtlinie für die Vermeidung der Gefahren durch explosionsfähige Atmosphäre mit Beispielsammlung – Explosionsschutz-Richtlininien – (Ex-RL), Ausgabe September 1994
[8] Sicherheitstechnische Maßnahmen zur Errichtung und zum Betrieb von Umfüllstellen für Flüssiggas aus EKW in STF, Ausgabe XI.93
[9] TRG 401/402: Füllanlagen, Stand: Mai 1990/September 1989

2. Mögliche Gasaustrittsstellen

Für den bestimmungsgemäßen Betrieb der Anlage sind mögliche Gasaustrittsstellen zu benennen. Das sind bei dieser Anlage:
– Austrittsstellen der Peilventile (im Domschacht)
– Austrittsstellen der Sicherheitsventile, die ins Freie abblasen können
– Austrittsstellen der Entspannungsleitungen bzw. -öffnungen
– Anschlußstellen für EKW- und TKW-Umfüllungen

3. Gasexplosionsgefährdete Bereiche und deren Grade

3.1 Erdgedeckter Flüssigasbehälter
3.1.1 Im Domschacht bzw. im Umfeld des Domschachtes
– bei geschlossenem Domschachtdeckel
Zone 1: im gesamten Domschachtbereich
– bei geöffnetem Domschachtdeckel
Zone 1: im Domschacht und 1 m darüber, halbkugelförmig mit einem Fußkreisradius von 1 m vom Rand des Domschachtes
Zone 2: Kegel tangential an Zone 1, Basisflächenradius 3 m, beginnend ab Domschachtrand
3.2 Um die Austrittsstellen der Entspannungsleitungen der Überdrucksicherungen
Zone 2: 3 m kugelförmig um Mündung (lt. Beispielsammlung EX-RL, Punkt 1.1.2)
3.3 Um den Tankkraftwagen
Zone 1: Nach TRB 851 ist um den TKW-Füllanschluß ein temporärer Schutzbereich mit folgender Ausdehnung erklärt: kegelförmiger Raum mit senkrechter Achse, dessen Grundfläche einen Radius von 5 m hat und dessen Kegelspitze 1 m über den TKW-Anschlüssen liegt
3.4 Um den Eisenbahnkesselwagen
– bereitgestellter EKW
Schutzbereich: Fußkreisradius 10 m von den Füllanschlüssen
Fußkreisradius 5 m von den Stirnwänden,
Nach oben: 1 m über dem EKW,
Zone 1
– während des Entleerungsvorganges
Schutzbereich: Um die Anschlüsse, Fußkreisradius 10 m, Kegelspitze 1 m über den Anschlüssen, Zone 1
Hinweis: Bei Überlagerung mehrerer Zonen gilt die Zone mit dem höchsten Gefährdungsgrad und/oder der größten Ausdehnung.

4. Ex-Zonen-Plan

Alle unter Punkt 3. einzeln ausgewiesenen explosionsgefährdeten Räume sind für die konkrete Anlage im „Ex-Zonen-Plan" dargestellt (siehe Abb. 2.8)

5. Umgang mit den explosionsgefährdeten Räumen

Maßnahmen, welche die Entzündung gefährlicher explosionsfähiger Atmosphäre verhindern, sind Abschnitt E2 der „Richtlinien für die Vermeidung der Gefahren durch explosionsfähige Atmosphäre mit Beispielsammlung – Explosionsschutzrichtlinien – (Ex-RL)" zu entnehmen [7].
Insbesondere sind folgende Forderungen einzuhalten:
– In den Zonen 1 und 2 dürfen sich nur Baulichkeiten und Einrichtungen befinden, die dem Betrieb der Flüssiggasversorgungsanlage dienen.
– In den Zonen 1 und 2 dürfen Fahrzeuge mit Verbrennungs- oder Elektromotoren in nicht explosionsgeschützter Ausführung verkehren, wenn sichergestellt ist, daß brennbare Gase in der gefahrdrohender Menge nicht in den Bereich der Fahrzeuge gelangen.
– In den Zonen 1 und 2 dürfen sich keine Kanaleinläufe, offene Schächte, Kanäle u. a. befinden.
– In der Zone 1 ist der Einsatz von Betriebsmitteln verboten, deren Oberflächentemperatur mehr als 80% der nach DIN 51794 gemessenen Zündtemperatur in °C beträgt.
In der Zone 2 dürfen Betriebsmittel Oberflächentemperaturen bis zur Zündtemperatur aufweisen.
– Der Umgang mit offenen Flammen ist in Zone 1 und 2 nicht zulässig.
– Elektrische Anlagen in explosionsgefährdeten Bereichen unterliegen den Bestimmungen der „Verordnung über elektrische Anlagen in explosionsgefährdeten Räumen (ElexV)". Elektrische Anlagen in den Zonen 1 und 2 sind mindestens aller 3 Jahre überprüfen zu lassen.

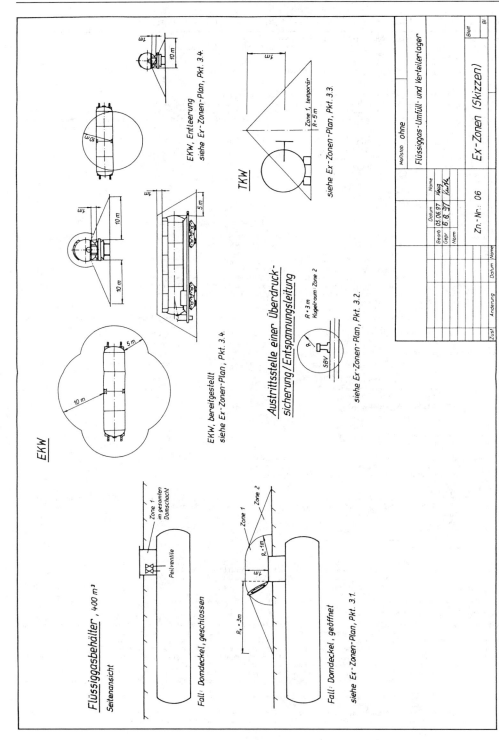

Abb. 2.8 Ex-Zonen gemäß Ex-Zonen-Plan des Beispiels nach Tabelle 2.4

2.2 Lagerung von Flüssiggas

Tabelle 2.5 Betriebsanweisung für Flüssiggasanlagen mit ortsfesten Behältern nach TRF 96

1. Eigenschaften von Flüssiggas

Flüssiggas (Propan, Butan und deren Gemische) ist ein **hochentzündliches**, farbloses Gas mit wahrnehmbarem Geruch. Es ist schwerer als Luft und schon bei geringer Vermischung mit der Umgebungsluft zündfähig. **Vorsicht:** Unkontrolliert ausströmendes Gas kann zu **Verpuffungen oder Explosionen** führen.

2. Verhalten bei Störungen und Undichtheiten

Bei Störungen und Undichtheiten (z. B. Gasgeruch, Ausströmgeräusch) sofort das **Behälterabsperrventil** unter der Armaturenhaube / unter dem Domschachtdeckel und die **Hauptabsperreinrichtung** außerhalb oder unmittelbar nach Eintritt der Rohrleitung in das Gebäude schließen.

Bei Betriebsstörungen: **Fachfirma rufen!**

| In Notfällen: **Feuerwehr (112) / Polizei (110)** und **Gaslieferanten/Versorgungsunternehmen** benachrichtigen! | Bei Gasgeruch in Gebäuden zusätzlich: **Fenster und Türen öffnen!** **Offene Feuer löschen!** **Nicht rauchen!** | **Keine Elektroschalter betätigen!** **Nicht telefonieren!** **Haus verlassen!** |

3. Sicherheitstechnische Anforderungen an den Betrieb der Flüssiggasbehälter

Der Eingriff Unbefugter ist durch Abschließen der Armaturenhaube / Domschachtdeckel oder in besonderen Fällen durch Einzäunung zu unterbinden.
Der Umgang mit offenem Feuer (z. B. Grillen) und das Rauchen sind in unmittelbarer Nähe des Behälters verboten.
Der Bereich um den Behälter muß frei von Bewuchs (Bäume, Sträucher) gehalten werden.
Der **Bereich A** muß bei oberirdischer/halb-oberirdischer Aufstellung und bei erdgedeckten Behältern innerhalb des Domschachtes jederzeit von Zündquellen (Feuer, elektrische Anschlüsse oder Geräte) freigehalten werden.
Die **Bereiche A und B** müssen während des Befüllvorgangs von Zündquellen freigehalten werden und in **Bereich B** befindliche Geräte oder sonstige Zündquellen müssen sicher außer Betrieb gesetzt sein.
Innerhalb der Bereiche A und B dürfen sich keine ungeschützten Kanaleinläufe, Schächte oder sonstige Öffnungen befinden.
Der helle, die Sonneneinstrahlung reflektierende Anstrich muß sauber gehalten werden, damit der Behälter insbesondere im Sommer gegen Erwärmung wirksam geschützt ist.
Ein Feuerlöscher ist betriebsbereit zu halten und alle 2 Jahre von einer Fachfirma zu prüfen.
In besonderen Aufstellräumen für Flüssiggasbehälter dürfen keine brennbaren oder sonstigen anlagenfremden Gegenstände gelagert werden; es dürfen sich dort keine Kanaleinläufe, Kanäle, Schächte oder Öffnungen zu tieferliegenden Räumen befinden. Elektrische Anlagen müssen explosionsgeschützt ausgeführt sein (EX-Zone 1).

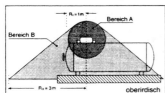 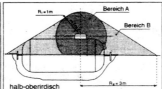 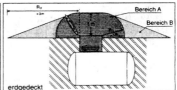

Es muß ein Abstand zu Brandlasten (z. B. Holzschuppen o. ä.) von mindestens 5 m zum oberirdischen/halb-oberirdischen Behälter eingehalten werden. Innerhalb dieses Bereiches und unterhalb des oberirdischen Behälters dürfen keine brennbaren Stoffe (z. B. Brennholz) gelagert werden: Bauliche Veränderungen innerhalb dieses Bereiches von 5 m sowie wesentliche Veränderungen des Umfeldes des Behälters bedürfen der vorherigen Absprache mit dem Versorgungsunternehmen / mit dem Sachkundigen.

4. Betrieb einer Flüssiggas-Anlage

Flüssiggas-Anlagen dürfen nur von Fachfirmen installiert, geändert und erstmalig in Betrieb genommen werden. Vom Betreiber sind die Bedienungsanweisungen der Hersteller der Flüssiggas-Verbrauchsgeräte für den Betrieb und ggf. bei Betriebsstörungen sorgfältig zu beachten. Der Betreiber einer Flüssiggas-Anlage hat sich davon zu überzeugen, daß vor der ersten Inbetriebnahme oder nach einer Änderung der Anlage der ordnungsgemäße Zustand von einer Fachfirma geprüft und bescheinigt wurde. Die Bescheinigungen über die Prüfung von Behälter und Gesamtanlage sind vom Betreiber aufzubewahren. Bei jeder Außerbetriebsetzung sind die Ventile beginnend vom Behälterabsperrventil über Hauptabsperreinrichtung bis hin zu den Geräteabsperreinrichtungen zu schließen. Bei Wiederinbetriebnahme sind die Ventile in gleicher Reihenfolge zu öffnen. Füllstand regelmäßig kontrollieren. Für einen störungsfreien Betrieb sollte bei einem Inhalt von ca. 30% eine Befüllung des Behälters in Auftrag gegeben werden.

5. Sicherheitstechnische Überwachung von Flüssiggas-Anlagen

Flüssiggas-Anlagen sind wiederkehrend zu prüfen. Die Prüfungen sind vom Betreiber zu veranlassen:

Behälter:	— alle 2 Jahre durch einen Sachkundigen nach § 32 Druckbehälterverordnung
	— alle 10 bzw. 5 Jahre durch einen Sachverständigen (z. B. TÜV) – siehe Prüfbuch/Prüfakte
Rohrleitungen, Armaturen und Gasverbrauchgeräte:	— alle 10 bzw. 5 Jahre durch einen Sachkundigen nach § 32 Druckbehälterverordnung, durch eine Fachfirma oder durch einen Sachverständigen siehe Prüfunterlagen der Rohrleitungen

Bei gewerblich genutzten Anlagen sind zusätzlich die Fristen für die wiederkehrenden Prüfungen nach Unfallverhütungsvorschrift VBG 21 zu beachten.

Jeder Umgang mit Energie birgt Gefahren in sich.
Beachten Sie deshalb diese Betriebsanweisung!

Einbeziehung der Verkehrswege in Vorsorgemaßnahmen gemäß dem notwendigen Alarm- und Gefahrenabwehrplan für die Flüssiggaslagerbehälteranlagen.

Für **Anlagen der Gruppe 0** gilt die vom DVFG herausgegebene *Betriebsanweisung* gleichzeitig als *Alarm- und Gefahrenabwehrplan* (siehe Tabelle 2.5).

Für nach dem Bundesimmissionsschutzgesetz (BImSchG) genehmigungsbedürftige Anlagen ist je ein Beispiel für einen Alarm- und Gefahrenabwehrplan (Tabelle 2.6 und Tabelle 2.7) beigefügt.

Hinsichtlich der in Ausbreitungsrechnungen anzusetzenden Ausflußmasse ist der Sachverhalt der „technischen Dichtheit" und dessen Definition von Bedeutung. Hierzu trifft TRB 600 [2.20], Abschnitt 5 entsprechende Aussagen. Danach wird an eine Flüssiggasanlage grundsätzlich die Forderung nach Gewährleistung technischer Dichtheit erhoben. Es ist davon auszugehen, daß auch alle üblichen Rohrleitungsverbindungen, wie Flanschverbindungen, NPT-Gewindeverbindungen im allgemeinen als technisch dicht angesehen werden dürfen. Sind Druckbehälter einschließlich aller lösbaren und unlösbaren Verbindungen technisch dicht, besteht in der umgebenden Atmosphäre keine Brand-, Explosions- oder Gesundheitsgefährdung.

Tabelle 2.6   Alarmplan (Beispiel)

Alarmplan	erledigt: (Datum/Uhrzeit/Unterschrift)	
A1. Plan erstellt für Flüssiggasversorgungsanlage: Anschrift: Meier, Beweg 1, xxxxx Adorf Anlagentyp: Flüssiggas-Versorgungsanlage, Gruppe A Behältergröße: 16,4 m³/7,5 t		
A2. Verhalten bei Störungen: Meldung über Leckagen, Brand, Explosion, sonst. Ereignisse Inhalte der Meldungen: Was ist passiert? Wo ist es passiert?	Wann ist es passiert? Wieviel Verletzte? Wer meldete die Störung?	
A3. Zentrale Notrufstelle: Tel.-Zentrale Tel.-Zentrale:	(Sicherheitstelefon des DVFG e. V.):	
A4. Werkseinsatzleitung: Vertreter: Tel.-Nr.:	Betriebsleitung: Tel.-Nr.:	
A5. Feuerwehr	Notruf 112	Tel.-Nr.:
Polizei	Notruf 110	Tel.-Nr.
Staatl. Gewerbeaufsichtsamt	dienstlich	Tel.-Nr:
	nach Dienst	Tel.-Nr.:
Staatl. Umweltfachamt	Tag/Nacht	Tel.-Nr:
Ordnungsamt	dienstlich	Tel.-Nr.:
	nach Dienst	Tel.-Nr:
Zentrale Rettungsleitstelle		Tel.-Nr.:
A6. Treffpunkt der Einsatzleitung Freiplatz auf Aweg		
A7. Alarmstufen Die Alarmstufen entsprechen den Gefährdungsstufen des Gefahrenabwehrplanes.		
A8. Stand (Datum): Änderungsdienst:		

2.2 Lagerung von Flüssiggas

Tabelle 2.7 Gefahrenabwehrplan (Beispiel)

erledigt:
(Datum/Uhrzeit/Unterschrift)

G1. Plan erstellt für Flüssiggasanlage:
Anschrift:
Anlagentyp: Flüssiggas-Umschlag- und Verteilerlager, Gruppe C
Behältergröße: 400 m³/185 t
G2. Bei Störung aus der Umgebung
G3. Art der Störung ermitteln, Abwehrmaßnahmen im eigenen Betrieb treffen, Nachbaranlagen informieren, Brand: Löscheinrichtungen in Bereitschaft halten, erforderlichenfalls Kühlung von Flüssiggasanlagenteilen,
Verantwortlicher: Einsatzleiter oder dessen Stellvertreter

G4. Bei Störung im eigenen Betrieb
G5. Kontrolle, ob Institutionen laut Alarmplan benachrichtigt sind,
Verantwortlicher: Einsatzleiter oder dessen Stellvertreter
G6. Pläne der Anlage und der Umgebung hinzuziehen
Übersichtsplan der Gesamtanlage
Detailpläne
Kanalisationspläne
Lagerort: Behälteranlage
Standort: EKW/TKW

G7. Nach der Lokalisierung des Gefahrenherdes Stoffinformation, Bekämpfungsmaßnahmen und eine Beschreibung des Gefährdungspotentials entnehmen. Eine Abschätzung der Auswirkungen einer Freisetzung von Flüssiggas, eines Brandes oder einer Explosion ist mit Hilfe des Sicherheitsdatenblattes vorzunehmen.
1. Auswirkung einer Freisetzung von Flüssiggas
Es ist eine gasförmige und flüssige Freisetzung anzunehmen. Bei Freisetzung von flüssigem Flüssiggas findet eine sofortige Verdampfung mit starkem Wärmeentzug statt. Zu beachten ist, daß Flüssiggas schwerer als Luft ist, deshalb zu Boden sinkt, dort sich ausbreitet und in Vertiefungen sammeln kann. Eine toxische, wasser- und umweltgefährdende Wirkung von Flüssiggas ist praktisch nicht vorhanden (siehe auch Sicherheitsdatenblatt).
2. Auswirkung eines Brandes
Bei einem Brand in der Umgebung der Anlage kann es durch Wärmeeinwirkung zur Druckerhöhung in den flüssiggasbeaufschlagten Anlagenteilen kommen. Dies führt gegebenenfalls zum Ansprechen der Sicherheitsventile und damit zur Freisetzung von Flüssiggas. In diesem Fall besteht die Gefahr, daß sich ein zündfähiges Gas/Luft-Gemisch bildet, welches in Brand geraten oder explodieren kann. Deshalb sind die flüssiggasbeaufschlagten Anlagenteile mit Wasser zu kühlen.
Bei Brand von austretendem Gas ist neben der Brandbekämpfung genauso zu verfahren.

Objekt	Art und Menge des Stoffes	Art der Verpackung	Maßnahmen im Gefahrenfall
Freigelände	Technisches Propan nach DIN 51622 max. 185 t	Druckbehälter	Kühlung mit Wasser

3. Auswirkung einer Explosion
Eine Explosion kann Zerstörungen von Anlagenteilen zur Folge haben.

G8. Nach Kenntnis der Stoffart, Stoffmenge und Abschätzung des Gefahrenausmaßes:
Ermitteln der Gefährdung durch den Einsatzleiter
Stufe 1: Es sind keine Auswirkungen auf die Umgebung zu erwarten
Maßnahmen:
1. Information der Arbeitnehmer
2. Räumung und Absperrung des Gefahrenbereiches
Stufe 2: Es ist keine Gefährdung der Umgebung zu erwarten, aber eine Belästigung (z. B. durch Geruch oder Rauch) **ist nicht auszuschließen**
Maßnahmen:
1. und 2. wie bei Stufe 1
3. Stoffabsperrung und Anlagenabschaltung
Ab Stufe 2 Katastrophenschutzbehörde informieren

Stufe 3: Bei Störung innerhalb der Anlage ist eine Gefährdung der Umgebung (z. B. Freisetzung gefährlicher Stoff- und Energiemengen) **nicht auszuschließen.**
Maßnahmen: 1. bis 3. wie bei Stufe 2
4. Einleitung von Bekämpfungsmaßnahmen
Stufe 4: Es ist eine Gefährdung der Umgebung durch z. B. Freisetzung gefährlicher Stoff- oder Energiemengen mit hoher Wahrscheinlichkeit zu erwarten.
Maßnahmen: 1. bis 4. wie bei Stufe 3
5. Einweisung von öffentlichen Einsatzkräften

G9. Prüfen, ob die Belegschaft vollständig auf den Sammelplätzen anwesend ist. Einteilen der betrieblichen Einsatzkräfte
Verantwortlicher: Einsatzleiter oder dessen Stellvertreter

G10. Windrichtung feststellen, durch vorhandene Windrichtungsanzeige

G11. Ermittlung des Ausbreitungsverhaltens
Zur Herstellung von Schablonen wird eine kreisförmige Fläche von z. B. $r = 0\ 500$ m Radius (stoff-, anlagen- u. wetterabhängig) angenommen. Der Öffnungswinkel β wird durch Windrichtung und Windgeschwindigkeit bestimmt. Schablone und Windrose werden im Maßstab der vorhandenen Umgebungskarte gefertigt.
Die ermittelten gefährdeten Bereiche gelten so lange, bis eine Ausbreitungsabschätzung (z. B. Messung) mit einem genaueren Verfahren stattgefunden hat.
Verantwortlicher: Einsatzleiter oder dessen Stellvertreter
Ermittlung des Ausbreitungsverhaltens:

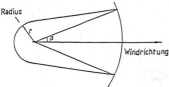

Abb. 1 Schablone

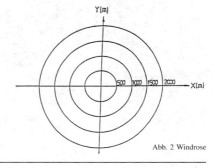

Abb. 2 Windrose

Vorgehensweise:
1. Windrichtung und Windgeschwindigkeit feststellen.
2. Vorgefertigte Ausbreitungsschablone (Abb. 1) für Stoffart und Windgeschwindigkeit in Windrichtung auf Windrose (Abb. 2) auflegen. Diese dann auf eine Karte des gefährdeten Gebietes auflegen.

G12. Nachbarn warnen, Medieninformation vorbereiten
Verantwortlicher: Einsatzleiter oder dessen Stellvertreter

Versucht man, die technologischen und sicherheitstechnischen Anforderungen an Flüssiggaslagerbehälteranlagen in typische Anlagenkonfigurationen umzusetzen, ergeben sich beispielsweise die in den nachfolgenden Abbildungen dargestellten Schemata (Abb. 2.9 bis Abb. 2.22) [2.21]. Die zu den jeweiligen Anlagenschemata gehörigen Ausrüstungen sind in den Tabellen 2.8 bis 2.17 zusammengestellt.

Flüssiggaslagerbehälteranlagen sind ab Gruppe A sowohl nach dem *Bundesimmissionsschutzgesetz* als auch nach den *Bauordnungen der Länder* genehmigungsbedürftig.

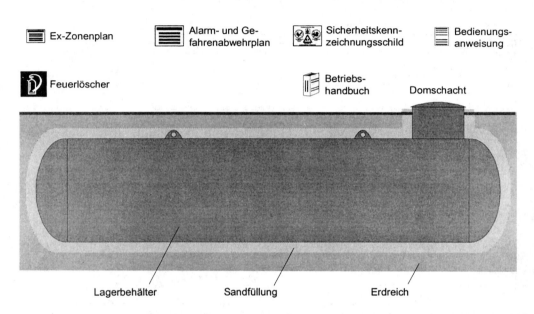

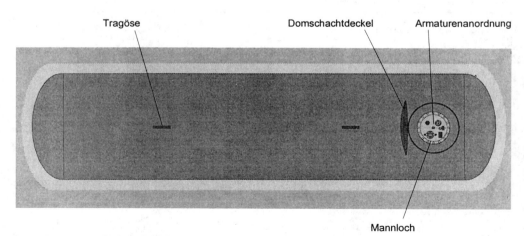

Abb. 2.9 *Seitenansicht und Draufsicht von unterirdischen Behältern der Gruppe A (3 t bis 15 t) [2.21]*

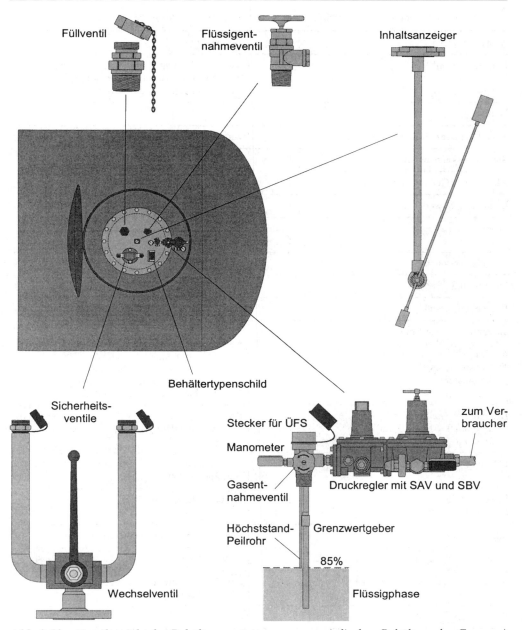

Abb. 2.10 *Detailansicht der Behälterausrüstung von unterirdischen Behältern der Gruppe A (3 t bis 15 t) [2.21]*

Tabelle 2.8 Ausrüstungen von unterirdischen Behältern der Gruppe A (3 t bis 15 t) [2.21]

Ausrüstungen	Menge	Bemerkung
Behälterstutzen	–	nach Möglichkeit im Bereich der Gasphase und nicht mehr, als für den Betrieb notwendig. Reservestutzen blindgeschweißt.
Domschacht	1	verschließbar
Mannloch (Besichtigungsöffnung)	1	zur Kontrolle bei innerer Prüfung
Sicherheitskennzeichnungsschild	1	gemäß VBG 125, am Domschacht
Alarm- und Gefahrenabwehrplan	1	
Bedienungsanweisung	1	
Feuerlöscher	2 oder 1	6 kg Brandklasse ABC oder 12 kg Brandklasse ABC
Betriebshandbuch	1	
Sandfüllung	–	allseitig mind. 20 cm, Korngröße <3 mm
Erddeckung mind.	0,5 m	Erddeckung kann auch 1 m betragen
Gasentnahmeventil mit: * Grenzwertgeber * Stecker für Überfüllsicherung * Höchststandspeilventil 85% * Manometer	1 1 1 1 1	 * Ansprechpunkt bei 85% schaltet TKW ab * Kabelverbindung zum TKW * zur Peilung des max. Füllstands, Öffnungsdurchmesser max. 1,5 mm * zum Ablesen des Behälterdrucks
Druckregler wahlweise: * Mitteldruck (0,7–1,5 bar) * Mittel-/Niederdruckkomb. (50 mbar)	 1 1	PN 25 * SAV und SBV optional * mit SAV und SBV
Flüssigentnahmeventil (Notentleerung)	1	zur Entnahme aus der Flüssigphase (mit Tauchrohr)
Sicherheitsventile mit Wechselventil	2 1	Größe 1″ innenliegend
Inhaltsanzeiger	1	Schwimmer mit magnetischer Anzeige
Füllventil mit doppeltem Rückschlagteller	1	Anschlußgewinde 1 3/4″ ACME
Sicherung gegen elektrostatische Aufladung		i. d. R. Anschluß am Lagerbehälter für TKW-Potentialausgleich
Behältertypenschild	1	
Stutzen ohne Rohrleitungsanschlüsse mit Blindverschlüssen	alle	verschlossen durch Blindflansch oder Blindstopfen
Korrosionsschutz	1	Bitumenisolierung und KKS-Anlage oder Epoxidharzbeschichtung
Ex-Zonenplan	1	zur Darstellung explosionsgefährdeter Bereiche

2.2 Lagerung von Flüssiggas

Tabelle 2.9 Einrichtungen von unterirdischen Behältern der Gruppe A (3 t bis 15 t) [2.21]

Einrichtungen	Menge	Bemerkung
Einzäunung des Geländes oder der Ex-Zonen		Zugriff Unbefugter darf nicht gegeben sein. Domschacht ist zu verschließen.
Notruftelefon, Funksprechgerät oder Feuermelder	1	in der Nähe der Anlage
Wasserentnahmestelle	1	zur Entnahme von Löschwasser für mind. 2 h in der Nähe der Anlage
Sicherheitsabstand	gemäß Ergebnis	Ermittlung über Ausbreitungsrechnung nach VDI 3783 Blatt 2 (s. a. Kapitel 6)
Ex-Zonen (ständig) Zone 1	Domschacht	durch bauliche Maßnahmen an max. 2 Seiten eingrenzbar. Keine Zündquellen, brennbare, anlagenfremde oder nicht exgeschützte Einrichtungen in diesem Bereich
Ex-Zonen (während der Befüllung): Zone 1 (kugelförmig um Domschacht) Zone 2 (kegelförmig um Domschacht)	1 m 3 m	

Gemäß der 4. Verordnung zur Durchführung des Bundes-Immissionsschutzgesetzes (Verordnung über genehmigungsbedürftige Anlagen – 4. BImSchV) bedürfen auch bestimmte Flüssiggaslagerbehälteranlagen einer Genehmigung, soweit sie länger als während der 12 Monate, die auf die Inbetriebnahme folgen, an demselben Ort betrieben werden und gewerblichen Zwecken dienen oder im Rahmen wirtschaflicher Unternehmungen verwendet werden. Das einzuleitende Genehmigungsverfahren hängt von der Zuordnung der Flüssiggasanlage zu Spalte 1 oder 2 des Anhanges zur 4. BImSchV ab.

Hier behandelte Flüssiggaslagerbehälteranlagen sind in den Abschnitt 9 „Lagerung, Be- und Entladen von Stoffen und Zubereitungen" des Anhanges zur 4. BImSchV, speziell Punkt 9.1. einzuordnen. Demnach sind Anlagen, die der Lagerung von brennbaren Gasen in Behältern mit einem Fassungsvermögen von 30 t oder mehr dienen in Spalte 1, Anlagen zum Lagern von brennbaren Gasen in Behältern mit einem Fassungsvermögen von 3 t bis weniger 30 t in Spalte 2 zuzuordnen.

Gemäß § 2, Absatz (1), der 4. BImSchV ist für Anlagen nach Spalte 2 ein sog. vereinfachtes Genehmigungsverfahren nach § 19 des BImSchG durchzuführen. D. h. in der Regel, daß die Anträge auf der Ebene der Landratsämter bearbeitet werden. Im Falle der Zuordnung der Flüssiggaslagerbehälteranlage zu Spalte 1 des Anhanges zur 4. BImSchV ist ein sogenanntes förmliches Genehmigungsverfahren nach § 10 des BImSchG durchzuführen. Letzteres wird i. d. R. bei den Regierungspräsidien der Bundesländer bearbeitet und muß öffentlich bekannt gemacht werden.

In beiden Fällen schließt das Genehmigungsverfahren nach dem BImSchG die Baugenehmigung ein.

Der Antrag für die Baugenehmigung umfaßt das Antragsformular mit allgemeinen Angaben, den amtlichen Lageplan, statische Nachweise für die Einlagerung der Flüssiggasbehälter sowie die Bauzeichnungen für die Anlage und eine umfassende Baubeschreibung.

Beide Genehmigungsverfahren gestalten sich oft langwierig; der Aufwand für die Durchführung und Begleitung eines Genehmigungsverfarens nach BImSchG nimmt oft eine erheb-

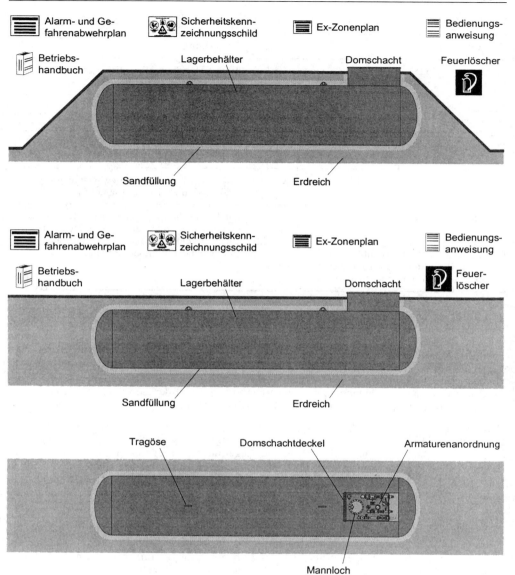

Abb. 2.11 Seitenansicht und Draufsicht von unterirdischen Behältern der Gruppe A (15 t bis 200 t) [2.21]

2.2 Lagerung von Flüssiggas

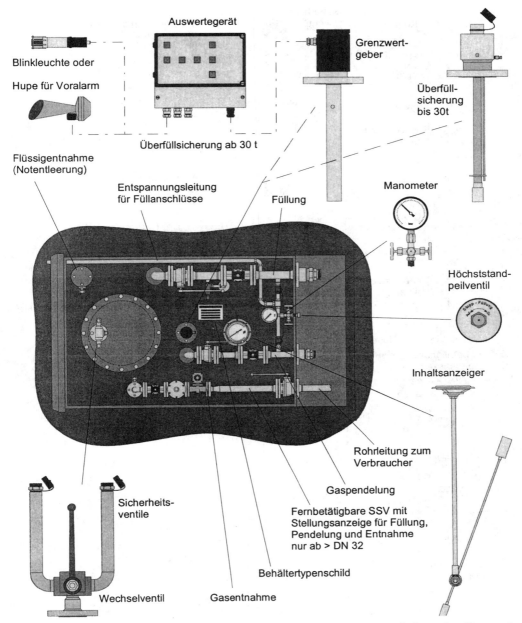

Abb. 2.12 Detailansicht der Behälterausrüstung von unterirdischen Behältern der Gruppe A (15 t bis 200 t) [2.21]

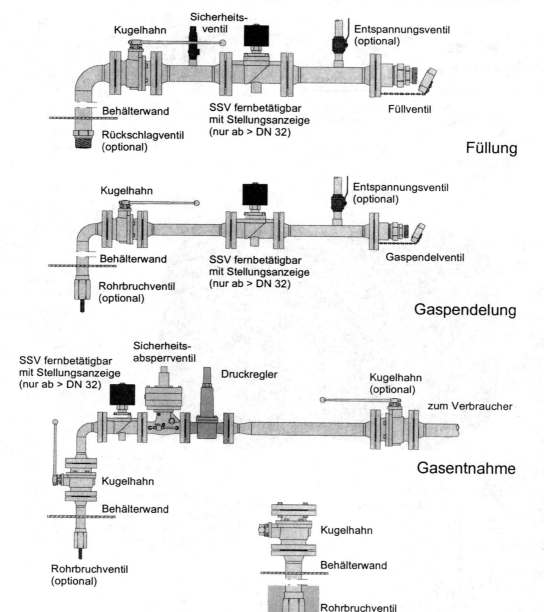

Abb. 2.13 *Detailansicht der Behälteranschlüsse von unterirdischen Behältern der Gruppe A (15 t bis 200 t) [2.21]*

2.2 Lagerung von Flüssiggas

Tabelle 2.10 Ausrüstungen von unterirdischen Behältern der Gruppe A (15 t bis 200 t) [2.21]

Ausrüstungen	Menge	Bemerkung
Behälterstutzen	–	Mgl. im Bereich der Gasphase und nicht mehr, als für den Betrieb notwendig. Reservestutzen blindgeschweißt
Domschacht	1	verschließbar
Mannloch (Besichtigungsöffnung)	1	zur Kontrolle bei innerer Prüfung
Sicherheitskennzeichnungsschild	1	gemäß VBG 125, im Bereich der freien Stirnseite
Alarm- und Gefahrenabwehrplan	1	
Bedienungsanweisung	1	
Feuerlöscher	2 oder 1	6 kg Brandklasse ABC oder 12 kg Brandklasse ABC
Betriebshandbuch	1	
Sandfüllung	–	allseitig mind. 20 cm, Korngröße < 3 mm
Erddeckung mind.	0,5 m	Erddeckung kann auch 1 m betragen
Überfüllsicherung mit: * Grenzwertgeber mit Wirkung auf fernbetätigbares SSV oder alternativ * Grenzwertgeber mit Steckeranschluß	1 1 1	mit akustischem oder optischem Voralarm * ab 30 t, Ansprechpunkt bei 85% schaltet SSV in Füllleitung und Pendelleitung (optional) oder * bis 30 t, Ansprechpunkt bei 85% schaltet TKW-Pumpe ab
Manometer mit Absperrventil	1	zum Ablesen des Behälterdrucks
Höchststandspeilventil 85%	1	zur Peilung des max. Füllstands, Öffnung $\varnothing$ max. 1,5 mm
Inhaltsanzeiger	1	Schwimmer mit magnetischer Anzeige
Sicherheitsventile mit Wechselventil	2 1	Größe 1″ innenliegend oder größer außenliegend
Behältertypenschild	1	
Sicherung gegen elektrostatische Auflading		i. d. R. Anschluß am Behälter für TKW-Potentialausgleich
Füllung: * Handkugelhahn * Rohrleitungssicherheitsventil * SSV fernbetätigbar (in Verbindung mit Überfüllsicherung) * Füllventil mit Rückschlagteller	 1 1 1 1	 * PN 25, i. d. R. DN 50 bis 80 * Ansprechdruck 25 bar, i. d. R. 1/2″ * bis 30 t optionale * Anschlußgewinde 3 1/4″ ACME
Gaspendelung: * Handkugelhahn * Pendelventil	 1 1	 * PN 25, i. d. R. DN 32 bis 50 * Anschlußgewinde 2 1/4″ ACME
Gasentnahme: * Handkugelhahn Druckregler wahlweise: * Mitteldruck (0,7–1,5 bar) * Mittel-/Niederdruckkombination (50 mbar)	 1 1 1	 * PN 25, Größe beliebig PN 25 * SAV und SBV optional * mit SAV und SBV
Flüssigentnahme (Notentleerung). * Handkugelhahn mit Blindflansch	 1	 * PN 25, Entnahme aus Flüssigphase (mit Tauchrohr)
Stutzen ohne Rohrleitungsanschlüsse mit Blindverschlüssen	alle	verschlossen durch Blindflansch oder Blindstopfen
Rohrbruch und Rückschlagventile	–	an den Anschlüssen im Behälter
Korrosionsschutz	1	Bitumenisol. und KKS-Anlage oder Epoxidharzbesch.
Blitzschutzeinrichtung	1	i. d. R. nicht erforderlich
Ex-Zonenplan	1	zur Darstellung explosionsgefährdeter Bereiche

Tabelle 2.11 Einrichtungen von unterirdischen Behältern der Gruppe A (15 t bis 200 t) [2.21]

Einrichtungen	Menge	Bemerkung
Einzäunung des Geländes oder der Ex-Zonen	–	Zugriff Unbefugter darf nicht gegeben sein. Domschacht ist zu verschließen.
Notruftelefon, Funksprechgerät oder Feuermelder	1	in der Nähe der Anlage
Wasserentnahmestelle	1	zur Entnahme von Löschwasser für mind. 2 h in der Nähe der Anlage
Sicherheitsabstand	gemäß Ergebnis	Ermittlung über Ausbreitungsrechnung nach VDI 3783 Blatt 2 (s. a. Kapitel 6)
Ex-Zonen (ständig): Zone 1	Domschacht	durch bauliche Maßnahmen an max. 2 Seiten eingrenzbar. Keine Zündquellen, brennbare, anlagenfremde oder nicht exgeschützte Einrichtungen in diesem Bereich
Ex-Zonen (Befüllung mit Vollschlauch): Zone 1 (kugelförmig um Domschacht) Zone 2 (kegelförmig um Domschacht)	1 m 3 m	
Ex-Zonen (Befüllung mit Leerschlauch): Zone 1 (kugelförmig um Domschacht) Zone 2 (kugelförmig um Domschacht)	3 m 9 m	

liche Zeitdauer in Anspruch und ist daher bei der Planung von entsprechenden Investitionsvorhaben zwingend zu berücksichtigen.

Die Genehmigungsbehörden verlangen i. d. R. die Verwendung von Antragsvordrucken („Antrag auf immissionschutzrechtliche Genehmigung" ⇒ „BImSch-Antrag"); es empfiehlt sich, die von den Behörden herausgegebenen Anleitungen zur Ausfertigung der Antragsformulare exakt zu beachten. In Tab. 2.18 ist beispielhaft eine übliche Gliederung für einen BImSch-Antrag angegeben.

2.3 Beförderung von Flüssiggas

2.3.1 Begriffe, Arten

Im engeren Sinne wird unter Beförderung der Vorgang der Ortsveränderung verstanden; häufig wird auch vom Transport des Flüssiggases gesprochen. Im weiteren Sinne gehört zum Befördern von Flüssiggas auch die Übernahme und Ablieferung des Gutes sowie zeitweilige Aufenthalte im Verlauf der Beförderung, Vorbereitungs- und Abschlußhandlungen (Verpacken, Auspacken, Be- und Entladen), selbst wenn diese Handhabungen nicht vom Beförderer ausgeübt werden.

Bei diesen Vorgängen sind die Eigenschaften des zu befördernden Gutes von besonderer Bedeutung. Flüssiggas gehört im Bereich des Beförderns zu den gefährlichen Gütern. Das sind Stoffe und Gegenstände, von denen aufgrund ihrer Natur, ihrer Eigenschaften oder ihres Zustandes im Zusammenhang mit der Beförderung Gefahren für die öffentliche Sicherheit und Ordnung, insbesondere für die Allgemeinheit, für wichtige Gemeingüter, für Leben und Gesundheit von Menschen sowie für Tiere und Sachen ausgehen.

Für das Befördern von Flüssiggas ist deshalb das „Gesetz über die Beförderung gefährlicher Güter (Gefahrgutgesetz – GefGutG)" [2.22] zutreffend. In Rechtsverordnungen und Verwal-

2.3 Beförderung von Flüssiggas

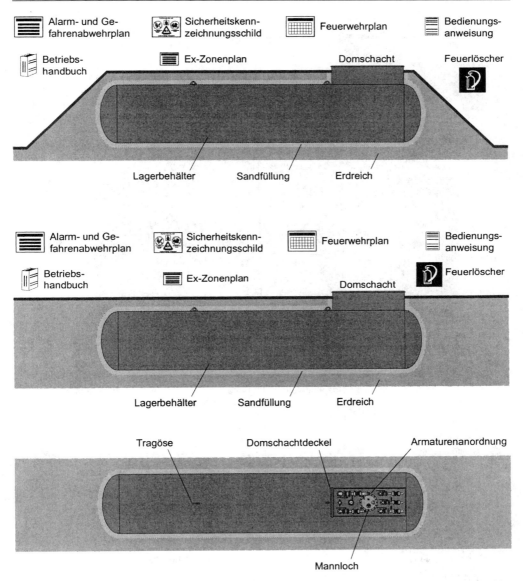

Abb. 2.14 *Seitenansicht und Draufsicht von unterirdischen Behältern der Gruppe B (10 t bis 30 t) [2.21]*

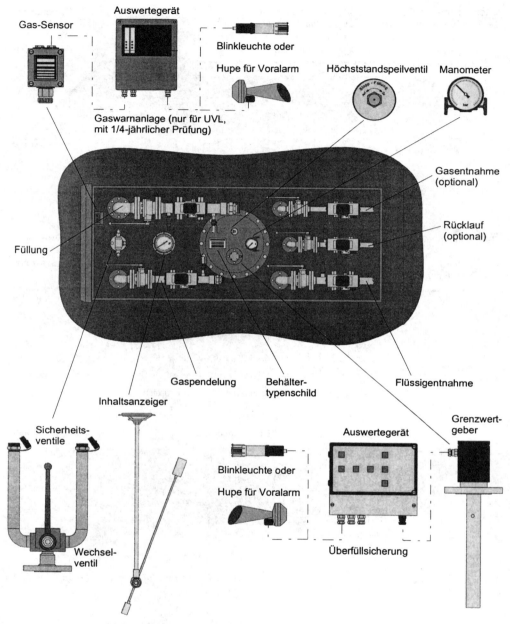

Abb. 2.15 *Detailansicht der Behälterausrüstung von unterirdischen Behältern der Gruppe B (10 t bis 30 t) [2.21]*

2.3 Beförderung von Flüssiggas

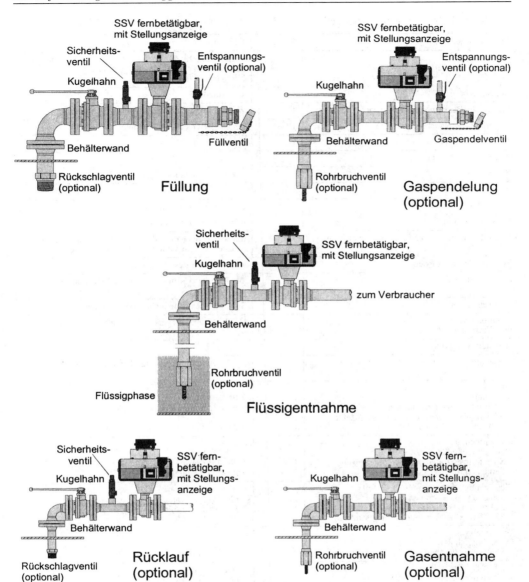

Abb. 2.16 *Detailansicht der Behälteranschlüsse von unterirdischen Behältern der Gruppe B (10 t bis 30 t)* [2.21]

Tabelle 2.12 Ausrüstungen von unterirdischen Behältern der Gruppe B (10 t bis 30 t) [2.21]

Ausrüstungen	Menge	Bemerkung
Behälterstutzen	–	nach Möglichkeit im Bereich der Gasphase und nicht mehr, als für den Betrieb notwendig. Reservestutzen blindgeschweißt
Domschacht	1	verschließbar
Mannloch (Besichtigungsöffnung)	1	zur Kontrolle bei innerer Prüfung
Sicherheitskennzeichnungsschild	1	gemäß VBG 125, am Behälter
Alarm- und Gefahrenabwehrplan	1	
Bedienungsanweisung	1	
Feuerlöscher	2	PG 12, Brandklasse ABC
Betriebshandbuch	1	
Sandfüllung	–	allseitig mind. 20 cm, Korngröße <3 mm
Erddeckung mind.	0,5 m	Erddeckung kann auch 1 m betragen
Überfüllsicherung (ÜFS) mit Grenzwertgeber	1	mit akust. oder opt. Voralarm, Ansprechpunkt bei 85% schaltet SSV in Füllleitung und ggf. Pendelleitung
Manometer mit Absperrventil	1	zum Ablesen des Behälterdrucks
Höchststandspeilventil 85%	1	zur Peilung des max. Füllstands, Öffnungsdurchmesser max. 1,5 mm
Inhaltsanzeiger	1	Schwimmer mit magnetischer Anzeige
Sicherheitsventile mit Wechselventil	2 1	Größe 1″ innenliegend oder größer außenliegend
Behältertypenschild	1	
Sicherung gegen elektrostatische Aufladung		i. d. R. Anschluß am Lagerbehälter für TKW-Potentialausgleich
Füllung: * Handkugelhahn * Rohrleitungssicherheitsventil * SSV fernbetätigbar, mit Stellungsanzeige * Füllventil mit Rückschlagteller	 1 1 1 1	 * PN 25, fire-safe * Ansprechdruck 25 bar, i. d. R. 1/2″ * PN 25, fire-safe * Anschlußgewinde 3 1/4″ ACME
Gaspendelung: * Handkugelhahn * SSV fernbetätigbar, mit Stellungsanzeige * Pendelventil	 1 1 1	optional * PN 25, fire-safe * PN 25, fire-safe * Anschlußgewinde 2 1/4″ ACME
Flüssigentnahme: * Handkugelhahn * Rohrleitungssicherheitsventil * SSV fernbetätigbar, mit Stellungsanzeige	 1 1 1	 * PN 25, fire-safe * Ansprechdruck 25 bar, i. d. R. 1/2″ * PN 25, fire-safe
Gasentnahme: * Handkugelhahn * SSV fernbetätigbar, mit Stellungsanzeige	 1 1	optional * PN 25, fire-safe * PN 25, fire-safe
Rücklauf: * Handkugelhahn * Rohrleitungssicherheitsventil * SSV fernbetätigbar, mit Stellungsanzeige	 1 1 1	optional * PN 25, fire-safe * Ansprechdruck 25 bar, i. d. R. 1/2″ * PN 25, fire-safe
Stutzen ohne Rohrleitungsanschlüsse mit Blindverschlüssen	alle	verschlossen durch Blindflansch oder Blindstopfen
Gaswarnanlage mit vierteljährlicher Prüfung	1	nur bei UVL
Rohrbruch und Rückschlagventile	–	optional an den Anschlüssen im Behälter
Blitzschutzeinrichtung	1	i. d. R. nicht notwendig
Korrosionsschutz	1	KKS-Anlage oder Epoxidharzbeschichtung
Feuerwehrplan	1	nach DIN 14095
Ex-Zonenplan	1	zur Darstellung explosionsgefährdeter Bereiche

2.3 Beförderung von Flüssiggas

Tabelle 2.13 Einrichtungen von unterirdischen Behältern der Gruppe B (10 t bis 30 t) [2.21]

Einrichtungen	Menge	Bemerkung
Einzäunung des Geländes oder der Ex-Zonen		Zugriff Unbefugter darf nicht gegeben sein. Domschacht ist zu verschließen.
Notruftelefon, Funksprechgerät oder Feuermelder	1	in der Nähe der Anlage
Wasserentnahmestelle	1	zur Entnahme von Löschwasser für mind. 2 h in der Nähe der Anlage
Sicherheitsabstand	gemäß Ergebnis	Ermittlung über Ausbreitungsrechnung nach VDI 3783 Blatt 2 (s. a. Kapitel 6)
Ex-Zonen (ständig): Zone 1	Domschacht	durch bauliche Maßnahmen an max. 2 Seiten eingrenzbar. Keine Zündquellen, brennbare, anlagenfremde oder nicht exgeschützte Einrichtungen in diesem Bereich

Ex-Zonen (Befüllung mit Vollschlauch):
  Zone 1 (kugelförmig um Domschacht)
  Zone 2 (kegelförmig um Domschacht)
Ex-Zonen (Befüllung mit Leerschlauch):
  Zone 1 (kugelförmig um Domschacht)
  Zone 2 (kugelförmig um Domschacht)
	1 m
	3 m
	
	3 m
	9 m	

tungsvorschriften werden auf der Grundlage dieses Gefahrgutgesetzes alle Einzelheiten geregelt. Dazu gehören u. a. die Gefahrgutverordnung Eisenbahn – GGVE, Gefahrgutverordnung See – GGVSee, Gefahrgutverordnung Straße – GGVS und die darin enthaltenen Anlagen [2.22–2.27]. Grundsätzliche Ansprüche an das Befördern von Druckbehältern und Druckgasbehältern sind ebenfalls in der Druckbehälterverordnung und den damit verbundenen Rechtsverordnungen und Verwaltungsvorschriften formuliert.

2.3.2 Transport von Flüssiggas in Flaschen

Für den Transport von Flüssiggas in Flaschen sind allgemeine Regeln sowie zusätzliche Sicherheitsansprüche in Abhängigkeit der zu transportierenden Menge einzuhalten. In der Praxis werden häufig Druckgasbehälter mit verschiedenen Gasen befördert. Das ist bei den Aussagen zum Befördern von Flüssiggasflaschen zu beachten.

Schnittstelle für die Beförderung von Flüssiggas in Flaschen als Gefahrgut auf Straßen ist gemäß GGVV die sog. *1000-Punkte-Regel*. Werden beim Befördern von Gasflaschen die 1000 GGVS-Punkte unterschritten (Freimengen), sind für das Befördern von Druckgasflaschen einfachere organisatorische Ansprüche umzusetzen.

Die Freimenge wird berechnet aus dem Produkt von Bruttomasse je Gasart und einem sogenannten GGVS-Faktor.

Werden nur Flüssiggasflaschen befördert, ergibt sich entsprechend der 1000 Punkte-Regel nach GGVS unter Verwendung des GGVS-Faktors für Flüssiggas = 3 die Grenze von 333 kg Gesamtbruttomasse als Freimenge (siehe auch Tab. 2.19).

Leere Flaschen sind bei der Berechnung der Gesamtbruttomasse wie gefüllte Flaschen zu behandeln. So erhält man z. B. für die Beförderung von 3×11 kg Flüssiggasflaschen,

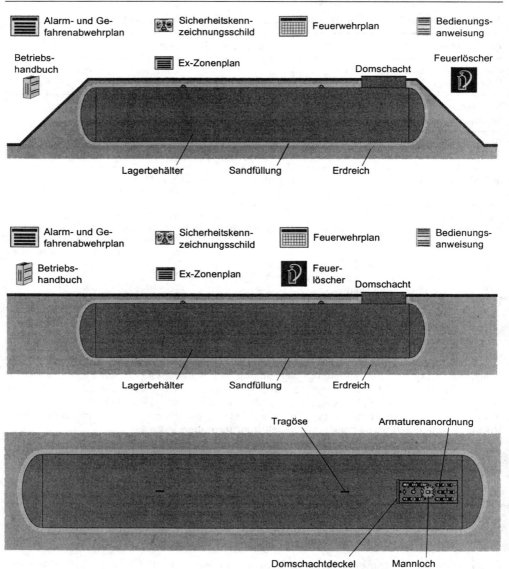

Abb. 2.17 Seitenansicht und Draufsicht von unterirdischen Behältern der Gruppe C (30 t bis 200 t) [2.21]

2.3 Beförderung von Flüssiggas

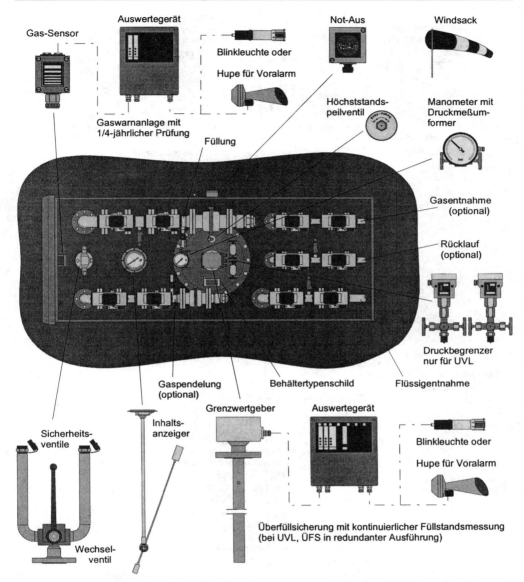

Abb. 2.18 *Detailansicht der Behälterausrüstung von unterirdischen Behältern der Gruppe C (30 t bis 200 t) [2.21]*

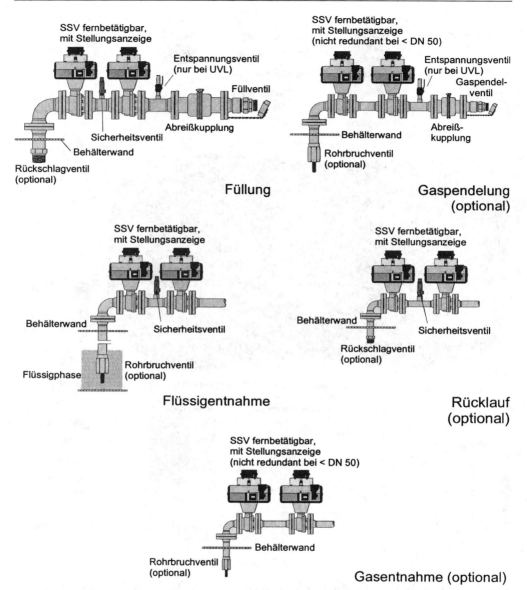

Abb. 2.19 *Detailansicht der Behälteranschlüsse von unterirdischen Behältern der Gruppe C (30 t bis 200 t) [2.21]*

2.3 Beförderung von Flüssiggas

Tabelle 2.14 Ausrüstungen von unterirdischen Behältern der Gruppe C (30 t bis 200 t) [2.21]

Ausrüstungen	Menge	Bemerkung
Behälterstutzen	–	nach Möglichkeit im Bereich der Gasphase und nicht mehr, als für den Betrieb notwendig. Reservestutzen blindgeschweißt.
Domschacht	1	verschließbar
Mannloch (Besichtigungsöffnung)	1	zur Kontrolle bei innerer Prüfung
Sicherheitskennzeichnungsschild	1	gemäß VBG 125, am Behälter
Alarm- und Gefahrenabwehrplan	1	–
Bedienungsanweisung	1	–
Feuerlöscher	2	PG 12, Brandklasse ABC
Betriebshandbuch	1	–
Sandfüllung	–	allseitig mind. 20 cm, Korngröße <3 mm
Erddeckung bei Altanlagen mind. Erddeckung bei Neuanlagen mind.	0,5 m 1 m	
Meßstand	1	Zentrale Stelle der Steuerung der Gesamtanlage
Überfüllsicherung (ÜFS) mit Grenzwertgeber	1	mit akust. oder opt. Voralarm, Ansprechpkt. bei 85% schaltet SSV in Füll- und ggf. Pendelleitung. Redundante Ausführung nur bei UVL
Manometer mit Absperrventil und Druckmeßumformer	1 1	zum Ablesen des Behälterdrucks und Druckfernanzeige im Meßstand
Druckbegrenzer mit Alarm	2	nur für UVL. Einstelldruck 2 bar unter dem der Behältersicherheitsventile, schließt Armaturen in Füll- und Pendelleitung, schaltet Förderaggregate ab
Höchststandspeilventil 85%	1	zur Peilung des max. Füllstands, Öffnungsdurchmesser max. 1,5 mm
Inhaltsanzeiger	1 1	Schwimmer oder elektrische Anzeige vor Ort und bei Umschlag- und Verteillägern zusätzlich Füllstandsfernanzeige im Meßstand mit Vor- und Hauptalarm
Optische oder akustische Warneinrichtung für ÜFS	1	im Meßstand und Anlagenbereich zur Signalisierung des Voralarms der ÜFS
Not-Aus-System mit Verriegelung	1	Not-Aus-Schlagtaster zur Abschaltung der gesamten Anlage bei Gefährdung
Gaswarnanlage mit vierteljährlicher Prüfung	1	mit Vor- (20 UEG) und Hauptalarm (40% UEG), Hauptalarm löst Not-Aus aus.
Optische oder akustische Warneinrichtung für Gaswarnanlage	1	im Meßstand und im Anlagenbereich zur Signalisierung des Voralarms der Gaswarnanlage
Brandmeldeanlage	1	notwendig, wenn gefährliche Wärmeeinwirkung aus Nachbarschaft nicht auszuschließen ist
Energienotversorgung selbsttätig	1	für sicherheitsrelevante Ausrüstungsteile für 72 h bzw. 3 h
Übertragung Lauf- und Stellungsanzeigen zum Meßstand	1	z. B. Pumpen, Absperreinrichtungen etc.
Sicherheitsventile mit Wechselventil	2 1	Größe 1″ innenliegend oder größer außenliegend

Tabelle 2.14 (Fortsetzung)

Ausrüstungen	Menge	Bemerkung
Behältertypenschild	1	
Drucktragende Teile von Absperrarmaturen buntmetallfrei	–	
Sicherung gegen elektrostatische Auflading		i. d. R. Anschluß am Lagerbehälter für TKW-Potentialausgleich
Füllung:		
* Handkugelhahn	1	* PN 25, fire-safe, entfällt falls SSV handbetätigbar
* Rohrleitungssicherheitsventil	1	* Ansprechdruck 25 bar, i. d. R. 1/2″
* SSV fernbetätigbar, mit Stellungsanzeige	2	* PN 25, fire-safe
* Füllventil mit Rückschlagteller	1	* Anschlußgewinde 3 1/4″ ACME
* Abreißkupplung mit Rückschlagteller	1	
* Entspannungsventile mit Abblaseleitung	1	* nur bei UVL
Gaspendelung:		optional
* Handkugelhahn	1	* PN 25, fire-safe, entfällt falls SV handbetätigbar
* SSV fernbetätigbar, mit Stellungsanzeige	2	* PN 25, fire-safe, nur 1 SSV bei Rohrleitungen <DN 50
* Pendelventil	1	
* Abreißkupplung mit Rückschlagteller	1	* Anschlußgewinde 2 1/4″ ACME
* Entspannungsventile mit Abblaseleitung	1	* nur bei Umschlag- und Verteillägern
Flüssigentnahme:		
* Handkugelhahn	1	* PN 25, fire-safe, entfällt, falls SSV handbetätigbar
* Rohrleitungssicherheitsventil	1	* Ansprechdruck 25 bar, i. d. R. 1/2″
* SSV fernbetätigbar, mit Stellungsanzeige	2	* PN 25, fire-safe
Gasentnahme:		optional
* Handkugelhahn	1	* PN 25, fire-safe, entfällt, falls SSV handbetätigbar
* SSV fernbetätigbar, mit Stellungsanzeige	2	* PN 25, fire-safe, nur 1 SSV bei Rohrleitungen <DN 50
Rücklauf:		optional
* Handkugelhahn	1	* PN 25, fire-safe
* Rohrleitungssicherheitsventil	1	* Ansprechdruck 25 bar, i. d. R. 1/2″
* SSV fernbetätigbar, mit Stellungsanzeige	2	* PN 25, fire-safe
Stutzen ohne Rohrleitungsanschlüsse mit Blindverschlüssen	alle	verschlossen durch Blindflansch oder Blindstopfen
Einbeziehung der Hauptabsperrarmaturen von Druckgasbehältern in das Anlagen Not-Aus	1	nur bei UVL * pneumatischer Schienenhaken bei EKV * Steckdose für Kabel vom Auswertegerät der ÜFS oder TKW
Rohrbruch und Rückschlagventile	–	optional an den Anschlüssen im Behälter
Blitzschutzeinrichtung	1	i. d. R. nicht notwendig
Korrosionsschutz	1	KKS-Anlage oder Epoxidharzbeschichtung
Totmanntaster für Umfüllvorgänge	1	nur für UVL
Berieselungseinrichungen für Druckgasbehälter	–	nur für UVL
Feuerwehrplan sowie	1	nach DIN 14095
Zufahrts- und Aufstellflächen für Feuerwehr	1	nach DIN 14090
Ex-Zonenplan	1	zur Darstellung explosionsgefährdeter Bereiche

2.3 Beförderung von Flüssiggas

Tabelle 2.15 Einrichtungen von unterirdischen Behältern der Gruppe C (30 t bis 200 t) [2.21]

Einrichtungen	Menge	Bemerkung
Einzäunung des Geländes oder der Ex-Zonen		Zugriff Unbefugter darf nicht gegeben sein
Notruftelefon, Funksprechgerät oder Feuermelder	1	in der Nähe der Anlage
Windrichtungsanzeiger beleuchtet	1	z. B. Windsack
Wasserentnahmestelle	1	zur Entnahme von Löschwasser für mind. 2 h in der Nähe der Anlage
Sicherheitsabstand	gemäß Ergebnis	Ermittlung über Ausbreitungsrechnung nach VDI 3783 Blatt 2 (s. a. Kapitel 6)

Ex-Zonen (ständig):
  Zone 1
 	
Ex-Zonen (Befüllung mit Vollschlauch):
  Zone 1 (kugelförmig um Domschacht)
  Zone 2 (kegelförmig um Domschacht)
Ex-Zonen (Befüllung mit Leerschlauch):
  Zone 1 (kugelförmig um Domschacht)
  Zone 2 (kugelförmig um Domschacht)
	Domschacht
	
	1 m
	3 m
	
	3 m
	9 m
		durch bauliche Maßnahmen an max. 2 Seiten eingrenzbar. Keine Zündquellen, brennbare, anlagenfremde oder nicht exgeschützte Einrichtungen in diesem Bereich

14 × 5 kg Flaschen und 1 × 33 kg Flüssiggasflasche eine Gesamtbruttomasse von: (3 × 25,5 kg + 14 × 12,5 kg + 1 × 70 kg) = 321,5 kg bzw. nach der 1000-Punkte-Regel (321,5 × 3) = 964,5 Punkte.

In diesem Fall ist ein Transport nach den vereinfachten Bedingungen durchführbar.

Bei allen Beförderungen von Flüssiggasflaschen sind u. a. die nachfolgenden *Verhaltensregeln* einzuhalten:

- Flaschen dürfen weder geworfen, noch Stößen ausgesetzt werden.
- Flaschen müssen in Fahrzeugen so verstaut werden, daß sie nicht umkippen oder herabfallen können.
- Flaschen müssen liegend, parallel oder quer zur Längsrichtung des Fahrzeuges, in der Nähe der Stirnwand, jedoch quer verladen werden.
- Kurze Flaschen mit großem Durchmesser (30 cm und mehr) dürfen auch längs gelagert werden, die Schutzeinrichtungen der Ventile müssen dann zur Fahrzeugmitte zeigen.
- Ausreichend standfeste Flaschen müssen in geeigneter Weise so verkeilt, festgebunden oder festgelegt sein, daß sie sich nicht verschieben können.
- Flaschen dürfen nur auf den dafür vorgesehenen Einrichtungen, z. B. Rollreifen, Flaschenfuß, gerollt werden.
- Zum Befördern dürfen nur solche Lastaufnahmemittel benutzt werden, die eine Beschädigung oder ein Herabfallen zuverlässig ausschließen; nicht geeignet sind z. B. Magnetkrane.
- Werden Druckgasbehälter in Fahrzeugen geschlossener Bauweise befördert, dazu zählen auch solche mit Planenabdeckung, so ist für eine ausreichende Belüftung zu sorgen.
- Werden Druckgasbehälter mit angeschlossenen Verbrauchsgeräten befördert, müssen die Absperrorgane geschlossen sein (dies gilt natürlich nicht, wenn Verbrauchsgeräte während der Fahrt bestimmungsgemäß betrieben werden müssen).

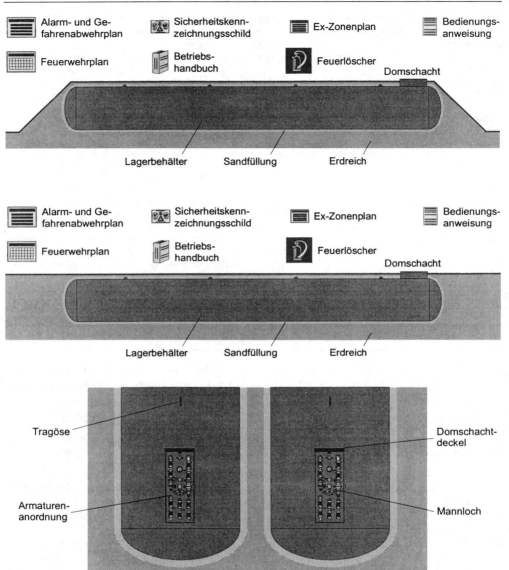

Abb. 2.20 *Seitenansicht und Draufsicht von unterirdischen Behältern der Gruppe D (≥ 200 t) [2.21]*

2.3 Beförderung von Flüssiggas

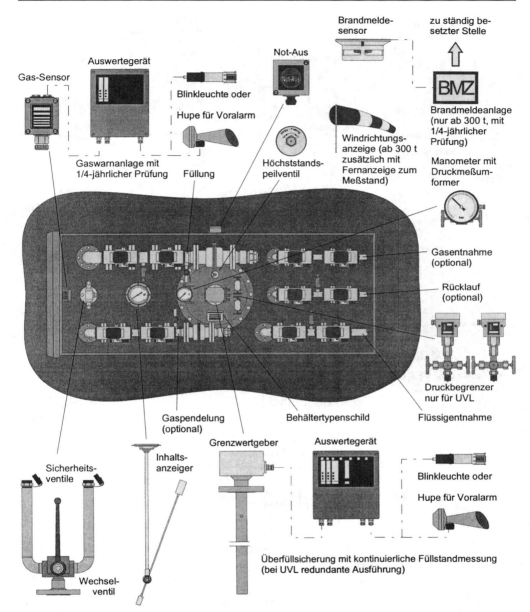

Abb. 2.21 Detailansicht der Behälterausrüstung von unterirdischen Behältern der Gruppe D (≥ 200 t) [2.21]

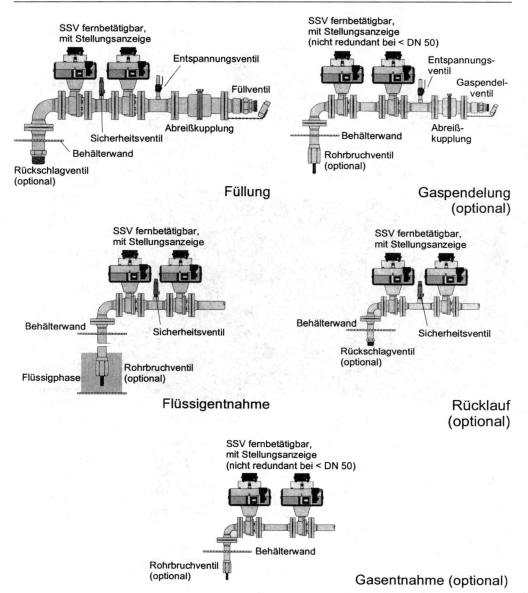

Abb. 2.22 Detailansicht der Behälterausrüstung von unterirdischen Behältern der Gruppe D (≥ 200 t) [2.21]

Tabelle 2.16 Ausrüstungen von unterirdischen Behältern der Gruppe D (≥ 200 t) [2.21]

Ausrüstungen	Menge	Bemerkung
Behälterstutzen	–	nach Möglichkeit im Bereich der Gasphase und nicht mehr, als für den Betrieb notwendig. Reservestutzen blindgeschweißt
Domschacht	1	verschließbar
Mannloch (Besichtigungsöffnung)	1	zur Kontrolle bei innerer Prüfung
Sicherheitskennzeichnungsschild	1	gemäß VBG, am Behälter
Alarm- und Gefahrenabwehrplan	1	
Bedienungsanweisung	1	
Feuerlöscher	2	PG 12, Brandklasse ABC
Betriebshandbuch	1	
Sandfüllung	–	allseitig mind. 20 cm, Korngröße <3 mm
Erddeckung bei Altanlagen mind. Erddeckung bei Neuanlagen mind.	0,5 m 1 m	
Meßstand (<1000 t) Meßwarte (>1000 t)	1 oder 1	Zentrale Stelle der Steuerung der Gesamtanlage gegen Brand- und Explosionsgefahren geschützt
Überfüllsicherung (ÜFS) mit Grenzwertgeber	1	mit akust. oder opt. Voralarm, Ansprechpkt. bei 85% schaltet SSV in Füll- oder ggf. Pendelleitung. Redundante Ausführung nur bei UVL
Manometer mit Absperrventil und Druckmeßumformer	1 1	zum Ablesen des Behälterdrucks und Druckfernanzeige im Meßstand
Druckbegrenzer mit Alarm	2	nur für UVL. Einstelldruck 2 bar unter dem der Behältersicherheitsventile, schließt Armaturen in Füll- und Pendelleitung, schaltet Förderaggregate ab
Höchststandspeilventil 85%	1	zur Peilung des max. Füllstands, Öffnungsdurchmesser max. 1,5 mm
Inhaltsanzeiger	1 1	Schwimmer oder elektrische Anzeige vor Ort und bei Umschlag- und Verteillägern zusätzlich Füllstandsfernanzeige im Meßstand mit Vor- und Hauptalarm
Optische oder akustische Warneinrichtung für ÜFS	1	im Meßstand und Anlagenbereich zur Signalisierung des Voralarms der ÜFS
Not-Aus-System mit Verriegelung	1	Not-Aus-Schlagtaster zur Abschattung der gesamten Anlage bei Gefährdung
Gaswarnanlage mit vierteljährlicher Prüfung	1	mit Vor- (20% UEG) und Hauptalarm (40% UEG). Hauptalarm löst Not-Aus aus.
Optische oder akustische Warneinrichtung für Gaswarnanlage	1	im Meßstand und im Anlagenbereich zur Signalisierung des Voralarms der Gaswarnanlage
Brandmeldeanlage	1	ab 300 t oder wenn gefährliche Wärmeeinwirkung aus Nachbarschaft nicht auszuschließen ist
Warnung für auf dem Betriebsgelände befindliche Personen im Störfall	1	ab 300 t, z. B. Lautsprecheransagen, optische oder akustische Signalgeräte, etc.
Energienotversorgung selbsttätig	1	für sicherheitsrelevante Ausrüstungsteile für 72 h bzw. 3 h
Übertragung Lauf- und Stellungsanzeigen	zum	Meßstand

Tabelle 2.16 (Fortsetzung)

Ausrüstungen	Menge	Bemerkung
Behältertypenschild	1	
Drucktragende Teile von Absperrarmaturen, buntmetallfrei	–	
Sicherung gegen elektrostatische Aufladung		i. d. R. Anschluß am Lagerbehälter für TKW-Potentialausgleich
Füllung: * Handkugelhahn * Rohrleitungssicherheitsventil * SSV fernbetätigbar, mit Stellungsanzeige * Füllventil mit Rückschlagteller * Abreißkupplung mit Rückschlagteller * Entspannungsventile mit Abblaseleitung	 1 1 2 1 1 1	 * PN 25, fire-safe, entfällt, falls SSV handbetätigbar * Ansprechdruck 25 bar, i. d. R. 1/2″ * PN 25, fire-safe * Anschlußgewinde 3 1/4″ ACME * nur bei UVL oder >300 t
Gaspendelung: * Handkugelhahn * SSV fernbetätigbar, mit Stellungsanzeige * Pendelventil * Abreißkupplung mit Rückschlagteller * Entspannungsventile mit Abblaseleitung	 1 2 1 1 1	optional * PN 25, fire-safe, entfällt, falls SSV handbetätigbar * PN 25, fire-safe, nur 1 SSV bei Rohrleitungen <DN 50 * Anschlußgewinde 2 1/4″ ACME * nur bei UVL oder >300 t
Flüssigentnahme: * Handkugelhahn * Rohrleitungssicherheitsventil * SSV fernbetätigbar, mit Stellungsanzeiger	 1 1 2	 * PN 25, fire-safe, entfällt, falls SSV handbetätigbar * Ansprechdruck 25 bar, i. d. R. 1/2″ * PN 25, fire-safe
Gasentnahme: * Handkugelhahn * SSV fernbetätigbar, mit Stellungsanzeige	 1 2	optional * PN 25, fire-safe, entfällt, falls SSV handbetätigbar * PN 25, fire-safe, nur 1 SSV bei Rohrleitungen <DN 50
Rücklauf: * Handkugelhahn * Rohrleitungssicherheitsventil * SSV fernbetätigbar, mit Stellungsanzeige	 1 1 2	optional * PN 25, fire-safe * Ansprechdruck 25 bar, i. d. R. 1/2″ * PN 25, fire-safe
Stutzen ohne Rohrleitungsanschlüsse mit Blindverschlüssen	alle	verschlossen durch Blindflansch oder Blindstopfen
Einbeziehung der Hauptabsperrarmaturen von Druckgasbehältern in das Anlagen Not-Aus	1	nur bei UVL oder >300 t * pneumatischer Schienenhaken bei EKW * Steckdose für Kabel vom Auswertegerät der ÜFS der TKW
Rohrbruch- und Rückschlagventile	–	optional an den Anschlüssen im Behälter
Blitzschutzeinrichtung	1	i. d. R. nicht notwendig
Korrosionsschutz	1	KKS-Anlage oder Epoxidharzbeschichtung
Totmanntaster für Umfüllvorgänge	1	nur für UVL oder >300 t
Fortrollsicherung mit Verriegelung des Umfüllvorganges für TKW-Füllstellen	1	z. B. elektrischer Radkeil
Berieselungseinrichtungen für Druckgasbehälter	–	nur für UVL oder >300 t
Feuerwehrplan sowie Zufahrts- und Aufstellflächen für Feuerwehr	1 1	nach DIN 14095 nach DIN 14090

2.3 Beförderung von Flüssiggas

Tabelle 2.17 Einrichtungen von unterirdischen Behältern der Gruppe D (≥ 200 t) [2.21]

Einrichtungen	Menge	Bemerkung
Einzäunung des Geländes oder der Ex-Zonen		Zugriff Unbefugter darf nicht gegeben sein.
Notruftelefon, Funksprechgerät oder Feuermelder	1	in der Nähe der Anlage
Windrichtungsanzeiger beleuchtet	1	z. B. Windsack
Windgeschwindigkeitsmesser	1	ab 300 t, mit Anzeige in Meßstand oder -warte
Wasserentnahmestelle	1	zur Entnahme von Löschwasser für mind. 2 h in der Nähe der Anlage
Sicherheitsabstand	gemäß Ergebnis	Ermittlung über Ausbreitungsrechnung nach VDI 3783 Blatt 2 (s. a. Kapitel 6)
Ex-Zonen (ständig): * Zone 1	Domschacht	durch bauliche Maßnahmen an max. 2 Seiten eingrenzbar. Keine Zündquellen, brennbare, anlagenfremde oder nicht exgeschützte Einrichtungen in diesem Bereich
Ex-Zonen (Befüllung mit Vollschlauch): Zone 1 (kugelförmig um Domschacht) Zone 2 (kegelförmig um Domschacht)	 1 m 3 m	
Ex-Zonen (Befüllung mit Leerschlauch): Zone 1 (kugelförmig um Domschacht) Zone 2 (kugelförmig um Domschacht)	 3 m 9 m	

Tabelle 2.18 Gliederung eines Antrages auf immissionschutzrechtliche Genehmigung

1. **Allgemeine Angaben**
2. **Beschreibung der Anlage**
3. **Stoffe, Stoffmengen, Stoffdaten**
4. **Emissionen/Immissionen**
5. **Abfälle**
6. **Wasser/Abwasser**
7. **Anlagensicherheit**
8. **Naturschutz**
9. **Bauantrag/Bauvorlagen**
10. **Unterlagen für weitere nach § 13 BImSchG zu bündelnde Genehmigungen und behördliche Entscheidungen**
11. **Maßnahmen nach Betriebseinstellung**
12. **Umweltverträglichkeitsprüfung**

Antrag und Antragsunterlagen sollen nach der o. a enthaltenen Gliederung aufgebaut sein, d. h. der Textteil, die Formulare und eventuell vorhandene Anträge mit Fließbildern, Apparatedaten, Berechnungen und dergleichen sollen mit den Hauptgliederungsnummern gekennzeichnet werden. Wenn entsprechende Gliederungspunkte nicht berührt sind, ist unter der Gliederungsnummer ein entsprechender Hinweis mit kurzer Begründung einzuordnen (z. B. fällt kein Produktions-Abwasser an, da nicht in wäßrigem Medium gearbeitet wird.).
Alle Blätter, Zeichnungen, Formulare sind abschnittsweise fortlaufend zu numerieren, wobei die Hauptgliederungsnummer der Blattzahlnummer vorangestellt sein sollte, z. B. (Abschnitt) 6 – (Blatt) 1. Auch Karten, Bauzeichnungen, Fließbilder u. ä. sollten eine eindeutige Identifikationsnummer erhalten. Auf allen Blättern, Zeichnungen und Formularen sollte auch der Zeitpunkt deren Erstellung erkennbar sein.

Tabelle 2.19 Angaben zur 1000-Punkte-Regel für den Gefahrguttransport

Stoffe/Zubereitungen				Kleinmengen (kg Bruttomasse) Faktoren für Stückgutbeförderungen							
Klasse	Ziffer	UN-Nr.	Bezeichnung	5 / 20	20 / 50	50 / 20	100 / 10	333 / 3	500 / 2	100 / 1	unbegr.
1	4	0081–0084	Sprengstoff				×				
	5	0065	Sprengschnur				×				
	35	0255	Sprengzünder		×						
	47	0105	Zündschnur								×
2	1 O	1072	Sauerstoff, verdichtet						×		
	2 F	1965	Kohlenwasserstoffgas, verflüssigt, n. a. g. Gemisch C, Propan					×			
	4 F	1001	Acetylen, gelöst					×			
	5 A	1950	Druckgaspackungen						×		
	5 F	1950	Druckgaspackungen					×			
	5 O	1950	Druckgaspackungen						×		
3	3b)	1203	Benzin					×			
		1933	Entzündbarer flüssiger Stoff, n. a. g.					×			
	4b)	2059	Nitrozellulosefasern					×			
	5b)	1133	Klebstoff						×		
	14b)	2478	Isocyanat, Lösung, entzündbar, giftig n a. g.				×				
	26b)	2924	Entzündbarer flüssiger Stoff, ätzend n. a. g.				×				
	31c)	1202	Dieselkraftstoff/Heizöl							×	
		1223	Kerosin							×	
		1263	Farbe							×	
		1866	Harzlösung							×	
		1987	Alkohole, entzündbar, n. a. g.							×	
	71		ungereinigte leere Verpackungen								×
5.2	6b)	3106	organisches Peroxid	×							
6.1	15c)	1593	Dichlormethan				×				
		1710	Trichlorethylen				×				
	18b)	3080	Isocyanat, Lösung, giftig n. a. g.			×					
	19b)	2078	Toluylendiisocyanat			×					
		2281	Hexamethylendiisocyanat			×					
	19c)	2290	Isophorondiisocyanat				×				
	25c)	2810	Giftiger organischer Stoff, n. a. g.				×				
	63c)	1690	Natriumfluorid				×				
		1812	Kaliumfluorid				×				
	64c)	2853	Magnesiumfluorosilicat				×				
		2674	Natriumsilicofluorid				×				
	65c)	3288	giftiger anorganischer fester Stoff n. a. g.				×				
	91		ungereinigte leere Verpackungen								×
8	1b)	2796	Batterieflüssigkeit, sauer				×				
	5b)	1789	Salzsäure, ätzend				×				
	5c)	1789	Salzsäure, reizend						×		
	7b)	1790	Fluorwasserstoffsäure				×				
	8b)	1778	Fluorkieselsäure				×				
	17c)	1805	Phosphorsäure					×			
		3264	Ätzender saurer anorganischer flüssiger Stoff, n. a. g.					×			
	32b)	1779	Ameisensäure				×				
	41b)	1823	Natronhydroxid, fest				×				
	42b)	1813	Kalilauge, ätzend				×				
		1823	Natronlauge, ätzend				×				
	42c)	1719	Ätzender alkalischer flüssiger Stoff, n. a. g.						×		
		1814	Kaililauge, reizend						×		
		1824	Natronlauge, reizend						×		
	53c)	2289	Isophorondiamin						×		
		2491	Ethanolamin, Lösung						×		
		2735	Amine, flüssig, ätzend n. a. g.						×		
	65b)	1759	Ätzender fester Stoff, n. a. g.				×				
	66b)	1760	Ätzender flüssiger Stoff, n. a. g.				×				
	91		ungereinigte leere Verpackungen								×
9	11c)	3082	umweltgefährdender Stoff, flüssig n. a. g.							×	
	12c)	3077	umweltgefährdender Stoff, fest n. a. g.							×	
	21		ungereinigte leere Verpackungen								×

2.3 Beförderung von Flüssiggas

- Druckgasbehälter dürfen nicht zusammen mit leicht entzündlichem Lagergut, wie z. B. Holzspänen oder Papier, befördert werden.
- Beim Befördern von Druckgasbehältern im öffentlichen Verkehr sind die verkehrsrechtlichen Vorschriften über die Beförderung gefährlicher Güter zu beachten.

Zugeschnitten auf den *Verkehr auf öffentlichen Straßen* sind beim Befördern von Druckgasbehältern bis zur 1000-Punkte-Regel gemäß GGVS (beim ausschließlichen Transport von Flüssiggasflaschen bis 333 kg Bruttomasse) aus verkehrsrechtlicher Sicht folgende Regeln einzuhalten:

- Fahrzeugmotor beim Be- und Entladen abstellen.
- Rauchverbot beim Be- und Entladen in der Umgebung von sowie in Transportfahrzeugen.
- Volle und leere Flaschen müssen immer mit Verschlußmuttern und Flaschenschutz versehen und die Flaschenventile geschlossen sein.
- Volle und leere Flaschen müssen mit dem Gefahrzettel Nr. 3 gemäß GGVS versehen sein („Bananenaufkleber").
- Ein Beförderungspapier ist nicht notwendig, wenn die folgenden Angaben auf dem Flaschenaufkleber vermerkt sind: Gasgemisch, Propan, Klasse 2, Ziffer 4b GGVS; Bruttogewicht in kg.
- Es besteht ein Zusammenladeverbot mit explosiblen Stoffen der Klasse 1 gemäß GGVS und mit Versandstücken, die mit Gefahrzettel nach 1,1.4,1.5 oder 01 versehen sind.

Werden Druckgasbehälter befördert, bei denen die 1000 Punkte-Regel erreicht oder überschritten wird (bei ausschließlichen Transport von Flüssiggas in Druckgasbehältern über 333 kg), gilt zusätzlich:

- Es ist ein Beförderungspapier mitzuführen, das wenigstens folgende Angaben enthält: Name und Anschrift des Absenders und Empfängers; Gasgemisch, Propan, Klasse 2, Ziffer 4b GGVS; Angabe des Bruttogewichtes der Flaschen; Anzahl und Beschreibung der Versandstücke oder Mengen.
- Außer der Fahrzeugbesatzung selbst dürfen keine Personen befördert werden.
- Auf einachsigen Anhängern dürfen Gefahrgüter bis zu einer Gesamtnettomasse (Füllmenge) von 1000 kg befördert werden, wenn die Flaschen ein Raumvolumen von insgesamt 450 l nicht überschreiten (Raumvolumina: 5 kg Flasche: 13 l; 11 kg Flasche: 27 l; 33 kg Flasche: 80 l).
- Das Unfallmerkblatt für Flüssiggas ist im Führerhaus mitzuführen; die darin benannten Maßnahmen sind im Gefahrenfall zu ergreifen.
- Es müssen 2 Feuerlöscher der Brandklasse ABC mitgeführt werden (1× mind. 2 kg, 1× mind. 6 kg).
- Es sind 2 Warnleuchten mitzuführen.
- Folgende Hilfsmittel müssen an Bord eines Transportfahrzeuges für Flüssiggas vorhanden sein: Bordwerkzeug, Unterlegkeil, Schutzausrüstung — Handschuhe, Brille, Schaufel/Spaten; zusätzliche Ausrüstung gemäß Unfallmerkblatt, z. B. Gummistiefel.
- Das Beförderungsmittel ist vorn und hinten mit je einer orangefarbenen Warntafel zu kennzeichnen.
- Ab 3,5 t Gesamtgewicht des Fahrzeuges ist ein Gefahrgutführerschein erforderlich. Letzterer ist i. d. R. 3 Jahre befristet.

Die Ansprüche beim Transport von Flüssiggasflaschen sind übersichtlich in den vom DVFG herausgegebenen Formblättern zusammengestellt (siehe Tab. 2.20 und 2.21).

Tabelle 2.20 Transport von Flüssiggasflaschen in Kraftfahrzeugen

Transport von Flüssiggasflaschen in Kraftfahrzeugen

DVFG
GGVS 1

Flaschen nur kurzzeitig im PKW befördern
Aus Ladungssicherungs- und lüftungstechnischen Gründen sind PKW für die Beförderung von Flüssiggasflaschen normalerweise nicht geeignet. Die Beförderung von Flaschen in einem PKW sollte deshalb nur ausnahmsweise und kurzzeitig erfolgen.

Leere Flaschen wie volle behandeln
Leere Flaschen wie volle behandeln, weil sich in leeren, ungereinigten Flaschen immer eine Restmenge Gas befindet.

Motor abstellen
Beim Be- und Entladen Motor abstellen.

Rauchen verboten
Bei Ladearbeiten ist das Rauchen in der Nähe der Fahrzeuge und in den Fahrzeugen verboten.

Verbot von Feuer und offenem Licht
Der Umgang mit Feuer und offenem Licht ist bei Ladearbeiten und während des Transports verboten.

Ventilschutz
Volle und leere Flaschen müssen immer mit Verschlußmuttern und mit einem Ventilschutz (z. B. Schutzkappen, -kragen, -kisten) versehen und das Ventil zugedreht sein.

Sicherung der Flaschen
Flaschen müssen gegen unbeabsichtigte Lageveränderung - auch beim Bremsen und Kurvenfahren - gesichert sein. Hierzu können beispielsweise Gurte verwendet werden. Sie können stehend oder liegend - quer zur Fahrtrichtung - geladen werden.

Ausreichende Belüftung
Für eine ausreichende Belüftung ist zu sorgen. Bei Beförderung in einem PKW, vorzugsweise in einem PKW-Kombi, kann die Durchlüftung sichergestellt werden, wenn zum Beispiel mit:
- geöffnetem Fenster oder
- eingeschaltetem Lüftungsgebläse
gefahren wird.

Gefahrzettel
Volle und leere Flaschen müssen mit "1965 Propan" und dem Gefahrzettel versehen sein.

Beförderungspapier
Ein Beförderungspapier ist bis 333 kg Bruttomasse nicht notwendig.

Stand: 05/97
© Deutscher Verband Flüssiggas e.V.,
Westerbachstr. 23, 61476 Kronberg/Ts.

2.3 Beförderung von Flüssiggas

Tabelle 2.21 Transport von Flüssiggasflaschen mit Kraftfahrzeugen ab 333 kg Bruttomasse

Achtung! Beim Transport von Flüssiggasflaschen ab 333 kg Bruttomasse bitte diese Bestimmungen beachten
(zusätzlich DVFG-Merkblatt GGVS 1 beachten!)

DVFG
GGVS 2

| Bsp. Bruttomasse: | 5 kg Flasche = ca. 12,5 kg
11 kg Flasche = ca. 25,5 kg
33 kg Flasche = ca. 70,0 kg | 4 St. 11 kg Fl. = 102,0 kg
3 St. 33 kg Fl. = 210,0 kg
Gesamtbrutto: 312,0 kg | 7 St. 11 kg Fl. = 178,5 kg
2 St. 33 kg Fl. = 140,0 kg
318,5 kg |

Beförderungspapier/Absendererklärung

Ein Beförderungspapier muß folgende Angaben enthalten:
Name und Anschrift des Absenders und der (des) Empfänger(s).
Bei vollen Flaschen ist die Bezeichnung: 1965 Kohlenwasserstoffgas, Gemisch, verflüssigt, n.a.g., Propan, 2 Ziffer 2 F ADR bzw. bei leeren, ungereinigten Flaschen ist die Bezeichnung: leeres Gefäß, 2 Ziffer 8 ADR. einzutragen. Anzahl der Versandstücke und Bruttomasse (auf diese Angabe kann verzichtet werden, wenn im Beförderungspapier die "Ausnahme Nr.55" vermerkt wird). Bis 1000 kg je Beförderungseinheit ist bei leeren, ungereinigten Gefäßen kein Beförderungspapier notwendig.
Bei Flaschen mit abgelaufener Prüffrist: "Beförderung gemäß Rn. 2217 (5)"
Absendererklärung: Das Gut ist zur Beförderung auf der Straße zugelassen. Zustand, Beschaffenheit, Verpackung und Bezettelung entspricht dem ADR.

Gefahrgutführerschein (ADR-Bescheinigung)

Bei kennzeichnungspflichtigen Fahrzeugen ab 3,5 t zul. Gesamtgewicht ist eine ADR-Bescheinigung erforderlich.

Unfallmerkblätter

Das Unfallmerkblatt ist im Führerhaus mitzuführen. Die im Unfallmerkblatt benannten Maßnahmen sind im Gefahrenfall durchzuführen.

Keine Personenbeförderung

Keine Personenbeförderung außer der Fahrzeugbesatzung.

Fahrzeugausrüstung

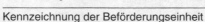

Feuerlöscher:	2-kg und 6-kg, DIN 14406, Brandklasse ABC, plombiert und mit Prüfplakette versehen Prüffrist: 1 Jahr
Warnleuchten:	zwei Stück
Werkzeug:	ein Werkzeugsatz für Notreparaturen (Bordwerkzeug vom Fahrzeug)
Unterlegkeile:	einer bei zweiachsigen Fahrzeugen und zweiachsigen Anhängern zwei bei drei- und mehrachsigen Fahrzeugen, Sattelanhängern und einachsigen Anhänger mit einem zul. Gesamtgewicht über 750 kg (ebenso zweiachsige Anhänger mit einem Achsabstand von weniger als einem Meter)
Schutzausrüstung:	Schutzbrille oder Gesichtsschutz, Schutzhandschuhe (siehe auch Unfallmerkblatt)

Kennzeichnung der Beförderungseinheit

Vorn und hinten mit einer orangefarbenen Warntafel. Die Warntafeln müssen am Fahrzeug deutlich sichtbar sein.

Tragbare Beleuchtungsgeräte

Das Betreten eines Fahrzeugs mit Beleuchtungsgeräten mit offener Flamme ist untersagt. Außerdem dürfen diese Beleuchtungsgeräte keine metallische Oberfläche haben, die Funken erzeugen kann.

Verbot für kennzeichnungspflichtige Kraftfahrzeuge mit gefährlichen Gütern

Dieses Verbot gilt für kennzeichnungspflichtige Fahrzeuge mit gefährlichen Gütern über 333 kg Bruttomasse.

Feststellbremse

Abstellen des Fahrzeugs

Halten oder Parken nur mit angezogener Feststellbremse.

Zusammenladeverbot

Es besteht ein Zusammenladeverbot mit Versandstücken in einem Fahrzeug, die mit folgenden Gefahrzetteln beschriftet sind (ausgenommen Gefahrzettel 1.4 S):

Stand: 05/97
© Deutscher Verband Flüssiggas e.V.,
Westerbachstr. 23, 61476 Kronberg/Ts.

2.3.3 Transport von Flüssiggas in Straßentankwagen, Eisenbahnkesselwagen bzw. Tankschiffen

Der Transport von Flüssiggas als gefährliches Gut auf öffentlichen Verkehrswegen (Straßen/ Flüssen) und Gelände der Deutschen Bahn AG unterliegt einschlägigen gesetzlichen und betriebsinternen Bestimmungen [2.23–2.27].

So sind für den Transport in Straßentankwagen persönliche Papiere des TKW-Fahrers, Papiere für das Fahrzeug sowie Grundausrüstungen des Fahrzeuges nach GGVS und nach Straßenverkehrsordnung erforderlich. Das Verhalten während des Transports ist eindeutig geregelt.

Analoge Ansprüche sind für den Transport von Flüssiggas in Eisenbahnkesselwagen/Tankschiffen durch die dafür zuständigen Stellen festgelegt.

2.4 Umfüllen von Flüssiggas

2.4.1 Begriffe, Arten

Beim Umfüllen wird flüssiges Flüssiggas von einem Behälter in einen anderen gefüllt.

Da Flüssiggas in unterschiedlichen Losgrößen und an verschiedenen Orten vertrieben wird, unterliegt eine bestimmte Menge Flüssiggas im allgemeinen mehreren Umfüllungen. So wird z. B. das in einer Raffinerie hergestellte Flüssiggas im Werksgelände in Druckbehältern gelagert, danach in Eisenbahnkesselwagen oder Tankkraftwagen umgefüllt, zu Großhändlern befördert und dort wiederum in Lagerbehälter umgefüllt. Aus diesen Lagerbehältern der Großhändler erfolgt die Umfüllung des Flüssiggases in Flüssiggasflaschen (Abfüllung) oder die Umfüllung in Straßentankwagen, aus denen wiederum ortsfeste Verbrauchsbehälter befüllt werden (siehe auch Abb. 2.1).

Es lassen sich daraus drei unterschiedliche Formen des Umfüllens von Flüssiggasen definieren:

- Umfüllen von Flüssiggas aus Druckbehältern in Druckgasbehälter in Form von EKW/ TKW bzw. das Umfüllen von Flüssiggas aus Druckgasbehältern in Form von EKW/TKW in Druckbehälter
- Befüllen von ortsfesten Verbrauchsbehältern aus TKW (Druckgasbehälter)
- Befüllen von Flüssiggasflaschen aus Druckbehältern.

Grundsätzlich bedarf das Umfüllen eines Druckgefälles. Dieses Druckgefälle kann auf unterschiedliche Weise aufgebaut werden:

– durch geodätische Höhenunterschiede

Hierbei befindet sich der Flüssigkeitsspiegel des zu entleerenden Behälters über dem des zu befüllenden Behälters.

Die Dampfräume beider Behälter sind miteinander zu verbinden (Gaspendelleitung), um durch Temperaturunterschiede und/oder Unterschiede in der Zusammensetzung des Flüssiggases bedingte Druckdifferenzen zu vermeiden bzw. auszugleichen, da diese dem Umfüllen hinderlich sein könnten. Das wirksame Druckgefälle für diesen Umfüllvorgang entspricht dann: $\Delta \varrho = \varrho g \Delta h$.

2.4 Umfüllen von Flüssiggas

Diese Art des Umfüllens findet großtechnisch keine Anwendung, wird jedoch z. B. beim Umfüllen von Flüssiggas aus Klein- oder Großflaschen in sogenannte „Handwerkerflaschen" angewandt.

— durch Druckunterschiede

In die Verbindungsleitung der in der Flüssigphase verbundenen Behälter wird eine Pumpe eingeordnet, die das Umfüllen bewirkt. Auch hier ist eine Verbindung der Gasphasen sinnvoll (Gaspendelleitung), aber nicht zwingend erforderlich. Diese Art des Umfüllens ist großtechnisch für die Flaschenbefüllung aus Druckbehältern und die Befüllung von Verbrauchsbehältern aus Straßentankwagen üblich (siehe auch Abb. 2.23 — Variante a —).

Die „Flüssigphasen" der beiden Behälter werden miteinander verbunden und auf den Flüssigkeitsspiegel des zu entleerenden Behälters wird ein Gasdruck aufgebracht, der größer ist als der auf dem Flüssigkeitsspiegel des zu befüllenden Behälters. Hierzu wird in der Praxis Gasphase aus dem Dampfraum des zu befüllenden Behälters mit einem Kompressor abgesaugt, verdichtet und in den Dampfraum des zu befüllenden Behälters gefördert (siehe Abb. 2.23 — Variante b —).

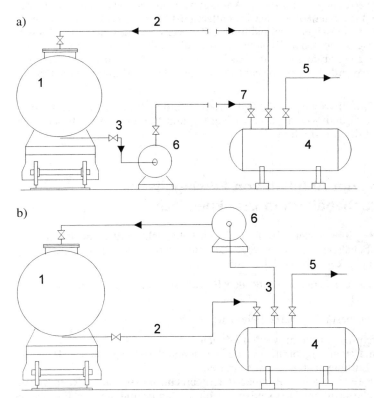

Abb. 2.23 Technologisches Schema des Umfüllens von Flüssiggas aus einem Eisenbahnkesselwagen in einen ortsfesten Lagerbehälter mit Hilfe einer Pumpe (a) und eines Kompressors (b)

a) Entleerung eines Kesselwagens mit Pumpe in der Flüssigphase-Verbindung: 1 Eisenbahn-Kesselwagen; 2 Gaspendelleitung; 3 Abfülleitung; 4 Flüssiggas-Lagerbehälter; 5 Behälterentnahmeleitung; 6 Pumpe

b) Entleerung eines Kesselwagens mit Pumpe in der Flüssigphase-Verbindung: 1 Eisenbahn-Kesselwagen; 2 Abfülleitung; 3 Gaspendelleitung; 4 Flüssiggas-Lagerbehälter; 5 Behälterentnahmeleitung; 6 Kompressor

Diese Art der Umfüllung wird vorzugsweise für das Entladen von Eisenbahnkesselwagen und Straßentankwagen in Zwischenlägern benutzt.

Über die Gaspendelleitung erfolgt ein Gasvolumenaustausch zwischen dem zu befüllenden und zu entleerenden Behälter entsprechend der über die Pumpe umgefüllten Flüssigkeitsmenge. Damit werden ein unnötiger Druckanstieg in dem zu befüllenden Behälter und eine zur Aufrechterhaltung des vorher vorhandenen Gleichgewichtszustandes im zu entleerenden Behälter erforderliche Nachverdampfung vermieden und die notwendige Pumpenleistung auf ein Minimum begrenzt.

Nach dem Abschluß des Umfüllvorganges verbleibt im entleerten Behälter eine als Gasphase vorliegende Restmenge, die wie folgt berechnet werden kann:

$$m_{\text{Rest}} = V_{\text{geom.}} \cdot \varrho''$$

m_{Rest} Restgasmenge im entleerten Behälter in [kg]
$V_{\text{geom.}}$ Geometrisches Volumen des entleerten Behälters in [m^3]
ϱ'' Dichte des Flüssiggases bei t [°C] in [kg/m^3] im Sattdampfzustand

Steht ein Kompressor zur Verfügung, kann durch Absaugung über die Gaspendelleitung bei geschlossenen Ventilen der Produktenleitung die im entleerten Behälter verbliebene Restgasmenge minimiert werden (→ zulässiger Minimaldruck). Zur Vermeidung eines unzulässigen Unterdruckes, der in einem geschlossenen Behälter auch infolge einer Temperaturabsenkung entstehen kann, sollte bei der Gasabsaugung ein Druck von ca. 1 bar (Ü) im zu entleerenden Behälter nicht unterschritten werden. Sonst besteht die Gefahr des Eindringens von Luft in den Behälter.

Für in der Praxis übliche Umfüllvorgänge sind industriell gefertigte Baugruppen und Komplettlösungen verfügbar. Die Grundsätze für Bau, Errichtung und Betrieb von Umfüllanlagen sind in einschlägigen Vorschriften formuliert.

2.4.2 Füllanlagen zum Abfüllen von Flüssiggasen aus Druckgasbehältern in Druckbehälter

Gemäß den eingeführten Begriffen sollen hier Füllanlagen behandelt werden, in denen ortsfeste Lagerbehälter (Druckbehälter) aus ortsbeweglichen Behältern (Druckgasbehältern; Eisenbahnkesselwagen, Straßentankwagen) befüllt werden.

Maßgebende Vorschriften für die Errichtung und den Betrieb solcher Füllanlagen sind TRB 851 und TRB 852 [2.13, 2.14].

Wesentliche Grundsätze seien besonders hervorgehoben:

- Fülleitungen müssen gefahrlos entspannt werden können.
- Füllanschlüsse sollen im Freien angeordnet werden, anderenfalls sind während des Umfüllvorganges besondere Lüftungsmaßnahmen zu treffen.
- Werden Füllanlagen oder Teile davon in Räumen untergebracht, müssen diese Räume eine Reihe spezieller Ansprüche erfüllen. Das sind u. a.: diese Räume müssen als Füllräume gekennzeichnet sein, auf die jeweilige Gefährdung durch das Gas ist hinzuweisen; die Fußböden müssen fest und eben sein; in diesen Räumen dürfen sich keine anderen Einrichtungen befinden, durch die eine Gefährdung infolge mechanischer Einwirkung, Brand oder Explosion für die Füllanlage entstehen kann; die Räume müssen selbstschließende Türen haben, falls diese nicht unmittelbar ins Freie führen, aus Bauteilen bestehen, die feuerbeständig sind, ausgenommen Fenster und andere Öffnungen in Außenwänden; von

2.4 Umfüllen von Flüssiggas

anderen Räumen F 30 abgetrennt sein; von Räumen, die dem dauernden Aufenthalt von Menschen dienen außerdem gasdicht, öffnungslos und in F 90 Ausführung abgetrennt sein.
Räume für Füllanlagen müssen ausreichend durchlüftet sein; hierbei ist natürliche oder technische Lüftung möglich.
In Räumen von Umfüllanlagen dürfen sich keine Lüftungsöffnungen befinden, die der Lüftung anderer Räume dienen. Ebenso ist die Anordnung von offenen Kanälen, gegen Gaseintritt ungeschützten Kanaleinläufen oder Öffnungen zu tiefer liegenden Räumen unzulässig.

- Werden Füllanlagen oder Teile davon im Freien angeordnet, müssen die Aufstellplätze eben sein und einen festen Boden haben. Liegt ein Gefälle vor, müssen zum Abfüllen angeschlossene Druckgasbehälter gegen Abrollen gesichert sein. Füllanlagen und Behälterfahrzeuge müssen gegen mechanische Beschädigung geschützt sein; ein Anfahren durch Fahrzeuge ist durch geeignete Maßnahmen auszuschließen.
Besteht in der Umgebung der Füllanlage von Umschlag- und Verteillägern eine Brandlast, muß der bereitgestellte oder angeschlossene Druckgasbehälter vor dieser Brandlast geschützt werden. Ist eine wirksame Brandlast anzunehmen, sind Schutzmaßnahmen zu treffen; das sind z. B: genügend großer Abstand, Schutzwand, Brandschutzisolierung oder Wasserberieselung.
Im Umfeld von 5 m um betriebsbedingte Austrittsstellen dürfen sich keine offenen Kanäle, gegen Gaseintritt ungeschützte Kanaleinläufe, offenen Schächte, Öffnungen zu tiefer liegenden Räumen oder Luftansaugöffnungen befinden.
- Explosionsgefährdete Räume in Füllanlagen sind entsprechend den einschlägigen Vorschriften festzulegen (Richtlinien für die Vermeidung der Gefahren durch explosionsfähige Atmosphäre mit Beispielsammlung Explosionsschutz-Richtlinien).
- In Füllanlagen sind Maßnahmen zu verwirklichen, die eine elektrostatische Aufladungen sicher ausschließen (z. B: Erdung von Straßentankwagen).
- In Füllanlagen müssen Einrichtungen zum Melden von Bränden oder Explosionsgefahr vorhanden sein.
- Füllanlagen im Bereich von Lägern mit einem Fassungsvermögen von >30 t müssen mit einer Not-Aus-Schaltung versehen sein, die die Anlage so absperrt, daß diese sich im Gefahren- oder Notfall in einem sicheren Zustand befindet. Dazu müssen im Bereich der Füllanschlüsse und bei Füllräumen auch außerhalb im Bereich der Fluchtwege Not-Aus-Taster vorhanden sein. Die gleichen Füllanlagen müssen mit einem Totmannschalter ausgerüstet sein, wenn der Füllvorgang nur von einer Person überwacht wird. Für Füllanlagen in Lägern mit >200 t Fassungsvermögen werden weitergehende Forderungen gestellt:
- Es müssen Einrichtungen vorhanden sein, mit denen bei Schäden an beweglichen Füllleitungen ein Austreten von flüssigem Gas schnell unterbunden werden kann. Die Einrichtungen müssen entweder selbsttätig ansprechen oder gefahrlos aus sicherer Entfernung betätigt werden können.
- Im Bereich von Füllanlagen zum Befüllen von Behältern mit einem Fassungsvermögen >30 t muß ein gut sichtbarer Windrichtungsanzeiger (z. B. Windsack) aufgestellt sein.
- Füllanlagen sind so zu betreiben, daß sie technisch dicht sind und bleiben.
- Gasbeaufschlagte Einrichtungsteile sind vor der erstmaligen Inbetriebnahme sowie nach einer Instandsetzung oder einer wesentlichen Änderung auf Dichtheit zu prüfen.
- Bewegliche Anschlußleitungen müssen vor der erstmaligen Inbetriebnahme und wenigstens jährlich auf ihren betriebssicheren Zustand geprüft werden (äußere Prüfung und Druckprüfung).
- Vor jedem Füllvorgang ist der Zustand der Füllverbindung einschließlich der Armaturen und beweglichen Anschlußleitungen auf Unversehrtheit, ordnungsgemäße Funktion und Dichtheit zu kontrollieren.
- Gaswarneinrichtungen sind turnusmäßig zu überprüfen.

- Schienenfahrzeuge sind vor dem Anschließen der Fülleitungen durch Anziehen der Handbremse und durch Auflegen von Radvorlegern gegen Abrollen in beiden Richtungen und durch Verschließen der Zugangsweichen in abweisender Stellung oder durch Verschließen aufgelegter Gleissperren gegen Auffahren anderer Schienenfahrzeuge zu sichern.
- Straßentankfahrzeuge sind vor dem Anschließen der Fülleitungen durch Anziehen der Handbremse und durch Radvorleger gegen Abrollen zu sichern.
- In explosionsgefährdeten Bereichen sind das Rauchen und der Umgang mit anderen Zündquellen nicht zulässig.
- In Füllanlagen im Freien dürfen während des Umfüllens innerhalb des Ex-Bereiches Fahrzeuge, die dem Betrieb der Füllanlage dienen, mit Verbrennungs- oder Elektromotoren in nichtexplosionsgeschützter Ausführung, nicht jedoch Fahrzeuge mit offener Feuerung, verkehren, wenn sichergestellt ist, daß brennbare Gase in gefahrdrohender Menge nicht in den Bereich der Fahrzeuge gelangen. Durch zeitweilige (temporäre) Ex-Bereiche führende Betriebs- und Werksstraßen müssen während des Anschließens und des Lösens von beweglichen Füll und Anschlußleitungen für den allgemeinen Werkverkehr abgesperrt sein.
- Während des Füllens aus Straßenfahrzeugen muß der Fahrzeugmotor abgestellt sein, soweit er nicht zum Antrieb der Pumpe/des Kompressors dient.
 Wird der Fahrzeugmotor hierfür verwendet, müssen Einrichtungen zum Abstellen des Fahrzeugmotors vorhanden sein, die aus sicherer Entfernung betätigt werden können bzw. die vor dem Anschließen der beweglichen Leitungen ausgelegt und auf ihre Wirksamkeit überprüft worden sind.
- Straßentankwagen müssen vor dem Umfüllen zum Schutz gegen elektrostatische Aufladung geerdet werden; bei Eisenbahnkesselwagen ist im allgemeinen anzunehmen, das dies über die Gleise selbsttätig erfolgt.
- Das An- und Abschließen der Fülleitungen ist bei Gewitter zu unterlassen, sofern keine besonderen Blitzschutzmaßnahmen getroffen worden sind.
- Fahrzeuge, die zum Abfüllen angeschlossen sind, müssen untereinander oder zu abgestellten Fahrzeugen einen Abstand von mind. 3 m haben, um eine ungehinderte Brandbekämpfung zu ermöglichen.
- Das Abfüllen von Flüssiggas von öffentlichen Straßen und Plätzen darf nur aus Straßentankwagen erfolgen, die über ein sog. Vollschlauchsystem verfügen. Das sind Systeme, bei denen der Gasinhalt der zugehörigen Leitungen nach den Umfüllen nicht in die Atmosphäre entspannt werden muß, sondern in der Leitung, resp. Schlauch verbleibt. An beiden Enden dieser Leitung ist je eine Absperreinrichtung anzuordnen, die beim Bruch der Leitung selbsttätig schließt (Rohrbruchsicherung).

In Abb. 2.24 und 2.25 wurden typische Armaturensätze und Anlagenschemata für Umfüllstationen dargestellt. In Tab. 2.22 2.25 wurden erforderliche Ausrüstungen und Einrichtungen der Betankungsstationen zusammengestellt.

2.4.3 Füllanlagen zum Abfüllen von Flüssiggas aus Druckbehältern in Druckgasbehälter

Füllanlagen zum Abfüllen von Flüssiggas aus Druckbehältern in Druckgasbehälter sind durch eine „Fließrichtung" (Prozeßverlauf) des umzufüllenden Flüssiggases vom ortsfesten Behälter (Druckbehälter) hin zum ortsbeweglichen Behälter (Druckgasbehälter) gekennzeichnet. Das ist die entgegengesetzte Richtung, wie sie bei Anlagen zum Umfüllen von Flüssiggas aus Druckgasbehältern in Druckbehälter vorliegt. Das Umfüllen oder Füllen von Druckbehältern wurde im vorangegangenen Abschnitt behandelt. Man kann davon ausgehen, daß das Errichten und Betreiben von Füllanlagen in beiden Fällen weitestgehend gleichen Grundsätzen folgt.

2.4 Umfüllen von Flüssiggas

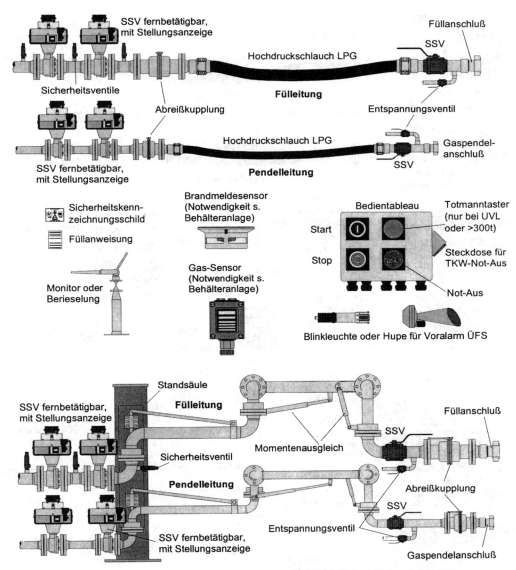

Abb. 2.24 *Externe Betankungsstation mit stationären Umfülleinrichtungen [2.21]*

Für Füllanlagen zum Abfüllen von Flüssiggas aus Druckbehältern in Druckgasbehälter gelten die *Technischen Regeln Druckgase* TRG, speziell TRG 400, TRG 401 und TRG 402 [2.28−2.30].

Typische Füllanlagen zum Abfüllen von Flüssiggas aus Druckbehältern in Druckgasbehälter sind beispielsweise Anlagen zum Füllen von Eisenbahnkesselwagen, Straßentankwagen oder Flüssiggasflaschen aus ortsfesten Behältern.

Füllanlagen stellen Betriebsstätten dar. Das sind Räumlichkeiten oder Grundstücksflächen, die die Einrichtungen der Füllanlage aufnehmen, in oder auf denen Druckgasbehälter vor- und nachbehandelt werden, die zum Bereitstellen zu füllender oder gefüllter Druckgasbehäl-

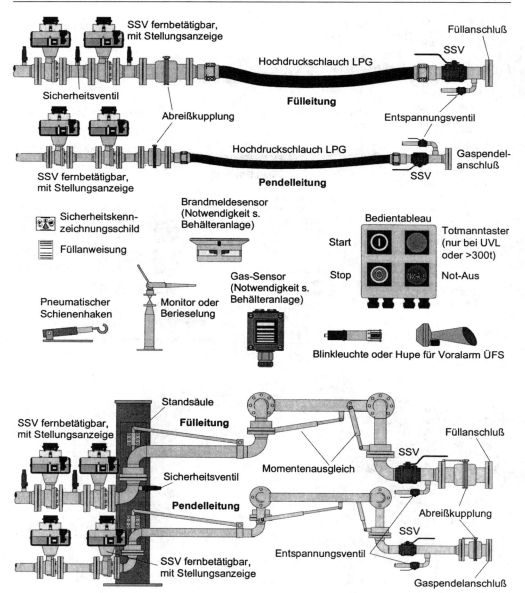

Abb. 2.25   EKW Entleerungsstation mit stationären Umfülleinrichtungen [2.21]

ter dienen bzw. aus sicherheitstechnischen Erwägungen erforderlich sind. Es gibt Betriebsstätten in Gebäuden und im Freien.

Zu Einrichtungen einer derartigen Füllanlage gehören alle Teile der Anlage, die zur bestimmungsgemäßen Verwendung der Füllanlage erforderlich sind, dem sicheren Betrieb der Füllanlage oder der Sicherheit Beschäftigter oder Dritter dienen. Die Errichtung und der Betrieb von Füllanlagen ist erlaubnisbedürftig, wenn mit ihnen Druckgasbehälter zur Abgabe an Dritte gefüllt werden.

2.4 Umfüllen von Flüssiggas

Tabelle 2.22 Ausrüstungen von externen Betankungsstationen mit stationären Umfülleinrichtungen [2.21]

Ausrüstungen	Menge	Bemerkung
Fülleitung:		
Füllanschluß mit Verschlußstopfen	1	Anschlußgewinde 3 1/4″ ACME
Entspannventil	1	PN 25, i. d. R. 1/2″
Schnellschlußventil (Kugelhahn)	1	PN 25, handbetätigbar
Hochdruckfüllschlauch oder Gelenkarm	1	PN 25, i. d. R. DN 80
Rohrleitungssicherheitsventil	3	eingestellt auf 25 bar, i. d. R. 1/2″
SSV fernbetätigbar, mit Stellungsanzeige	2	PN 25, fire-safe
Abreißkupplung mit Rückschlagteller	1	PN 25, i. d. R. DN 80
Pendelleitung:		
Pendelanschluß mit Verschlußstopfen	1	Anschlußgewinde 2 1/4″ ACME
Entspannungsventil	1	PN 25, i. d. R. 1/2″
Schnellschlußventil (Kugelhahn)	1	PN 25, handbetätigbar
Hochdruckpendelschlauch oder Gelenkarm	1	PN 25, i. d. R. DN 50
SSV fernbetätigbar, mit Stellungsanzeige	2	PN 25, fire-safe
Abreißkupplung mit Rückschlagteller	1	PN 25, i. d. R. DN 50
Sicherheitskennzeichnungsschild	1	gemäß VBG 125
Füllanweisung	1	
Feuerlöscher	–	wird durch TKW mitgebracht
Akustische oder optische Warneinrichtung für Voralarm ÜFS	1	i. d. R. Hupe oder Blinkleuchte
Elektrische Bedienelemente für * Start (ÜFS) * Not-Aus-Taster	1 1	
Einbeziehung der Hauptabsperrarmaturen von Druckgasbehältern in das Anlagen Not-Aus	1	nur bei UVL oder >300 t * Steckdose für Kabel vom Auswertegerät der ÜFS der TKW
Totmanntaster für Umfüllvorgänge	1	nur bei UVL oder >300 t
Fortrollsicherung mit Verriegelung des Umfüllvorganges für TKW-Füllstellen	1	nur für Gruppe D * z. B. elektrischer Radkeil
Berieselungseinrichtungen für Druckgasbehälter	–	nur bei UVL oder >300 t
Gassensor oder Brandmeldesensor	1	Notwendigkeit s. Behälteranlage
Schutzanstrich mit Angabe des Mediums und der Fließrichtung nach DIN 2403	–	

Tabelle 2.23 Einrichtungen von externen Betankungsstationen mit stationären Umfülleinrichtungen [2.21]

Einrichtungen	Menge	Bemerkung
Einzäunung des Geländes oder Einhausung der Füllanschlüsse		Zugriff Unbefugter darf nicht gegeben sein. Gehäuse ist ggf. zu verschließen.
Ex-Zonen (Befüllung mit Vollschlauch): Zone 1 (kugelförmig) Zone 2 (kegelförmig)	 1 m 3 m	durch bauliche Maßnahmen an max. 2 Seiten eingrenzbar. Keine Zündquellen, brennbare, anlagenfremde oder nicht exgeschützte Einrichtungen in diesem Bereich.

Tabelle 2.24 Ausrüstungen von EKW – Entleerungsstation mit stationären Umfülleinrichtungen [2.21]

Ausrüstungen	Menge	Bemerkung
Fülleitung:		
Füllanschluß mit Verschlußstopfen	1	Anschlußgewinde 3 1/4″ ACME
Entspannventil	1	PN 25, i. d. R. 1/2″
Schnellschlußventil (Kugelhahn)	1	PN 25, handbetätigbar
Hochdruckfüllschlauch oder Gelenkarm	1	PN 25, i. d. R. DN 80
Rohrleitungssicherheitsventil	3	eingestellt auf 25 bar, i.d.R. 1/2″
SSV fernbetätigbar, mit Stellungsanzeige	2	PN 25, fire-safe
Abreißkupplung mit Rückschlagteller	1	PN 25, i. d. R. DN 80
Pendelleitung:		
Pendelanschluß mit Verschlußstopfen	1	Anschlußgewinde 2 1/4″ ACME
Entspannungsventil	1	PN 25, i. d. R. 1/2″
Schnellschlußventil (Kugelhahn)	1	PN 25, handbetätigbar
Hochdruckpendelschlauch oder Gelenkarm	1	PN 25, i. d. R. DN 50
SSV fernbetätigbar, mit Stellungsanzeige	2	PN 25, fire-safe
Abreißkupplung mit Rückschlagteller	1	PN 25, i. d. R. DN 50
Sicherheitskennzeichnungsschild	1	gemäß VBG 125
Füllanweisung	1	
Feuerlöscher	1	
Akustische oder optische Warneinrichtung für Voralarm ÜFS	1	i. d. R. Hupe oder Blinkleuchte
Elektrische Bedienelemente für * Start (ÜFS) * Not-Aus-Taster	 1 1	
Einbeziehung der Hauptabsperrarmaturen von Druckgasbehältern in das Anlagen Not-Aus	1	nur bei UVL oder >300 t * pneumatischer Schienenhaken
Totmanntaster für Umfüllvorgänge	1	nur bei UVL oder >300 t
Berieselungseinrichtungen für Druckgasbehälter	–	nur bei UVL oder >300 t
Gassensor oder Brandmeldesensor	1	Notwendigkeit s. Behälteranlage
Schutzanstrich mit Angabe des Mediums und der Fließrichtung nach DIN 2403	–	

2.4 Umfüllen von Flüssiggas

Tabelle 2.25 Einrichtungen von EKW – Entleerungsstation mit stationären Umfülleinrichtungen [2.21]

Einrichtungen	Menge	Bemerkung
Einzäunung des Geländes oder Einhausung der Füllanschlüsse		Zugriff Unbefugter darf nicht gegeben sein. Gehäuse ist ggf. zu verschließen.
Ex-Zonen (Befüllung mit Vollschlauch): Zone 1 (kugelförmig) Zone 2 (kegelförmig)	 1 m 3 m	Durch bauliche Maßnahmen an max. 2 Seiten eingrenzbar. Keine Zündquellen, brennbare, anlagenfremde oder nicht exgeschützte Einrichtungen in diesem Bereich.

Die Grundsätze für das Errichten von Füllanlagen enthält TRG 401.
Befinden sich *Füllanlagen in Gebäuden*, gilt:

- Füllräume dürfen nur ihrer eigentlichen Zweckbestimmung gemäß genutzt werden; das schließt nicht aus, daß in ihnen vorbereitende und nachbereitende Arbeiten, die mit dem Füllen der Druckgasbehälter in Zusammenhang stehen ausgeführt werden oder zum Durchführen von Analysen notwendig sind.
- Außenwände von Füllräumen, ausgenommen Fenster und Türen, müssen mind. feuerhemmend sein.
- Von angrenzenden Räumen sind Füllräume feuerbeständig abzutrennen.
- Füllräume müssen so belüftet sein, daß sich in ihnen keine gefahrdrohenden Gas-Luft-Gemische bilden können. Abluftöffnungen müssen in Bodennähe liegen.
- Die Fußböden der Füllräume müssen fest und eben sein.
- Jeder Raum mit weniger als 50 m^2 Grundfläche muß eine nach außen aufschlagende Tür haben, größere Räume mind. 2 Ausgänge, die an verschiedenen Seiten des Raumes liegen sollen.
- Keller- und Kanalöffnungen dürfen sich nicht in Füllräumen befinden.
- In den Füllräumen ist gasexplosionsfähige Atmosphäre anzunehmen.
- Außerhalb von Wandöffnungen des Füllraumes wird ein Sicherheitsbereich definiert. Der Sicherheitsbereich ist anzusetzen, wenn die Öffnung bis 1 m von Oberkante Fußboden liegt. Der Sicherheitsbereich hat einen Fußkreisradius von 5 m und ist 2 m hoch. Auch in diesen explosionsgefährdeten Bereichen sind keine Kellereingänge und Kanäle zulässig.

Befinden sich *Füllanlagen im Freien*, gilt:

- Der Boden muß fest und eben sein.
- Die Füllanlagen müssen von einer Schutzzone (gasexplosionsgefährdeter Bereich) umgeben sein. Diese Schutzzone wird im Grundriß begrenzt durch einen Abstand von 10 m; bei Anwendung des Vollschlauchsystems genügen 5 m.
Die kegelförmigen Räume haben eine Spitze, die 1 m über der Quelle anzunehmen ist (siehe auch Abb. 2.26a–f). Die Schutzzone darf an maximal 2 Seiten eingeschränkt werden, dabei dürfen Schutzwände nicht näher als 1 m am Behälter angeordnet sein. Schutzwände müssen mindestens feuerhemmend errichtet werden.
- In Schutzbereichen dürfen sich nur Anlagen und Einrichtungen befinden, die zur Füllanlage gehören; Keller- und Kanalöffnungen müssen gasdicht verschlossen sein; Zündquellen dürfen nicht vorhanden sein; die Lagerung brennbarer Stoffe ist unzulässig; durch ständige Schutzzonen dürfen nur Wege oder Straßen führen, die dem Betrieb der Füllanlage dienen; durch zeitweilige (temporäre) Schutzzonen dürfen auch Wege und Straßen führen, die dem allgemeinen Werkverkehr dienen.
- Einrichtungen sind anforderungsgerecht auszuwählen.
- Bewegliche Leitungen (Schläuche, Gelenkrohre) müssen bis zum 1,5-fachen des höchsten Betriebsdruckes dicht sein.

238 2 Lagerung, Beförderung und Umfüllen von Flüssiggas

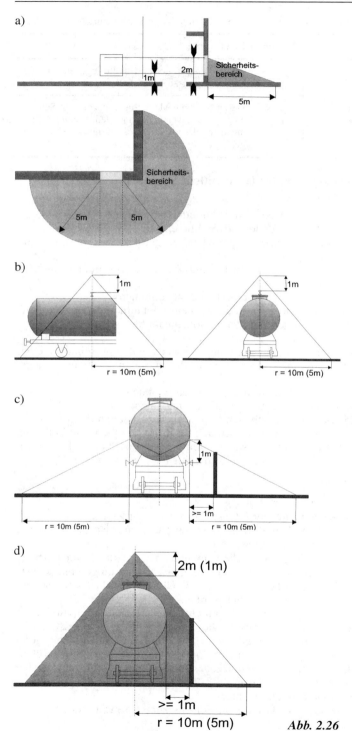

Abb. 2.26

2.4 Umfüllen von Flüssiggas

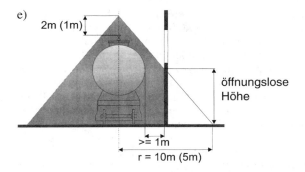

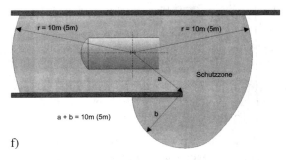

Abb. 2.26 Sicherheitsbereiche/ Schutzbereiche und deren Einschränkungsmöglichkeiten bei Füllanlagen nach TRG 401
a) Sicherheitsbereich b. Wandöffnungen; b) Schutzzone (Das Beispiel gilt für Druckgase, die nicht leichter als Luft sind); c) Schutzzone und Höhe der Schutzwand (unten liegenden Füllventile); d) drgl. bei oben liegenden Füllventilen; e) öffnungslose Höhe einer als Schutzwand dienenden Gebäudemauer; f) Länge von Schutzwänden

- Fülleitungen müssen gefahrlos entspannt werden können.
- Abblase-, Entlüftungs- und Entspannungsleitungen müssen so verlegt sein, daß austretendes Flüssiggas gefahrlos abgeleitet wird; in Räume dürfen diese Leitungen nicht münden; diese Leitungen sind mindestens in PN 10 auszulegen.
- Anschlußteile der Fülleinrichtung müssen unverwechselbar angeschlossen werden.
- In Anlagen zum Füllen in Behälter auf Fahrzeugen, ausgenommen Eisenbahnkesselwagen, muß eine Einrichtung zum Erden der Behälter vorhanden sein.
- Besteht die Möglichkeit, das zu befüllende Behälterfahrzeuge durch andere gerammt werden, müssen mit Warnanstrich versehene Anfahrschutzeinrichtungen vorhanden sein.
- An beweglichen Fülleitungen müssen Einrichtungen vorhanden sein, mit denen bei Schäden an diesen Teilen ein Austreten von Flüssiggas selbsttätig oder gefahrlos aus sicherer Entfernung unterbunden werden kann.
- Eine Einrichtung zum Melden von Bränden muß vorhanden sein (rasch erreichbarer Feuermelder, Fernsprecher).
- Zur Brandbekämpfung sind in der Nähe gefährdeter Stellen geeignete Feuerlöscheinrichtungen bereitzuhalten.
- Für Hilfeleistungen im Gefahrenfall müssen die erforderlichen Schutzausrüstungen und Rettungseinrichtungen außerhalb gefährdeter Bereiche schnell erreichbar und vorhanden sein.

Grundsätze für das Betreiben von Füllanlagen enthält TRG 402 [2.30]
- Füllanlagen dürfen nur von Personen betrieben werden, die die erforderliche Sachkunde besitzen und mindestens 18 Jahre alt sind.
- Die Beschäftigten sind im regelmäßigen Turnus zu unterweisen.
- Der Aufenthalt in Füllräumen ist nur den mit dem Füllen der Druckgasbehälter beschäftigten Personen gestattet und nur während des Füllens zulässig.
- Für jede Füllanlage muß eine Bedienungsanweisung vorliegen.
- In Füllanlagen im Freien dürfen innerhalb der Schutzzonen Fahrzeuge mit Verbrennungs- oder Elektromotoren in nichtexgeschützter Ausführung verkehren, wenn sichergestellt ist,

daß Flüssiggas nicht in gefahrdrohender Menge in den Bereich der Fahrzeuge gelangen kann. Durch zeitweilige Schutzzonen führende Wege und Straßen müssen während der Verwendung der Füllanlagen für den allgemeinen Werksverkehr gesperrt bleiben. An Betriebsstätten dürfen leere Behälter zum alsbaldigen Befüllen und gefüllte Behälter zum alsbaldigen Abtransport bereitgestellt werden; Fluchtwege dürfen dadurch nicht eingeschränkt sein.

- Flüssiggasbehälter dürfen nur so angewärmt werden (z. B. in einem Wasserbad), daß unzulässige Temperaturen und Drücke nicht entstehen.
- Ein Druckgasbehälter darf mit Flüssiggas nur befüllt werden, wenn er einschließlich seiner Ausrüstung keine Mängel aufweist, durch die Personen gefährdet werden können und das eingeprägte Datum der nächsten Prüfung noch nicht verstrichen ist.
- Ein Druckgasbehälter darf nur mit dem Druckgas befüllt werden, das auf ihm angegeben ist. Er darf nur mit der Menge befüllt werden, die sich aus den Angaben auf dem Behälter ergeben.
- Flüssiggasbehälter, auf denen die höchstzulässige Füllmenge durch das Nettogewicht in kg angegeben ist, müssen nach Gewicht (gravimetrisch) befüllt werden. Die Behälter sind während des Befüllens zu wiegen und einer anschließenden Kontrollwägung auf einer geeichten Waage zu unterziehen.
- Flüssiggas-Fahrzeugbehälter dürfen nach Volumen (volumetrisch) gefüllt werden, wenn Einrichtungen zum Messen oder Begrenzen des Volumens und zur Temperaturmessung nutzbar sind. Zur Feststellung einer etwaigen Überfüllung sind die Behälter gravimetrisch oder volumetrisch zu kontrollieren.
- Füll- und Kontrollmessungen dürfen nicht von derselben Person ausgeführt werden.
- Überfüllte Behälter sind unverzüglich bis auf die zugelassenen Füllmenge gefahrlos zu entleeren.
- Flüssiggas darf beim Umfüllen keine Temperaturen unter 20 °C aufweisen.
- Nach dem Füllen sind die Absperreinrichtungen und deren Verbindung mit dem Behälter auf innere Dichtheit bei geschlossener Armatur und ohne Verschlußmutter zu prüfen (schaumbildendes Mittel, Tauchen). Die äußere Dichtheit, einschließlich der Sicherheitseinrichtungen gegen Drucküberschreitungen ist bei Offenstellung der Armatur und aufgeschraubter Verschlußmutter (falls diese erforderlich und demgemäß druckstabil ist) zu prüfen. Die äußere Prüfung kann auch am Ende des Füllvorganges durchgeführt werden.
- Werden an den Druckgasbehältern Mängel festgestellt, so ist der Behälter bis zur deren Beseitigung nicht wieder in Verkehr zu bringen und ggf. unverzüglich gefahrlos zu entleeren.
- Für das Füllen von Fahrzeugbehältern (Eisenbahnkesselwagen/Straßentankwagen) gelten weitere Grundsätze.
- Schienenfahrzeuge und Straßenfahrzeuge sind vor dem Anschließen der Leitungen zum Füllen gegen Abrollen zu sichern (Hemmschuhe, Radvorleger oder Holzklötze bzw. Handbremse, Gang einlegen, Vorlegeklötze) sowie gegen Auf oder Anfahren durch andere Fahrzeuge zu schützen (Zugangsweiche in abweisender Stellung, Verschließen aufgelegter Gleissperren, umlegbare Prellböcke bzw. Prellpfosten, Abschrankungen).
- Fahrzeugbehälter dürfen zum Füllen mit Flüssiggas nur angeschlossen werden, wenn zu gleichartigen Fahrzeugen und zu ortsfesten Behältern für Druckgase oder brennbaren Flüssigkeiten ein Sicherheitsabstand eingehalten ist.
- Die Schnellschlußventile der Fahrzeuge sind vor Füllbeginn auf Wirksamkeit zu prüfen.
- Straßentankwagen müssen vor Füllbeginn zum Schutz gegen elektrostatische Aufladung geerdet werden.
- Bei Straßentankwagen muß der Fahrzeugmotor während des Füllens abgestellt sein, soweit er nicht zum Füllen selbst benötigt wird.
- Während des Füllens muß eine Bedienperson ständig anwesend sein.

2.4 Umfüllen von Flüssiggas

- Wird das Befüllen von Behältern auf Fahrzeugen für längere Zeit unterbrochen (z. B. nachts), so sind die Leitungsverbindungen zwischen der Füllanlage und dem Behälter zu trennen.
- Fahrzeugbehälter sind im Gefahrenfalle abzuziehen.
- Vom Füllwerk sind Kontrollaufzeichnungen zu führen. Für jede Füllung sind wenigstens folgende Angaben zu machen:

  Datum, Identifizierungskennzeichen des Fahrzeuges oder des Behälters, höchstzulässige Füllmenge, Verfahren zur Bestimmung der eingefüllten Menge, tatsächlich eingefüllte Menge, Bemerkungen über Unregelmäßigkeiten und falls ja, was wurde veranlaßt. Diese Aufzeichnungen sind mind. 1 Jahr aufzubewahren und der Aufsichtsbehörde bei Verlangen vorzuzeigen.

- Füllanlagen oder deren Anlagenabschnitte dürfen erstmalig oder nach wesentlichen Änderungen nur in Betrieb genommen werden, wenn sie von einem Sachverständigen auf Dichtheit geprüft worden sind. Über das Prüfen ist ein Protokoll zu führen, die Protokolle sind aufzubewahren.
- Bewegliche Leitungen (Schläuche und Gelenkrohre) müssen vor ihrer ersten Inbetriebnahme und ferner nach Erfordernis, mindestens jedoch in Abständen von einem Jahr, auf ihren betriebssicheren Zustand geprüft werden, und zwar durch den Hersteller oder eine sachkundige Person des Füllbetriebes. Auch über diese Prüfungen ist eine Bescheinigung auszustellen und aufzubewahren.
- Absperreinrichtungen, die selten betätigt werden, müssen in Abständen auf Gangbarkeit geprüft werden.
- Einrichtungen, die der Ableitung elektrostatischer Aufladungen dienen, sind vor der Inbetriebnahme und ferner nach Bedarf, aber wenigstens in Abständen von 3 Jahren, einer Prüfung durch einen Sachkundigen zu unterziehen. Die Einrichtungen sind regelmäßig auf ihren ordnungsgemäßen Zustand hin zu überwachen.
- Füllanlagen sind unverzüglich außer Betrieb zu setzen, wenn sie in einem derartigen Zustand sind, daß Beschäftigte oder Dritte gefährdet sind.
- Unfälle im Zusammenhang mit Füllanlagen sind meldepflichtig, ebenso ein Zerknall oder Aufriß eines Druckgasbehälters außerhalb einer Füllanlage.

Treibgastankstellen sind Füllanlagen, durch die aus Druckbehältern Flüssiggas in Druckgasbehälter (hier Treibgastanks) abgefüllt wird. Als Druckgasbehälter werden sowohl ortsbewegliche Behälter in Form von Treibgasflaschen als auch in Fahrzeugen fest eingebaute Treibgastanks benutzt.

Die maßgebende Vorschrift für Treibgastankstellen ist TRG 404 [2.31].

Zur Treibgastankstelle gehört die ihrem Betrieb dienende Ausrüstung (z. B. Förder-, Abgabeeinrichtungen). Ortsfeste Druckbehälter, denen das abzufüllende Treibgas entnommen wird, sowie deren Ausrüstung gehören nicht zur Treibgastankstelle. Wegen des Sachzusammenhanges sind jedoch bei Treibgastankstellen, die auf dem Gelände öffentlicher Mineralöltankstellen errichtet werden, an die Treibgas Lagerbehälter hinsichtlich der Aufstellung besondere Anforderungen gestellt.

Erlaubnisbedürftig sind solche Treibgastankstellen, in denen Treibgas oder Brenngas an Dritte abgegeben wird. Als Autogastankstellen werden i. a. Treibgastankstellen für die Versorgung von Kraftfahrzeugen bezeichnet. Treibgastankstellen werden oft als Kompaktanlagen konzipiert. Dann bilden Zapfsäule, Fördereinrichtung und Treibgas-Lagerbehälter eine transportable Baueinheit, der Rauminhalt des Lagerbehälters beträgt weniger als 5000 l. Fördereinrichtungen in Treibgastankstellen sind Flüssiggaspumpen.

Als Abgabeeinrichtungen werden die Teile benannt, über die Treibgas abgegeben wird. Das sind entweder Zapfsäulen als ortsfeste Abgabeeinrichtungen, die von einem Schutzgehäuse umgeben sind, das zur Bedienung nicht geöffnet werden braucht; Zapfgeräte sind ortsfeste Abgabeeinrichtungen, die von keinem Schutzgehäuse umgeben sind oder bei denen das Schutzgehäuse zur Bedienung geöffnet werden muß. Als Wirkbereich des Zapfventils wird der vom Zapfventil in Arbeitshöhe horizontal betriebsmäßig erreichbare Bereich zuzüglich 1m bezeichnet (siehe auch Abb. 2.27 a−c).

Bei Treibgastankstellen, mit denen nicht ausschließlich Tanks mit automatischer Füllstandsbegrenzung befüllt werden, ist der Wirkbereich des Zapfventils um 2 m größer als der betriebsmäßig erreichbare Radius zu bemessen.

Beim Errichten sind nachfolgende Regeln einzuhalten:
- Treibgastankstellen sind als ortsfeste Anlagen nur im Freien zulässig.

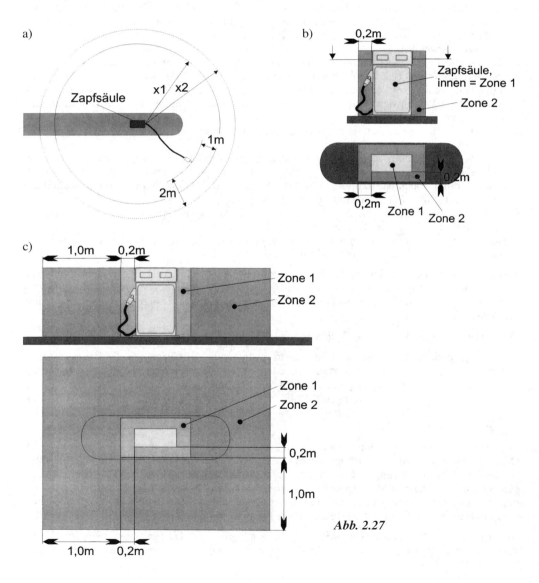

Abb. 2.27

2.4 Umfüllen von Flüssiggas

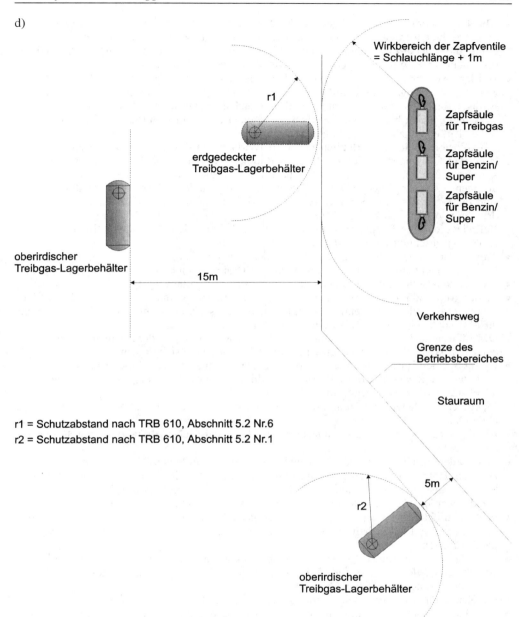

Abb. 2.27 *Sicherheitstechnisch relevante Abstände/Räume für Anlagen zum Füllen von Treibgastanks nach TRG 404. Wirkbereich des Zapfventils und explosionsgefährdete Bereiche der Zapfsäule*
a) Wirkbereich des Zapfventils; x1 Radius des Wirkbereichs nach Nummer 2.6 Satz 1 (Länge des Schlauches +1 m); x2 Radius des Wirkbereichs nach Nummer 2.6 Satz 2 (Länge des Schlauches +2 m); b) Explosionsgefährdete Bereiche der Zapfsäule; c) Explosionsgefährdete Bereiche des Zapfgerätes; d) Abstand der Treibgas-Lagerbehälter vom Betriebsbereich der Mineralöltankstelle; r1 Schutzabstand nach TRB 610, Abschnitt 5.2 Nr. 6; r2 Schutzabstand nach TRB 610, Abschnitt 5.2 Nr. 1

- Abgabeeinrichtungen dürfen nicht in der Zone 1 der Lagerbehälter und der Fördereinrichtung errichtet werden und sind so anzuordnen, daß die zu betankenden Fahrzeuge nicht durch die Zonen 1 und 2 des Lagerbehälters und der Fördereinrichtung fahren müssen (gilt nicht für Kompaktanlagen) (Zoneneinteilung siehe Abb. 2.26b).
- Werden Abgabeeinrichtungen unmittelbar vor Gebäuden aufgestellt, muß der Abstand zwischen der Abgabeeinrichtung und Türen sowie anderen Gebäudeöffnungen mind. 2 m betragen und das Zapfventil auf der dem Gebäude abgewandten Seite angeordnet sein; zwischen dem zu betankenden Fahrzeug und einer „Gebäudeöffnung" ist ein Abstand von mind. 1 m einzuhalten.
- In explosionsgefährdeten Bereichen und im Wirkbereich des Zapfventils dürfen keine Abläufe und Öffnungen zu tiefer gelegenen Räumen, Kellern, Gruben, Schächten und Kanälen vorhanden sein, ausgenommen Schächte und Kanäle für zur Anlage gehörende Baugruppen zwischen Lagerbehälter, Fördereinrichtung und/oder Abgabeeinrichtung. Dabei sind diese Schächte mit Sand zu verfüllen und Einmündungen zu Kanälen gegen das Eindringen von Flüssiggas zu schützen.
- Befindet sich eine Dieselkraftstoff-Zapfsäule im Wirkbereich des Zapfventils, muß erstere explosionsgeschützt ausgeführt sein.
- Treibgastankstellen mit all ihren Anlagenteilen müssen so aufgestellt werden, daß sie durch Fahrzeuge nicht angefahren oder durch Teile von Fahrzeugen beschädigt werden können.
- Treibgastankstellen müssen unter Verwendung des Vollschlauchsystems betrieben werden.
- In der Rohrleitung zwischen Lagerbehälter und Zapfsäule muß bei erlaubnisbedürftigen Treibgastankstellen ein Ventil vorhanden sein, das schließt, wenn die Fördereinrichtung ausgeschaltet oder die Stromzufuhr unterbrochen ist.
- Der Füllschlauch sowie absperrbare Rohrleitungsabschnitte, in denen unzulässige Drücke entstehen können, müssen gegen Drucküberschreitungen gesichert sein.
- Es muß eine Einrichtung vorhanden sein, die bei maximaler Förderleistung ein Überschreiten des zulässigen Betriebsdruckes verhindert, ohne daß Treibgas in die Atmosphäre abgeleitet wird (z. B. Überströmventil).
- Elektrische Anlagen der Treibgastankstelle müssen im Gefahrenfall von einer Stelle aus abgeschaltet werden können.
- An Treibgastankstellen muß mindestens ein 6 kg-Feuerlöscher, Brandklassen ABC positioniert werden.
- Um Fördereinrichtungen gilt ein Bereich bis zu einem seitlichen Abstand von 3 m und bis zu einer Höhe von 1m als gasexplosionsgefährdeter Bereich der Zone1. Dies gilt nicht bei der Aufstellung im Freien, wenn Fördereinrichtungen mit speziellen Dichtungen verwendet werden, die die Bildung explosionsfähiger Atmosphäre ausschließen.
- Fördereinrichtungen werden z. B. separat aufgestellt, im Inneren von Zapfsäulen, in Domschächten von Lagerbehältern oder in Gruben angebracht. Letztere sind Domschächten gleichzusetzen.
- Bei erlaubnisbedürftigen Treibgastankstellen müssen als Abgabeeinrichtungen Zapfsäulen verwendet werden. In den Zapfsäulen und in ihrem Umfeld sind gasexplosionsgefährdete Bereiche anzunehmen (siehe Abb. 2.27).
- Bei Zapfgeräten ist der gasexplosionsgefährdete Bereich gemäß Abb. 2.27 anzusetzen.
- Vor dem Füllschlauch muß außer einer Absperreinrichtung ein Rohrbruchventil angebracht sein, das beim Bersten des Schlauches selbsttätig schließt.
- Füllschläuche müssen mind. 3 m lang sein, dürfen ein Gesamtlänge von 5 m jedoch nicht überschreiten.
- Bei erlaubnisbedürftigen Treibgastankstellen muß in oder vor dem Füllschlauch eine Abreißkupplung eingebaut sein.
- Der Gasdurchfluß vom Füllschlauch zum Treibgastank darf nur über eine Schalteinrichtung ohne Selbsthaltung freigegeben werden (z. B. Totmannhebel am Zapfventil, elektrische Drucktaste an der Zapfsäule).

2.4 Umfüllen von Flüssiggas 245

- Kompaktanlagen dürfen nur in nichterlaubnisbedürftigen Treibgastankstellen verwendet werden.

Bei der Anordnung von *Treibgastankstellen im Verbund mit Mineralöltankstellen* sind weitere spezielle Forderungen einzuhalten:

- Oberirdische Treibgas-Lagerbehälter müssen von den Grenzen des Betriebsbereiches der Mineralöltankstelle (Wirkbereich der Zapfventile, Domschächte der Mineralöllagerbehälter, Verkehrswege für die An- und Abfahrt zu betankender Fahrzeuge einschließlich des Stauraumes, Verkehrswege und Standplätze für die der Versorgung dienenden Straßentankwagen) einen Abstand von mindestens 15 m haben; abweichend davon genügt zu Verkehrswegen einschließlich des Stauraumes ein Abstand entsprechend des gasexplosionsgefährdeten Bereiches gemäß TRB 610 zuzüglich 5 m. Dieser Abstand kann bis auf insgesamt 5 m verringert werden, wenn die Treibgas-Lagerbehälter eine Brandschutzisolierung F 90 besitzen. Erdgedeckte Behälter müssen mindestens 0,5 m Erddeckung haben, anderenfalls sind sie wie oberirdische Behälter zu behandeln.
- Der Schutzbereich (gasexplosionsgefährdeter Bereich) des Treibgas-Lagerbehälters darf sich mit dem Betriebsbereich überschneiden; davon unberührt bleiben die Forderungen der TRB 610 hinsichtlich der Schutzbereiche und Sicherheitsabstände.
- Schutzbereiche der Treibgas-Lagerbehälter dürfen der Öffentlichkeit nicht zugänglich sein (z. B. durch Einzäunung).
- Der Ablauf des Füllvorganges muß in einer Anweisung festgelegt sein.
- Zu Betriebsende und vor längeren Betriebsunterbrechungen ist bei Treibgastankstellen die Absperreinrichtung zwischen Behälter und Pumpe zu schließen.
- Abgabeeinrichtungen müssen außerhalb der Betriebszeit gegen unbefugte Benutzung gesichert sein (z. B. unter Verschluß zu halten).
- Im Wirkbereich und im übrigen Tankstellenbereich darf nicht geraucht und mit offenem Feuer hantiert werden.
- Treibgastanks dürfen nur befüllt werden, wenn am zugehörigen Fahrzeug der Motor und andere Fremdheizungen mit Brennkammern abgestellt sind. Das Fahrzeug muß gegen Abrollen gesichert sein.

Erlaubnisbedürftige Füllanlagen müssen nach vorgeschriebenen Regularien angemeldet werden (TRG 730 [2.32]).

2.4.4 Füllanlagen zum Abfüllen von Flüssiggas aus Druckgasbehältern in Druckgasbehälter

Beispiele aus der Praxis für das Umfüllen von Flüssiggas aus Druckgasbehältern in Druckgasbehälter sind das Füllen von sogenannten Handwerkerflaschen aus anderen Flüssiggasflaschen und das direkte Umfüllen von Flüssiggas aus Eisenbahnkesselwagen in Straßentankwagen (sogenannte Eisenbahnkesselwagen-Umfüllstationen).

Das volumetrische Füllen von Handwerkerflaschen mit Flüssiggas regelt TRG 402, Anlage 1 [2.30]. Als „Handwerkerflaschen" werden dabei solche Druckgasbehälter bezeichnet, die nicht mehr als 1000 cm^3 Rauminhalt haben, also mit maximal 0,425 kg Flüssiggas befüllbar sind (Füllfaktor). Solche Flaschen haben einen Prüfdruck von 30 bar bei Ausrüstung mit Sicherheitsventil bzw. 225 bar bei Flaschen ohne Sicherheitsventil. Die zulässige Füllmenge ist durch ein Peilrohr begrenzbar (85%).

Während des Füllens muß das Peilventil geöffnet bleiben. Während des Umfüllens ist um das Peilventil ein gasexplosionsgefährdeter Raum als Kugel mit 3 m Durchmesser mit allen üblichen Verhaltensregeln anzunehmen. In Räumen darf nur aus Kleinflaschen abgefüllt werden. In Kellerräumen ist das Umfüllen unzulässig. Auf jeder Handwerkerflasche muß eine Füllanweisung dauerhaft angebracht sein.

Bei *Eisenbahnkesselwagen-Umfüllstationen* erfolgt die direkte Umfüllung von Flüssiggas aus Eisenbahnkesselwagen in Straßentankwagen ohne Zwischenlagerung in Druckbehältern. Solche Lösungen ergeben sich oft aus logistischen Gründen aufgrund des Fehlens ausreichender Lagerkapazität. Diese Art des Umschlages stellt einen Sonderfall dar, der sich rechtlich unterschiedlich einordnen läßt [2.33].

Spezielle Grundsätze für derartige Anlagen wurden u. a. vom TÜV Bayern Sachsen wie folgt formuliert [2.34]:

- Zur EKW-Umfüllstelle sind das Abstellgleis für den EKW, der Stellplatz für das Straßentankfahrzeug sowie die damit verbundenen technischen Betriebseinrichtungen zu zählen. Die Umfüllstelle ist in Betrieb, wenn ein Eisenbahnkesselwagen zum Entleeren bereitgestellt ist.
- Hinsichtlich der örtlichen Lage und baulichen Ausführung der EKW-Umfüllstellen wird u. a. verlangt:
  - Ein Eintreffen der Feuerwehr muß 15 Minuten nach Alarmierung gewährleistet sein.
  - Das EKW-Abstellgleis muß an einer für Straßentankwagen befahrbaren Zufahrt mit bis 22 t Achsfahrmasse liegen.
  - Die Umfüllstelle ist allseitig mind. 1,8 m hoch einzuzäunen.
  - Die Umfüllstelle ist als solche zu kennzeichnen.
  - Die Zu- und Abfahrten in die Umfüllstellen sind durch abschließbare Tore zu sichern.
  - Das Straßentankfahrzeug muß während des Umfüllvorganges immer in Fluchtrichtung aufgestellt werden.
  - Im Bereich der EKW-Umfüllstelle sind 4 Pulverlöscher PG 12 aufzustellen.
  - Im Bereich der Umfüllstelle müssen folgende zusätzlichen Sicherheitseinrichtungen zur Verfügung stehen: pneumatisch betätigte Auslösevorrichtung zum Schließen der Bodenschnellschlußventile des EKW, Radvorleger, absperrbare Gleissperre oder abweisende Stellung einer verschließbaren Weiche.
  - Um den bereitgestellten EKW ist ein explosionsgefährdeter Raum (Schutzbereich) anzunehmen (siehe auch Abb. 2.28)
  - Der Schutzbereich der Umfüllstelle muß vom nächstgelegenen befahrbaren Gleis einen zusätzlichen Gleisabstand von mind. 3 m zu nicht überspannten, von mind. 4 m zu überspannten Gleisen haben (Abb. 2.28).
  - Der Schutzbereich darf an ein oder zwei Stellen verringert werden, wenn dafür öffnungslose, ausreichend hohe Schutzwände in mindestens feuerhemmender Bauart errichtet werden (siehe auch Abb. 2.29).
  - Während des Umfüllvorganges selbst ist zusätzlich ein temporärer Schutzbereich erklärt (Abb. 2.30).
  - Innerhalb des Schutzbereiches dürfen nur Baulichkeiten und Einrichtungen vorhanden sein, die der Flüssiggasumfüllung dienen. Es dürfen sich im Schutzbereich keine anderen brennbaren Stoffe befinden. Zündquellen sind auszuschließen.
  - Bezüglich des Explosionsschutzes sei auf TRB 851/ TRB 852 verwiesen.
  - Von möglichen Gasaustrittsstellen ist zu Wohngebäuden, betriebsfremden Gebäuden/ Anlagen und zu Gleisanlagen der Bahn ein im Einzelfall festzulegender Sicherheitsabstand einzuhalten.
- Der EKW muß dem Empfänger im Rahmen der Zustellung persönlich übergeben werden. Auf dem Füllgleis darf nur jeweils ein EKW zur Entleerung bereitgestellt werden.
- Die Füllkontrolle des Straßentankfahrzeuges kann über Peilrohre erfolgen. Es dürfen nur Straßentankwagen befüllt werden, die mit Anschlußmöglichkeiten für die kompatible

2.4 Umfüllen von Flüssiggas

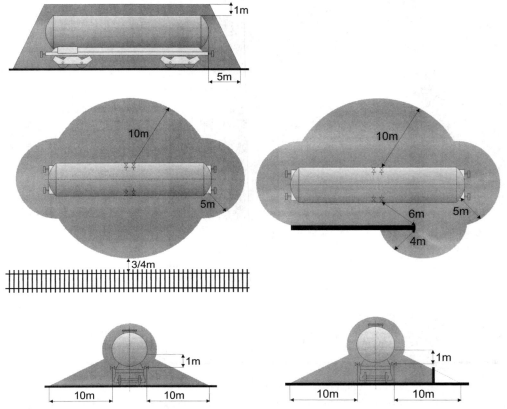

Abb. 2.28 Schutzbereich um abgestellte Eisenbahnkesselwagen in EKW-Umfüllstellen

Abb. 2.29 Einschränkung der Schutzbereiche bei EKW-Umfüllstellen

Überfüllsicherung, Schaltverstärker und Abschalteinrichtung ausgerüstet sind. Über die Auswerteelektronik für die kompatible Überfüllsicherung, die in das Not-Aus-System der Anlage eingebunden ist, hat bei Auslösung der Not-Aus-Funktion automatisch das Schließen des Bodenventils und das Abstellen des Pumpenantriebes sowie des Fahrzeugmotors zu erfolgen. Der nötige Ansprechstrom für diese Einrichtung, der beim Befüllen von Flüssiggasdruckbehältern vom eingebauten Grenzwertgeber der Überfüllsicherung erzeugt wird, muß von einem gesonderten, in das Not-Aus-System integrierten, Bauteil erzeugt werden.

Der Straßentankwagen ist durch Anziehen der Handbremse und durch Vorlegen von Unterlegkeilen gegen Fortrollen in beiden Richtungen zu sichern. Das Erdungskabel (Potentialausgleichsleitung) des Straßentankwagens ist mit der Erdungslasche am EKW zu verbinden.

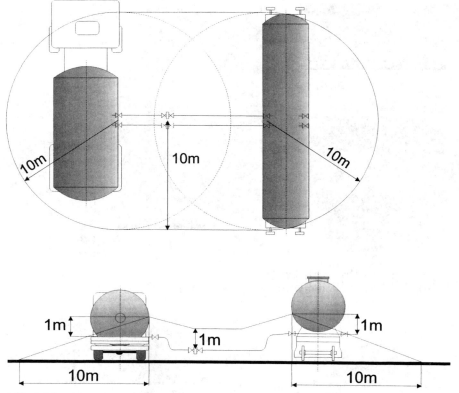

Abb. 2.30 *Temporäre Schutzbereiche während des Umfüllvorganges in EKW-Umfüllstellen*

- Als Füllverbindungen zwischen EKW und TKW sind Spezial-Flüssiggasschläuche zu verwenden, die den Anforderungen der DIN 4815 T. 3 [2.35] entsprechen, Prüfdruck mind. 40 bar. In die Umfüllschläuche sind in Fahrzeugnähe Schlauchabreißkupplungen einzubauen.
- Als technische Einrichtungen zur Gefahrenbegrenzung und -abwehr werden verlangt: Einrichtung zum Melden von Betriebsstörungen, selbsttätige Gaswarnanlage, selbsttätig wirkende Brandmeldeanlage, permanente Stromversorgung und Notversorgung über 72 h für Gaswarn- und Brandmeldeanlage, Wasserberieselungsanlage für den Eisenbahnkesselwagen, Anfahrschutz für die gesamte Anlage, Fernübertragung von Störungsmeldungen an eine ständig besetzte Stelle, Not-Aus-System, Erdung des EKW und TKW, Bedienpersonal mit antistatischer Kleidung.
- Das Bedienpersonal muß mind. 18 Jahre alt sein und die für diese Tätigkeiten erforderliche Sachkunde besitzen.
- Während des Umfüllens muß eine 2. sachkundige Person anwesend sein.
- Für die Umfüllstelle muß ein Alarm- und Gefahrenabwehrplan vorliegen.
- Die Anlage ist erstmals und wiederkehrend zu prüfen.

3 Gasbereitstellung aus Flüssiggaslagerbehältern

3.1 Arten der Gasbereitstellung aus Flüssiggaslagerbehältern

Neben den allgemeingültigen Anforderungen an die Bereitstellung von Gas liegt die Besonderheit bei Flüssiggasanlagen darin, daß häufig jede Gasverwendungsanlage auch eine Gasbereitstellungsanlage aufweist. Die Begründung liegt in der meist dezentralen Speicherung und Anwendung von Flüssiggas. Durch die Bereitstellungsanlage ist der Phasenwandel flüssig/gasförmig zu realisieren.

Es gibt grundsätzlich drei Möglichkeiten, nach denen die Gasbereitstellung aus Flüssiggaslagerbehältern vollzogen werden kann:

Die erste Variante ist die Nutzung des Gehaltes an innerer Energie des Flüssiggases und des Energiepotentials der Umgebung für den Phasenwandel, wobei das Gas aus dem Gasraum des Behälters entnommen wird. Hier spricht man von sogenannter „freier Verdampfung ohne Hilfsenergie". Die Gasbereitstellungsanlage ist in diesem Fall der Behälter selbst mit den entsprechenden Sicherheitseinrichtungen.

Als weitere Möglichkeit kann ein Verdampfer eingesetzt werden, der den Phasenwandel unter Zuhilfenahme einer zusätzlichen Energiequelle, der Hilfsenergie realisiert. Dabei wird dem Verdampfer flüssiges Flüssiggas zugeführt. Hier umfaßt die Flüssiggasbereitstellungsanlage den Behälter und die Verdampferanlage.

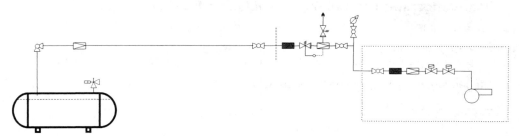

Abb. 3.1 Gasbereitstellung ohne Hilfsenergie

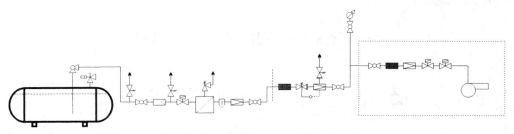

Abb. 3.2 Gasbereitstellung mit Hilfsenergie

Bestell-Coupon

für das Software-Programm **entnahme.exe**

Software auf CD-ROM zur Berechnung des aus Flüssiggasbehältern ohne Hilfsenergie entnehmbaren Gasmengenstroms

Software zum Fachbuch: Flüssiggasanlagen von Mischner, Juch, Kurth, erschienen im Verlag für Bauwesen, 1999

Bestellen Sie jetzt die wertvolle Ergänzung zum Buch!

Ich (wir) bestelle(n) zur Lieferung gegen Rechnung zzgl. Versandspesen zu den mir (uns) bekannten Geschäftsbedingungen beim Verlag für Bauwesen, 10400 Berlin:

.... **Exemplare** der Software **entnahme.exe**
Entnahmeleistungen von Flüssiggsabehältern ohne Hilfsenergie
von Thomas Juch
CD-ROM mit Begleitbuch, ISBN 3-345-00687-1

Einführungspreis DM 128,00/öS 934,00/sFr 114,00 (zzgl. 16 %Mwst)

Ab dem 1.03.1999 DM 148,00 /öS 1080,00/sFr 131,00 (zzgl.16 % Mwst)

Systemvoraussetzungen:
lauffähig auf üblichen Rechnern, unter DOS oder WINDOWS, benötigter Speicherplatz 115 kB

Bitte senden Sie die Software an folgende Adresse:

_____   _____
Firma/Name, Vorname   Straße/Nr./Postfach

_____   _____
Branche   Land/PLZ/Ort

_____   _____
Telefon/Telefax   Datum   Unterschrift

per Fax an 030/421 51-468

Bitte den Coupon kopieren und faxen oder schicken an

Verlag für Bauwesen · 10400 Berlin
Tel. 030/421 51-462

Mehr Infos zu Buch und CD-ROM gibt's über Fax-Abruf. Stellen Sie Ihr Fax-Gerät auf Abruf oder Polling und wählen Sie die Nummer: 030/428 465 01637.

3.2 Gasbereitstellung aus Flüssiggaslagerbehältern ohne Hilfsenergie

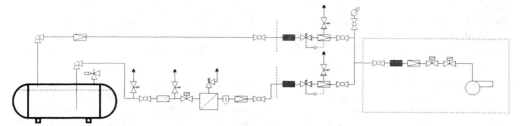

Abb. 3.3 *Gasbereitstellung als Kombination*

Die dritte Gestaltungsart ist eine Kombination zwischen beiden genannten Varianten. So kommt zum Beispiel bei hohen Umgebungstemperaturen oder kleinem Entnahmemassestrom die freie Verdampfung ohne Hilfsenergie zum Einsatz. Steigt die bereitzustellende Gasmenge oder verschlechtern sich die Verhältnisse für die Entnahme ohne Hilfsenergie, wird der Verdampfer zugeschaltet.

Bei der Bemessung der Gasbereitstellungsanlage wird zunächst von der freien Verdampfung im Behälter ohne Hilfsenergie ausgegangen. Dadurch fallen die Investitionskosten und die höheren Sicherheitsanforderungen für eine Verdampferanlage weg.

3.2 Gasbereitstellung aus Flüssiggaslagerbehältern ohne Hilfsenergie

3.2.1 Grundlagen der Berechnung von Entnahmevorgängen ohne Hilfsenergie

3.2.1.1 Begriffsbestimmung

Bei der Berechnung des aus Flüssiggaslagerbehältern entnehmbaren Gasmengenstromes wird der maximal in einer ununterbrochenen Zeitdauer entnehmbare *Massestrom* ermittelt. Ein Verdampfer kommt nicht zum Einsatz. Es wird davon ausgegangen, daß der Behälterdruck vom anstehenden Druck im Behälter, der von den Anfangstemperaturverhältnissen abhängt, bis zum Gegendruck während der Entnahme reduziert wird. Der Gegendruck ist anlagenspezifisch. Er entspricht dem minimal zulässigen Vordruck der ersten Reglerstufe. So wird sichergestellt, daß sich die Entnahme nur auf einen Druckbereich beschränkt, der ein zuverlässiges Arbeiten des Reglers gewährleistet.

Falls ein Entnahmeregime mit unterbrochenen Entnahmeintervallen untersucht werden soll, wird ebenfalls eine Druckreduzierung vom anstehenden Behälterdruck bis zum Gegendruck vorausgesetzt. Für die einzelnen Intervalle eines Entnahmeregimes werden die Anfangs- und Endpunkte im Druckverlauf als Startwerte in Abhängigkeit der Dauer eines Intervalls berechnet und im Berechnungsgang den tatsächlichen Werten angeglichen. Für die Berechnung ist als Anfangswert der Füllfaktor einzugeben. Dieser Füllfaktor wird hier als Verhältnis der im Behälter momentan befindlichen Füllmasse zur maximal zulässigen Füllmasse definiert. So entspricht ein Füllfaktor von 1 der maximal zulässigen Füllung.

Grundsätzlich können alle denkbaren Behälter zur Lagerung von Flüssiggas untersucht werden. Dies gilt sowohl für zylindrische als auch für kugelförmige Tanks. Hier werden jedoch nur Ergebnisse für allgemein gebräuchliche Behältergrößen und Formen vorgestellt.

Weiterhin besteht die Möglichkeit, die *Leistungsfähigkeit von Behälterbatterien* zu berechnen. Dabei wird davon ausgegangen, daß alle Behälter einer Batterie so miteinander verbunden sind, daß aus allen Behältern gleiche Gasmengen entnommen werden. Zunächst werden hier nur Batterien aus Behältern gleicher Größe, die in ihrer Längsachse parallel angeordnet sind, untersucht.

Eine grundlegende Voraussetzung zur Berechnung des aus Flüssiggaslagerbehältern entnehmbaren Gasmengenstromes ist die Kenntnis der Aufstellungsvariante. Flüssiggastanks können oberirdisch (frei), halb erdreicheingebettet („Semibehälter") oder erdreichgedeckt aufgestellt werden. Bei Erdreichdeckung unterscheidet man die erdreichabgedeckte und die (vollständig) erdreicheingebettete Aufstellung.

Da der entnehmbare Gasmassestrom vom Anfangsdruck im Behälter und damit von der herrschenden Umgebungstemperatur abhängig ist, wird eine mittlere Tageslufttemperatur definiert. Diese kann in den Grenzen von -10 bis $+20\,°C$ vereinbart werden. Es besteht die Möglichkeit, Monatsmitteltemperaturen oder Temperaturen für eine bestimmte Jahreszeit zu vereinbaren. Diese mittlere Tageslufttemperatur ist wiederum die Basis, mittels des Jahresgangs der Außenlufttemperatur und der Stoffwerte des Erdreiches die Anfangstemperaturverteilung im Erdreich zu einem konkreten Zeitpunkt zu ermitteln.

3.2.1.2 Thermodynamisches Modell

Betrachtet man einen Flüssiggaslagerbehälter, der Gas bereitstellt, so kann man diesen als ein offenes thermodynamisches System beschreiben, in dem ein nichtstationärer Prozeß abläuft. Die Behälterwand stellt dabei die Systemgrenze dar.

Folgende Merkmale kann man nach *Elsner* [3.4] zur vollständigen Einordnung finden:

1. Es handelt sich um ein Mehrkomponentensystem, da der Systeminhalt von unterschiedlichen Substanzen gebildet wird.
2. Es handelt sich um ein Mehrphasensystem, da das Flüssiggas gleichzeitig im flüssigen und gasförmigen Aggregatzustand vorliegt.
3. Es handelt sich um ein heterogenes System, da sich die makroskopischen physikalischen Eigenschaften sprunghaft an der Grenze der beiden Aggregatzustände ändern. Das bedeutet, daß sie nicht ortsunabhängig sind.
4. Es handelt sich um ein offenes System, da dem Behälter Gas entnommen wird.
5. Es handelt sich um ein arbeitsdichtes System. Es wird keine Arbeit vom oder am System verrichtet.
6. Es handelt sich um ein diathermes System, da der Behälter zur Aufrechterhaltung der Gasentnahme im Wärmeaustausch mit der Umgebung steht.

In der Abbildung 3.4 ist ein allgemeines offenes System nach *Elsner* [3.4] dargestellt.

Erklärung der Variablen:

m	in das System einströmende bzw. ausströmende Masse
h	massebezogene Enthalpie der ein- bzw. ausströmenden Stoffe, die sich aus der inneren Energie (u) und dem Produkt aus Druck und spezifischem Volumen (pv) zusammensetzt und dabei die Einschub- bzw. Ausschubarbeit berücksichtigt
c	mittlere Geschwindigkeit im Ein- bzw. Ausströmquerschnitt
z	Höhe vom Bezugsniveau
Q	über die Systemgrenze transportierte Wärme
W_t	vom System geleistete oder dem System zugeführte technische Arbeit
E	Energieinhalt des Systems, der sich aus der inneren, der potentiellen und der kinetischen Energie zusammensetzt

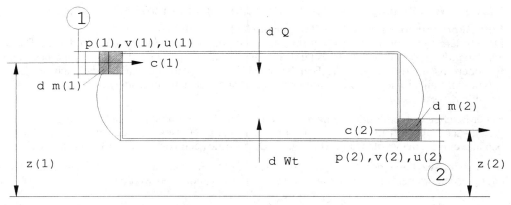

Abb. 3.4 *Allgemeines offenes System*

Dem System wird in einer bestimmten Zeiteinheit ein Massestrom zu- und wieder abgeführt. Für die Betrachtung der Entnahme aus Flüssiggaslagerbehältern wird ausgeschlossen, daß der Behälter während der Entnahme gefüllt wird. Deshalb ist:

$$dm(1) = 0$$

Daraus folgt die Massebilanz:

$$\frac{dm_S}{d\tau} = -\dot{m}_2$$

Die allgemeine Energiebilanz für ein offenes thermodynamisches System lautet unter folgenden Vereinbarungen nach *Elsner* [3.4]:

$$h = u + p \cdot v$$
$$E = U + E_{\text{kin}} + E_{\text{pot}}$$
$$dQ + dW_t \left(h_1 + \frac{c_1^2}{2} + gz_1\right) dm_1 - \left(h_2 + \frac{c_2^2}{2} + gz_2\right) dm_2 = dE_S$$

Folgende Verhältnisse liegen vor:

1. Es wird keine technische Arbeit vom oder am System geleistet: $dW_t = 0$
2. Dem System wird kein Massestrom zugeführt: $dm_1 = 0$
3. Die potentielle Energie des abströmenden Sattdampfes wird Null gesetzt, seine kinetische Energie wird vernachlässigt, da sie im Vergleich zu den anderen Komponenten sehr klein ist.
4. Die Änderung der kinetischen und der potentiellen Energie des Systems ist Null: $dE = dU$

Aus der oben aufgeführten Gleichung und diesen Einschränkungen ergibt sich folgende Energiebilanz für die Entnahme von Flüssiggas aus der Gasphase eines Behälters ohne Hilfsenergie:

$$dQ = dU + h_2 \, dm_2$$

Die Ableitung nach der Zeit lautet:

$$\dot{Q} = \frac{dU}{d\tau} + h_2 \dot{m}_2$$

3.2.1.3 Randbedingungen für die Berechnung von Entnahmevorgängen

Lufttemperatur und ungestörtes Temperaturfeld im Erdreich

Die mittlere Lufttemperatur pro Tag im Jahresgang der Außenlufttemperatur bildet die Basis zur Ermittlung sämtlicher Anfangstemperaturverhältnisse um einen Flüssiggaslagerbehälter. Für oberirdisch (frei) aufgestellte Behälter resultiert diese Aussage daraus, daß sich die Entnahme über einen längeren Zeitraum erstrecken kann, für den ein Mittelwert der Temperatur vereinbart wird.

Bei erdreichgedeckten Behältern ist festzustellen, daß die Amplitude der Schwingung der Temperatur der Außenluft im Tagesgang im Erdreich in solchen Tiefen, in denen Flüssiggaslagerbehälter eingebettet werden, abgeklungen ist. Dies wurde auch von *Schmidt* [3.9] nachgewiesen.

So wird im weiteren der Jahresgang der Außenlufttemperatur anhand der folgenden Gleichung erfaßt, wobei mittlere Temperaturen pro Tag angenommen werden.

$$t_{L,a} = 5{,}15 + 15{,}15 \cdot \cos\left(2{,}882 + \omega \cdot \tau\right)$$

Dabei bildet der Zeitpunkt τ die Eingangsgröße, so daß für jeden beliebigen Zeitpunkt die entsprechende Temperatur ermittelt werden kann. In der nachfolgenden Abbildung 3.5 ist ein solcher simulierter Jahresgang der Außenlufttemperatur dargestellt.

Die Berechnung des ungestörten Temperaturfeldes im Erdreich zielt darauf, die Temperaturen im Erdreich in Abhängigkeit der Außenlufttemperatur, also des Zeitpunktes im Jahresgang der Außenlufttemperatur und der Eindringtiefe zu ermitteln. Grundlage dafür ist die Gleichung zur Bestimmung des Jahresganges der Außenlufttemperatur, in der die Dämpfung durch das Erdreich berücksichtigt wird. Bei sämtlichen folgenden Berechnungen wird eine Grundwassertiefe von 10 m vorausgesetzt. Sollte ein anderer Wert auftreten, ist er mittels der zu vereinbarenden Stoffeigenschaften des Erdreiches zu berücksichtigen.

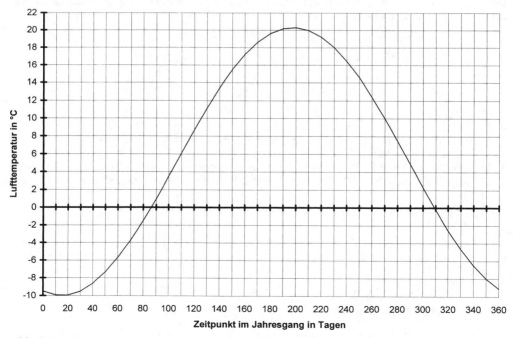

Abb. 3.5 Simulierter Jahresgang der Außenlufttemperatur

3.2 Gasbereitstellung aus Flüssiggaslagerbehältern ohne Hilfsenergie

Folgende Gleichung erlaubt die Berechnung der Temperaturen im Erdreich:

$$t_E = 5{,}15 + 15{,}15 \cdot e^{-y\sqrt{\frac{\omega}{2a}}} \cdot \cos\left(2{,}882 + \omega \cdot \tau - \sqrt{\frac{\omega}{2a}}\right)$$

In den unten aufgeführten Abbildungen sind die Verläufe der Außenlufttemperatur und der Temperatur in bestimmten Erdreichtiefen in Abhängigkeit des Zeitpunktes und der Eindringtiefe dargestellt. Dabei wurde ein Temperaturleitwert des Erdreiches von $1{,}02 \cdot 10^{-6}$ m²/s angenommen. Dies entspricht sandigem Boden mit einem Wassergehalt von 5 %.

Stoffeigenschaften der Luft:
Die Stoffwerte von Luft sind eine Voraussetzung zur Ermittlung des Wärmeübergangskoeffizienten bei der Berechnung des Wärmestroms von der Luft zu einem frei aufgestellten Behälter.

Auf diese Thematik soll hier nicht detaillierter eingegangen werden, da genügend Quellen [3.4, 3.26, 3.31] verfügbar sind.

Stoffeigenschaften des Erdreiches:
Entsprechend DIN 18196 werden Bodenarten in Bodengruppen eingeordnet. Diese Einordnung der Bodentypen ist die Grundlage zur Ermittlung der Stoffeigenschaften, die zur Berechnung des instationären Wärmeaustausches zwischen einem erdreichgedeckten Behälter und dem Erdreich erforderlich sind. Es handelt sich dabei vorwiegend um die Wärmeleitfähigkeit λ und den Temperaturleitwert a.

Berechnung der Stoffwerte für Erdstoffe:
Zur Ermittlung der Wärmeleitfähigkeit gibt es verschiedene Verfahren, die in Abhängigkeit der Herangehensweise unterschiedliche Resultate liefern. Genannt seien u. a. folgende

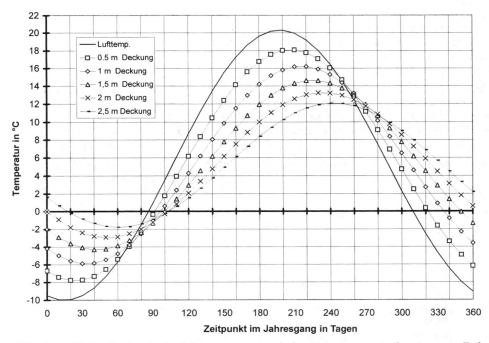

Abb. 3.6 Verläufe der Außenlufttemperatur und der Temperatur in bestimmten Erdreichtiefen

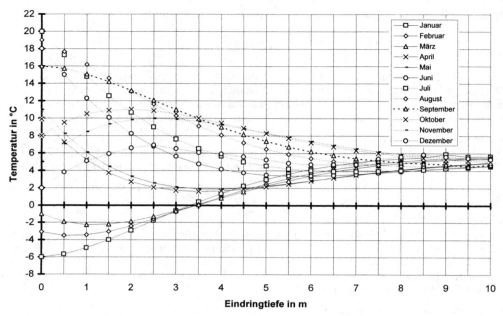

Abb. 3.7 *Temperaturen in Abhängigkeit von der Eindringtiefe*

Berechnungsmodelle nach *Johansen* [3.32]:

— Berechnung der Wärmeleitfähigkeit nach *Hashin* und *Shtrikman*
— Berechnung der Wärmeleitfähigkeit nach *Kersten*
— Berechnung der Wärmeleitfähigkeit nach *Johansen*
— Berechnungsmethode nach *Mickley*
— *McGaw's* Verhältnisgleichung u. a. m.

Die hier aufgeführten Werte für die Wärmeleitfähigkeit sind nach der Methode von *Johansen* [3.32] gewonnen. Dieser Algorithmus zeichnet sich durch relativ übersichtliche und leicht nachvollziehbare Berechnungsverfahren aus. Er liefert Resultate, die in den meisten Fällen nahe am Mittelwert der Ergebnisse der anderen o. g. Modelle liegen. Der genaue Berechnungsablauf wird hier jedoch nicht gezeigt, sondern eine Zusammenstellung der Ergebnisse.

Anhand der Tabelle 3.1 und umfangreicher Zusammenstellungen von *Juch* [3.7] gelingt es, ausgewählte Stoffwerte fast aller in Deutschland vorkommenden Erdstoffe und deren Gemische einzusehen.

Es werden folgende Variablen definiert:

q	Quarzanteil
w	Wassergehalt, teilgesättigt
w_{sat}	Wassergehalt, gesättigt
ϱ_d	Trockendichte des Erdstoffes
λ_d	Wärmeleitfähigkeit des trockenen Erdstoffes
λ_{sat}	Wärmeleitfähigkeit des gesättigten Erdstoffes
C_{sat}	differentielle Wärmekapazität des gesättigten Erdstoffes
a_{sat}	Temperaturleitwert des gesättigten Erdstoffes
λ	Wärmeleitfähigkeit des teilgesättigten Erdstoffes
C	differentielle Wärmekapazität des teilgesättigten Erdstoffes
a	Temperaturleitwert des teilgesättigten Erdstoffes

3.2.2 Die Berechnung der Entnahmeleistung von Flüssiggaslagerbehältern

3.2.2.1 Beschreibung des Entnahmevorgangs und Prozesse bei der Entnahme

Für die Verdampfung von Flüssiggas ohne Hilfsenergie stehen nach *Preobrashenskij* [3.30] drei Energiequellen zur Verfügung:

— innere Energie des Flüssiggases,
— Wärmemenge des Behältermaterials,
— von der Umgebung zum Behälter fließender Wärmestrom.

Kurth [3.6] geht von der inneren Energie des Flüssiggases und dem den Behälter zufließenden Wärmestrom aus. Hierbei wird die Wärmemenge des Behältermaterials nicht beachtet und für die weiteren Zusammenhänge ebenfalls nicht berücksichtigt. Diese Tatsache gründet sich darauf, daß dieser nutzbare Energieanteil sehr klein gegenüber den anderen Komponenten ist. Weiterhin werden im Gegensatz zu diesen beiden Quellen auch unterbrochene Entnahmen betrachtet, so daß der angenommene Energiegewinn durch die Abkühlung des Behältermaterials durch die Aufladungsvorgänge nach einer Entnahme kompensiert werden. Bei einer ununterbrochenen Entnahme folgt aus der Außerachtlassung des Behältermaterials als Energiequelle ein unerheblich kleinerer Entnahmemassestrom.

So werden als Energiequellen für die Verdampfung des Flüssiggases im Behälter die innere Energie des Flüssiggases und der Wärmestrom aus der Umgebung herangezogen.

Ausgehend von den im vorangegangenen Abschnitt gefundenen Zusammenhängen sollen hier Berechnungsgleichungen abgeleitet werden. Die Basis bildet die ge-

Tabelle 3.1 Stoffwerte ausgewählter Erdstoffe

Erdstoff	q	w	w_{sat}	ϱ_d	λ_d	ungefroren						gefroren					
						λ_{sat}	C_{sat}	a_{sat}	λ	C	a	λ_{sat}	C_{sat}	a_{sat}	λ	C	a
	%	%	%	kg/m³	W/m·K	W/m·K	kJ/m³·K	10^{-7} m²/s	W/m·K	kJ/m³·K	10^{-7} m²/s	W/m·K	kJ/m³·K	10^{-7} m²/s	W/m·K	kJ/m³·K	10^{-7} m²/s
SE	40	5	21	1700	0,27	1,8	2775	6,49	0,85	1637	5,19	2,92	2028	14,4	0,91	1459	6,24
SE	50	5	21	1700	0,27	1,96	2775	7,06	0,91	1637	5,56	3,18	2028	15,7	0,97	1459	6,65
SE	60	5	21	1700	0,27	2,14	2775	7,71	0,98	1637	5,99	3,47	2028	17,1	1,04	1459	7,13
SE	40	8	21	1700	0,27	1,8	2775	6,49	1,16	1850	6,27	2,92	2028	14,4	1,28	1566	8,17
SE	50	8	21	1700	0,27	1,96	2775	7,06	1,25	1850	6,76	3,18	2028	15,7	1,38	1566	8,81
SE	60	8	21	1700	0,27	2,14	2775	7,71	1,35	1850	7,3	3,47	2028	17,1	1,49	1566	9,51
GE	50	5	18	1800	0,31	2,11	2712	7,78	1,12	1733	6,46	3,26	2034	16,0	1,14	1545	7,38
GU, G'	40	6	15	1900	0,36	2,07	2625	7,89	1,39	1909	7,28	3,03	2028	14,9	1,43	1670	8,56
SU, ST	30	10	18	1800	0,31	1,76	2712	6,49	1,24	2110	5,88	2,72	2034	13,4	1,37	1733	7,9
SU, ST	20	12	18	1750	0,29	1,61	2637	6,1	1,39	2198	6,32	2,47	1978	12,5	1,76	1758	10,0
UL	5	20	25	1600	0,24	1,59	2880	5,52	1,45	2545	5,7	2,72	2043	13,3	2,22	1875	11,8
TL	3	22	30	1500	0,21	1,47	3014	4,88	1,29	2512	5,13	2,66	2072	12,8	2,0	1821	11,0

fundene Gleichung:

$$\dot{Q} = \frac{dU}{d\tau} + h_2 \dot{m}_2$$

Umgestellt ergibt sich, wenn man für den abströmenden Stoffstrom den Index „A" verwendet:

$$dU = (\dot{Q} - h_A \dot{m}_A) \, d\tau$$

Es wird mit den Mittelwerten für den Wärmestrom und die Enthalpie des abströmenden Flüssiggases gerechnet. Der abströmende Massestrom wird als zeitlich konstant vereinbart. Dies bildet eine wesentliche Voraussetzung für die folgende rechnerische Nachbildung des Entnahmeprozesses. Begründet ist diese Annahme darin, daß bei der Versorgung einer Anlage, die eine bestimmte Leistung zu erbringen hat, auch der zugeführte Flüssiggasmassestrom über den Zeitraum des Betriebes der Anlage konstant, der Leistung entsprechend, sein muß.

Integriert man nach der Zeit, erhält man:

$$U_e - U_b = (\dot{Q}_{b,e} - h_A \dot{m}_A) \, \tau_{b,e} \quad *)$$

Die innere Energie U des Systems kann berechnet werden:

$$U = m \cdot u; \qquad u = h - pv$$

Da es sich um ein Zweiphasensystem (Flüssigkeit/Dampf) handelt, wird die Enthalpie folgendermaßen berechnet:

$$h = h' + x(h'' - h')$$

So lautet die Formel zur Berechnung der inneren Energie des Systeminhaltes:

$$U = m(h' + x(h'' - h') - pv)$$

Die Masse am Ende der Entnahme berechnet sich durch:

$$m_e = m_b - \dot{m}_A \tau_{b,e}$$

Somit kann die Differenz der inneren Energie während der Entnahme anhand folgender Formel berechnet werden:

$$U_e - U_b = m_b - [h'_e - h'_b - x_b(h''_b - h'_b) + x_e(h''_e - h'_e) + p_b v_b - p_e v_e]$$
$$- \dot{m}_A \tau_{b,e} [h'_e + x_e(h''_e - h'_e) - p_e v_e]$$

Zur Ermittlung des entnehmbaren Massestromes stellt man die Gleichung *) um und setzt in diese die o. g. Beziehung ein.

$$\dot{m}_A = \frac{\dot{Q}_{b,e}}{N1} + \frac{m_b/\tau_{b,e}(h'_b - h'_e + x_b(h''_b - h'_b) - x_e(h''_e - h'_e) + p_e v_e - p_b v_b)}{N1}$$

mit

$$N1 = h_A - h'_e - x_e(h''_e - h'_e) + p_e v_e$$

Wie vereinbart, wird die Enthalpie des abströmenden Gases als Mittelwert über den Entnahmezeitraum aufgefaßt:

$$h_A = \frac{h''_b + h''_e}{2}$$

Wenn Flüssiggas aus einem Behälter entnommen wird, sinkt der Behälterinnendruck. Durch das daraus resultierende Nachverdampfen kühlt sich der verbleibende Rest an Flüssiggas, vornehmlich die flüssige Phase, ab. So bildet sich ein Temperaturgefälle zwischen dem Flüssiggas und der Umgebung aus. Aufgrund dieser Temperaturdifferenz kommt ein Wärmestrom von der wärmeren Umgebung zum Behälter zustande.

Die Energie zur Verdampfung bei einer kurzzeitigen Entnahme wird hauptsächlich aus der Abkühlung des Flüssiggases selbst, also aus der Differenz der inneren Energie, gewonnen. Bei längeren Entnahmen kommt der Anteil aus dem Wärmestrom hinzu. Handelt es sich um eine dauernde Entnahme, wird die Energie zur Verdampfung nur noch aus dem Wärmestrom gewonnen, da der Druck im Behälter bereits auf den Gegendruck reduziert wurde. So nähert sich der entnehmbare Gasmengenstrom bei steigender Entnahmedauer einem Grenzwert. Diese Aussagen treffen bei der maximal möglichen Entnahme von Flüssiggas aus Behältern zu. Handelt es sich bei der Entnahme um einen Vorgang, bei dem nicht die maximal mögliche Gasmenge verdampft werden muß, fällt der Behälterinnendruck auf einen Wert, der über dem Gegendruck liegt. Es stellt sich nach einer genügend langen Entnahmezeit ein stationärer Zustand ein, bei dem sich das Flüssiggas nicht weiter abkühlt.

Wie schon beschrieben, geht das hier vorgestellte Berechnungsverfahren davon aus, daß der Behälterdruck bis auf den Gegendruck reduziert wird. Es wird also die maximal mögliche Gasmenge ermittelt, die einem Behälter entnommen werden kann. Das ist die Belastungsgrenze, bis zu der eine Flüssiggasversorgungsanlage die geforderte Leistung realisieren kann. Kleinere Entnahmen als diese maximale sind dann uneingeschränkt möglich.

In der praktischen Anwendung kommen zylinderförmige Behälter zum Einsatz, die aus einem zylindrischen Teil und Klöpperböden bestehen. Für das Berechnungsverfahren werden diese Behälter in eine Form überführt, die einem geometrischen Zylinder entspricht. Dadurch kommt es bei der Berechnung zu einer Verringerung der für den Wärmetransport zur Verfügung stehenden Fläche, so daß bei der Ermittlung des entnehmbaren Gasmengenstromes etwas kleinere Werte gewonnen werden.

Ein Hauptproblem bei der Berechnung der Leistungsfähigkeit von Flüssiggaslagerbehältern ist die Analyse des Wärmeaustausches mit der Umgebung. Bei frei aufgestellten Behältern bildet sich ein Wärmestrom von der Luft zum Flüssiggas aus. Dieser ist von der Temperatur und den jeweiligen Stoffwerten der Luft abhängig. Da sich die Temperatur des Flüssiggases verringert, die Temperatur der Luft jedoch konstant bleibt, da die umgebende Luft ein ausreichend großer Energiespeicher ist, wird der Wärmestrom auch von der Temperaturdifferenz zwischen der Luft und dem Flüssiggas beeinflußt. Es ist also ein instationärer Wärmetransport.

Wenn die erdgedeckte Aufstellung angewandt wird, kühlt sich auch das Erdreich in der Umgebung des Behälters ab. Es bildet sich ein instationäres Temperaturfeld um den Behälter aus. Dieses, die Anfangstemperaturverhältnisse im Erdreich und die Stoffeigenschaften des Erdreiches bestimmen hier hauptsächlich den Wert des Wärmestromes.

Für den Wärmetransport von der Umgebung an das Flüssiggas wird nur die flüssige Phase im Behälter berücksichtigt. Dies ist in der Tatsache begründet, daß der Wärmeübergangskoeffizient von der Behälterinnenwand an die Flüssigkeit erheblich größer als jener von der Behälterinnenwand an die Gasphase ist. Weiterhin stützt sich diese Annahme darauf, daß das im Behälter verdampfte Gas zu einem großen Teil aus dem Behälter abgeführt wird und die vom Gas aufgenommene Wärme nicht für die Verdampfung im Behälter zur Verfügung steht.

Für die analytische Beschreibung von Entnahmeprozessen ist die Anfangstemperatur im Behälter wichtig. Ausgangspunkt ist ein ausreichend langer Wärmeaustausch vor der Entnahme mit der Umgebung, so daß das Flüssiggas zu Beginn der Entnahme die Temperatur der Umgebung aufweist. Bei unterbrochenen Entnahmen ist die Anfangstemperatur eines nachfolgenden Entnahmezyklus gleich der Endtemperatur des zwischengeschalteten Aufladungsprozesses.

Bei der Entnahme ohne Hilfsenergie kommt es zu einer ständigen Änderung der Zusammensetzung des im Behälter verbleibenden Restes. Diese Tatsache wird im Rechengang berücksichtigt. Als Eingangsgröße dient die Zusammensetzung im voll gefüllten Behälter. In Abhängigkeit der schon entnommenen Gasmenge und des stattfindenden Entnahmevorgangs erfolgt eine fortlaufende Berechnung der aktuellen Zusammensetzung. In diesem Zusammenhang wird auch die nicht mehr verdampfbare Restmenge im Behälter ermittelt.

Wie bereits festgestellt, kühlt sich das Flüssiggas während der Entnahme ab. Dieser Temperaturverlauf ist für die Berechnung des Wärmestromes von entscheidender Bedeutung. Bei der Berechnung der Differenz der inneren Energie des Flüssiggases ist nur der Anfangs- und der Endzustand wichtig. Der Anfangszustand resultiert aus der Analyse der Anfangstemperaturverhältnisse. So entspricht zum Beispiel die Anfangstemperatur in einem oberirdisch aufgestellten Behälter der Temperatur der umgebenden Luft. Der Endzustand entspricht der Siedetemperatur bei Gegendruck, setzt man die maximale Entnahme bis zum Gegendruck voraus. Zur Nachbildung des Temperaturverlaufes zwischen diesen beiden Randpunkten geht *Kurth* [3.6] von einem exponentiellen Verlauf aus. Eine einfachere Annahme ist ein linearer Temperaturverlauf.

Im Rahmen dieser Herleitung wird ein linearer Druckverlauf vorausgesetzt. D. h.: der Behälterinnendruck fällt linear vom Anfangsdruck, der von den Anfangstemperaturverhältnissen abhängt, bis zum Gegendruck. Aufbauend auf diese Annahme kann die Siedetemperatur für jeden Zeitpunkt der Entnahme berechnet und so auf den Temperaturverlauf geschlossen werden. Vergleiche zeigten, daß diese Hypothese den realen Verhältnissen am besten entspricht. In der Abbildung 3.8 sind die verschiedenen Annahmen dargestellt. Als Beispiel wurde ein oberirdisch aufgestellter Behälter gewählt, aus dem bei einem Füllfaktor von 1 und einer Lufttemperatur von 11 °C ununterbrochen Gas entnommen wird, bis ein Gegendruck von 1,5 bar (Ü) erreicht ist. Dabei wurde eine Gaszusammensetzung von 95 Masse-% Propan im voll gefüllten Behälter vorausgesetzt.

Unter dem Füllstand wird der senkrechte Abstand des Flüssigkeitsspiegels von der Behältersohle verstanden. Er ist vom Füllfaktor abhängig. Mathematische Grundlage dazu ist die Berechnung des Flächeninhaltes eines Kreisabschnittes.

Die Fläche, die für den Wärmeübergang zur Verfügung steht, ist die von der Flüssigkeit benetzte Fläche. Basis zur Ermittlung sind die Flächeninhalte eines Kreisabschnittes und die Oberflächen eines Halbzylinders (vergleiche *Juch* [3.7]).

Für die Ermittlung der Anfangstemperaturverhältnisse werden die Temperaturen der Umgebung betrachtet, da, wie schon beschrieben, davon ausgegangen wird, daß vor der Entnahme ein ausreichend langer Temperaturausgleich zwischen der Umgebung und dem Flüssiggas stattgefunden hat.

Bei oberirdisch aufgestellten Behältern ist die Temperatur zu Beginn der Entnahme nur von der mittleren Tageslufttemperatur abhängig.

Falls der Behälter erdgedeckt aufgestellt ist, wird das ungestörte Temperaturfeld im Erdreich um den Behälter berechnet.

Die Anfangstemperatur des Flüssiggases im erdgedeckten Behälter ist ein Mittelwert der Temperaturen, die im Erdreich in den Tiefen herrschen, bei denen das Flüssiggas im Behälter an das Erdreich grenzt.

3.2 Gasbereitstellung aus Flüssiggaslagerbehältern ohne Hilfsenergie

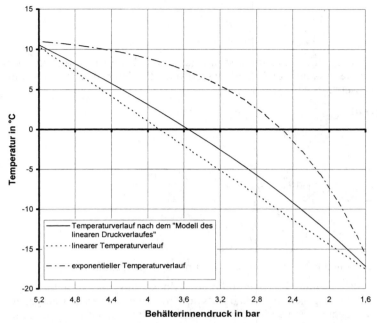

Abb. 3.8 Annahmen zum Verlauf der Temperatur des Flüssiggases während einer Entnahme

Konkret bedeutet dies, daß das ungestörte Erdreich von der Unterkante des Behälters bis zum Füllstand abgetastet wird und für bestimmte Intervalle in diesem Bereich die entsprechende Erdreichtemperatur berechnet wird. Die Anfangstemperatur des Flüssiggases ist nun der Mittelwert dieser Erdreichtemperaturen. Es handelt sich hier um einen Mittelwert, da im Behälter selbst nicht von einer Temperaturschichtung gesprochen werden kann. Das Flüssiggas ist genügend durchmischt. Die Anfangstemperatur ist also für erdgedeckte Behälter von der Lufttemperatur, mittels derer die Temperaturen im Erdreich berechnet werden, von den Einbettungsverhältnissen, von der Behältergröße, von den Stoffeigenschaften des Erdreiches und vom Füllstand abhängig.

3.2.2.2 Berechnungsverfahren für ununterbrochene Entnahme aus Flüssiggaslagerbehältern

Ausgangspunkt für die weitere Herleitung eines Berechnungsalgorithmus zur Ermittlung der Leistungsfähigkeit von Flüssiggaslagerbehältern sind die im Abschnitt 3.2.2.1 gefundenen Gleichungen:

Mit:

$$\varrho = \frac{1}{\nu}$$

nimmt die Gleichung folgende Form an:

$$\dot{m}_A = \frac{Q_{b,e}}{N} + \frac{\frac{m_b}{\tau_{b,e}} \left(h'_b - h'_e + x_b(h''_b - h'_b) - x_e(h''_e - h'_e) + \frac{p_e}{\varrho_e} - \frac{p_b}{\varrho_b} \right)}{N}$$

mit

$$N = 0{,}5(h_b'' + h_e'') - h_e' - x_e(h_e'' - h_e') + \frac{p_e}{\varrho_e}$$

Hier wird deutlich, daß sich der Entnahmemassestrom aus dem Massestrom, der aus der Änderung der inneren Energie resultiert und dem Massestrom, der durch den Wärmestrom zustande kommt, zusammensetzt.

Man kann formell schreiben:

$$\dot{m}_A = \dot{m}_Q + \dot{m}_U$$

Dabei ist:

$$\dot{m}_U = + \frac{\dfrac{m_b}{\tau_{b,e}} \left(h_b' - h_e' + x_b(h_b'' - h_b') - x_e(h_e'' - h_e') + \dfrac{p_e}{\varrho_e} - \dfrac{p_b}{\varrho_b} \right)}{N}$$

mit

$$N = 0{,}5(h_b'' + h_e'') - h_e' - x_e(h_e'' - h_e') + \frac{p_e}{\varrho_e}$$

der durch die Änderung der inneren Energie entstehende Entnahmemassestrom.

Es handelt sich jedoch nicht um eine einfache Addition, vielmehr um eine komplexe Verknüpfung, da sich einige Faktoren gegenseitig beeinflussen. Um zu einem Resultat zu gelangen machen sich Berechnungsgänge erforderlich, die nur rechnergestützt iterativ lösbar sind.

Analysiert man den aus dem Wärmestrom resultierenden Entnahmemassestrom, ist zwischen dem Wärmetransport von der Luft und dem Wärmetransport vom Erdreich zu unterscheiden.

Bei der Wärmeübertragung von der Luft an das in einem oberirdisch aufgestellten Behälter befindliche Flüssiggas handelt es sich um einen Wärmedurchgang. Die allgemeine Gleichung lautet:

$$\dot{Q}_{b,e} = k \cdot A \cdot \Delta t$$

Dabei ist A die von der Flüssigkeit im Behälter benetzte Fläche. Das Temperaturgefälle Δt ist die Differenz der Temperatur der umgebenden Luft und der Temperatur der flüssigen Phase im Behälter. Die Lufttemperatur wird über den Entnahmezeitraum als konstant vorausgesetzt.

Die Temperatur der flüssigen Phase im Behälter ist dagegen nicht konstant. Sie fällt von der Umgebungstemperatur auf die Siedetemperatur, die sich bei dem minimal zulässigen Druck, dem Gegendruck einstellt. Der Temperaturverlauf entspricht der Annahme aus dem vorhergehenden Kapitel.

Die Ermittlung des Wärmeübergangskoeffizienten k wurde erstmals von *Leggewie* [3.2] dargestellt. *Kurth* [3.6] wies nach, daß die Wärmeübergangsverhältnisse von der Behälterwand an das Flüssiggas weit unterhalb des kritischen Punktes liegen. Er berechnete die kritische Wärmestromdichte zu:

$$\dot{q}_{kr} = 51{,}32 \cdot 10^4 \text{ W/m}^2$$

und die tatsächliche Wärmestromdichte zu:

$$\dot{q}_{vorh} = 465{,}2 \text{ W/m}^2 \quad \text{bei} \quad t_u = 20\,°\text{C}$$

$$\dot{q}_{vorh} = 58{,}15 \text{ W/m}^2 \quad \text{bei} \quad t_u = -20\,°\text{C}$$

Man erkennt, daß die vorhandene Wärmestromdichte sehr viel kleiner als die kritische ist. Deshalb läßt sich schlußfolgern, daß die Verdampfung als Blasenverdampfung abläuft. Von *Kurth*

3.2 Gasbereitstellung aus Flüssiggaslagerbehältern ohne Hilfsenergie

[3.6] wurde festgestellt, daß es nur am Flüssigkeitsspiegel zur Verdampfung kommt. Dabei wird die Wärme an die Flüssigkeitsoberfläche transportiert und es findet Konvektionssieden statt. Durch diese Erkenntnisse wird die Annahme, daß die Wärmeübertragung an die Flüssigkeit im Behälter der entscheidende Teil des Gesamtwärmeaustausches ist, gestützt.

Mit den von *Kurth* [3.6] gewonnenen Resultaten konnte der bisher angegebene Wärmedurchgangskoeffizient k bestätigt werden, der auch im Verlauf der hier aufgezeigten Berechnungen verwendet wird.

$$k = 11,63 \text{ W}/(\text{m}^2\text{K})$$

Für den Fall des Wärmeaustausches des Behälters mit dem umgebenden Erdreich kann man nicht davon ausgehen, daß in der Umgebung des Behälters konstante Temperaturverhältnisse herrschen. Im Erdreich bildet sich während der Entnahme ein Temperaturfeld um den Behälter aus. Dieses ändert sich auch in Abhängigkeit der Zeit, so daß hier beide Temperaturen, die den Wärmestrom beeinflussen, zeitabhängig sind. Weiterhin haben die Anfangstemperaturverhältnisse Einfluß auf das Temperaturfeld. Zur Berechnung des ungestörten Temperaturfeldes im Erdreich sei auf das Kapitel 3.2.1.3 verwiesen.

Die Gleichung zur Analyse des gestörten Temperaturfeldes lautet allgemein:

$$\frac{\delta^2 T}{\delta x^2} + \frac{\delta^2 T}{\delta y^2} + \frac{\delta^2 T}{\delta z^2} = \frac{1}{a} \frac{\delta T}{\delta \tau}$$

Ziel der Untersuchungen ist die Berechnung dieses Temperaturfeldes. Ist dieses bekannt, gelingt es, den dem Behälter zufließenden Wärmestrom zu ermitteln.

Für die Analyse des Temperaturfeldes wird ein zylindrisches Netzwerk um den Behälter gelegt. Um den Wärmestrom berechnen zu können, wird in diesem Netzwerk eine Bezugsebene festgelegt. Sie stellt eine Systemgrenze dar und ist dicht an der Behälteroberfläche angeordnet. Je weiter diese vom Behälter entfernt ist, desto größer sind Abweichungen bei der Berechnung des instationären Wärmestromes. Nach der Ermittlung des Temperaturfeldes ist für jeden Punkt im Netzwerk die Temperatur bekannt. So kann auch für jeden Punkt die Wärmestromdichte berechnet werden:

$$\dot{q}_i = -\lambda \frac{t_W - t(\alpha_i)}{\Delta r}$$

Dabei ist t_W die Temperatur an der Behälterwand und $t(\alpha_i)$ die Temperatur eines Punktes im Netzwerk. Die Position dieses Punktes ist von einem Abstand r vom Behälter und einem Winkel, der den Behälter von der Mittelachse aufwärts abtastet, abhängig. Bei der Berechnung des Temperaturfeldes wird der Abstand r vom Behälter variiert, für die Berechnung des Wärmestromes ist r durch die Lage der Bezugsebene (Δr) festgelegt.

Für zwei benachbarte Punkte im Netzwerk wird der Mittelwert der Wärmestromdichten der beiden einzelnen Punkte berechnet. Dieser wird anschließend mit dem eingeschlossenem Flächenelement multipliziert, um den an den Behälter übertragenen Wärmestrom für diesen Ausschnitt zu ermitteln.

$$\dot{Q}\big|_i^{i+1} = \frac{\dot{q}_i + \dot{q}_{i+1}}{2} \Delta A$$

Der gesamte dem Behälter zuströmende Wärmestrom ist dann die Summe der einzelnen Wärmeströme der Flächenelemente. Da das Temperaturfeld nur für eine Symmetriehälfte des Behälters berechnet wird, wird diese Summe noch mit dem Faktor 2 multipliziert.

$$\dot{Q}_{b,e} = 2 \sum_i \dot{Q}_i$$

Für die Lösung der Gleichung zur Analyse des gestörten Temperaturfeldes gibt es eine Vielzahl von Varianten. Die nachfolgende Übersicht soll einen Einblick geben.

Tabelle 3.2 Möglichkeiten zur Berechnung von Temperaturfeldern

Lösungsmöglichkeiten					
Analytische Lösung	Numerische Lösung				Analogiemodelle
	Diskretisierungsverfahren		Ansatzmethoden		
	Bilanzverfahren	Differenzenverfahren	Fehlerabgleichungsprinzipien	Variationsprinzipien	
			Methode der finiten Elemente		

All diese Verfahren liefern mehr oder weniger genaue Ergebnisse. Wichtig für die Zielstellung der Berechnung des aus Flüssiggaslagerbehältern entnehmbaren Gasmengenstromes ist es, ein Verfahren zu finden, welches stabil und schnell arbeitet.

Der Algorithmus muß auf jedes derartige Problem anwendbar sein. Dabei darf für den Nutzer kein zu großer Aufwand entstehen. Deshalb scheiden Analogiemodelle oder Ansatzmethoden aus, da hier ein sehr hoher Rechenaufwand erforderlich wäre und zu Beginn die konkreten Verhältnisse vereinbart werden müßten. Erfahrungen mit dem Differenzenverfahren zeigen, daß auch hier die Rechenzeiten erheblich sind. Die Ergebnisse, die mit einem solchen Verfahren gewonnen wurden, wiesen weiterhin vergleichsweise hohe Fehler auf.

Als Methode zur Berechnung des Temperaturfeldes um erdgedeckte Flüssiggaslagerbehälter wurde ein zugeschnittenes analytisches Verfahren gewählt.

Ausgehend von der Gleichung zur Analyse des gestörten Temperaturfeldes wird die Abhängigkeit der Temperaturänderung von der z-Richtung nicht berücksichtigt. Eine Temperatur stellt sich im Erdreich unabhängig von der Richtung in einem definierten Abstand vom Behälter ein. An den Grundflächen des Zylinders tritt dieselbe Temperaturänderung wie an den Mantelflächen auf, so daß hier bei der gegebenen Voraussetzung eines homogenen Erdreiches keine Temperaturänderung in Richtung der z-Koordinate vorliegt. Man betrachtet den zylindrischen Behälter als Kreis im Schnitt durch das Erdreich.

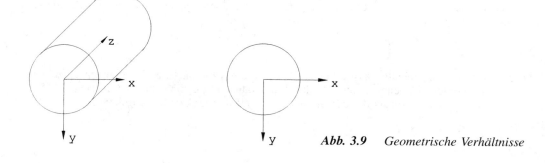

Abb. 3.9 *Geometrische Verhältnisse*

3.2 Gasbereitstellung aus Flüssiggaslagerbehältern ohne Hilfsenergie

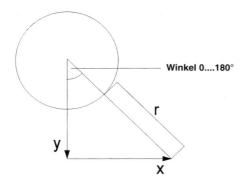

Abb. 3.10 Definition Abstand r

Um die Berechnung zu vereinfachen, wird im weiteren Verlauf ein Abstand (r) von der Behälterwand definiert. Dieser tastet eine Symmetriehälfte des Behälters in Abhängigkeit des Winkels von der Behältermittelachse ab. Für einen konstanten Winkel werden dann die Temperaturen mit variablem Abstand (r) im Temperaturfeld berechnet.

So werden beide Ortskoordinaten x und y auf eine Koordinate r reduziert. Als Ergebnis dessen liegt ein eindimensionales Problem vor.

$$\frac{\delta^2 T}{\delta r^2} = \frac{1}{a} \frac{\delta T}{\delta \tau}$$

Dazu macht sich jedoch die Vereinbarung eines Netzwerkes erforderlich. Es umschließt eine Symmetriehälfte des Behälters. Der Winkel α variiert von 0 bis 180°. Für einen festgelegten Winkel α wird der Abstand r verändert. Da sich in Abhängigkeit dieses Abstandes auch die horizontalen und vertikalen Abstände (x, y) vom Behälter ändern, wird auch für jeden Punkt die Anfangstemperatur mittels der Eindringtiefe ET berechnet. Jetzt gelingt es, das Temperaturfeld punktuell zu ermitteln. Die Eindringtiefe errechnet sich in Abhängigkeit des Abstandes r und des Winkels α:

$$ET = \text{deck} + \frac{d}{2} + \left(r + \frac{d}{2}\right) \cdot \cos \alpha$$

Zur Lösung der eindimensionalen Gleichung kommt die Quellpunktmethode zum Einsatz, wie sie von *Elsner* [3.4] und *Grigull/Sander* [3.28] beschrieben ist, wobei ein homogenes

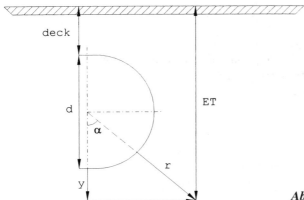

Abb. 3.11 Definition Eindringtiefe ET

Erdreich vorausgesetzt wird. So geht die gefundene Gleichung nach der charakteristischen Substitution:

$$\xi = \frac{r}{\sqrt{4a\tau}}$$

in folgende Form über:

$$t = A + B \frac{2}{\sqrt{\pi}} \text{INT}\bigg|_0^\xi e^{-\xi^2} \, d\xi$$

Dabei stellt der Ausdruck:

$$\frac{2}{\sqrt{\pi}} \text{INT}\bigg|_0^\xi e^{-\xi^2} \, d\xi$$

das *Gauß*'sche Fehlerintegral dar.

$$\frac{2}{\sqrt{\pi}} \text{INT}\bigg|_0^\xi e^{-\xi^2} \, d\xi = \text{erf}(\xi) = \Phi(\xi)$$

Somit lautet die Lösung:

$$t = A + B \cdot \Phi(\xi)$$

Zur Lösung des *Gauß*'schen Fehlerintegrals sind Zahlenwerte bekannt. Für die hier aufgeführten Berechnungsgänge wurde eine Regression verwendet, um Resultate für die weiteren Analysen zu gewinnen.

Die beiden Koeffizienten A und B werden anhand der folgenden Randbedingungen ermittelt:

1. $\tau = 0$ (Beginn der Entnahme):
Zu Beginn der Entnahme herrschen im Erdreich um den Flüssiggaslagerbehälter Temperaturen, die dem ungestörten Temperaturfeld entsprechen. Diese sind nur vom Zeitpunkt der Entnahme im Jahresgang der mittleren Tageslufttemperatur, von den Stoffeigenschaften des Erdreiches und von der Eindringtiefe abhängig. Im Rahmen der Analyse der Anfangstemperaturen wird die konkrete Temperatur für jeden Punkt im Netzwerk ermittelt.

$$t(\tau = 0) = A + B \cdot \Phi(\xi) = t_A$$

Für $\tau = 0$ geht:

$$\xi \to \infty \quad \text{und damit} \quad \varphi \to 1$$

$$t(\tau = 0) = A + B = t_A$$

2. $\tau \to \infty$ (unendlich lange Entnahme)
Für den Grenzfall der unendlich andauernden Entnahme nehmen die Temperaturen im Erdreich Werte an, die der Temperatur des Flüssiggases entsprechen.

$$t(\tau \to \infty) = A + B \cdot \Phi(\xi) = t_{Fg}$$

Für $\tau \to \infty$ wird:

$$\xi = 0 \quad \text{und damit} \quad \Phi = 0$$

$$t(\tau \to \infty) = A = t_{Fg}$$

So folgt:

$$A = t_{Fg}$$

und
$$B = t_A - A = t_A - t_{Fg}$$

Die Temperaturen im Temperaturfeld können nun folgendermaßen berechnet werden:
$$t = t_{Fg} + (t_A - t_{Fg}) \cdot \Phi(\xi)$$

Die Berechnung des Wärmestromes während der gesamten Entnahmezeit basiert auf einer Unterteilung des betrachteten Vorgangs in Zeitintervalle. Dabei wird pro Zeitintervall die Temperatur des Flüssiggases und die Temperatur einer Bezugsebene im Erdreich, die in einem kleinen Abstand vom Behälter definiert wurde, bestimmt.

Temperatur des Flüssiggases t_{Fg}:
Ausgangspunkt ist hier das Modell des „linearen Druckverlaufes", welches besagt, daß während der Entnahme der Druck im Behälter linear vom Anfangsdruck, der aufgrund der Anfangstemperaturverhältnisse bestimmt ist, auf den erreichbaren Gegendruck fällt. So kann für jeden beliebigen Zeitpunkt die Siedetemperatur berechnet werden.

Temperatur der Bezugsebene t_{Be}:
Diese Temperatur wird durch das hier beschriebene Verfahren zur Berechnung des gestörten Temperaturfeldes um einen erdgedeckten Flüssiggaslagerbehälter in einem definierten Abstand von 0,01 m von der Behälterwand bestimmt. Das Netzwerk um den Behälter wird in Abhängigkeit des Winkels abgetastet. So wird eine mittlere Temperatur der Bezugsebene ermittelt.

Der Gesamtwärmestrom pro Zeitintervall wird durch Mittelwertbildung der winkelintervallabhängigen Teilwärmeströme errechnet:

$$\dot{Q} = A \cdot \frac{\lambda}{\delta} (t_{Be} - t_{Fg})$$

A Wärmeübertragungsfläche
λ Wärmeleitfähigkeit des Erdreiches
δ Abstand der Bezugsebene von der Behälterwand: $\delta = 0,01$ m

Nach jedem Zeitintervall wird als Anfangstemperatur der Bezugsebene die Endtemperatur des vorhergehenden Intervalls zugewiesen. Die Anfangstemperatur des ersten Zeitintervalls wird aus der Analyse der Temperaturverteilung im ungestörten Erdreich ermittelt.

Tabelle 3.3 und die Abbildung 3.12 zeigen beispielhafte Temperaturverläufe für die Temperatur des Flüssiggases und der Bezugsebene für gleiche Entnahmeparameter, aber unterschiedliche Lufttemperaturen während der Entnahme sowie die Temperaturdifferenz dt.

Beispielhafte Darstellungen von Temperaturfeldern um erdreichgedeckte Flüssiggaslagerbehälter sind in den nachfolgenden Abbildungen zu finden.

Diese Auswahl wurde aufgrund der enormen Fülle von Varianten getroffen, um das charakteristische Aussehen der Temperaturfelder aufzuzeigen.

Dabei ist zunächst in der Abbildung 3.13 ein typisches Temperaturfeld im Winter zu sehen. Die Abbildung 3.14 zeigt ein weiteres Temperaturfeld, bei dem jedoch die Entnahme bei einem geringeren Gegendruck erfolgt. Andere Erdreichstoffwerte variieren das Temperaturfeld, das in Abbildung 3.15 aufgezeigt ist. Ein Temperaturfeld, wie es sich bei einer Entnahme im Sommer einstellt, ist in der Abbildung 3.16 zu finden.

Eine besondere Aufstellungsvariante sind Behälterbatterien. Unter einer Behälterbatterie wird hier eine Anlage verstanden, die aus mehreren gleichartigen Behältern besteht. Die einzelnen Behälter sind in der Längsachse parallel angeordnet. Das ist die am häufigsten in der Praxis anzutreffende Variante zur Aufstellung einer Behälterbatterie.

Tabelle 3.3 Temperatur des Flüssiggases, Temperatur der Bezugsebene und Temperaturdifferenz

Tank, erdreicheingebettet:	1,2 t
Deckung:	1 m
Gegendruck:	1,5 bar (Ü)
Füllfaktor:	25%
Propan im voll gefüllten Behälter:	95 Masse-%
Entnahmedauer:	10 h
Temperaturleitwert des Erdreiches:	0,0000015 m/s^2
Wärmeleitkoeffizient des Erdreiches:	2,1 W/(m · K)

Zeit in [h]	−10 °C Lufttemperatur			20 °C Lufttemperatur		
	t_{Fg} in [°C]	t_{Be} in [°C]	dt in [K]	t_{Fg} in [°C]	t_{Be} in [°C]	dt in [K]
0	− 2,51	− 2,51	0	11,76	11,76	0
1	− 3,332	− 2,825	0,507	10,575	11,313	0,738
2	− 4,563	− 3,669	0,894	8,39	9,92	1,53
3	− 5,776	− 4,8	0,976	6,097	7,884	1,787
4	− 7,056	− 6,03	1,026	3,68	5,605	1,925
5	− 8,377	− 7,313	1,064	1,123	3,168	2,045
6	− 9,744	− 8,643	1,101	− 1,596	0,578	2,174
7	−11,16	−10,02	1,14	− 4,5	− 2,18	2,32
8	−12,629	−11,446	1,183	− 7,629	− 5,136	2,493
9	−14,157	−12,928	1,229	−11,022	− 8,324	2,698
10	−15,75	−14,469	1,281	−14,74	−11,79	2,95

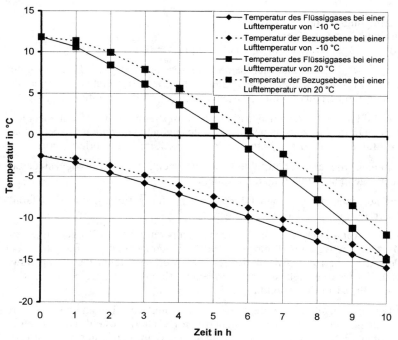

Abb. 3.12 *Temperatur des Flüssiggases, Temperatur der Bezugsebene und Temperaturdifferenz*

3.2 Gasbereitstellung aus Flüssiggaslagerbehältern ohne Hilfsenergie

Ausgangspunkt zur Berechnung der Entnahmeleistung einer Behälterbatterie ist der einem Behälter entnehmbare Gasmengenstrom. So wird zunächst die Entnahmeleistung eines Behälters berechnet, der dieselbe Größe wie ein einzelner Behälter der Batterie aufweist. Im Anschluß wird ein Faktor in Abhängigkeit der Anzahl der in der Batterie zusammengefaßten Behälter, des Abstandes der Behälter voneinander und des Füllstandes berechnet, mit dem die Entnahmeleistung des einzelnen Behälters multipliziert wird, um schließlich den der Batterie entnehmbaren Gasmengenstrom zu ermitteln. Als Voraussetzung gilt dabei, daß die Behälter einer Batterie so miteinander verbunden sind, daß allen Behältern die gleiche Gasmenge entnommen wird. So kann man davon ausgehen, daß auch die Druck- und Temperaturverläufe für die einzelnen Behälter gleich sind.

Dieser Faktor entspricht bei oberirdisch aufgestellten Behältern der Anzahl der in der Batterie zusammengefaßten Behälter, da man bei der oberirdischen Aufstellung annehmen kann, daß sich die einzelnen Behälter nicht untereinander hinsichtlich des Wärmestromes, der der Umgebung entzogen wird, beeinflussen. Die weiteren Betrachtungen beschränken sich daher auf erdgedeckte Behälterbatterien.

Durch den Wärmestrom vom Erdreich stellt sich, wie schon festgestellt, ein Temperaturfeld um einen erdgedeckten Behälter ein. Sind nun mehrere Behälter in einem solchen Abstand voneinander eingebettet, daß sich die Temperaturfelder gegenseitig beeinflussen, vermindert sich das Erdreichvolumen, das abgekühlt werden kann. Die Entnahmeleistung eines einzelnen Behälters der Batterie sinkt.

Um nicht die äußerst aufwendigen Berechnungen der sich beeinflussenden Temperaturfelder anstellen zu müssen, aber trotzdem Aussagen zur Entnahmeleistung von erdgedeckten Behälterbatterien unter dem Einfluß der wesentlichen Parameter:

— Anzahl der Behälter einer Batterie,
— Abstand der Behälter untereinander,
— Füllstand in den Behältern

treffen zu können, wurde ein vereinfachendes Berechnungsmodell aufgestellt. Basis des Rechenganges ist die Annahme, daß der Entnahmemassestrom vom Volumen des abgekühlten Erdreiches abhängt. Dieses Volumen wird in Richtung der Behälterlängsachse nicht eingeschränkt. Es wird auf die Fläche eines Kreisringsektors, der von den Mittelpunktstrahlen, die durch den Berührungspunkt des Flüssigkeitsspiegels und der Behälterwand verlaufen, begrenzt wird, reduziert. Die Ausdehnung dieses Sektors wird durch den Abstand (z_{max}) bestimmt, bis zu dem das Erdreich beeinflußt wird. Dieser Abstand wird durch Ermittlung der Entfernung vom Behälter, bei der das ungestörte Temperaturfeld im Erdreich nicht mehr beeinflußt wird, berechnet. Abhängigkeiten bestehen u. a. von der Entnahmedauer, den Stoffeigenschaften des Erdreiches, dem Gegendruck und der Gaszusammensetzung im vollen Behälter. Mit diesem Wert lassen sich weiterhin Schlüsse hinsichtlich der Einbettung von Flüssiggastanks ziehen. Zunächst werden nach *Juch* [3.7] Flächenanteile bestimmt, bei deren Kenntnis ein Faktor k definiert wird, um die Leistungsfähigkeit einer Behälterbatterie zu berechnen. k ist demnach Leistungsfähigkeit einer Batterie / Leistungsfähigkeit **eines** gleichartigen Behälters. Dieser Faktor wird nun in Abhängigkeit von der Anzahl der Behälter (n) und den Flächenanteilen F_A und F_K bestimmt:

$$k = n - (2 + 2 \cdot (n-2)) \frac{F_K}{F_A}$$

F_A Fläche des nicht beeinflußten abgekühlten Erdreiches
F_K Fläche, um die F_A verringert wird

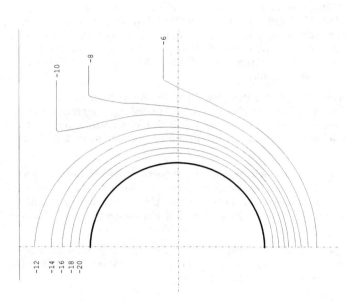

Abb. 3.14 *Temperaturfeld bei Entnahme im Winter mit geringem Gegendruck*
Behältergröße: 2,9 t; Einbettungsverhältnisse (erdreicheingebettet); Deckung: 0,5 m; Füllgrad zu Beginn der Entnahme: 25%; Masseanteil des Propans im voll gefüllten Behälter: 95%; Gegendruck der zu versorgenden Anlage: 1,0 bar (Ü); mittlere Lufttemperatur während der Entnahme: −10 °C; Erdreichdichte: 1750 kg/m³; Wärmeleitkoeffizient des Erdreiches: 1,4 W/(m · K); Wassergehalt: 5%; Entnahmezeit: 12 h

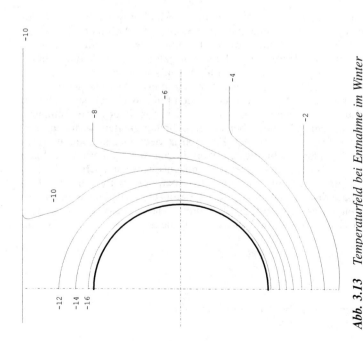

Abb. 3.13 *Temperaturfeld bei Entnahme im Winter*
Behältergröße: 2,9 t; Einbettungsverhältnisse (erdreicheingebettet); Deckung: 0,5 m; Füllgrad zu Beginn der Entnahme: 25%; Masseanteil des Propans im voll gefüllten Behälter: 95%; Gegendruck der zu versorgenden Anlage: 1,5 bar (Ü); mittlere Lufttemperatur während der Entnahme: −10 °C; Erdreichdichte: 1750 kg/m³; Wärmeleitkoeffizient des Erdreiches: 1,4 W/(m · K); Wassergehalt: 5%; Entnahmezeit: 12 h

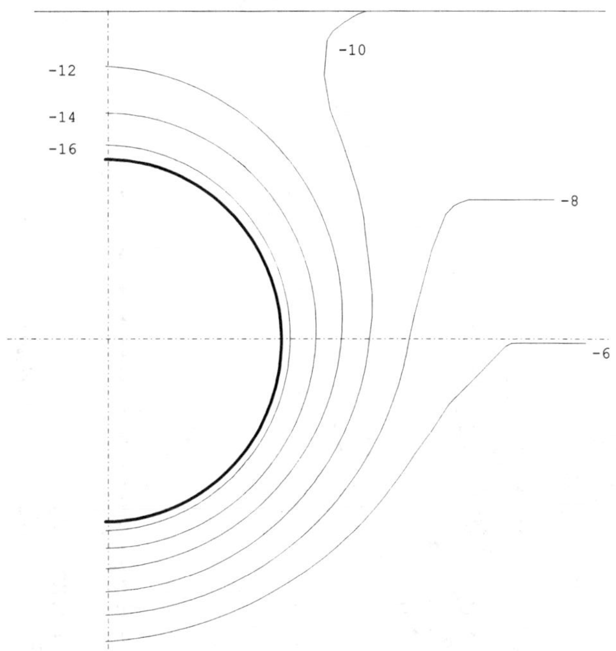

3.2 Gasbereitstellung aus Flüssiggaslagerbehältern ohne Hilfsenergie

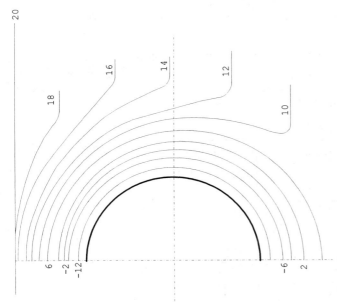

Abb. 3.15 *Temperaturfeld bei Entnahme im Winter mit variierten Erdreichstoffwerten*
Behältergröße: 2,9 t; Einbettungsverhältnisse (erdreicheingebettet); Deckung: 0,5 m; Füllgrad zu Beginn der Entnahme: 25%; Masseanteil des Propans im voll gefüllten Behälter: 95%; Gegendruck der zu versorgenden Anlage: 1,5 bar (Ü); mittlere Lufttemperatur während der Entnahme: −10 °C; Erdreichdichte: 1800 kg/m³; Wärmeleitkoeffizient des Erdreiches: 2,1 W/(m · K); Wassergehalt: 5%; Entnahmezeit: 12 h

Abb. 3.16 *Temperaturfeld bei Entnahme im Sommer*
Behältergröße: 2,9 t; Einbettungsverhältnisse (erdreicheingebettet); Deckung: 0,5 m; Füllgrad zu Beginn der Entnahme: 25%; Masseanteil des Propans im voll gefüllten Behälter: 95%; Gegendruck der zu versorgenden Anlage: 1,5 bar (Ü); mittlere Lufttemperatur während der Entnahme: +20 °C; Erdreichdichte: 1750 kg/m³; Wärmeleitkoeffizient des Erdreiches: 1,4 W/(m · K); Wassergehalt: 5%; Entnahmezeit: 12 h

Somit ergibt sich der einer Behälterbatterie entnehmbare Gasmengenstrom zu:

$$\dot{m}_{Bat} = k \cdot \dot{m}$$

Die Tabellen 3.4 bis 3.7 und die Abbildung 3.17 zeigen den Faktor k für eine erdreicheingebettete Behälterbatterie, die unter dem Einfluß folgender Parameter betrieben wird:

Tabelle 3.4 Faktor k für eine erdreicheingebettete Behälterbatterie

Behälteraußendurchmesser:	1,25 m
im voll gefüllten Behälter:	95 Masse-% Propan
Gegendruck:	1,5 bar (Ü)
Lufttemperatur während der Entnahme:	$-10\,°C$
Erdreichdeckung:	0,5 m
Wärmeleitfähigkeit des Erdreiches:	1,4 W/m·K

Füllstand im Behälter in m	k einer aus 4 Behältern bestehenden Batterie bei einer Entnahmezeit von 12 h			
	Abstand der Behälter			
	$a = 0{,}4$ m	$a = 0{,}6$ m	$a = 0{,}8$ m	$a = 1$ m
0,1	4	4	4	4
0,2	3,937	4	4	4
0,3	3,695	3,88	3,983	4
0,4	3,463	3,7	3,877	3,982
0,5	3,268	3,534	3,754	3,916
0,6	3,108	3,39	3,64	3,842
0,7	2,976	3,275	3,545	3,778
0,8	2,872	3,184	3,475	3,736
0,9	2,796	3,124	3,437	3,728

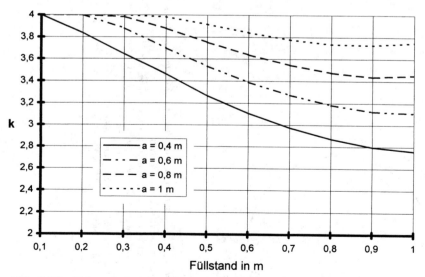

Abb. 3.17   Faktor k für eine erdreicheingebettete Behälterbatterie

3.2 Gasbereitstellung aus Flüssiggaslagerbehältern ohne Hilfsenergie

Tabelle 3.5 Faktor k für eine erdreicheingebettete Behälterbatterie

Füllstand im Behälter in m	k einer aus 4 Behältern bestehenden Batterie bei einer Entnahmezeit von 24 h			
	Abstand der Behälter			
	$a = 0{,}4$ m	$a = 0{,}6$ m	$a = 0{,}8$ m	$a = 1$ m
0,1	4	4	4	4
0,2	3,687	3,855	3,96	4
0,3	3,364	3,581	3,758	3,89
0,4	3,116	3,35	3,555	3,729
0,5	2,923	3,163	3,383	3,578
0,6	2,768	3,012	3,24	3,449
0,7	2,642	2,888	3,122	3,343
0,8	2,54	2,789	3,03	3,26
0,9	2,46	2,714	2,963	3,206

Tabelle 3.6 Faktor k für eine erdreicheingebettete Behälterbatterie

Füllstand im Behälter in m	k einer aus 2 Behältern bestehenden Batterie bei einer Entnahmezeit von 12 h			
	Abstand der Behälter			
	$a = 0{,}4$ m	$a = 0{,}6$ m	$a = 0{,}8$ m	$a = 1$ m
0,1	2	2	2	2
0,2	1,98	2	2	2
0,3	1,898	1,96	1,994	2
0,4	1,821	1,9	1,959	1,993
0,5	1,756	1,845	1,918	1,972
0,6	1,702	1,8	1,88	1,947
0,7	1,659	1,758	1,848	1,926
0,8	1,624	1,728	1,825	1,912
0,9	1,599	1,708	1,81	1,909

Tabelle 3.7 Faktor k für eine erdreicheingebettete Behälterbatterie

Füllstand im Behälter in m	k einer aus 2 Behältern bestehenden Batterie bei einer Entnahmezeit von 24 h			
	Abstand der Behälter			
	$a = 0{,}4$ m	$a = 0{,}6$ m	$a = 0{,}8$ m	$a = 1$ m
0,1	2	2	2	2
0,2	1,896	1,952	1,987	2
0,3	1,788	1,86	1,92	1,964
0,4	1,705	1,783	1,852	1,91
0,5	1,64	1,721	1,794	1,859
0,6	1,589	1,6706	1,7466	1,816
0,7	1,547	1,629	1,707	1,781
0,8	1,513	1,596	1,676	1,754
0,9	1,487	1,571	1,654	1,735

3.2.2.3 Modell zur unterbrochenen Entnahme aus Flüssiggaslagerbehältern

Unter einer unterbrochenen Entnahme werden mehrere Einzelentnahmen verstanden. In den Zeiten zwischen den Entnahmen finden Aufladungsprozesse statt, die für die nachfolgende Entnahme berücksichtigt werden. Bei der Nachbildung eines solchen Vorgangs tritt wieder das Problem des unbekannten Temperaturverlaufes im Behälter während der Entnahme und während der Aufladung auf. Ausgangspunkt hierfür ist ebenfalls das Modell des linearen Druckverlaufes. Diese Nachbildung ist auch Basis zur Modellbildung einer unterbrochenen Entnahme. Während der Aufladungsprozesse wird dem Flüssiggas, das kälter als die Umgebung ist, Wärme zugeführt. So steigt die Temperatur und damit der Behälterdruck an. Als erstes Modell wird der Druckverlauf nach Abb. 3.18 während einer unterbrochenen Entnahme angenommen. Man erkennt, daß sich der Verlauf der unterbrochenen Entnahme an der ununterbrochenen orientiert. Die jeweiligen Endpunkte der einzelnen Entnahmen liegen auf der Linie der ununterbrochenen Entnahme.

Eine weitere Möglichkeit ist, daß sich am Ende eines Aufladungsprozesses ein neuer Druckverlauf einstellt, dessen Endpunkt wieder dem Gegendruck entspricht. Im Grenzfall wird der Druck während jeder Einzelentnahme bis auf den Gegendruck reduziert. Diese Varianten sind jedoch nur Annahmen, die den wahren Druckverlauf nur modellhaft widerspiegeln.

Die unterbrochene Entnahme wird so modelliert, daß in allen, auch unterschiedlich langen Entnahmeintervallen gleiche Flüssiggasmasseströme entnommen werden können. Aufgrund dieser Vorgabe, die in der Tatsache begründet ist, daß eine konkrete, konstante Leistung zu realisieren ist, stellt sich in Abhängigkeit der Entnahmeparameter und der Anzahl bzw. Dauer der Entnahme- und Aufladungsvorgänge ein Druck- und Temperaturverlauf ein, der vom Ausgangsmodell stark abweichen kann, aber den tatsächlichen Verhältnissen entspricht.

Als Ergebnis liegt ein ermittelter Entnahmemassestrom vor, der während aller Entnahmeprozesse der unterbrochenen Entnahme zur Verfügung steht.

Ziel der Analyse der Aufladungsprozesse ist es, die Temperatur am Ende der Aufladung, also zu Beginn einer erneuten Entnahme zu ermitteln.

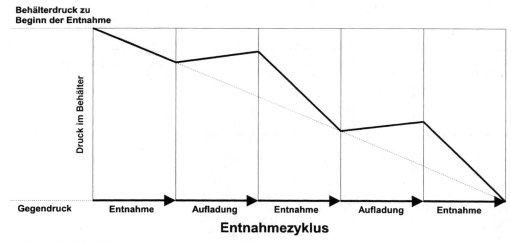

Abb. 3.18 Modell eines Druckverlaufes für unterbrochene Entnahme

3.2 Gasbereitstellung aus Flüssiggaslagerbehältern ohne Hilfsenergie

1. Die Aufladung eines oberirdisch aufgestellten Flüssiggaslagerbehälters

Folgende Gleichung wird nach *Leggewie* [3.2] zur Berechnung der Temperatur am Ende einer Aufladung genutzt:

$$t_{a,\,neu} = t_L - ((t_a - t_e) \cdot e^{-\frac{\tau_a}{K}})$$

mit:

$$K = \frac{m \cdot c_m}{k \cdot A}$$

Dabei ist:

$t_{a,\,neu}$	die neue Anfangstemperatur für den folgenden Entnahmevorgang (Temperatur am Ende der Aufladung)
t_L	die mittlere Tageslufttemperatur
$(t_a - t_e)$	die Temperaturdifferenz, um die das Flüssiggas während der vorhergehenden Entnahme abgekühlt wurde
τ_a	die Zeitdauer der Aufladung
m	die im Behälter befindliche Flüssiggasmasse
c_m	die mittlere spezifische Wärmekapazität der flüssigen Phase des Flüssiggases
k	der Wärmeübergangskoeffizient
A	die Wärmeübertragungsfläche.

Die so berechnete Temperatur am Ende einer Aufladung wird nun als Anfangstemperatur für die nachfolgende Entnahme genutzt.

2. Die Aufladung eines erdgedeckten Flüssiggaslagerbehälters

Die Aufladungsprozesse bei erdgedeckten Flüssiggaslagerbehältern lassen sich nicht in eine Formel fassen, wie es bei oberirdisch aufgestellten Flüssiggaslagerbehältern der Fall ist.

Wie bei der Betrachtung von Entnahmevorgängen muß auch hier das sich ändernde Temperaturfeld im Erdreich berechnet werden. Zum Einsatz kommt dasselbe Verfahren, wie es im vorangegangenen Kapitel beschrieben ist. Jedoch gelten für Aufladungsprozesse andere Randbedingungen:

1. t = 0 (Beginn der Aufladung):
Zu Beginn der Aufladung hat sich im Erdreich ein Temperaturfeld eingestellt, das den Verhältnissen nach einer Entnahme entspricht. Die für jeden Punkt im Netzwerk bekannten Temperaturen können als Startwerte für die Analyse der Aufladungsprozesse genutzt werden.

2. t → ∞ (unendlich lange Aufladung)
Eine unendlich andauernde Aufladung heißt, daß sich am Ende dieses Prozesses wieder die Temperaturen des ungestörten Temperaturfeldes eingestellt haben.

Mit diesen Randbedingungen kann also das beschriebene Verfahren zur Berechnung des Temperaturfeldes um erdgedeckte Flüssiggaslagerbehälter auch für Aufladungsprozesse verwendet werden. Die so ermittelten Temperaturen am Ende der Aufladung bilden die Anfangstemperaturen für die nachfolgende Entnahme.

3.2.2.4 Berechnungsverfahren

Der äußerst umfangreiche Berechnungsgang zur Ermittlung des aus Flüssiggaslagerbehältern entnehmbaren Gasmengenstromes kann zweckmäßig nur über ein entsprechendes PC-Programm realisiert werden. Ausgehend von den dargestellten Zusammenhängen wurde eine geschlossene Lösung zur Berechnung des aus Flüssiggaslagerbehältern entnehmbaren Gasmengenstromes gefunden. Der Berechnungsablauf beinhaltet alle Einzelschritte, um die umfangreichen Grundlagen zu untersuchen, ihre mathematische Verknüpfung und die analytische Ermittlung des entnehmbaren Gasmengenstromes.

Bei dem Berechnungsablauf handelt es sich um eine Iteration, da die grundlegenden Gleichungen nur so zu lösen sind. Zum Beispiel wird die Änderung der Zusammensetzung des Flüssiggases während der Entnahme berücksichtigt. Die Zusammensetzung am Ende der Entnahme ist aber von der entnommenen Masse abhängig, diese wiederum vom Wärmestrom. Bei der Analyse von unterbrochenen Entnahmen erfolgt eine ständige Überprüfung der Startwerte, um den tatsächlichen Druck- und Temperaturverlauf zu ermitteln. Es würde den Rahmen dieser Niederschrift bei weitem sprengen, alle Mechanismen des Programms umfassend darzulegen.

Das erwähnte PC-Programm (Bestellblatt: Seite 250) ist als selbständige Version auf allen DOS-Rechnern lauffähig. Es benötigt einen Speicherplatz von ca. 115 KByte. Alle vom Nutzer abverlangten Daten und Werte werden menüorientiert abgefragt. Dabei werden Alternativen und ggf. vorgeschlagene Werte aufgezeigt. Am Ende der Eingabe werden sämtliche Werte am Monitor ausgegeben und können einzeln korrigiert werden.

3.2.3 Die Entnahmeleistung von Flüssiggaslagerbehältern und Flüssiggasflaschen

3.2.3.1 Bemessungsparameter, Auslegungsbedingungen

Für die Planung von Flüssiggasanlagen macht sich die Festlegung allgemeingültiger Parameter erforderlich, um Aussagen für vergleichbare Anwendungsfälle treffen zu können.

Dabei werden die einzelnen Ausgangswerte für die Entnahme so festgelegt, daß sie den „ungünstigsten Fall" berücksichtigen.

So werden folgende *Standardparameter* vereinbart:

Für alle Aufstellungsvarianten:
Füllfaktor:	25%
Flüssiggaszusammensetzung im vollgefüllten Behälter:	95/86 Masse-% Propan
mittlere Lufttemperatur während der Entnahme:	-10 °C
Gegendruck:	1,5 bar (Ü) = 150 kPa (Ü)
für erdgedeckte und Semibehälter:	
Wärmeleitwert des Erdreiches:	1,4 W/(m · K)
Temperaturleitwert des Erdreiches:	0,0000008 m²/s
für erdreicheingebettete Behälter:	
Erdreichdeckung:	0,5 m
für erdreichabgedeckte Behälter:	
Dicke der abdeckenden Erdschicht: (entspr. Erdreichdeckung)	0,5 m
Abstand der Behältersohle von der Erdoberfläche: (entspr. erdreichaufgesetzten Behälter)	0 m

Die Behältergröße und die ununterbrochene Entnahmedauer sind variabel.

Die oben aufgeführte Festlegung erfolgte anhand folgender *Voraussetzungen*:

Füllfaktor:
Ein Füllfaktor von 25% bedeutet, daß der Behälter bis zu einem Viertel der zulässigen Füllmenge entleert wurde, bevor ein erneuter Entnahmevorgang beginnt. Man geht in der Praxis

3.2 Gasbereitstellung aus Flüssiggaslagerbehältern ohne Hilfsenergie

im allgemeinen davon aus, daß der Behälter bei einer Restmenge von 30% befüllt wird, so daß die Festlegung des Füllfaktors von 25% eine sichere ist.

Flüssiggaszusammensetzung im voll gefüllten Behälter:
Eine Zusammensetzung von 95 Masse-% Propan entspricht der DIN 51622 (auch „Handelspropan"). Für den Grenzfall einer vollständigen Butananreicherung des im Behälter verbleibenden Restes stellt sich nach einer erneuten Füllung mit Flüssiggas nach DIN 51622 eine durchschnittliche Propankonzentration von 86 Masse-% Propan ein. Diese Zusammensetzung wird in den Berechnungen angeführt, um eine maximale Butananreicherung bei Entnahme ohne Hilfsenergie zu berücksichtigen. Die so ermittelten Werte stellen bei sonst gleichen Parametern eine Verminderung des entnehmbaren Gasmengenstromes dar.

Anmerkung: Der aufgeführte Wert von 86 Masse-% Propan ist ein repräsentatives Beispiel, um die Butananreicherung zu analysieren. Er wurde für einen erdreicheingebetteten Behälter, der unter dem Einfluß der Standardparameter betrieben wird, als Extremwert bei maximaler Auslastung gewonnen.

Tabelle 3.8 Analyse der Butananreicherung

Befüllung mit Flüssiggas nach DIN 51622 (95 Masse-% Propan)	Flüssiggaszusammensetzung	
	im voll gefüllten Behälter	im flüssigen Rest bei 25% Füllgrad
1. Befüllung	95	83,74
2. Befüllung	92,17	75,45
3. Befüllung	90,1	69,71
4. Befüllung	88,67	65,9
5. Befüllung	87,71	63,43
6. Befüllung	87,1	61,9
7. Befüllung	86,7	60,9
8. Befüllung	86,5	60,4
9. Befüllung	86,3	60,0
10. Befüllung	86,2	59,9

Mittlere Lufttemperatur während der Entnahme:
Als niedrigste durchschnittliche Tageslufttemperatur für die Entnahme wird eine Temperatur von −10 °C festgelegt.

Gegendruck:
Der Gegendruck ist der minimal zulässige Vordruck der ersten Reglerstufe. Dieser Wert liegt für fast alle in Frage kommenden Regler bei 1,5 bar. Gegenwärtig sind aber auch Regler im Angebot, die einen kleineren Vordruck verlangen. Für diesen Fall und auch für spezielle Regler, die bei größeren Behältern zum Einsatz kommen, ist für konkrete Berechnungen der entsprechende Wert einzusetzen.

Wärmeleitwert und Temperaturleitwert des Erdreiches:
Die hier aufgeführten Größen stellen Durchschnittswerte der am häufigsten in Deutschland anzutreffenden Erdreicharten dar.

Erdreichdeckung bzw. Dicke der abdeckenden Erdschicht:
Eine Erdreichdeckung von mind. 0,5 m ist einzuhalten. Für eine größere Deckung ergeben sich im Winter günstigere Temperaturverhältnisse im Erdreich, die zu einem höheren entnehmbaren Gasmengenstrom führen.

Abstand der Behältersohle von der Erdoberfläche:
Es wird vorausgesetzt, daß ein Behälter auf dem Erdreich aufliegt und mit Erdreich abgedeckt ist. Diese Variante ist eine einfache Möglichkeit der erdreichabgedeckten Aufstellung. Wird ein erdreichabgedeckter Behälter zum Teil in des Erdreich eingebettet, verbessern sich die Bedingungen für die Entnahme, ähnlich wie bei einer größeren Deckung.

Weiterhin werden folgende *Entnahmezeiten* festgelegt:

kurzzeitig: 2 h
periodisch: 8 h
dauernd: 128 h (bis zum Erreichen des Zustandes, bei dem die Verdampfung vorwiegend durch den Wärmestrom realisiert wird)

Zum Zweck der Berechnung der Gasleistungsfähigkeit von in Räumen aufgestellten Flüssiggaslagerbehältern sind diese als oberirdisch aufgestellt zu betrachten, wobei als mittlere Lufttemperatur für die Entnahme die Lufttemperatur im Aufstellungsraum herangezogen werden muß.

3.2.3.2 Gasleistungsfähigkeit oberirdisch aufgestellter Flüssiggaslagerbehälter

Für alle Varianten:

Füllfaktor:	25%
mittlere Lufttemperatur während der Entnahme:	-10 C
Gegendruck:	1,5 bar
keine Berücksichtigung der Butananreicherung:	
Flüssiggaszusammensetzung im voll gefüllten Behälter:	95 Masse-% Propan
Berücksichtigung der Butananreicherung:	
Flüssiggaszusammensetzung im voll gefüllten Behälter:	86 Masse-% Propan

Tabelle 3.9 Entnahmeleistung oberirdisch aufgestellter Flüssiggaslagerbehälter ohne Berücksichtigung der Butananreicherung

Behältergröße in [t]	entnehmbarer Gasmengenstrom in [kg/h]		
	kurzzeitige Entnahme (2 h)	periodische Entnahme (8 h)	Dauerentnahme (128 h)
0,8	5,83	2,29	1,18
1,2	8,50	3,17	1,5
2,1	14,83	5,46	2,54
2,9	20,58	7,58	3,52

Tabelle 3.10 Entnahmeleistung oberirdisch aufgestellter Flüssiggaslagerbehälter mit Berücksichtigung der Butananreicherung

Behältergröße in [t]	entnehmbarer Gasmengenstrom in [kg/h]		
	kurzzeitige Entnahme (2 h)	periodische Entnahme (8 h)	Dauerentnahme (128 h)
0,8	0,23	0,06	0,0044
1,2	0,35	0,09	0,0065
2,1	0,62	0,16	0,0113
2,9	0,86	0,22	0,016

Grafische Darstellungen sind in den Arbeitsblättern (s. Anhang) zu finden.

3.2.3.3 Gasleistungsfähigkeit erdreicheingebetteter Flüssiggaslagerbehälter

Für alle Varianten:

Füllfaktor:	25%
mittlere Lufttemperatur während der Entnahme:	$-10\,°C$
Gegendruck:	1,5 bar
keine Berücksichtigung der Butananreicherung:	
Flüssiggaszusammensetzung im voll gefüllten Behälter:	95 Masse-% Propan
Berücksichtigung der Butananreicherung:	
Flüssiggaszusammensetzung im voll gefüllten Behälter:	86 Masse-% Propan
Wärmeleitwert des Erdreiches:	1,4 W/(m·K)
Temperaturleitwert des Erdreiches:	0,0000008 m²/s
Erdreichdeckung:	0,5 m

Tabelle 3.11 Entnahmeleistung erdreicheingebetteter Flüssiggaslagerbehälter ohne Berücksichtigung der Butananreicherung

Behältergröße in [t]	entnehmbarer Gasmengenstrom in [kg/h]		
	kurzzeitige Entnahme (2 h)	periodische Entnahme (8 h)	Dauerentnahme (128 h)
0,8	12,78	5,23	2,65
1,2	19,12	7,44	3,5
2,1	33,13	12,75	5,89
2,9	46,0	17,7	8,18
4,0	62,21	22,24	9,02
5,6	86,22	30,53	12,14
7,5	115,6	40,86	16,19
10	164,3	56,44	21,03
17	289,1	94,43	31,18
25,5	431,9	140,3	45,65
34,6	599,8	189,1	56,44
43	745,5	234,7	69,73
51	886,1	279,0	82,96
63,8	1135	351,4	98,88
86	1549	473,3	127,6

Grafische Darstellungen sind in den Arbeitsblättern (s. Anhang) zu finden.

3.2.3.4 Gasleistungsfähigkeit erdreichabgedeckter Flüssiggaslagerbehälter

Für alle Varianten:

Füllfaktor:	25%
mittlere Lufttemperatur während der Entnahme:	$-10\,°C$
Gegendruck:	1,5 bar
keine Berücksichtigung der Butananreicherung:	
Flüssiggaszusammensetzung im voll gefüllten Behälter:	95 Masse-% Propan
Berücksichtigung der Butananreicherung:	
Flüssiggaszusammensetzung im voll gefüllten Behälter:	86 Masse-% Propan
Wärmeleitwert des Erdreiches:	1,4 W/(m·K)
Temperaturleitwert des Erdreiches:	0,0000008 m²/s
Dicke der abdeckenden Erdschicht:	0,5 m
Abstand der Behältersohle von der Erdoberfläche:	0 m

Grafische Darstellungen sind in den Arbeitsblättern (s. Anhang) zu finden.

Tabelle 3.12 Entnahmeleistung erdreicheingebetteter Flüssiggaslagerbehälter mit Berücksichtigung der Butananreicherung

Behältergröße in [t]	entnehmbarer Gasmengenstrom in [kg/h]		
	kurzzeitige Entnahme (2 h)	periodische Entnahme (8 h)	Dauerentnahme (128 h)
0,8	7,82	3,26	1,69
1,2	12,14	4,82	2,33
2,1	20,93	8,21	3,91
2,9	29,0	11,39	5,42
4,0	41,28	15,01	6,28
5,6	57,23	20,6	8,46
7,5	76,66	27,55	11,27
10	114,1	39,84	15,39
17	210,4	69,76	23,92
25,5	314,3	103,6	35,0
34,6	448,6	143,3	44,44
43	557,3	177,7	54,89
51	662,1	211,2	65,29
63,8	864,9	270,9	79,29
86	1194	368,9	103,4

Tabelle 3.13 Entnahmeleistung erdreichabgedeckter Flüssiggaslagerbehälter ohne Berücksichtigung der Butananreicherung

Behältergröße in [t]	entnehmbarer Gasmengenstrom in [kg/h]		
	kurzzeitige Entnahme (2 h)	periodische Entnahme (8 h)	Dauerentnahme (128 h)
0,8	10,86	4,45	2,26
1,2	15,55	6,07	2,87
2,1	27,05	10,44	4,84
2,9	37,54	14,49	6,72
4,0	47,9	17,18	7,01
5,6	66,37	23,58	9,44
7,5	88,98	31,56	12,59
10	118,1	40,73	15,31
17	193,1	63,38	21,18
25,5	288,5	94,16	31,0
34,6	382,5	121,2	36,7
43	475,4	150,4	45,33
51	565,1	178,8	53,93
63,8	699,1	217,4	62,17
86	933,1	286,5	78,56

3.2 Gasbereitstellung aus Flüssiggaslagerbehältern ohne Hilfsenergie

Tabelle 3.14 Entnahmeleistung erdreichabgedeckter Flüssiggaslagerbehälter mit Berücksichtigung der Butananreicherung

Behältergröße in [t]	entnehmbarer Gasmengenstrom in [kg/h]		
	kurzzeitige Entnahme (2 h)	periodische Entnahme (8 h)	Dauerentnahme (128 h)
0,8	5,47	2,29	1,19
1,2	7,82	3,11	1,51
2,1	13,57	5,34	2,55
2,9	18,8	7,4	3,54
4,0	24,0	8,76	3,69
5,6	33,27	12,02	4,97
7,5	44,57	16,08	6,63
10	58,76	20,62	8,05
17	95,95	32,0	11,12
25,5	143,3	47,5	16,27
34,6	190,0	61,04	19,24
43	236,0	75,7	23,76
51	280,4	89,96	28,26
63,8	346,6	109,2	32,55
86	462,6	143,8	41,1

3.2.3.5 Gasleistungsfähigkeit halb erdreicheingebetteter Flüssiggaslagerbehälter

Für alle Varianten (Grafische Darstellungen s. Arbeitsbl.):

Füllfaktor:	25%
mittlere Lufttemperatur während der Entnahme:	-10 °C
Gegendruck:	1,5 bar
keine Berücksichtigung der Butananreicherung:	
Flüssiggaszusammensetzung im voll gefüllten Behälter:	95 Masse-% Propan
Berücksichtigung der Butananreicherung:	
Flüssiggaszusammensetzung im voll gefüllten Behälter:	86 Masse-% Propan
Wärmeleitwert des Erdreiches:	1,4 W/(m·K)
Temperaturleitwert des Erdreiches:	0,0000008 m²/s

Tabelle 3.15 Entnahmeleistung halb erdreicheingebetteter Flüssiggaslagerbehälter ohne Berücksichtigung der Butananreicherung

Behältergröße in [t]	entnehmbarer Gasmengenstrom in [kg/h]		
	kurzzeitige Entnahme (2 h)	periodische Entnahme (8 h)	Dauerentnahme (128 h)
0,8	10,63	4,36	2,22
1,2	15,48	6,05	2,86
2,1	26,9	10,38	4,82
2,9	37,34	14,42	6,69

Tabelle 3.16 Entnahmeleistung halb erdreicheingebetteter Flüssiggaslagerbehälter mit Berücksichtigung der Butananreicherung

Behältergröße in [t]	entnehmbarer Gasmengenstrom in [kg/h]		
	kurzzeitige Entnahme (2 h)	periodische Entnahme (8 h)	Dauerentnahme (128 h)
0,8	5,2	2,18	1,14
1,2	7,71	3,07	1,5
2,1	13,4	5,29	2,54
2,9	18,54	7,31	3,5

3.2.3.6 Gasleistungsfähigkeit von Behälterbatterien

In Anlehnung an den im vorangegangenen Kapitel definierten Faktor werden die aus Behälterbatterien entnehmbaren Gasmengenströme beispielhaft dargestellt. Dabei erstrecken sich die Aussagen auf erdgedeckte Batterien, da für Behälterbatterien die halb erdreicheingebettete Aufstellung unüblich ist und bei oberirdisch aufgestellten Behälterbatterien der Faktor der Behälteranzahl entspricht.

Für alle Aufstellungsvarianten:

Füllfaktor:	25%
Gegendruck:	1,5 bar
Flüssiggaszusammensetzung im vollgefüllten Behälter:	95 Masse-% Propan
mittlere Lufttemperatur während der Entnahme:	$-10\ °C$
Wärmeleitwert des Erdreiches:	1,4 W/(m·K)
Temperaturleitwert des Erdreiches:	0,0000008 m^2/s
für erdreicheingebettete Behälter:	
Erdreichdeckung:	0,5 m
für erdreichabgedeckte Behälter:	
Dicke der abdeckenden Erdschicht:	0,5 m
Abstand der Behältersohle von der Erdoberfläche:	0 m

Tabelle 3.17 Entnahmeleistung von Behälterbatterien, Behältergröße: 1,2 t

Anzahl der in einer Batterie zusammengefaßten Behälter	entnehmbarer Gasmengenstrom in [kg/h]								
	kurzzeitige Entnahme (2 h)			periodische Entnahme (8 h)			Dauerentnahme (128 h)		
	Abstand der einzelnen Behälter untereinander			Abstand der einzelnen Behälter untereinander			Abstand der einzelnen Behälter untereinander		
	0,4 m	0,8 m	2 m	0,4 m	0,8 m	2 m	0,4 m	0,8 m	2 m
erdreicheingebettete Batterie									
2	38,24	38,24	38,24	14,63	14,88	14,88	5,33	5,73	6,66
3	57,35	57,35	57,35	21,82	22,33	22,33	7,16	7,97	9,82
4	76,47	76,47	76,47	29,01	29,77	29,77	8,99	10,2	12,98
5	95,59	95,59	95,59	36,2	37,21	37,21	10,82	12,44	16,14
6	114,7	114,7	114,7	43,39	44,65	44,65	12,65	14,68	19,29
erdreichabgedeckte Batterie									
2	31,1	31,1	31,1	11,94	12,14	12,14	4,26	4,57	5,32
3	46,66	46,66	46,66	17,81	18,22	18,22	5,65	6,28	7,78
4	62,21	62,21	62,21	23,69	24,29	24,29	7,04	7,98	10,24
5	77,76	77,76	77,76	29,56	30,36	30,36	8,43	9,69	12,7
6	93,31	93,31	93,31	35,43	36,43	36,43	9,82	11,39	15,15

3.2 Gasbereitstellung aus Flüssiggaslagerbehältern ohne Hilfsenergie

Tabelle 3.18 Entnahmeleistung von Behälterbatterien, Behältergröße: 5,6 t

Anzahl der in einer Batterie zusammengefaßten Behälter	entnehmbarer Gasmengenstrom in k[g/h]								
	kurzzeitige Entnahme (2 h)			periodische Entnahme (8 h)			Dauerentnahme (128 h)		
	Abstand der einzelnen Behälter untereinander			Abstand der einzelnen Behälter untereinander			Abstand der einzelnen Behälter untereinander		
	0,4 m	0,8 m	2 m	0,4 m	0,8 m	2 m	0,4 m	0,8 m	2 m
erdreicheingebettete Batterie									
2	172,4	172,4	172,4	60,44	61,06	61,06	19,1	20,38	23,26
3	258,6	258,6	258,6	90,36	91,6	91,6	26,1	28,63	34,38
4	344,9	344,9	344,9	120,3	122,1	122,1	33,05	36,87	45,5
5	431,1	431,1	431,1	150,2	152,7	152,7	40,01	45,1	56,62
6	517,3	517,3	517,3	180,1	183,2	183,2	46,98	53,35	67,74
erdreichabgedeckte									
2	132,7	132,7	132,7	46,62	47,17	47,17	14,4	15,33	17,57
3	199,1	199,1	199,1	69,66	70,75	70,75	19,36	21,21	25,69
4	265,5	265,5	265,5	92,7	94,33	94,33	24,32	27,1	33,82
5	331,9	331,9	331,9	115,7	117,9	117,9	29,28	33,0	41,94
6	398,2	398,2	398,2	138,8	141,5	141,5	34,24	38,88	50,07

Tabelle 3.19 Entnahmeleistung von Behälterbatterien, Behältergröße: 25,5 t

Anzahl der in einer Batterie zusammengefaßten Behälter	entnehmbarer Gasmengenstrom in [kg/h]								
	kurzzeitige Entnahme (2 h)			periodische Entnahme (8 h)			Dauerentnahme (128 h)		
	Abstand der einzelnen Behälter untereinander			Abstand der einzelnen Behälter untereinander			Abstand der einzelnen Behälter untereinander		
	0,4 m	0,8 m	2 m	0,4 m	0,8 m	2 m	0,4 m	0,8 m	2 m
erdreicheingebettete Batterie									
2	863,9	863,9	863,9	280,2	280,7	280,7	76,36	80,2	88,65
3	1296	1296	1296	420,2	421,0	421,0	107,1	114,8	131,7
4	1728	1728	1728	560,1	561,3	561,3	137,8	149,3	174,7
5	2160	2160	2160	700,0	701,7	701,7	168,5	183,9	217,7
6	2592	2592	2592	839,9	842,0	842,0	199,2	218,4	260,7
erdreichabgedeckte Batterie									
2	577,0	577,0	577,0	187,3	188,3	188,3	49,64	52,07	58,0
3	865,4	865,4	865,4	280,5	282,5	282,5	68,28	73,14	85,0
4	1154	1154	1154	373,7	376,6	376,6	86,91	94,2	112,0
5	1442	1442	1442	466,9	470,8	470,8	105,5	115,3	139,0
6	1731	1731	1731	560,1	565,0	565,0	124,2	136,3	166,0

Tabelle 3.20 Entnahmeleistung von Behälterbatterien, Behältergröße: 63,3 t

Anzahl der in einer Batterie zusammengefaßten Behälter	entnehmbarer Gasmengenstrom in [kg/h]								
	kurzzeitige Entnahme (2 h)			periodische Entnahme (8 h)			Dauerentnahme (128 h)		
	Abstand der einzelnen Behälter untereinander			Abstand der einzelnen Behälter untereinander			Abstand der einzelnen Behälter untereinander		
	0,4 m	0,8 m	2 m	0,4 m	0,8 m	2 m	0,4 m	0,8 m	2 m
erdreicheingebettete Batterie									
2	2271	2271	2271	702,8	702,8	702,8	170,9	178,1	193,5
3	3407	3407	3407	1054	1054	1054	242,9	257,3	288,1
4	4543	4543	4543	1406	1406	1406	315,0	336,5	382,7
5	5678	5678	5678	1757	1757	1757	387,0	415,6	477,4
6	6814	6814	6814	2108	2108	2108	459,0	494,8	572,0
erdreichabgedeckte Batterie									
2	1398	1398	1398	433,6	434,8	434,8	102,3	106,5	116,9
3	2097	2097	2097	649,8	652,2	652,2	142,4	150,8	171,6
4	2796	2796	2796	866,0	869,6	869,6	182,5	195,2	226,3
5	3495	3495	3495	1082	1087	1087	222,6	239,5	281,0
6	4194	4194	4194	1298	1304	1304	262,7	283,8	335,7

3.2.3.7 Gasleistungsfähigkeit von Flüssiggasflaschen

Betrachtet man Flüssiggasflaschen, so ergeben sich einige Einschränkungen der oben aufgeführten Parameter für die Gasentnahme. Die Aufstellungsart ist immer „frei aufgestellt". Falls die Flüssiggasflasche oder -flaschen in Räumen untergebracht sind, wird dies dadurch berücksichtigt, daß die entsprechende Temperatur im Raum als Bezug für die Entnahme herangezogen wird. Der minimal zulässige Vordruck, also der Gegendruck, beträgt für Flaschenregler ca. 0,7 bar.

Für alle Varianten:

Füllfaktor: 30%
Gegendruck: 0,7 bar
Flüssiggaszusammensetzung im voll gefüllten Behälter: 95 Masse-% Propan

Grafische Darstellungen sind in den Arbeitsblättern (s. Anhang) zu finden.

Kommen Anlagen zu Einsatz, bei denen aus mehreren Flaschen Gas gleichzeitig entnommen wird, errechnet sich die Gasleistungsfähigkeit der Gesamtanlage aus dem Produkt der Flaschenanzahl und der Gasleistungsfähigkeit einer Flasche der Anlage.

Tabelle 3.21 Entnahmeleistung von Flüssiggasflaschen

Umgebungs-temperatur in [°C]	entnehmbarer Gasmengenstrom in [kg/h]								
	5 kg Flasche			11 kg Flasche			33 kg Flasche		
	Entnahmedauer			Entnahmedauer			Entnahmedauer		
	2 h	8 h	128 h	2 h	8 h	128 h	2 h	8 h	128 h
−20	0,095	0,062	0,051	0,182	0,109	0,086	0,497	0,277	0,209
−15	0,143	0,092	0,076	0,275	0,163	0,127	0,751	0,414	0,309
−10	0,188	0,119	0,097	0,363	0,211	0,163	0,994	0,539	0,997
−5	0,231	0,144	0,117	0,449	0,257	0,196	1,23	0,658	0,479
0	0,274	0,168	0,135	0,533	0,3	0,227	1,46	0,771	0,555
5	0,315	0,191	0,152	0,615	0,342	0,256	1,69	0,88	0,626
10	0,355	0,213	0,168	0,696	0,381	0,283	1,92	0,985	0,692
15	0,395	0,234	0,183	0,776	0,42	0,308	2,15	1,09	0,755
20	0,435	0,254	0,197	0,855	0,457	0,332	2,37	1,18	0,814

3.2.4 Einfluß ausgewählter Parameter auf die Entnahmeleistung von Flüssiggaslagerbehältern

Im nachfolgenden Kapitel ist eine Vielzahl unterschiedlicher Berechnungsergebnisse zu finden, die unter dem Einfluß einzeln variierter Parameter ermittelt wurden. Sie sind in Abhängigkeit ausgewählter Behältergrößen und Entnahmezeiten aufgeführt. Umfassende Aussagen zum Einfluß der Behältergröße sind im vorangegangenen Kapitel zu finden.

In jeder Tabelle sind die Aufstellungsvarianten (oberirdisch aufgestellter, erdreicheingebetteter, erdreichabgedeckter und halb erdreicheingebetteter Behälter) unterschieden, so daß der Einfluß der Aufstellungsart deutlich wird. Eine Wertung des Einflusses der einzelnen Parameter auf die Entnahmeleistung erfolgt am Ende dieses Kapitels.

3.2.4.1 Entnahmedauer und Entnahmeregime

f   frei (oberirdisch) aufgestellter Behälter
e   erdreicheingebetteter Behälter
a   erdreichabgedeckter Behälter
h   halb erdreicheingebetteter Behälter

Für alle Aufstellungsvarianten:

Füllfaktor:	25%
Flüssiggaszusammensetzung im vollgefüllten Behälter:	95 Masse-% Propan
Gegendruck:	1,5 bar
mittlere Lufttemperatur während der Entnahme:	−10 °C
für erdgedeckte Behälter:	
Wärmeleitwert des Erdreiches:	1,4 W/(m·K)
Temperaturleitwert des Erdreiches:	0,0000008 m²/s
für erdreicheingebettete Behälter:	
Erdreichdeckung:	0,5 m
für erdreichabgedeckte Behälter:	
Dicke der abdeckenden Erdschicht:	0,5 m
Abstand der Behältersohle von der Erdoberfläche:	0 m

Unter einem *Entnahmeregime* wird eine Folge einzelner Entnahmevorgänge verstanden, die durch Zeiten unterbrochen ist, in denen kein Flüssiggas entnommen wird. Es gibt eine sehr große Anzahl möglicher Regime, auf die hier jedoch nicht eingegangen werden kann. Mittels der erwähnten Software kann aber jedes beliebige Regime nachgerechnet werden. Die nachfolgenden Angaben wurden beispielhaft für ein charakteristisches Entnahmeregime einer Heizungsanlage gewonnen.

Üblicherweise teilt sich die Gesamtzeit zur Gebäudebeheizung in zwei Zyklen. Zum ersten wird am Morgen das Gebäude aufgeheizt. Meist tritt dann eine Absenkung ein und danach erfolgt wieder eine Heizperiode. Untersucht wurden folgende Varianten, wobei die Zeiten für einen Tag gültig sind:

1. 5.00 – 9.00 Uhr Heizung
   9.00 – 15.00 Uhr Absenkung (Heizung aus)
   15.00 – 21.00 Uhr Heizung

2. 5.00 – 11.00 Uhr Heizung
   11.00 – 15.00 Uhr Absenkung (Heizung aus)
   15.00 – 23.00 Uhr Heizung

Tabelle 3.22 Entnahmeleistung in Abhängigkeit der Entnahmedauer

Entnahmedauer in [h]	entnehmbarer Gasmengenstrom in [kg/h]							
	1,2 t Behälter				5,6 t Behälter			
	f	e	a	h	f	e	a	h
1	15,6	34,37	27,93	27,79	**70,26**	159,4	122,6	**124,6**
2	8,5	19,12	15,55	15,48	**37,35**	86,22	66,37	**67,45**
4	4,94	11,39	9,28	9,24	**20,9**	49,27	37,99	**38,6**
6	3,76	8,77	7,15	7,12	**15,42**	36,82	28,41	**28,88**
10	2,81	6,64	5,42	5,4	**11,03**	26,73	20,66	**21,0**
20	2,1	5,0	4,08	4,07	**7,74**	19,02	14,73	**14,98**
30	1,86	4,43	3,62	3,61	**6,64**	16,38	12,7	**12,91**
40	1,75	4,14	3,39	3,38	**6,09**	15,04	11,67	**11,86**
50	1,68	3,84	3,24	3,23	**5,76**	14,22	11,04	**11,22**
60	1,63	3,68	3,14	3,14	**5,55**	13,67	10,61	**10,79**
80	1,57	3,59	3,02	3,01	**5,27**	12,96	10,07	**10,24**
100	1,53	3,52	2,94	2,93	**5,11**	12,53	9,74	**9,9**
120	1,51	3,45	2,89	2,88	**5,0**	12,23	9,51	**9,67**
150	1,49	3,38	2,83	2,82	**4,89**	11,93	9,28	**9,44**
200	1,46	3,34	2,77	2,77	**4,78**	11,63	9,04	**9,19**
250	1,45	3,31	2,74	2,73	**4,71**	11,44	8,9	**9,04**
300	1,44	3,29	2,71	2,71	**4,67**	11,3	8,79	**8,94**
350	1,43	3,27	2,7	2,69	**4,64**	11,21	8,72	**8,87**
400	1,43	3,25	2,68	2,68	**4,61**	11,14	8,66	**8,81**
500	1,42	3,25	2,66	2,66	**4,58**	11,03	8,58	**8,73**

betonte Zahlenangabe:
Die freie (oberirdische) Aufstellung von Flüssiggaslagerbehältern ist nur bis zu einer Behältergröße von 3 t zulässig. Die hier aufgezeigten Werte sind für bestehende Anlagen gültig und dienen als Vergleichswerte.

3.2 Gasbereitstellung aus Flüssiggaslagerbehältern ohne Hilfsenergie

Tabelle 3.23 Entnahmeleistung von Behältern bei Entnahmeregime für eine Heizungsanlage

Behältergröße in [t]	entnehmbarer Gasmengenstrom in [kg/h]											
	Entnahmeregime eines Tages 1. 4 h Entnahme 2. 6 h Erholung 3. 6 h Entnahme				ununterbrochene Entnahmedauer des Regimes von 10 h				Gesamtdauer des Regimes von 16 h			
	f	e	a	h	f	e	a	h	f	e	a	h
1,2	3,19	5,41	4,42	6,11	2,81	6,64	5,42	5,4	2,28	5,41	4,42	4,41
5,6	**12,73**	22,88	17,34	**25,03**	**11,03**	26,73	20,66	**21,0**	**8,56**	20,97	16,23	**16,5**

Behältergröße in [t]	entnehmbarer Gasmengenstrom in [kg/h]											
	Entnahmeregime eines Tages 1. 6 h Entnahme 2. 4 h Erholung 3. 8 h Entnahme				ununterbrochene Entnahmedauer des Regimes von 14 h				Gesamtdauer des Regimes von 18 h			
	f	e	a	h	f	e	a	h	f	e	a	h
1,2	2,59	5,18	4,24	4,98	2,4	5,71	4,66	4,65	2,18	5,18	4,24	4,22
5,6	**10,05**	19,9	15,4	**19,88**	**9,15**	22,35	17,29	**17,58**	**8,1**	19,9	15,4	**15,65**

betonte Zahlenangabe: Die freie (oberirdische) Aufstellung von Flüssiggaslagerbehältern ist nur bis zu einer Behältergröße von 3 t zulässig. Die hier aufgezeigten Werte sind für bestehende Anlagen gültig und dienen als Vergleichswerte.

3.2.4.2 Füllfaktor

f   frei (oberirdisch) aufgestellter Behälter
e   erdreicheingebetteter Behälter
a   erdreichabgedeckter Behälter
h   halb erdreicheingebetteter Behälter

Für alle Aufstellungsvarianten:

Behältergröße:	1,2 t
Flüssiggaszusammensetzung im vollgefüllten Behälter:	95 Masse-% Propan
Gegendruck:	1,5 bar
mittlere Lufttemperatur während der Entnahme:	$-10\,°C$
Wärmeleitwert des Erdreiches:	1,4 W/(m · K)
Temperaturleitwert des Erdreiches:	0,0000008 m²/s
für erdreicheingebettete Behälter:	
Erdreichdeckung:	0,5 m
für erdreichabgedeckte Behälter:	
Dicke der abdeckenden Erdschicht:	0,5 m
Abstand der Behältersohle von der Erdoberfläche:	0 m

Tabelle 3.24 Entnahmeleistung in Abhängigkeit des Füllfaktors

Füllfaktor in [%]	entnehmbarer Gasmengenstrom in [kg/h]											
	kurzzeitige Entnahme (2 h)				periodische Entnahme (8 h)				Dauerentnahme (128 h)			
	f	e	a	h	f	e	a	h	f	e	a	h
25	8,5	19,12	15,55	15,48	3,17	7,44	6,07	6,05	1,5	3,5	2,87	2,86
30	10,36	22,11	18,31	18,17	3,77	8,44	7,0	6,96	1,72	3,84	3,2	3,18
35	12,13	25,18	20,96	20,74	4,35	9,45	7,89	7,8	1,91	4,18	3,51	3,47
40	13,86	27,94	23,57	23,2	4,9	10,34	8,74	8,62	2,1	4,48	3,8	3,75
45	15,55	30,74	26,13	25,68	5,43	11,26	9,59	9,44	2,27	4,77	4,08	4,03
50	17,23	33,69	28,66	28,09	5,96	12,22	10,42	10,22	2,44	5,09	4,35	4,28
55	18,9	36,44	31,18	30,59	6,48	13,11	11,24	11,04	2,6	5,37	4,62	4,56
60	20,55	39,14	33,68	32,91	7,0	13,98	12,05	11,8	2,76	5,65	4,89	4,81
65	22,2	41,81	36,17	35,34	7,51	14,84	12,86	12,57	2,92	5,92	5,15	5,04
70	23,84	44,46	38,66	37,67	8,03	15,69	13,67	13,35	3,08	6,2	5,42	5,31
75	25,48	46,71	41,15	40,1	8,54	16,42	14,48	14,12	3,25	6,42	5,69	5,55
80	27,12	49,26	43,64	42,48	9,06	17,25	15,3	14,9	3,41	6,7	5,96	5,81
85	28,76	51,78	46,13	44,86	9,57	18,07	16,12	15,69	3,58	6,97	6,24	6,08
90	30,4	54,76	48,63	47,24	10,09	19,06	16,95	16,48	3,75	7,3	6,52	6,35
95	32,05	57,24	51,15	49,59	10,62	19,88	17,79	17,28	3,92	7,59	6,81	6,64

3.2.4.3 Zusammensetzung des Flüssiggases

f   frei (oberirdisch) aufgestellter Behälter
e   erdreicheingebetteter Behälter
a   erdreichabgedeckter Behälter
h   halb erdreicheingebetteter Behälter

Für alle Aufstellungsvarianten:

Behältergröße: 1,2 t
Füllfaktor: 25%

Tabelle 3.25 Entnahmeleistung in Abhängigkeit der Flüssiggaszusammensetzung

Flüssiggaszusammensetzung in [Masse-%] Propan	entnehmbarer Gasmengenstrom in [kg/h]											
	kurzzeitige Entnahme (2 h)				periodische Entnahme (8 h)				Dauerentnahme (128 h)			
	f	e	a	h	f	e	a	h	f	e	a	h
86	0,35	12,14	7,82	7,71	0,09	4,82	3,11	3,07	0,0065	2,33	1,51	1,5
87	1,56	13,19	8,96	8,85	0,58	5,23	3,56	3,52	0,27	2,52	1,73	1,71
88	2,66	14,16	10,0	9,93	1,0	5,6	3,98	3,95	0,48	2,7	1,92	1,91
89	3,67	15,05	11,0	10,91	1,38	5,94	4,36	4,32	0,67	2,85	2,1	2,09
90	4,63	15,88	11,92	11,84	1,75	6,26	4,71	4,69	0,85	3,0	2,27	2,26
91	5,51	16,64	12,77	12,68	2,07	6,54	5,03	5,01	0,99	3,12	2,41	2,41
92	6,34	17,34	13,55	13,46	2,38	6,8	5,33	5,3	1,15	3,24	2,55	2,53
93	7,1	17,98	14,27	14,18	2,66	7,04	5,6	5,57	1,27	3,34	2,67	2,65
94	7,84	18,58	14,94	14,86	2,93	7,25	5,85	5,82	1,4	3,43	2,77	2,77
95	8,5	19,12	15,55	15,48	3,17	7,44	6,07	6,05	1,5	3,5	2,87	2,86

3.2 Gasbereitstellung aus Flüssiggaslagerbehältern ohne Hilfsenergie   289

Gegendruck:	1,5 bar
mittlere Lufttemperatur während der Entnahme:	$-10\,°C$
Wärmeleitwert des Erdreiches:	1,4 W/(m·K)
Temperaturleitwert des Erdreiches:	0,0000008 m²/s
für erdreicheingebettete Behälter:	
Erdreichdeckung:	0,5 m
für erdreichabgedeckte Behälter:	
Dicke der abdeckenden Erdschicht:	0,5 m
Abstand der Behältersohle von der Erdoberfläche:	0 m

3.2.4.4 Gegendruck der zu versorgenden Anlage

f	frei (oberirdisch) aufgestellter Behälter
e	erdreicheingebetteter Behälter
a	erdreichabgedeckter Behälter
h	halb erdreicheingebetteter Behälter

Für alle Aufstellungsvarianten:

Behältergröße:	1,2 t
Füllfaktor:	25%
Flüssiggaszusammensetzung im vollgefüllten Behälter:	95 Masse-% Propan
mittlere Lufttemperatur während der Entnahme:	$-10\,°C$
Wärmeleitwert des Erdreiches:	1,4 W/(m·K)
Temperaturleitwert des Erdreiches:	0,0000008 m²/s
für erdreicheingebettete Behälter:	
Erdreichdeckung:	0,5 m
für erdreichabgedeckte Behälter:	
Dicke der abdeckenden Erdschicht:	0,5 m
Abstand der Behältersohle von der Erdoberfläche:	0 m

Tabelle 3.26 Entnahmeleistung in Abhängigkeit des Gegendruckes

Gegendruck in [bar (Ü)}]	entnehmbarer Gasmengenstrom in [kg/h]											
	kurzzeitige Entnahme (2 h)				periodische Entnahme (8 h)				Dauerentnahme (128 h)			
	f	e	a	h	f	e	a	h	f	e	a	h
0,5	24,28	36,1	32,89	32,83	8,82	13,95	12,75	12,73	3,99	6,49	5,96	5,96
0,75	20,01	31,48	28,17	28,11	7,33	12,19	10,94	10,93	3,36	5,69	5,13	5,13
1,0	16,0	27,15	23,75	23,67	5,9	10,53	9,24	9,21	2,74	4,93	4,34	4,33
1,25	12,14	23,04	19,56	19,47	4,49	8,96	7,62	7,59	2,09	4,2	3,59	3,58
1,5	8,5	19,12	15,55	15,48	3,17	7,44	6,07	6,05	1,5	3,5	2,87	2,86
1,75	4,96	15,35	11,7	11,62	1,85	5,98	4,58	4,54	0,88	2,82	2,17	2,15
2,0	1,54	11,7	7,98	7,9	0,58	4,57	3,13	3,1	0,28	2,16	1,48	1,48

3.2.4.5 Anfangstemperaturverhältnisse in der Behälterumgebung

f	frei (oberirdisch) aufgestellter Behälter
e	erdreicheingebetteter Behälter
a	erdreichabgedeckter Behälter
h	halb erdreicheingebetteter Behälter

Für alle Aufstellungsvarianten:

Behältergröße:	1,2 t
Füllfaktor:	25%
Flüssiggaszusammensetzung im vollgefüllten Behälter:	95 Masse-% Propan
Gegendruck:	1,5 bar
Wärmeleitwert des Erdreiches:	1,4 W/(m · K)
Temperaturleitwert des Erdreiches:	0,0000008 m²/s
für erdreicheingebettete Behälter:	
Erdreichdeckung:	0,5 m
für erdreichabgedeckte Behälter:	
Dicke der abdeckenden Erdschicht:	0,5 m
Abstand der Behältersohle von der Erdoberfläche:	0 m

Tabelle 3.27 Entnahmeleistung in Abhängigkeit der Temperatur während der Entnahme

mittlere Lufttemperatur während der Entnahme in [°C]	entnehmbarer Gasmengenstrom in [kg/h]											
	kurzzeitige Entnahme (2 h)				**periodische Entnahme** (8 h)				**Dauerentnahme** (128 h)			
	f	e	a	h	f	e	a	h	f	e	a	h
−10	8,5	19,12	15,55	15,48	3,16	7,44	6,07	6,05	1,5	3,5	2,87	2,86
− 5	15,01	24,6	27,67	27,88	5,53	9,53	10,69	10,77	2,56	4,45	4,97	5,0
0	21,44	28,96	34,54	34,82	7,79	11,18	13,27	13,35	3,52	5,19	6,12	6,13
5	27,82	33,25	40,44	40,75	9,99	12,79	15,46	15,54	4,41	5,9	7,06	7,08
10	34,18	37,15	45,09	45,41	12,14	14,24	17,16	17,24	5,25	6,54	7,79	7,8
15	40,56	41,05	48,78	49,0	14,25	15,68	18,5	18,6	6,03	7,16	8,35	8,38
20	46,96	44,1	48,97	49,1	16,33	16,8	18,57	18,6	6,76	7,64	8,38	8,4

3.2.4.6 Einbettungsverhältnisse erdgedeckter Flüssiggaslagerbehälter

Füllfaktor:	25%
Gegendruck:	1,5 bar
Flüssiggaszusammensetzung im vollgefüllten Behälter:	95 Masse-% Propan

Tabelle 3.28 Entnahmeleistung erdreicheingebetteter Behälter in Abhängigkeit der Einbettungsverhältnisse

Erdreichdeckung in [m]	entnehmbarer Gasmengenstrom in [kg/h]											
	kurzzeitige Entnahme (2 h)				**periodische Entnahme** (8 h)				**Dauerentnahme** (128 h)			
	Behältergröße				Behältergröße				Behältergröße			
	1,2 t	5,6 t	25,5 t	63,8 t	1,2 t	5,6 t	25,5 t	63,8 t	1,2 t	5,6 t	25,5 t	63,8 t
0,5	19,12	86,22	431,9	1136	7,44	30,53	140,3	351,4	3,5	12,14	45,65	98,88
0,6	19,43	88,29	438,8	1151	7,56	31,25	142,5	356,0	3,56	12,42	46,33	100,1
0,7	19,89	89,96	445,6	1166	7,74	31,84	144,7	360,5	3,64	12,64	47,01	101,3
0,8	20,28	91,63	452,3	1180	7,89	32,42	146,8	364,9	3,7	12,87	47,68	102,5
0,9	20,67	93,29	458,8	1200	8,04	33,0	148,9	371,0	3,77	13,1	48,33	104,2
1,0	21,06	94,9	465,3	1208	8,19	33,57	151,0	373,3	3,84	13,31	48,97	104,8

3.2 Gasbereitstellung aus Flüssiggaslagerbehältern ohne Hilfsenergie

mittlere Lufttemperatur während der Entnahme: $-10\ °C$
Wärmeleitwert des Erdreiches: $1{,}4\ W/(m \cdot K)$
Temperaturleitwert des Erdreiches: $0{,}0000008\ m^2/s$

Tabelle 3.29 Entnahmeleistung erdreichabgedeckter Behälter in Abhängigkeit der Einbettungsverhältnisse

Dicke der abdeckenden Erdschicht (entspr. Deckung) in [m]	entnehmbarer Gasmengenstrom in [kg/h]											
	kurzzeitige Entnahme (2 h)				periodische Entnahme (8 h)				Dauerentnahme (128 h)			
	Abstand der Behältersohle von der Erdoberfläche in m				Abstand der Behältersohle von der Erdoberfläche in m				Abstand der Behältersohle von der Erdoberfläche in m			
	0	0,2	0,4	0,6	0	0,2	0,4	0,6	0	0,2	0,4	0,6
0,5	15,55	15,55	15,55	15,65	6,07	6,07	6,07	6,1	2,87	2,87	2,87	2,89
0,6	15,81	15,81	15,81	15,81	6,17	6,17	6,17	6,17	2,91	2,91	2,91	2,91
0,7	16,1	16,1	16,1	16,1	6,28	6,28	6,28	6,28	2,97	2,97	2,97	2,97
0,8	16,4	16,4	16,4	16,4	6,4	6,4	6,4	6,4	3,02	3,02	3,02	3,02
0,9	16,72	16,72	16,72	16,72	6,52	6,52	6,52	6,52	3,08	3,08	3,08	3,08
1	17,05	17,05	17,05	17,05	6,65	6,65	6,65	6,65	3,13	3,13	3,13	3,13
	Abstand der Behältersohle von der Erdoberfläche in m				Abstand der Behältersohle von der Erdoberfläche in m				Abstand der Behältersohle von der Erdoberfläche in m			
	0,8	1,0	1,2		0,8	1,0	1,2		0,8	1,0	1,2	
0,5	15,96	16,4	17,11		6,23	6,4	6,67		2,94	3,02	3,15	
0,6	16,08	16,4	17,11		6,28	6,4	6,67		2,96	3,02	3,15	
0,7	16,21	16,56	17,11		6,32	6,46	6,67		2,99	3,05	3,15	
0,8	16,4	16,7	17,11		6,4	6,51	6,67		3,02	3,07	3,15	
0,9	16,72	16,84	17,22		6,52	6,57	6,71		3,08	3,1	3,16	
1	17,05	17,05	17,37		6,65	6,65	6,77		3,13	3,13	3,19	

3.2.4.7 Stoffwerte des Erdreiches

Für die Bewertung des Einflusses der Erdreichstoffwerte auf die Entnahmeleistung von Flüssiggaslagerbehältern wurden Erdstoffe nach den Tabellen 3.30 und 3.31 ausgewählt:

Tabelle 3.30 Auswahl von Erdstoffen

Boden	Wassergehalt im Erdstoff in [%]	Erdstoffkennzahl	Erdstoffkennzahl bei erhöhter Trockenrohdichte
gleichkörniger Sand	5	1	2
gleichkörniger Sand	8	3	4
gleichkörniger Kies	5	5	6
Kies, sandig mit Schluffbeimengungen	6	7	8
Sand mit Schluff ohne Schluffbeimengungen	10	9	10
Sand mit Schluff-Tonbeimengungen	12	11	12
leicht plastischer Schluff	20	13	14
leicht plastischer Ton	22	15	16

Tabelle 3.31 Stoffeigenschaften der ausgewählten Erdstoffe

Erdstoffkennzahl	Wärmeleitwert in [W/(m·K)]	Temperaturleitwert in [10^{-7} m²/s]
1	0,91	5,56
2	1,12	6,46
3	1,25	6,76
4	1,46	9,71
5	1,12	6,46
6	1,35	7,38
7	1,39	7,28
8	1,62	8,06
9	1,24	5,88
10	1,6	7,18
11	1,39	6,32
12	1,5	6,46
13	1,45	5,7
14	1,64	6,06
15	1,29	5,13
16	1,49	5,56

e   erdreicheingebetteter Behälter
a   erdreichabgedeckter Behälter
h   halb erdreicheingebetteter Behälter

Für alle Aufstellungsvarianten:

Behältergröße: 1,2 t
Füllfaktor: 25%
Flüssiggaszusammensetzung im vollgefüllten Behälter: 95 Masse-% Propan
Gegendruck: 1,5 bar

Tabelle 3.32 Entnahmeleistung in Abhängigkeit der Stoffwerte des Erdreiches

Erdstoffkennzahl	entnehmbarer Gasmengenstrom in kg/h								
	kurzzeitige Entnahme (2 h)			periodische Entnahme (8 h)			Dauerentnahme (128 h)		
	e	a	h	e	a	h	e	a	h
1	18,85	14,65	14,54	6,59	5,14	5,1	2,52	1,98	1,97
2, 5	19,0	15,06	14,98	6,98	5,55	5,53	2,96	2,37	2,36
3	19,29	15,38	15,29	7,29	5,83	5,8	3,25	2,61	2,6
4	18,58	15,45	15,38	7,31	6,1	6,08	3,52	2,95	2,94
6	19,28	15,53	15,45	7,43	6,0	5,98	3,43	2,79	2,78
7	19,48	15,67	15,58	7,57	6,1	6,07	3,54	2,87	2,85
8	19,84	16,16	16,07	8,04	6,56	6,53	4,0	3,29	3,27
9	19,88	15,57	15,48	7,5	5,89	5,86	3,31	2,62	2,61
10	20,28	16,3	16,2	8,19	6,6	6,56	4,05	3,28	3,26
11	20,11	15,9	15,8	7,81	6,2	6,16	3,63	2,9	2,88
12	20,42	16,19	16,1	8,09	6,44	6,41	3,88	3,11	3,1
13	20,85	16,28	16,17	8,19	6,42	6,38	3,85	3,04	3,02
14	21,27	16,74	16,64	8,64	6,82	6,79	4,28	3,4	3,39
15	20,76	15,98	15,88	7,91	6,11	6,08	3,53	2,75	2,74
16	21,14	16,45	16,34	8,36	6,53	6,49	3,98	3,12	3,1

mittlere Lufttemperatur während der Entnahme: $-10\,°C$
für erdreicheingebettete Behälter:
Erdreichdeckung: 0,5 m
für erdreichabgedeckte Behälter:
Dicke der abdeckenden Erdschicht: 0,5 m
Abstand der Behältersohle von der Erdoberfläche: 0 m

3.2.4.8 Zusammenfassung

Alle aufgezeigten Darstellungen, Werte und Gleichungen zur Veranschaulichung der Wirkung einzelner Faktoren sind bei Variation eines Parameters für die angegebenen Standardwerte und für eine periodische Entnahme als Beispiel gültig.

Die Werte bzw. Gleichungen, die den Einfluß eines Parameters auf die Entnahmeleistung von Flüssiggaslagerbehältern ausdrücken, sind nicht verknüpfbar, da sich die Wirkung mehrerer Parameter überschneiden kann.

1. Behältergröße
Unter sonst gleichen Parametern ist einem größeren Flüssiggastank auch ein höherer Entnahmemassestrom entnehmbar. Die Zunahme der Leistungsfähigkeit beträgt ca. 0,25 kg/h pro 100 kg Behälterfüllmenge (bei Standardparametern und $-10\,°C$) bis 1,25 kg/h pro 100 kg Behälterfüllmenge (bei Standardparametern und $+20\,°C$) für oberirdisch aufgestellte Flüssiggaslagerbehälter bis 3 t ohne Berücksichtigung der Butananreicherung.

Die Leistungsfähigkeit erdgedeckter Flüssiggaslagerbehälter ist nicht so stark temperaturabhängig. Sie liegt in einer Größenordnung von 0,55 bis 0,75 kg/h pro 100 kg Behälterfüllmenge, wenn die Butananreicherung nicht berücksichtigt wird.

2. Aufstellungsvariante
Grundsätzlich kann einem erdreicheingebetteten Behälter im Vergleich zu gleich großen Behältern bei identischen Parametern der größtmögliche Gasmengenstrom entnommen werden. Dagegen haben frei aufgestellte Flüssiggaslagerbehälter die geringste Leistungsfähigkeit.

Bis zu einem Füllgewicht von 3 t unterscheidet sich die Leistungsfähigkeit eines erdreichabgedeckten Behälters nur geringfügig von der eines halb erdreicheingebetteten. Falls Behälter größerer Füllmenge eingesetzt werden, kann einem halb erdreicheingebetteten Behälter dann im Vergleich zu einem erdreichabgedeckten mehr Flüssiggas entnommen werden, wenn der erdreichabgedeckte Behälter auf dem Erdreich aufgesetzt ist. Wird ein erdreichabgedeckter Behälter teilweise im Erdreich eingebettet, erhöht sich seine Leistungsfähigkeit. Durch eine stärkere Erdreichdeckung erzielt man denselben Effekt.

3. Entnahmedauer
Die maximal mögliche Entnahmemenge über einen längeren Zeitraum ist das wichtigste Kriterium bei der Planung von Flüssiggasanlagen. Bei der Darstellung wurde zwischen kurzzeitiger, periodischer und dauernder Entnahme unterschieden. Sicherlich ist diese Unterteilung nicht für alle Behälter praxisnah. Die aufgeführten Angaben dienen jedoch auch der Veranschaulichung der Abhängigkeiten von der Entnahmedauer.

Mit zunehmender Entnahmedauer sinkt der entnehmbare Massestrom. Der Entnahmemassestrom nähert sich bei einer unendlich andauernden Entnahme einem Grenzwert. Er ist erreicht, wenn die zur Verdampfung notwendige Energie nur noch durch den „nachfließenden" Wärmestrom bereitgestellt wird. Eine Entnahme wird bei Erreichen der minimalen Endmasse im Behälter unmöglich.

Die Leistungsfähigkeit eines oberirdisch aufgestellten Behälters sinkt auf ca. 35 bis 30% bei einer periodischen Entnahme und auf ca. 17 bis 8% bei Dauerentnahme, wenn man eine kurzzeitige Entnahme als Ausgangspunkt mit 100% festlegt.

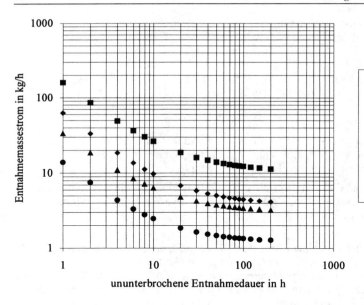

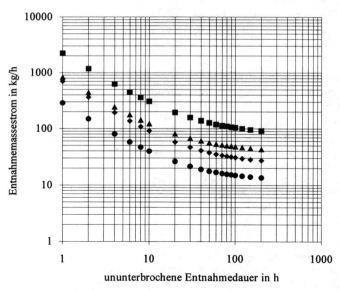

Abb. 3.19 *Einfluß der Entnahmedauer*

Bei erdreicheingebetteten Behältern liegt die Leistungsfähigkeit für periodische Entnahme bei ca. 40 bis 30% und für Dauerentnahme bei 20 bis 8% gegenüber einer kurzzeitigen Entnahme.

4. Entnahmeregime

Falls die Entnahme durch Erholungsphasen unterbrochen wird, kann einem Flüssiggaslagerbehälter über den Gesamtzeitraum des Regimes ein höherer Gasmengenstrom entnommen werden. Bei oberirdisch aufgestellten Behältern kann so die Leistungsfähigkeit zum Teil er-

3.2 Gasbereitstellung aus Flüssiggaslagerbehältern ohne Hilfsenergie

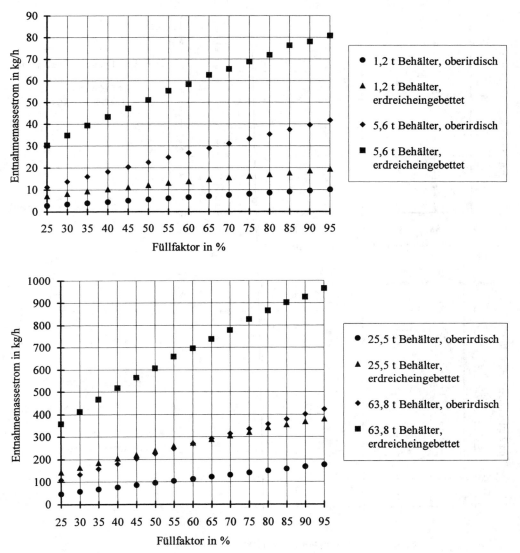

Abb. 3.20 Einfluß des Füllfaktors

heblich gesteigert werden. Durch die Abkühlung des einen erdreichgedeckten Behälter umgebenden Erdreiches nimmt jedoch der Einfluß eines Entnahmeregimes bei dieser Aufstellungsvariante ab. Je kürzer die Erholungsphasen sind, desto kleiner ist die Steigerung der Leistungsfähigkeit, vor allem bei erdgedeckten Behältern.

5. Füllfaktor

Der einem Flüssiggaslagerbehälter ohne Hilfsenergie entnehmbare Gasmengenstrom ist direkt von der im Behälter befindlichen Masse und damit vom Füllfaktor abhängig. Bei oberirdischer Aufstellung des Behälters und unter dem Einfluß der Standardparameter steigt die Leistungsfähigkeit um etwa 6 bis 21% pro 5% Zunahme des Füllfaktors und bei erdgedeckter Aufstellung um ca. 5 bis 14% pro 5% Zunahme des Füllfaktors.

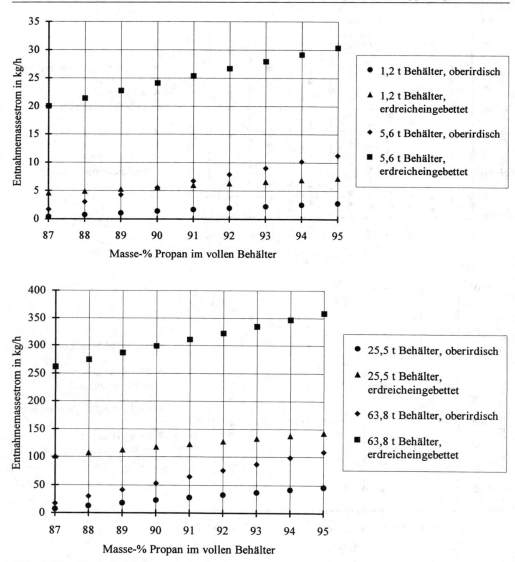

Abb. 3.21   Einfluß der Flüssiggaszusammensetzung

6. Zusammensetzung des Flüssiggases

Flüssiggas ist ein Gemisch, das sich nach DIN 51622 aus 95 Masse-% Propan und 5 Masse-% Butan zusammensetzt. Bei dieser Mischung ist auch die Leistungsfähigkeit eines Behälters am größten. Bei der praktischen Auslegung von Flüssiggasanlagen muß man jedoch auch von der Tatsache ausgehen, daß sich bei der Entnahme der im Behälter verbleibende flüssige Rest mit Butan anreichert. Es steht nach einer erneuten Befüllung nicht mehr das Flüssiggas nach DIN 51622 mit 95 Masse-% Propan zur Verfügung und es vermindert sich die Leistungsfähigkeit. Dem Grenzfall, daß vor einer erneuten Befüllung bei 25% Restmenge nur noch Butan im Behälter ist, wird sich in der Praxis nur unter äußerst ungünstigen Bedingungen genähert. Dann stellt sich nach der Befüllung eine durchschnittliche Propankonzentra-

3.2 Gasbereitstellung aus Flüssiggaslagerbehältern ohne Hilfsenergie

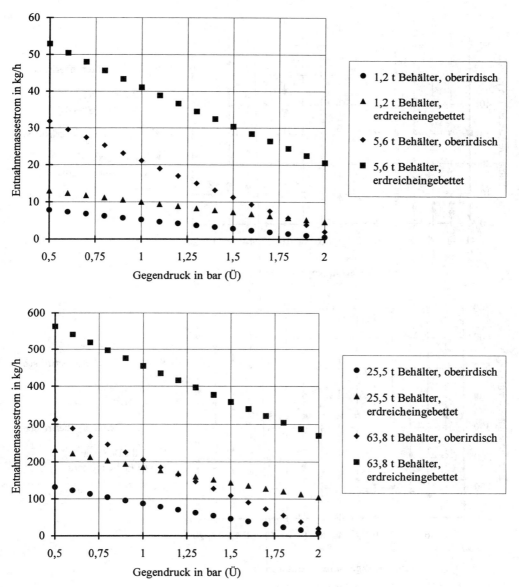

Abb. 3.22 *Einfluß des Gegendruckes*

tion von ca. 86 Masse-% ein. Dabei sinkt die Leistungsfähigkeit eines oberirdisch aufgestellten Behälters auf ca. 16%, die eines erdreicheingebetteten Behälters auf ca. 60%.

7. Gegendruck der zu versorgenden Anlage
Wie schon erwähnt, ist der Gegendruck der minimal zulässige Vordruck der ersten Reglerstufe. Für einen zuverlässigen Betrieb der Anlage darf dieser Druck im Behälter nicht unterschritten werden, d. h., daß der Druck im Behälter nur bis auf den Gegendruck abgesenkt werden kann. Ist nun der Gegendruck vergleichsweise hoch, steht nur

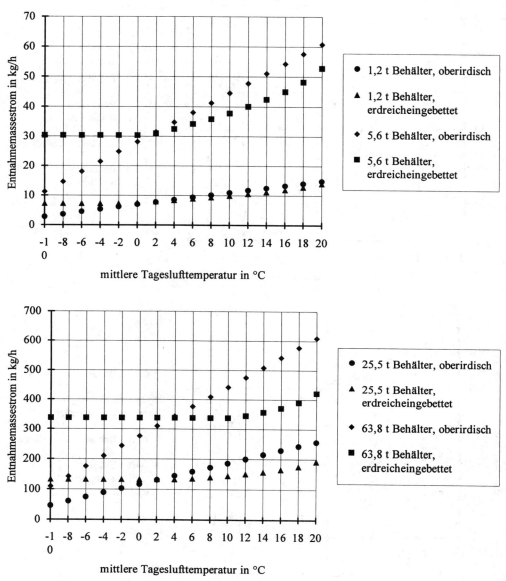

Abb. 3.23   Einfluß der Tageslufttemperatur

eine kleine Druckdifferenz für die Entnahme zur Verfügung und der Entnahmemassestrom verringert sich. Da die Temperatur des Flüssiggases vom Behälterdruck abhängig ist, stellt sich auch eine kleinere Temperaturdifferenz zur Umgebung ein, die zu einem kleineren Wärmestrom führt.

Bei Steigerung des Gegendruckes um 0,1 bar sinkt die Leistungsfähigkeit oberirdisch aufgestellter Behälter um ca. 7 bis 50%, erdreicheingebetteter Flüssiggaslagerbehälter um ca. 5 bis 12%.

8. Temperaturverhältnisse in der Behälterumgebung
Von der Temperatur in der Behälterumgebung ist zum einen der Behälterdruck und zum anderen der Wärmestrom zum Behälter bei einer Entnahme abhängig, so daß bei einer höheren Temperatur auch ein höherer Massestrom aus dem Behälter entnommen werden kann. Es wird bei erdreicheingebetteten Behältern die Phasenverschiebung und die Amplitudendämpfung des Jahresganges der mittleren Tageslufttemperatur berücksichtigt. So steht im Winter beispielsweise im Erdreich eine höhere Temperatur zur Verfügung als in der Luft. Deshalb kann einem erdreicheingebetteten Behälter im Winter ein erheblich höherer Gasmengenstrom entnommen werden, als einem oberirdisch aufgestellten. Im Sommer sind dagegen die Verhältnisse so, daß die Temperatur der Außenluft höher als die Temperaturen im Erdreich ist. So hat ein oberirdisch aufgestellter Behälter im Sommer eine höhere Leistungsfähigkeit als ein erdreicheingebetteter. Bei oberirdisch aufgestellten Flüssiggaslagerbehältern ist festzustellen, daß die Leistungsfähigkeit mit steigender mittlerer Tageslufttemperatur um ca. 6 bis 30% pro 2 K Temperaturerhöhung wächst. Falls ein erdreicheingebetteter Behälter Verwendung findet, ist die Änderung der Leistungsfähigkeit in Abhängigkeit der mittleren Tageslufttemperatur nicht durch lineare Zahlenangaben faßbar, da hier die Phasenverschiebung und die Amplitudendämpfung der Temperaturwelle zu berücksichtigen ist. Im Vergleich zu einer mittleren Tageslufttemperatur von $-10\,°C$ kann einem erdreicheingebetteten Behälter ein um ca. 25 bis 90% höherer Gasmengenstrom entnommen werden, wenn die mittlere Tageslufttemperatur bei $20\,°C$ liegt.

9. Einbettungsverhältnisse bei erdgedeckten Behältern
Die Einbettungsverhältnisse haben Einfluß auf die einen erdreicheingebetteten Behälter umgebenden Temperaturen. Je tiefer ein Behälter im Erdreich eingebettet bzw. je dicker die den Behälter abdeckende Erdschicht ist, desto größer ist die Amplitudendämpfung und die Phasenverschiebung des Jahresganges der mittleren Tageslufttemperatur. Mit zunehmender Erdreichdeckung steigen die Temperaturen in der Behälterumgebung und damit der entnehmbare Gasmengenstrom im Winter bzw. fallen die Temperaturen und die Leistungsfähigkeit im Sommer. In Abhängigkeit der Variation der Erdreichdeckung von 0,5 bis 1 m ändert sich der Entnahmemassestrom um ca. 15%.

10. Stoffwerte des Erdreiches
Die Stoffwerte des Erdreiches bestimmen auch die Wärmeübertragungsvorgänge vom Erdreich zu einem erdgedeckten Behälter. Die hier aufgeführten Werte differieren in Abhängigkeit der Stoffeigenschaften des Erdreiches um ca. 10%.

3.3 Gasbereitstellung aus Flüssiggaslagerbehältern mit Hilfsenergie

3.3.1 Verdampfer für die Flüssiggasbereitstellung

Wie bereits unter 3.1 beschrieben, wird die freie Verdampfung für die Flüssiggasbereitstellung angestrebt. Sind jedoch ständig hohe Entnahmemengen bei einer solchen Behältergröße, die eine Gasbereitstellung ohne Hilfsenergie nicht realisieren kann, erforderlich, ist eine Verdampferanlage unumgänglich. Desweiteren muß eine solche eingesetzt werden, wenn Butan oder Propan-Butan-Gemische verwendet werden. Durch das Verdampferprinzip wird eine immer gleichbleibende Gasqualität gewährleistet, so daß es auch dort genutzt werden muß, wo dieses Kriterium eine Rolle spielt.

Dabei wird das Flüssiggas dem Behälter im flüssigen Aggregatzustand entnommen und im Verdampfer unter Zuhilfenahme einer zusätzlichen Energiequelle in den gasförmigen Zustand überführt. Die Übertragung der erforderlichen Energie für den Phasenwandel kann direkt oder indirekt erfolgen, wobei das gebräuchlichste Prinzip das indirekte ist. Teilweise sind in Deutschland jedoch auch Verdampfer zugelassen, bei denen ohne einen zusätzlichen Wärmeträger, also direkt, die Wärme übertragen wird. Die für die Verdampfung erforderliche Wärme wird durch elektrische Energie, durch eine Wärmeträger oder durch eine Gasflamme bereitgestellt.

3.3.2 Grundzüge der Bemessung und Auswahl von Verdampferanlagen

Den Verdampfern wird, wie bereits beschrieben, das Flüssiggas in der flüssigen Phase meist mittels des Dampfdruckes im Behälter zugeführt. Reicht jedoch der Dampfdruck im Behälter dazu nicht aus, werden Pumpen eingesetzt. Dieser Fall kann zum Beispiel bei der Verwendung von reinem Butan eintreten.

Die Wärmeübertragung erfolgt im Verdampfer durch eine Trennwand von einem mittels Hilfsenergie erwärmten Wärmeträger. Für die Voraussetzung einer Gleichgewichtsverdampfung bei konstantem Druck wird der Phasenwandel vom Zustand der siedenden Flüssigkeit über den Naßdampfzustand zum Sattdampf vollzogen. Falls reine Stoffe verdampft werden (Propan, Butan) bleibt dabei die Temperatur konstant. Da jedoch das praktisch eingesetzte Flüssiggas ein Stoffgemisch ist, läuft dessen Verdampfung nach charakteristischen isobaren Siede-Taupunkt-Kurven ab. Am Verdampferaustritt liegt ein überhitztes Gas vor, welches dieselbe Zusammensetzung wie die Flüssigphase aufweist.

Die Energie, die zur Aufrechterhaltung des Phasenwandels erforderlich ist, setzt sich aus der Vorwärmung, aus der Verdampfungswärme und der Wärme für die Überhitzung zusammen. Für ein Flüssiggas aus 95 Masse-% Propan und 5 Masse-% Butan nach DIN 51622 beträgt diese etwa 500 kJ/kg. Die Tabelle 3.33 zeigt Werte für die Verdampfungsenthalpie von Propan, Butan und Flüssiggas nach DIN 51622 auf. Die Wärme, die dem Verdampfer zugeführt werden muß, ergibt sich aus der Energie für die Vorwärmung, für den Phasenwandel und für die Überhitzung sowie aus den Anlagenverlusten.

Tabelle 3.33 Verdampfungsenthalpie von Propan, Butan und Flüssiggas nach DIN 51622

Temperatur in [°C]	Verdampfungsenthalpie in [kJ/kg] bei gleichbleibender Zusammensetzung		
	Propan	Butan	Flüssiggas aus 95 Masse-% Propan und 5 Masse-% Butan
−50	431,53	431,66	431,54
−30	413,74	413,24	413,72
−20	403,40	404,03	403,43
−10	392,30	393,56	392,36
0	378,65	383,93	378,91
10	364,17	373,46	364,63
20	348,55	361,74	349,21
40	310,70	339,13	312,12
60	259,16	315,68	261,99
80	188,41	287,21	193,35

4 Rohrleitungen

4.1 Grundsätzliches

Flüssiggase sind Gase, die bei Umgebungsbedingungen gasförmig vorliegen und bei relativ geringem Überdruck verflüssigt werden können. Charakteristischerweise wird Flüssiggas in flüssigem Zustand gespeichert und im gasförmigen verteilt und verwendet. Bedingt durch diese Spezifik der Lagerung, Bereitstellung und Verwendung von Flüssiggas ergibt sich eine typische Struktur für Flüssiggasanlagen, die unabhängig von der Anlagengröße ist [4.1–4.3]:

- Flüssiggasbereitstellungsanlage
- Gasverteilungssystem
- Gasanwendungsanlage (Abnehmeranlage)

Sowohl innerhalb der Flüssiggasbereitstellungsanlage als auch im sog. Gasverteilungssystem werden die verschiedenen Baugruppen der Flüssiggasanlage, z. B. der Lagerbehälter, der Verdampfer über Rohrleitungen miteinander verbunden. Diese Rohrleitungen enthalten technologisch notwendige Bauelemente, z. B. Absperrarmaturen, sicherheitstechnisch erforderliche Bauteile, z. B. Sicherheitsventile, Mangelsicherungen u. ä. Gas wird in Rohrleitungen fortgeleitet und von der Gasbereitstellungsanlage zum Abnehmer (Verbrauchereinrichtung) transportiert. Zum sicheren Betrieb der Flüssiggasanlage ist eine ordnungsgemäße Gestaltung und Bemessung insbesondere der Rohrleitungsanlagen erforderlich. Hierfür wesentliche Grundsätze sollen erläutert werden; Hauptaugenmerk wird auf die hydraulische Berechnung der Rohrleitungen gelegt.

Da sich das Buch gleichermaßen an den tätigen Fachmann wie auch an den Lernenden wendet, sollen zunächst wichtige Begriffe eingeführt werden, die in der Praxis der Flüssiggastechnik Anwendung finden und daher kurzer Erläuterung bedürfen.

4.2 Begriffe, Definitionen

Flüssiggasanlagen sind Anlagen zur Anwendung des Energieträgers Flüssiggas nach DIN 51622. Eine Flüssiggasanlage besteht aus der Versorgungsanlage und der Verbrauchsanlage (siehe Abb. 4.1 und Abb. 4.2) [4.4]. Eine Flüssiggasanlage umfaßt Vorratsbehälter, Druckregler, Sicherheitseinrichtungen, Leitungsanlagen, Gasanwendungsanlagen und ggf. eine Abgasanlage, einschließlich der zum sicheren Betrieb notwendigen Ausrüstungen und baulichen Einrichtungen.

Bei nicht energetischer Nutzung des Flüssiggases, wie bei der Schutzgaserzeugung, treten an die Stelle der Gasanwendungsanlage und Abgasanlage andere Anlagenteile [4.5].

Rohrleitungen im Sinne des technischen Regelwerkes umfassen neben den Rohrleitungen im engeren Sinne des Wortes ausdrücklich auch deren Ausrüstungsteile. Dazu gehören insbesondere die sicherheitstechnisch notwendigen Baugruppen und die dem Betrieb der Rohrleitungsanlage dienenden sonstigen Armaturen, wie Druckregelgeräte, Sicherheitsabsperrventile, Sicherheitsabblaseventile, Filter, Isolierstücke, Ventile, Hähne, Schieber sowie Halterungen bzw. Führungen der Rohre.

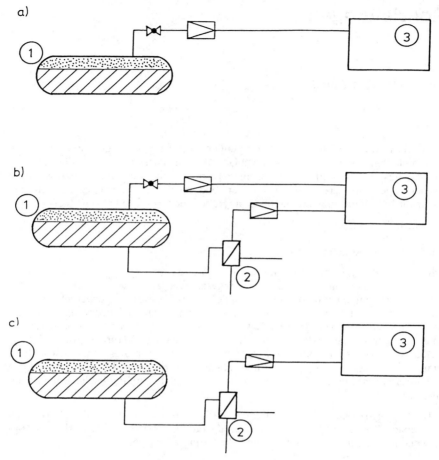

Abb. 4.1 *Flüssiggasbereitstellungsanlagen. Prinzipschaltbilder, schematisch*
a) Entnahme aus der Gasphase; b) Kombinierte Entnahme aus der Gas- und Flüssigphase mit Verdampfer; c) Entnahme aus der Flüssigphase mit Verdampfer; 1 Flüssiggaslagerbehälter; 2 Flüssiggasverdampfer; 3 Gasabnehmeranlage

Nach [4.5] dienen Flüssiggas-Rohrleitungen zum Fortleiten und Verteilen des Flüssiggases. Diese bestehen aus Rohrleitungen, Absperreinrichtungen, sicherheitstechnischen Einrichtungen und Ausrüstungsteilen wie Druckregler, Verdampfer u. a. Hierzu gehören die *Leitungsabschnitte*

- Anschlußleitung als Verbindung von Druckbehälter/Druckgasbehälter zum Druckregler oder einer fest verlegten Rohrleitung. Diese Leitungsabschnitte können gas- oder flüssigphaseführend sein. Im Falle der Beaufschlagung der Leitung mit gasförmigem Flüssiggas spricht man von ungeregelter Gasphase.
- Verteilungsleitung als Verbindung von Anschlußleitung zu den Verbrauchsleitungen. Zu der Verteilungsleitung können senkrechte und waagerechte Leitungsstrecken gehören.
- Verbrauchsleitung als Verbindung zu dem jeweiligen Leitungsabschnitt bis zur Gasanwendungsanlage.
- Sammelleitung als Rohrleitung, die die Druckbehälter/Druckgasbehälter einer Batterie verbindet.

4.2 Begriffe, Definitionen

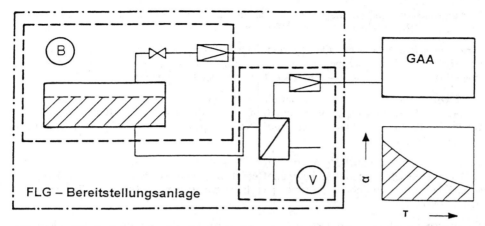

Abb. 4.2 *Blockschema der kombinierten Flüssiggasbereitstellungsanlage (FLG), bestehend aus Behälteranlage (B) und Verdampferanlage (V)*
GAA Gasanwendungsanlage

Unter sicherheitstechnischen Prämissen werden Rohrleitungsanlagen in ihrer Zuordnung zu Druckbereichen klassifiziert. Daher sollen zunächst einige Begriffe im Zusammenhang mit „Druck" erläutert werden.

Der *Druck* ist der gemessene statische Überdruck von gasförmigen und flüssigen Stoffen in Druckbehältern oder Rohrleitungen gegenüber der Atmosphäre und wird in Millibar (mbar) oder in bar angegeben.

Der Druck im Flüssiggasbehälter ist bekanntermaßen nur von der Zusammensetzung der Flüssigphase (Dampfdruck) und dessen Temperatur abhängig und gibt somit keine Auskunft über den aktuellen Füllgrad im Behälter.

Der *Nenndruck* (PN) ist die Bezeichnung für eine ausgewählte Druck-Temperatur-Abhängigkeit, die zur Normung von Bauteilen herangezogen wird. Der Nenndruck wird ohne Einheit angegeben.

Der Zahlenwert des Nenndruckes für ein genormtes Bauteil aus dem in der jeweiligen Norm genannten Werkstoff gibt den zulässigen Betriebsüberdruck in bar bei 20 °C an. In der Flüssiggastechnik sind Staffelungen in der Art (PN 40), PN 25, PN 16, PN 10, PN 6, PN 1 etc. gängig.

Der *Betriebsüberdruck* (p) ist der Druck, der beim Betrieb der Flüssiggasanlage oder einzelner Teilabschnitte der Flüssiggasanlage herrscht oder entstehen kann, angegeben als Überdruck in bar oder mbar.

Der *zulässige Betriebsüberdruck* (p_z) ist der aus Sicherheitsgründen festgelegte Höchstwert des Betriebsüberdrucks, angegeben in bar oder mbar. Ein Überschreiten des zulässigen Betriebsüberdruckes wird z. B durch Sicherheitsventile (SV), ausgeführt als Sicherheitsabsperrventil (SAV) und/oder als Sicherheitsabblaseventil (SBV) verhindert. Als Ansprechdruck des Sicherheitsventils oder Sicherheitsabsperrventils wird in der Regel der gewählte zulässige Betriebsüberdruck angesetzt.

Als *Ansprechdruck* (p_s) wird der Druck bezeichnet, bei dem gemäß einer Einstellung z. B. das Sicherheitsabsperrventil (SAV) zu schließen bzw. das Sicherheitsabblaseventil (SBV) zu öffnen beginnt. Der Ansprechdruck wird als Überdruck in bar oder mbar angegeben.

Der *Einstelldruck des Sicherheitsventils* ist der statische Betriebsüberdruck auf der Eintrittsseite, auf den ein Sicherheitsventil zum Öffnen eingestellt wird.

Mitteldruck-Rohrleitungen sind alle Rohrleitungen einschließlich deren Ausrüstungen (wie Druckregelgeräte, Absperrorgane, Isolierstücke) mit einem zulässigen Betriebsüberdruck >0,1 bar (100 mbar). Diese Rohrleitungen unterliegen der Druckbehälterverordnung.

Niederdruckrohrleitungen sind alle Rohrleitungen einschließlich deren Ausrüstungsteilen (Absperrorgane, Gaszähler etc.) mit einem Betriebsüberdruck von z. B. 0,05 bar (50 mbar) und einem durch ein Sicherheitsabsperrventil (SAV) abgesicherten zulässigen Betriebsüberdruck $\leq 0,1$ bar (100 mbar).

Sicherheitstechnisch erforderliche Ausrüstungsteile sind die Einrichtungen, die vorzusehen sind, um ein Überschreiten des zulässigen Betriebsüberdruckes sicher zu verhindern. Gebräuchliche Sicherheitseinrichtungen sind Sicherheitsabsperrventile (SAV) und Sicherheitsabblaseventile (SBV).

Druckregelgeräte sind Armaturen (Regeleinrichtungen), die den Gasdruck vermindern und regeln. Gemäß dem Einbauort und der damit verbundenen Funktion werden folgende Gasdruckregelgeräte unterschieden:

Das *Gasdruckregelgerät der 1. Stufe* ist ein Druckregelgerät mit ungeregeltem Eingangsdruck aus dem Flüssiggasbehälter. Das Gasdruckregelgerät der 1. Stufe mindert demgemäß den im Behälter (ungeregelt) anstehenden Dampfdruck über der Flüssigphase auf den gewählten Betriebsdruck der nachgeschalteten Anlage.

Das *Druckregelgerät der 2. Stufe* vermindert den Ausgangsdruck des Druckregelgerätes der 1. Stufe auf den erforderlichen Betriebsdruck der Verbrauchsanlage/der Gasgeräte.

Für Flaschenanlagen finden spezielle, einstufige Druckregelgeräte Verwendung.
Flaschendruckregelgeräte werden eingeteilt in

— Großflaschendruckregelgeräte als Druckregelgerät für Flaschen mit einem Nennfüllgewicht ≥ 14 kg
— Kleinflaschendruckregelgeräte als Druckregelgerät für Flaschen mit einem Nennfüllgewicht <14 kg.

Die *Verbrauchsanlage* umfaßt alle Gasgeräte mit ihrem Zubehör einschließlich des Rohrleitungsnetzes, beginnend hinter der Hauptabsperreinrichtung.

Hauptabsperreinrichtungen (HAE) dienen zur Absperrung der Gasversorgung eines Gebäudes oder Gebäudeteiles.

Geräteabsperrarmaturen dienen zur Absperrung der Gasversorgung unmittelbar vor den einzelnen Gasgeräten. Auf eine Geräteabsperrarmatur kann verzichtet werden, wenn sich die Hauptabsperreinrichtung oder die Flüssiggasflasche in demselben Raum in einem räumlichen Zusammenhang mit dem Gasgerät befindet.

Abblaseleitungen dienen dem gefahrlosen Ableiten von Flüssiggas aus Sicherheitsventilen bei störungsbedingtem Gasaustritt und aus Entspannungsventilen bei betriebsbedingtem Gasaustritt.

Gaspendelleitungen verbinden die Dampfräume (Gasphase) zweier Flüssiggasbehälter und gewährleisten somit einen Druckausgleich zwischen beiden bei Umfüllvorgängen.

Gelenkarme bezeichnen Verladeeinrichtungen zum Herstellen einer flüssiggasführenden Verbindung von Eisenbahnkesselwagen (EKW) bzw. Tankkraftwagen (TKW) und fest verlegtem Rohrleitungssystem der Umfüllanlage.

4.3 Rohrleitungen und Armaturen

4.3.1 Überblick

Gemäß Abschnitt 4.2 umfassen Rohrleitungsanlagen sowohl die Rohrleitung selbst, als auch alle anderen Anlagenteile wie Absperreinrichtungen, Druckregler mit Sicherheitseinrichtungen, Druckregler mit Sicherheitseinrichtungen, Gaszähler, Rohrverbindungen, Kupplungen etc.

Auf einige wesentliche Bauelemente soll nachstehend eingegangen werden.

4.3.2 Armaturen

Die Hauptaufgabe einer Armatur ist die gezielte Veränderung des Flüssigkeits- oder Gasstromes bis hin zu dessen Absperrung. Die gewünschte Funktion wird durch die beabsichtigte Prozeßführung in der jeweiligen Anlage vorgegeben [4.6].

Armaturen werden je nach den geforderten Einsatzparametern ausgewählt und bemessen: Druck- und Temperaturniveau, Massestrom, Abmessungen. Im Hinblick auf die Lebensdauer ergeben sich Forderungen der Beherrschung möglicher Verschleiß- und Korrosionsvorgänge sowie ebenso von Alterungserscheinungen.

Letztlich ist auf die Montage- und Wartungsfreundlichkeit und im Zusammenhang mit der Wirtschaftlichkeit auf den Material- und Fertigungsaufwand hinzuweisen.

In Abb. 4.3 sind die Wechselwirkungen der Anforderungen zusammengestellt [4.6]. In Abhängigkeit von der Aufgabenstellung in der jeweiligen Anlage sowie von den gegebenen Bedingungen ist die Auswahl geeigneter Armaturen erforderlich.

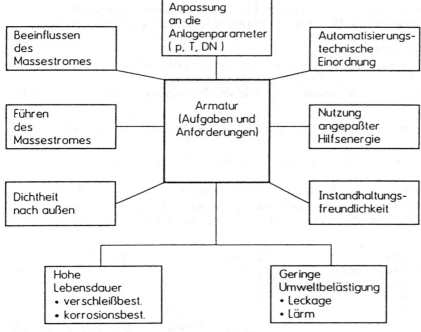

Abb. 4.3 Anforderungen an Armaturen [4.6]

Armaturen als Stelleinrichtungen beeinflussen über den Umweg einer mechanischen Größe (Lage des Stellkörpers) den Massestrom und darüber ggf. weitere Prozeßgrößen.

In Flüssiggasanlagen finden im wesentlichen zwei Armaturenarten Verwendung:

1. Auf-Zu-Funktion: Absperrarmaturen
An Absperrarmaturen mit Auf-Zu-Funktion werden zwei wesentliche Anforderungen gestellt: In Schließstellung ist eine definierte Undichtheit bzw. Leckage nicht zu überschreiten. In Offenstellung ist der verbleibende Druckverlust zu minimieren.

2. Unterbindung unzulässiger Betriebszustände: Sicherheitsarmaturen
Dieser Komplex umfaßt eine Vielzahl spezieller Aufgabenstellungen. Die in der Flüssiggastechnik am häufigsten auftretenden sind

— Vermeidung unzulässiger Drucküber- oder -unterschreitungen
— Rückstromverhinderung

Neben der primären Funktion, z. B. der Druckentlastung des Systems durch Öffnen eines Sicherheitsventils, kommt aus sicherheitstechnischer Sicht auch dem Zeitverhalten der Armatur hohe Bedeutung zu.

Die konstruktive Umsetzung dieser komplexen Anforderungen bedingt, daß die einzelne Armatur in der Regel nur für die Bewältigung einer Aufgabenstellung vorgesehen ist. In den Fällen der gleichzeitigen Forderung verschiedener funktioneller Aufgabenstellungen sind die entsprechenden speziellen Armaturen in die Rohrleitung in Reihe geschaltet, einzuordnen.

Armaturen
Als Absperreinrichtungen werden in der Flüssiggastechnik vorzugsweise Kugelhähne und Ventile, seltener Schieber, eingesetzt.

Absperreinrichtungen, die in der Verbrauchsanlage oder als Hauptabsperreinrichtungen verwendet werden, müssen DIN 4817 Teil 1 oder DIN 3537 Teil 1 entsprechen.

Funktionsprinzipien [4.6]
Zur Ordnung der verschiedenen Konstruktionen wird in [4.6] auf eine Analyse nach den eine Armatur charakterisierenden Merkmalen zurückgegriffen.
Es lassen sich folgende, eine Armatur notwendig und hinreichend kennzeichnende Komplexe angeben:

- geometrische und kinematische Bedingungen, die die Funktion der Armatur gewährleisten;
- die Art der Einordnung der Armatur in die Rohrleitung bzw. die Anlage, die Stromführung betreffend;
- die möglichen Varianten der Einordnung einer Armatur in das Steuer- bzw. Regelsystem
- die konstruktive Gestaltung der Abgrenzung zur Umwelt, wobei die Funktionselemente umschlossen, die Durchführung zum Antrieb gewährleistet sowie die Montage möglich sein muß.

Diese einzelnen Merkmale, siehe Tabelle 4.1, lassen verschiedene Armaturenausführungen zu. Die konstruktiven Lösungen lassen sich in Gruppen zusammenfassen, wobei zweckmäßigerweise von der Relativbewegung des Stellkörpers zur Sitzfläche auszugehen ist [4.6].

Bauarten
Nach dem gewählten Hauptmerkmal lassen sich die in Tabelle 4.2 angegebenen Grundtypen von Armaturen unterscheiden.

4.3 Rohrleitungen und Armaturen

Tabelle 4.1 Wesentliche Merkmale von Armaturen [4.6]

Merkmalkomplexe	Merkmale (Vektoren)
Funktionssicherung	– Relativbewegung des Stellkörpers zur zu verändernden Fläche (Sitzfläche) – Form der Durchströmfläche – Form des flächenverändernden Körpers (Stellkörper)
Einordnung in die Rohrleitung	– Lage der Sitzfläche zur Einströmrichtung – Durchgangs- oder Formstückarmatur (Umlenkung, Verzweigung, Vereinigung) – Flansch,- Muffen-, Schweißverbindung
Einordnung in den Regelkreis	– Stellglied, Stelleinrichtung oder Regeleinrichtung – Stellantrieb mit Hilfsenergie oder Eigenmedium – Art der Hilfsenergie – ohne oder mit innerem Getriebe zur Dichtkrafterhöhung
Abgrenzung zur Umwelt	– Gehäuseaufbau (geteilt oder ungeteilt) – Gehäuseteilung mit Flansch- oder Schraubverbindung bzw. selbstdichtend – Spindelabdichtung mit Stopfbuchse, O-Ring oder Faltenbalg

Tabelle 4.2 Grundtypen der Armaturen [4.6]

Armaturengrundtypen	Relativbewegung des Stellkörpers
Ventilgruppe	senkrecht zur Sitzfläche (Hubbewegung)
Schiebergruppe	parallel zur Sitzfläche (Hubbewegung)
Klappengruppe	senkrecht zur Sitzfläche (Drehbewegung), Stellkörper wird umströmt
Hahngruppe	parallel zur Sitzfläche (Drehbewegung), Stellkörper wird durchströmt

Für eine weitere Systematisierung ist es zweckmäßig, die Lage des zu verändernden Durchflußquerschnittes (Sitzfläche) zur Richtung der Anströmung hinzuzuziehen. Daraus kann die in Tabelle 4.3 wiedergegebene gebräuchliche Klassifizierung der Armaturen abgeleitet werden.

Bei den *Ventilen* (Abb. 4.4) wird die weitere Differenzierung in die einzelnen Ausführungen vor allem durch die funktionelle Aufgabenstellung bestimmt. Hieraus folgt die Form des Stellkörpers und der gesamten Absperrgarnitur sowie der Spindelkonstruktion incl. der Abdichtung nach außen. Die Ankoppelung des Antriebes hat einen zusätzlichen Einfluß.

Bei *Klappen*, die jedoch in Flüssiggasanlagen weniger als Absperrorgane, sondern vielmehr als Rückschlagarmaturen eingesetzt werden, wird vor allem die Lage der Drehachse zur Rohrachse und zur Abdichtlinie variiert (Abb. 4.5).

Hähne sind in zwei Varianten bekannt, als Küken- und Kugelhahn (Abb. 4.6). In Flüssiggasanlagen werden in verschiedenen Varianten Kugelhähne als Absperrarmaturen eingesetzt. Diese zeichnen sich insbesondere durch geringen Bauaufwand und Robustheit aus.

Nicht jede Armatur ist für jede Aufgabenstellung gleichermaßen geeignet. Eine übersichtsweise Zuordnung der Armaturentypen zu den für die Flüssiggastechnik wichtigen Grundfunktionen Absperren und Absichern weist Abb. 4.7 aus. Funktionsbedingte Anforderungen an Armaturen sind in Tabelle 4.4 zusammengestellt.

Tabelle 4.3 Übersicht Bauarten von Armaturen [4.6]

Lage der Sitzfläche zur Einströmrichtung	Bauart	Varianten (Ausführungen)
Ventilgruppe senkrecht geneigt parallel	Axialventil Schrägsitzventil Geradsitzventil	Kolbenform (Ringkolbenventil) Durchströmquerschnittsfreigabe (Freiflußventil) Platte als Stellkörper (Absperrventil) Formkörper als Stellkörper (Stellventil) zusätzliche Strömungsumlenkung (Eckventil) zwei Sitzflächen (Doppelsitzventil)
Schiebergruppe senkrecht geneigt	Plattenschieber Keilschieber	Scheiben- bzw. Balkenschieber Leitrohrschieber zwei Platten mit innerem Getriebe (Parallelplattenschieber) Keilausführung (starr oder elastisch) zwei Platten mit innerem Getriebe (Keilplattenschieber)
Klappengruppe senkrecht geneigt	Klappe Klappe	Profilierung des Stellkörpers Exzentrizität der Drehachse zur Rohrachse und/oder der Drehachse zur Sitzfläche (bis hin zur Rückschlagklappe)
Hahngruppe senkrecht geneigt	Kugelhahn Kükenhahn	Lagerung der Kugel (Zapfen, schwimmend) Profilierung des Durchströmquerschnittes (Stellhahn) Dichtkraftaufbringung (Zug bzw. Druck)

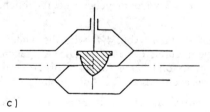

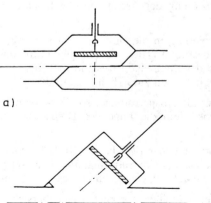

Abb. 4.4 Ventilbauarten [4.6]
a) Geradsitzventil, Absperrventil; b) Schrägsitzventil, Absperrventil;
c) Geradsitzventil, Stellventil

4.3 Rohrleitungen und Armaturen

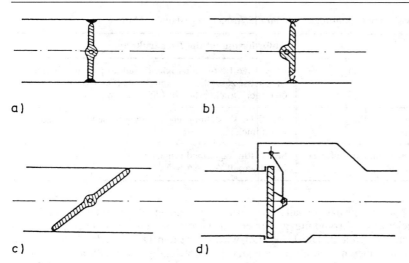

Abb. 4.5 Klappenbauarten [4.6]
a) Absperrklappe, zentrisch, Weichdichtung; b) Absperrklappe, exzentrisch, elastische Hartdichtung; c) Drosselklappe; d) Rückschlagklappe

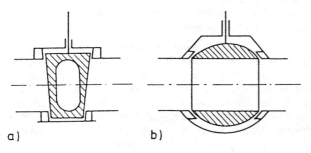

Abb. 4.6 Hahnbauarten [4.6]
a) Kükenhahn; b) Kugelhahn

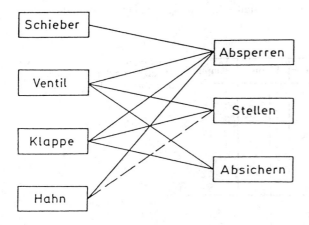

Abb. 4.7 Funktionelle Eignung von Armaturen [4.6]

Tabelle 4.4 Funktionsbedingte Anforderungen an die Armaturengestaltung [4.6]

Funktion	Anforderung an die Konstruktion
Absperren (Zweipunkteinstellung)	Eindeutige Formschlüssigkeit (Stellkörper zur Sitzfläche) Möglichst zusätzliche Anpreßkraft (Dichtkraft) Geringer Druckverlust in Offenstellung
Stellen (kontinuierliche Verstellung)	Mögliche Verstellung nach vorgegebenen, verschiedenen Kennlinien
Absichern (zumeist Zweipunkteinstellung)	Selbsttätig, eigenmediumgesteuert, Reaktion auf Δp, Δp, w

Als *Absperrarmaturen* sind prinzipiell alle vier Grundtypen geeignet. Das sichere Schließen wird durch eine gelenkige Verbindung zwischen Absperrkörper und Spindel oder mittels elastischer Dichtelemente erreicht. Die Dichtkraft wird durch den Differenzdruck oder durch eine Anspreßkraft vom äußeren Antrieb her erzeugt. Die notwendige Schließkraft der einzelnen Armaturen bestimmt ihren Einsatzbereich ([4.6]).

Wesentlich ist besonders die Forderung nach geringem Druckverlust bei geöffneter Armatur. Eine grundsätzliche Beurteilung von Absperrarmaturen hinsichtlich der Erfüllung wesentlicher Forderungen ist aus Tabelle 4.5 ersichtlich [4.6].

Das in Tabelle 4.5 ausgewiesene Portfolio präferiert für den Einsatz als Absperrarmatur in Flüssiggasanlagen Kugelhähne und Ventile. Diese werden sowohl in handbetätigten Ausführungen als auch als automatisch betätigte Armaturen eingesetzt.

Aufgabe der Absperrarmaturen ist die sichere Unterbrechung der Gaszufuhr in die absperrbar gestalteten Abschnitte der Flüssiggasanlage. Die Auswahl der Art des Absperrorgans richtet sich nach der Nennweite der Gasleitung, dem Betriebsdruck der Anlage und der erforderlichen inneren und äußeren Dichtheit der Armatur [4.7]. Die innere Dichtheit, also der Absperreffekt innerhalb der Gasleitung, ist für den Einsatz dieser Armaturen mit Sicherheitsfunktion besonders wichtig. Außerdem muß garantiert werden, daß Schlupfgasmengen unter keinen Umständen zur Bildung explosiver Atmosphären in den Anlagen bzw. im Aufstellungsraum führen. Dieser Forderung werden die genannten Einrichtungen in unterschiedlichem Maße gerecht (siehe Tab. 4.5).

In Tabelle 4.6 und 4.7 sind Anforderungen an die Prüfung von Absperrarmaturen auf Dichtheit gemäß DIN 3230 T.3 [4.8] zusammengestellt. In Flüssiggasanlagen kommen i. allg. Armaturen der Leckrate 1 zum Einsatz.

Tabelle 4.5 Bewertung der Armaturengrundtypen hinsichtlich der Absperrwirkung [4.6]

Anforderung	Ventil	Schieber	Hahn	Klappe
Formschlüssigkeit	1	1	1	2
Zusätzliche Dichtkraft	1	1	2	2
Druckverlust	3	1	1	2
Verschleißgefahr	1	2	2	2
Materialaufwand	2	3	1	1
Formstückarmatur	1	3	2	3
Einsatzbereich (p, T, m)	1	1	2	2

1 günstig; 2 mit Einschränkungen; 3 ungünstig.

4.3 Rohrleitungen und Armaturen

Tabelle 4.6 Dichtheit (zulässige Leckrate) an der Absperrung bei der Prüfung mit Wasser [4.8]

Nennweite DN		Leckrate 1 dicht [Tropfen/min][1])	Leckrate 2 feucht [Tropfen/min][1])	Leckrate 3 tropfend [Tropfen/min][1])	Prüfzeit [min]
über	bis				
	40	0	1[2])	5	0,25
40	100	0	1	10	0,25
100	150	0	2	15	1
150	200	0	2	20	1
200	250	0	3	25	1
250	300	0	3	30	1
300	350	0	4	35	1
350	400	0	4	40	1
400	500	0	5	50	1
500	600	0	6	60	2
600	700	0	7	70	2
700	800	0	8	80	2
800	900	0	9	90	2
900	1000	0	10	100	2
1000	1100	1	11	110	2
1100	1200	1	12	120	2

[1]) 1 Tropfen = 100 mm
[2]) Prüfzeit 1 min
Für DN > 1200 sind die Leckraten und die Prüfzeiten zu vereinbaren.
Ist die Taktzeit bei der Herstellung kürzer als die vorgeschriebene Prüfzeit, sind alle Armaturen in der Taktzeit zu prüfen und stichprobenweise nach Prüfgrad 3 der vorgeschriebenen Prüfzeit nachzuprüfen.
Werden in Bauartnormen größere Leckraten zugelassen, sollen Vielfache der definierten Leckraten gewählt werden, z. B. Leckrate 2 × 3.

Sicherheitsarmaturen sollen unzulässige Betriebszustände in Flüssiggasanlagen vermeiden. Das können Überbeanspruchungen von Ausrüstungen, Gefährdungen der Umwelt oder Störungen der technologischen Abläufe sein.

Die in Flüssiggasanlagen möglicherweise auftretenden Ursachen einer Gefährdung sowie Sicherungseinrichtungen sind nachfolgend in Anlehnung an [4.7] zusammengestellt. Hauptursachen des Auftretens einer Gefährdung bei der Lagerung, Fortleitung, Umfüllung und Anwendung von Flüssiggasen sind:

- unkontrolliertes Austreten unverbrannter Brenngase
- unkontrollierte Bildung explosibler Gemische
- Störungen der Betriebs- oder Verfahrensabläufe
- Störungen des Verbrennungsablaufs
- Störungen bei der Abführung der Abgase

Diese Hauptursachen können durch eine Vielzahl von Ereignissen oder Bedingungen hervorgerufen werden.

In Flüssiggasanlagen sind die wichtigsten Aufgaben der Sicherheitseinrichtungen:

- Sicherung gegen unzulässige Drucküberschreitung
- Sicherung gegen unzulässigen Flüssiggasaustritt infolge betriebs- oder störungsbedingter Leckagen
- (Sicherung gegen unzulässige Druck- und Geschwindigkeitsänderung (Massestromänderungen))
- Sicherung gegen unzulässige Druckunterschreitung
- Sicherung gegen unerwünschte Gasansammlung

Tabelle 4.7 Dichtheit (zulässige Leckrate) an der Absperrung bei der Prüfung mit Luft [4.8]

Nennweite DN		Leckrate 1 dicht [Blasen/min]¹)	Leckrate 2 feucht [Blasen/min]¹)	Leckrate 3 tropfend [cm/min]¹)	Prüfzeit [min]
über	bis				
	40	0	2²)	25	0,25
40	100	0	6	63	0,25
100	150	0	9	94	1
150	200	0	12	125	1
200	250	0	15	157	1
250	300	0	18	188	1
300	350	0	21	220	1
350	400	0	24	252	1
400	500	0	30	314	1
500	600	1	36	376	2
600	700	1	42	440	2
700	800	1	48	502	2
800	900	1	54	565	2
900	1000	1	60	628	2
1000	1100	2	66	690	2
1100	1200	2	72	752	2

¹) Die Blasen können z. B. mit einem 50 mm waagerecht unter der Wasseroberfläche mündenden Schlauch von 5 mm Innendurchmesser gemessen werden. Die angegebene Prüfzeit zählt von der Erreichung des Beharrungszustandes an, nach Durchspülen der Armatur bis zum Druckausgleich. 1 Blase $\approx 0{,}3$ cm³.
²) Prüfzeit 1 min
Für DN > 1200 sind die Leckraten und die Prüfzeiten zu vereinbaren.
Ist die Taktzeit bei der Herstellung kürzer als die vorgeschriebene Prüfzeit, sind alle Armaturen in der Taktzeit zu prüfen und stichprobenweise nach Prüfgrad 3 der vorgeschriebenen Prüfzeit nachzuprüfen.
Werden in Bauartnormen größere Leckraten zugelassen, sollen Vielfache der definierten Leckraten gewählt werden, z. B. Leckrate 2 × 3.

Zur selbsttätigen Reaktion auf unzulässige Betriebsparameter werden in Flüssiggasanlagen Sicherheitsarmaturen

- zur Druckbegrenzung (nach oben)
- zur Rückstromverhinderung
- zur Druckbegrenzung (nach unten)
- zur Massestrombegrenzung

eingesetzt.

Nachfolgend sollen wichtige Rohrleitungsarmaturen kurz beschrieben und durch signifikante Angaben charakterisiert werden.

4.3.3 Absperrarmaturen. Kugelhähne

Als Absperrarmaturen werden in Flüssiggasanlagen i. d. R. Kugelhähne eingesetzt. In Abb. 4.8 und 4.9 sind zwei mögliche Ausführungen dargestellt [4.9].

Einen weiteren optischen Eindruck vermittelt die Darstellung in Abb. 4.10.

Eine besondere Bauform stellen die sog. Fire-Safe-Kugelhähne dar (Abb. 4.11 bis 4.15).

Die Dichtheitseigenschaften von Fire-Safe-Armaturen werden nach ISO 10497 geprüft. Einige Aspekte des Einsatzes von Fire-Safe-Armaturen in Flüssiggasanlagen werden in [4.10]

4.3 Rohrleitungen und Armaturen

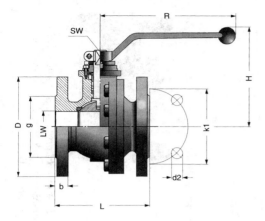

Abb. 4.8 Schnittdarstellung Flanschkugelhahn [4.9]

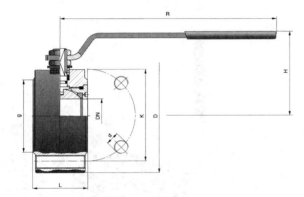

Abb. 4.9 Schnittdarstellung Kugelhahn in Kompaktausführung [4.9]

besprochen. Spezifika der Konstruktion einzelner Baugruppen und Komponenten von Kugelhähnen für Flüssiggas sind u. a. in [4.12–4.14] beschrieben.

In Tabelle 4.8 wurden die für die Druckverlustberechnung wichtigen ζ-Werte nach [4.13] zusammengestellt.

Tabelle 4.8 Strömungskennwerte von Kugelhähnen [4.13]

DN	ζ-Wert	K_V-Wert[1])
10	0,35	6,8
15	0,23	18,8
20	0,20	35,8
25	0,14	66,8
32	0,12	118
40	0,11	193
50	0,10	316
65	0,076	607
80	0,067	980
100	0,058	1645
125	0,051	2742

[1]) K_V-Werte gültig für Wasser mit $\varrho = 1000$ kg/m^3

Abb. 4.12 Flansch-Kugelhahn PN 40, Fire-Safe-Ausführung, Leckrate 1 (Werksbild FAS)

Abb. 4.11 Flansch-Kugelhahn PN 40, Fire-Safe-Ausführung, Leckrate 1 (Werksbild FAS)

Abb. 4.10 Kugelhahn PN 40 (Werksbild FAS)

Abb. 4.15 Flansch-Kugelhahn PN 40, Fire-Safe-Ausführung, lange Bauform, Leckrate 1 (Werksbild FAS)

Abb. 4.14 Kompakt-Kugelhahn PN 40, Fire-Safe-Ausführung, Leckrate 1 (Werksbild FAS)

Abb. 4.13 Flansch-Kugelhahn mit Anschweißende, PN 40, Fire Safe Ausführung, Leckrate 1 (Werksbild FAS)

4.3.4 Überströmventile

In Flüssiggasanlagen ist es oft notwendig, Anlagenteile gegen unzulässigen Überdruck zu sichern bzw. zuverlässig zu verhindern, daß sich unzulässig hohe Drücke in einzelnen Anlagenabschnitten aufbauen können. Das ist z. B. beim Einsatz von Pumpen in Füllanlagen der Fall. Hier werden typischerweise Überströmventile eingebaut, die bis zu einem bestimmten Druck durch Federbelastung geschlossen sind, bei einem wählbaren Druck öffnen und den Durchgang, z. B. in eine Behälterrücklaufleitung, freigeben, so daß die eingesetzte Pumpe immer einen Mindestmengenstrom Flüssiggas fördert, der Förderdrücke im zulässigen Bereich gewährleistet ($\Delta p - Q$-Diagramm, Pumpenkennlinie) und darüber hinaus das Funktionieren der Pumpe sicherstellt, die dauerhaft nicht gegen geschlossene Absperrorgane arbeiten kann.

Die Abbildungen 4.16 und 4.17 zeigen entsprechende Bauteile.

Abb. 4.16 *Überströmventil PN 40, mit Faltenbalg und Federbelastung, Durchgangsform (Werksbild FAS)*

Abb. 4.17 *Überströmventil PN 25, mit Federbelastung, selbstentgasend, Eckform (Werksbild FAS)*

4.3.5 Rückschlagventile

Rückschlagventile werden bevorzugt als Flanscharmaturen bzw. zum Einbau zwischen zwei Flanschen gefertigt (Abb. 4.18, 4.19). Sie sind jeweils nur in einer Strömungsrichtung durchlässig, daher ist zwingend auf korrekten Einbau zu achten. Die Funktion von Rückschlagventilen kann durch mechanische Verunreinigungen beeinträchtigt werden, indem sich Partikel am Ventilteller ablagern und ein dichtes Schließen der Armatur verhindern. Daher ist es oft sinnvoll, vor Rückschlagventilen Schmutzfänger anzuordnen.

4.3.6 Rohrbruchventile

Rohrbruchventile dienen zur Verhinderung des Ausströmens größerer Mengen Flüssiggas in die Anlagenumgebung beim Bruch von Rohrleitungen. Hierbei nutzt man die Abhängigkeit der Druckdifferenz über einem Durchströmteil und dem Volumenstrom $\Delta p = f(\dot{V}^2)$, um ab

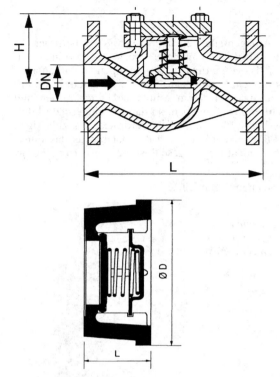

Abb. 4.18 Rückschlagventil PN 40, mit Flanschanschluß (Werksbild FAS)

Abb. 4.19 Rückschlagventil PN 40, zum Einbau zwischen zwei Flansche (Werksbild FAS)

einem bestimmten Volumenstrom, d. h. bei einer bestimmten Druckdifferenz die Armatur zu schließen. Oft wird ausgenutzt, daß die Druckdifferenz über einem Durchströmteil proportional einer Kraftwirkung ist, die man zum Auslösen der Armatur nutzen kann. Rohrbruchventile sind in den Abb. 4.20 bis 4.22 in verschiedenen Ausführungen abgebildet.

Rohrbruchventile werden sowohl in der Flüssigphase als auch in der Gasphase eingesetzt. In der Flüssigphase läßt sich aufgrund der nur wenig veränderlichen Dichte des Fluides eine recht eindeutige Beziehung zwischen dem Druckverlust (→ Auslösepunkt des Ventils) und dem Mengenstrom herstellen.

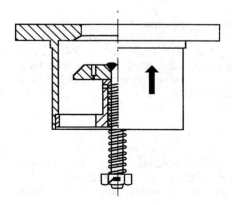

Abb. 4.20 Rohrbruchventil PN 25/PN 40, zum Einbau zwischen zwei Flansche (Werksbild FAS)

4.3 Rohrleitungen und Armaturen

Abb. 4.21 *Rohrbruchventil PN 25, mit NPT-Gewinde (Werksbild FAS)*

Abb. 4.22 *Rohrbruchventil PN 25, mit NPT-Gewinde (Werksbild FAS)*

Anders verhält es sich in der Dampfphase. Hier muß beachtet werden, daß der Systemdruck einen erheblichen Einfluß auf die Schließmengen hat.

4.3.7 Füllventile

Am Flüssiggaslagerbehälter werden spezielle Ventile zum Füllen des Behälters angebracht, sog. Füllventile. Abbildung 4.23 und 4.24 zeigen sowohl das Konstruktions-/Funktionsprinzip als auch das Aussehen eines Füllventils. In der Regel werden Füllventile mit doppeltem Rückschlagteller eingesetzt. In Abb. 4.25 sind die Kennlinien einiger Füllventile angegeben.

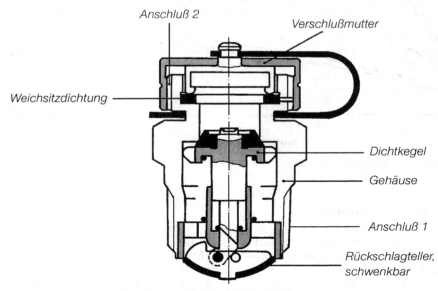

Abb. 4.23 *Füllventil, schematisch (Werksbild GOK)*

Abb. 4.24 Füllventil (Werksbild GOK)

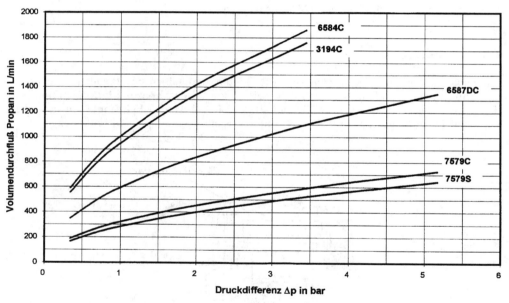

Abb. 4.25 Durchflußkennlinie von Füllventilen (Werksbild GOK)

4.3.8 Schmutzfänger

In Flüssiggasanlagen werden häufig Schmutzfänger vor sicherheitstechnisch wichtigen Armaturen, vor Pumpen u. ä. eingebaut, um zu verhindern, daß diese durch Ablagerung von mechanischen Partikeln funktionsuntüchtig werden. Eine verbreitete Bauart sind Schmutzfänger in Schrägsitzform. Abbildung 4.26 zeigt einen solchen Schmutzfänger mit Flanschanschlüssen.

4.3 Rohrleitungen und Armaturen

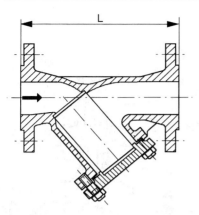

Abb. 4.26 *Schmutzfänger PN 40, Schrägsitzform mit Flanschanschluß (Werksbild FAS)*

4.3.9 Sicherheitsabsperrventile

Sicherheitsabsperrventile (SAV) dienen zur Absicherung von Flüssiggasanlagen oder Teilen von ihnen gegen unzulässige Druckbeaufschlagung. In der Regel werden SAV zur Absicherung gegen Drucküberschreitung eingesetzt, grundsätzlich lassen sich SAV auch zur Absicherung von Anlagen gegen Druckunterschreitung nutzen. Die Abbildungen 4.27/4.28 zeigen den Aufbau und Abmessungen von SAV.

Abbildung 4.30 ermöglicht beispielhaft die Ermittlung des Druckverlustes eines SAV.

Vom Hersteller werden diese Auslegungsdiagramme in aller Regel für ein Brenngas, hier Erdgas H, erstellt, zur Anwendung der Diagramme bei anderen Gasarten ist zunächst der „äquivalente Erdgasvolumenstrom $q_{n,EG}$" aus dem Volumenstrom des tatsächlichen Gases, z. B. Flüssiggas (FLG), zu berechnen. Es gilt

$$q_{n,\text{Erdgas}} = \frac{q_{n,\text{FLG}}}{f} \quad [\text{m}^3/\text{h}]$$

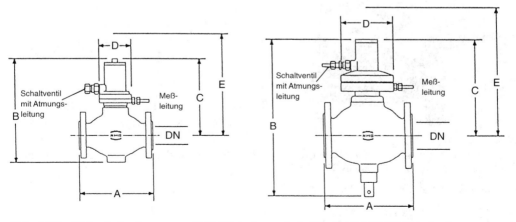

Abb. 4.27 *Sicherheitsabsperrventil (SAV), schematisch (Werksbild RMG Gaselan)*

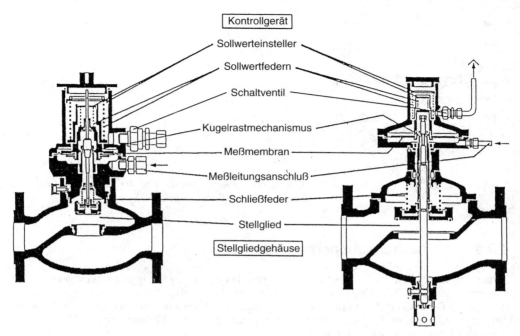

Abb. 4.28 *Sicherheitsabsperrventil (SAV), Aufbau (Werksbild RMG Gaselan)*

Abb. 4.29 *Sicherheitsabsperrventil (SAV) PN 40 (Werksbild FAS)*

Die Umrechnungsfaktoren f werden oft von den Herstellern der SAV mit angegeben. Nach [4.17] gelten die Werte gemäß Tabelle 4.9.

Grundsätzlich gilt mit ϱ als Dichte folgende Beziehung

$$f = \sqrt{\frac{\varrho_{EG}}{\varrho_{FLG}}}$$

4.3 Rohrleitungen und Armaturen

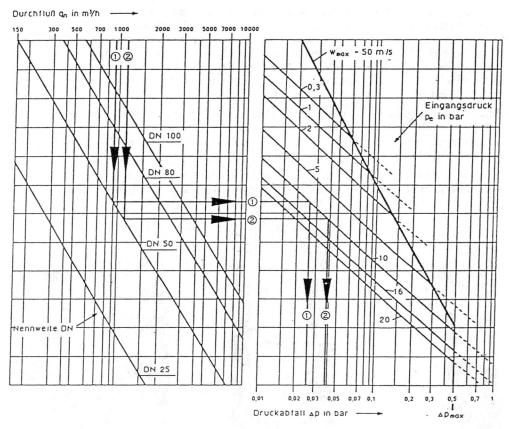

Abb. 4.30 Diagramm zur Größenbestimmung von Sicherheitsabsperrventilen (SAV) (Werksbild RMG Gaselan)

Tabelle 4.9 Umrechnungsfaktor f zur Bestimmung des „äquivalenten Erdgasmengenstromes" nach [4.17]

Umrechnungsfaktor

$$f = \sqrt{0,83/\varrho_{0,\text{Gas}}}$$

Gas	f
Propan	0,64
Butan	0,55
Ethan	0,78
Ethen	0,97
Methan	1,08

4.3.10 Sicherheitsabblaseventile

Gemeinsam mit Sicherheitsabsperrventilen (SAV) werden Sicherheitsabblaseventile (SBV) zur Absicherung gegen Drucküberschreitung in Flüssiggasanlagen eingesetzt. Oft werden beide miteinander kombiniert. Das ist beispielsweise bei der Absicherung von Druckreglern der Fall. Gemäß der Sicherheitsphilosophie für Flüssiggasanlagen, daß Gasaustritte aus der Anlage möglichst auszuschließen sind, wird bei der Kombination von SAV und SBV das SAV auf einen etwas niedrigeren Ansprechdruck eingestellt als das SBV. Kann also durch Absperrung des Gasstromes ein unzulässiger Druckanstieg in der Anlage nicht verhindert werden, wird das SBV ansprechen. Insbesondere bei der Absicherung von Druckreglern ist der sog. Schließdruck des Reglers zu beachten, um die Betriebssicherheit der Gesamtanlage nicht zu mindern.

Hinsichtlich der Funktionsweise und Bemessung von Sicherheitsventilen sei auf [4.18] und [4.19] verwiesen. Die Abb. 4.31 bis 4.33 zeigen Bauarten von SBV, wie sie für kleinere Anlagen eingesetzt werden. In den Abb. 4.34 bis 4.36 sind SBV für größere Abblaseleistungen, resp. Anlagen schematisch dargestellt.

Sind zwei Sicherheitsventile zur Absicherung eines Anlagenteils, z. B. eines Flüssiggasbehälters, vorgesehen, so sind diese i. d. R. über ein Wechselventil zu schalten. Das bietet

Abb. 4.31   *Abb. 4.32*   *Abb. 4.33*

Abb. 4.31 *1" NPT außenliegendes Austausch-Sicherheitsventil mit Schließventil und Signaleinrichtung für Flüssiggaslagerbehälter nach DIN 4680 und DIN 4681 in Anlagen der Gruppe 0 mit Adapter für Abblaseleitung, (Abblaseleistung 3152 kg/h bei p = 15,6 bar) (Werksbild GOK)*

Abb. 4.32 *1" NPT außenliegendes Austausch-Sicherheitsventil für Flüssiggaslagerbehälter nach DIN 4680 und DIN 4681 in Anlagen der Gruppe 0, (Abblaseleistung 3152 kg/h bei p = 15,6 bar) (Werksbild GOK)*

Abb. 4.33 *Doppel-Sicherheitsventil mit zwei 1" NPT außenliegenden Sicherheitsventilen und nichtabsperrbarem Gabelstück für Flüssiggaslagerbehälter mit einem Nennfüllgewicht ≥ 3 t, (Abblaseleistung 6304 kg/h bei p = 15,6 bar) (Werksbild GOK)*

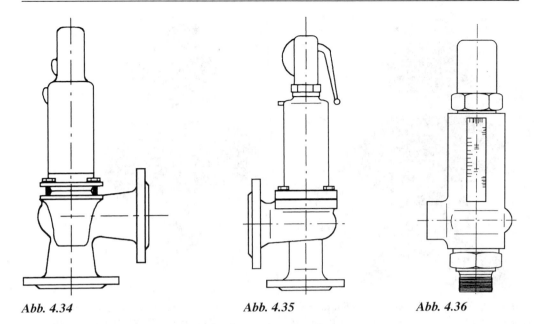

Abb. 4.34   **Abb. 4.35**   **Abb. 4.36**

Abb. 4.34 *Normal-Feder-Sicherheitsventil PN 40, Eckform, Flanschanschluß, Kappe gasdicht, Ventil nicht anlüftbar (Werksbild FAS)*

Abb. 4.35 *Vollhub-Feder-Sicherheitsventil PN 40, Eckform, Flanschanschluß, Kappe gasdicht, Ventil anlüftbar (Werksbild FAS)*

Abb. 4.36 *Normal-Feder-Sicherheitsventil PN 40, Eckform, Gewindeanschluß, Kappe gasdicht, Ventil nicht anlüftbar (Werksbild FAS)*

die Möglichkeit, jeweils eines der vorhandenen SBV zu Wartungs- oder Revisionszwecken ausbauen zu können und über das zweite SBV die Anlage weiterhin abzusichern.

Es ist möglich, Sicherheitsabblaseventile in Reihe mit Berstscheiben zu schalten. In einem solchen Falle wird i. d. R. angestrebt, das Ansprechen des SBV „hinauszuzögern", indem zunächst die Berstscheibe anspricht und erst bei einem weiteren Druckanstieg das SBV öffnet. Oft wird der Zwischenraum zwischen der Berstscheibe und dem SBV überwacht.

4.3.11 Schnellschlußarmaturen

Zur schnellen Absperrung von Flüssiggasanlagen oder Anlagenteilen werden sowohl Kugelhähne als auch Ventile eingesetzt. Müssen diese Armaturen als fernbedienbare ausgeführt sein, werden sie mit entsprechenden Antrieben ausgerüstet. Hier haben sich sowohl pneumatische als auch elektrische Antriebe bewährt. Zwei typische Vertreter für Schnellschlußarmaturen in Flüssiggasanlagen sind Schnellschlußkugelhähne mit pneumatischen Stellantrieb, wobei die Kugelhähne auch fire-safe ausgeführt sein können (Abb. 4.37 und 4.38) und Magnetventile, die in der Flüssiggastechnik als Kolbenventile ausgeführt sind [4.20] (siehe Abb. 4.39 bis 4.43).

Abb. 4.37 Schnellschluß-Kugelhahn PN 40, mit pneumatischem Stellantrieb, Flanschanschluß, Fire-Safe-Ausführung, Leckrate 1, Fail-Safe-Steuerung (Werksbild FAS) ebenso 4.38

Abb. 4.38 Schnellschluß-Kugelhahn PN 40, mit pneumatischem Stellantrieb, Flanschanschluß und Anschweißende, Fire-Safe-Ausführung, Leckrate 1, Fail-Safe-Steuerung

Abb. 4.39 2/2-Wege Magnetventil für Flüssiggas PN 25, Ansicht (Fr. Buschjost GmbH + Co., © Fotoatelier Schönfeld, Erfurt)

Abb. 4.40 2/2-Wege Magnetventil für Flüssiggas PN 25, Schnittfoto (Fr. Buschjost GmbH + Co., © Fotoatelier Schönfeld, Erfurt)

4.3 Rohrleitungen und Armaturen

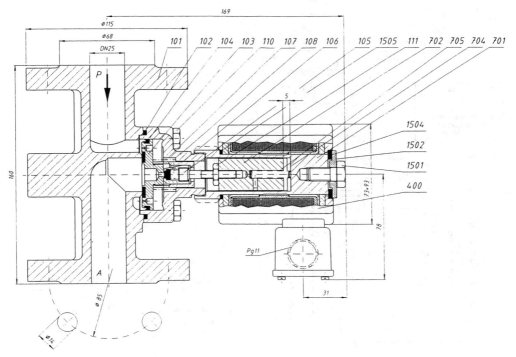

Abb. 4.41
2/2-Wege Magnetventil für Flüssiggas PN 25, Schnittzeichnung (Werksbild Fr. Buschjost)

Für alle Sicherheitsabsperrarmaturen ist die sog. Fail-Safe-Shaltung maßgebend, d. h., bei Ausfall der Hilfsenergie schließt die Armatur.

Für Sicherheitsabsperrorgane werden im Regelwerk i. allg. Abnahmeprüfzeugnisse gemäß DIN 50049 (EN 10204) 3.1B verlangt. Besonderheiten, die in diesem Zusammenhang zu beachten sind, werden in [4.22] kommentiert. Abbildung 4.44 illustriert die Zusammenhänge, die für Hersteller von Armaturen maßgebend sind.

4.3.12 Rohrleitungen

Rohrleitungen in Flüssiggasanlagen lassen sich gemäß der Nenndruckstufe bzw. über das Rohrleitungsmaterial klassifizieren. Rohrleitungen, die für einen Nenndruck 100 mbar errichtet werden, bezeichnet man als Niederdruck-Rohrleitungen. Diese unterliegen nicht der DruckbehV [4.23]. Rohrleitungen, die für einen Nenndruck >100 mbar errichtet werden, fallen in den Geltungsbereich der DruckbehV. Die Auswahl, die Errichtung und der Betrieb dieser Rohrleitungsanlagen wird dann maßgeblich durch TRR 100 [4.24] bestimmt.

Alle Rohrleitungen, die unter Behälterdruck stehen, sind im Regelfall für einen Nenndruck von 25 bar (PN 25) zu bemessen. Das gilt sowohl für Rohrleitungen in der Flüssigphase als auch für Rohrleitungen in der ungeregelten Gasphase. Rohrleitungen können oberirdisch oder im Erdreich verlegt sein.

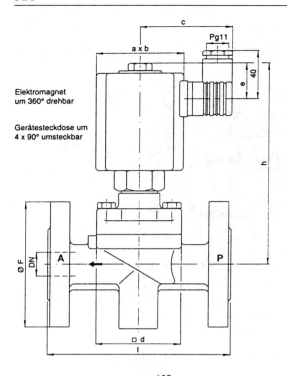

Abb. 4.42 2/2-Wege Magnetventil für Flüssiggas PN 25, DN–15 DN 50, Maßangaben (Werksbild Fr. Buschjost)

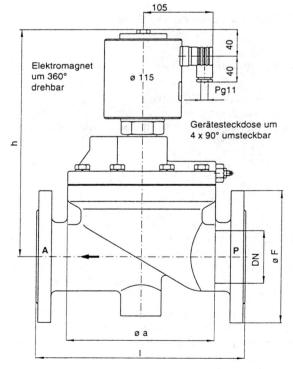

Abb. 4.43 2/2-Wege Magnetventil für Flüssiggas PN 25, DN 50–DN 100, Maßangaben (Werksbild Fr. Buschjost)

4.3 Rohrleitungen und Armaturen

Punkt	Bescheinigung	Prüfgegenstand	Prüfumfang	Aussteller
1	Werkszeugnis 2.2	Amatur	aus der laufenden Serie; Druck, Dichtheit, Funktion; mit Werkstoffangabe	Hersteller
2		Werkstoff	laufende Aufschreibung; chemisch/physikalische Analyse	
3	Abnahmeprüfzeugnis 3.1.B	Armatur	Prüfung der Lieferung; Druck, Dichtheit, Funktion; mit Wekstoffangabe	Werkssachverständiger
4		Werkstoff	chargenbezogene chemisch/physikalische Analyse	
5	Abnahmeprüfzeugnis 3.1.A	Armatur	siehe Punkt 3	amtl. Sachverständiger
6		Werkstoff	siehe Punkt 4	
7	Abnahmeprüfzeugnis 3.1.C	Armatur	siehe Punkt 3	vom Besteller beauftragter Sachverständiger
8		Werkstoff	siehe Punkt 4	

Abb. 4.44 *Prüfumfang Armaturen. Bescheinigungen, Zeugnisse [4.21]*

Es kommen folgende Rohrleitungen in Frage [4.25]:

Oberirdisch:

— blanke nahtlose oder geschweißte Stahlrohre, z. B. nach DIN 2448, 2440/41/42, 2458
— blanke nahtlose Präzisionsstahlrohre nach DIN 2391 (i. d. R. verzinkt)
— blanke oder ummantelte nahtlose Kupferrohre nach DIN 1786

Unterirdisch:

— ummantelte nahtlose Stahlrohre, z. B. nach DIN 2448, mit wahlweise folgender Umhüllung:
— Polyethylenumhüllung (PE) oder
— Bitumenumhüllung oder
— Duroplastumhüllung (EP, PUR, PUR-T)
— ummantelte nahtlose Kupferrohre nach DIN 1786
— nahtlose Kunststoffrohre nach DIN 8074/75 (nur bis PN 4)

Die zulässigen *Verbindungsarten* der Rohrleitungen sind:

— Hartlötverbindungen (bei Kupferrohr)
— Schweißverbindungen (bei Stahl- oder Kunststoffrohr)
— Schraubverbindungen mit NPT-Gewinde (bei Stahlrohr)
— Schraubverbindungen mit Rohrgewinde (bei Stahlrohr, nur bis DN 50 und <1 bar)
— Flanschverbindungen mit armierten Flanschen (bei Stahlohr)
— Schneidringverbindungen (bei Präzisionsstahlrohr)

Rohrleitungsanschlüsse sind so auszuführen, daß durch die zulässigen Bewegungen an den Anschlüssen der Lagerbehälter keine unzulässigen Zusatzbeanspruchungen bewirkt werden. Die o. g. Rohrleitungsvarianten sind in Tabelle 4.10 übersichtlich zusammengestellt.

Tabelle 4.10 Übersicht Rohrleitungen für Flüssiggas [4.25]

Varianten Rohrleitungen	
Stahlrohr nach DIN	
blank	geschweißt (bis DN 150)
blank	nahtlos
PE-ummantelt	geschweißt (bis DN 150)
PE ummantelt	nahtlos
Kupferrohr nach DIN	
blank	nahtlos
PVC-ummantelt	nahtlos
Präzisionsstahlrohr nach DIN	
schwarz	nahtlos
verzinkt	nahtlos
Kunststoffrohr (nur für Erdverlegung)	
PE-HD	nahtlos

Nützliche Hinweise zur Ausführung der Rohrleitungsanlagen, zur Errichtung und Gestaltung einzelner Elemente finden sich in [4.25–4.28].

4.4 Flüssiggasverdampfer

4.4.1 Bauarten. Klassifizierung

Verdampfer für Flüssiggas werden eingesetzt, wenn die benötigte Gasmenge für Verbraucher größer ist als die mögliche Gasentnahmemenge aus Lagerbehältern aus der Gasphase.

Der Gasbereitstellung für Flüssiggasverbrauchsanlagen sind Grenzen gesetzt. Soll eine Lagerkapazität von 3 t nicht überschritten werden, bedürfen schon Leistungen >150 kW einer Verdampfung mit Hilfsenergie. Auch bei größeren Lagerkapazitäten führt die technische Konzeption und Wirtschaftlichkeitsrechnung zu Anlagen mit Verdampfung durch Hilfsenergie. Üblich ist die Verwirklichung dieser Art der Gasbereitstellung über externe Verdampfer in Rekuperatoren. Das Gas wird dann flüssig aus den Lagerbehältern entnommen und einem Verdampfer zugeführt. Die Flüssigentnahme kann mit oder ohne Pumpen erfolgen. Bei Propan werden i. d. R. keine Pumpen verwendet, bei Butan müssen wegen des geringeren Dampfdrucks meist Pumpen vor Verdampfern eingesetzt werden.

Die zur Verdampfung notwendige Wärme kann durch elektrische Energie oder durch Warmwasser bzw. Dampf zugeführt werden. Die Beheizung muß in jedem Fall indirekt, d. h. über einen Wärmeträger, erfolgen. Das bedeutet, daß im Heizregister ein Wärmeträger erhitzt wird, mit dessen Hilfe die Wärme in das eigentliche Verdampferregister, in dem das Flüssiggas verdampft, gelangt.

4.4 Flüssiggasverdampfer

Der Wärmeträger kann ein festes Medium (z. B. Aluminium) sein, dann bezeichnet man den Verdampfer als Trockenverdampfer. Ist der Wärmeträger eine Flüssigkeit (z. B. Ethylenglykol-Wasser-Gemisch), dann spricht man von einem Naßverdampfer.

Es ist üblich, Verdampfer gemäß ihrer Bauart, gestuft nach ihrer Verdampfungsleistung und der möglichen Aufstellung in Ex-Zone 1 oder Ex-Zone 2 zu klassifizieren. *Kurth* [4.29] schlägt eine Einteilung gemäß Tabelle 4.11 vor, in [4.25] wird von der Zuordnung gemäß Tabelle 4.12 ausgegangen.

Trockenverdampfer

Trockenverdampfer werden i. allg. für einen Leistungsbereich von ca. 12 kg/h bis ca. 100 kg/h hergestellt. Die extern bereitgestellte Wärme (i. d. R. Elektroenergie) wird vermittels eines Aluminiumkerns an die Verdampferrohrleitungen („Rohrschlange") „Verdampferregister") übertragen. Auf eine Wärmeübertragungsflüssigkeit kann daher verzichtet werden.

Trockenverdampfer sind in Abb. 4.45 skizziert sowie in Abb. 4.46 abgebildet.

Tabelle 4.11 Kenndaten ausgewählter Flüssiggasverdampfer [4.30]

Kenndaten Flüssiggasverdampfer

Leistung	DN		Baulänge	Durchmesser/Breite	Bauhöhe	Anschluß-wert	Gewicht
[kg/h]	Eingang	Ausgang	[mm]	[mm]	[mm]	[kW]	[kg]
Trockenverdampfer							
12	15	15	392	223	487	2	27
24	15	15	392	223	559	4	34
32	15	15	392	223	559	6	34
60	15	22	457	303	688	12	76
100	15	22	457	303	912	18	105
Naßverdampfer, indirekt elektrisch beheizt						[1]) Zone 2/Zone 1 Ex-A	
60	15	15	855	385	1185	12	100/120[1])
100	15	20	945	435	1280	18	110/180
200	15	32	1060	535	1295	36	240/290
300	20	40	1060	535	1660	54	310/380
400	25	40	1060	535	1660	72	320/400
500	25	45	1410	535	1885	90	430/600
600	32	50	1410	535	1885	90	470/610
700	32	65	1410	535	2030	112,5	540/640
800	32	65	1410	535	2030	112,5	550/650
Naßverdampfer, indirekt WW-beheizt						**DN Wärmeträger**	
100	15	40	680	545	1105	40	135
200	15	40	680	545	1105	40	150
300	20	40	680	545	1245	40	170
40	25	40	680	545	1375	40	210
500	25	50	760	650	1405	50	295
600	32	50	760	650	1515	50	325
700	32	50	760	650	1605	50	340
800	32	65	760	650	1715	65	420
900	40	65	760	650	1825	65	460
1000	40	65	760	650	1945	65	500

Tabelle 4.12 Übersicht Verdampfer für Flüssiggas [4.25]

Varianten Verdampfer	
Trockenverdampfer	
Keinverdampfer bis 48 kg/h	elektrisch beheizt
Verdampfer > 48 kg/h	elektrisch beheizt
Naßverdampfer mit offenem/geschlossenem Heizsystem	
Kleinverdampfer bis 48 kg/h	elektrisch beheizt
Verdampfer > 48 kg/h	elektrisch beheizt
Kleinverdampfer bis 48 kg/h	warmwasserbeheizt
Verdampfer > 48 kg/h	warmwasserbeheizt
Kleinverdampfer bis 48 kg/h	dampfbeheizt
Verdampfer > 48 kg/h	dampfbeheizt

Abb. 4.45 Flüssiggasverdampfer (Trockenverdampfer), Ansicht (Werksbild Torpedo, © Studio Radeloff, Pinneberg)

4.4 Flüssiggasverdampfer

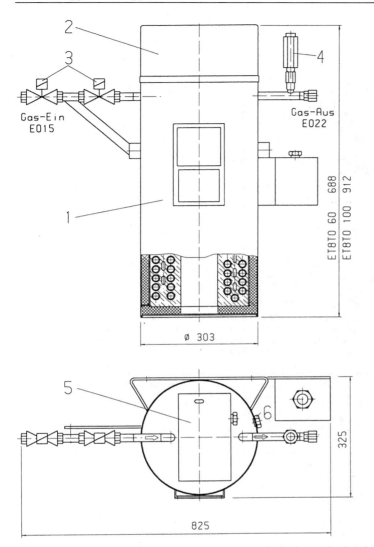

Abb. 4.46 *Flüssiggasverdampfer (Trockenverdampfer, indirekt elektrisch beheizt)*
(Werksbild Torpedo)
1 Flüssiggas-Verdampfer; 2 Haube; 3 Magnetventile; 4 Sicherheitsventil; 5 Elektro-Kasten; 6 Netzanschlußdurchführung

Naßverdampfer

Naßverdampfer werden für einen Leistungsbereich ab ca. 12 kg/h Verdampfungsleistung bis zu ca. 4 000 kg/h gefertigt. Sie können als elektrisch, warmwasser- oder dampfbeheizte Apparate ausgeführt sein. Als Wärmeträger wird i. d. R. Ethylenglykol-Wasser-Gemisch eingesetzt.

Der Wärmeträger kann in einem zur Atmosphäre hin offenen oder geschlossenen Heizsystem geführt werden. Von einem offenen Heizsystem spricht man immer dann, wenn der flüssige

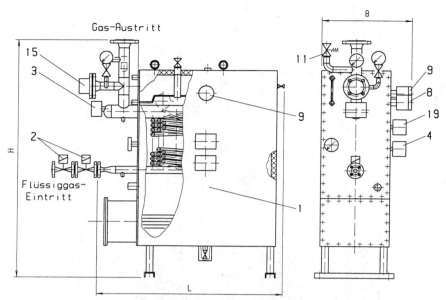

Abb. 4.47 *Flüssiggasverdampfer (Naßverdampfer, indirekt elektrisch beheizt)*
1 Flüssiggas-Verdampfer; 2 Magnetventile; 3 Doppelthermostat (Gasphase); 4 Doppelthermostat (Sicherheitstemp.-begrenzer; Untertemp.-sicherung); 8 Gasleckagensicherung Wärmeträgermangel – Not-Aus; 9 Wärmeträgermangel – Alarm; 11 Sicherheitsventil; 15 Überflutungsschutz; 19 Doppelthermostat (Heizregister)

Leistung	DN	DN	B	H	L	um die Rohre	in den Rohren	gesamt	1./2. Stufe	
kg/h	Eing. Gas	Ausg.	mm	mm	mm	l	l Inhalt	kW	kW Anschlußwert	kg Leergewicht
800	32	65	535	2030	1410	530	44,4	112,5	3 × 37,5	550
700	32	65	535	2030	1410	534	41,5	112,5	3 × 37,5	540
600	32	50	535	1885	1410	498	35,9	90	3 × 30	470
500	25	50	535	1885	1410	495	31,4	90	3 × 30	430
400	25	40	535	1660	1060	284	28,0	72	24/28	320
300	20	40	535	1660	1060	284	20,3	54	18/36	310
200	15	40	535	1295	1060	200	15,1	36	12/24	240
100	15	40	435	1280	945	119	8,0	18	18/–	110
60	15	40	385	1185	855	65	5,9	12	12/–	100

4.4 Flüssiggasverdampfer

Wärmeträger unter Umgebungsdruck steht, d. h. die Flüssigkeit sich drucklos im Verdampfer befindet. Bei einem Verdampfer dieser Bauart ist daher der Flüssigkeitsstand des Wärmeträgers zu überwachen, um dem möglichen „Trockenlauf" des Verdampfers vorzubeugen, der einen Flüssigphaseübertritt in die Anlagenabschnitte hinter dem Verdampferaggregat zur Folge haben könnte. Bei Verdampfern mit geschlossenem Heizsystem wird der Wärmeträger in zur Atmosphäre hin geschlossenen Rohrleitungen, z. B. Rohrbündeln geführt und ist mit einem Überdruck beaufschlagt. Bei dieser Verdampferbauart gilt es permanent den Druck des Wärmeträgers im Verdampfer zu überwachen, um einem unzulässigen Druckanstieg, z. B. bei Bruch des Flüssiggas-Verdampferregisters sicher vorzubeugen.

Typische Bauweisen von Flüssiggasverdampfern mit flüssigem Wärmeträger sind in Abb. 4.47 und 4.48 skizziert. Abbildung 4.49 bis 4.52 illustrieren diese skizzenhaften Darstellungen.

Der derzeitige technische Stand von Verdampfern und Verdampferanlagen wurde von *Kurth* [4.29] ausführlich beschrieben:

Wesentliche Forderungen an die Ausführung von Flüssiggasverdampfern sind in DIN 30 696 „Verdampfer für Flüssiggas", [4.31] und in der Anlage zur TRB 801, Nr. 25, unter Abschnitt 6.3 Verdampfer [4.32], enthalten. Markant sind dabei folgende Anforderungen [4.31, 4.32]:

- Eine direkte Feuer-, Abgas- oder elektrische Beheizung der flüssiggasbeaufschlagten Teile des Verdampfers ist unzulässig.
- Verdampfer und alle damit verbundenen Bauteile sind mindestens in der Nenndruckstufe PN 25 auszulegen.
- Am Verdampfereingang sind Selbststellglieder anzuordnen, die nur in Fließrichtung absperren.
- Verdampfer müssen so ausgelegt oder ausgerüstet und gesteuert werden, daß eine Gasaustrittstemperatur zwischen 40 und 80 °C eingehalten werden kann.
- Unabhängig von der Regelung der Austrittstemperatur des Gases muß zusätzlich ein Temperaturbegrenzer vorhanden sein, der entweder die Temperatur des Wärmeträgers auf maximal 100 °C oder ein Überschreiten der Gasaustrittstemperatur von 90 °C verhindert.
- Die Verdampfer sind am Gasaustritt mit einem Sicherheitsventil auszurüsten. Es muß so bemessen sein, daß ein Überschreiten des zulässigen Betriebsdruckes um mehr als 10% verhindert wird.
- An Verdampfern, bei denen die zur Verdampfung erforderliche Wärme durch stehende Flüssigkeit übertragen wird, muß der Flüssiggasstand jederzeit erkennbar und der Sollstand gekennzeichnet sein.
- Der Verdampfer muß so ausgerüstet sein, daß ein Übertritt von flüssiger Phase in das gasführende Leitungssystem durch redundante und möglichst diversitäre Sicherheitseinrichtungen verhindert wird.
- Verdampfer mit geschlossenen Heizsystemen sind mit einem Druckschalter mit Alarm und gleichzeitiger Heizungsabschaltung sowie einem Sicherheitsventil im Wärmeträgersystem auszurüsten.
- Verdampfer mit offenen Heizsystemen müssen in der Entlüftungsleitung der Heizung mit einer Gaswarneinrichtung oder einem Strömungswächter mit Einbindung in das Not-Aus-System ausgerüstet sein.
- Vor Selbststellgliedern ist ein Schmutzfänger vorzusehen.
- Die Verdampfer sind nach außen so zu isolieren, daß die Wärmeverluste möglichst gering sind und bei nichtberührungsschutzgesicherten Oberflächen an keiner Stelle Temperaturen größer 60 °C auftreten.

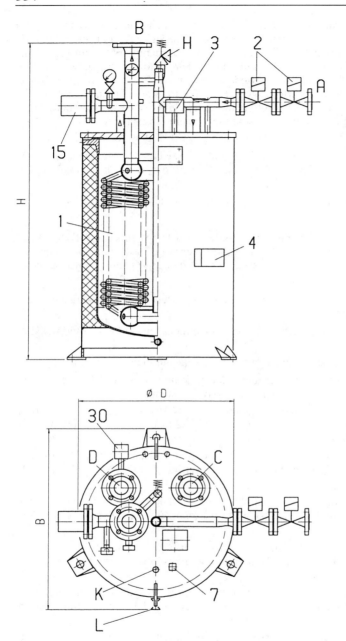

Abb. 4.48 Flüssiggasverdampfer (Naßverdampfer, warmwasserbeheizt) (Werksbild Torpedo). Technische Daten in nebenstehender Tabelle
1 Flüssiggas-Verdampfer; 2 Magnetventile; 3 Doppelthermostat (Gasphase); 4 Doppelthermostat (Sicherheitstemp.-begrenzer; Untertemp.-sicherung); 7 Thermometer (Gasph.); 15 Überflutungsschutz (Liquiphant); 30 Druckschalter; A Flüssiggas-Eintritt; B Gas-Austritt; C Wasser-Eintritt; D Wasser-Austritt; H Sicherheitsventil; K Entlüftung (Wärmeträger); L Füll-/Entleerungsanschluß (Wärmeträger)

4.4 Flüssiggasverdampfer

Abb. 4.49 *Flüssiggasverdampfer (Trockenverdampfer, indirekt elektrisch beheizt, Zone 1, Ex-A), Ansicht (Werksbild Torpedo, © Studio Radeloff, Pinneberg)*

◄

Maße	Größe							
	WW 300	**WW 400**	**WW 500**	**WW 600**	**WW 700**	**WW 800**	**WW 900**	**WW 1000**
Gas-Ein DN	20	25		32			40	
Gas-Aus DN	40		50			65		
WW-Ein/Aus DN								
⌀D	560		775					
H	1245	1375	1421	1506	1591	1676	1786	1926
B	690		870					

Abb. 4.50 Flüssiggasverdampfer (Naßverdampfer, indirekt elektrisch beheizt), Ansicht (Werksbild Torpedo, © Studio Radeloff, Pinneberg)

Abb. 4.51 Flüssiggasverdampfer (Naßverdampfer, warmwasserbeheizt), Ansicht (Werksbild Torpedo, © Studio Radeloff, Pinneberg)

4.4 Flüssiggasverdampfer

Abb. 4.52 Flüssiggasverdampfer (Naßverdampfer, dampfbeheizt), Ansicht (Werksbild Torpedo, © Studio Radeloff, Pinneberg)

Der grundsätzlich nach TRB geforderten Redundanz der Überflutungssicherung des Verdampfers wird zweckmäßigerweise durch eine thermische Überwachung sowohl der Gasphase als auch des Wärmeträgers entsprochen. Wird an einem der Thermostaten die geforderte Mindesttemperatur nicht eingehalten, so schließen zwei Magnetventile am Verdampfereingang im Parallelbetrieb. Die Magnetventile werden in das Not-Aus-System der Anlage einbezogen. Da diese beiden Überflutungssicherungen nach gleichem Wirkungsprinzip arbeiten, wird die Anwendung einer redundant diversitären Sicherheitseinrichtung empfohlen.

Es gehört heute zum Lieferumfang von Verdampferherstellern, schlüsselfertige Anlagen anzubieten, die alle zur Verwirklichung der Verdampfung erforderlichen Baugruppen enthalten, wie auch Baugruppen im unmittelbaren Umfeld des Verdampfers (z. B. Druckregler 1. Stufe.) Die Abb. 4.53 bis 4.58 vermitteln Eindrücke von solchen Kompakt- bzw. Komplettanlagen.

Besonders wichtig bei der Ausführung eines Verdampfers oder der Kompaktanlage (ggf. ohne den getrennt anbringbaren Schaltschrank) ist die Angabe, ob die Anlage in gasexplosionsgefährdeter Atmosphäre, die durch ein anderes System bedingt ist, aufgestellt und betrieben werden darf (siehe auch Tabelle 4.13). Das trifft z. B bei der Anordnung von Verdampferanlagen im explosionsgefährdeten Bereich von Flüssiggaslagerbehältern zu.

Hersteller bieten Verdampferanlagen für den Einbau in explosionsgefährdeten Bereichen der Zone 1 oder 2 an. Diese Angabe ist zu trennen von der Aussage, inwieweit durch die Verdampferanlage selbst im Umfeld gasexplosionsfähige Atmosphäre entstehen kann oder anzunehmen ist [4.33].

Die Anforderungen des technischen Regelwerkes (TRB 801 Nr. 25), insbesondere dessen sicherheitstechnischen Erfordernisse sind auch herstellerseitig Standard für Verdampferanlagen [4.30].

Abb. 4.53 *Flüssiggasverdampferstation (Naßverdampfer, indirekt elektrisch beheizt), Ansicht (Werksbild Torpedo, © Studio Radeloff, Pinneberg)*

Abb. 4.54 *Kompaktflüssiggasverdampferstation (Naßverdampfer, indirekt elektrisch beheizt), Ansicht (Werksbild Torpedo, © Studio Radeloff, Pinneberg)*

4.4 Flüssiggasverdampfer

Abb. 4.55 Kompaktflüssiggasverdampferstation (Naßverdampfer, indirekt elektrisch beheizt, Zone 1, Ex-B), Ansicht (Werksbild Torpedo, © Studio Radeloff, Pinneberg)

Abb. 4.56 Flüssiggasverdampferstation (Naßverdampfer, warmwasserbeheizt), Ansicht (Werksbild Torpedo, © Studio Radeloff, Pinneberg)

Abb. 4.57 Kompaktflüssiggasverdampferstation (Naßverdampfer, warmwasserbeheizt), Ansicht (Werksbild Torpedo, © Studio Radeloff, Pinneberg)

Die Auslegung (Berechnung) dieser Verdampfer garantiert unter allen spezifizierten physikalischen Bedingungen eine Verdampfung innerhalb des Verdampferregisters die heute nach TRB 801 Nr. 25 geforderte Redundanz der Überflutungssicherung wird standardmäßig thermisch realisiert. Die technische Diskussion in der Flüssiggasbranche mit dem Ziel, den Stand der Sicherheitstechnik weiter zu erhöhen, fand parallel zu Neuentwicklungen durch Hersteller statt [4.30]. Die neu entwickelte redundant diversitäre Sicherheitseinrichtung für den Überflutungsschutz als wartungsfreie Ultraschallimpulsüberwachung der Flüssigphase im Verdampfer ist Ausdruck dessen.

Tabelle 4.13 Kriterien zur Zoneneinteilung explosionsgefährdeter Bereiche nach [4.33]

Zone	Definition
0	Bereiche, in denen gefährliche explosionsfähige Atmosphäre durch Gase, Dämpfe oder Nebel ständig oder langzeitig vorhanden ist.
1	Bereiche, in denen damit zu rechnen ist, daß gefährliche explosionsfähige Atmosphäre durch Gase, Dämpfe oder Nebel gelegentlich auftritt.
2	Bereiche, in denen damit zu rechnen ist, daß gefährliche explosionsfähige Atmosphäre durch Gase, Dämpfe oder Nebel selten und dann auch nur kurzzeitig auftritt.

4.4 Flüssiggasverdampfer

Abb. 4.58 Flüssiggasverdampferstation (Naßverdampfer, dampfbeheizt/indirekt elektrisch beheizt), Ansicht (Werksbild Torpedo, © Studio Radeloff, Pinneberg)

In Abhängigkeit der zur Verfügung stehenden Energieart für die Verdampfung gibt es eine Reihe von Möglichkeiten, die geforderte Leistung über eine der unten aufgeführten Verdampferarten zu realisieren (siehe auch Tabelle 4.26). Außer Verdampfern nach dem Standardprogramm werden auch kombiniert beheizte Verdampfer gebaut, wobei die Energiekombination entweder aus Elektro/Dampf oder Elektro/Warmwasser oder auch allen drei Variationen besteht. Die Lieferung kompletter, verdampferunterstützter Gasversorgungsanlagen in Kompaktbauweise ist möglich [4.30].

- *Trockenverdampfer — für Zone 2:*
  Die Ex-Schutzanforderungen der Zone 2 werden erfüllt. Trockenverdampfer [4.34] sind nahezu wartungsfrei und betriebsbereit nach Einbindung in das Versorgungsnetz. Als Wärmeträger dient ein massiver Thermoblock in dem Heiz- und Verdampferregister lunkerfrei eingegossen sind. Diese Verdampfer gibt es in thermostatgeregelter Ausführung und wahlweise in PT100-bestückter MSR-Technik.

- *Naßverdampfer — für Zone 1:*
  Die Verdampfer mit flüssigem Wärmeträger (Naßverdampfer) werden überwiegend für Nennleistungen >100 kg/h und in PTB-abgenommener Ex-Schutzausführung (Ex od 2G3) zur Aufstellung in der Ex-Zone 1, also auch im entsprechenden explosionsgefährdeten Bereich des Lagertanks, gefertigt. Diese Verdampferart gibt es in zwei Ausführungen: als Schrankverdampfer mit indirekt elektrischer Heizung, wahlweise mit Dampf-

heizregister sowie als zylindrischen Verdampfer, warmwasserbeheizt. In beiden Fällen wird die Verdampfungsenergie über einen flüssigen Wärmeträger auf das Flüssiggas übertragen.

Zur Erhöhung der Betriebssicherheit sind folgende Einrichtungen eingeführt [4.30]:

- *Zusätzliche redundante diversitäre Absicherung gegen Überflutung/Rekondensation:*
  Physikalisch bedingt ist sicherzustellen, daß der Taupunkt in der Gasfortführungsstrecke ab Verdampferaustritt nicht unterschritten wird. Hersteller gehen neue Wege, sowohl den Verdampferraum als auch die dem Verdampfer nachgeordnete Rohrstrecke vor den Folgen von Überflutung und Rekondensation zu schützen. Berührungslos wird über einen hochfrequenten Ultraschallimpuls das Auftreten von Flüssigphase ohne Zeitverzögerung sicher erkannt und in der weiteren Betriebsweise völlig wartungsfrei auf das Not-Aus-System geleitet.

- *Zusätzliche Absicherung gegen Überflutung/Rekondensation:*
  Die bisher bewährte thermoelektrische Absicherung mittels Thermostat und Magnetventil in der Flüssigphase wurde um eine neue Flüssiggasfalle ergänzt, um die nachgeschaltete Anlage, insbesondere bei großen Folgen von plötzlich auftretenden Überlastungssituationen zu schützen. Bei Eintreten von Rekondensation sammelt sich Flüssiggas im Gehäuse der Flüssiggasfalle. Mittels Niveauabschaltung wird die Anlage automatisch außer Betrieb genommen.

- *Niveauüberwachung des Wärmeträgerraumes:*
  Erfahrungen haben gezeigt, daß bei mangelnder Wartung bei Absinken der Wärmeträgerflüssigkeit durch freiliegende Registerflächen neben Korrosionsangriff eine Leistungsminderung des Verdampfers bis hin zum Störfall eintreten kann. Über eine Niveauabschaltung wird der Wärmeträgerstand überwacht und bei einer Abweichung vom Normalzustand optisch an der Schalttafel vor Eintreten des Störfalles signalisiert.

- *Gasleckagensicherung:*
  Die im Verdampferraum integrierte Gasleckagensicherung erfüllt die Forderung der TRB 801, Nr. 25, nach Überwachung der Atmungsleitung bei stehendem Wärmeträger auf Gaskonzentration. Obwohl Undichtigkeiten am Verdampferregister nur als Folge einer mangelhaften Wartung auftreten können, wird mit dieser Gasleckagensicherung die Eigenüberwachung des Verdampfers wesentlich verbessert. Die eingesetzte Gasleckagenüberwachung erkennt bereits eine sehr geringe Ansammlung von Gas im Wärmeträgerraum und schaltet den Verdampfer im Störfall sofort ab. Die Leckagenüberwachung stellt sicher, daß Gas aus dem Verdampfergehäuse weder unkontrolliert ins Freie noch in den möglicherweise angeschlossenen Wärmeträgerkreislauf entweichen kann. Der Störfall wird optisch/akustisch an geeigneter Stelle signalisiert.

Verdampfer neuerer Generationen sind in gewisser Weise selbstüberwachend. In jedem Fall erlaubt es der heutige technische Standard, Verdampferanlagen und periphere Anlagenausstattung so zu wählen, daß sie allen Ansprüchen nach hoher Betriebssicherheit, sicherer Überwachung und einfacher Wartung gerecht wird.

4.4.2 Aufstellung und Betrieb von Flüssiggasverdampfern

Bei der Aufstellung und beim Betreiben von Verdampferanlagen einzuhaltende Forderungen sind u. a. in [4.31–4.32] enthalten. DIN 30 696, Fassung Juni 1991 [4.31] verlangt dazu:

- Verdampfer sind nur im Freien oder in einem dem Betrieb der Anlage dienenden Raum aufzustellen.

4.4 Flüssiggasverdampfer

- Bei Aufstellung in o. g. Räumen sind weitere Forderungen zu verwirklichen.
  - Der „Raum" ist mindestens allgemein feuerhemmend (F 30) auszuführen, aber gegenüber Nachbarräumen in F 90 (feuerbeständig) abzutrennen.
  - Der Raum muß ausreichend be- und entlüftet sein, wobei die Entlüftung in Bodennähe wirken muß. Die Lüftungsöffnungen ins Freie müssen mind. je 1% der Bodenfläche ausmachen, aber mindestens insgesamt 400 cm^2 freien Durchströmquerschnitt haben.
  - Elektrische Betriebsmittel in den Räumen sind nach DIN/VDE 57 165 auszuwählen.
  - Der Raum muß in Verbindung mit Anlagen der Gruppe C und D nach TRB 801, Nr. 25, Anlage, durch eine Gaswarneinrichtung überwacht werden, die in das Not-Aus-System der Anlage einbezogen ist.
- Verdampfer dürfen grundsätzlich nicht unter Erdgleiche aufgestellt werden.
- Innerhalb explosionsgefährdeter Bereiche dürfen nur Verdampfer nachstehender Bauart aufgestellt sein:
  - Verdampfer mit elektrischer Beheizung und Ausrüstung nach VDE 0171
  - Verdampfer, die durch Warmwasser, Wärmeträgeröl oder Dampf beheizt werden, wenn die Aufheizung des Wärmeträgers außerhalb des Aufstellungsraumes oder außerhalb des gasexplosionsgefährdeten Bereiches erfolgt. Elektrische Ausrüstungen müssen der VDE-Bestimmung 0171 Abschnitt III entsprechen.

Des weiteren sind die Anforderungen der „Richtlinien für die Vermeidung der Gefahren durch explosionsfähige Atmosphäre mit Beispielsammlung Explosionsschutzrichtlinie (Ex-RL)", Ausgabe 9/90 [4.33] zu verwirklichen. Nach dieser Vorschrift ist bei der Aufstellung von Verdampfern im Freien, unabhängig von der Verdampferleistung, bei guter Umlüftung kein explosionsgefährdeter Bereich um den Verdampfer anzunehmen (lfd. Nr. 1.1.8.2.1.3. und 1.1.8.2.2.2. der Beispielsammlung zur Ex-RL [4.33]):

Bei Verdampfern mit einer Leistung über 48 kg/h und eingeschränkter Umlüftung bei Aufstellung im Freien ist ein kugelförmiger gasexplosionsgefährdeter Bereich Zone 2 mit einer Ausdehnung von 3 m von der Verdampferanlage zu erklären.

Bei Verdampferanlagen mit einer Leistung bis 48 kg/h und Aufstellung in besonderen Räumen oder Schränken ist bei ausreichender natürlicher oder technischer Durchlüftung im Raum/Schrank oder im Umfeld mit keiner gasexplosionsfähigen Atmosphäre zu rechnen (Abschnitt 1.1.8.2.1.2. der Beispielsammlung zur Ex-RL [4.33]). Schließlich ist bei Ver-

Tabelle 4.14 Ausrüstungen von elektrisch beheizten Trockenverdampfern bis 100 kg/h Verdampfungsleistung [4.25]

Ausrüstungen	Menge	Bemerkung
Sicherheitsventil gegen Drucküberschreitung	1	am Verdampferausgang in der Gasphase
Flüssigkeitsabscheider mit Höchstandüberwachung und Heizungsabschaltung	1	am Verdampferausgang in der Gasphase
Doppelthermostat im Wärmeträger	1	hält Gasausgangstemperatur zwischen 40 und 80 °C
Temperaturbegrenzer	1	als Überhitzungsschutz
Magnetventile	2	am Verdampfereingang

Tabelle 4.15 Einrichtungen bei elektrisch beheizten Trockenverdampfern bis 100 kg/h Verdampfungsleistung [4.25]

Einrichtungen	Menge	Bemerkung
Aufstellung der Verdampfer nur im Freien oder im Betrieb der Anlage dienenden Räumen	–	Räume mind. F 30, zu Nachbarräumen F 90, mit Be- und Entlüftung in Bodennähe (Größe je 1/100 der Bodenfläche)
Aufstellung der Verdampfer nicht unter Erdgleiche	–	
Ex-Zone 2 • Bei Aufstellung in Räumen • Im Freien, bei eingeschränkter Umlüftung	Raum 3 m	nur bei Verdampfern > 48 kg/h, sonst keine Ex-Zonen

Tabelle 4.16 Ausrüstungen von Naßverdampfern mit offenem Heizsystem [4.25]

Ausrüstungen	Menge	Bemerkung
Sicherheitsventil gegen Drucküberschreitung	1	am Verdampferausgang in der Gasphase
Flüssigkeitsabscheider mit Höchststandüberwachung und Heizungsabschaltung	1	am Verdampferausgang in der Gasphase
Magnetventile	2	am Verdampferausgang
Magnetventile mit Heizungsvor- und Rücklauf, gesteuert über Not-Aus	je 1	nur bei warmwasser- oder dampfbeheizten zur Heizungsabschaltung
Inhaltsanzeiger mit Sollstandmarke für Flüssigkeitsstand des Wärmeträgers	1	
Doppelthermostat in der Gasphase	1	am Verdampferausgang
Thermometer in der Gasphase	1	am Verdampferausgang
Manometer in der Gasphase	1	am Verdampferausgang
Doppelthermostat im Wärmeträger	1	als Sicherheitstemperaturbegrenzer und Untertemperatursicherung
Thermometer im Wärmeträger	1	
Gaswarneinrichtung oder Strömungswächter in der Entlüftungsleitung des Wärmeträgers	1	als Gasleckagensicherung bei Bruch des Verdampferregisters. Signale müssen Not-Aus auslösen.
Gassensor beim Verdampfer	1	erst ab Gruppe C
Abschaltung bei Not-Aus	–	erst ab Gruppe C

4.4 Flüssiggasverdampfer

Tabelle 4.17 Einrichtungen bei Naßverdampfern mit offenem Heizsystem [4.25]

Einrichtungen	Menge	Bemerkung
Aufstellung des Verdampfers nur im Freien oder in Betrieb der Anlage dienenden Räumen	–	Räume mind. F 30, zu Nachbarräumen F 90, mit Be- und Entlüftung in Bodennähe (Größe je 1/100 oder Bodenfläche) Aufstellung der Verdampfer nicht unter Erdgleiche
Aufstellung der Verdampfer nicht unter Erdgleiche	–	
Elektrische Einrichtungen Ex-Zone 2	–	bei Aufstellung im Raum nur, wenn keine mechanische Lüftung im Raum montiert ist, sonst keine Ex-Zone
Ex-Zone 2 • bei Aufstellung in Räumen • im Freien, bei eingeschränkter	Umlüftung	Raum 3 m

Tabelle 4.18 Ausrüstungen von Naßverdampfern mit geschlossenem Heizsystem [4.25]

Ausrüstungen	Menge	Bemerkung
Sicherheitsventil gegen Drucküberschreitung	1	am Verdampferausgang in der Gasphase
Flüssigkeitsabscheider mit Höchststandüberwachung und Heizungsabschaltung	1	am Verdampferausgang in der Gasphase
Magnetventile	2	am Verdampferausgang
Magnetventile im Heizungsvor- und Rücklauf, gesteuert über Not-Aus	je 1	nur bei warmwasser- oder dampfbeheizten zur Heizungsabschaltung
Höchstdruckbegrenzer im Wärmeträger	1	mit Alarm und Heizungsabschaltung
Sicherheitsventil im Wärmeträger	1	
Doppelthermostat in der Gasphase	1	am Verdampferausgang
Thermometer in der Gasphase	1	am Verdampferausgang
Manometer in der Gasphase	1	am Verdampferausgang
Doppelthermostat im Wärmeträger	1	als Sicherheitstemperaturbegrenzer und Untertemperatursicherung
Thermometer im Wärmeträger	1	
Gassensor beim Verdampfer	1	erst ab Gruppe C
Abschaltung bei Not-Aus	–	erst ab Gruppe C

Tabelle 4.19 Einrichtungen bei Naßverdampfern mit geschlossenem Heizsystem [4.25]

Einrichtungen	Menge	Bemerkung
Aufstellung des Verdampfers nur im Freien oder in Betrieb der Anlage dienenden Räumen	–	Räume mind. F 30, zu Nachbarräumen F 90, mit Be- und Entlüftung in Bodennähe (Größe je 1/100 oder Bodenfläche)
Aufstellung der Verdampfer nicht unter Erdgleiche	–	
Elektrische Einrichtungen Ex-Zone 2	–	bei Aufstellung im Raum nur, wenn keine mechanische Lüftung im Raum montiert ist, sonst keine Ex-Zone
Ex-Zone 2 • bei Aufstellung in Räumen • im Freien, bei eingeschränkter Umlüftung	Raum 3 m	nur bei Verdampfern > 48 kg/h, sonst keine Ex-Zonen

dampferanlagen in besonderen Räumen bei ausreichender natürlicher Durchlüftung und einer Verdampferleistung mehr als 48 kg/h im gesamten Raum explosionsfähige Atmosphäre, Zone 2, anzunehmen (Abschnitt 1.1.8.2.2.1. der Beispielsammlung zur Ex-RL [4.33]).

Wird in diesem Fall der Raum zwangsweise überwacht durchlüftet („Technische Lüftung") – siehe E 1.3.4.2. der Ex-RL [4.33] –, ist im Raum keine Gasexplosionsgefährdung anzusetzen.

Das Sicherheitsventil ist Bestandteil der Verdampferanlage.

Jedem Verdampfer muß der Hersteller eine Aufstellungs- und Betriebsanleitung sowie einen Anschlußplan und den Programmablauf der verwendeten Regel- und Sicherheitseinrichtungen beifügen, mit denen der Hersteller Verantwortung dafür übernimmt (Produkthaftung).

In [4.25] werden die wichtigsten Anforderungen an die Ausrüstung und die Aufstellung der Flüssiggasverdampfer tabellarisch zusammengefaßt. Diese finden sich in den Tabellen 4.14 bis 4.19.

4.5 Druckregler

Gasdruckregelgeräte dienen zur Minderung eines z. B im Druckbehälter/Druckgasbehälter vorhandenen Vordruckes auf einen definierten Druck hinter dem Regelgerät, mit dem die nachgeschaltete Rohrleitungsanlage beaufschlagt ist. Hierbei sind bestimmte Genauigkeitsanforderungen zu erfüllen; grundsätzliche Ausführungen zur Gasdruckregelung finden sich beispielsweise in [4.35]. Eine übersichtliche Einführung in das technische Regelwerk bietet [4.36], weitere Informationen zu Gasdruckreglern enthalten [4.15], [4,16, 4.17], [4.36–4.39].

In der Flüssiggastechnik muß üblicherweise von Behälterdruck ($\hat{=}$ Dampfdruck des Flüssiggases) auf den Druck der Abnehmeranlage (Nenndruck 50 mbar) geregelt werden. Aufgrund der großen Druckdifferenz wird die Druckregelung oft zweistufig vorgenommen.

Die 1. Druckregelstufe und Druckreduzierung erfolgt auf den sog. Mitteldruck. Damit ist ein Druckbereich zwischen ca. 0,7 bar und 1,5 bar gemeint, der anlagenspezifisch festgelegt werden kann. Vor allen Dingen bei großen Leitungslängen (Behälter weit entfernt vom Ver-

4.5 Druckregler

braucher) wird das Gas mit dieser Druckstufe i. d. R. bis in die Nähe des Verbrauchers fortgeleitet, weil der höhere Fortleitungsdruck bei der Rohrleitungsauslegung geringere Leitungsquerschnitte ermöglicht.

Erst vor den Verbrauchern liegt dann die 2. Druckregelstufe mit einer Regelung und Reduzierung auf den sog. Niederdruck. In der Mehrzahl der Fälle wird direkt auf 50 mbar(Ü) geregelt und das Gas den Verbrauchsanlagen mit Nennanschlußdruck zur Verfügung gestellt. Für industrielle Gasabnehmer werden auch andere Stufungen gewählt.

Ab 100 mbar unterliegen die Druckregler und die Rohrleitungen der DruckbehV. Regelgeräte, die für größere Drücke ausgelegt sind, müssen der DIN 4811 entsprechen und DIN-DVGW zugelassen sein.

Die o. g. Regelvarianten gibt es auch als Mittel-/Niederdruck-Reglerkombination in einem Bauteil. Die Druckregelung erfolgt dann von Behälterdruck direkt auf 50 mbar. Diese Art von Reglerkombinationen sind als sog. Tank- oder Flaschenregler bekannt. Sie werden direkt am Gasentnahmeventil des Lagerbehälters oder der Gasflasche angebracht.

Druckregler können gemäß Tabelle 4.20 klassifiziert werden. Mitteldruckregler werden i. d. R. direkt an einer Flasche oder einem Lagerbehälter angebracht, sie sind teilweise fest eingestellt (z. B auf 0,7 bar oder 1,5 bar) aber auch frei in diesem Druckbereich einstellbar. Die Festlegung erfolgt anlagenspezifisch, unter Berücksichtigung der nachgeschalteten Rohrleitungsquerschnitte.

Regler mit kleineren Leistungen haben i. d. R. Schraubverbindungen. Größere Industrieregler sind mit Flanschverbindungen ausgeführt. Einige beispielhafte Abbildungen finden sich nachfolgend (Abb. 4.59–4.61).

Mitteldruckregler können mit Sicherheitsabsperrventilen (SAV) ausgerüstet sein, müssen es aber nur dann, wenn die Leitungen hinter dem Mitteldruckregler sowie die nachgeschalteten Niederdruckregler nicht der Druckstufe PN 25 genügen. Ist das nachgeschaltete Gerät kein Niederdruckregler, sondern ein Verbrauchsgerät, das im Mitteldruckbereich arbeitet, so muß ein SAV vorgeschaltet sein.

Das SAV ist vor dem Regler montiert, mit einer Impulsleitung wird der Druck nach dem Regler erfaßt. Steigt der geregelte Hinterdruck auf einen unzulässigen Wert an (z. B. bei

Tabelle 4.20 Übersicht Druckregelgeräte für Flüssiggas [4.25]

Varianten Druckregler	
Mitteldruckregler ca. 0,7 bis 1,5 bar	
ohne SAV und SBV bzw. Sicherheitsmembran	Ausführung „f" im Freien
mit SAV und SBV bzw. Sicherheitsmembran	Ausführung „f" im Freien
ohne SAV und SBV bzw. Sicherheitsmembran	Ausführung „f" in Gebäuden
mit SAV und SBV bzw. Sicherheitsmembran	Ausführung „f" in Gebäuden
Niederdruckregler ca. 20 bis 200 mbar (normal 50 mbar)	
mit SAV und SBV bzw. Sicherheitsmembran	Ausführung „f" im Freien
mit SAV und SBV bzw. Sicherheitsmembran	Ausführung „f" in Gebäuden

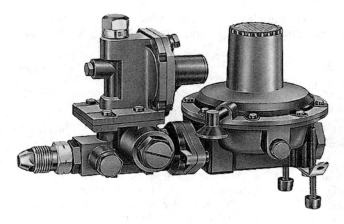

Abb. 4.59 *Vorstufenregler (Mitteldruckregler) 60 kg/h, PN 25 (Druckregelgerät 1. Stufe gemäß DIN 4811 T. 5, mit SAV und SBV, „f")(Werksbild GOK)*

Abb. 4.60 *Druckregelgerät 1. Stufe PN 40 (Werksbild FAS)*

Abb. 4.61 *Druckregelgerät 1. und 2. Stufe PN 40, mit Steuerregler (Werksbild FAS)*

4.5 Druckregler

Bruch der Reglermembrane), so schließt das SAV vor dem Regler und verhindert, daß die nachgeschalteten Einrichtungen einem unzulässigen Druck ausgesetzt werden.

Der Regler muß komplementär zum SAV immer mit einem SBV ausgestattet sein, nur dann gilt der eingestellte Hinterdruck als gesichert.

Zuordnungen der Sicherheitseinrichtungen zum Druckregler sind in Abb. 4.62 dargestellt. Tabelle 4.21 faßt die Anforderungen an die Ausrüstung von Mitteldruckreglern zusammen.

Für die Auslegung von Gasdruckregelgeräten sind die vom Hersteller angegebenen Kennlinien maßgebend. Die Abb. 4.63 und 4.64 zeigen einige Beispiele, die unmittelbar für Flüssiggas ermittelt worden sind.

Der relative Durchfluß q_{rel} ist hier als Verhältnis von tatsächlichem zu maximalem Gasmengenstrom definiert worden:

$$q_{rel} = \frac{q}{q_n}$$

mit q in [kg/h].

Nicht immer, z. B. für den Regler gemäß Abb. 4.61, stehen diese detailliert für Flüssiggas aufbereiteten Kennlinien zur Verfügung. Das Auswahldiagramm dieses Reglers wurde in [4.38] für Erdgas aufgezeichnet.

Im Grundsatz ist wie bei der Ermittlung der Druckverluste von SAV (siehe Abschnitt 4.3.8) zu verfahren:

Aus dem Volumenstrom Flüssiggas $q_{n,FLG}$, der durch den Regler durchgesetzt werden soll, muß über

$$q_{n,EG} = \frac{q_{n,FLG}}{f} \quad [m^3/h]$$

der „äquivalente Erdgasvolumenstrom" berechnet werden. Mit dessen Hilfe ist die Auslegung des Reglers gemäß den Kennlinienfeld in [4.38] vorzunehmen.

Tabelle 4.21 Ausrüstungen Mitteldruckregler mit SAV und SBV [4.25]

Ausrüstungen	Menge	Bemerkung
Druckstufe PN 25	–	
SAV	1	nur wenn nachgeschaltete Rohrleitungen und Armaturen nicht in PN 25 ausgeführt sind
SBV	1	nur wenn nachgeschaltete Rohrleitungen und Armaturen nicht in PN 25 ausgeführt sind
Kennzeichnung nach DIN 4811	–	• Hersteller oder eingetragenes Warenzeichen • Typbezeichnung • DIN-DVGW-Zeichen mit Registriernummer • Nenndurchfluß in kg/h • Baujahr • PN 25 • Ausgangsdruck Die Durchflußrichtung muß durch einen Pfeil auf dem Gehäuse angegeben sein.

Gasdruckregler mit Sicherheitsabsperrventil (SAV) und Sicherheitsabblaseventil (SBV)

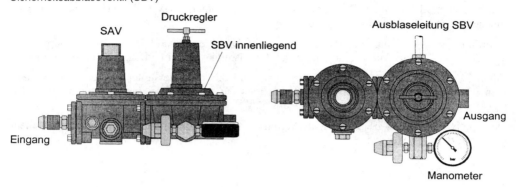

Sicherheitsabsperrventil (SAV) und Gasdruckregler mit Sicherheitsabblaseventil (SBV)

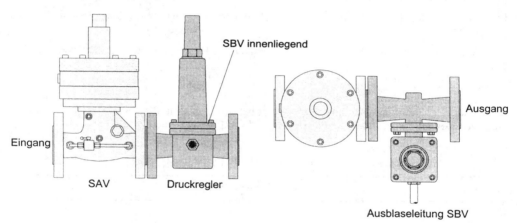

Abb. 4.62 *Mitteldruckregler mit SAV und SBV [4.25]*

Diese Vorgehensweise läßt sich wie folgt begründen:

Für die Durchströmung des Ventilquerschnittes eines Reglers kann grundsätzlich geschrieben werden:

$$\dot{V}_{EG} \approx k_1 \sqrt{\frac{\Delta p}{\varrho_{EG}}} = k_1 \frac{\sqrt{\Delta p}}{\sqrt{\varrho_{EG}}}; \quad \dot{V}_{FLG} \approx k_1 \sqrt{\frac{\Delta p}{\varrho_{EG}}} = k_1 \frac{\sqrt{\Delta p}}{\sqrt{\varrho_{FLG}}}$$

Für die Reglerauswahl läßt sich über $\dot{V}_{EG} = \dot{V}_{FLG}$ und $\Delta p = $ const. mit der dann geltenden Bedingung $k_1 \sqrt{\Delta p} = $ const. folgender Zusammenhang entwickeln:

$$\dot{V}_{EG} \sqrt{\varrho_{EG}} = \dot{V}_{FLG} \sqrt{\varrho_{FG}} \quad \text{oder} \quad \dot{V}_{FLG} = \dot{V}_{EG} \sqrt{\frac{\varrho_{EG}}{\varrho_{FLG}}}$$

$$\dot{V}_{FLG} = \dot{V}_{EG} \cdot f$$

4.5 Druckregler

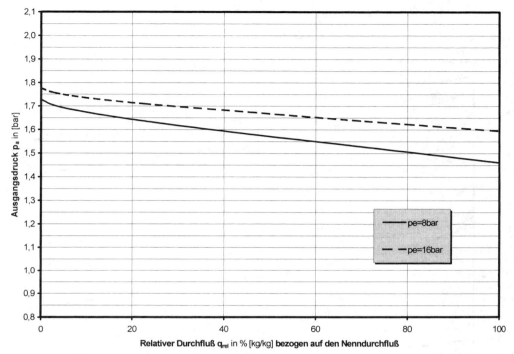

Abb. 4.63 *Druckreglerkennlinie Druckregelgerät 1. Stufe, $q_n = 60$ kg/h (Werksangaben GOK)*

mit $f = \sqrt{\dfrac{\varrho_{EG}}{\varrho_{FLG}}}$

Dieser Ausdruck ist identisch mit der früher angegebenen Berechnungsgleichung

$$q_{n,\,FLG} = q_{n,\,EG} \cdot f \quad [m^3/h]$$

f kann wiederum Tabelle 4.9 entnommen werden, Abweichungen in den Angaben verschiedener Hersteller, die durch die Wahl der Vergleichserdgasdichte bedingt sein können, wären zu beachten.

Die 2. Druckregelstufe, die sog. Niederdruckregler werden i. d. R. in der Nähe von Verbrauchern angebracht. Niederdruckregler sind i. d. R. fest (auf 50 mbar(Ü)) eingestellt, sind aber auch als individuell einstellbare Geräte verfügbar. Regler mit kleineren Leistungen haben zumeist Schraubverbindungen. Größere Industrieregler sind mit Flanschanschlüssen ausgeführt.

Niederdruckregler müssen mit einem Sicherheitsabsperrventil (SAV) ausgerüstet sein, um den nachgeschalteten Verbraucher zu schützen. Das SAV ist vor dem Regler montiert, mit einer Impulsleitung, die hinter dem Regler abgreift. Steigt der geregelte Hinterdruck aus irgend einem Grund auf einen unzulässigen Wert an (z. B. bei Bruch der Reglermembrane), so schließt das SAV vor dem Regler und vermeidet, daß die nachgeschalteten Einrichtungen einem unzulässigen Druck ausgesetzt werden.

Da der unzulässige Druck beim Ansprechen des SAV aber bereits ansteht, muß der Regler zusätzlich ein Sicherheitsabblaseventil (SBV) haben, das den Druck wieder abbaut. Ist der

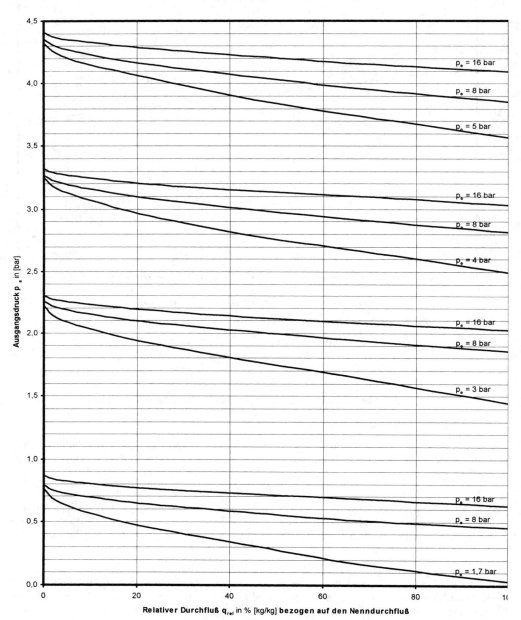

Abb. 4.64 Druckreglerkennlinie Druckregelgerät 1. Stufe, $q_n = 24$ kg/h (Werksangaben GOK)

4.5 Druckregler

Regler im Gebäude montiert, so muß für das SBV eine Abblaseleitung ins Freie verlegt werden. Alternativ zum SBV kann der Niederdruckregler auch eine Sicherheitsmembrane als gleichwertige Einrichtung besitzen. Eine Abblaseleitung ist dann nicht erforderlich.

Niederdruckregler müssen, wenn sie im Freien montiert werden, die Kennzeichnung „f" tragen. Wenn sie in Gebäuden montiert werden, müssen sie thermisch erhöht belastbar sein und die Kennzeichnung „t" besitzen.

Ein Niederdruckregler ist in Abb. 4.65 dargestellt, schematische Abbildungen finden sich in Abb. 4.66 und 4.67. In Tabelle 4.22 sind die Anforderungen an die Ausrüstung von Niederdruckreglern in Flüssiggasanlagen übersichtsweise zusammengestellt. In den Abbildungen 4.68 und 4.69 sind die Kennlinien ausgewählter Niederdruckregler angegeben.

Abb. 4.65 *Niederdruckregler für Industrieanlagen PN 16 (Druckregelgerät 2. Stufe gemäß DIN 33822, mit SAV und SBV) (Werksbild GOK)*

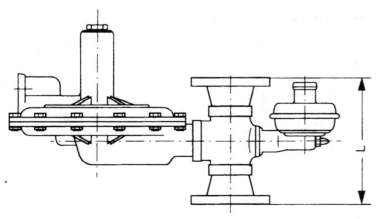

Abb. 4.66 *Niederdruckregler PN 16, mit SAV und SBV, schematisch (Werksbild FAS)*

Gasdruckregler mit Sicherheitsabsperrventil (SAV) und Sicherheitsabblaseventil (SBV)

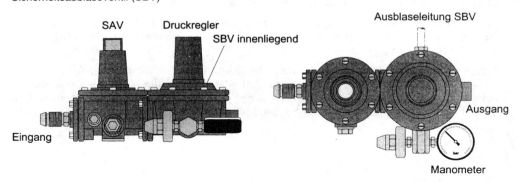

Gasdruckregler mit Sicherheitsabsperrventil (SAV) und Sicherheitsabblaseventil (SBV)

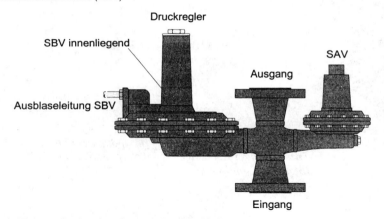

Abb. 4.67 *Niederdruckregler mit SAV und SBV [4.25]*

4.5 Druckregler

Tabelle 4.22 Ausrüstungen Niederdruckregler mit SAV und SBV [4.25]

Ausrüstungen	Menge	Bemerkungen
Druckstufe PN 25	–	
SAV	1	
SBV	1	
Abblaseleitung für SBV	1	nur bei Montage in Gebäuden
Thermisch erhöht belastbar Kennzeichnung „f"	–	nur bei Montage in Gebäuden
Kennzeichnung „f"	–	nur bei Montage im Freien
Kennzeichnung nach DIN 4811	–	• Hersteller oder eingetragenes Warenzeichen • Typbezeichnung • DIN-DVGW-Zeichen mit Registriernummer • Nenndurchfluß in kg/h • Baujahr • PN 25 • Ausgangsdruck Die Durchflußrichtung muß durch einen Pfeil auf dem Gehäuse angegeben sein.

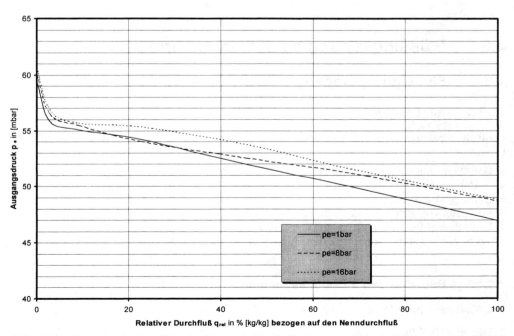

Abb. 4.68 Druckreglerkennlinie Druckregelgerät 2. Stufe, $q_n = 12$ kg/h (Werksangaben GOK)

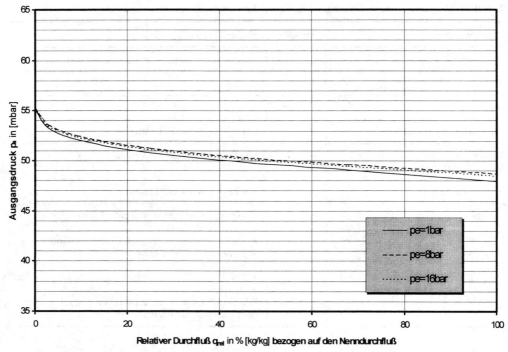

Abb. 4.69 *Druckreglerkennlinie Druckregelgerät 2. Stufe, $q_n = 6$ kg/h (Werksangaben GOK)*

4.6 Flüssiggaspumpen. Kompressoren

4.6.1 Flüssiggaspumpen

4.6.1.1 Allgemeines

Pumpen werden in Flüssiggasanlagen i. d. R. für folgende Förder- und Umfüllvorgänge benutzt:

- Befüllung von Straßentankwagen
- Befüllen von Flüssiggasflaschen
- Befüllen von Treibgastanks
- Entleeren von Eisenbahnkesselwagen
- Umfüllvorgänge von Tank zu Tank in Lägern
- Versorgung von Verdampfern oder Flüssigphaseverbrauchern.

4.6.1.2 Bauarten von Flüssiggaspumpen

Die häufigsten Bauarten der Pumpen sind:

- Seitenkanalpumpen
- Kreiselpumpen

4.6 Flüssiggaspumpen. Kompressoren

Seitenkanalpumpen stellen eine Sonderbauform der Kreiselpumpen dar. Beide sind Strömungsmaschinen. Verdrängerpumpen werden in der Flüssiggastechnik nur in besonderen Fällen eingesetzt.

Allgemeine Grundlagen zur Gestaltung und Planung von Anlagen mit Kreiselpumpen finden sich in [4.40—4.44]. Probleme, wie sie beim Fördern von Flüssiggasen nahe der Siedelinie auftreten sowie spezielle Aspekte des Betriebsverhaltens von Seitenkanalpumpen werden in [4.45—4.51] behandelt. Für einige Aspekte des Einsatzes von Verdrängerpumpen sei auf [4.52] verwiesen.

Seitenkanalpumpen nach DIN 24 254

Die häufigste Bauform von Seitenkanalpumpen ist die horizontale ein- oder mehrstufige Ausführung in Gliedergehäuse-Bauart (Abb. 4.70). Die einzelnen Seitenkanalstufen sind zwischen Saug- und Druckdeckel mit radial nach oben gerichteten Stutzen angeordnet. Damit wird erreicht, daß auch unter ungünstigen Einsatzbedingungen die Pumpe beim Abschalten nicht vollständig entleert wird (Abfallsicherheit) und beim erneuten Anfahren die Förderung wieder selbsttätig aufnimmt. Die Abdichtung der Welle, hier mit Gleitringdichtung dargestellt, kann den jeweiligen Anforderungen angepaßt werden. Mehrstufige Seitenkanalpumpen sind nach den sogenannten Wassernormpumpen und Chemienormpumpen (DIN 24 255/ 24 256 und ISO 2858) die am häufigsten vertretene Pumpenbauart in der chemischen Industrie. Der überregionalen Forderung der Anwender nach langfristig gewährleisteter Austauschbarkeit ganzer Pumpen wurde daher im Jahre 1979 durch die Schaffung der Norm DIN 24 254, Seitenkanalpumpen für schwere Anforderungen mit Nenndruck PN 40, entsprochen.

Mehrstufige Seitenkanalpumpen werden für Förderströme bis $Q = 35$ m³/h und Förderhöhen bis $H = 400$ m gebaut. Das Leistungsraster (Abb. 4.71) ist eng gestuft, so daß die Pumpe nach den Förderaufgaben gezielt ausgewählt werden kann. Innerhalb einer Baugröße bestimmt der Betriebspunkt die erforderliche Stufenzahl. Die Kennlinien in Abhängigkeit von Stufenzahl (max. 8 Stufen) und Förderstrom (Abb. 4.72) zeigen den relativ steilen $Q-H$-Verlauf. Durch diese Charakteristik, die sich aus der Wirkungsweise der Seitenkanalstufen ableitet, fällt auch die erforderliche Antriebsleistung. Seitenkanalpumpen unterscheiden sich in diesem Verhalten von Kreiselpumpen mit üblichen Zentrifugalrädern.

Die steile Kennlinie der Seitenkanalpumpen erleichtert das Einregeln des Förderstroms auf den gewünschten Betriebspunkt. Da der Leistungsbedarf mit zunehmendem Förderstrom ab-

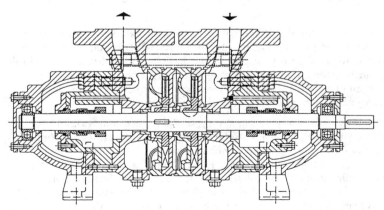

Abb. 4.70 *Seitenkanalpumpe in Gliedergehäusebauart (Werksbild SIHI)* [4.49]

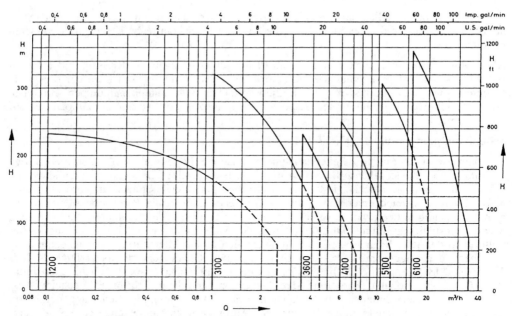

Abb. 4.71 Baureihenraster von Seitenkanalpumpen (Werksangaben SIHI) [4.49]

fällt, bietet sich hier, insbesondere bei größeren Pumpen, die Bypaß-Regelung an. So kann auf einfache Art elektrische Energie eingespart werden.

Pumpen im Kombisystem

Schaltet man eine Zentrifugalstufe mit einer oder mehreren Seitenkanalstufen in Reihe, so erhält man Seitenkanalkombisysteme (Abb. 4.73), in denen sich die einzelnen spezifischen Eigenschaften der Förderprinzipien vorteilhaft ergänzen. Die Seitenkanalstufe allein vermag beispielsweise aufgrund ihres Förderprinzips beachtliche Gasströme mitzufördern und selbst anzusaugen. Wird eine Zentrifugalstufe vorgeschaltet, so lassen sich zusätzlich gute NPSH-Werte erreichen. Mit dieser Funktionsteilung entstehen Pumpen, die im Rahmen des DIN-Baukastens besonders gut geeignet sind, Flüssigkeiten nahe dem Siedepunkt betriebssicher zu fördern.

Der Einlauf und das radiale Sauglaufrad (NPSH-Vorstufe) sind im Hinblick auf die Vermeidung von Kavitationserscheinungen für besonders niedrige NPSH-Werte optimiert. Die Förderhöhe des ersten Rades wird so abgestuft, daß der erforderliche Zulaufdruck der nachfolgenden Seitenkanalstufe auch unter ungünstigen Bedingungen sicher erbracht wird und eine kompakte Gliedergehäusebauart entsteht. Das innenliegende, flüssigkeitsgeschmierte Gleitlager auf der Saugseite ermöglicht einen strömungsgünstigen axialen Zulauf.

Im Vergleich zu anderen Bauarten von Pumpen (Abb. 4.74) werden mit Kombisystemen extrem günstige Zulaufhöhen bei siedenden Flüssigkeiten erreicht. Mit geringen Strömungsgeschwindigkeiten im Einlauf bei einer üblichen Drehzahl von $n = 1450$ l/min lassen sich erforderliche Zulaufhöhen von weniger als 0,5 m im Arbeitsbereich bis zu $Q = 35$ m³/h erzielen. Dadurch wird die anlagenseitige Installation einfach und der Kostenaufwand gering gehalten. Die Kombination mit nachgeschalteten Seitenkanalstufen gewährleistet, daß die Strömung auch bei teilweiser Ausgasung nicht abreißt und daß damit die Verfügbarkeit sichergestellt ist.

4.6 Flüssiggaspumpen. Kompressoren

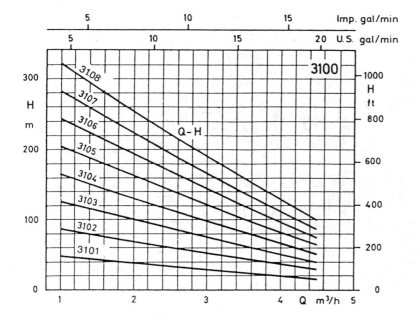

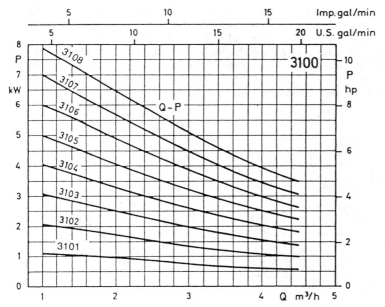

Abb. 4.72 Kennlinien mehrstufiger Seitenkanalpumpen, $n = 1450 \ min^{-1}$ (Werksangaben SIHI) [4.49]

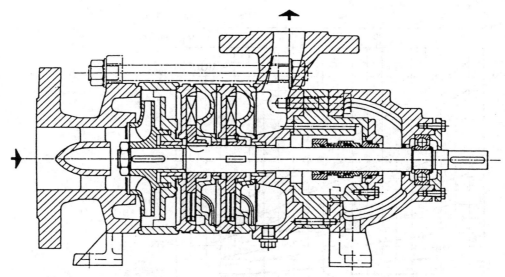

Abb. 4.73   Seitenkanalpumpe im Kombisystem (Werksbild SIHI) [4.49]

Pumpen mit Magnetantrieb
Die heute am häufigsten verwendeten Wellendichtungen in Kreiselpumpen sind Stopfbuchsen und Gleitringdichtungen. Beide bedürfen der Wartung. Die Stopfbuchse muß in kürzeren Zeitintervallen nachgedichtet werden, um ungewollte Leckraten und damit Produktverluste zu vermeiden. Die Gleitringdichtung entzieht sich zwar dem äußeren Eingriff, aber der Verschleiß der Gleitflächen und die damit ansteigende Leckrate zählt doch zu den häufigsten Schadensursachen in der Praxis. Wartungsaufwand und Verfügbarkeit der Pumpe werden damit vorrangig von der Art der Wellendichtung bestimmt.

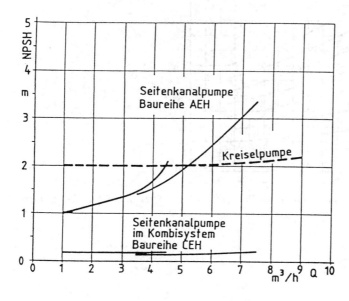

Abb. 4.74   Vergleich der NPSH-Werte verschiedener Pumpentypen [4.49]

4.6 Flüssiggaspumpen. Kompressoren

Nach Untersuchungen muß im Mittel je Pumpe mit den folgenden Leckraten gerechnet werden:

Stopfbuchse: 60 cm^3/h und Gleitringdichtung: 3 bis 12 cm^3/h. Diese Begleitumstände und die stärker gewordene Forderung, die Emissionswerte zu verringern, haben die Verfahrenstechnik und insbesondere die chemische Industrie bewogen, „stopfbuchslose" Pumpen vorzugsweise mit Magnetantrieb einzusetzen (Abb. 4.75).

Die wesentlichen Bestandteile einer permanentmagnetischen Synchron-Kupplung (Magnetantrieb) sind: Außenmagnet, Spalttopf und Innenmagnet. Das Drehmoment des Motors wird über das magnetische Feld vom angetriebenen Außen- auf den Innenmagneten übertragen. Die Kupplung arbeitet ohne Schlupf, d. h. Motor- und Pumpendrehzahl sind gleich. Der Spalttopf aus einem nichtmagnetisierbaren Werkstoff (z. B. Edelstahl) schließt den Innenraum der Pumpe „stopfbuchslos" ab, so daß eine Leckrate nach außen nicht möglich ist.

Um kompakte Kupplungen mit einer hohen Feldstärke zu erreichen, werden die Magnete aus einer Verbindung von Samarium mit Kobalt („Seltene Erden") hergestellt. Die innenliegenden Magnete sind in einen Edelstahlmantel dicht eingeschweißt, so daß Korrosion durch die zu fördernde Flüssigkeit ausgeschlossen ist. Der Pumpenläufer ist in verschleißfesten Gleitlagern z. B. aus Keramik (SiC) gelagert, die von der Förderflüssigkeit geschmiert werden. Der Spülstrom des druckseitigen Lagers führt gleichzeitig die Verlustwärme aus dem Kupplungsbereich ab. Bei kleineren Antriebsleistungen wird die kompakte Bauform mit angeflanschtem Normmotor bevorzugt.

4.6.1.3 Anlageneinbindung

Aus den o. a. Betriebscharakteristiken von Seitenkanalpumpen in Flüssiggasanlagen ergeben sich einige Besonderheiten, die bei der Anlagenplanung stets Beachtung finden sollten.

Die Abbildungen 4.76 und 4.77 zeigen die grundsätzliche Anlageneinbindung der Flüssiggaspumpe.

Bei der *Einbindung von Flüssiggaspumpen in Flüssiggasanlagen* gelten die folgenden allgemeinen Regeln [4.50]:

- Die Zulauf- bzw. Ansaugleitung zur Pumpe ist mit möglichst geringen Druckverlusten zu verlegen. Vor dem Pumpeneintritt ist eine Störung der Zuströmung durch Formteile, Filter/Schmutzfänger, Absperrarmaturen o. ä. zu vermeiden.
- Der Förderbereich der Pumpen (Kennlinienfeld) ist durch geeignete Maßnahmen einzuhalten.

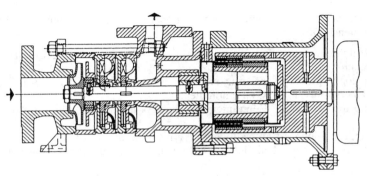

Abb. 4.75 Kombipumpe mit Magnetantrieb (Werksbild SIHI) [4.49]

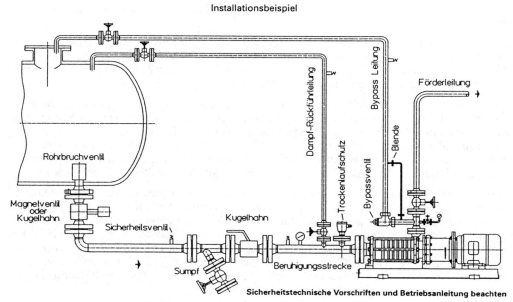

Abb. 4.76   Anlageneinbindung Flüssiggaspumpe [4.50]

- Umgangsleitungen von Druckseite zur Zulauf- bzw. Ansaugseite der Pumpe sind unzulässig. Der Bypassrückstrom vom Überströmventil ist zum Lagerbehälter zurückzuführen.
- Soll eine Pumpe für die Befüllung mehrerer Behälter mit verschiedenen Flüssiggasgemischen und unterschiedlichen Dampfdrücken eingesetzt werden, so sind dicht schließende Rückschlagventile oder andere geeignete Absperrorgane auf der Pumpendruckseite vorzusehen, damit die Betriebsflüssigkeit der Pumpe beim Umschaltvorgang nicht ausgeblasen werden kann.
- Vom Pumpenhersteller angegebene Mindestzulaufhöhen bzw. maximale Ansaughöhen sind exakt einzuhalten.
- Vom Zulaufstutzen der Pumpe zur Gasphase des Behälters sollte eine DN 25—DN 50-Leitung verlegt werden, um das Abströmen von in der Zulaufleitung gebildetem Dampf zu ermöglichen, so daß dieser nicht von der Pumpe gefördert werden muß (siehe Abb. 4.76).
- Die Zulaufleitung ist mindestens im Nenndurchmesser des Pumpenansaugstutzens zu verlegen.

Sowohl bei der *Anlageninbetriebnahme* als auch beim Betrieb der Flüssiggaspumpen sind folgende *Hinweise* zu beachten [4.50]:

— Die Pumpe ist nur anzufahren, wenn die Pumpe vollständig mit Flüssigkeit gefüllt ist (sorgfältiges Gasfreimachen).
— Der Betrieb der Pumpe gegen geschlossene druckseitige Absperrarmaturen ist zu vermeiden. Der Einbau eines Überströmventils ist zu empfehlen.
— Betriebspunkte außerhalb des zulässigen Kennlinienbereichs (Förderbereichs) sind zu vermeiden.
— Trockenlauf von Flüssiggaspumpen ist unbedingt zu vermeiden, da selbst kurzzeitiger Trockenlauf der Pumpe oft zu erheblichen Betriebsstörungen bis hin zur Zerstörung der Pumpe führen.

Spezielle Anforderungen für Flüssiggaspumpen im Saugbetrieb sind in [4.50] zusammengestellt.

4.6 Flüssiggaspumpen. Kompressoren

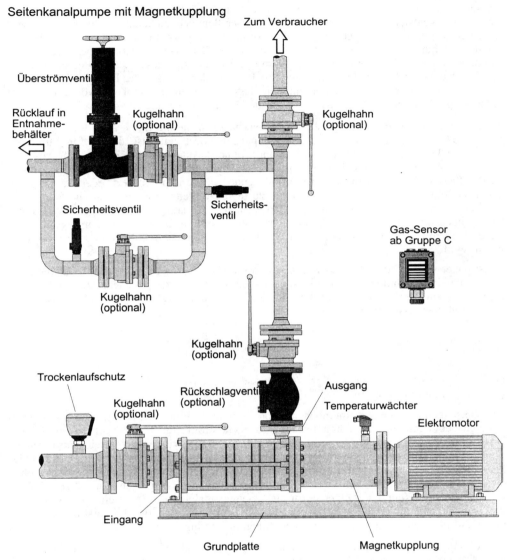

Abb. 4.77 Magnetisch gekuppelte Seitenkanalpumpe mit Überströmeinrichtung [4.25]

Flüssiggaspumpen sind wie alle Bauteile, die von Flüssigphase beaufschlagt sind, für einen Nenndruck von PN 25 zu bemessen.

4.6.1.4 Besonderheiten bei der Förderung von Flüssigkeits-Gas-Gemischen

Auf einige Besonderheiten der Mitförderung von Gasanteilen (Dampfanteilen) in Flüssigkeiten, wie sie beim Einsatz von Pumpen in Flüssiggasanlagen nie gänzlich ausgeschlossen werden können, wird in [4.51] näher eingegangen.

Kreiselpumpen werden zwar vorwiegend zur Flüssigkeitsförderung eingesetzt, die Mitförderung von ungelösten Gasen und Dämpfen ist aber dennoch nicht auszuschließen. So wird z. B. bei zu geringer Überdeckung der Saugöffnung beim Ansaugen aus offenen Behältern durch Undichtheiten in der Saugleitung zwischen den Flanschen, in den Absperrorganen und möglicherweise in der Stopfbuchse der Pumpe Luft mit angesaugt. Dieser Luftstrom ist in der Regel unkontrollierbar und unerwünscht. In besonderen Fällen, z. B. wenn Pumpen im Kavitationsbereich gefahren werden müssen, lassen sich durch Einblasen von Luft in die Zulaufleitung die schädlichen Auswirkungen der Kavitation verringern [4.51].

Anders ist es in verfahrenstechnischen Anlagen, wozu in diesem Sinne auch Flüssiggasanlagen zu zählen sind. Hier wird von der Pumpe zumindest zeitweise die Mitförderung von Gasen und Dämpfen aus dem Prozeß verlangt, ohne daß dabei der Fördervorgang aussetzt. Besondere Anforderungen stellen Flüssigkeiten, die nahe am Dampfdruck gefördert werden (z. B. Flüssiggase u. a.). Mit dem Ausscheiden und Anwachsen von Gas- oder Dampfblasen aus der Förderflüssigkeit ist besonders dann zu rechnen, wenn große geodätische Saughöhen zu überwinden sind, mehrere hintereinandergeschaltete Armaturen in der Saug- bzw. Zulaufleitung auch im geöffneten Zustand eine gewisse Drosselung bewirken oder infolge mangelhafter Isolierung (Wärmedämmung) der Saug- bzw. Zulaufleitung die Förderflüssigkeit erwärmt wird.

Es ist daher wichtig, das *Betriebsverhalten* und die *Einsatzgrenzen* einzelner Kreiselpumpenbauarten bei der Förderung von Flüssigkeits-Gasgemischen zu beachten. Der Einfluß des Gemisches auf die Kennlinien wird in der Regel in Abhängigkeit vom relativen Gasanteil q_{Gs} im Flüssigkeitsstrom erfaßt:

$$q_{Gs} = \frac{Q_G}{Q_F}$$

Q_G Gasstrom, auf saugseitige Verhältnisse bezogen
Q_F Flüssigkeitsstrom

Selbstansaugende Seitenkanalpumpen als eine besondere Bauart selbstansaugender Kreiselpumpen vermögen im stationären Betrieb große Gasströme mit der Flüssigkeit zu fördern. Im Extremfall, während der Evakuierung der Saugleitung, wird von der selbstansaugenden Seitenkanalpumpe ausschließlich Gas gefördert. Zwischen diesem Zustand und der Flüssigkeitsförderung ohne Gasanteil können in der Praxis übliche Flüssigkeits-Gasgemische ohne äußere Hilfseinrichtungen gefördert werden. Abbildung 4.78 zeigt den Einfluß des Gasanteils q_{Gs} auf die Kennlinien einer einstufigen Seitenkanalpumpe. Gasanteile von z. B. 10%, die bei Kreiselpumpen mit Radialrädern bereits zum Abreißen des Förderstromes führen, haben auf die Kennlinien der Seitenkanalpumpe nur geringen Einfluß.

Die Kennlinien mehrstufiger Seitenkanalpumpen lassen sich wie bei den normalsaugenden Kreiselpumpen näherungsweise aus den Werten einstufiger Pumpen ableiten, wenn man berücksichtigt, daß sich der relative Gasanteil jeweils um das Druckverhältnis der vorhergehenden Stufe verringert.

Seitenkanal-Kombipumpen, deren erste Stufe mit einem Zentrifugalrad ausgeführt ist, gehorchen weitgehend denselben Gesetzmäßigkeiten wie reine Seitenkanalpumpen. Wegen des günstigeren NPSH-Wertes werden diese Pumpen bevorzugt eingesetzt, wenn Flüssigkeiten nahe am Dampfdruck (Flüssiggas u. a.) mit wirtschaftlichem Aufwand gefördert werden sollen.

Um den Gas- bzw. Dampfanteil im Einlauf zur Pumpe gering zu halten und einen dauerhaft sicheren Betrieb der Anlage zu gewährleisten, sind die o. g. Anforderungen hinsichtlich der Aufstellung und Anlageneinbindung konsequent umzusetzen.

4.6 Flüssiggaspumpen. Kompressoren

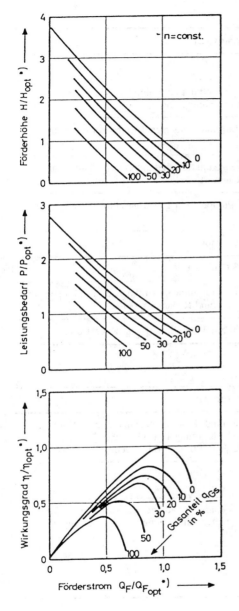

Abb. 4.78 *Einfluß des Gasanteils q_{Gs} auf die Betriebskennlinien einer selbstansaugenden Seitenkanalpumpe [4.51]*
*) Q_{Fopt}, H_{opt}, P_{opt}, η_{opt}: Werte im Punkt besten Wirkungsgrades bei $q_{Gs} = 0$

4.6.1.5 Ausrüstung und Aufstellung von Pumpen in Flüssiggasanlagen

Anforderungen hinsichtlich der Ausrüstung und Aufstellung von Pumpen in Flüssiggasanlagen ergeben sich im wesentlichen aus TRB 801 Anlage zu Nr. 25 [4.32] bzw. [4.33].

Die Angaben hinsichtlich der Ausrüstungen der Pumpen sind in Anlehnung an [4.25] in Tabelle 4.23 zusammengestellt, die hinsichtlich der notwendigen Einrichtungen finden sich in Tabelle 4.24.

4.6.2 Kompressoren

4.6.2.1 Allgemeines

Kompressoren werden in Flüssiggasanlagn i. d. R. für folgende Umfüllvorgänge benutzt:

- Befüllung von Straßentankwagen
- Entleeren von Eisenbahnkesselwagen
- Absaugen von Straßentankwagen
- Absaugen von Eisenbahnkesselwagen.

4.6.2.2 Bauarten von Flüssiggaskompressoren

In der Flüssiggastechnik werden Trockenlaufkompressoren bevorzugt [4.53]. Trockenlaufende Kompressoren werden zum Verdichten von Gasen eingesetzt, die nicht durch Schmieröl verunreinigt werden sollen. Das Flüssiggas wird von Trockenlaufkompressoren stets in der Gasphase gefördert, d. h. sie stehen saug- und druckseitig mit der Gasphase von Behältern in Verbindung. Eine Rückverflüssigung von gefördertem Gas erfolgt erst in dem Behälter, in den gefördert wurde, infolge von Entspannung und damit Abkühlung des Mediums unter die entsprechende Sättigungstemperatur.

Theoretische Grundlagen der Berechnung von Verdichtern sind in [4.43, 4.44] dargelegt. Für die Erdgasfortleitung, im Grundsatz jedoch auf die Flüssiggasförderung übertragbare Ansätze stellen *Fasold* und *Wahle* vor [4.54].

Tabelle 4.23 Ausrüstungen von Flüssiggaspumpen nach [4.25]

Ausrüstungen	Menge	Bemerkungen
Ex-geschützer Elektromotor	1	
Hochwertige dynamische Abdichtung des Pumpengehäuses	1	z. B. Magnetkupplung, doppelt wirkende Gleitringdichtung, etc.
Trockenlaufschutz	1	z. B. Strömungswächter, Differenzdruckschaltung, etc.
Temperaturwächter	1	nur wenn funktionsbedingt ein Heißlaufen zu befürchten ist
Überstömventil mit Rücklauf in den Entnahmebehälter	1	damit Pumpe nicht gegen geschlossenes System drückt
Gassensor	1	erst ab Gruppe C
Abschaltung bei Not-Aus	–	erst ab Gruppe C
Diverse Handkugelhähne (gemäß Abb. 4.77)	–	optional zum einfacheren Ausbau der Pumpen für Wartungs- und Reparaturarbeiten
Rückschlagventil (druckseitig)	1	optimal zur Verhinderung von Rückströmung

Tabelle 4.24 Einrichtungen bei Flüssiggaspumpen [4.25]

Einrichtungen	Menge	Bemerkungen
Aufstellung der Pumpen nur im Freien oder im Betrieb der Anlage dienenden Räumen	–	Räume mind. F 30, zu Nachbarräumen F 90, mit Be- und Entlüftung in Bodennähe (Größe je 1/100 der Bodenfläche)
Aufstellung der Pumpen nicht unter Erdgleiche		
Ex-Zonen bei Aufstellung in Räumen: Zone 1 (Kugelförmig) Zone 2 (Kegelförmig) Ex-Zonen bei Aufstellung im Freien Zone 1 (Kugelförmig) Zone 2 (Kegelförmig)	2 m 3 m 1 m 2 m	Keine brennbaren, anlagenfremden oder nicht exgeschützten Einrichtungen innerhalb dieser Bereiche

Abbildung 4.79 zeigt einen Verdichter, in Abb. 4.80 ist ein Trockenlaufverdichteraggregat mit Sicherheitseinrichtungen schematisch dargestellt. Trockenlaufkompressoren für Flüssiggas sind Verdrängermaschinen und als Hubkolbenverdichter ausgeführt. Angaben zu technischen Daten von Flüssiggaskompressoren finden sich beispielsweise in [4.10], [4.56, 4.57].

Trockenlaufkompressoren für Flüssiggas arbeiten in der Regel mit einem (maximalen) Druckverhältnis $\pi_V = p_{End}/p_{Ein} \approx 5-7$, wobei der minimale Ansaugdruck ca. 1,04 bar, der

4.6 Flüssiggaspumpen. Kompressoren

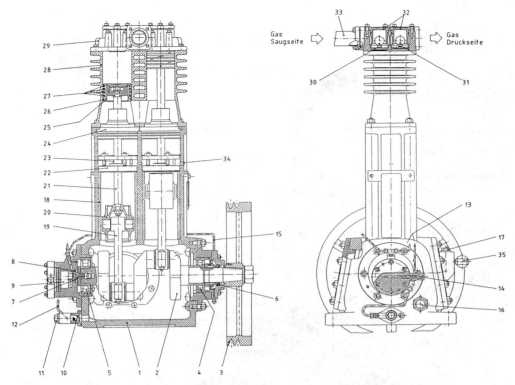

Abb. 4.79 *Flüssiggaskompressor (Trockenlaufkompressor) (Werksbild Josef Mehrer GmbH & Co. KG)*
1 Kurbelgehäuse; 2 Kurbelwelle; 3 Antriebsscheibe; 4 Vorderes Lager; 5 Hinteres Lager; 6 Gleitringdichtung; 7 Kupplungsbolzen; 8 Wellendichtring; 9 Ölpumpe; 10 Öl-Saugsieb; 11 Öl-Ablaßschraube; 12 Öl-Saugleitung; 13 Öl-Manometer-Anschluß; 14 Öldruck Regelschraube; 15 Öl-Druckleitung; 16 Öl-Schauglas; 17 Öl-Einfüllschraube; 18 Zylinderlaufbuchse; 19 Pleuel; 20 Kreuzkopf; 21 Kolbenstange; 22 Öl-Stopfbuchse; 23 V-Ring; 24 Gas-Stopfbuchse; 25 Kolben; 26 Führungsring; 27 Kolbenringe; 28 Zylinder; 29 Zylinderdeckel; 30 Saugventil; 31 Druckventil; 32 Ventildeckel; 33 Ansaugleitung; 34 Spülgasanschluß; 35 Entlüftungsventil

Tabelle 4.25 Kennwerte und Charakteristika von Flüssiggaskompressoren nach [4.10, 4.56]

Kenndaten Flüssiggaskompressoren							
Komplettaggregate		**Typ 1**	**Typ 2**	**Typ 3**	**Typ 4**	**Typ 5**	**Typ 6**
Anschlußflansch DN		25	32	40	32	40	50
max. Hubvolumenstrom	[m/h]	28	60	108	60	108	212
min. Eingangsdruck	[bar]	0,21	0,21	0,21	0,21	0,21	0,21
max. Ausgangsdruck	[bar]	24,1	22,1	20,7	22,4	20,7	29,0
max. Leistungsaufnahme	[bar]	8,0	15,0	30,0	15,0	30,0	37,0
Motorleistung	[bar]	5,0	10,0	17,5	10,0	17,5	30,0
Bauhöhe, ca.	[mm]	660	760	1035	880	1035	1150
Baulänge, ca.	[mm]	1200	1130	1320	1320	1320	1700
Breite, ca.	[mm]	400	510	510	510	510	655
Gewicht	[kg]	265	400	630	430	650	990

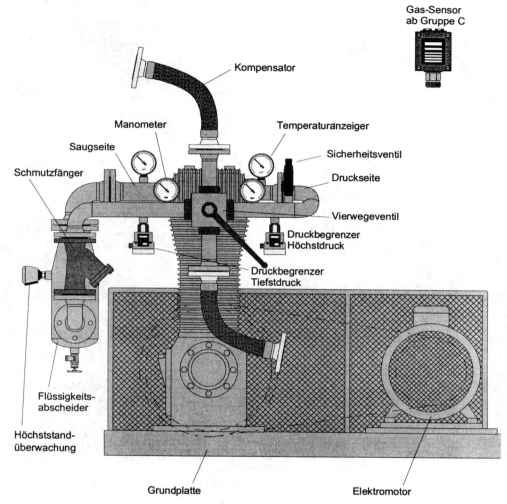

Abb. 4.80 Trockenlaufkompressoraggregat mit Sicherheitseinrichtungen [4.25]

maximal erreichbare Verdichtungsenddruck zwischen 17 und 23 bar beträgt [4.57]. Kompressoren werden bei einer Drehzahl von 825 min^{-1} betrieben.

Tabelle 4.25 gibt einige technische Daten von Flüssiggaskompressoren wieder.

4.6.2.3 Ausrüstung und Aufstellung von Kompressoren in Flüssiggasanlagen

Anforderungen hinsichtlich der Ausrüstung und Aufstellung von Kompressoren in Flüssiggasanlagen ergeben sich im wesentlichen aus TRB 801 Anlage zu Nr. 25 [4.32] bzw. [4.33].

Die Angaben hinsichtlich der Ausrüstungen der Kompressoren sind in Tabelle 4.26, die bezüglich der notwendigen Peripherie in Tabelle 4.27 zusammengefaßt.

4.6 Flüssiggaspumpen. Kompressoren

Tabelle 4.26 Ausrüstungen von Trockenlaufkompressoren [4.25]

Ausrüstungen	Menge	Bemerkung
Ex-geschützter Elektromotor	1	
Sicherheitsventil gegen Drucküberschreitung	1	Sicherheits- oder Überströmventil druckseitig
Flüssigkeitsabscheider mit Höchststandüberwachung	1	saugseitig
Kompensatoren	2	saug- und druckseitig am Übergang auf die Rohrleitungen
Druckschalter als Höchstdruckbegrenzer	1	druckseitig
Druckschalter als Tiefstdruckbegrenzer	1	saugseitig
Temperaturanzeiger und Begrenzer	je 1	nur bei Verwendung eines Überströmventils, saug- und druckseitig
Gassensor	1	erst ab Gruppe C
Abschaltung bei Not-Aus	–	erst ab Gruppe C

Tabelle 4.27 Einrichtungen bei Trockenlaufkompressoren [4.25]

Einrichtungen	Menge	Bemerkung
Aufstellung der Kompressoren nur im Freien oder im Betrieb der Anlage dienenden Räumen	–	Räume mind. F 30, zu Nachbarräumen F 90, mit Be- und Entlüftung in Bodennähe (Größe je 1/100 der Bodenfläche)
Aufstellung der Kompressoren nicht unter Erdgleiche	–	
Ex-Zonen bei Aufstellung in Räumen: Zone 1 Zone 2 Ex-Zonen bei Aufstellung im Freien: Zone 2	 Kurve A Kurve B 5 m	 n. EX-RL abhängig von Motorleistung n. EX-RL abhängig von Motorleistung Keine brennbaren, anlagenfremden oder nicht exgeschützten Einrichtungen innerhalb dieser Bereiche

4.7 Sonstige Bauteile für Flüssiggasanlagen

4.7.1 Isolierflansche

Zur elektrischen Trennung einzelner Anlagenteile (Korrosionsschutz) werden Isolierstücke bzw. Isolierflansche verwendet (siehe Abb. 4.81).

Abb. 4.81 *Isolier-Flanschenpaar*

PN 40, mit Trenn-Funkenstrecke (Werksbild FAS)

Isolierflansche sollten in Analogie zu Gasversorgungsanlagen der Erdgasverteilung bzw. den Hausanschlüssen gemäß G 459 [4.58] (siehe auch [4.28], [4.59]) eingeordnet werden.

Isolierflanschenpaare werden werkseitig vormontiert und mit 5000 V auf elektrische Durchschlagsfestigkeit geprüft.

4.7.2 Flüssigkeitsabscheider

Zur Verhinderung der Überflutung von Verdampfern oder vor Kompressoren werden Flüssigkeitsabscheider eingesetzt. Es ist möglich, diese Abscheider mit einem Füllstandsmesser auszurüsten, der in die sicherheitstechnischen Schaltungen der Gesamtanlage integriert werden kann. In Abb. 4.82 ist in solcher Flüssigkeitsabscheider abgebildet.

Der Abscheider ist ausgerüstet mit einem Sieb, einer Gasumlenkung und einem Kugelhahn zur Entleerung. Der Füllstandssensor wird seitlich am Abscheider angebracht (Abb. 4.83).

Der Füllstandssensor für Flüssigkeiten PN 25, Ex-Zone 0 mit PTB Bauartzulassung kann durch einen zugehörigen Meßumformer mit eigensicherem Eingangsstromkreis komplettiert werden.

4.7.3 Druckbegrenzer

In erdgedeckten Flüssiggaslagerbehälteranlagen kann die Absicherung des zulässigen Betriebsdruckes mit Hilfe von Druckbegrenzern (Maximaldruckwächtern) erfolgen. Abbildung 4.84 zeigt ein entsprechendes Bauteil.

4.7 Sonstige Bauteile für Flüssiggasanlagen

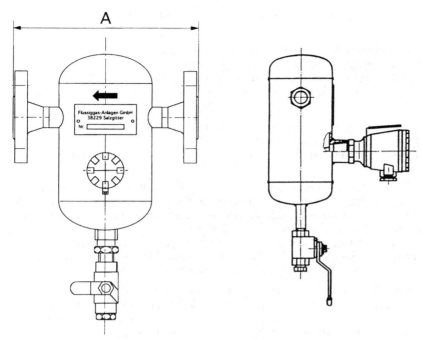

Abb. 4.82 Abscheider PN 25, mit 1" NPT-Anschluß für Füllstandssensor (Werksbild FAS)

Abb. 4.83 Abscheider PN 25, mit eingebautem Füllstandssensor (Werksbild P & A)

Die Druckbegrenzer sind nach den speziellen Richtlinien der Flüssiggastechnik gebaut. Die Anforderungen der TRB 801 Anhang II § 12 sind erfüllt. Alle mit dem Medium in Verbindung stehenden Teile bestehen aus Edelstahl 1.4104 und 1.4571. Die drucktragenden Teile des Sensors sind ohne Zusatzwerkstoffe verschweißt. Über die Anforderungen der TRB hinaus wurde der Drucksensor „selbstüberwachend" ausgeführt, d. h. bei Bruch des Meßbalgs schaltet der Druckbegrenzer nach der sicheren Seite ab. Der Druckfühler entspricht damit der „besonderen Bauart" im Sinne des VdTÜV-Merkblatts „Druck 100/1". Die Druckbegrenzer werden in eigensicheren Steuerstromkreisen (Ex-Schutzart EEx-ia) betrieben. Bei Verwendung eines speziellen Trennschaltverstärkers und einer geeigneten Widerstandskombination im

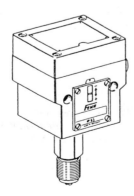

Abb. 4.84 Maximaldruckbegrenzer für Flüssiggas (Werksbild FEMA) [4.61]

Schaltgerät des Druckbegrenzers wird der Steuerstromkreis zusätzlich auf Unterbrechung und Kurzschluß überwacht.

Die Druckbegrenzer dürfen nicht unmittelbar an Netzspannung angelegt werden, der Einsatz eines Trennschaltverstärkers ist erforderlich. Der abgebildete Druckbegrenzer entspricht den Forderungen, die an Druckbegrenzer „besonderer Bauart" gestellt werden und ist selbstüberwachend. Die o. g. Anforderungen nach „besonderer Bauart" können auf zweierlei Art erfüllt werden (VDTÜV-Merkblatt DRUCK 100/1, zitiert in [4.61]):

— durch einen Drucksensor, der so konstruiert ist, daß ein Bruch im mechanischen Teil des Meßwerks zu einer Abschaltung nach der sicheren Seite führt
— durch den Nachweis einer Dauerprüfung mit 2 Mio. Schaltspielen während der Bauteilprüfung.

In Abb. 4.85 ist ein selbstüberwachender Drucksensor für Maximaldrucküberwachung besonderer Bauart, wie er in Flüssiggasanlagen Verwendung findet, skizziert. Abbildung 4.85 zeigt das Schnittbild eines Drucksensors, der die Anforderungen an besondere Bauart erfüllt. Die Meßkammer ist begrenzt durch Gehäuse (1), Boden (2) und Meßbalg (3). Alle Teile bestehen aus Nirostahl und sind miteinander ohne Zusatzwerkstoffe verschweißt. Bei steigendem Druck bewegt sich der Meßbalg (3) nach oben, unterstützt durch die Gegendruckfeder (5). Als Gegenkraft wirkt die im Schaltgerät eingebaute Sollwertfeder.

Auf der Innenseite des Bodens ist ein Übertragungsbolzen aufgelegt, der die druckabhängigen Bewegungen des Meßbalgs (3) auf das darüberliegende Schaltwerk überträgt. Im oberen Teil des Übertragungsbolzens ist eine Kunststoffmembrane (7) eingespannt, die nicht mit dem Medium in Verbindung steht und im Normalbetrieb die Bewegungen des Meßbalgs mitmacht, aber selbst keinen Einfluß auf die Stellung des Meßbalgs hat.

Bei Bruch des Meßbalgs (3) kann das Medium in den Innenraum des Balgs entweichen. Der Mediumsdruck liegt jetzt an der Unterseite der Membrane an (P_L). Infolge der deutlich größeren wirksamen Fläche der Membrane gegenüber dem Meßbalg wird eine zusätzliche Kraft erzeugt, die den Übertragungsbolzen (6) nach oben drückt. Dies führt zur Abschaltung nach

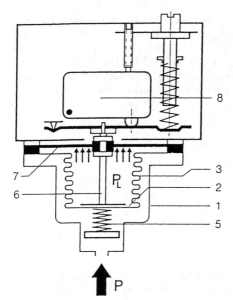

Abb. 4.85 Selbstüberwachender Maximaldruckbegrenzer mit Sicherheitsmembrane (Werksbild FEMA) [4.61]

der sicheren Seite. Der damit erreichte Abschaltzustand wird normalerweise elektrisch oder mechanisch verriegelt, so daß auch bei wieder fallendem Druck die Anlage abgeschaltet bleibt.

Die Kunststoffmembrane (7) ist kein drucktragendes Teil, sie hat im Normalbetrieb keine Funktion und ist nur wirksam, wenn am Meßbalg eine Leckage auftritt.

Sicherheitsmembranen der beschriebenen Bauart sind bis 32 bar zulässig, was die Regelanwendungen für Flüssiggas erfüllt.

Druckbegrenzer „besonderer Bauart" mit Sicherheitsmembrane bieten bei Maximaldrucküberwachung den höchsten Grad an Sicherheit. Für Minimaldrucküberwachung dürfen solche Geräte keinesfalls eingesetzt werden.

4.7.4 Überfüllsicherungen

Alle Flüssiggaslagerbehälter müssen zuverlässig gegen eine unzulässige Drucküberschreitung infolge Überfüllung abgesichert werden. Hierzu dienen Überfüllsicherungen. Bei Behältern < 3 t Nennfüllgewicht werden die Überfüllsicherungen gemeinsam mit dem Gasentnahmeventil in Baueinheit ausgeführt. Eine kompatible Überfüllsicherung in Baueinheit der Gasentnahmearmatur u. a. Baugruppen ist in Abb. 4.86 abgebildet.

Derartige Überfüllsicherungen werden mit Ultraschallsensoren bzw. Kaltleitern ausgerüstet. Die Baugruppen Gasentnahmeventil, Peilventil, Überfüllsicherung, Sicherheitsmanometer und Prüfanschluß entsprechen der Ausführung Gasentnahmearmatur nach TRF 1996.

Am unteren Ende der Gasentnahmearmatur befindet sich der Meßfühler des Grenzwertgebers. Er ist mit einer im Inneren liegenden Leitung mit dem Kragenstecker verbunden. Der gesamte Meßfühler ist unter Behälterdruck austauschbar. Dazu ist unterhalb des Meßfühlers ein Schließventil eingebaut, das erst beim Einschrauben des Meßfühlers aufgedrückt wird.

Die Überfüllsicherung wird beim Füllvorgang mit dem Meßverstärker am Tankwagen über eine Leitung mittels Kragenstecker verbunden, und der Grenzwertgeber mit einer Spannung beaufschlagt. Mit dem Widerstand des Meßfühlers stellt sich ein Strom ein. Beim Erreichen der zulässigen Füllgrenze taucht dieser Fühler in das Flüssiggas ein und ändert durch Abkühlung seinen elektrischen Widerstand. Diese Widerstandsänderung bewirkt eine Stromänderung im Grenzwertgeberkreis, die über den Meßverstärker die sofortige Schaltung zur Beendigung des Füllvorganges zur Folge hat.

Die Überfüllsicherung entspricht VDTÜV-Merkblatt 100/1 „Überfüllsicherungen" und ist für den Einsatz in Lagerbehältern bestimmt, die aus TKW befüllt werden („Kompatibilität").

In Abb. 4.87 und 4.88 sind Überfüllsicherungen für Großbehälter dargestellt. Beide Überfüllsicherungen sind ähnlich aufgebaut und ihre Funktionsweise ist analog. Die in Abb. 4.88 abgebildete Überfüllsicherung weist 2 unabhängig voneinander wirkende Sicherheitskreise auf.

Am unteren Ende des Trägerrohres befindet sich der Meßfühler als Grenzwertgeber. Er ist mit einer im Inneren liegenden Leitung über eine druckfeste Kabeldurchführung mit dem Kragenstecker oder dem festen Anschluß verbunden.

Das Anschluß-Gehäuse enthält die Elektronik für die Anpassung an den Meßverstärker und ist gegen unbefugtes Abnehmen durch Sicherungslack geschützt. Parallel zum Trägerrohr ist ein Peilrohr geführt, das kurz oberhalb als Sensor endet. Am oberen Ende ist ein Peilventil angebracht.

Abb. 4.86   *Abb. 4.87*   *Abb. 4.88*

Abb. 4.86 Kompatible Überfüllsicherung PN 25 (Gasentnahmearmatur als Baueinheit mit Überfüllsicherung mit austauschbarem Grenzwertgeber, Kragenstecker, Peilventil mit Tauchrohr, Sicherheitsmanometer und Prüfanschluß) (Werksbild GOK)

Abb. 4.87 Überfüllsicherung für Großbehälter PN 25 (Behälterflansch, Grenzwertgeber, Kragenstecker, Peilventil mit Tauchrohr) (Werksbild GOK)

Abb. 4.88 Überfüllsicherung für Großbehälter PN 25 (Behälterflansch, 2 voneinander unabhängige Grenzwertgeber, Peilventil mit Tauchrohr) (Werksbild GOK)

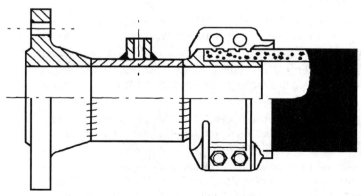

Abb. 4.89 Schlauchanschluß PN 25, komplett, mit Muffe ½″ NPT für SBV (Werksbild FAS)

4.7 Sonstige Bauteile für Flüssiggasanlagen

Die Überfüllsicherung wird beim Füllvorgang mit dem Meßverstärker am Tankwagen über eine Leitung verbunden. Am Grenzwertgeber liegt dann eine Spannung an. Der Meßfühler wird mit einem Ultraschallsignal beaufschlagt und liefert ein Resonanzsignal an den Meßverstärker. Beim Erreichen der zulässigen Füllgrenze taucht der Fühler in das druckverflüssigte Flüssiggas ein, und das Resonanzsignal ändert sich. Diese Signaländerung bewirkt über den Meßverstärker die sofortige Beendigung des Füllvorganges.

Die beschriebenen Überfüllsicherungen sind zum Einsatz in Flüssiggasanlagen bestimmt, in denen in der Fülleitung ein Absperrventil angesteuert wird, um den Füllvorgang zu unterbrechen.

Die Überfüllsicherung wird mit einem Meßverstärker komplettiert, der i. d. R. außerhalb des Schutzbereiches des Lagerbehälters oder sonstiger Ex-Bereiche anzubringen ist.

4.7.5 Schlauchanschlüsse. Schlauchabreißkupplung

In Abb. 4.89 ist ein in der Flüssiggastechnik üblicher Schlauchanschluß dargestellt. An Füllanschlüssen werden oft Schlauchabreißkupplungen eingesetzt, die im getrennten Zustand beidseitig absperrend sind (Abb. 4.90).

Nach einem ähnlichen Prinzip funktionieren sog. Sicherheitstrennkupplungen, bei denen die Trennung der Kupplungshälften über ein Zugkabel mit Hilfe eines Abscherstiftes bewirkt wird.

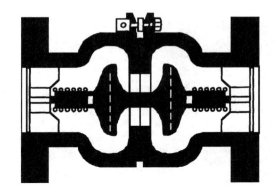

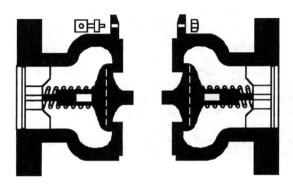

Abb. 4.90 Schlauchabreißkupplung PN 40, zur Absicherung von LPG-Hochdruckschläuchen bei EKW- und TKW-Entleerung – bzw. Befüllung, im getrennten Zustand beidseitig absperrend (Werkbild FAS)

4.7.6 Methanol-Fülleinrichtung

Zur Verhinderung der Bildung von Gashydraten in Flüssiggasanlagen wird in der Praxis oft Methanol in in Betrieb befindliche Flüssiggasbehälter eingefüllt. Hierzu dient eine in Abb. 4.91 dargestellte Methanol-Fülleinrichtung. Diese besteht aus

1. Anschlußstück aus Messing 1 3/4″ ACME mit Stift, zum Aufschrauben auf das Füllventil
2. Absperrventil aus Messing 3/4″ NPT
3. Peilventil aus Messing 1/4″ NPT
4. Methanol-Druckbehälter aus Stahl gebaut nach AD-Merkblatt und TRB, Nenninhalt ca. 2 Liter
5. Stopfen aus Stahl 3/4″ NPT
6. Hochdruckschlauch LPG 10, Länge ca. 2 m
7. Loser POL-Anschluß zum Anschluß an das Gasentnahmeventil bzw. an die Überfüllsicherung
   und ist in PN 25 ausgeführt.

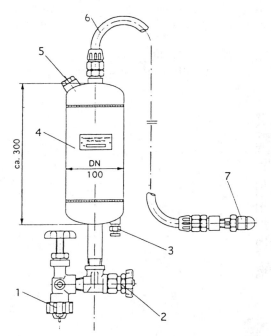

Abb. 4.91 *Methanol-Fülleinrichtung PN 25 (Werksbild FAS)*

Bei geschlossenem Absperrventil (2) wird die Einrichtung über ihren Füllstutzen (5) mit Methanol befüllt. Danach wird das Anschlußstück (1) auf das Behälterfüllventil aufgeschraubt und über die Schlauchleitung mit dem Gasentnahmeventil verbunden. Dazu dient der lose POL-Anschluß (7). Anschließend wird das Gasentnahmeventil des Behälters geöffnet, danach das Absperrventil der Fülleinrichtung (2). Das Methanol läuft in den Behälter ab. Zum Abnehmen der Einrichtung sind das Absperrventil (2) und das Gasentnahmeventil des Behälters zu schließen und die Verschraubung (1) zu lösen. Abschließend ist die Fülleinrichtung zu entspannen.

4.8 Bemessung von Rohrleitungen in Flüsiggasanlagen

4.8.1 Grundlagen der Druckverlustberechnung

Für die hydraulische Auslegung der Rohrleitungsanlage bzw. einzelner Bauelemente ist eine Druckverlustberechnung durchzuführen.

Die Grundlagen der Druckverlustberechnung sind in allen Standardwerken zur Strömungslehre, siehe beispielsweise [4.62–4.64], enthalten. Für den Bereich der Gastechnik allgemein sei [4.35] empfohlen. Das Problem der Fortleitung von Gasen und anderen Fluiden in Rohrleitungen wird u. a. in [4.65–4.68] unter verschiedenen Aspekten behandelt. Auf spezielle Probleme des Flüssiggastransports wird in [4.69–4.73] eingegangen.

In dieser Betrachtung soll von folgenden Prämissen ausgegangen werden:

Der Druckverlust in einer Flüssiggasrohrleitung soll wie folgt angeschrieben werden:

$$\Delta p = \Delta_1 p + \Delta_2 p + \Delta_3 p$$

wobei $\Delta_1 p$ den Druckverlust infolge Reibung zwischen Fluid und Rohrinnenwand sowie innerer Reibung ($\rightarrow$ Dissipation) erfaßt. Der Summand $\Delta_2 p$ bezeichnet den analogen Sachverhalt infolge Einzeldruckverlusten (Einbauten etc.). Druckänderungen bei geodätischen Höhenunterschieden werden mit Hilfe des Therms $\Delta_3 p$ berechenbar.

Die Berechnung des Druckverlustes im geraden horizontalen Rohr mit gleichbleibendem Querschnitt (Durchmesser d) bei isothermer Strömung des Fluids gehorcht für ein differentielles Rohrleitungselement folgender Gleichung [4.35]:

$$dp = -\lambda \, \frac{l}{d} \, \frac{\varrho_i}{2} \, w_i^2 K \, dl$$

Der Index „i" bezeichnet die Annahme des Idealgasverhaltens, die Abweichungen von der Zustandsgleichung idealer Gase werden mit Hilfe der Kompressibilitätszahl K erfaßt.

Der Zustand des strömenden Fluids am Anfang der Rohrleitung soll mit „1" und entsprechend an deren Ende mit „2" bezeichnet werden.

Integriert man die o. g. Gleichung zunächst unter der allgemeinen Annahme, daß die Dichte des strömenden Fluids veränderlich ist, ergeben sich folgende Berechnungsgleichungen für den Druckverlust bei kompressibler Rohrströmung (ausführliche Herleitung siehe [4.35]), wenn der Anfangszustand bekannt ist (l – Länge der Rohrleitung):

$$\Delta_1 p = \lambda \, \frac{l}{d} \, \frac{\varrho_{1i}}{2} \, w_{1i}^2 K_m \, \frac{p_1}{p_{m,\text{arithm.}}}$$

mit

K_m Kompressibilitätszahl des Fluids bei p_m

$$p_m = \frac{2}{3} \frac{p_1^3 - p_2^3}{p_1^2 - p_2^2}; \qquad p_{m,\text{arithm.}} = \frac{p_1 + p_2}{2}$$

Es sind weitere Schreibweisen der Druckverlustgleichung gebräuchlich:

$$p_2 = p_1 \sqrt{1 - \frac{l}{d} \frac{\varrho_{1i}}{p_1} w_{1i}^2 K_m}; \qquad \Delta_1 p = p_1 \left(1 - \sqrt{1 - \lambda \frac{l}{d} \frac{\varrho_{1i}}{p_1} w_{1i}^2 K_m}\right)$$

Für den Fall, daß der Endzustand des Fluids am Ende der Rohrleitung bekannt ist, läßt sich zeigen, daß folgende Berechnungsgleichungen gelten [4.35]:

$$\Delta_l p = \lambda \, \frac{l}{d} \, \frac{\varrho_{2i}}{p_2} \, w_{2i}^2 K_m \, \frac{p_2}{p_{m,\text{arithm.}}}; \qquad p_1 = p_2 \sqrt{1 + \lambda \, \frac{l}{d} \, \frac{\varrho_{2i}}{p_2} \, w_{2i}^2 K_m}$$

$$\Delta_l p = p_2 \left(\sqrt{1 + \lambda \, \frac{l}{d} \, \frac{\varrho_{2i}}{p_2} \, w_{2i}^2 K_m} - 1 \right)$$

Es ist zu beachten, daß p_1 und p_2 Absolutdrücke sind.

Einfachere Berechnungsgleichungen für den Druckverlust $\Delta_l p$ ergeben sich für den Fall, daß die Dichteänderung des Fluids in Strömungsrichtung sehr klein ist und somit ein vertretbarer Fehler in der Druckverlustberechnung nicht überschritten wird.

Für inkompressible Rohrströmung gilt

$$\Delta_l p = \lambda \, \frac{l}{d} \, \frac{\varrho}{2} \, w^2$$

Es wurde unterstellt, daß die o. g. Bedingung wahrscheinlich nur bei geringen Drücken zutreffend sein wird, so daß $K_m = 1$ gesetzt werden kann und die Zustandsgleichung idealer Gase erfüllt ist. Der Index „i" wurde zur Vereinfachung der Schreibweise weggelassen.

In der Gastechnik ist es üblich, diese mögliche Vereinfachung bei einer Dichteänderung bis zu 4% in Anspruch zu nehmen. Es muß daher gelten [4.74]:

$$\varrho_1 - \varrho_2 \leq 0{,}04 \varrho_1$$

Die Bedingung für diese Vereinfachung ist im gesamten Niederdruckbereich erfüllt. Das zeigt die nachstehende Rechnung:

$$\varrho_1 - \varrho_2 = \varrho_1 - \varrho_1 \frac{p_2}{p_1} \frac{T_1}{T_2} \qquad (T_1 = T_2)$$

$$\frac{\varrho_1 - \varrho_2}{\varrho_1} = 1 - \frac{p_2}{p_1} = 1 - \frac{p_1 - \Delta p}{p_1}; \qquad \frac{\varrho_1 - \varrho_2}{\varrho_1} = \frac{\Delta p}{p_1}$$

Mit $p_1 = (101{,}325 + 5)$ kPa und $\Delta p = 5$ kPa (50 mbar $\approx$ 5 kPa) wird

$$\frac{\varrho_1 - \varrho_2}{\varrho_1} \leq 0{,}047 \quad (4{,}7\%)$$

Die gleiche Vorgehensweise darf auch im Mittel- und Hochdruckbereich angewandt werden, wenn die Schranke der zulässigen Dichteänderung nicht überschritten wird. Das ist z. B. durch abschnittsweises Berechnen der Druckverluste möglich.

Bei der Ermittlung der *Rohrreibungszahl* λ gelten die folgenden Regeln:

Entscheidenden Einfluß auf den Druckverlust in einer Rohrleitung hat die Strömungsform. Man unterscheidet laminare und turbulente Strömung. Der Übergangsbereich zwischen laminarer und turbulenter Rohrströmung ist durch die *Reynolds*-Zahl Re determiniert.

$$\text{Re} = \frac{w \cdot d}{\nu}$$

mit ν als kinematischer Viskosität des Fluids. Bei Re < 2320 bildet sich immer ein laminares Strömungsprofil aus. Eventuelle Störungen werden stets wieder geglättet. Bei Re ≥ 2320 ist somit für technisch relevante Bedingungen stets turbulente Strömung zu unterstellen.

4.8 Bemessung von Rohrleitungen in Flüssiggasanlagen

Bei laminarer Strömung ist die Rohrreibungszahl λ lediglich von der Re-Zahl abhängig. Die Rohrrauhigkeit hat keinen Einfluß auf λ. Es gilt eine Gleichung von *Hagen-Poisseuille*, die analytisch darstellbar ist [4.65]:

$$\lambda = \frac{64}{\text{Re}}$$

Für den *Fall der turbulenten Strömung* ist eine geschlossene analytische Ableitung des Druckverlustes analog der laminaren Strömung nicht möglich. Außer der *Reynolds*-Zahl nimmt die Rohrrauhigkeit ε Einfluß auf den Strömungswiderstand. Liegen diese Unregelmäßigkeiten der Rohrwand sehr tief innerhalb der laminaren Unterschicht — der Grenzschicht —, deren Dicke nach *Prandtl* mit

$$d_{\text{Grenzsch.}} \approx 62{,}7 \cdot \text{Re}^{-0{,}875} \, d = 62{,}7 \left(\frac{\nu}{w}\right)^{0{,}875} d^{0{,}125}$$

abgeschätzt werden kann, so hat die Rohrrauhigkeit keinen Einfluß auf den Druckverlust. Man spricht von einer hydraulisch glatten Rohrströmung. Ragen die Rauhigkeiten weit über die Grenzschicht hinaus, so ist deren Gleitschichteffekt unwirksam und der Widerstand praktisch nur von der Rauhigkeit der Rohrwand abhängig. Es liegt dann hydraulisch rauhe Rohrströmung vor. Zwischen beiden Grenzbereichen der turbulenten Strömung spricht man vom sog. Übergangsgebiet, in dem der Strömungswiderstand ursächlich von der *Reynolds*-Zahl und der Rohrrauhigkeit abhängt.

Auf experimentellem Wege wurden verschiedene Gleichungen zur Berechnung von λ ermittelt. Alle verwenden neben der *Reynolds*-Zahl die relative Rauhigkeit ε/d als kriterielle Größe, wobei sich alle Individualitäten der Strömung und der Rauhigkeit im Rohrreibungsbeiwert $\lambda = \lambda$ (Re, ε/d) einordnen lassen. *Glück* [4.65] stellt den Sachstand wie folgt dar:

Die von *Prandtl-Colebrook* aufgestellte Gleichung für das Übergangsgebiet

$$\frac{1}{\sqrt{\lambda}} = -2 \lg \left[\frac{2{,}51}{\text{Re}\sqrt{\lambda}} + \frac{\varepsilon}{3{,}71 d}\right]$$

erfaßt in idealer Weise auch die Zusammenhänge der Grenzgebiete.
So folgt für Re $\to \infty$ der Zusammenhang für die ausgebildete Rauhigkeitsströmung nach *Nikuradse*

$$\frac{1}{\sqrt{\lambda}} = -2 \lg \frac{\varepsilon}{3{,}71 d} = -2 \lg \left(\frac{\varepsilon}{d}\right) + 1{,}14$$

und für $\varepsilon = 0$ die Berechnungsgleichung für die Glattrohrströmung nach *v. Karman*

$$\frac{1}{\sqrt{\lambda}} = -2 \lg \frac{2{,}51}{\text{Re}\sqrt{\lambda}} = 2 \lg (\text{Re}\sqrt{\lambda}) - 0{,}8$$

In der Praxis wird bei Handrechnungen oft die Benutzung eines Re, λ-Diagramms (Abb. 4.92) bevorzugt, um aufwendige Iterationsrechnungen zu vermeiden. Für die ingenieurtechnische Praxis ist es ebenso möglich, auf einfachere Gleichungen zurückzugreifen. In der russischsprachigen Literatur, siehe beispielsweise [4.75], ist eine auf *Altschul'* zurückgehende universelle Gleichung zur Ermittlung der Rohrreibungszahl im turbulenten Bereich gebräuchlich, die die zu berechnende Größe λ explizit enthält:

$$\lambda = 0{,}11 \left[\frac{68}{\text{Re}} + \frac{\varepsilon}{d}\right]^{0{,}25}$$

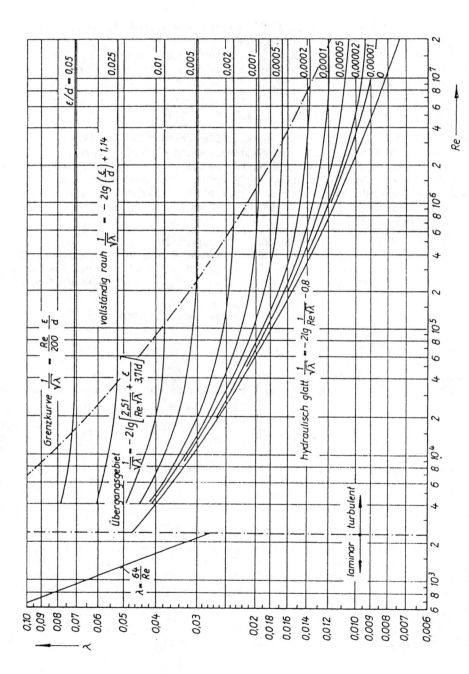

Abb. 4.92 Rohrreibungsbeiwert λ für gerade Rohre in Abhängigkeit von der Reynolds-Zahl und der relativen Rauhigkeit

4.8 Bemessung von Rohrleitungen in Flüssiggasanlagen

Die *Altschul'*-Gleichung ist — ähnlich der *Prandtl-Colebrook*-Gleichung — eine Interpolationsformel, die sich für $\varepsilon \to 0$ in eine von *Blasius* vorgeschlagene Beziehung für die Glattrohrströmung

$$\lambda = \frac{0{,}316}{\mathrm{Re}^{0{,}25}}$$

und für $\mathrm{Re} \to \infty$ in einen von *Schiffrinson* [4.76] für ausgebildete Rauhigkeitsströmung gefundenen Zusammenhang gemäß

$$\lambda = 0{,}11 \left(\frac{\varepsilon}{d}\right)^{0{,}25}$$

überführen läßt.

Bolsius [4.77] regt auf der Grundlage von Überlegungen zur Druckverlustberechnung in der Schornsteintechnik folgende alternative Vorgehensweise an: *Zanke* [4.78] hat das Problem der iterativen Berechnung des Rohrreibungsbeiwertes nochmals untersucht und eine Gleichung gefunden, die eine einfache explizite Berechnung des Rohrreibungsbeiwertes ermöglicht. Die Überprüfung der *Zanke*schen Gleichung ergibt eine ausgezeichnete Übereinstimmung mit dem *Prandtl*schen Widerstandsgesetz (Abweichung bei hydraulisch glatter Strömung im Bereich $2320 \leq \mathrm{Re} \leq 10^7$ ist $\leq 0{,}11\%$, im Übergangsbereich und bei hydraulisch rauher Strömung ist die Abweichung etwas größer, vgl. [4.77]). Beide Ergebnisse können daher in Anbetracht der geringen Abweichungen als gleichwertig betrachtet werden.

Nach *Zanke* gilt für die hydraulisch glatte Strömung folgende Gleichung:

$$\frac{1}{\sqrt{\lambda}} = -2\lg\left(2{,}7\,\frac{(\lg \mathrm{Re})^{1,2}}{\mathrm{Re}}\right)$$

Die Berücksichtigung des Rauhigkeitseinflusses erfolgt analog zum *Prandtl*schen Widerstandsgesetz, so daß sich für turbulente Strömung abschließend ergibt:

$$\frac{1}{\sqrt{\lambda}} = -2\lg\left(2{,}7\,\frac{(\lg \mathrm{Re})^{1,2}}{\mathrm{Re}} + \frac{\varepsilon}{3{,}71 d}\right)$$

Nachteilig an dieser Darstellung nach *Zanke* ist lediglich, daß die aus der *Prandtl*schen Gleichung bekannte „klassische" Struktur nicht erhalten bleibt. Die Vorteile hinsichtlich der Rechenerleichterung sind jedoch offensichtlich.

Bei der Berechnung von Rohrleitungen werden die Einflüsse der vorhandenen Einzelwiderstände mit der Wandrauhigkeit zur integralen Rauhigkeit zusammengefaßt. Anhaltswerte für die Rohrrauhigkeit finden sich in Tabelle 4.28.

Bei der Berechnung von Transportleitungen haben Einzelwiderstände oft untergeordnete Bedeutung und können vernachlässigt werden. Ist es erforderlich, den Therm $\Delta_2 p$ bei der Druckverlustberechnung zu berücksichtigen, so wird in der Regel auf ζ-Werte zurückgegriffen. Es gilt dann:

$$\Delta_2 p = \sum \zeta\, \frac{\varrho}{2}\, w^2$$

Grobe Anhaltswerte für die Einzeldruckverluste sind in Tabelle 4.29 zusammengestellt.

Für exaktere Rechnungen empfiehlt es sich, auf detailliertere Rechenvorschriften für ζ-Werte zurückzugreifen, siehe [4.65], [4.75]. ζ-Werte sind praktisch nicht vorausberechenbar und müssen empirisch ermittelt werden. Oft ist es von Vorteil, Einzeldruckverluste über die sog.

Tabelle 4.28 Anhaltswerte für die Rohrrauhigkeit

Rohrart	ε in [mm]
Stahlrohr, ohne nähere Angaben	0,5
Stahlrohr, nahtlos, neu	0,03...0,06
Stahlrohr, geschweißt, neu	0,04...0,10
Stahlrohr, verzinkt, neu	0,10...0,15
Stahlrohr, angerostet/leicht verkrustet	0,20...0,50
Stahlrohr, verkrustet	0,50...2,0
Kupferrohr	0,002
Kunststoffrohr	0,01

äquivalente Rohrlänge auszudrücken. Da der Druckverlust in geraden Rohrleitungen und in Rohrleitungseinbauten jeweils proportional $\frac{\varrho}{2} w^2$ ist, kann man den Druckverlust in den Form- und Verbindungsstücken sowie Armaturen durch den gleich großen Reibungsverlust eines geraden Rohrleitungsabschnittes ausdrücken.

$$l_{\text{äqu.}} = \frac{\zeta}{\lambda} d$$

Tabelle 4.30 enthält wiederum grobe Anhaltswerte für $l_{\text{äqu}}$.

Tabelle 4.29 Einzelwiderstandsbeiwerte (Anhaltswerte)

Bezeichnung	ζ-Wert
Reduzierung	0,5
Etagenbogen	0,5
Winkel 90°	1,5
Winkel 45°	0,7
Bogen 90°	0,4
Bogen 45°	0,3
T-Stück: Stromtrennung, Durchgang	0
dito, Abzweig	1,5
T-Stück: Gegenlauf	3,0
Kreuzstück: Stromtrennung, Durchgang	0
dito, Stromtrennung	
Abzweig: Kegel-Durchgangshahn	2,0
Kegel-Eckhahn	5,0
Kugelhahn	0,2
Schieber	0,5
Absperrklappe	0,2

4.8 Bemessung von Rohrleitungen in Flüssiggasanlagen

Tabelle 4.30 Äquivalente Widerstandslängen von Einzeldruckverlusten

Art	äquivalente Widerstandslänge [m]
Ventile	1/5 d
Schieber, Hahn	1/20 d
T-Stück	1/10 d
Winkel	1/10 d
Rohrbogen	1/100 d

Bem.: d in [mm]

Die Druckverlustglieder $\Delta_1 p$ und $\Delta_2 p$ lassen sich somit leicht zusammenfassen:

$$\Delta_1 p + \Delta_2 p = \left(\lambda \frac{l}{d} + \sum \zeta\right) \frac{\varrho}{2} w^2; \qquad \Delta_1 p + \Delta_2 p = \lambda \frac{l_r}{d} \frac{\varrho}{2} w^2$$

mit $l_r = l + l_{äqu.}$ als rechnerische Länge.

Schließlich hat die Höhenänderung einer Rohrleitung Einfluß auf den Druckverlust strömender Fluide. Um eine Stoffmengeneinheit von der Höhe h_1 auf die Höhe h_2 ($h_2 > h_1$, $h_2 - h_1 - \Delta h$) zu transportieren, ist Energie aufzuwenden. Diese Energie muß bei fluiden Stoffen konstanter Dichte und Geschwindigkeit durch die potentielle Energie des Fluids aufgebracht werden. Es läßt sich folgende Beziehung ableiten:

$$\Delta p = (h_2 - h_1)(\varrho_{Gas} - \varrho_{Luft}) g$$

oder kürzer

$$\Delta p = \Delta h \cdot \Delta p \cdot g$$

Das führt im Falle $\varrho_{Gas} < \varrho_L$ bekanntermaßen zu einem Druckgewinn durch Auftrieb in Steigeleitungen.

In der Praxis werden die Druckverluste infolge geodätischer Höhenunterschiede oft vernachlässigt. TRF 1996 empfiehlt, diese Druckverluste bei Steigrohrleitungen mit verhältnismäßig geringer Höhe – etwa bis zu 10 m – nicht in Rechnung zu stellen. Für den praktischen Gebrauch werden die Druckverluste infolge Höhenunterschied wie folgt angeschrieben

$$\Delta_3 p = \Delta h \cdot [\Delta \varrho \cdot g]$$

und der Ausdruck für mittlere $[\Delta \varrho \cdot g]$ Verhältnisse als Zahlenwert angegeben. TRF 1996 geht bei Niederdruckgasanlagen für Propan von $[\Delta \varrho \cdot g]_{Pr} = 0{,}07$ mbar/m und für Butan von $[\Delta \varrho \cdot g]_{Bu} = 0{,}14$ mbar/m aus. Als Mittelwert für Flüssiggas wird von TRF 1996 $[\Delta \varrho \cdot g]_{FLG} = 0{,}10$ mbar/m empfohlen.

4.8.2 Gebrauchsgleichungen für Niederdruck-Flüssiggasleitungen

Von *Kurth* [4.69, 4.70] wurde die Herleitung bequemer Größengleichungen für die Druckverlustberechnung angeregt. Die Vorgehensweise soll kurz erläutert werden:
Es gilt

$$\Delta_1 p + \Delta_2 p = \lambda \frac{l_r}{d} \frac{\varrho_x}{2} w_x^2$$

Für diesen Ausdruck kann unter den vorliegenden Bedingungen (T, ϱ, $d = \text{const.}$) eine zugeschnittene Gleichung entwickelt werden. „x" bezeichnet einen (beliebigen) Transportzustand. Mit

$$\dot{V}_x = \frac{\dot{m}}{\varrho_x}, \qquad w_x = \frac{\dot{V}_x}{A}, \qquad A = \frac{\pi}{4} d^2$$

folgt zunächst

$$\dot{m} = \dot{V}_x \cdot \varrho_x = w_x \frac{\pi}{4} d^2 \varrho_x$$

und

$$w_x = \frac{4\dot{m}}{\pi d^2 \varrho_x}.$$

Somit wird

$$\Delta_1 p + \Delta_2 p = \lambda \frac{l_r}{d} \frac{\varrho_x}{2} \frac{16\dot{m}^2}{\pi^2 d^4 \varrho_x^2}; \qquad \Delta_1 p + \Delta_2 p = \frac{8}{\pi^2} \lambda \frac{l}{d} \frac{1}{\varrho_x} \dot{m}^2$$

Mit Hilfe der Zustandsgleichung idealer Gase läßt sich ϱ_x über eine frei wählbare Bezugsdichte, z. B. die Normaldichte ϱ_0 des Gases ausdrücken:

$$\varrho_x = \varrho_0 \frac{p_x}{p_0} \frac{T_0}{T_x}$$

Es folgt somit weiter

$$\Delta_1 p + \Delta_2 p = \frac{8}{\pi^2} \frac{p_0 T_x}{\varrho_0 p_x T_0} \lambda \frac{l}{d^5} \dot{m}^2$$

Alle Konstanten der obigen Gleichung können zusammengefaßt werden. Hierbei ist zu beachten, daß alle Größen in SI-Einheiten zu verwenden sind, bzw. die Umrechnungsfaktoren von der SI-Einheit in die gewünschte Einheit ausdrücklich in die Berechnung aufzunehmen ist. Nunmehr gilt als Zwischenergebnis

$$\Delta_1 p + \Delta_2 p = k_1 \lambda \frac{l}{d^5} \dot{m}^2; \qquad k_1^* = \frac{8}{\pi^2} \frac{p_0 T_x}{\varrho_0 p_x T_0}; \qquad k_1 = k_1^* \cdot [x]$$

[x] Faktor zur Umrechnung der Maßeinheiten

Die Rohrreibungszahl λ läßt nach *Biel* [4.67] wie folgt anschreiben:

$$\lambda = 0{,}249 \cdot v_B^{0{,}148} \cdot \dot{V}_B^{-0{,}125}$$

In dieser empirischen Zahlenwertgleichung ist

[v_B] $= \text{m}^2/\text{s}$ kinematische Zähigkeit
[$\dot{V}_B$] $= \text{m}^3/\text{s}$ Volumenstrom

bei 15 °C, 1013 mbar (Betriebszustand „B")
außerdem muß gelten:

$$w \geq 0{,}15 \cdot 10^6 v_B$$

Diese Bedingung ist in Flüssiggasanlagen hinreichend gut erfüllt. Die kinematische Zähigkeit läßt sich leicht aus der dynamischen errechnen, die lediglich von der Temperatur ab-

4.8 Bemessung von Rohrleitungen in Flüssiggasanlagen

hängt. Die kinematische Viskosität ist bekanntermaßen sowohl von Druck und Temperatur abhängig:

$$\nu_B = \frac{\eta_B}{\varrho_B}; \qquad \varrho_B = \varrho_0 \frac{T_0}{T_B} \frac{p_B}{p_0}; \qquad \nu_B = \frac{\eta_B T_0 \cdot p_B}{\varrho_0 T_0 p_B}$$

Für den ursprünglichen Ansatz von *Biel* läßt sich nun schreiben:

$$\lambda = 0{,}249 \leq \left(\frac{\eta_B T_0 p_B}{\varrho_0 T_0 p_B}\right)^{0{,}148} \cdot \dot{V}_B^{-0{,}125}$$

oder, indem man wiederum alle Konstanten zusammenfaßt (eine Einheitenumrechnung erübrigt sich an dieser Stelle):

$$\lambda = \frac{k_2}{\dot{V}_B^{0{,}125}}$$

In der Flüssiggastechnik ist es üblich, den Mengenstrom in [kg/h] anzugeben:

$$\dot{m} = \dot{V}_B \cdot \varrho_B = \dot{V}_B \varrho_0 \frac{T_0}{T_B} \frac{p_B}{p_0}$$

bzw.

$$\dot{V}_B = \dot{m} \frac{T_B p_0}{\varrho_0 T_0 p_B}; \qquad \lambda = \frac{k_3}{\dot{m}^{0{,}125}}$$

Durch Ersetzen von λ im Zwischenergebnis erhält man

$$\Delta_1 p + \Delta_2 p = k_1 \frac{k_3}{\dot{m}^{0{,}125}} \frac{l_r}{d^5} \dot{m}^2$$

oder durch Zusammenfassen und Vereinfachen

$$\Delta_1 p + \Delta_2 p = K_1 \frac{l_r}{d^5} \dot{m}^{1{,}875}; \qquad K_1 = k_1 \cdot k_3$$

Mit $l_r = l + l_{\text{äqu.}}$ gilt formal auch

$$\Delta_1 p = K_1 \frac{l}{d^5} \dot{m}^{1{,}875}$$

und

$$\Delta_2 p = K_1 \frac{l_{\text{äqu.}}}{d^5} \dot{m}^{1{,}875}$$

Die äquivalente Rohrlänge der Einzeldruckverluste wird in der Praxis oft als prozentualer Zuschlag (10−50%) zur geometrischen Rohrlänge l abgeschätzt:

$$l_{\text{äqu.}} = (0{,}10 \ldots 0{,}50) \cdot l$$
$$l_r = (1{,}10 \ldots 1{,}50) \cdot l$$

Für die weitere Formulierung der Druckverlustgleichung für $\Delta_2 p$ wird zunächst die äquivalente Widerstandslänge ermittelt:

$$l_{\text{äqu.}} = \frac{d}{\lambda} \sum \xi$$

Mit $\lambda = \dfrac{k_3}{\dot{m}^{0,125}}$ erhält man

$$l_{\text{äqu.}} = k_4 d \cdot \dot{m}^{0,125} \sum \zeta$$

wobei $k_4 = \dfrac{1}{k_3} \, [x]$ alle Konstanten und Einheitenumrechnungen berücksichtigt. Durch Einsetzen in den obigen Ausdruck für $\Delta_2 p$ erhält man

$$\Delta_2 p = K_1 \frac{k_4 d \cdot \dot{m}^{0,125} \sum \zeta}{d^5} \dot{m}^{1,875}$$

oder abschließend

$$\Delta_2 p = K_2 \frac{\dot{m}^2}{d^4} \sum \zeta$$

mit $K_2 = K_1 \cdot k_4$.

Schreibt man nunmehr noch das Druckverlustglied für Höhenunterschiede in derselben Art und Weise an, folgt sofort:

$$\Delta_3 p = K_3 \, \Delta h$$

mit $K_3 = [\Delta \varrho \cdot g]$.

Mit den nachstehenden Gebrauchsgleichungen für die einzelnen Druckverlustglieder ist eine geschlossene Darstellung der Druckverlustberechnung in ND-Flüssiggasanlagen gelungen:

$$\Delta_1 p + \Delta_2 p + \Delta_3 p = \Delta p$$

A:

$$\Delta p = K_1 \frac{l_r}{d^5} \dot{m}^{1,875} + K_3 \, \Delta h$$

B:

$$\Delta p = K_1 \frac{l}{d^5} \dot{m}^{1,875} + K_2 \frac{\dot{m}^2}{d^4} \sum \zeta + K_3 \, \Delta h$$

In die Konstanten $K_1 - K_3$ sind sowohl alle für die Rechnung als unveränderlich ansetzbaren Größen (Stoffdaten etc.) als auch eventuelle Einheitenumrechnungen eingegangen.

In der Praxis ist der Innendurchmesser der Gasleitung oft die gesuchte Größe. Der verfügbare oder zulässige Druckverlust $\Delta p_{\text{zul.}}$ darf in der Regel als bekannt vorausgesetzt werden. Es ist üblich, den zulässigen Druckverlust in der Größenordnung von 5% des verfügbaren oder Nennüberdruckes $\Delta p_{\text{Ü}}$ anzunehmen [4.4]

$$\Delta p_{\text{zul.}} = 0{,}05 \cdot \Delta p_{\text{Ü}}$$

Für die Berechnung des Innendurchmessers gilt somit

$$d = \sqrt[5]{\frac{K_1 l_r \dot{m}^{1,875}}{\Delta p_{\text{zul.}} - \Delta_3 p}}$$

Bostelmann hat für eine Vielzahl verschiedener Flüssiggaszusammensetzungen und Betriebszustände die Zahlenwerte der Konstanten K_1 und K_3 bestimmt [4.79]. Für eine häufig vorkommende Auswahl an Parameterkombinationen sind die Zahlenwerte in Tabelle 4.31 zusammengestellt.

4.8 Bemessung von Rohrleitungen in Flüssiggasanlagen

Tabelle 4.31 Konstanten der Gebrauchsgleichungen zur Druckverlustberechnung in ND Flüssiggasleitungen nach [4.79]

$K_1 - K_3$ gemäß [4.79]

$\Delta p_{\ddot{u}}$	50 mbar			70 mbar			0,7 mbar		
	K_1	K_2	K_3	K_1	K_2	K_3	K_1	K_2	K_3
Propan									
$T = 273$ K	$12{,}600 \cdot 10^3$	$0{,}295 \cdot 10^3$	$0{,}081$	$12{,}362 \cdot 10^3$	$0{,}290 \cdot 10^3$	$0{,}085$	$7{,}734 \cdot 10^3$	$0{,}183 \cdot 10^3$	$0{,}208$
288 K	$13{,}407 \cdot 10^3$	$0{,}311 \cdot 10^3$	$0{,}088$	$13{,}153 \cdot 10^3$	$0{,}305 \cdot 10^3$	$0{,}081$	$8{,}229 \cdot 10^3$	$0{,}193 \cdot 10^3$	$0{,}198$
298 K	$13{,}952 \cdot 10^3$	$0{,}322 \cdot 10^3$	$0{,}092$	$13{,}697 \cdot 10^3$	$0{,}316 \cdot 10^3$	$0{,}078$	$8{,}564 \cdot 10^3$	$0{,}200 \cdot 10^3$	$0{,}191$
Butan									
$T = 288$ K	$9{,}830 \cdot 10^3$	$0{,}232 \cdot 10^3$	$0{,}144$	$9{,}644 \cdot 10^3$	$0{,}228 \cdot 10^3$	$0{,}149$	$6{,}034 \cdot 10^3$	$0{,}144 \cdot 10^3$	$0{,}305$
298 K	$10{,}234 \cdot 10^3$	$0{,}240 \cdot 10^3$	$0{,}139$	$10{,}040 \cdot 10^3$	$0{,}236 \cdot 10^3$	$0{,}144$	$6{,}281 \cdot 10^3$	$0{,}149 \cdot 10^3$	$0{,}295$
50 Vol.-% Propan/ 50 Vol.-% Butan									
$T = 273$ K	$10{,}663 \cdot 10^3$	$0{,}252 \cdot 10^3$	$0{,}116$	$10{,}461 \cdot 10^3$	$0{,}248 \cdot 10^3$	$0{,}121$	$6{,}545 \cdot 10^3$	$0{,}157 \cdot 10^3$	$0{,}265$
288 K	$11{,}348 \cdot 10^3$	$0{,}266 \cdot 10^3$	$0{,}110$	$11{,}137 \cdot 10^3$	$0{,}261 \cdot 10^3$	$0{,}115$	$6{,}966 \cdot 10^3$	$0{,}165 \cdot 10^3$	$0{,}251$
298 K	$11{,}813 \cdot 10^3$	$0{,}275 \cdot 10^3$	$0{,}106$	$11{,}813 \cdot 10^3$	$0{,}275 \cdot 10^3$	$0{,}111$	$7{,}251 \cdot 10^3$	$0{,}171 \cdot 10^3$	$0{,}243$
$\Delta p_{zul.}$	2,5 mbar			3,5 mbar			35 mbar		

Zur Berechnung von $\Delta_1 p + \Delta_2 p$ ergeben sich bei reinem Propan die ungünstigsten Verhältnisse. Für den Gebrauch der auf diese Weise abgeleiteten Gleichungen sind folgende Einheiten maßgebend:

$[\Delta p]$ = mbar
$[l]$ = m
$[d]$ = mm
$[\dot{m}]$ = kg/h
$[\Delta h]$ = m .

Bei der Rohrleitungsbemessung ist man bestrebt, bestimmte Richtgeschwindigkeiten einzuhalten bzw. Grenzwerte nicht zu überschreiten. Beim Flüssiggastransport sind eher letztere maßgebend.

Es ist in jedem Falle davon auszugehen, daß bei Strömungsgeschwindigkeiten ≥ 3 m/s mit Geräuschbildung und ≥ 5 m/s mit verstärkter Staub- bzw. Partikelmitnahme durch den Gasstrom zu rechnen ist. Bei der Bemessung von Niederdruckflüssiggasanlagen sollte eine Richtgeschwindigkeit $w \leq 3$ m/s angestrebt werden.

4.8.3 Bemessung von Flüssigphaseleitungen

Bei der Druckverlustberechnung für Flüssigphaseleitungen ist von

$$\Delta p = \lambda \frac{l_r}{d} \frac{\varrho}{2} w^2$$

auszugehen.

Ersetzt man die mittlere Strömungsgeschwindigkeit durch den Massestrom, erhält man

$$\Delta p = \frac{8}{\pi^2} \lambda \frac{l_r}{d^5 \varrho} \dot{m}^2$$

Eine weitere Vereinfachung ist lediglich durch Einfügen der Umrechnungsfaktoren für nachfolgende Größen möglich

$[\Delta p]$ = mbar
$[l_\mathrm{r}]$ = m
$[d]$ = mm
$[\dot m]$ = kg/h

Es ist dann

$$\Delta p = \frac{8}{\pi^2}\,[x]\,\lambda\,\frac{l_\mathrm{r}}{d^5 \varrho}\,\dot m^2$$

mit

$$[x] = \frac{\left(1000\,\dfrac{\mathrm{mm}}{\mathrm{m}}\right)^5 \dfrac{1013\,\mathrm{bar}}{101325\,\mathrm{Pa}}}{\left(3600\,\dfrac{\mathrm{s}}{\mathrm{h}}\right)^2} = 7{,}714 \cdot 10^5$$

und abschließend

$$\Delta p = 6{,}253 \cdot 10^5 \lambda\,\frac{l_\mathrm{r}}{d^5}\,\frac{\dot m^2}{\varrho}$$

Die Dichte der Flüssigkeit ist aus Kapitel 1 entnehmbar, die Rohrreibungszahl λ ist gemäß Abschnitt 4.8.1 zu ermitteln.

Als zulässiger Druckverlust kann wiederum 5% des verfügbaren Überdruckes angesetzt werden. Dieser ist bei der Bemessung der Flüssigphaseleitung identisch mit dem im Behälter anstehenden Dampfdruck. Auslegungsbedingungen sind jeweils zu definieren.

Es wird vorgeschlagen, wie folgt zu verfahren:

• *frei aufgestellte Lagerbehälter*
Umgebungstemperatur: $-10\,^\circ\mathrm{C}$
Dampfdruck Propan: $p_{\mathrm{Pr,S}} = 3{,}4$ bar (abs.)

$\Delta p_\mathrm{Ü}$ = 2,4 bar

$\Delta p_\mathrm{zul.} = 0{,}05 \cdot \Delta p_\mathrm{Ü}$

$\Delta p_\mathrm{zul.} = 120$ mbar

• *erdgedeckter Behälter*
Umgebungstemperatur: $0\,^\circ\mathrm{C}$
Dampfdruck Propan: $p_{\mathrm{Pr,S}} = 4{,}68$ bar (abs.)

$\Delta p_\mathrm{Ü}$ = 3,68 bar

$\Delta p_\mathrm{zul.} = 0{,}05 \cdot \Delta p_\mathrm{Ü}$

$\Delta p_\mathrm{zul.} = 184$ mbar

Bei der Bemessung von Flüssigphaseleitungen sind bestimmte Grenzbedingungen unbedingt einzuhalten, um elektrostatische Aufladungen der Rohrleitung sicher auszuschließen.

Der Problemkreis „elektrostatische Aufladungen" wird in [4.80] ausführlich behandelt. Der Mechanismus der Aufladung strömender Flüssigkeiten läßt sich anschaulich durch Analogien zu hinlänglich bekannten Aufladungsvorgängen erläutern: Berühren sich zwei zuvor ungeladene Stoffe, kommt es im Bereich ihrer gemeinsamen Grenzflächen in der Regel zu

4.8 Bemessung von Rohrleitungen in Flüssiggasanlagen

einem Ladungsübertritt. Dieser kann nach dem Trennen auf beiden Stoffen zu je einem Ladungsüberschuß gleicher Größe aber entgegengesetzten Vorzeichen führen. Solche Aufladungsvorgänge können auch beim Teilen eines Stoffes (Versprühen, Zerstäuben) sowie beim Strömen von Stoffen längs Wänden (Flüssigkeiten, Staub) auftreten. Die Aufladungsvorgänge hängen u. a. von der Leitfähigkeit und Trenngeschwindigkeit der beteiligten Stoffe ab; bereits während der Ladungstrennung kann je nach Leitfähigkeit und Trenngeschwindigkeit ein Ladungsausgleich stattfinden. Ist aber mindestens einer der Stoffe aufladbar, können gefährliche Aufladungen entstehen, z. B. beim Abheben aufladbarer Platten von einer leitfähigen oder nicht leitfähigen Unterlage oder beim Reiben solcher Platten, beim Strömen aufladbarer Flüssigkeiten durch leitfähige oder nichtleitfähige Rohre. Sind dagegen beide Stoffe hinsichtlich der Aufladbarkeit ausreichend leitfähig, ist der Ladungsüberschuß vernachlässigbar klein.

Bei strömenden Gasen werden deren feste oder flüssige Verunreinigungen oder die durch Kondensation gebildeten festen oder flüssigen Anteile aufgeladen. Die Gase selbst laden sich nicht auf. Flüssigkeiten können sich beim Strömen längs fester Wände, beim Aufreißen oder Versprühen gefährlich aufladen. Für die Beurteilung, ob zusammenhängende flüssige oder feste Stoffe sich gefährlich aufladen, können der spezifische Widerstand, der Oberflächenwiderstand oder der Ableitwiderstand herangezogen werden [4.80]. Dies gilt nicht für Stäube oder Nebel.

Feste Stoffe: Ist der Oberflächenwiderstand — gemessen im Normalklima 23/50 — kleiner oder gleich 10^9 Ω, sind gefährliche Aufladungen nicht zu erwarten.

Flüssige Stoffe: Ist die Leitfähigkeit einer Flüssigkeit, gemessen nach DIN 51412 Teil 1 und Teil 2 oder nach DIN 53483/VDE 0303 Teil 3 größer als 10^{-8} S/m (10.000 pS/m), sind gefährliche Aufladungen nicht zu erwarten. Gemäß [4.80] ist davon auszugehen, daß Kohlenwasserstoffe in reiner Form stets als aufladbar anzusehen sind.

Strömt eine aufladbare Flüssigkeit längs einer festen Wand, z. B. der Wand einer Rohrleitung, der Behälterwand oder der Porenwände von Filtern, oder längs der Oberfläche einer anderen Flüssigkeit, so kann an der Grenzfläche eine Ladungstrennung erfolgen. Die Ladung eines Vorzeichens verbleibt z. B. auf der Wand oder fließt über die Wand zur Erde ab, während die Ladung des anderen Vorzeichens mit der strömenden Flüssigkeit transportiert wird. Durch Erdung werden lediglich die Ladungen von den leitfähigen Anlagenteilen abgeleitet und so gefährliche Spannungen zwischen leitfähigen Teilen vermieden; die Aufladung der Flüssigkeit bleibt von diesen Erdungsmaßnahmen weitgehend unbeeinflußt. Der Ladungsausgleich kann bei Flüssigkeiten mit niedriger Leitfähigkeit erhebliche Zeit beanspruchen und zu gefährlichen Ladungsmengen in der Flüssigkeit führen, die sich nach Durchströmen einer Rohrstrecke im Behälter ansammelt. Auch in einem geerdeten Behälter mit leitfähigen Wänden verliert die Flüssigkeit ihre Ladung allein nach Maßgabe ihrer Leitfähigkeit, sofern keine Ladungen nachströmen.

Die Höhe der Aufladung hängt von den Eigenschaften der Flüssigkeit, insbesondere von ihrer Leitfähigkeit und in geringerem Maße auch vom Wandmaterial ab. Die Art und Konzentration an Spurenkomponenten und Verunreinigungen und das Vorhandensein von freiem Wasser oder einer anderen Flüssigkeit kann die Aufladung stark erhöhen. Beim Durchströmen von Mikrofiltern, z. B. Kunststoffiltern wäre mit entsprechenden Aufladungen zu rechnen. Bei Metallfiltern können starke Verschmutzungen zu Aufladungen führen. In Rohrleitungen hängt das Ausmaß der Aufladung stark von der Strömungsgeschwindigkeit ab. Der durch den Transport aufgeladener Flüssigkeit erzeugte Strom (Aufladungsstrom) steigt mit wachsender Geschwindigkeit und bei gleicher Geschwindigkeit mit wachsendem Rohrdurchmesser an. Er nimmt bei gleichem Massestrom in Querschnittsverengungen zu. Ferner kann sich die Aufladung in Armaturen mit starker Veränderung der Strömungsrichtung erhöhen.

Allgemein ist die Gefährlichkeit der Aufladung bei Ether und Schwefelkohlenstoff sehr hoch, mit abnehmender Gefährlichkeit folgen aliphatische und aromatische Kohlenwasserstoffe. Was die Zündgefahren angeht, sind beim Rohrleitungstransport von Flüssiggasen insbesondere zündfähige Entladungen zu beachten. Diese können zwischen den nachstehend genannten Teilen untereinander oder zwischen diesen Teilen und geerdeten Anlagenteilen oder Personen entstehen:

— isolierte leitfähige Anlagenteile, die sich durch strömende Flüssigkeit aufladen, z. B. Rohre, Armaturen,
— isolierte leitfähige Anlagenteile, die infolge Influenz freie Ladungen abgeben, z. B. Schwimmer
— aufgeladene Flüssigkeit.

Entladungen zwischen der aufgeladenen Flüssigkeit und leitfähigen Anlagenteilen erfolgen bevorzugt in der Nähe der Flüssigkeitsoberfläche. Bei Rohrleitungen und ähnlichen Systemen, die immer vollständig mit Flüssigkeit gefüllt sind, braucht mit einer Zündgefahr durch die aufgeladene Flüssigkeit nicht gerechnet zu werden, wenn der Durchmesser kleiner als 500 mm ist [4.80]. Als wirksamste Maßnahme zur Verhinderung elektrostatischer Aufladungen ist eine Beschränkung der Strömungsgeschwindigkeit vorzunehmen. Details hierzu enthält wiederum [4.80].

In der Flüssiggastechnik ist folgende *Grenzbedingung zur Verhinderung elektrostatischer Aufladungen* eingeführt:

$$w^2 \cdot d \leq 0{,}64 \, \text{m}^3 \, \text{s}^{-2}$$

$[w] = \text{m/s}$
$[d] = \text{m}$

Diese Forderung ist i. allg. bei Einhaltung einer maximalen Strömungsgeschwindigkeit $w_{\max} \leq 2{,}5$ m/s erfüllt. Sollen höhere Strömungsgeschwindigkeiten realisiert werden, sind alle Rohrverbindungen und Anschlüsse elektrisch leitend zu überbrücken und das Gesamtsystem zu erden.

Aus funktioneller Sicht gelten folgende Richtgeschwindigkeiten:
Anschlußleitungen: $w \leq 1$ m/s
Verteilungsleitungen: $w \leq 2$ m/s
Fernleitungen: $w \leq 3$ m/s

5 Gestaltung von Flüssiggasanlagen

5.1 Grundsätzliches

Eine Flüssiggasanlage setzt sich aus der Versorgungsanlage und der Verbrauchsanlage zusammen. Die Trennlinie zwischen beiden Anlagenteilen ist definitionsgemäß nach der Hauptabsperreinrichtung, in Strömungsrichtung des Gases betrachtet. Die Versorgungsanlage hat die Aufgabe, Flüssiggas in ausreichendem Maß zur Verfügung zu stellen. Sie beinhaltet im allgemeinen einen oder mehrere Flüssiggaslagerbehälter, die notwendigen Armaturen für die Gasentnahme, die Gasdruckregelung sowie alle erforderlichen Sicherheitseinrichtungen. Es folgt die Verbrauchsanlage, die die Verteilung des Gases zu den einzelnen Verbrauchern zu realisieren hat. Auch hier sind alle erforderlichen Sicherheitseinrichtungen vorzusehen. Meist ist eine weitere Druckregelung beinhaltet.

Das folgende Kapitel behandelt in Deutschland übliche Anlagen zur Flüssiggasversorgung. Ausgenommen sind spezielle Anwendungsfälle, wie Kleinstflaschen, Fässer, Kartuschen o. ä.. Bei Flüssiggasanlagen mit ortsfesten Behältern werden zylindrische Flüssiggaslagerbehälter betrachtet. Hauptaugenmerk ist dabei auf eine übersichtliche Darstellung der Zusammenhänge gelegt.

5.2 Flüssiggasversorgungsanlagen

5.2.1 Anlagen mit Flüssiggasflaschen

5.2.1.1 Flüssiggasflaschen

Flüssiggasflaschen sind mit Inhalten von 5, 11 oder 33 kg verbreitet. Das Einsatzfeld finden sie dort, wo geringere Gasmengen in stationären oder ortsbeweglichen Anlagen erforderlich sind. Sie werden vom Nutzer gekauft, gemietet oder vom Flüssiggas-Versorgungsunternehmen zur Nutzung überlassen.

Tabelle 5.1 Abmessungen und technische Daten von Flüssiggasflaschen

Flaschengröße	kg Propan	3	5	11	22	33
Energieinhalt	[kWh; H_u]	38,67	64,43	141,9	283,2	424,5
Leergewicht, ohne Ventil und Ventilschutz, ca.	[kg]	4,6	6,3	13,3	24,5	36,0
Rauminhalt	[dm^3]	7,1	11,75	27,2	53,0	79,0
Außendurchmesser	[mm]	204	229	300	318	318
Gesamthöhe, ca.	[mm]	420	500	600	900	1300
Transportgewicht	[kg/kWh]	0,225	0,175	0,171	0,164	0,163

Die DIN 4661, der Flüssiggasflaschen neben der Druckbehälterverordnung und den Technischen Regeln Druckgase — TRG — entsprechen müssen, beschreibt die Abmessungen, die Ausführungen, Werkstoffe, Bodenformen und die Kennzeichnung dieser Flüssiggasflaschen. Der Prüfdruck beträgt 30 bar. Nach der Erstprüfung muß eine Wiederholungsprüfung nach jeweils 10 Jahren durchgeführt werden. Die Flüssiggas-Versorgungsunternehmen haben sicherzustellen, daß eine Befüllung nur dann erfolgt, wenn das Prüfdatum nicht abgelaufen ist und wenn die Flüssiggasflaschen keine Schäden aufweisen. Das Typenschild ist auf dem Handgriff angebracht und dokumentiert die zulässige Füllmenge, das Leergewicht inkl. Ventil sowie den Prüfdruck und zeigt den TÜV-Überwachungsstempel.

Flüssiggasflaschen werden mittels Gasflaschenventilen verschlossen, die der DIN 477 entsprechen müssen. Tabelle 5.2 zeigt eine Gegenüberstellung der Flüssiggasflaschenventile mit den Gewindeabmessungen. Dabei ergeben sich Unterschiede hinsichtlich der verschiedenen Flaschenarten und der Verwendung des Flüssiggases.

Die Gasflaschenventile mit Schraubanschluß, wie sie in der DIN 477 beschrieben sind, untergliedern sich in eine kleine und eine große Ausführung. Das konische Einschraubgewinde bei der kleineren Version weist einen Durchmesser von 19,8 mm auf und dient dem Einschrauben in Gasflaschen mit einem Füllgewicht bis 14 kg. Sie haben einen seitlichen Anschluß als Haushaltanschluß. Die große Ausführung für Flüssiggasflaschen mit einem Inhalt von mehr als 14 kg besitzt einen konischen Einschraubstutzen mit 28,8 mm Durchmesser und einen seitlichen Industrieanschluß.

Das Anschlußgewinde des seitlichen Stutzens für den Verbraucher, also für die Gasentnahme, und für die Befüllung ist nach DIN 477 ein Linksgewinde Whitworth 21,8 1/14", um eine Verwechslung mit Anschlüssen für andere Gasarten auszuschließen.

Man unterscheidet demzufolge Flaschenventile für Klein- und Großflaschen.

Bei Kleinflaschenventilen ist der seitliche Abgang für den Anschluß eines Druckregelgerätes per Hand konzipiert. Er weist eine Weichstoffdichtung auf, die im Zusammenwirken mit der Ringwulst der Anschlußarmatur dichtet. Dazu dient eine von Hand zu betätigende Überwurfmutter und ein Führungszapfen, der das gerade Einführen in den Flaschenanschluß erleichtert. Man spricht hier üblicherweise vom Haushaltanschluß.

Dagegen haben Flaschen mit mehr als 14 kg Füllung einen Industrieanschluß mit Hartstoffdichtung. Die Überwurfmutter zum Verbraucheranschluß ist als Sechskantmutter ausgebildet, die mittels Schlüssel angezogen werden muß.

Tabelle 5.2 Flüssiggasflaschenventile und Gewindeabmessungen

Flaschenarten	Gasflaschenventile	DIN	Einschraub-gewinde	Anschlußgewinde
Kleinflaschen 5 und 11 kg	Kleinflaschenventile[*] Anschraubventile Rückschlagventile[**] mit Aufsteckanschluß	477	19,8	Haushaltsanschluß W 21,80 × 1/14" lks a Weichstoffdichtung
Großflaschen 33 kg	Großflaschenventile Anschraubventile	477	28,8	Industrieanschluß W 21,80 × 1/14" lks a Hartstoffdichtung

[*] Ventile für Fahrzeuge mit Tauchrohr und Industrieanschluß
[**] Besondere Genehmigung für Rückschlagventile mit Aufsteckanschluß

Falls kein Verbraucher an Flüssiggasflaschen angeschlossen ist, sind die Anschlüsse der Flaschen mit gasdichten und druckfesten Verschlußmuttern zu versehen. Diese dienen dazu, die Anschlüsse dauerhaft gasdicht zu verschließen und sie gegen Verschmutzung zu schützen. Insbesondere müssen sie diese Aufgabe beim Transport und bei der Lagerung der Flaschen erfüllen. Um die Verschlußmuttern gegen Verlust zu sichern, sind diese meist mit Metallketten oder Kunststoffbändern gesichert. Sie können aus Metall oder Kunststoff bestehen, wobei sie nach den Technischen Regeln Druckgase – TRG – prüfpflichtig sind.

5.2.1.2 Flüssiggasversorgungsanlagen mit Flüssiggasflaschen

Grundsätzlich werden Flüssiggasflaschen frei oder in Räumen aufgestellt. Das Flüssiggas wird im gasförmigen oder im flüssigen Zustand entnommen.

Dabei ist die Entnahme im Haushaltsbereich nur aus der Gasphase zulässig. Maßgebend hierfür sind die Technischen Regeln Flüssiggas – TRF 1996. Der Anschluß erfolgt über Flaschen-Anschlußleitungen, die aus Schläuchen der Druckklasse 30 nach DIN 4815 oder aus Rohrspiralen hergestellt sind.

Den gesamten Umgang mit Flüssiggasflaschen im gewerblichen Bereich oder bei der Entnahme flüssigen Flüssiggases regeln die Technischen Regeln Druckgase – TRG 280 „Allgemeine Anforderungen an Druckgasbehälter, Betreiben von Druckgasbehältern". Zusätzlich sind die „Richtlinien für die Verwendung von Flüssiggas" der gewerblichen Berufsgenossenschaften zu beachten.

Die Aufstellung von Flüssiggasflaschen ist in Räumen, die unter Erdgleiche liegen, in Treppenräumen, Fluren, Durchgängen, Notausgängen, Rettungswegen und Durchfahrten von Gebäuden oder in ihrer unmittelbaren Nähe unzulässig. Flüssiggasflaschen müssen für die Entnahme stehend aufgestellt werden. Sie sind auf ebenem Boden ausreichend standfest.

Um die Forderung, die Entzündung gefährlicher explosionsfähiger Atmosphären zu verhindern, zu erfüllen, wird ein ausreichend bemessener explosionsgefährdeter Bereich um mögliche Gasaustrittsstellen infolge Undichtheiten von Anschlüssen oder Armaturen oder infolge betriebsbedingten Anschließens oder Lösens von Leitungsverbindungen festgelegt.

In Abbildung 5.1 und Tabelle 5.3 ist die Bemessung der explosionsgefährdeten Bereiche und die geometrische Gestaltung aufgeführt. Diese explosionsgefährdeten Bereiche dürfen an maximal zwei Stellen durch mindestens 2 m hohe öffnungslose Schutzwände aus nicht brennbaren Baustoffen eingeengt sein. Dabei darf es sich an einer Stelle auch um eine Gebäudewand handeln, die jedoch im explosionsgefährdeten Bereich keine Öffnung haben darf.

Im explosionsgefährdeten Bereich dürfen keine brennbaren oder explosionsfähigen Stoffe gelagert werden. Ausgenommen davon sind Flüssiggasflaschen mit einem Füllgewicht bis höchstens 14 kg in Gebäuden mit Aufenthaltsräumen. Im nach Tabelle 5.3 definierten Radius um die Flüssiggasflasche oder Flüssiggasflaschen dürfen sich keinerlei gegen Gaseintritt ungeschützte Öffnungen, wie Kelleröffnungen, Luft- oder Lichtschächte, Bodenabläufe, Kanaleinläufe oder ähnliche befinden.

Tabelle 5.3 Abmessungen der explosionsgefährdeten Bereiche von Flüssiggasflaschen

Entnahme aus der Gasphase	**Radius r in [m]**	
	Im Freien	In Räumen
Einzelflasche und Batterien mit 2 bis 6 Flaschen	1,0	2,0
Batterien mit mehr als 6 Flaschen	2,0	3,0

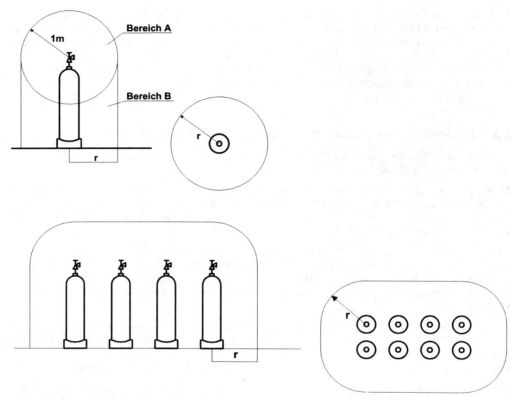

Abb. 5.1 Explosionsgefährdeter Bereich von Flüssiggasflaschen
Bereich A: ständiger Bereich mit den Anforderungen der Zone 1 nach Explosionsschutz-Richtlinie
Bereich B: Bereich mit den Anforderungen der Zone 2 nach Explosionsschutz-Richtlinie

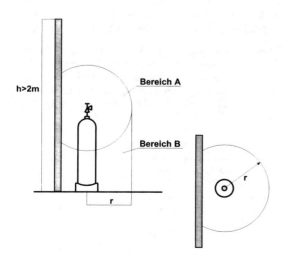

Abb. 5.2 Eingeengter explosionsgefährdeter Bereich
Bereich A: ständiger Bereich mit den Anforderungen der Zone 1 nach Explosionsschutz-Richtlinie
Bereich B: Bereich mit den Anforderungen der Zone 2 nach Explosionsschutz-Richtlinie

5.2 Flüssiggasversorgungsanlagen

Der Zugriff Unbefugter muß bei der Aufstellung von Flüssiggasflaschen im Freien ausgeschlossen werden. Flüssiggasflaschen sind durch Flaschenschränke oder -hauben zu sichern. Flaschenschränke müssen aus nicht brennbarem Material bestehen. Sie müssen im oberen Teil und unmittelbar über dem Boden je eine Lüftungsöffnung von 1/100 der Bodenfläche haben, mindestens jedoch 100 cm^2. Sie dürfen nicht unmittelbar neben Schächten, Gebäudeöffnungen oder ähnlichen stehen. Ein Schutzbereich um Flüssiggasflaschenschränke ist nicht definiert. Das Innere der Flaschenschränke für Flüssiggasflaschen wird als Zone 2 nach Explosionsschutz-Richtlinie verstanden.

Der Aufstellungsort von Flüssiggasflaschen ist gemäß den Technischen Regeln Flüssiggas – TRF 1996 mit Sicherheitskennzeichen zu versehen. Ausgenommen davon sind Flüssiggasflaschen mit einem Füllgewicht bis höchstens 14 kg in Gebäuden mit Aufenthaltsräumen.

In der Betriebsanweisung muß festgehalten sein, daß Flüssiggasflaschen, sowohl befüllte als auch leere, stehend aufzubewahren sind. Die Entnahmeventile müssen durch Ventilschutzkappen und Verschlußmuttern geschützt sein. Im Falle eines Brandes sollen Flüssiggasflaschen aus dem brandgefährdeten Bereich entfernt oder, falls dies nicht möglich ist, aus sicherer Stellung durch Besprühen mit Wasser oder anderen geeigneten Mitteln vor zu starker Erwärmung bewahrt werden. In jedem Fall ist bei einem Brand die Feuerwehr vom Vorhandensein von Flüssiggasflaschen in Kenntnis zu setzten.

Innerhalb von Aufenthaltsräumen dürfen nur Flüssiggasflaschen aufgestellt werden, wenn ihr Füllgewicht höchstens 14 kg beträgt. Ausgenommen davon sind Räume, die ausschließlich Schlafzwecken dienen. In solchen Räumen dürfen keine Flüssiggasflaschen aufgestellt werden. Pro Wohnung dürfen höchstens zwei Flüssiggasflaschen, einschließlich der leeren Flasche, vorhanden sein. Dabei darf sich jedoch nur eine Flüssiggasflasche pro Raum befinden.

Flüssiggasflaschen müssen gegenüber Wärmestrahlungsquellen in einem solchen Abstand aufgestellt werden, daß eine Erwärmung des in der Flüssiggasflasche befindlichen Flüssiggases auf über 40 °C ausgeschlossen ist. Tabelle 5.4 zeigt Abstände, die in der Regel ausreichend sind. Kommt ein Strahlungsschutz zum Einsatz, muß dieser aus nichtbrennbarem Material bestehen und zwischen Wärmequelle und Flüssiggasflasche fest angebracht sein. Der Schutz vor übermäßiger Erwärmung des Flüssiggases über 40 °C ist auch für den Fall der Unterbringung von Flüssiggasflaschen in Gasgeräten bindend.

Falls Flüssiggasflaschen mit einem Füllgewicht von mehr als 14 kg innerhalb von Gebäuden aufgestellt werden sollen, so kann dies nur in besonderen Räumen, in Aufstellungsräumen erfolgen. Diese müssen vom Freien aus zugänglich sein, die Türen müssen nach außen aufschlagen. Gegenüber anderen Räumen müssen Wände oder Decken vorhanden sein, die feuerbeständig (F90) sind. Öffnungen in diesen Wänden oder Decken sind nicht zulässig. Der Fußboden von Aufstellungsräumen muß mindestens schwer entflammbar sein und eben beschaffen

Tabelle 5.4 Mindestabstände zu Wärmequellen

Wärmestrahlungsquellen	Mindestabstände	
	ohne Strahlungsschutz [cm]	mit Strahlungsschutz [cm]
von Heizgeräten, Feuerstätten und ähnlichen Wärmequellen	70	30
von Heizkörpern	50	10
von Gasherden und ähnlichen Wärmequellen	30	10

sein, so daß die Flüssiggasflaschen sicher stehen. Hinsichtlich der Be- und Entlüftung sind unmittelbar über dem Fußboden und unter der Decke je eine ins Freie führende Öffnung mit einem Querschnitt von je 1/200 der Bodenfläche des Aufstellraumes der Flüssiggasflaschen anzubringen. Diese Lüftungsöffnungen dürfen nicht verschlossen werden und verschlossen werden können. Um sie sind keine Schutzbereiche erforderlich. Sie dürfen jedoch nicht neben oder oberhalb von Schächten oder Gebäudeöffnungen angebracht sein. Für elektrische Installationen gilt die Einordnung nach Zonen der Explosionsschutz-Richtlinie, wie sie in den Technischen Regeln Flüssiggas – TRF 1996 festgehalten sind. Brennbare oder explosionsgefährdete Stoffe dürfen ähnlich wie in explosionsgefährdeten Bereichen auch nicht in Aufstellungsräumen von Flüssiggasflaschen gelagert werden. Eine Kennzeichnung dieser Räume an den Außenseiten muß nach den Technischen Regeln Flüssiggas – TRF 1996 erfolgen. Heizungen in Aufstellungsräumen müssen ebenfalls gemäß diesen Bestimmungen gestaltet sein.

5.2.2   Anlagen mit Flüssiggaslagerbehältern

5.2.2.1   Flüssiggaslagerbehälter

Flüssiggaslagerbehälter sind ortsfeste Behälter, die ständig an einem Standort verbleiben und die über Tankwagen befüllt werden.

Behälter, die der Lagerung von Flüssiggas dienen sollen, müssen hinsichtlich des Werkstoffes, der Berechnung, der Ausrüstung und der Herstellung der Druckbehälterverordnung mit den angegliederten Technischen Regeln Druckbehälter – TRB – entsprechen. Vor der Inbetriebnahme ist eine erstmalige Prüfung, die eine Vorprüfung, eine Bauprüfung und eine Druckprüfung beinhaltet, oder eine Baumusterprüfung sowie eine Abnahmeprüfung nach § 9 Absätze 1 und 3 der Druckbehälterverordnung zu absolvieren. Danach ist der Flüssiggaslagerbehälter mit einem Prüfzeichen zu kennzeichnen. Im allgemeinen erfolgt die Auslieferung der Behälter mit einem „ZUA-Baumuster", so daß die erstmalige Prüfung und die Abnahmeprüfung nachgewiesen ist. Es ist in diesem Fall noch die Prüfung der Aufstellung durchzuführen.

Tabelle 5.5   Behälterabmessungen nach DIN 4680 und 4681

Behältervolumen [m^3]	Füllmenge [t]	Außendurchmesser [mm]	Gesamtlänge [mm]	Wanddicke [mm]
1,775	0,8	1000	2475	5,5
2,7	1,2	1250	2460	6,5
4,85	2,1	1250	4255	6,5
12	5,6	1600	6320, 6400°	7,5
24	10	2000	8105, 8150°	9,0
40	17	2500	8660, 8715°	11,5
60	25,5	2500	12810, 12865°	11,5
80	34,6	2900	12750, 12810°	13,0
100	43	2900	15835, 15890°	13,0

° abhängig von der Bauart (Klöpperboden, Korbbogenboden)

5.2 Flüssiggasversorgungsanlagen

Tabelle 5.6 Behälterabmessungen nach Herstellerangaben

Behältervolumen in [m³]	Füllmenge in [t]	Außendurchmesser in [mm]	Wanddicke in [mm]
1,775	0,8	1000	5,5
2,7	1,2	1250	6,5
4,85	2,1	1250	6,5
6,9	2,9	1250	6,5
8,7	4	1600	7,5
12	5,6	1600	7,5
16,3	7,5	1600	7,5
24	10	2000	9,0
40	17	2500	11,5
60	25,5	2500	11,5
80	34,6	2900	13,0
100	43	2900	13,0
120	51	2900	13,0
150	63,8	3200	14,0
200	86	3400	15,0

Grundsätzlich sollen Flüssiggaslagerbehälter der DIN 4680 bzw. DIN 4681 entsprechen. Bei der Herstellung und bei der Auslieferung gelten die DVFG-Prüfgrundlagen. Übliche Behälterabmessungen zeigen die Tabellen Tabelle 5.5 und Tabelle 5.6.

Man unterscheidet die *Aufstellungsarten*:

- im Freien oberirdisch (frei aufgestellt), siehe Abbildung 5.3,
- im Freien erdgedeckt (vollständig erdreicheingebettet oder erdreichabgedeckt), siehe Abbildung 5.4 und Abbildung 5.5,
- im Freien, halboberirdisch (auch „halb erdreicheingebettet" oder „Semibehälter"), siehe Abbildung 5.6,
- innerhalb von Räumen.

Abb. 5.3 Im Freien oberirdisch aufgestellter Flüssiggaslagerbehälter

Flüssiggaslagerbehälter, die frei aufgestellt sind, müssen auf einer Betonplatte verankert sein und einen weißen reflektierenden Anstrich haben, der sie vor unzulässiger Erwärmung schützen soll. Verwiesen sei dazu auf die DVFG-Richtlinien. Dieser Behältertyp besitzt angeschweißte Füße. Die Entnahmearmaturen sind durch eine Abdeckhaube geschützt. Ist ein frei aufgestellter Flüssiggaslagerbehälter auf einer isolierenden Schicht (Erdungswiderstand $>10^6\ \Omega$) stehend, ist eine Erdung erforderlich. Dieses Erfordernis entfällt, wenn der Behälter auf Beton in Verbindung mit gewachsenem Boden aufgestellt ist und er mit geerdeten Rohrleitungen verbunden ist. Blitzschutzmaßnahmen entfallen.

Spricht man von erdgedeckter Aufstellung, so muß diese Behälter eine mind. 50 cm starke Erdschicht umgeben. Dabei ist es unerheblich, ob die Flüssiggaslagerbehälter vollständig oder teilweise höher als das umgebende Gelände angeordnet sind. Die Einbettung hat in eine mind. 20 cm starke Sandschicht zu erfolgen. Es sind besondere Maßnahmen des Korrosionsschutzes zu ergreifen:

- Bitumenisolierung und kathodischer Korrosionsschutz für einwandige Behälter nach DIN 4681 Teil 1,
- Außenmantel nach DIN 4681 Teil 2,
- Beschichtung für einwandige Behälter nach DIN 4681 Teil 3.

Kommt ein kathodischer Korrosionsschutz zum Einsatz, müssen elektrisch betriebene Ausrüstungsteile eine elektrische Trennung zum Potentialausgleich haben. Eine andere Variante ist eine elektrische Trennung zum Schutzschalter.

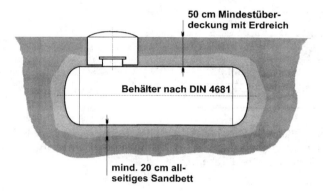

Abb. 5.4 *Im Freien erdgedeckt aufgestellter Flüssiggaslagerbehälter, vollständig erdreicheingebettet*

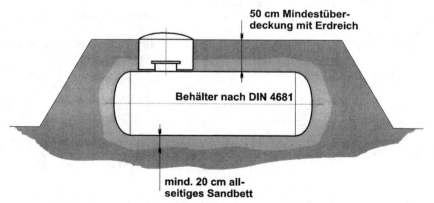

Abb. 5.5 *Im Freien erdgedeckt aufgestellter Flüssiggaslagerbehälter, erdreichabgedeckt*

5.2 Flüssiggasversorgungsanlagen

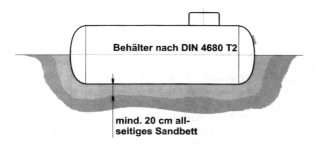

Abb. 5.6   Im Freien, halboberirdisch aufgestellter Behälter

Desweiteren ist ein Domschacht erforderlich.

Für halb im Erdreich eingebettete Behälter sind die Aussagen wie für erdgedeckte Behälter zutreffend. Jedoch erstrecken sich die besonderen Maßnahmen des Korrosionsschutzes auf die untere, dem Erdreich ausgesetzte Hälfte. Für den oberen Bereich wird wie für frei aufgestellte Behälter ein weißer reflektierender Anstrich gefordert. Der Domschacht entfällt hier.

Auf der Grundlage dieser Aufstellungsarten ergeben sich die in der folgenden Tabelle zusammengefaßten Betriebsbedingungen.

Tabelle 5.7   Betriebsbedingungen für Flüssiggaslagerbehälter

Aufstellungsart		oberirdisch	erdgedeckt	im Raum
Überdeckung mit Erdreich	[m]		größer, gleich 0,5	
zulässige Betriebstemperatur	[°C]	40	40 (30)	40
zulässiger Betriebsdruck	[bar]	15,6	15,6 (12,1)	15,6

Die in Klammern dargestellten Werte zeigen Alternativen.

Vom Betreiber der Anlage wird gefordert, daß er ein *Prüfbuch* oder eine *Prüfakte* zur Eintragung der wiederkehrenden und ggf. außerordentlichen Prüfungen mit den Resultaten führt. Dieses oder diese muß die Bescheinigung des Sachverständigen über die erstmalige Prüfung und die Abnahmeprüfung mit den dazugehörigen Unterlagen:

- Zeichnungen,
- Bescheinigung über Werkstoffe und
- Bescheinigung über Wärmebehandlung

beinhalten.

Flüssiggaslagerbehälter müssen mit folgenden Komponenten als *Mindestausstattung* nach den TRB 403 — Ausrüstung der Druckbehälter und den DIN 4680 bzw. 4681 ausgerüstet sein:

1. Sicherheitsventil
Sicherheitseinrichtung gegen Drucküberschreitung:
Das Sicherheitsventil muß bauteilgeprüft und von einem Sachverständigen eingestellt sein. Ein gefahrloses Ausströmen muß im Falle eines Ansprechens des Ventils möglich sein sowie die Öffnungen der Sicherheitsventile und der Abblaseleitungen, soweit sie erforderlich sind, gegen das Eindringen von Wasser geschützt sein.

2. Gasentnahmearmaturen:

2.1 Gasentnahmeventil

2.2 Peilventil und Überfüllsicherung
Sicherheitseinrichtung gegen Überfüllung:
Zur Sicherheit gegen Überfüllung müssen Flüssiggaslagerbehälter mit einer handbedienbaren Höchststandpeileinrichtung und einer selbsttätig wirkenden bauteilgeprüften Überfüllsicherung nach VdTÜV-Merkblatt 100 ausgerüstet sein.
Es sind maximal zulässige Füllgrenzen festgelegt. Bei oberirdisch aufgestellten Flüssiggaslagerbehältern, die sich im Freien oder in Räumen befinden, und bei erdgedeckten Behältern mit einer Erdreichüberdeckung von 0,5 m beträgt diese 85% des Behälterinnenvolumens. Es dürfen aus der Öffnung des Peilventils nur geringe Mengen Flüssiggas austreten. Aus diesem Grund ist der Öffnungsdurchmesser mit max. 1,5 mm festgeschrieben.

2.3 Druckmeßeinrichtung
Jeder Flüssiggaslagerbehälter ist mit einem Sicherheitsmanometer auszustatten. Maßgebend sind die TRB 403. Es ist der jeweils herrschende Betriebsdruck anzuzeigen, der maximal zulässige Betriebsdruck muß unverkennbar gekennzeichnet sein.

2.4 Prüfanschluß

3. Füllventil
4. Flüssiggasentnahmeventil für Flüssigphase (zum Beispiel auch zur Behälterentleerung)
5. Inhaltsanzeiger
6. Besichtigungsöffnungen für kleinere Behälter
7. Einstiegsöffnung (Mannloch) für größere Behälter
8. Thermometer bei Großtanks

Desweiteren sind alle Rohrleitungen nahe des Flüssiggaslagerbehälters mit leicht zugänglichen Absperrarmaturen, die für diesen Einsatz geeignet sind, zu versehen. Für die Unterbringung dieser Armaturen stehen unterschiedliche Varianten zur Verfügung. So können sie bei oberirdischen Behältern in der Scheitelfläche des Behälters oder im Mannloch-Deckel, wie es bei erdgedeckten Behältern üblich ist, angeordnet sein.
Handelt es sich bei den Flüssiggaslagerbehältern um solche, die ein Füllgewicht von 3 t oder mehr aufweisen, sind weitergehende Anforderungen in der Anlage zur TRB 801 Nr. 25 niedergeschrieben.

5.2.2.2 Flüssiggasversorgungsanlagen mit Flüssiggaslagerbehältern

Allgemeingültige Anforderungen bei der Aufstellung von Flüssiggaslagerbehältern
Die Aufstellung von Flüssiggaslagerbehältern regeln die TRB 600 und 610, sowie die Technischen Regeln Flüssiggas – TRF 1996. Eine Anordnung von Flüssiggaslagerbehältern in Durchgängen, Durchfahrten, Fluren, Treppenräumen, Feuerwehrzufahrten, Notausgängen oder an Treppen von Freianlagen ist unzulässig.
Grundsätzlich sind die Bereiche, in denen Flüssiggaslagerbehälter untergebracht sind, deutlich und dauerhaft zu kennzeichnen. Maßgebend sind die Technischen Regeln Flüssiggas – TRF 1996.
Bei der Aufstellung ist auf ausreichende Abstände zum Zwecke der Instandhaltung und Reinigung und für Flucht- und Rettungswege zu achten. Die Forderung nach genügenden Abständen für die Instandhaltung gilt als erfüllt, wenn Distanzen von 1 m eingehalten werden, bei Behälterwandungen ohne Öffnungen jedoch 0,5 m.
Der Eingriff Unbefugter ist durch geeignete Maßnahmen zu verhindern. Varianten sind u. a. abschließbare Abdeckhauben oder Domschachtdeckel. Handelt es sich um Aufstellplätze, die öffentlich zugänglich sind, können weitere Maßnahmen erforderlich sein.

5.2 Flüssiggasversorgungsanlagen

Besondere Anforderungen werden bei der Aufstellung von Flüssiggaslagerbehältern hinsichtlich einer ausreichenden Lüftung und des Brand- und Explosionsschutzes gestellt.

Grundsätzlich ist bei der Aufstellung im Freien die Lüftung nachgewiesen, wenn der Bereich B (Bereich mit den Anforderungen der Zone 2 der Explosionsschutz-Richtlinie) an nicht mehr als zwei Stellen eingeschränkt ist. Ansonsten sind ergänzende Maßnahmen zur Lüftung zu ergreifen. Der Brand- und Explosionsschutz beinhaltet die Verhinderung bzw. die Einschränkung der Bildung gefährlicher explosionsfähiger Atmosphären sowie die Verhinderung der Entzündung gefährlicher explosionsfähiger Atmosphären. Maßgebend sind u. a. die Technischen Regeln Flüssiggas – TRF 1996 – und die „Richtlinien zur Vermeidung der Gefahren durch explosionsfähige Atmosphäre (Explosionsschutz-Richtlinie)".

Es werden explosionsgefährdete Bereiche um mögliche (betriebsbedingte) Gasaustrittsstellen bei Flüssiggaslagerbehältern festgelegt, innerhalb derer keinerlei Zündquellen vorhanden sein dürfen. Dabei ist während des Befüllvorgangs um betriebsbedingte Austrittsstellen ein temporärer Bereich einzuhalten, für den die Anforderungen an die Ex-Zone 2 nach Explosionsschutz-Richtlinie zutreffend sind. Explosionsgefährdete Bereiche sind deutlich zu kennzeichnen. Verbindlich sind Warnzeichen nach den Technischen Regeln Flüssiggas – TRF 1996.

Mit der Festlegung der einzelnen Bereiche A und B ergeben sich bestimmte Anforderungen. So muß sichergestellt sein, daß während des Befüllvorgangs der Bereich B weder betreten noch befahren werden darf. Dazu sind entsprechende Maßnahmen (fachkundiges Aufsichts-

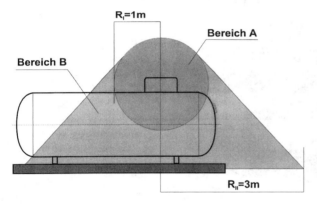

Abb. 5.7 Explosionsgefährdeter Bereich bei oberirdischer Aufstellung
Bereich A: ständiger Bereich mit den Anforderungen der Zone 1 nach Explosionsschutz-Richtlinie
Bereich B: temporärer Bereich (während des Befüllvorganges) mit den Anforderungen der Zone 2 nach Explosionsschutz-Richtlinie

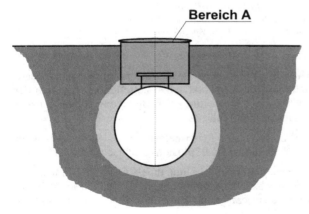

Abb. 5.8 Explosionsgefährdeter Bereich bei erdgedeckter Aufstellung während des Betriebes
Bereich A: ständiger Bereich mit den Anforderungen der Zone 1 nach Explosionsschutz-Richtlinie

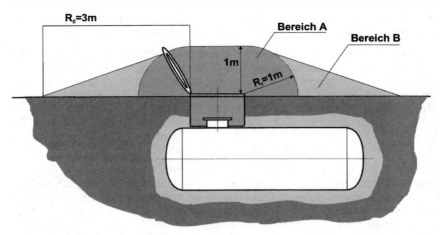

Abb. 5.9 Explosionsgefährdeter Bereich bei erdgedeckter Aufstellung während des Befüllvorganges
Bereich A: ständiger Bereich mit den Anforderungen der Zone 1 nach Explosionsschutz-Richtlinie
Bereich B: Bereich mit den Anforderungen der Zone 2 nach Explosionsschutz-Richtlinie

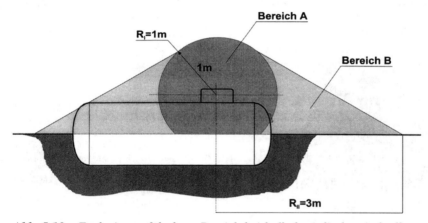

Abb. 5.10 Explosionsgefährdeter Bereich bei halboberirdischer Aufstellung
Bereich A: ständiger Bereich mit den Anforderungen der Zone 1 nach Explosionsschutz-Richtlinie
Bereich B: temporärer Bereich (während des Befüllvorganges) mit den Anforderungen der Zone 2 nach Explosionsschutz-Richtlinie

personal, Absperrungen, Warnzeichen o. ä.) zu ergreifen. Diese Anforderungen sind ebenfalls für benachbarte Grundstücke oder öffentliche Verkehrsflächen zutreffend, wenn sich der Bereich B auf diese erstreckt. Dagegen ist eine Ausweitung des Bereiches A auf benachbarte Flächen oder öffentliche Verkehrsflächen nicht zulässig.

Grundsätzlich müssen Einrichtungen (Fernsprecher, Feuermelder, o. ä.) vorhanden oder schnell erreichbar sein, die ein Melden von Brand- oder Explosionsgefahr ermöglichen.

Eine Einschränkung der explosionsgefährdeten Bereiche ist nur durch bauliche Maßnahmen möglich. Darunter versteht man in Räumen gasdichte Abtrennungen, die jedoch nicht Beanspruchungen, wie sie bei Explosionen auftreten, entsprechen müssen. Wie oben erwähnt, ist eine Einschränkung der explosionsgefährdeten Bereiche im Freien nur an zwei Stellen zulässig, um eine ausreichende Lüftung zu gewährleisten. Ansonsten sind zusätzliche Lüftungsmaßnahmen zu ergreifen. Unter baulichen Maßnahmen im Freien faßt man öffnungslose Wände aus nicht brennbarem Material, wie zum Beispiel Mauerwerk, Blech, Faserzement, o. ä. zusammen.

Neben der Festlegung der explosionsgefährdeten Bereiche, also der Maßnahmen zum Schutz vor Brand oder Explosionen, sind Flüssiggaslagerbehälter vor mechanischen Belastungen zu bewahren. Dies betrifft die Behälter und ihre Ausrüstungsteile. Grundsätzlich gilt diese Forderung als erfüllt, wenn durch den gewählten Aufstellungsort eine Gefährdung ausgeschlossen werden kann oder wenn die Möglichkeit des Anfahrens durch Fahrzeuge an gefährdeten Stellen durch Schutzmaßnahmen verhindert wird. Bei erdgedeckten Flüssiggaslagerbehältern dient der Domschachtdeckel dem Schutz vor mechanischen Beanspruchungen.

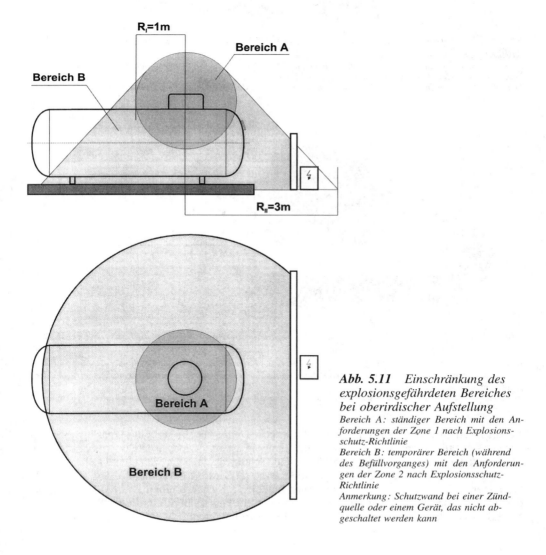

Abb. 5.11 *Einschränkung des explosionsgefährdeten Bereiches bei oberirdischer Aufstellung*
Bereich A: ständiger Bereich mit den Anforderungen der Zone 1 nach Explosionsschutz-Richtlinie
Bereich B: temporärer Bereich (während des Befüllvorganges) mit den Anforderungen der Zone 2 nach Explosionsschutz-Richtlinie
Anmerkung: Schutzwand bei einer Zündquelle oder einem Gerät, das nicht abgeschaltet werden kann

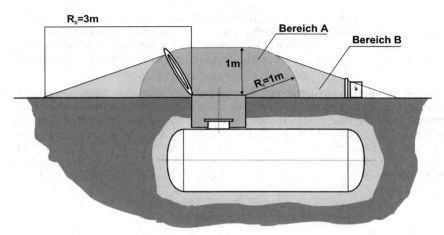

Abb. 5.12 *Einschränkung des explosionsgefährdeten Bereiches bei erdgedeckter Aufstellung während des Befüllvorgangs*
Bereich A: ständiger Bereich mit den Anforderungen der Zone 1 nach Explosionsschutz-Richtlinie
Bereich B: Bereich mit den Anforderungen der Zone 2 nach Explosionsschutz-Richtlinie
Anmerkung: Schutzwand bei einer Zündquelle oder einem Gerät, das nicht abgeschaltet werden kann

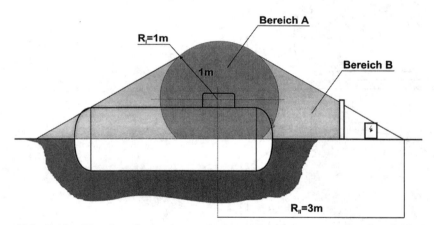

Abb. 5.13 *Einschränkung des explosionsgefährdeten Bereiches bei halboberirdischer Aufstellung während des Befüllvorgangs*
Bereich A: ständiger Bereich mit den Anforderungen der Zone 1 nach Explosionsschutz-Richtlinie
Bereich B: temporärer Bereich (während des Befüllvorganges) mit den Anforderungen der Zone 2 nach Explosionsschutz-Richtlinie
Anmerkung: Schutzwand bei einer Zündquelle oder einem Gerät, das nicht abgeschaltet werden kann

Neben mechanischen Belastungen sind Brandlasten eine Gefahr für Flüssiggaslagerbehälter, vor der sie, falls solche Lasten in der Umgebung anzutreffen sind, geschützt werden müssen. Möglichkeiten dazu sind Schutzabstände und Schutzwände nach den Technischen Regeln Flüssiggas – TRF 1996, eine allseitige Abdeckung mit Erdreich von mind. 0,5 m Stärke oder bei reiner Strahlungswärme ein Strahlungsschutzblech. Sicherzustellen ist in jedem Fall, daß der Flüssiggaslagerbehälter gegen Erwärmung durch Flammenberührung oder Strahlung über die zulässige Werkstofftemperatur hinaus während Brandeinwirkung 90 min geschützt ist.

5.2 Flüssiggasversorgungsanlagen

Eine Brandlast besteht nicht, wenn:

- die dem oberirdisch aufgestellten Flüssiggaslagerbehälter zugewandte Gebäudewand die baulichen Anforderungen an Schutzwände erfüllt. Dabei muß die Gebäudewand im Bereich der waagerechten Projektion des Behälters auf die Gebäudewand bis 3 m oberhalb der Behälteroberkante öffnungslos sein. Die Unterkante von Öffnungen muß sich weiterhin, wenn sie in einem Abstand bis zu 1 m seitlich der Projektionsfläche des Behälters auf die Gebäudewand angeordnet ist, oberhalb der Behälteroberkante befinden. Vergleiche dazu die Abbildung 5.14 und Abbildung 5.15,
- brennbare Teile in nur geringen Mengen oder mit geringem Wärmeinhalt vorhanden sind.

Die erwähnten Anforderungen an die Gebäudewand entfallen, wenn der Flüssiggaslagerbehälter in einem Abstand von 3 m von der Gebäudewand aufgestellt wird. Augenmerk ist

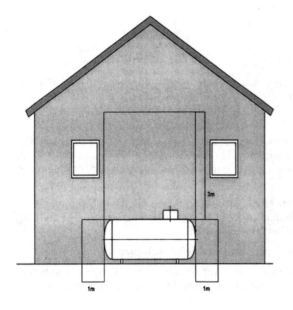

Abb. 5.14 Anforderungen an die Gebäudewand zur Verhinderung von Brandlasten bei paralleler Aufstellung

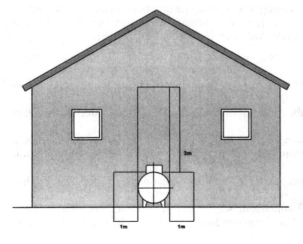

Abb. 5.15 Anforderungen an die Gebäudewand zur Verhinderung von Brandlasten bei lotrechter Aufstellung

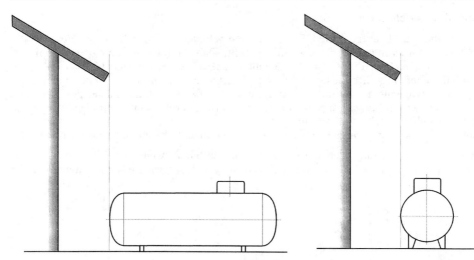

Abb. 5.16 Aufstellung von Flüssiggaslagerbehältern bei einem Dachüberstand von mehr als 0,5 m

Abb. 5.17 Aufstellung von Flüssiggaslagerbehältern bei einem Dachüberstand von mehr als 0,5 m

weiterhin auf den Dachüberstand zu richten. Dieser stellt keine Brandlast dar, wenn der Abstand des Behälters von der Gebäudewand diesem Dachüberstand entspricht, wie es in der Abbildung 5.16 und Abbildung 5.17 für einen Überstand von mehr als 0,5 m dargestellt ist.

Alle Flüssiggas-Behälteranlagen müssen an einer gut zugänglichen Stelle mit einem Feuerlöscher ausgestattet sein. Dieser hat der Brandklasse ABC zu entsprechen, muß eine Füllung von mind. 6 kg haben und ist immer betriebsbereit zu halten.

Für alle Flüssiggasanlagen ist ein Alarmplan und ein Gefahrenabwehrplan aufzustellen.

Neben den allgemein gültigen Bedingungen für die Aufstellung von Flüssiggaslagerbehältern werden im folgenden spezielle Anforderungen für einzelne Aufstellungsvarianten beschrieben.

Spezielle Anforderungen bei der Aufstellung von Flüssiggaslagerbehältern in Räumen
Falls Flüssiggaslagerbehälter innerhalb von Räumen aufgestellt werden, so müssen diese besondere Aufstellungsräume sein. Folgende Anforderungen sind einzuhalten:

- Flüssiggaslagerbehälter dürfen nicht in Räumen aufgestellt werden, die dem dauernden Aufenthalt von Menschen dienen.
- Der Fußboden der Aufstellungsräume darf nicht allseitig unterhalb der angrenzenden Geländeoberfläche liegen.
- Ausstellungsräume müssen Türen haben, die unmittelbar ins Freie führen und nach außen aufschlagen.
- Aufstellungsräume müssen aus schwer entflammbaren und nicht brennbaren Materialien hergestellt sein. Ausgenommen davon sind Fenster oder ähnliche Verschlüsse von Öffnungen in Außenwänden.
- Ausstellungsräume müssen gegenüber anderen Räumen entsprechend der Feuerwiderstandsklasse F30 abgetrennt sein.
- Handelt es sich bei angrenzenden Räumen um solche mit Brandlasten, ist eine Abtrennung des Aufstellungsraumes von diesen entsprechend der Feuerwiderstandsklasse F90

5.2 Flüssiggasversorgungsanlagen

erforderlich. Bei Räumen mit Flüssiggaslagerbehältern mit einer Wärmedämmung gilt eine Abtrennung entsprechend der Feuerwiderstandsklasse F30 als ausreichend.
- Aufstellungsräume müssen öffnungslos, gasdicht und entsprechend der Feuerwiderstandsklasse F90 gegenüber Räumen, die dem Aufenthalt von Menschen dienen, abgetrennt sein.
- Aufstellungsräume sind als solche gemäß den Technischen Regeln Flüssiggas – TRF 1996 – zu kennzeichnen.

Ähnlich wie bei allen anderen Aufstellungsvarianten sind auch bei der Aufstellung in Räumen die Flüssiggaslagerbehälter vor mechanischen Einwirkungen, Brand oder Explosionen zu schützen. Aus diesem Grunde dürfen sich im Aufstellungsraum keinerlei Zündquellen und anlagenfremde Gegenstände befinden und es dürfen keine brennbaren oder explosionsfähige Stoffe gelagert werden. Die elektrischen Anlagen müssen den Anforderungen der Zone 1 nach Explosionsschutz-Richtlinie entsprechen.

Desweiteren bedürfen Aufstellungsräume von Flüssiggaslagerbehältern Maßnahmen der Lüftung. Eine ausreichende Umlüftung der Behälter ist gegeben, wenn zwei Lüftungsöffnungen, die unmittelbar ins Freie führen, vorhanden sind, die einen Querschnitt von je 1/100 der Bodenfläche haben und von denen sich eine unmittelbar über dem Fußboden und die andere unterhalb der Decke befindet. Diese Lüftungsöffnungen dürfen nicht verschlossen werden (können). In Aufstellungsräumen dürfen sich weiterhin keine offenen Kanäle, offenen Schächte, Gruben, Kanaleinläufe, Öffnungen zu tieferliegenden Räumen oder Luftansaugöffnungen, die der Belüftung anderer Räume dienen, befinden. Die Abblaseleitungen der Sicherheitsventile sind ins Freie zu führen und vor Regeneintritt zu schützen. Sie müssen ein gefahrloses Ableiten ermöglichen. Diese Forderung und die Bemessung und Gestaltung der Abblaseleitungen sind in den Technischen Regeln Flüssiggas – TRF 1996 – beschrieben.

Spezielle Anforderungen bei der Aufstellung von Flüssiggaslagerbehältern im Freien
Grundsätzlich muß ein Aufstellort vorhanden sein, der eben ist. Der im Freien oberirdisch aufgestellte Flüssiggaslagerbehälter muß standsicher sein, wobei die Gründung so beschaffen sein muß, daß unzulässige Verlagerungen oder Neigungen unter allen Umständen ausgeschlossen sind. Die Grundplatte zur Aufstellung oberirdischer Flüssiggaslagerbehälter kann wie in Abb. 5.18 und Tab. 5.8 gezeigt, ausgebildet sein:

Die Schichten sind folgendermaßen definiert:
I – Beton mind. nach Güteklasse B_n 150 mit einer Lage Baustahlgewebematerial Q 131; Schichtdicke je nach Bodenverhältnissen und Frostgefährdung, mind. jedoch 200 mm
II – Schüttmaterial, z. B. Sand, Schotter, Asche o. ä.; Schichtdicke je nach Bodenverhältnissen und Frostgefährdung, mind. jedoch 250 mm

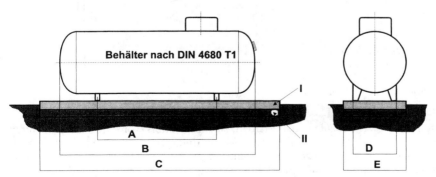

Abb. 5.18 Ausführung der Grundplatte für oberirdisch aufgestellte Flüssiggaslagerbehälter

Nenninhalt in [l]	A	B	C	D	E
1775	1550 +/− 50	2475	3000	850	1400
2700	1550 +/− 50	2460	3000	950	1600
4850	2000		4255	4800	950	1600
6400	3500		5800	6400	950	1600

Tabelle 5.8 Abmessungen der Grundplatten für oberirdisch aufgestellte Flüssiggaslagerbehälter

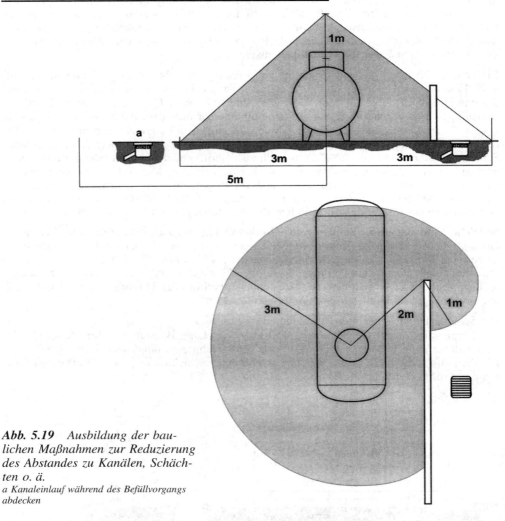

Abb. 5.19 *Ausbildung der baulichen Maßnahmen zur Reduzierung des Abstandes zu Kanälen, Schächten o. ä.*
a *Kanaleinlauf während des Befüllvorgangs abdecken*

Bei der Aufstellung ist zu beachten, daß sich in einem Umkreis von 3 m um Armaturen keine offenen Kanäle, offenen Schächte, Luftansaugöffnungen, gegen Gaseintritt ungeschützte Kanaleinläufe oder Öffnungen zu tieferliegenden Räumen befinden dürfen. Diese Forderung gilt auch für erdgedeckt aufgestellte Flüssiggaslagerbehälter. Eine Reduzierung dieser Abstände ist durch geeignete bauliche Maßnahmen möglich. Darunter fallen öffnungs-

5.2 Flüssiggasversorgungsanlagen

lose Wände aus nicht brennbaren Materialien, die in Höhe und Länge gemäß der Abbildung 5.19 auszuführen sind.

Eine Einschränkung ist jedoch ohne zusätzliche Lüftungsmaßnahmen nur an zwei Stellen möglich. In einem Abstand von 3 bis 5 m von betriebsbedingten Austrittsstellen von Gas sind vorhandene offene Kanäle, gegen Gaseintritt ungeschützte Kanaleinläufe, offene Schächte, Öffnungen zu tieferliegenden Räumen oder Luftansaugöffnungen während des Befüllvorgangs abzudecken.

Besondere Maßnahmen, die ein Eindringen von Flüssiggas in Schächte, Kanäle oder tieferliegende Räume verhindern, sind bei der Aufstellung auf einem Gelände mit mehr als 30° Gefälle in einem Umkreis von 5 m um betriebsbedingte Gasaustrittsstellen erforderlich. Grundsätzlich besteht keine Gefahr, wenn sich in einem Umkreis von den genannten 5 m und darüber hinaus weiteren 3 m keinerlei der oben genannten Öffnungen befinden, oder diese in ihrer unmittelbaren Nähe durch eine Mauer gegen das Eindringen von Gas geschützt sind. Diese Mauer muß eine Höhe von 0,2 m und eine Länge aufweisen, die sich aus der Breite der zu schützenden Öffnung plus an beiden Seiten je 0,5 m ergibt. Zur Verdeutlichung sei auf die Abbildung 5.20 verwiesen.

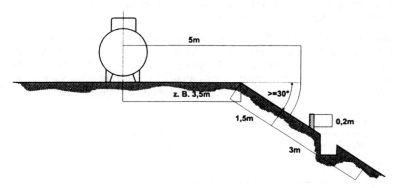

Abb. 5.20 *Besondere Anforderungen bei der Aufstellung auf Gelände mit Gefälle*

Spezielle Anforderungen bei der erdgedeckten Aufstellung von Flüssiggaslagerbehältern
Wie bereits beschrieben, versteht man unter der erdgedeckten Aufstellung eine Einbringung des Flüssiggaslagerbehälters in das Erdreich, wobei sichergestellt sein muß, daß die den Behälter umgebende Erdschicht mind. 50 cm stark ist. Allseitig um diesen Behälter ist eine Sandschicht anzuordnen, die mind. 20 cm Stärke haben muß. Der zum Einsatz kommende Sand hat steinfrei zu sein. Üblich ist die Verwendung von Flußsand mit max. 3 mm Korngröße.

Aufgrund dieser Einlagerung sind die erwähnten *Korrosionsschutzmaßnahmen* erforderlich. Die Einlagerung hat so zu erfolgen, daß die Umhüllung nicht beschädigt werden kann und daß der Flüssiggaslagerbehälter gleichmäßig auf einem tragfähigen Untergrund aufliegt. Vor der Einlagerung ist der Behälter einer Prüfung, wie sie u. a. in den Technischen Regeln Flüssiggas – TRF 1996 – beschrieben ist, zu unterziehen. Falls mit einer Lageveränderung des Behälters gerechnet werden muß, die zum Beispiel infolge der Einwirkung von Grund- oder Oberflächenwasser auftreten kann, macht sich eine Verankerung des Behälters notwendig. Diese muß eine 1,3-fache Sicherheit gegen den Auftrieb des leeren Flüssiggaslagerbehälters beim höchsten Wasserstand aufweisen und darf die Umhüllung des Behälters nicht beschädigen. Auf eine sichere elektrische Trennung zwischen Auftriebssicherung und kathodisch geschütztem Behälter ist zu achten. Ein Schutz gegen Verkehrslasten ist erforderlich, wenn der Flüssiggaslagerbehälter im Bereich von Verkehrsflächen o. ä. angeordnet ist.

Forderungen hinsichtlich der Abstände von offenen Kanälen, offenen Schächten o. ä. sind im vorangegangenen Abschnitt beschrieben. Darüber hinaus bestehen Mindestabstände zu Gebäudefundamenten, Kellerwänden, Kabeln oder fremden Rohrleitungen von 0,8 m. Behälter von Behälterbatterien müssen so angeordnet sein, daß sie mind. 0,4 m voneinander entfernt sind. Befüllarmaturen müssen ohne Einsteigen in den Domschacht erreichbar sein und betätigt werden können. Der Domschacht ist mit einer Abdeckung, der „Domschachtabdeckung" zu versehen.

Spezielle Anforderung bei der Aufstellung von Flüssiggaslagerbehältern mit mehr als 3 t Füllgewicht
Die bisher geschilderten sicherheitstechnischen Anforderungen sind für Behälteranlagen bindend, die nicht unter die Regelungen der Druckbehälterverordnung fallen.

Kommen Flüssiggaslagerbehälter zum Einsatz, die die Lagerung von mehr als 3 t Flüssiggas erlauben, sind weiterreichende Forderungen zum Schutz vor Immissionen zu ergreifen. Diese betreffen zum Beispiel die Erdreichdeckung von min. 0,5 m bei der erdgedeckten Aufstellung, größere sicherheitstechnische Abstände oder Anforderungen an die technische Ausstattung der Flüssiggaslagerbehälteranlagen.

Nach dem Bundes-Immissionsschutzgesetz sind Anlagen mit einem Füllgewicht von mehr als 3 t genehmigungspflichtig. Dabei wird zwischen einem vereinfachten Verfahren für Behälteranlagen mit 3 bis 30 t Fassungsvermögen und einem förmlichen Verfahren für alle Behälteranlagen mit mehr als 30 t Lagerkapazität unterschieden. Es erfolgt eine Einteilung der Flüssiggaslagerbehälteranlagen in Gruppen, wie sie in der Tabelle 5.9 gezeigt ist.

Tabelle 5.9   Einteilung der Flüssiggaslagerbehälteranlagen

Fassungsvermögen		Entnahme	Gruppen
größer / gleich	kleiner		
	3 t		Gruppe 0
3 t	200 t	Entnahme aus der Gasphase	Gruppe A
3 t	30 t	Entnahme aus der Flüssigphase	Gruppe B
30 t	200 t	Entnahme aus der Flüssigphase	Gruppe C
200 t			Gruppe D

Für die Genehmigung bei der Verwendung von Flüssiggaslagerbehältern mit mehr als 3 t Fassungsvermögen schildert die Tabelle 5.10 die Herangehensweise.

Übersteigt das Fassungsvermögen der Flüssiggaslagerbehälter 300 t, so sind die Bestimmungen der 12. Bundes-Immissionsschutzverordnung — Störfall-Verordnung — geltend. So ist eine Sicherheitsanalyse vorgeschrieben, die eine Beschreibung der Anlage, der örtlichen Gegebenheiten und der Gefahrenquellen, die aus dem Betrieb oder der Umgebung resultieren, beinhalten muß. Neben allen Details muß sie die Bedienungsanweisungen und die Alarmpläne einschließen.

Ein Alarmplan kann weiterhin nach den TRB notwendig sein, wenn das Fassungsvermögen der Anlage 100 m^3 übersteigt.

5.2 Flüssiggasversorgungsanlagen

Tabelle 5.10 Genehmigung für Flüssiggaslagerbehälter mit mehr als 3 t Lagerkapazität

Fassungsvermögen		Genehmigung nach	
größer / gleich	kleiner	Länderbauordnung	Bundes-Immissionsschutzgesetz (BImSchG)
	2,1 t	–	–
größer 2,1 t	3 t	Bauantrag	–
3 t	30 t	im BImSchG-Verfahren beinhaltet	vereinfachtes Genehmigungsverfahren nach § 19 BImSchG
30 t	200 t		förmliches Genehmigungsverfahren nach § 10 BImSchG
200 t			förmliches Genehmigungsverfahren nach § 10 BImSchG mit Sicherheitsanalyse nach der 12. BImSchV

5.2.3 Anlagen mit Flüssiggasverdampfern

5.2.3.1 Arten von Verdampfern

Für die Auswahl entsprechender Anlagen stehen unterschiedliche Verdampfer zu Verfügung. Dabei wird sich auf die Typen der Firma TORPEDO Anlagen- und Apparatebau GmbH, die kompakte Verdampferanlagen liefert, gestützt. Eine Übersicht soll die nachfolgende Zusammenstellung in Tabelle 5.11 geben.

Tabelle 5.11 Verdampfertypen nach TORPEDO

Bauart	Beheizung	Wärmeträger		Einsatz in den Ex-Zonen	Leistungsabstufungen	Typen
Trockenverdampfer	indirekt elektrisch	fest:	Aluminiumkern	2	12, 24, 32, 60, 100 kg/h	ET8.TO
Naßverdampfer	indirekt elektrisch	flüssig:	Glysantin-Wasser-Gemisch	1 2	12, 24, 32 kg/h	ER
	indirekt elektrisch	flüssig:	Glysantin-Wasser-Gemisch	1 2	60, 100, 200, 300, 400, 500, 600, 800 kg/h	ES
	indirekt dampfbeheizt	flüssig:	Glysantin-Wasser-Gemisch	1 2	60, 100, 200, 300, 400, 500, 600, 800 kg/h	DS
	direkt warmwasserbeheizt	flüssig:	Warmwasser	1 2	100, 200, 300, 400, 500, 700, 1000, (4000) kg/h	WW

Grundlage dieser Einordnung ist die aufgeführte Festlegung der explosionsgefährdeten Bereiche in Zonen, wie sie Tabelle 5.12 zeigt, und die Beschreibung der einzelnen Verdampferarten.

Abhängig von der Verfügbarkeit der Energiearten für den Betrieb eines Verdampfers gibt es über das aufgelistete Standardprogramm hinaus Möglichkeiten der Kombination der Beheizung. So sind Varianten der Beheizung mit elektrischer Energie und Dampf oder mit elektrischer Energie und Warmwasser oder aber mit allen drei Energieträgern denkbar.

Tabelle 5.12 Einteilung der explosionsgefährdeten Bereiche in Zonen

Zone	Beschreibung
0	Bereiche, in denen gefährliche explosionsfähige Atmosphäre durch Gase, Dämpfe oder Nebel ständig oder langzeitig vorhanden ist
1	Bereiche, in denen damit zu rechnen ist, daß gefährliche explosionsfähige Atmosphäre durch Gase, Dämpfe oder Nebel gelegentlich auftritt
2	Bereiche, in denen damit zu rechnen ist, daß gefährliche explosionsfähige Atmosphäre durch Gase, Dämpfe oder Nebel nur selten und dann auch nur kurzzeitig auftritt

Der Trockenverdampfer Typ ET 8. TO wird über einen festen Aluminiumkern indirekt elektrisch beheizt und benötigt keine Wärmeübertragerflüssigkeit. Er weist eine zylindrische Bauform auf. Thermostatgeregelt erfolgt die Aufheizung und Überwachung des Wärmeträgers innerhalb der DIN-DVGW vorgegebenen Grenzwerte. Die Heizungsregelung, die Steuerung des Überflutungs- und Temperaturschutzes wird von den Thermostaten übernommen:

1. Heizungsthermostat (Abschaltpunkt ca. 75 °C)
2. Temperaturbegrenzer mit Wiedereinschaltknopf (Abschaltpunkt ca. 95 °C)
3. Magnetventil-Thermostat (Schaltpunkt 50 °C).

Der maximal zulässige Arbeitsdruck bei Flüssiggaseintritt im Sättigungszustand beträgt 10 bar. Im Gasausgang ist ein Sicherheitsventil mit einem Ansprechdruck von 15,6 bar angeordnet, um das Gasregister gegen unzulässige Drucküberschreitung abzusichern.

Nach dem Erreichen der erforderlichen Verdampfungstemperatur öffnet das Magnetventil. Das Flüssiggas gelangt in den Verdampfer und wird dort bei konstantem Druck bis zur angegebenen Nennleistung verdampft. Die Steuerung reagiert auf Schwankungen des Gasdurchsatzes und regelt die Heizleistung entsprechend den geänderten Arbeitsparametern. Bei Überlastung oder Stromausfall schließt das Magnetventil. Zusätzlich ist ein Sicherheitsbegrenzer integriert, der die Gasaustrittstemperatur und ein unzulässig hohes Ansteigen verhindert. Die Bauweise garantiert einen vollautomatischen und wartungsfreien Betrieb auch innerhalb der Schutzzone 2. Nach dem Anschluß sind diese Verdampfer sofort betriebsbereit.

Gebräuchlich sind Verdampferstationen, von denen die Abbildung 5.21 einen typischen Vertreter zeigt. Diese Stationen beinhalten neben dem entsprechenden Verdampfer vom Typ ET8. TO eine umfassende Ausstattung für den Betrieb. Dem Verdampfer sind rückstromoffene Selbststellglieder vorgeschaltet, die die Gaszufuhr erst bei Erreichen der Betriebsbereitschaft freigeben und die Flüssiggaszufuhr nach Ansprechen des NOT-AUS-Systems unterbrechen. Falls es zu einem Druckanstieg im Verdampfer kommt, wird dieser in der Rohrleitung zum Flüssiggaslagerbehälter und in diesem selbst entspannt, da ein Rückstrom gewährleistet ist. Das flüssige Flüssiggas wird über Absperr- und Sicherheitsabsperreinrichtungen dem Verdampfer zugeführt und in den gasförmigen Zustand überführt. Die Aufheizung und die Überwachung erfolgt dabei thermostatisch, wie oben beschrieben. Eine

5.2 Flüssiggasversorgungsanlagen

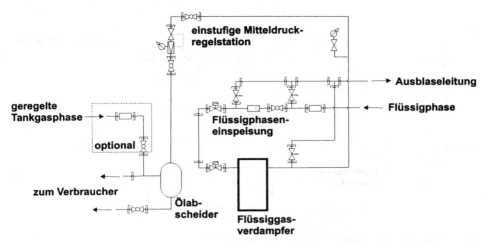

Abb. 5.21 *Fließschema einer Flüssiggasverdampferstation ET8.TO SCH*

einschienige Mitteldruck-Regelstation mit Sicherheitsabsperrventil ist mit Absperrarmaturen und Kontrolleinrichtungen dem Verdampfer nachgeschaltet. Zur Abscheidung eventuell bei der Entspannung im Regler entstandener Paraffine dient der Ölabscheider. Desweiteren besteht die Möglichkeit, über einen optionalen Anschluß der geregelten Gasphase aus dem Flüssiggaslagerbehälter, einen kombinierten Betrieb, wie in 3.1 beschrieben, zu realisieren. Dieser ermöglicht eine Versorgung bei kleinen Verbrauchsmengen oder bei günstigen Bedingungen mittels der „freien Verdampfung" ohne Einsatz des Verdampfers.

Naßverdampfer vom Typ ER weisen ebenfalls eine zylindrische Bauform auf und sind indirekt elektrisch beheizt. Jedoch wird hier ein flüssiger Wärmeträger, ein Glysantin-Wasser-Gemisch, eingesetzt. Das Verdampferregister ist ziehbar an der Kopfseite des Verdampfers angeflanscht. Über einen Schaltschrank erfolgt die Inbetriebnahme. Dabei erfolgt die Aufheizung und die Überwachung des Wärmeträgers thermostatisch geregelt innerhalb der vorgegebenen Grenzwerte. Nach Erreichen der erforderlichen Verdampfungstemperatur wird das Magnetventil geöffnet. Das Flüssiggas strömt in den Verdampfer und wird bei konstantem Druck in den gasförmigen Zustand überführt. Die Bauweise ist für einen Betrieb in der Schutzzone 1 ausgelegt. Es werden die Ausführungen Ex-„A" und Ex-„B" unterschieden, wobei bei der Variante Ex-„B" auch der Schaltschrank in druckfester Kapselung geliefert wird.

Für höhere Verdampfungsleistungen und ggf. Kombination der Beheizung stehen Naßverdampfer vom Typ ES in Schrankform zur Verfügung. Die Funktionsweise entspricht dem Typ ER.

Eine Kompaktstation, die mit einem Verdampfer vom Typ ES ausgestattet ist, zeigt die Abbildung 5.22. Auch bei dieser Variante der Kompaktstation sind rückstromoffene Armaturen auf der Eintrittsseite anzutreffen. Die Selbststellglieder haben die gleichen Aufgaben, wie sie bereits bei der vorher genannten Verdampferstation beschrieben wurden. Eine einschienige Druckregelstation ist ebenfalls integriert.

Eine indirekte Dampfbeheizung weist der Verdampfer DS auf, der ebenfalls in Schrankform gebaut wird. Als Wärmeträger kommt wiederum das Glysantin-Wasser-Gemisch zum Einsatz. Dabei wird durch einen Dampfdruckregler, der ohne Hilfsenergie arbeitet, sichergestellt, daß der Wärmeträger eine konstante Betriebstemperatur aufweist.

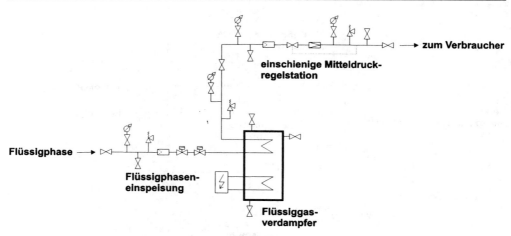

Abb. 5.22 Flüssiggasverdampferstation vom Typ ES 100

Warmwasser mit Temperaturen von 90/70 °C dient der indirekten Beheizung bei den Verdampfern der Reihe WW. Dabei erfolgt der Wärmeübergang direkt vom Warmwasser an das Flüssiggas über ein Register, wie im Anlagenschema in der Abbildung 5.23 zu sehen ist. Es handelt sich um ein Zweikreissystem. Die Beheizung des Wärmeträgerkreislaufes erfolgt über einen vorgeschalteten Wärmetauscher. Dieser ist als heißwasserbeheizter Plattenwärmetauscher ausgelegt bei einer Heißwasservorlauftemperatur von 110 °C und einer Heißwasserrücklauftemperatur von 85 °C. Die Betriebstemperatur des Wärmeträgerkreislaufes beträgt 90/70 °C. Armaturen und Ausstattung der Flüssigphaseeinspeisung, die Aufheizung und Überwachung sowie die Steuerung ist ähnlich wie oben beschrieben.

5.2.3.2 Anforderungen bei der Aufstellung von Verdampfern

Verdampfer müssen mindestens der Festigkeitsanforderung PN 25 genügen. Das Aufstellen und Betreiben von Verdampferanlagen unterliegt einer Vielzahl von Forderungen. Genannt seien u. a. die TRB 801, Nr. 25, die DIN 30696 und die Richtlinien für die Vermeidung der Gefahren durch explosionsfähige Atmosphäre mit Beispielsammlung — Explosionsschutz-Richtlinien.

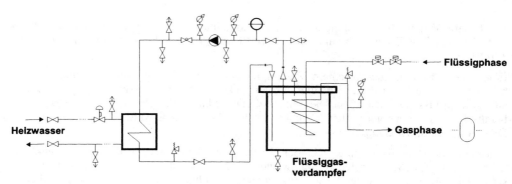

Abb. 5.23 Flüssiggasverdampferstation vom Typ WW

Die DIN 30696 „Verdampfer für Flüssiggas" legt die Anforderungen an Verdampfer mit einer Verdampfungsleistung bis 500 kg/h fest. Solche Verdampfer müssen den Bestimmungen der Unfallverhütungsvorschriften „Druckbehälter" (VBG 17) entsprechen. Desweiteren besteht Prüfpflicht nach § 3 Absatz 2 Satz 1 der VBG 17.

Es erfolgt eine Unterscheidung nach:

Verdampfern in explosionsgeschützter Ausführung:
- elektrisch beheizte Verdampfer
- Verdampfer, bei denen der Wärmeträger (z. B. Heißwasser, Thermalöl, Dampf) getrennt vom Verdampfer erhitzt bzw. erzeugt wird.

Verdampfern in nicht explosionsgeschützter Ausführung:
- elektrisch beheizte Verdampfer
- Verdampfer, bei denen sich die Wärmequelle im Verdampfer befindet
- Verdampfer, bei denen der Wärmeträger (z. B. Heißwasser, Thermalöl, Dampf) getrennt vom Verdampfer erhitzt bzw. erzeugt wird, mit elektrischen Meß- und Regeleinrichtungen in nicht explosionsgeschützter Ausführung

Die Regel- und Sicherheitseinrichtungen umfassen:
1. ein Selbststellglied am Verdampfereingang,
2. eine Regeleinrichtung, die die Gasaustrittstemperatur zwischen 40 und 80 °C festlegt,
3. einen Temperaturbegrenzer, der unabhängig von der Regeleinrichtung für die Gasaustrittstemperatur die Temperatur des Wärmeträgers auf 100 °C begrenzt oder eine Gasaustrittstemperatur von größer 90 °C verhindert,
4. einen Überflutungsschutz, der den Übertritt der flüssigen Phase in das gasführende Leitungssystem verhindert,
5. ein Sicherheitsventil am Gasaustritt, das ein Überschreiten des zulässigen Betriebsdruckes von mehr als 10% ausschließt und an das eine Abblaseleitung angeschlossen werden kann,
6. eine Schmutzfangeinrichtung beim Einbau eines Selbststellgliedes.

Die Beheizung der Verdampfer muß einen intermittierenden Betrieb bei Entnahme der maximalen Gasmenge gewährleisten. Für den Betriebsstart bzw. das Anfahren muß die maximale Verdampfungsleistung zur Verfügung stehen.

Falls Verdampfer mit stehendem Wärmeträger eingesetzt werden, müssen diese mit einer Kontrolleinrichtung zum Feststellen des Flüssigkeitsstandes ausgerüstet sein. Der Flüssigkeitsstand im Normalbetrieb und der minimale Stand sind zu kennzeichnen. Die Behälter für einen flüssigen Wärmeträger sind mit einer Ablaß- und einer Überlaufeinrichtung und einem Atemloch zu versehen. Um Wärmeverluste zu minimieren, sind Verdampfer mit äußeren Isolierungen auszustatten. Eine Festsetzung der maximalen Oberflächentemperatur trifft für direkt beheizte Verdampfer zu. Demnach darf an keiner Stelle die Temperatur an den Oberflächen 200 °C betragen.

Für die Beheizung direkt arbeitender Verdampfer sind nur Gasbrenner nach DIN mit einem maximalen geregelten Vordruck von 50 mbar (Ü) zu verwenden.

Verdampfer dürfen nur im Freien oder in einem dem Betrieb der Anlage dienenden Raum aufgestellt werden. An diesen Raum werden weiterreichende Anforderungen gestellt. Er ist mindestens allgemein feuerhemmend (F30) auszuführen und gegenüber Nachbarräumen feuerbeständig (F90) abzutrennen. Eine ausreichende Be- und Entlüftung muß gewährleistet sein, wobei die Entlüftung in Bodennähe wirksam sein muß. Lüftungsöffnungen ins Freie sind mit einer Fläche von 1% der Bodenfläche, mindestens jedoch mit 400 cm^2 freiem Durchströmquerschnitt zu bemessen. Elektrische Anlagen und Betriebsmittel, die in solchen Räumen betrieben werden, sind nach DIN/VDE 57165 auszuwählen. Dieser Aufstellraum muß in Verbindung mit Anlagen der Gruppe C und D der TRB 801, Nr. 25 durch eine Gaswarneinrichtung überwacht werden, die in das NOT-AUS-System der Gesamtanlage einbezogen ist.

Verdampfer dürfen grundsätzlich nicht unter Erdgleiche aufgestellt werden.

Innerhalb explosionsgefährdeter Bereiche dürfen nur Verdampfer folgender Bauarten aufgestellt werden:

— Verdampfer mit elektrischer Beheizung nach VDE 0171,
— Verdampfer, die durch Warmwasser, Wärmeträgeröl oder Dampf beheizt werden, wenn die Aufheizung des Wärmeträgers außerhalb des Aufstellraumes oder außerhalb des explosionsgefährdeten Raumes erfolgt. Die elektrische Ausrüstung muß dabei der VDE 0171 entsprechen.

Jeder Verdampferanlage ist durch den Hersteller eine umfassende Dokumentation beizufügen. Diese beinhaltet u. a. eine Aufstellungs- oder Installationsanleitung, eine Betriebsanleitung, einen Anschlußplan und eine Funktionsbeschreibung bzw. Programmablauf der Regel- und Sicherheitseinrichtungen.

Weitere Anforderungen an die Aufstellung von Verdampfern sind in den Richtlinien für die Vermeidung der Gefahren durch explosionsfähige Atmosphäre mit Beispielsammlung — Explosionsschutz-Richtlinie formuliert. Diese beschreibt die Definition gasexplosionsgefährdeter Bereiche um Verdampferanlagen. Hingewiesen sei auch auf die Festlegungen des Bundes-Immissionsschutzgesetzes. Vergleiche dazu das Kapitel 5.2.2.2 (5. Anstrich).

6 Bewertung von Flüssiggasanlagen

6.1 Technische und sicherheitstechnische Bewertung von Flüssiggasanlagen

6.1.1 Grundsätzliches

Aufgrund der chemisch-physikalischen Eigenschaften des Stoffes „Flüssiggas" wurden für dessen Lagerung bzw. Verwendung Regelungen getroffen, die es einzuhalten gilt, um einen gefahrlosen Einsatz von Flüssiggas sicherzustellen. Das liegt sowohl im grundsätzlichen Interesse des Flüssiggasanwenders wie auch des Flüssiggasversorgungsunternehmens. Diese Feststellung meint insbesondere die Einhaltung folgender Forderungen des Regelwerkes:

- Temporäre und ständige Schutzbereiche (Ex-Zonen)
- Sicherheitsabstände
- Ausrüstung von Flüssiggaslagerbehälteranlagen
- Betrieb von Flüssiggaslagerbehälteranlagen

Selbstverständlich schließt die Durchsetzung der Anforderungen auch ein Mindestmaß an Prüfungen ein, denen Flüssiggasanlagen unterzogen werden müssen. Diese sollen nachfolgend zusammengefaßt werden.

6.1.2 Gesetzliche Grundlagen. Technisches Regelwerk

Wesentliche Anforderungen an die Errichtung, den Betrieb und insbesondere die Prüfung von Flüssiggasanlagen ergeben sich aus der Druckbehälterverordnung (DruckbehV) [6.1] und dem sie untersetzenden Regelwerk (Technische Regeln Druckbehälter-TRB, Technische Regeln Druckgasbehälter-TRG). Da diese Regeln in den Kapiteln 2 bis 5 bereits im jeweiligen Sachzusammenhang kommentiert worden sind, sei an dieser Stelle auf ein nochmaliges Eingehen verzichtet. Eine informative Übersicht zum Problemfeld Regelwerke zeigt Abb. 6.1.

Für *Flüssiggasanlagen mit einem Nennfüllgewicht < 3 t (Anlagen der Gruppe 0)* sind alle wichtigen Prüfungen übersichtlich in TRF 1996 beschrieben [6.2]; mit dem „Prüfhandbuch für Flüssiggas-Anlagen" [6.3] liegt ein entsprechender Kommentar des Regelwerkes vor, der für viele Fragen im Grundsatz auch auf größere Flüssiggasanlagen angewandt werden kann.

Im Sinne der DruckbehV stellen Flüssiggaslagerbehälter Druckbehälter dar, von denen aufgrund der Behältergröße, dem Druck und Verwendungszweck ein Gefahrenpotential ausgeht. Flüssiggasbehälter sind der Prüfgruppe IV gemäß § 8 DruckbehV zugeordnet. Für Flüssiggasbehälter müssen jedoch die Sonderbestimmungen des § 12 DruckbehV „Prüfung besonderer Druckbehälter", die im Anhang II Nr. 25 „Druckbehälter für nicht korrodierend wirkende Gase oder Gasgemische" näher erläutert sind, Beachtung finden.

Für die Durchführung der jeweiligen Prüfungen sind entweder Sachkundige (SK) oder Sachverständige (SV) zuständig. Die Zuordnung ergibt sich gemäß § 31, Sachverständige und

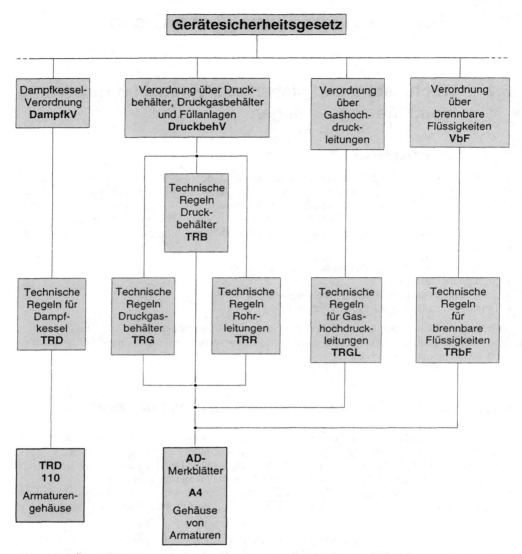

Abb. 6.1 *Übersicht zum technischen Regelwerk der BRD im Umfeld der Druckbehälterverordnung*

§ 32, Sachkundige der DruckbehV. Für Flüssiggasanlagen sind insbesondere die Abschnitte 2. „Druckbehälter" und 5. „Rohrleitungen" der DruckbehV maßgebend.

Gemäß § 31 DruckbehV gelten als Sachverständige für die nach dem zweiten und fünften Abschnitt der DruckbehV vorgeschriebenen oder angeordneten Prüfungen

„1. die Sachverständigen nach § 14 Abs. 1 und 2 des Gerätesicherheitsgesetzes (GSG) ... Hiernach werden die Prüfungen der überwachungsbedürftigen Anlagen von amtlichen oder amtlich für diesen Zweck anerkannten Sachverständigen vorgenommen. Diese sind gemäß GSG in technischen Überwachungsorganisationen zusammengefaßt" [6.4].

Voraussetzungen für die Anerkennung der Sachkunde regelt § 32 DruckbehV. Demgemäß ist Sachkundiger für eine Prüfung, die ihm nach dem zweiten oder fünften Abschnitt der DruckbehV übertragen werden kann, nur, „wer

1. auf Grund seiner Ausbildung, seiner Kenntnisse und seiner durch praktische Tätigkeit gewonnenen Erfahrungen die Gewähr dafür bietet, daß er die Prüfung ordnungsgemäß durchführt,
2. die erforderliche persönliche Zuverlässigkeit besitzt,
3. hinsichtlich der Prüftätigkeit keinen Weisungen unterliegt,
4. falls erforderlich, über geeignete Prüfeinrichtungen verfügt und
5. durch die Bescheinigung über die erfolgreiche Teilnahme an einem staatlich anerkannten Lehrgang nachweist, daß die im 1. Punkt genannten Voraussetzungen erfüllt."

Für die Errichtung und den Betrieb von Flüssiggaslagerbehälteranlagen sind im wesentlichen zwei Rechtsgebiete relevant [6.5]

- Gewerberechtliche Vorschriften über überwachungsbedürftige Anlagen nach dem *Gerätesicherheitsgesetz*
- *Bundes-Immissionsschutzgesetz (BImSchG)* mit der zugehörigen vierten, neunten und zwölften Verordnung

Außerdem werden baurechtliche Belange durch das jeweilige *Bauordnungsrecht der Länder* geregelt.

In Abhängigkeit vom Fassungsvermögen der Flüssiggaslagerbehälter sind unterschiedliche Genehmigungen erforderlich. Behälter für verflüssigte Gase mit einem Fassungsvermögen von weniger als 3 t sind i. allg. genehmigungsfrei. Ab einem Fassungsvermögen von 3 t ist für die Errichtung von ortsfesten Behältern für verflüssigte Gase eine Baugenehmigung nach der Landesbauordnung (LBO) erforderlich.

Anlagen zur Lagerung von Flüssiggas in Behältern mit einem Fassungsvermögen über 3 t sind genehmigungsbedürftig i. S. von § 4 des Bundes-Immissionsschutzgesetzes (BImSchG). Das Genehmigungsverfahren ist bis zu einem Fassungsvermögen von 30 t im vereinfachten Verfahren nach § 19 BImSchG durchzuführen. Größere Anlagen sind im sogenannten förmlichen Verfahren mit Beteiligung der Öffentlichkeit gemäß § 10 BImSchG zu genehmigen.

Die immissionsschutzrechtliche Genehmigung schließt die baurechtliche Genehmigung und ggf. eine für Füllanlagen, als möglicher Bestandteil von Flüssiggasanlagen, erforderliche Erlaubnis nach § 26 der Druckbehälter-Verordnung mit ein.

Die nach dem Bundes-Immissionsschutzgesetz genehmigungspflichtigen Anlagen sind gemäß § 5 Abs. 1 Nr. 1 so zu errichten und zu betreiben, daß „schädliche Umwelteinwirkungen und sonstige Gefahren, erhebliche Nachteile und erhebliche Belästigungen für die Allgemeinheit und die Nachbarschaft nicht hervorgerufen werden können".

Anlagen mit einem Fassungsvermögen über 3 t unterliegen zudem formal der Störfall-Verordnung (12. BImSchV); das betrifft in jedem Falle die Grundpflichten des Betreibers. Hier sind nach Art und Ausmaß der möglichen Gefahren, die erforderlichen Maßnahmen zur Verhinderung von Störfällen und darüber hinaus Vorsorgemaßnahmen zu treffen, um Auswirkungen von Störfällen so gering wie möglich zu halten. Insbesondere sind diese Flüssiggasläger, entsprechend dem Stand der Sicherheitstechnik zu errichten und zu betreiben oder, ggf. auf dieses Niveau nachzurüsten.

Läger mit einem Fassungsvermögen über 200 t unterliegen auch den „erweiterten Pflichten" der Störfall-Verordnung. So hat der Betreiber des Lagers u. a. für die Erstellung einer Sicherheitsanalyse zu sorgen und diese gemäß der Verordnung fortzuschreiben. Den Umfang und Inhalt der Sicherheitsanalysen gibt die Zweite Allgemeine Verwaltungsvorschrift zur Störfall-Verordnung (2. StörfallVwV) vor.

Ferner sind betriebliche Alarm- und Gefahrenabwehrpläne zu erstellen und mit den für Katastrophenschutz und allgemeine Gefahrenabwehr zuständigen Behörden abzustimmen. Näheres regelt u. a. die Dritte Allgemeine Verwaltungsvorschrift zur Störfall-Verordnung (3. StörfallVwV).

Es ist Aufgabe der Länder, die Anforderungen nach dem BImSchG und der Störfall-Verordnung umzusetzen. Mangels bundeseinheitlicher Regelungen zur Lagerung von Flüssiggas auf der Grundlage des Immissionsschutzes müssen zur Umsetzung des BImSchG in Verbindung mit der Störfall-Verordnung arbeitsschutzrechtliche Bestimmungen herangezogen werden.

Insbesondere regelt die TRB 801 Nummer 25, Anlage (TRB 801, Nr. 25, Anlage) derzeit den Stand der Sicherheitstechnik bei Flüssiggaslägern.

In einigen Bundesländern sind die zuständigen Behörden angewiesen, TRB 801 Nr. 25, Anlage konsequent umzusetzen. In anderen Bundesländern wird danach verfahren. Weitere Bundesländer regeln zum Teil die Lagerung von Flüssiggas mit eigenen Erlässen und Vorschriften. Darüber hinaus können je nach Einzelfall auch weitergehende immissionsschutzrechtlich begründete Maßnahmen notwendig sein. Die jeweiligen Länder – Erlässe werden bis zum Inkrafttreten einer seit langem angekündigten Verordnung zur Lagerung von Flüssiggas nach § 7 BImSchG in Kraft bleiben (siehe [6.6]).

Die *weitere Entwicklung der Vorschriftenlage* in der Bundesrepublik wird sich durch eine fortlaufende Anpassung an den Stand der Technik und eventuell durch eine Verordnung zur Lagerung von Flüssiggas nach § 7 BImSchG ergeben.

Weiterhin wird die „Seveso-Richtlinie" 82/501/EWG der EU, die als Grundlage der Störfall-Verordnung gilt, durch die Seveso-II-Richtlinie" 96/82/EG des Rates ersetzt. Die „Seveso-II-Richtlinie" ist bis zum 3. 2. 1999 in deutsches Recht umzusetzen.

Im übrigen sind alle sonstigen Vorschriften des Arbeitsschutzes, insbesondere die der Druckbehälter-Verordnung und ihrer Technischen Regeln sowie die berufsgenossenschaftlichen Vorgaben einzuhalten. Hier sei u. a. auf [6.7–6.116] hingewiesen. In der Schweiz bestehen analoge Regelungen [6.17–6.20].

Grundsätze der Prüfung von Flüssiggasanlagen sollen nachfolgend grob umrissen werden.

6.1.3 Prüfung von Flüssiggasanlagen

Art, Umfang und Fälligkeit der Prüfungen an Flüssiggaslagerbehälteranlagen sind im wesentlichen durch die *DruckbehV* geregelt. Für die Prüfungen gelten [6.3]:

– § 9 Prüfung vor Inbetriebnahme
– § 10 wiederkehrende Prüfungen
– § 11 Prüfung in besonderen Fällen
– Anhang zu § 12, Nr. 25 wiederkehrende Prüfungen

Die Prüfungen vor Inbetriebnahme regelt § 9 DruckbehV. Diese Prüfungen bestehen aus:

- erstmaliger Prüfung
  – Vorprüfung
  – Bauprüfung
  – Druckprüfung

- Abnahmeprüfung
  – Ordnungsprüfung
  – Prüfung der Ausrüstung
  – Prüfung der Aufstellung

6.1 Technische und sicherheitstechnische Bewertung von Flüssiggasanlagen

In den Tab. 6.1—6.10 sind nach [6.5] die wesentlichsten Anforderungen an die Prüfung von Flüssiggasanlagen und einzelne Bestandteile zusammengestellt. In Tabelle 6.1 bezeichnet der Ausdruck $p \times I$ das sog. „Druck-Inhalts-Produkt" gemäß DruckbehV; die Abkürzungen SK und SV für die Prüfer stehen für Sachkundige und Sachverständige.

Tabelle 6.1 Übersicht Prüfungen an Flüssiggasanlagen: Druckbehälter [6.5]

Fristen und Arten	Prüfobjekt	Prüfer	Regelwerke
2jährliche äußere Prüfung	Flüssiggas-Druckbehälter	SK § 32	DruckbehV § 10, 12
5jährliche innere Prüfung	Flüssiggas-Druckbehälter ohne besonderen Korrosionsschutz	SV § 31	DruckbehV § 10, 12
10jährliche innere Prüfung	Flüssiggas-Druckbehälter mit besonderem Korrosionsschutz	SV § 31	DruckbehV § 10, 12
10jährliche Wasserdruckprüfung	Flüssiggas-Druckbehälter	SV § 31	DruckbehV § 10, 12
2jährliche äußere Prüfung	Druckluft-Druckbehälter $p > 1$ bar, $p \cdot I > 1000$	SV § 31	DruckbehV § 10
5jährliche innere Prüfung	Druckluft-Druckbehälter $p > 1$ bar, $p \cdot I > 1000$	SV § 31	DruckbehV § 10
10jährliche Druckprüfung	Druckluft-Druckbehälter $p \cdot I > 1000$	SV § 31	DruckbehV § 10

Tabelle 6.2 Übersicht Prüfungen an Flüssiggasanlagen: Druckgasbehälter [6.5]

Fristen und Arten	Prüfobjekt	Prüfer	Regelwerke
10jährliche Prüfung	Druckgasbehälter	SV § 31	DruckbehV § 23

Tabelle 6.3 Übersicht Prüfungen an Flüssiggasanlagen: Füllanlagen [6.5]

Fristen und Arten	Prüfobjekt	Prüfer	Regelwerke
xjährliche Prüfung (Regel 4jährlich)	TKW-Füllanlage	SV § 31	DruckbehV § 28
xjährliche Prüfung (Regel 4jährlich)	Treibgas-Füllanlage	SV § 31	DruckbehV § 28
xjährliche Prüfung (Regel 4jährlich)	Flaschenfüllanlage	SV § 31	DruckbehV § 28

Tabelle 6.4 Übersicht Prüfungen an Flüssiggasanlagen: Verbrauchsanlagen [6.5]

Fristen und Arten	Prüfobjekt	Prüfer	Regelwerke
4jährliche Prüfung	Flüssiggasverbrauchsanlage ortsfest	SV § 31	VBG 21 § 33
2jährliche Prüfung	Flüssiggasverbrauchsanlage ortsbeweglich	SV § 31	VBG 21 § 33
10jährliche Prüfung	Flüssiggasverbrauchsanlage ortsfest, < 3 t	SK Hersteller	TRF 9, 10

Tabelle 6.5 Übersicht Prüfungen an Flüssiggasanlagen: Rohrleitungen [6.5]

Fristen und Arten	Prüfobjekt	Prüfer	Regelwerke
5jährliche äußere Prüfung oder 10jährliche äußere Prüfung	Flüssiggas-Rohrleitungen, die mit Druckbehältern verbunden sind, zum gleichen Zeitpunkt wie innere Prüfung	SV § 31	DruckbehV § 30b

Tabelle 6.6 Übersicht Prüfungen an Flüssiggasanlagen: Bewegliche Leitungen und Schläuche [6.5]

Fristen und Arten	Prüfobjekt	Prüfer	Regelwerke
Jährliche Überprüfung mit Druckprüfung	Schläuche und Gelenkrohre an TKW-Station	SK	VBG 61 § 55 TRG 402 Abschn. 9.2
Jährliche Überprüfung mit Druckprüfung	Schläuche und Gelenkrohre an EKW-Station	SK	VBG 61 § 55 TRG 402 Abschn. 9.2
Jährliche Überprüfung mit Druckprüfung	Schläuche an Flaschenfüllanlage	SK	VBG 61 § 55 TRG 402 Abschn. 9.2
Jährliche Überprüfung mit Druckprüfung	TKW-Schläuche	SK	VBG 61 § 55 TRG 402 Abschn. 9.2

Tabelle 6.7 Übersicht Prüfungen an Flüssiggasanlagen: Waagen und Zähler [6.5]

Fristen und Arten	Prüfobjekt	Prüfer	Regelwerke
2jährliche Eichung	Kontrollwaage in Flaschenfüllstation	SV Eichamt	Eichgült. VO § 1
3jährliche Eichung	Fuhrwerkswaage >3 t	SV Eichamt	Eichgült. VO § 2
jährliche Eichung	Flüssigkeitszähler in der Flüssigphase für Abgabe an Dritte	SV Eichamt	Eichgült. VO § 2

Tabelle 6.8 Übersicht Prüfungen an Flüssiggasanlagen: Feuerlöscher [6.5]

Fristen und Arten	Prüfobjekt	Prüfer	Regelwerke
2jährliche Prüfung	Feuerlöscher ortsfest	SK Hersteller	VBG 1 § 39

6.1 Technische und sicherheitstechnische Bewertung von Flüssiggasanlagen

Tabelle 6.9 Übersicht Prüfungen an Flüssiggasanlagen: Elektrische Einrichtungen [6.5]

Fristen und Arten	Prüfobjekt	Prüfer	Regelwerke
3ährliche Prüfung	Blitzschutzanlage	SV	ElexV § 12 VDE 0185
3jährliche Prüfung	gesamte ex-geschützte elektrische Anlage (nicht Zone II und eigensicher)	SK Hersteller	ElexV § 12 VDE 0185
3jährliche Prüfung	Potentialausgleiche	SK	VBG 61 § 57
2jährliche Prüfung	KKS-Anlage(n)	SK Hersteller	DVGW G 601
4jährliche Prüfung	KKS-Anlage(n)	SV	DVGW G 601 TRB 801 Nr. 25, DruckbehV § 12
xjährliche Prüfung (Regel jährlich)	Gaswarnanlage(n)	SK Hersteller	VBG 61 § 56
1/4jährliche Prüfung	Gaswarnanlage(n)	SK Hersteller	TRB 801 Nr. 25 Anlage, Abschn. 9.1.5
1/4jährliche Prüfung	Brandmeldeanlage(n)	SK Hersteller	TRB 801 Nr. 25 Anlage, Abschn. 9.1.5

Tabelle 6.10 Übersicht Prüfungen an Flüssiggasanlagen: Sonstige Prüfungen und Übungen [6.5]

Fristen und Arten	Prüfobjekt	Prüfer	Regelwerke
1/2jährliche Übung	Gefahrenabwehrplan sowie Notfall- und Alarmplan, ab Gruppe C	SK	TRB 801 Nr. 25 Anlage
2jährliche Prüfung	Sicherheitstechnische Anforderungen (SAF) der gesamten Flüssiggasanlage	SK bis Gr. B, sonst SV	BImSchG § 16 TRB 801 Nr. 25 Anlage, Abschn. 9.1.2
jährliche Unterweisung	Beschäftigte	SK	VBG 1 § 7 SAF GefahrstoffV
nach Änderungen	Fortschreibung Sicherheitsanalyse		§ 8 StörfallV
nach Änderungen	Revision Alarm- und Gefahrenabwehrplan	SK	§ 5 StörfallV
nach Änderungen	Revision Feuerwehrplan	SK	StörfallV TRB 801 Nr. 25 Anlage, Abschn. 8.1.8
nach Änderungen	Revision Bedienungsanweisungen der Flüssiggasanlage	SK	StörfallV GefahrstoffV
nach Änderungen	Betriebshandbuch der Flüssiggasanlage	SK	TRB 801 Nr. 25 Anlage

6.2 Sicherheitstechnische Betrachtungen

6.2.1 Einführung

Im Zusammenhang mit der Planung und Konzipierung von Flüssiggaslagerbehälteranlagen ist es z. B. im Genehmigungsverfahren notwendig, *Abschätzungen zu Gefährdungen*, die von Flüssiggasanlagen ausgehen können, vorzunehmen. Hier spielen folgende Elemente eine gleichberechtigte Rolle:

- Eigenschaften der Gase
- Austritt von Flüssiggas aus der Anlage
  - Freisetzungsvorgänge
  - Ausbreitung des Gases
  - Gefährdungen infolge Gasaustritt/Sicherheitsabstände
- Gefährdungen für Flüssiggasanlagen infolge Brandeinwirkung

Einige Probleme sollen nachfolgend behandelt werden.

6.2.2 Sicherheitsrelevante Kenndaten von Flüssiggasen

Wichtige umweltrelevante Daten und Eigenschaften von Stoffen sind in sog. Sicherheitsdatenblättern enthalten. Gemäß § 14 der Gefahrstoffverordnung (GefStoffV) [6.21] müssen Hersteller von gefährlichen Stoffen oder gefährlichen Zubereitungen den Abnehmern dieser Stoffe oder Zubereitungen ein Sicherheitsdatenblatt für diese Stoffe zur Verfügung stellen. Die Fassung der GefStoffV vom 19. 9. 1994 erlaubt zudem, daß die zuständige Behörde die Vorlage bestimmter Sicherheitsdatenblätter verlangen kann. Die Sicherheitsdatenblätter für Propan und Butan sind als Anhang beigefügt. Für Mischungen, wie sie beispielsweise in Spitzengasanlagen in der öffentlichen Gasversorgung Verwendung finden, sei auf [6.2] verwiesen.

Toxizität
Flüssiggas ist bei ausreichendem Sauerstoffangebot nicht akut toxisch. Es wirkt nicht reizend auf den Atemtrakt. Je nach Höhe der Konzentration (>100000 ppm) und Expositionsdauer treten narkotische Wirkungen und Erstickungsgefahr infolge Sauerstoffmangels auf.

Die narkotische Wirkung von Butan ist höher als die von Propan. Kurzeinwirkungen von 10000 ppm für 10 Minuten erzeugen bei Butan Schläfrigkeit, während Propan in gleicher Konzentration wirkungslos bleibt [6.23]. Der MAK-Wert von Propan und Butan beträgt 1000 ppm.

Bei Berührung in flüssigem Zustand mit Haut oder Augen können durch die rasche Verdampfung Erfrierungen auftreten.

Wassergefährdung
Stoffen werden als Maß für die Wassergefährdung Kennzahlen von 0–7 zugeordnet. Diese Zahlenspanne wird in 4 sog. Wassergefährdungsklassen (WGK) eingeteilt. Diese weist Tabelle 6.11 aus.

Flüssiggase sind der Wassergefährdungsklasse WGK 0 zuzuordnen und dürfen demgemäß auch in Wasserschutzgebieten verwendet werden.

Geruch
Flüssiggas für Haushalt, Gewerbe und Industrie muß bei Ausströmen in unverbranntem Zustand einen wahrnehmbaren Warngeruch haben. Falls es keinen ausreichenden Warngeruch

WGZ	WGK	Bezeichnung
0...1,9	0	im allgemeinen nicht wassergefährdend
2...3,9	1	schwach wassergefährdend
4...5,9	2	wassergefährdend
6	3	stark wassergefährdend

Tabelle 6.11 Zuordnung von Stoffen zu Wassergefährdungsklassen (WGK)

besitzt, ist es zu odorieren. Die Odorierung muß gemäß TRB 801 Nr. 25 bzw. DVGW-Arbeitsblatt G 280 erfolgen [6.24]. Weitere Hinweise finden sich in [6.25].

Das odorierte Gas muß grundsätzlich einen charakteristischen Geruch aufweisen. Es soll in einem Gas-Luft-Gemisch noch in einer Konzentration, die 20% der unteren Explosionsgrenze entspricht, mit dem Geruchssinn wahrnehmbar sein.

Odoriermittel müssen folgende Eigenschaften aufweisen:

— unverwechselbarer Geruch
— chemisch stabil
— schlecht absorbierbar, insbesondere im Erdreich
— geruchlose Verbrennung

Für die Geruchsintensität gelten nachstehende Stufen (G.E.R.G. Group Europeen des Recherches Gazieres):

Geruchsstufe 0: keine Geruchswahrnehmung
Geruchsstufe 0,5: sehr schwacher Geruch, Grenze der Wahrnehmbarkeit, Geruchsschwelle
Geruchsstufe 1: Schwacher Geruch
Geruchsstufe 2: Mittlerer Geruch, Sicherheit der Alarmierung
Geruchsstufe 3: Starker Geruch
Geruchsstufe 4: Sehr starker Geruch
Geruchsstufe 5: Maximum des Geruchs, obere Grenze der Wahrnehmbarkeit von Intensitätssteigerungen

Aus sicherheitstechnischen Gründen ist das Gas so zu odorieren, daß sich bei einer noch ungefährlichen Gaskonzentration in der Luft die Geruchsstufe 2 einstellt.

Odoriermittel sind i. allg. schwefelhaltige Verbindungen. Es handelt sich im wesentlichen um zwei Stoffklassen:

— Sulfide (Thioether) R-S-R
— Thiole (Merkaptane) R-S-H

Meist wird mit Tetrahydrothiophen THT C_4H_8S odoriert.

6.2.3 Austritt von Flüssiggasen beim Anlagenbetrieb sowie Entleerungs- und Entspannungsvorgängen

6.2.3.1 Grundsätzliches

Beim Betrieb von Anlagen sowie beim Umschlag von Flüssiggasen können betriebsbedingt definierte Leckagen auftreten oder havariebedingt größere Gasmengen in die Umgebung ausströmen. Die Austrittsmengen können nach Durchmischung mit der Luft zur Bildung zündfähiger Gemische führen.

Zur Bewertung der damit verbundenen Gefährdungen kommt es in erster Linie darauf an, die Größenordnungen der Leckagen abzuschätzen. Hierzu dienen die nachfolgenden Ausführungen.

6.2.3.2 Abschätzung der Leckverluste bei normalem Anlagenbetrieb

In Flüssiggasanlagen gibt es eine bestimmte Anzahl von Dichtungsstellen an Apparaten, Rohrleitungen, Pumpen, Kompressoren, Armaturen und anderen Anlagenteilen. Diese Dichtungsstellen werden durch Druck, Temperatur, Schwingungen und andere Beanspruchungen belastet, wodurch in Verbindung mit Abnutzungen elastische oder plastische Verformungen oder Lageverschiebungen entstehen, die zu Spalten und damit zum Austritt von Stoffen führen.

Allgemein auf verfahrenstechnische Systeme bezogene Erörterungen finden sich beispielsweise bei *Bussenius* [6.26, 6.27]. Nachstehend finden sich einige Überlegungen zu Leckraten, die den Normalbetrieb einer Flüssiggasanlage charakterisieren und zum Verständnis der Problematik beitragen sollen.

Leckraten können an Normalstopfbuchsen (z. B. an Wellen und Durchführungen), Spaltdichtungen, Gleitringdichtungen und Flanschverbindungen entstehen. Sie lassen sich mit von *Bussenius* angegebenen Beziehungen grob abschätzen. Nach dem Austritt aus einem Spalt breiten sich die Medien unterschiedlich aus. Die Ausbreitung kann durch Diffusion oder Konvektion erfolgen. Alle lüftungstechnischen Maßnahmen in Flüssiggasanlagen zielen i. d. R. auf die Abführung möglicher Leckagen. *Bussenius* teilt außerdem einige interessante Leckmengen von Armaturen und Bauteilen mit, die zur Beurteilung bestehender Anlagen einige Anhaltswerte bieten mögen. Für Neuanlagen sind die tatsächlichen Leckraten der Armaturen maßgebend. Diese von *Bussenius* mitgeteilten Ergebnisse gehen auf entsprechende experimentelle Untersuchungen zurück [6.26, 6.28].

Für Leckagen von Pumpen werden in [6.29] folgende Leckraten genannt:

Stopfbuchse: 60 cm^3/h
Gleitringdichtung: 3–12 cm^3/h

Die Höhe der Leckrate hat zum verstärkten Einsatz „stopfbuchsloser" Pumpen vorzugsweise mit Magnetantrieb geführt.

6.2.3.3 Gasfreisetzung aus Flüssiggasanlagen

Vorgänge der Freisetzung von Flüssiggasen aus Anlagenteilen sowohl in der Gas- als auch in der Flüssigphase wurden in der Vergangenheit experimentell untersucht. Es sei hier insbesondere auf entsprechende Arbeiten von *Lützke* [6.30], *Hess*, *Leuckel* und *Stoeckel* [6.31] sowie *Marx* [6.32] verwiesen.

Marx behandelt vergleichend die Sachverhalte der Flüssiggasspeicherung und der Speicherung von Erdgas. Einige seiner Überlegungen seien nachfolgend dargestellt.

Gasfreisetzungen
Beim vollständigen Abriß eines Rohres wird das Medium in Form eines runden Strahls aus dem entstandenen freien Querschnitt austreten; beim Versagen einer Rohrverbindung wird es eher eine spaltförmige Öffnung sein, aus der Gas freigesetzt wird.

Für den Ablauf der nachfolgenden Durchmischung des freigesetzten Gases mit der Umgebungsluft sind außer den Bedingungen der Freisetzung wie Größe und Form der Schadensstelle, Zustandsbedingungen des Mediums an der Austrittsstelle und Möglichkeit der ungehinderten Ausbildung eines Freistrahles die atmosphärischen Bedingungen im Nahbereich und in der weiteren Umgebung der Schadensstelle bestimmend.

6.2 Sicherheitstechnische Betrachtungen

Für die weitere Auswirkung entscheidend ist, ob das im Falle einer solchen Freisetzung gebildete Gas/Luft-Gemisch vor Erreichen einer evtl. vorhandenen Zündquelle bis unterhalb seiner Zündfähigkeit mit Luft verdünnt ist oder ob es zu einem mehr oder weniger rasch ablaufenden Abbrand des Gemisches mit den daraus resultierenden Folgen kommt.

Die verschiedenen Vorgänge bei Gasfreisetzungen aus Gas- bzw. Flüssigphase führenden Systemen sind in Tabelle 6.12 zusammenfassend gegenübergestellt. Bei Schäden an einem Erdgas-HD-System wird es in jedem Falle zur Freisetzung von gasförmiger Phase kommen.

In den Lagerbehältern für verflüssigte Gase liegt das Gas in flüssiger Form mit darüber befindlicher koexistierender Gasphase vor. Bei ihnen gibt es sowohl Leitungen, die mit der flüssigen Phase in Verbindung stehen, als auch solche, die nur Gasphase führen (s. Abb. 6.2). Neben der gasförmigen Freisetzung muß bei verflüssigten Gasen also auch der Fall der Freisetzung von flüssiger Phase berücksichtigt werden. Bei einer Leckage in diesem Bereich kommt es entweder zur reinen Flüssigkeitsausströmung oder aber die Flüssigkeit wird aufgrund der spontanen Entspannung und durch Wärmeaustausch mit der Umgebung zumindest teilweise verdampft, und im Leckagequerschnitt bildet sich eine Zweiphasen-Strömung Gas/Flüssigkeit aus. Zwischen der Freisetzung von flüssiger und gasförmiger Phase bestehen insbesondere hinsichtlich der Freisetzungsrate, d. h. der pro Zeiteinheit aus der Leckageöffnung freigesetzten Gasmengen deutliche Unterschiede. In Abb. 6.3 sind die Freisetzungsra-

Tabelle 6.12 Ursache und theoretischer Verlauf von Gasfreisetzungen mit Schadensfolge aus Flüssiggasanlagen [6.32]

Speicherbedingungen	Hochdruck gasförmig	Hochdruck flüssig	Niederdruck flüssig
Primärschäden durch — Werkstoff/Bauteil-Versagen — Fremdeinwirkung (mechanisch, thermisch)	Dichtungsschaden, Rohrabriß, Armaturenabriß, Fördersondenversagen bei Untertagespeichern		
Typ der Gas-Freisetzung	Gasausströmung kritisch/überkritisch	2-Phasen-Ausströmung kritisch/überkritisch	Ausfließen von Flüssigphase
Ausbreitung des Gases und Luftvermischung	Hochgeschwindigkeits-Gasstrahl	Hochgeschwindigkeits-2-Phasen-Strahl mit Nachverdampfung	Lachenbildung, Lachenabdampfung und Gemischfahne in Bodennähe
	Frei-Strahl	behinderter Strahl	
Lufteinmischung vorwiegend durch	Strahlimpuls	„Rest"-Strahlimpuls, atmosphär. Turbulenz	atmosphärische Turbulenz
Verbrennungsablauf bei Zündung	„Stationäre" Strahlflamme	Explosion einer hochturbulenten Gemischwolke (Lachenbrand)	Abflammen bzw. langsame Verpuffung der Gemischfahne (Lachenbrand)
mögliche Schadwirkungen	Bauteilüberhitzung/Brandauslösung durch: — direkte Flammenbeaufschlagung — Flammenstrahlung	Bauwerksschäden infolge: — Druckwelleneinwirkung — Oberflächenbeflammung — Flammenstrahlung	Bauteilschäden durch: — Oberflächenbeflammung — Flammenstrahlung

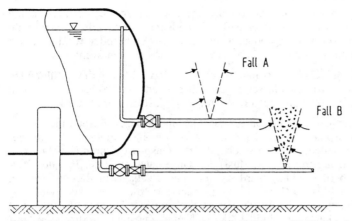

Abb. 6.2 *Leckagen an Flüssiggaslagerbehältern (Fall A: Leckage in Gasphaseleitung; Fall B: Leckage in Flüssigphaseleitung) [6.32]*

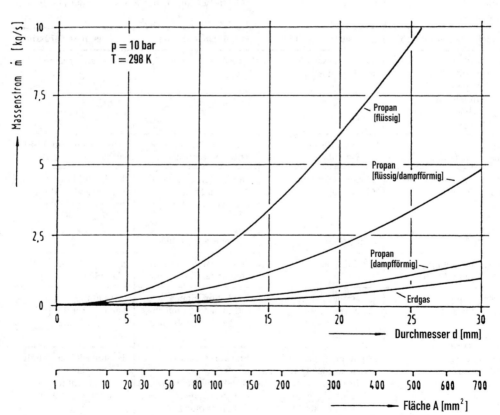

Abb. 6.3 *Leckmassestrom Propan und Erdgas in Abhängigkeit vom Leckquerschnitt [6.32]*

6.2 Sicherheitstechnische Betrachtungen

ten in Abhängigkeit des Austrittsquerschnitts von dampfförmigem Propan, von einem Zweiphasengemisch dampfförmiges/flüssiges Propan und von flüssigem Propan und zum Vergleich auch von Erdgas gegenübergestellt [6.33]. Reine Flüssigkeitsausströmung führt zu den größtmöglichen Freisetzungsraten, reine Gasphasefreisetzung zu den geringsten.

Bei sehr großen Freisetzungen von verflüssigten Gasen kommt es u. U. zur temporären Bildung von Flüssigkeitslachen am Boden, die dann nach und nach abdampfen. Der zeitliche Ablauf dieses Vorganges wird durch den möglichen Wärmeeintrag aus dem Boden und der Atmosphäre bestimmt.

Freistrahlausbreitung
Aus der Leckageöffnung austretendes Gas wird sich unabhängig davon, wie die Freisetzung erfolgt ob flüssig, gasförmig oder als Zweiphasengemisch –, in der Umgebung in Form eines sog. Freistrahls ausbreiten. Die Einmischung von Umgebungsluft erfolgt primär an den Strahlrändern, was zur Folge hat, daß Brenngaskonzentration und Strömungsgeschwindigkeit in der Strahlachse die größten Werte aufweisen. Der längs der Strahlachse hyperbolische Abfall dieser Größen wird von *Marx* wie folgt beschrieben:

$$\frac{c_a(x)}{c_0} = \frac{k_c}{x/d_{\text{äqu}}}; \quad \frac{u_a(x)}{u_{\text{äqu}}} = \frac{k_u}{x/d_{\text{äqu}}}$$

Hierin bezeichnen:

$c_a(x)$ Massekonzentration des Brenngases auf der Strahlachse, [kg/kg]
c_0 Massekonzentration des Brenngases am Strahlaustritt ($c_0 = 1$), [kg/kg]
$u_a(x)$ Strömungsgeschwindigkeit auf der Strahlachse, [m/s]
x Strahllauflänge, [m]
k_c, k_u dimensionsfreie Faktoren

die „äquivalenten" Strahlaustrittsgrößen:

$d_{\text{äqu.}}$ äquivalenter Strahl-Ausströmdurchmesser, [m]
$u_{\text{äqu.}}$ äquivalenter Strahl-Anfangsgeschwindigkeit, [m/s]

führen den realen Strahl hinsichtlich seines Ausbreitungsverhaltens auf einen äquivalenten Vergleichsstrahl (Merkmale; inkompressibles Medium gleicher Austrittsdichte wie die eingesaugte Umgebungsluft, gleicher Austrittsmassestrom und gleicher Austrittsimpulsstrom wie der reale Strahl) zurück.

Bei vertikal nach oben gerichteten Freisetzungen muß der Einfluß der Dichte des Gases im Zustand nach der Austrittsstelle berücksichtigt werden. Bei Gasen, deren Dichte kleiner ist als die von Luft – dies wäre z. B. bei Erdgas der Fall –, bewirkt der Auftrieb eine Impulserhöhung längs des Strahlweges, d. h. die Verdünnung des Gases mit Luft wird unterstützt. Bei spezifisch schwereren Gasen wie z. B. den Flüssiggasen Propan, Butan und tiefkaltem Erdgas wirkt die Schwerkraft dem nach oben gerichteten Austrittsimpuls entgegen. Die Einmischung von Luft wird erschwert, und der Strahl läuft sich in einer gewissen Entfernung von der Austrittsöffnung sozusagen tot, er kulminiert. Kulminationspunkt ist derjenige, bei dem die Strahlgeschwindigkeit Null geworden ist.

Zur Berechnung der Kulminationshöhe steht bei senkrecht nach oben gerichteter Freisetzung von schweren Gasen folgende Beziehung zur Verfügung [6.34]:

$$x_K = \frac{\xi \cdot Fr^{0,5} \cdot 2 \cdot \dot{m}_G}{\sqrt{\pi \cdot \varrho_{G,0} \cdot \dot{m}_G \cdot u_0}} \quad \text{mit} \quad Fr = \frac{0,5 \cdot u^2(x)}{\left(1 - \dfrac{\varrho_L}{\varrho_{G,n}}\right) \cdot g \cdot d}$$

Darin bedeuten:

x_K Kulminationshöhe, [m]
ξ Vorkoeffizient ($\xi = 2$ für Flüssiggase)
Fr *Froude*-Zahl
$\dot{m}_G$ Gasmassestrom, [kg/s]
$\varrho_{G,0}$ Dichte des dampfförmigen Flüssiggases unter Speicherbedingungen, [kg/m³]

Kann sich ein Freistrahl unbehindert ausbilden, so wird er im Falle der spezifisch leichteren Gase stets geschlossene Konturen für die sicherheitstechnisch relevanten Zonen – die obere Zündgrenze (Z_o) und die untere Zündgrenze (Z_u) – haben. Bei den spezifisch schwereren Gasen ist die Frage entscheidend, ob sich die Kontur für den zündfähigen Bereich des Strahles, d. h. für die untere Zündgrenze bis zum Kulminationspunkt geschlossen hat oder nicht. Dies hängt bei gleichem Leckagequerschnitt insbesondere von der Austrittsgeschwindigkeit ab. Falls sie sich bis dahin nicht geschlossen hat, sinkt ein brennfähiges Gas/Luft-Gemisch zu Boden, welches sich dann von der Kulminationshöhe ausgehend, praktisch nur noch durch die vergleichsweise niedrige atmosphärische Turbulenz mit Luft vermischen kann; ein Vorgang, der relativ langsam abläuft, so daß es am Boden durchaus weite Bereiche geben kann, in denen zündfähiges Gas/Luft-Gemisch vorliegt.

Bei der *Abschätzung der Menge* des aus einem Leck austretenden Flüssiggases handelt es sich um ein kontrovers diskutiertes Thema. Oft ist hierbei der sog. „Freisetzungsquerschnitt" strittig [6.6]. TRB 801 Anlage zu Nr. 25 [6.35] geht von folgendem zugeschnittenen Ansatz aus:

$$\dot{m}_{Leck} = \mu \cdot A \cdot (2 \cdot \varrho \cdot \Delta p)^{0,5} \cdot 10^{-3}$$
$$= \mu \cdot A \sqrt{2\varrho \, \Delta p} \cdot 10^{-3}$$

mit

$\dot{m}_{Leck}$ Ausflußmassestrom, [kg/s]
μ Ausflußziffer, $\mu = 0{,}38$
A Freisetzungsquerschnitt, [mm²]
    $A = 3{,}5 \cdot 10^{-4} \, (DN)^{2,2}$
    DN Nenndurchmesser, [mm]
ϱ Dichte der Flüssigphase bei 20 °C, [kg/m³]
Δp Druckdifferenz zwischen dem Behälter- bzw. Rohrleitungsinnendruck und dem Umgebungsdruck bei 20 °C, [MPa]

Im Behälter wird jeweils der Dampfdruck die maßgebende Größe sein, in Rohrleitungen ist der Förderdruck der Pumpe o. ä. zusätzlich zum Dampfdruck zu berücksichtigen.

In [6.5] wurden für einige typische Konfigurationen die sich ergebenden Leckmassenströme berechnet. Diese finden sich in Tabelle 6.13.

Dabei wurde konservativ das Ausströmen von Flüssiggas als Flüssigkeit (Flüssigphase) unterstellt. Ein eventueller Phasenwandel, der bei der Ausströmung von Flüssigphase auftritt, bleibt unberücksichtigt.

6.2.3.4 Gaswolken

Um eine Leckstelle herum, aus der eine größere Menge Gas ausströmt, bildet sich eine Gaswolke aus. Je nach dem weiteren Ablauf der Ereignisse besteht die Möglichkeit, daß sich diese Gaswolke ungezündet, also als unverbranntes Gas, ausbreitet (Gaswolkenausbreitung), sich entzündet und abbrennt (Abbrennen von Gaswolken) bzw. sich entzündet und explodiert

6.2 Sicherheitstechnische Betrachtungen

Tabelle 6.13 Leckmasseströme (exemplarische Ergebnisse) nach [6.5]

Nenndurchmesser	Butan unter		Propan unter	
	Lagerbedingungen ($p = 1{,}1$ bar)	Förderdruck ($p = 5$ bar)	Lagerbedingungen ($p = 7{,}3$ bar)	Förderdruck ($p = 11$ bar)
DN 10	0,24 g/s	0,50 g/s	0,56 g/s	0,69 g/s
DN 15	0,58 g/s	1,23 g/s	1,38 g/s	1,70 g/s
DN 20	1,09 g/s	2,33 g/s	2,61 g/s	3,21 g/s
DN 25	1,78 g/s	3,79 g/s	4,26 g/s	5,23 g/s
DN 32	3,07 g/s	6,54 g/s	7,34 g/s	9,01 g/s
DN 40	5,01 g/s	10,68 g/s	11,99 g/s	14,72 g/s
DN 50	8,19 g/s	17,45 g/s	19,59 g/s	24,05 g/s
DN 65	14,59 g/s	31,10 g/s	34,92 g/s	42,86 g/s
DN 80	23,03 g/s	49,07 g/s	55,10 g/s	67,64 g/s
DN 100	37,63 g/s	80,18 g/s	90,03 g/s	110,52 g/s
DN 1215	61,48 g/s	131,00 g/s	147,09 g/s	180,56 g/s
DN 150	91,81 g/s	195,64 g/s	219,67 g/s	269,65 g/s

(Gaswolkenexplosion). Die drei genannten Fälle werden jeweils von *Marx* [6.32] besprochen. Weitere detaillierte Untersuchungen zum Problemfeld der Gasausbreitung wurden von *Lützke* [6.36] veröffentlicht.

Gaswolkenausbreitung
Für kompakt gebaute Anlagen hat die Annahme, daß es bei einer Leckage zur Ausbreitung des freigesetzten Gases in der Umgebung in Form eines sich vollständig, d. h. bis zum Erreichen der unteren Zündgrenze Z_u ausbildenden Freistrahles eine vergleichsweise niedrige Eintrittswahrscheinlichkeit. Wahrscheinlicher ist das Auftreffen des Freistrahls auf Anlagenstrukturen o. ä., wobei der Austrittsimpuls vollständig oder zumindest teilweise vernichtet wird und die Ausbreitung des Gase von hier an nicht mehr strahlartig, sondern als Gaswolke erfolgt. Die Einmischung von Luft in die Wolke erfolgt dann nur noch unter Einfluß der atmosphärischen Turbulenz (Windeinfluß) und der evtl. noch vorhandenen Eigenturbulenz — beides Vorgänge, die eine wesentlich langsamere Einmischung von Luft in die Wolke bewirken als im Freistrahl.

Dies hat zur Folge, daß eine Verdünnung des Gases bis unter die untere Zündgrenz-Konzentration sehr langsam geht und dadurch insbesondere bei den spezifisch schwereren Gasen ein zündfähiges Gasgemisch am Boden in weiteren Bereichen vorhanden ist.

Die Reichweite des zündfähigen Bereiches einer Gaswolke läßt sich mit Hilfe mathematischer Modelle berechnen, wobei man sich auf Windkanaluntersuchungen und/oder Freilandversuche stützt [6.37]. In Abb. 6.4 ist das Ergebnis einer beispielhaft für die kontinuierliche Freisetzung von Propan durchgeführten Berechnung wiedergegeben. Dargestellt sind die Reichweiten des zündfähigen Bereiches auf einer ebenen, völlig unbebauten Fläche bei der ungünstigsten Ausbreitungssituation und für eine mittlere Ausbreitungssituation in Abhängigkeit von der Freisetzungsrate. Man erkennt, daß unter diesen Freisetzungsbedingungen die Gefährdungsbereiche erhebliche Ausmaße aufweisen. Bei Freisetzungsraten im Bereich von beispielsweise einigen m³/s (unter Normbedingungen) würde die untere Zündgrenzkonzentration erst nach Entfernungen von 100 ... 200 m unterschritten werden.

Abbrennen von Gaswolken
Werden Gaswolken gezündet, so brennen diese in Abhängigkeit von Mischungsstruktur und Turbulenzgrad entweder mit Flammengeschwindigkeiten von einigen Metern pro Sekunde ab oder aber es kommt u. U. zu einer druckwellenemittierenden Explosion. Das Abbrennen

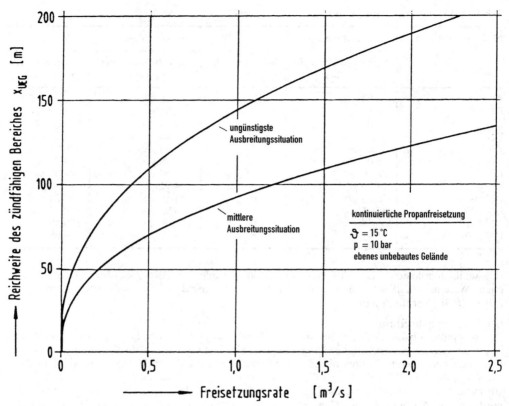

Abb. 6.4 Reichweite des zündfähigen Bereichs bei kontinuierlicher Propanfreisetzung [6.32]

einer Gaswolke ist ein Vorgang, der sehr schnell vor sich geht. Bei Zündung wandert die Flammenfront durch das brennbare Gasgemisch hindurch. In Sekunden bzw. Sekundenbruchteilen ist dieser Vorgang abgeschlossen. Personen sind gefährdet, wenn sie sich im zündfähigen Gaswolkenbereich befinden und die Flammenfront über sie hinwegwandert. Brennbare Materialien, über die die Flammenfront hinweggewandert ist, entzünden sich je nach Materialeigenschaften der Oberfläche und Struktur.

Außerhalb des Bereiches, der direkt von der Flammenfront überstrichen wird, dürfte eine Entzündung von brennbaren Materialien nicht zu erwarten sein, da Wärme hier nur durch Strahlung ausgetauscht wird und aufgrund der kurzen Zeitdauer der Verbrennungsreaktion die übertragene Wärmemenge nicht ausreicht, um Materialien bis auf Entzündungstemperatur zu erwärmen. Nicht auszuschließen sind jedoch Verletzungen der unbedeckten menschlichen Haut. So müßte beim Abbrennen einer Gaswolke mit einem brennfähigen Inventar von 1000 kg (s. Abb. 6.5) in bis zu ca. 50 m Entfernung zur Wolke mit Verbrennungen gerechnet werden. Nach 100 m würde die Schmerzgrenze unterschritten, so daß ab dieser Entfernung auch auf Personen keine Auswirkungen mehr gegeben sein dürften [6.38].

Gaswolkenexplosion
Neben der thermischen Schadenswirkung besteht bei der Freisetzung von größeren Mengen brennbarer Gase die Gefahr des explosionsartigen Abreagierens des Gas/Luft-Gemisches. Ob und mit welcher Heftigkeit, d. h. mit welchen Explosionsdrücken freigesetztes brennba-

6.2 Sicherheitstechnische Betrachtungen

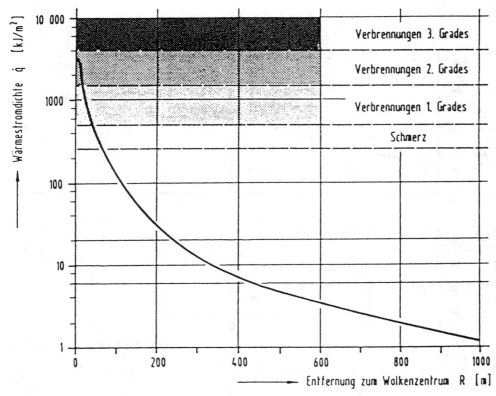

Abb. 6.5 *Wärmestromdichte beim Abbrennen einer Gaswolke [6.32]*

res Gas abreagiert, hängt von der Menge des freigesetzten Gases und von dessen Mischungszustand mit der Luft ab, vor allem aber auch vom Turbulenzzustand des Gas/Luft-Gemisches.

Entscheidende Schlüsselgröße zur *Quantifizierung des max. Explosionsdruckes* in einer Gemischwolke und auch der in die Umgebung emittierten Druckwellenenergie ist die (gemittelte) turbulente Flammengeschwindigkeit. Die Zuordnung zwischen der max. turbulenten Flammengeschwindigkeit und dem max. Explosionsdruck geht aus Abb. 6.6. hervor. Hier eingetragen sind Ergebnisdaten von Explosionsversuchen mit Propen sowie aus Schadensanalysen von realen Explosionsunglücken gewonnene Daten [6.39]. Für die Schadenswirkung einer Explosion ist neben dem max. Explosionsüberdruck aber auch der Verlauf des Explosionsdruckes, d. h. die Abnahme des Druckes mit zunehmender Entfernung zum Explosionszentrum von Bedeutung. Abbildung 6.7 zeigt das Ergebnis einer beispielhaft für die Explosion von Propan (brennfähige Masse = 1000 kg) durchgeführten Berechnung. Unterstellt wurde hierbei eine Turbulenzstruktur und die Zündung zu dem Zeitpunkt, in dem der max. Explosionsüberdruck in der Wolke erreicht wird. Im Wolkenzentrum wären dann max. Explosionsdrücke von ca. 110 mbar zu erwarten. Mit zunehmender Entfernung vom Explosionszentrum nimmt der wirkende Explosionsüberdruck ab. In welcher Entfernung mit welcher Bauteilschädigung im Umfeld zu rechnen ist, wird aus dem Randmaßstab ersichtlich. Bei den in diesem Fall auftretenden Explosionsdrücken sind ausschließlich Fensterscheiben-Schäden zu erwarten, wenn auch über einen weiten Entfernungsbereich. Eine direkte Gefährdung von Menschen ist hierdurch nicht zu erwarten: Der hinsichtlich der Druckwellenein-

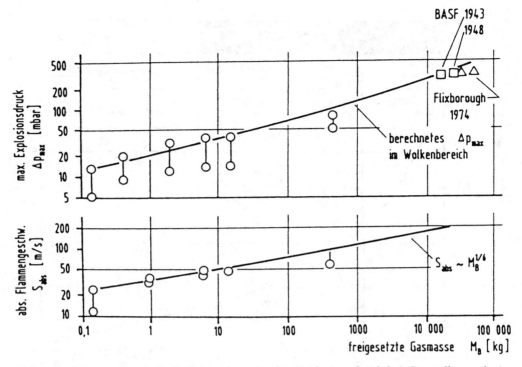

Abb. 6.6 *Flammengeschwindigkeit und maximaler Explosionsdruck bei Gaswolkenexplosionen nach [6.39]*

wirkung empfindlichste Teil des menschlichen Körpers, das Trommelfell, wird erst bei Drükken oberhalb 300 mbar geschädigt. Nicht auszuschließen wären jedoch Verletzungen von Personen, z. B. durch herabfallende Teile oder die Splitterwirkung von geborstenen Fensterscheiben.

6.2.3.5 Brandwirkungen

Unter sicherheitstechnischen Aspekten ist die Wirkung von Bränden auf Flüssiggasanlagen oder die von einem Brand in einer Flüssiggasanlage für benachbarte Gebäude/Einrichtungen entstehende Belastung relevant. Das gilt jedoch im engeren Sinne nur für frei aufgestellte Lagerbehälter. Für diese Gruppe von Flüssiggaslagerbehältern wurden die Ergebnisse ausführlicher Untersuchungen veröffentlicht [6.40, 6.41] und mittlerweile in das Regelwerk der TRF 1996 integriert.

Für erdgedeckte Flüssiggaslagerbehälter ist die Brandbelastung als Gefährdung nicht maßgebend und soll daher nicht weiter betrachtet werden.

6.2.3.6 Ausbreitungsrechnung

Für die Ermittlung von Sicherheitsabständen zu Schutzobjekten (siehe Abschnitt 6.2.3.7) kann es notwendig werden, eine sog. Ausbreitungsrechnung durchzuführen. In der Flüssiggastechnik ist es eingeführt, hierfür VDI 3783 Blatt 2 als Grundlage heranzuziehen.

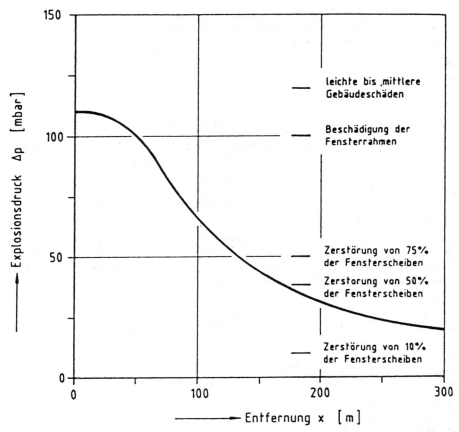

Abb. 6.7 *Verlauf des wirkenden Explosionsdruckes in Abhängigkeit von der Entfernung vom Explosionszentrum [6.32]*

VDI 3783 Bl. 2 [6.37] liegt ein mathematisches Modell zugrunde, das die Gasausbreitung in der Atmosphäre nach dem Ausströmen aus einer Leckstelle rechnerisch abbildet. Allgemein läßt sich das *Verfahren gemäß VDI 3783* wie folgt beschreiben [6.5]:

Gas, das aus einer Leckage ausströmt, wird sich von der Leckstelle weg ausbreiten und mit der Umgebungsluft ein zündfähiges Gas-Luft-Gemisch bilden. Im weiteren Verlauf der Ausbreitung gibt es dann eine Stelle, an der die Verdünnung mit der Umgebungsluft so groß wird, daß die untere Explosionsgrenze unterschritten wird und das Gemisch nicht mehr zündfähig ist. Die Distanz zwischen der Leckstelle und dem Punkt der Unterschreitung der unteren Explosionsgrenze wird mit dem Rechenmodell nach VDI 3783 als Sicherheitsabstand berechnet.

Einflußfaktoren für die Berechnung der Distanz sind im wesentlichen die
- Windverhältnisse, d. h. die Wetterlage und die
- Topografie des Ausbreitungsgebietes.

Beide Einflußfaktoren sind im Rechenmodell als Parameter entsprechend zu wählen. In der Praxis hat sich die sog. „ungünstige Wetterlage" als Konvention durchgesetzt.

In der Regel sind Flüssiggasanlagen nicht so aufgestellt, daß das sie umgebende Gelände eben und glatt ist. In der Realität werden sich Ausbreitungshindernisse um die Flüssiggasanlagen befinden wie beispielsweise:

— Höhenunterschiede
— Gebäude
— Mauern
— Wälle, etc.

Diese Hindernisse werden in der Terminologie der Ausbreitungsrechnung je nach ihrer Geometrie als „Schutzzäune, Wände bzw. Schutzringe" bezeichnet. Schutzzäune, die dem sich ausbreitenden Gas im Wege stehen, hemmen nicht nur die Ausbreitung des Gases, sondern führen auch zu Verwirbelungen des Gas-Luft-Gemisches und damit dazu, daß sich das Flüssiggas schneller in der Umgebungsluft „verdünnt". Schutzzäune verkürzen daher den Sicherheitsabstand. Anders z. B. windparallele Wände: Hier kann sich das Gas, unterstützt durch die Strömung entlang der Wand, sogar besser ausbreiten. Windparallele Wände vergrößern daher den Sicherheitsabstand.

Da die realen topografischen Umgebungsbedingungen einer Anlage zur Erfassung und Berechnung zu komplex sind, bedient man sich zur Annäherung modellhafter „Ausbreitungsgebiete". Diese Modelle simplifizieren das Ausbreitungsgebiet i. d. R. konservativ und sind daher zur Berechnung des Sicherheitsabstandes ausreichend. Gängige Ausbreitungsgebiete sind in Tabelle 6.14 zusammengestellt.

Tabelle 6.14 Ausbreitungsgebiete gemäß VDI 3783 Blatt 2 zur Berechnung des Sicherheitsabstandes

Ausbreitungssituationen	
I	Ebenes Gelände ohne Hindernisse
II	Hohe windparallele Wand
III	Hohe windparallele Schlucht
IV	Schutzzaun in Lee fern
V	Schutzzaun in Lee nah
VI	Schutzzaun in Luv nah
VII	Schutzzaun in Luv fern
VIII	Schutzring nah
IX	Schutzring fern

Im Rahmen der VDI 3783 wird stets Wind als treibende Kraft für die Ausbreitung des Gases unterstellt. Die Windrichtung definiert, ob z. B. ein Schutzzaun in Lee oder Luv steht bzw. windparallele Hindernisse vorhanden sind. Das bedeutet, daß für die Berechnung des Sicherheitsabstandes immer ein Wind zu betrachten ist, der von der Quelle (Leckstelle) auf das Schutzobjekt zuweht.

Das Modell nach VDI-Richtlinie kennt eine größere Anzahl von Ausbreitungsgebieten. In jedem Fall ist bei der Berechnung des Sicherheitsabstandes anlagenspezifisch und individuell das der Wirklichkeit am nächsten kommende Ausbreitungsgebiet zu verwenden.

Ein Vermischen der Ausbreitungsgebiete ist mit dem Modell nach VDI nicht möglich. Liegen mehrere Modell-Ausbreitungsgebiete gleichzeitig vor (z. B. Schutzzaun in Luv und Lee von der Quelle), so kann i. d. R. das günstigere Ausbreitungsgebiet gewählt werden. Durch die Überlagerung, d. h. zusätzliche Ausbreitungsbehinderung ist eine konservative Betrachtungsweise gewährleistet.

Bei der Durchführung von Ausbreitungsbetrachtungen ist wie folgt vorzugehen:

- Ermittlung der Leckgrößen und Leckraten
- Konfigurierung eines Quelltherms

6.2 Sicherheitstechnische Betrachtungen

- Gasausbreitung
- Bewertung der Immissionskonzentration
- Ermittlung der Wirkung von Druckwellen und Bränden

Leckrate

Die Ermittlung der Leckraten bzw. der anzusetzenden Leckgrößen ist ein teilweise kontrovers diskutiertes Problem, bei dem äußerst unterschiedliche Ansätze vertreten wurden (*„Strohmeier"*-Leck, *„Brötz"*-Leck [6.42–6.44].

Wie in Abschnitt 6.2.3.3 dargelegt, läßt sich für den Flüssigphasenaustritt aus einem Leck die Leckrate gemäß

$$\dot{m}_{Leck} = \mu \cdot A \sqrt{2 \cdot \varrho \cdot \Delta p} \cdot 10^{-3}$$

berechnen. Mit

$$A = 3{,}5 \cdot 10^{-4} \cdot (DN)^{2{,}2}$$

erhält man schließlich

$$\dot{m}_{Leck} = \mu \cdot (DN)^{2{,}2} \sqrt{2 \cdot \varrho \cdot \Delta p} \cdot 3{,}5 \cdot 10^{-7}$$

mit

$\dot{m}_{Leck}$	Ausflußmassestrom, [kg/s]
μ	Ausflußziffer, $\mu = 0{,}38$
A	Freisetzungsquerschnitt, [mm²]
DN	Nenndurchmesser, [mm]
ϱ	Dichte der Flüssigphase bei 20 °C, [kg/m³]
Δp	Druckdifferenz zwischen dem Behälter- bzw. Rohrleitungsinnendruck und dem Umgebungsdruck bei 20 °C, [MPa]

Kennt man die Zeitdauer der Leckage $\Delta\tau_{Leck}$ ([s]), dann läßt sich die Leckmenge m_{Leck} ([kg]) ermitteln:

$$m_{Leck} = \dot{m}_{Leck} \cdot \Delta\tau_{Leck}$$

Konfiguration des Quellterms

Ob nach einer Stofffreisetzung eine Lachenabdampfung berechnet werden muß oder ob direkt mit der Ermittlung des Ausbreitungsverhaltens mit einem Gasausbreitungsmodell begonnen werden kann, bedarf jeweils einer besonderen Überlegung.

So ist z. B. zu unterscheiden, ob sich nach der Freisetzung eine Lache ausbilden kann oder ob der Stoff vollständig in Form einer Schwer- oder Leichtgaswolke (ohne Lachenbildung) abdriften wird.

Bei der Freisetzung brennbarer Stoffe ist die Frage zu klären, ob eine sofortige Zündung möglich ist (z. B. durch ein Schadenfeuer) oder ob die Freisetzung ohne sofortige Zündung erfolgt.

Bildet sich eine Lache, so ist der Anteil der Abdampfung in Abhängigkeit von der Zeit zu berechnen. Gegebenenfalls muß ein spontan „wegflashender" Anteil (z. b. bei druckverflüssigten Gasen) berücksichtigt werden. Findet keine Lachenbildung statt, so kann direkt mit der Ermittlung des Ausbreitungsverhaltens begonnen werden. Hiervon kann bei Sicherheitsüberlegungen in der Flüssiggastechnik i. allg. ausgegangen werden.

Versuche von *Wietfeldt* haben gezeigt, daß bei der impulsbehafteten Freisetzung mit Leckraten von 2...36 kg/s aus der Flüssigphase aus runden und rißförmigen Lecks senkrecht nach oben und unten sowie parallel zum Erdboden nahezu keine Lachenbildung auftritt. Der

Strahl wird am Austrittsquerschnitt gewissermaßen „zerstäubt" [6.45]. Bei impulsfreier Freisetzung, die jedoch für den realen Anlagenbetrieb hypothetisch ist, konnte Lachenbildung nachgewiesen werden. Die vollständige Abdampfung aus der Lache verläuft sehr langsam.

Wichtig ist ebenfalls die Lage der Austrittsöffnung. So muß z. B. berücksichtigt werden, ob ein Austrittsstrahl senkrecht oder schräg nach oben gerichtet denkbar ist, oder ob die Austrittsrichtung parallel zum Erdboden bzw. direkt zum Erdboden gerichtet sein kann.

Weiterhin muß die Höhe des Freisetzungsortes berücksichtigt werden. Ein in z. B. 15 m Höhe austretendes Schwergas kann, zum Erdboden abgesunken, sein Schwergasverhalten schon verloren haben.

Diese Überlegungen sind in der Regel nicht mit exakten mathematisch, naturwissenschaftlichen Rechenmodellen berechenbar. In solchen Fällen muß eine ingenieurmäßig plausible Lösung durch sinnvolle Abschätzungen gesucht werden. Bei solchen Vorgehensweisen ist es allerdings wichtig, sich ein Bild über die Fehler bei der Abschätzung und deren Größenordnungen zu verschaffen. Annahmen sind „vernünftig konservativ" zu treffen und plausibel zu begründen.

Gasausbreitung
Ziel bei der Ermittlung des Ausbreitungsverhaltens ist es oftmals, aus einem Leckagemassestrom bzw. Abdampfmassestrom in einer bestimmten Entfernung von der Quelle eine Immissionskonzentration zu bestimmen.

Wegen der Vielfalt der bei einer Stoffausbreitung in der Atmosphäre möglichen Einflußgrößen ist eine annähernd exakte mathematische Berechnung des zu erwartenden Ausbreitungsverhaltens nur mit einem sehr großen Rechenaufwand möglich. Aus diesem Grunde müßte der häufig benutzte Ausdruck „Ausbreitungsrechnung" besser als „Ausbreitungsabschätzung" bezeichnet werden.

Grundsätzlich wird zwischen Schwer- und Leichtgasausbreitung unterschieden. Da die Ausbreitungsmechanismen beider Gase unterschiedlichen physikalischen Bedingungen unterliegen, müssen jeweils entsprechende Berechnungsmodelle angewandt werden.

Im folgenden sind einige wichtige *Einflußgrößen* auf das Ausbreitungsverhalten von Stoffen in der Atmosphäre genannt:

- Turbulenz der Atmosphäre
- Windgeschwindigkeit
- Wetterlage
- Temperaturschichtungen
- Struktur der Erdoberfläche (Bodentopographie)
- Gebäude, Hindernisse
- Auftrieb durch Thermik (z. B. Brand).

Das Ausbreitungsverhalten schwerer Gase in der Atmosphäre ist mit herkömmlichen Verfahren, wie sie für neutrale bis leichte Gase entwickelt worden sind, nicht berechenbar. Die wesentlichen Gründe dafür liegen in der Eigendynamik der Schwergaswolke sowie in der stark stabilen Schichtung (großer Dichtesprung am Wolkenrand) innerhalb der Wolke, die eine turbulente Vermischung mit der Umgebungsluft sehr erschweren.

Für Flüssiggase ist auf die Gesetzmäßigkeiten bzw. das Rechenverfahren für die sog. „Schwergasausbreitung" zurückzugreifen.

Schwergasausbreitungen finden flach und bodennah statt. Aus diesem Grunde ist bei der Abschätzung des Ausbreitungsverhaltens besonderes Augenmerk auf die Struktur der Erdoberfläche, auf Gebäude und Hindernisse und auf die Windgeschwindigkeit zu richten. Schwere Gase „fließen" in Richtung des Gefälles, auch gegen den Wind!

Schwergasmodell VDI 3783, Blatt 2

Ein bei der Erstellung und Begutachtung von Sicherheitsanalysen häufig angewandtes Schwergasausbreitungsmodell ist das Modell „VDI 3783, Blatt 2, Ausbreitung von störfallbedingten Freisetzungen schwerer Gase Sicherheitsanalyse", [6.37]. Dieses Rechenmodell wird häufig angewandt und ist darum auch weitgehend akzeptiert. Sicherlich sind die Eingangsparameter mit einer gewissen Unsicherheit behaftet. Dasselbe gilt für das angewandte Rechenverfahren im Vergleich mit dem realen Ausbreitungsverhalten. In Ermangelung eines genaueren Rechenverfahrens kann dieses Modell jedoch zur Abschätzung des Ausbreitungsverhaltens in Sicherheitsanalysen angewandt werden.

Grundlage dieses Modells sind im Windkanal durchgeführte Versuche mit dem Schwergas Schwefelhexafluorid (SF_6, Dichte 6,13 kg/m^3). Die Meßergebnisse aus dem Windkanal wurden mit Meßwerten aus Naturexperimenten verglichen und abgestimmt. Die so erhaltenen Ergebnisse wurden durch Anwendung dimensionsanalytischer Zusammenhänge auf die realen Freisetzungsmengen und Umgebungsbedingungen übertragen [6.42]. Das Modell berücksichtigt neben den Stoffeigenschaften und den Freisetzungsbedingungen auch das Ausbreitungsgebiet. Zur Zeit können neun verschiedene Gebiete berücksichtigt werden:

1. ebenes Gelände ohne Hindernisse
2. hohe windparallele Wand
3. hohe windparallele Schlucht
4. Schutzzaun in Lee fern
5. Schutzzaun in Lee nah
6. Schutzzaun in Luv nah
7. Schutzzaun in Luv fern
8. Schutzring nah
9. Schutzring fern.

Zur Charakterisierung der verschiedenen Gebiete werden charakteristische Größen eingeführt, die auf dem Quellvolumen bzw. auf dem Quellvolumenstrom basieren.

Für die spontane Freisetzung ist definiert:

$$L_{ci} = (V_0)^{1/3} \quad [m]$$

$$T_{ci} = (L_{ci}/g_e)^{1/2} \quad [s]$$

$$U_{ci} = [L_{ci} \cdot g_e]^{1/2} \quad [m/s]$$

mit

V_0 Quellvolumen [m^3]
g_e effektive Fallbeschleunigung [m/s^2]

und für die kontinuierliche Freisetzung

$$L_{cc} = (\dot{V}_0/g_e)^{1/5} \quad [m]$$

$$T_{cc} = (\dot{V}_2/g_e^3)^{1/5} \quad [s]$$

$$U_{cc} = (\dot{V}_2 \cdot g_e^2)^{1/5} \quad [m/s^2]$$

mit

$\dot{V}$ Quellvolumenstrom [m^3/s]
Index i instantan = spontan
Index c continuous = kontinuierlich

Über diese charakteristischen Größen können nun folgende *Hindernisabmessungen* bestimmt werden.

1. ebenes Gelände ohne Hindernisse
Es befinden sich in der Umgebung keine Hindernisse, wie z. B. Häuser, Mauern, Zäune etc.

2. hohe windparallele Wand
In einem ebenen Gelände befindet sich im Abstand von L_{ci} (spontane Freisetzung) bzw. $5,6L_{cc}$ (kontinuierliche Freisetzung) von der Quelle eine windparallele Wand. Sie ist als unendlich lang und hoch (L_{ci} bzw. $5,6L_{cc}$) anzusehen.

3. hohe windparallele Schlucht
In einem ebenen Gelände findet die Ausbreitung in einer senkrechten Schlucht statt. Die Schlucht ist L_{ci} bzw. $7L_{cc}$ hoch und $2L_{cc}$ bzw. $14L_{cc}$ breit.

4. Schutzzaun im Lee fern
In einem ebenen Gelände befindet sich im Lee der Quelle im Abstand von $4L_{ci}$ bzw. $22,4L_{cc}$ ein halbkreisförmiger Zaun mit einer Höhe von $0,4L_{ci}$ bzw. $2,24L_{cc}$.

5. Schutzzaun im Lee nah
Dieses Gebiet ist definiert wie Punkt 4., jedoch befindet sich nun der Zaun in einer Entfernung von nur $2,5L_{ci}$ bzw. $14L_{cc}$ von der Quelle.

6. Schutzzaun in Luv nah
Analog wie Punkt 5., jedoch befindet sich nun der Zaun in Luv der Quelle.

7. Schutzzaun in Luv fern
Analog wie Punkt 4., jedoch befindet sich der Zaun in Luv der Quelle.

8. Schutzring nah
Analog Punkt 5., jedoch bildet der Schutzzaun nun einen Ring um die Quelle.

9. Schutzring fern
Analog Punkt 4., jedoch bildet der Schutzzaun einen Ring.

Es wird zwischen entflammbaren und toxischen Gasen unterschieden, wobei für entflammbare Gase die untere Zünddistanz und für toxische Gase die Maximalkonzentration ermittelt werden kann.

a) untere Zünddistanz (UZD)
Es wird eine mittlere und eine ungünstige untere Zünddistanz angegeben, die im Lee der Quelle liegt. Die Distanzen werden aus Bodenkonzentrationswerten abgeleitet.

Hindernisse, durch die die Zünddistanz herabgesetzt werden kann, müssen eine Mindesthöhe besitzen. Das Programm gibt diese Größe in Form der charakteristischen Länge L_c an (s. o.).

b) Maximalkonzentration
Das Schwergasmodell kann explizit keine Konzentrationen angeben. Es gibt lediglich die Entfernung X_K von der Quelle an, in der die Gaskonzentration auf 1 Vol-% abgesunken ist. Spätestens nach Absinken der Gaskonzentration auf 1 Vol-% liegt gemäß Definition in der Richtlinie kein Schwergasverhalten mehr vor. Die Ausbreitung wird nun durch die Windgeschwindigkeit, Turbulenzen etc. beeinflußt.

Aus diesem Grund wird nunmehr eine fiktive Punktquelle in der Entfernung X_K (1 Vol-%) von der Quelle angenommen, aus der ein Gas mit Leichtgasverhalten ausströmt.

Das Programm gibt dazu explizit Parameter für eine mittlere und eine ungünstige Ausbreitungssituation an, mit denen man im VDI-Rechenmodell 3783, Blatt 1 (Leichtgasmodell), weiterrechnen kann.

6.2 Sicherheitstechnische Betrachtungen

Weiter ist sowohl bei der Berechnung der unteren Zünddistanz wie auch bei der Maximalkonzentration zu beachten, daß es zur Bewertung der Ausbreitungssituation sinnvoll sein kann, die Ergebnisse der „mittleren Ausbreitungssituation" heranzuziehen.

Im Falle der mittleren Ausbreitungssituation wird ein gleichmäßiges Ausbreiten der Wolke aufgrund der Eigendynamik angenommen. Es existiert ein definierter Punkt, an dem eine Konzentration von 1 Vol-% erreicht ist. Bei der ungünstigsten Ausbreitungssituation wird die Wolke „zerrissen" und breitet sich in einzelnen „Fetzen" aus. Es wird eine maximale Entfernung angegeben, in der 1 Vol-% noch erreicht werden kann, jedoch existiert kein genau definierter Punkt.

Die Ausbreitungsrechnung wird i. allg. rechnergestützt durchgeführt; daher soll das nachfolgend Rechenbeispiel für eine Propanfreisetzung an Hand der Menüführung präsentiert werden (entnommen [6.42]):

Die mit einem Kasten umrandeten Daten müssen vom Anwender eingegeben werden.

Rechenbeispiel VDI 3783, Blatt 2

Eingangsparameter aus einer Datei einlesen
Nein > ☐   *) nach Bedarf

Eingangsparameter und Ergebnisse abspeichern?
Nein > ☐   *)

Keine Speicherung!

Titel: Spontane Freisetzung von Propan Gem. Anh. Bl. 1, VDI 3783 Bl. 2
Propanfreisetzung, 2000 kg spontan

Gasauswahl
  1 = Aceton
  2 = Acetylen
  3 = Acrolein (2-Propenal)
  4 = Ammoniak
  5 = Benzol
  6 = Blausäure (Cyanwa. St.)
  7 = Butadien
  8 = I-Butan
  9 = Chlor
10 = Cyclohexan
11 = Dimethylether
12 = Essigsäure
13 = Ethan
14 = Ethanol
15 = Ethen
16 = Ethylenoxid
17 = Formaldehyd
18 = Kohlendioxid
19 = Methan
20 = Methanol
21 = I-Pentan
22 = Phosgen (Carbonylchl.)
23 = Propan
24 = I-Propanol

25 = Propen
26 = Propylenoxid
27 = Schwefeldioxid
28 = Schwefelwasserstoff
29 = Vinylchlorid (Chl. Ethen)
30 = Xylol
31 = sonstiges Gas
Bitte Nummer eingeben 23 >   23
In welcher Form wird Gas freigesetzt?
1 = gasförmig
2 = drucklos verflüssigt
3 = unter Druck verflüssigt
4 = unter Druck verflüssigtes NH_3 und sich ähnlich verhaltende Gase
Bitte Nummer eingeben 3 >   3

Emissionsverlauf
Bei spontaner Freisetzung ist die Anzahl der Stützstellen = 1 zu setzen.
Freisetzungen mit konstanter Emissionsrate werden durch zwei Stützstellen für die Zeiten $T(1) = 0$ und $T(2) = TQ$ beschrieben.
Ein zeitlich variabler Emissionsverlauf ist durch bis zu 19 Abschnitte konstanter Emission zu approximieren. Es muß die Zeit zum Ende des Emissionsabschnitts, bezogen auf den Emissionsbeginn und die dazugehörende Quellstärke als Zahlenpaar eingegeben werden (siehe Abschnitt 4.2) [4.37].
Anzahl der Stützstellen [1–19]: 1 >   1
Stützstelle
Zeit nach Emissionsbeginn [s]
Massestrom [kg/s]
Freigesetzte Masse ohne Lachenanteil   2000 kg
Ausbreitungsgebiet
 1 = ebenes Gelände ohne Hindernisse
 2 = hohe windparallele Wand
 3 = hohe windparallele Schlucht
 4 = Schutzzaun in Lee fern
 5 = Schutzzaun in Lee nah
 6 = Schutzzaun in Luv nah
 7 = Schutzzaun in Luv fern
 8 = Schutzring nah
 9 = Schutzring fern
10 = noch nicht belegt
11 = noch nicht belegt
12 = noch nicht belegt
13 = noch nicht belegt
14 = noch nicht belegt
15 = noch nicht belegt
16 = noch nicht belegt
17 = noch nicht belegt
18 = noch nicht belegt
19 = noch nicht belegt
20 = noch nicht belegt
Bitte Nummer eingeben 1 >   ☐
Bestimmungsgrößen
1 = untere Zünddistanzen
2 = Konzentrationen an Aufpunkten im Fernfeld

6.2 Sicherheitstechnische Betrachtungen

Bitte Nummer eingeben 1 >   ☐
Eingabekontrolle
Titel: Spontane Freisetzung von Propan gem. Anh. Bl. 1, VDI 3783 Bl. 2
Gasart: Propan
Freisetzung: Unter Druck verflüssigt
Ausbreitungsgebiet: ebenes Gelände ohne Hindernisse
Bestimmungsgröße: untere Zünddistanzen
Emissionsverlauf: freigesetzte Masse ohne Lachenanteil = .200 E + 04 KG
Werte ändern? Nein >   ☐
Der Störfall wurde gemäß Abschnitt 3.3 der Richtlinie VDI 3783 Blatt 2 als spontaner Störfall behandelt.
Es ist mit folgenden unteren Zünddistanzen zu rechnen:
Mittlere Ausbreitungssituation: 235,8 m
Ungünstigste Ausbreitungssituation: 299,8 m
Die Dimensionen der im Ausbreitungsgebiet stehenden Hindernisse berechnen sich mit Hilfe der charakteristischen Länge L_{ci} = 10,16 m (c) ME/KLM
Möchten Sie einen Ausdruck? Nein >   ☐
Sollen weitere Berechnungen gemacht werden? Ja > Nein

Bewertung der Immissionssituation
Bei einer spontanen Freisetzung von 2.000 kg Propan wird im ebenen Gelände ohne Hindernisse im Falle einer mittleren Ausbreitungssituation eine untere Zünddistanz von ca. 236 m erreicht.

Ergebnisangaben mit Kommastellen sind bei genauer Betrachtung sämtlicher Ungenauigkeiten in der Vorgehensweise der Eingabedaten unsinnig.

Eine Reduzierung der UZD ist mit einem Schutzzaun nah oder fern zu erreichen.

Die Abmessung des Schutzzaunes kann mit der charakteristischen Länge L_{ci} = 10,16 m (siehe Rechenbeispiel) ermittelt werden.

Schutzzaun im Lee fern: Höhe: 0,4 L_{ci}
Abstand von Quelle: L_{ci} halbkreisförmig

Abbildung 6.8 zeigt den reduzierenden Einfluß eines Schutzzaunes auf die untere Zünddistanz (UZD) am Beispiel verschiedener Leckraten bei einer Propanfreisetzung. Dem Bild ist zu entnehmen, daß durch einen Schutzzaun eine Verringerung der UZD bis ca. um den Faktor 10 möglich ist. Diese Ergebnisse wurden durch weitere Berechnungen bestätigt [6.46].

Vorteile des Rechenmodells VDI 3783 Blatt 2 sind die einfache Handhabung, die Berücksichtigung einfacher Hindernisse und die günstige Umsetzung.

Aus der Anwendungspraxis des VDI-Schwergasmodells ergaben sich nachstehend genannte *Defizite*:

— Die Ermittlung der Höhe der Schwergaswolke ist nicht möglich.
— Wirkungen bei Veränderungen der Höhe und der Entfernung eines Schutzzaunes in Richtung von der Quelle entfernt sind nicht beschrieben.
— Die explosionsfähige Masse kann nicht ermittelt werden.
— In seltenen Einzelfällen unrealistisch hohe Ergebnisse.

Sollen sich im Ausbreitungsgebiet wie im obigen Beispiel Hindernisse/Schutzzäune befinden, so generiert das VDI-Modell als Ergebnis neben dem Sicherheitsabstand auch die sog. „charakteristischen Längen L_{ci} und L_{cc}".

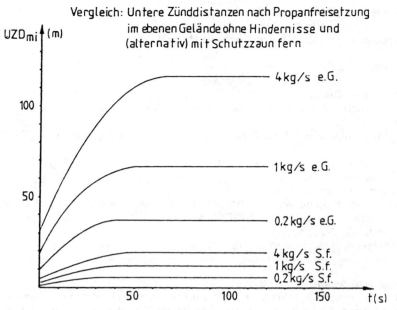

Abb. 6.8 *Reduzierender Einfluß eines Schutzzaunes fern (S.f.) auf die untere Zünddistanz für die mittlere Ausbreitungssituation (UZD_{mi}) im Vergleich mit einem ebenen Gelände ohne Hindernisse (e.G.) (entnommen [6.42])*

Der besseren Übersichtlichkeit halber sind die oben im Text erläuterten charakteristischen Längen zur Bestimmung der Entfernung und Höhe von Ausbreitungshindernissen in Tabelle 6.15 geordnet.

Da die Entfernungen und Höhen von Hindernissen in der Realität i. d. R. nicht mit den errechneten übereinstimmen, sind Abschätzungen zu machen:

Tabelle 6.15 Charakteristische Längen zur Bestimmung der Entfernung und Höhe von Ausbreitungshindernissen

Ausbreitungshindernisse	Spontane Freisetzung		Kontinuierliche Freisetzung	
	Höhe	Entfernung	Höhe	Entfernung
Hohe windparallele Wand	unendlich	$1L_{ci}$	unendlich	$5,6L_{cc}$
Hohe windparallele Schlucht	$1L_{ci}$	$2L_{ci}$ breit	$7L_{cc}$	$14L_{cc}$ breit
Schutzzaun Lee, fern Lee, nah Luv, nah Luv, fern	$0,4L_{ci}$ $0,4L_{ci}$ $0,4L_{ci}$ $0,4L_{ci}$	$4L_{ci}$ $2,5L_{ci}$ $2,5L_{ci}$ $4L_{ci}$	$2,24L_{cc}$ $2,24L_{cc}$ $2,24L_{cc}$ $2,24L_{cc}$	$22,4L_{cc}$ $14L_{cc}$ $14L_{cc}$ $22,4L_{cc}$
Schutzring nah fern	$0,4L_{ci}$ $0,4L_{ci}$	$2,5L_{ci}$ $4L_{ci}$	$2,24L_{cc}$ $2,24L_{cc}$	$14L_{cc}$ $22,4L_{cc}$

6.2 Sicherheitstechnische Betrachtungen

Ein Hindernis oder ein Schutzzaun, der in Lee steht und eine größere Entfernung von der Quelle besitzt als der berechnete, bewirkt eine schnellere Verdünnung mit Luft, da das Gas bereits durch Verwirbelung auf dem Weg zum Schutzzaun stärker mit Luft verdünnt wurde. Ein solcher Schutzzaun bewirkt somit eine Verkürzung des Sicherheitsabstandes.

Ein Hindernis oder ein Schutzzaun, der in Luv steht und eine größere Entfernung von der Quelle besitzt als der berechnete, verringert die Möglichkeit der Verwirbelung und bewirkt daher eine Vergrößerung des Sicherheitsabstandes.

Da Flüssiggas ein Schwergas ist, d. h. eine größere Dichte als Luft besitzt, wirkt sich ein Schutzzaun mit einer größeren Höhe als der rechnerisch ermittelten, verringernd auf den Sicherheitsabstand aus. Eine geringere Höhe vergrößert den Sicherheitsabstand.

Abbildung 6.9 illustriert eine mögliche Gesamtsituation der Ausbreitungsbetrachtung. Die Abkürzung „UEG" bezeichnet die untere Explosionsgrenze (Z_u).

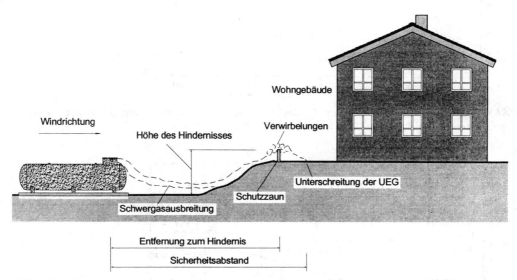

Abb. 6.9 *Exemplarische Ausbreitungssituation mit einem Schutzzaun in Lee [6.5]*

Ermittlung der Wirkung von Druckwellen und Bränden
Modell von *Giesbrecht, Leuckel* u. a. [6.47]
Giesbrecht und *Leuckel* haben den Explosionsverlauf für den Fall der schlagartigen Freisetzung von Propen (Propylen) nach Behälterbersten untersucht. Sie führten dafür mehrere (5) Versuche mit Propenmengen bis zu 450 kg durch. Durch die Analyse von Schadensfällen mit Mengen bis zu 10000 kg (z. B. Flixborough) konnten sie eine Beziehung zwischen freigesetzter Gasmasse und Spitzenüberdruck über den Bereich 0...100000 kg freigesetzter Gasmasse herstellen.

Weitere wichtige Ergebnisse ihrer Untersuchungen waren, daß selbst im ungünstigsten Fall nur etwa ein Drittel der Gesamtgasmasse am deflagrativen Druckaufbau beteiligt war und daß, trotz detonativer Zündung, nur deflagratives Abbrennen der Gaswolke beobachtet wurde.

Vorgehensweise zur Ermittlung einer Abstands-/Überdruckbeziehung:
Aus der bekannten (oder abgeschätzten) ausgetretenen Menge ermittelt man mit Hilfe der Abb. 6.10 den Spitzenüberdruck.

Die positive Druckdauer kann Abb. 6.11 entnommen werden.

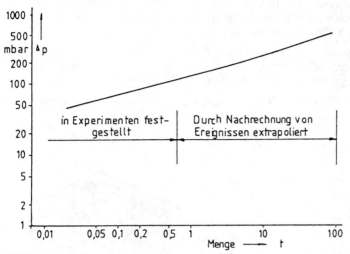

Abb. 6.10 *Maximal erreichbarer Explosionsüberdruck in freien Gaswolken als Funktion der Gasmasse [6.39]*

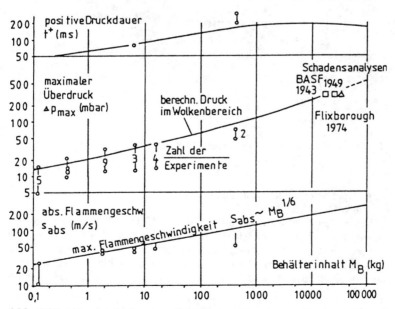

Abb. 6.11 *Vergleich der aus Schadensanalysen von Großereignissen gewonnenen Spitzenüberdrücke am Wolkenrand mit der aus Modellversuchen extrapolierten Druckkurve (Mitte) sowie der Druckdauer und der absoluten Flammengeschwindigkeit als Funktionen des Behälterinhalts [6.39]*

Beispiel

Freisetzung von 2000 kg Propan. Welcher maximale Spitzenüberdruck ist Δp_{max} zu erwarten:

aus Abb. 6.10: $2t \Rightarrow \Delta p_{max} =$ ca. 160 mbar

Weitere Daten können Abb. 6.11 entnommen werden.

Bewertet man verschiedene Modelle zur rechnerischen Erfassung des Druckaufbaus als Folge von Gasfreisetzungen, so ist davon auszugehen, daß das „*Giesbrecht-Leuckel*-Modell" solange hinreichend gute Daten liefert, wie eine unverdämmte (oder nur leicht verdämmte) Gaswolkenexplosion, also eine Deflagration mit relativ geringem Druckaufbau, unterstellt werden darf. Das sollte in der Flüssiggastechnik i. allg. zutreffend sein.

6.2.3.7 Sicherheitsabstand

Mögliche Gefahren, die von der Lagerung und dem Umfüllen von Flüssiggas ausgehen, bestehen in der unkontrollierten Freisetzung von Flüssiggas aufgrund von Störungen des bestimmungsgemäßen Betriebes. Die bei der Freisetzung des Flüssiggases entstehenden Mischungen mit der Umgebungsluft können, sofern sie sich im zündfähigen Bereich zwischen der unteren und oberen Explosionsgrenze befinden, durch eine Zündquelle ausreichender Intensität gezündet werden.

Von Flüssiggasanlagen ist deshalb zu sog. Schutzobjekten ein Sicherheitsabstand einzuhalten. Der Sicherheitsabstand ist der Abstand zwischen einer Flüssiggasanlage und einem Schutzobjekt außerhalb der Anlage, der vor Auswirkungen eines Gasaustritts bei Abweichung vom bestimmungsgemäßen Betrieb schützen soll. Er soll auch Vorsorge sein, um die Auswirkungen von störungsbedingten Gasaustritten so gering wie möglich zu halten.

Der Sicherheitsabstand stellt damit unter Berücksichtigung von Rahmenbedingungen sicher, daß außerhalb dessen das Auftreten einer explosionsfähigen Atmosphäre ausgeschlossen werden kann, d. h., die untere Explosionsgrenze (Z_u) nicht überschritten wird und keine Gefährdungen durch die Auswirkungen von Druck- oder Hitzewellen vorliegen. Er ist nur von lösbaren Verbindungen der Flüssiggasanlage, in denen sich Flüssigphase befindet oder beim Befüll- oder Entleerungsvorgang befinden kann abhängig. Lösbare Verbindungen sind Verbindungen oder Anschlüsse an den Lagerbehältern, den Armaturen oder den Rohrleitungen, die z. B. geflanscht oder geschraubt sind. Es ist die Qualität der Verbindungen, z. B. Verwendung hochwertiger Dichtungen, zu berücksichtigen. Geschweißte Stellen sind keine lösbaren Verbindungen.

Objekte, zu denen der Sicherheitsabstand einzuhalten ist, werden in Tabelle 6.16 zusammengefaßt.

Es scheint nützlich, sich nochmals die Genese des Begriffes Sicherheitsabstand, der Schutzobjekte sowie des Betrages in Erinnerung zu rufen.

TRB 801 Anlage zu Nr. 25 ist in seiner ursprünglichen Fassung von folgenden Maßgaben ausgegangen [6.48]:

Flüssiggaslagerbehälteranlagen sind nach ihrem Fassungsvermögen und der Art der Gasentnahme in folgende Gruppen eingeteilt worden:

Gruppe 0: Lagerkapazität < 3 t   Entnahmeart: beliebig
Gruppe A: Lagerkapazität ≥3 t bis < 300 t   Entnahme nur aus der Gasphase
Gruppe B: Lagerkapazität ≥3 t bis < 30 t   Entnahme aus der Flüssigphase
Gruppe C: Lagerkapazität ≥30 t bis < 300 t   Entnahme aus der Flüssigphase
Gruppe D: Lagerkapazität ≥300 t   Entnahmeart: beliebig

Tabelle 6.16 Schutzobjekte, zu denen ein Sicherheitsabstand einzuhalten ist

Schutzobjekte	Beschreibung
Wohngebäude	alle Wohngebäude
Betriebsfremde Anlagen, Gebäude und Einrichtungen außerhalb des Werksgeländes	nur solche, in oder auf denen sich dauernd oder regelmäßig Menschen aufhalten, zu deren Schutz bei störungsbedingten Gasaustritten nicht ebensolche Vorsorgemaßnahmen getroffen sind, wie für die eigenen Mitarbeiter (Alarm- und Gefahrenabwehrpläne)
Betriebsfremde Anlagen, Gebäude und Einrichtungen innerhalb des Werksgeländes	nur solche, in oder auf denen sich dauernd oder regelmäßig und gleichzeitig eine größere Anzahl von betriebsfremden Menschen aufhalten, zu deren Schutz bei störungsbedingten Gasaustritten nicht ebensolche Vorsorgemaßnahmen getroffen sind, wie für die eigenen Mitarbeiter (Alarm- und Gefahrenabwehrpläne)
Öffentliche Verkehrswege	nur solche, die folgende Frequentierung überschreiten: — Straßen mit mehr als 5000 Fahrzeugen pro Tag im Jahresmittel — Schienenwege mit mehr als 24 Zügen pro Tag und Fahrtrichtung — Wasserwege mit mehr als 1 Mio. Ladetonnen oder mehr als 5000 Fahrzeugen pro Jahr

Der Sicherheitsabstand war bei Flüssiggasanlagen von Wohngebäuden oder betriebsfremden Gebäuden oder Anlagen zu den nächstgelegenen lösbaren Verbindungen in Anlagenteilen, in den sich Flüssigphase befindet und unter dem bei Umgebungstemperatur herrschenden Dampfdruck steht, einzuhalten. Der Sicherheitsabstand betrug in der Regel:

Gruppe 0:	—
Gruppe A:	30 m
Gruppe B:	50 m
Gruppe C (Verbrauchslager):	80 m
(Umschlag- und Verteillager):	120 m
Gruppe D:	120 m

Dieser Sicherheitsabstand durfte bis auf die Hälfte reduziert werden, wenn zusätzliche, im Einzelfall abzustimmende sicherheitstechnische Maßnahmen ergriffen wurden.

Diese Regelung hat in einigen Bundesländern Eingang in die sog. Ländererlasse gefunden, in denen sie formal auch heute Bestand hat (z. B. „Thüringen-Papier" [6.47]), obwohl in der Genehmigungspraxis z. T. anders, nämlich nach der jeweils gültigen Fassung der TRB 801, Nr. 25, Anlage verfahren wird.

Viele Bundesländer haben in den Jahren 1990/91 einen eigenen Flüssiggaserlaß herausgegeben, der sich i.d.R. recht eng an TRB 801 Anlage zur Nr. 25 [4.48] angelehnt hat.

Mittlerweile wurden abweichende Regelungen getroffen. Insbesondere auf das „Niedersachsen-Papier" (1995) [6.50] sei Bezug genommen. Gemäß [6.50] werden Flüssiggasanlagen wie folgt unterteilt:

Gruppe 0: Lagerkapazität > 3 t	Entnahmeart: beliebig
Gruppe A: Lagerkapazität $\geq$3 t bis < 200 t	Entnahme nur aus der Gasphase
Gruppe B: Lagerkapazität $\geq$3 t bis < 30 t	Entnahme aus der Flüssigphase
Gruppe C: Lagerkapazität $\geq$30 t bis < 200 t	Entnahme aus der Flüssigphase
Gruppe D: Lagerkapazität $\geq$200 t	Entnahmeart: beliebig

6.2 Sicherheitstechnische Betrachtungen

Hinsichtlich der Sicherheitsabstände finden sich in den Niedersächsischen sicherheitstechnischen Anforderungen an Flüssiggasanlagen die nachstehenden Regelungen:

(2.1.14 [6.50])
Flüssiggasanlagen haben von Schutzobjekten einen Sicherheitsabstand einzuhalten.
Der Sicherheitsabstand ist der Abstand zwischen einer Anlage und einem Schutzobjekt außerhalb der Anlage, das vor den Auswirkungen der Anlage bei Abweichungen vom bestimmungsgemäßen Betrieb geschützt werden soll.

(2.1.15 [6.50])
Schutzobjekte sind

— Gebäude mit Räumen zu dauerndem Aufenthalt von Menschen (z. B. Wohngebäude, Krankenhäuser, Schulen, Kindergärten, Altenheime usw.)
— Versammlungsstätten im Freien (z. B. Sportstätten, Freibäder, Versammlungsplätze usw.),
— öffentliche Verkehrsflächen (z. B. Straßen, Schienenwege, Wasserstraßen usw.),
— besonders schutzwürdige Kultur- und Sachgüter, falls durch Veränderung ihrer Nutzbarkeit das Gemeinwohl beeinträchtigt wird (z. B. Kulturdenkmäler usw.) und
— die Umwelt, insbesondere Tiere und Pflanzen, Boden und Gewässer oder besonders schutzwürdige Gebiete (z. B. Wasserschutzgebiete, zu schützende landschaftliche Flächen, bestimmte Biotope, Natur- und Landschaftsschutzgebiete usw.), falls durch eine Veränderung ihres Bestandes oder ihrer Nutzbarkeit das Gemeinwohl beeinträchtigt wird.

(2.1.16 [6.50])
Der Sicherheitsabstand wird von den Schutzobjekten zu den lösbaren Verbindungen der Flüssiggasanlage gemessen, in denen sich Flüssigphase befindet oder beim Befüll- oder Entleervorgang befinden kann und die unter dem bei Umgebungstemperatur jeweils herrschenden Dampfdruck stehen.

(2.1.17 [6.50])
Die Regelsicherheitsabstände entsprechen den in der folgenden Tabelle angegebenen Entfernungen unter den Voraussetzungen eines ebenen Gebäudes ohne Ausbreitungshindernisse.

Gruppe	DN	Sicherheitsabstand (m)
A	32	20
B	50	30
C (Verbrauchslager)	80	40
C (Umschlaglager oder Verteillager)	125	60
D	125	60

Die Regelsicherheitsabstände gelten unter den o. a. Voraussetzungen für Anlagen, in denen die Nennweite der Rohrleitungen die in der Tabelle angegebenen Nennweiten nicht überschreitet. Für größere Nennweiten oder abweichende Voraussetzungen ist der Sicherheitsabstand nach Nr. 2.1.18 [6.50] zu berechnen.

Von öffentlichen Verkehrswegen ist der halbe Sicherheitsabstand nach der o. a. Tabelle oder nach Nr. 2.1.18 [6.50] einzuhalten.

Von Krankenhäusern, Schulen, Kindergärten, Altenheimen und Versammlungsstätten im Freien beträgt der Sicherheitsabstand das 1,5fache der Entfernungen nach der o. a. Tabelle oder nach Nr. 2.1.18 [6.50].

(2.1.18 [6.50])
Der Sicherheitsabstand kann auch über eine Ausbreitungsrechnung für schwere Gase (VDI 373 Bl. 2) ermittelt werden, wobei der Abstand nach 2.1.17 [6.50] um nicht mehr als 50 % vermindert werden darf.

Der Ausflußmassenstrom ist nach der *Bernoulli*-Gleichung zu berechnen (die Originalformelzeichen aus [6.50] werden beibehalten — d. Verf.):

$$m = u \cdot A \cdot (2 \cdot D \cdot \mathrm{d}p)^{0,5} \cdot 10^{-3}$$

m	Ausflußmassenstrom, [kg/s]
u	Ausflußziffer = 0,38
A	Freisetzungsquerschnitt, [mm^2]; $A = 3,5 \cdot 10^{-4}$ (DN)^{2,2}
DN	Nennweite [mm]
D	Dichte des Gases [kg/m^3] bei 20 °C
dp	Druckdifferenz bei 20 °C plus Förderdruckdifferenz [MPa].

Der Sicherheitsabstand ergibt sich aus der ungünstigsten Ausbreitungssituation, bei der die untere Zündgrenze des Gas/Luft-Gemisches unterschritten wird.

Nach Ansicht d. Verf. beruhen die Empfehlungen der Abstandsmaße für den Sicherheitsabstand, nach dem „Niedersachsenpapier", die sich im Grundsatz im BMU-Entwurf einer Flüssiggaslagerverordnung (s. unten) wiederfinden, auf realistischen, ingenieurtechnisch verifizierbaren Ansätzen, die einen sicheren und wirtschaftlichen Betrieb der Anlagen ermöglichen.

Dieses ingenieurmäßige Herangehen an die Problemstellung wird in der Praxis weitestgehend akzeptiert, entspricht der praktischen Vernunft, gewährleistet die Verhältnismäßigkeit und wahrt im ingenieurtechnischen Sinne erforderliche Handlungsspielräume.

Alternative, d. h. von anderen Prämissen ausgehende, Regelungen finden sich beispielsweise im Brandenburgischen Flüssiggas-Erlaß [6.51]. Die dort enthaltenen Maßgaben sind in gleicher Weise wie für den Niedersächsischen Flüssiggas-Erlaß nachstehend aufgeführt:

(2.3. [6.51])
Sicherheitsabstand

(2.3.1 [6.51])
Technischer Sicherheitsabstand nach § 3 Abs. 1 Störfall-Verordnung

Den Anforderungen des Bundes-Immissionsschutzgesetzes und der Störfall-Verordnung wird hinsichtlich des Sicherheitsabstandes als technischer Sicherheitsabstand zur störfallverhindernden Begrenzung im Sinne von § 3 Abs. 1 Störfall-Verordnung jenseits des Abstandes ausreichend entsprochen, wenn der nach Anlagentyp zutreffende Sicherheitsabstand nach Anhang I Nr. 2 eingehalten wird.

Hier ist davon auszugehen, daß die notwendigen technischen Maßnahmen zur Sicherheit erfüllt sind und die Halbierung des Sicherheitsabstandes im Anhang I Nr. 2 zur Erfüllung der Sicherheit in Anbetracht des Standes der Sicherheitstechnik bereits berücksichtigt ist. Der technische Sicherheitsabstand berücksichtigt die Lagergröße, die Art der Stoffentnahme und das schutzwürdige Objekt. Die Differenzierung nach verschiedenen Gruppen ergibt sich aus der unterschiedlichen Lagermenge, den unterschiedlichen Gefahrenpotentialen aufgrund der verschiedenen Betriebsarten der Lager und den üblicherweise unterschiedlich großen, maximalen Rohr-Anschlußnennweiten.

Anhang I Nr. 2 [6.51] des Brandenburgischen Flüssiggaserlasses, der die relevanten Abstandsregeln enthält, ist in Tabelle 6.17 zitiert.

(2.3.2 [6.51])
Vorsorge gegen Dennoch-Störfälle nach § 3 Abs. 3 Störfall-Verordnung

Über technische Verbesserungsmaßnahmen der Anlage zur Verhinderung des Eintritts von Störfällen hinaus verlangt § 3 Abs. 3 Störfall-Verordnung weitergehende Maßnahmen, um die

6.2 Sicherheitstechnische Betrachtungen

Tabelle 6.17 Sicherheitsabstand für genehmigungsbedürftige Flüssiggaslageranlagen gemäß Brandenburgischem Flüssiggas-Erlaß [6.51]

Gruppe*	Fassungsvermögen	Entnahme aus:	DN** max.	Sicherheitsabstand [m]*** Erddeckung ≥1,0 m
A	3 t ... < 30 t	Gasphase	32	20
B	3 t ... < 30 t	Flüssigphase	50	30
C1	30 t ... < 200 t Verbrauchslager	Gas- oder Flüssigphase	80	40
C2	30 t ... < 200 t Umschlag-/Verteillager	Gas- oder Flüssigphase	125	60
D	200 t und mehr	Gas- oder Flüssigphase	125	60

* Gruppe = Erläuterung zur Gruppe 0 nach TRB 801 Anlage Nr. 25 Flüssiggaslagerbehälteranlagen: Nicht genehmigungsbedürftige Flüssiggaslageranlagen mit einem Fassungsvermögen < 3 t, Gruppe 0, unterliegen der Brandenburgischen Feuerungsverordnung (BbgFeuV), siehe Anhang 1 Nr. 1.2.
** DN_{max} = maximal zulässige Anschlußnennweite der flüssiggasführenden Anschlüsse in mm. Die Sicherheitsabstände gelten für Flüssiggaslageranlagen, in denen die Nennweite (DN) der Rohrleitungen die in der Tabelle angegebenen Anschlußnennweiten (DN) nicht überschreitet.
Für größere Nennweiten oder abweichende Voraussetzungen ist der Sicherheitsabstand nach Anhang 1 Nr. 2.3 zu berechnen.
*** Sicherheitsabstand ≥1,0 m Erddeckung = Der Sicherheitsabstand beträgt das 1,5fache der Entfernungen nach der Tabelle oder nach Anhang Nr. .3 bei besonders schutzwürdigen Objekten (Nr. 1.2.2 des Erlasses).

Auswirkungen eines trotz der Maßnahmen nach § 3 Abs. 1 Störfall-Verordnung nicht auszuschließenden Störfalls (sog. Dennoch-Störfall) zu begrenzen. Zur Erfüllung dieser Anforderungen kommt insbesondere ein weiterer, über den technischen Sicherheitsabstand nach Nr. 2.3.1 [6.51] hinausgehender vorsorgender Sicherheitsabstand in Betracht; dieser oder ggf. andere Maßnahmen sind im Einzelfall und nach dem Grundsatz der Verhältnismäßigkeit zu treffen.

Die über den technischen Sicherheitsabstand nach § 3 Abs. 1 Störfall-Verordnung hinausgehende Vorsorge nach § 3 Abs. 3 Störfall-Verordnung kann danach auch durch technische Maßnahmen erfolgen.

(2. Sicherheitsabstände [6.51])
(2.1 [6.51])
Bemessung des Sicherheitsabstandes

Der Sicherheitsabstand wird von den lösbaren Verbindungen der Flüssiggaslageranlage, in denen sich Flüssigphase befindet oder im Befüll-, Umfüll- oder Entleervorgang befinden kann und die unter dem bei Umgebungstemperatur jeweils herrschenden Dampfdruck steht, zu den schutzwürdigen Objekten gemessen.

Lösbare Verbindungen im Sinne dieser sicherheitstechnischen Anforderungen sind Flansch- und Schraubverbindungen.

Flanschverbindungen mit Schweißlippendichtung gelten nicht als lösbare Verbindung im Sinne dieser Anforderungen.

(2.2 [6.51])
Pauschaler Sicherheitsabstand für die Flüssiggaslageranlagen

Die pauschalen Sicherheitsabstände entsprechen den in der folgenden Tabelle (hier Tabelle 6.17 d. Verf.) angegebenen Entfernungen unter den Voraussetzungen eines ebenen Geländes ohne Ausbreitungshindernisse.

(2.3 [6.51])
Berechnung

Der Sicherheitsabstand kann auch über eine Ausbreitungsrechnung für schwere Gase nach VDI 3783 Blatt 2 (Ausgabe 25. 10. 1989) ermittelt werden. Die Festlegungen des Anhangs I Nr. 2.1 und 2.2 werden dadurch nicht aufgehoben.

Berechnungsformel nach VDI 3783 Blatt 2:

Der Ausflußmassenstrom (*m*) ist nach der *Bernoulli*-Gleichung zu berechnen:

$$m = u \cdot A \cdot (2 \cdot D \cdot \mathrm{d}p)^{0,5} \cdot 10^{-3}$$

m	Ausflußmassenstrom in [kg/s]
u	Ausflußziffer = 0,38
A	Freisetzungsquerschnitt, [mm^2], $A = 3,5 \cdot 10^{-4}$ (DN)^{2,2}
DN	Nennweite, [mm]
D	Dichte des Gases, [kg/m^3] bei 20 °C
dp	Druckdifferenz bei 20 °C plus Förderdruckdifferenz, [MPa]

Der Sicherheitsabstand ergibt sich aus der ungünstigsten Ausbreitungssituation, bei der die untere Zündgrenze des Gas/Luft-Gemisches unterschritten wird.

Aufgrund der exemplarisch belegten sehr unterschiedlichen Herangehens- und infolgedessen Verfahrensweise der Genehmigungsbehörden wurde durch Vorlage eines Entwurfs einer Flüssiggaslager-Verordnung durch das Bundesministerium für Umwelt, Naturschutz und Reaktorsicherheit (BMU) [6.52] der Versuch unternommen, durch Konkretisierung der Anforderungen an die Betreiber die Anlagensicherheit zu verbessern und den zuständigen Landesbehörden den Vollzug der Verordnung auf weitestgehend einheitlicher Basis zu ermöglichen. Die materiellen Inhalte des o. g. Verordnungsentwurfs werden jedoch von Betreibern, Sachverständigen und Behörden kontrovers diskutiert [6.42]. Die hier interessierenden Anforderungen hinsichtlich der Sicherheitsabstände werden nachfolgend zitiert:

(§ 2 [6.52])
Begriffsbestimmungen

(1) Anlagen zur Lagerung von Flüssiggas im Sinne dieser Verordnung sind Anlagen zur Lagerung von Propan, Propylen (Propen), Butan, Butylen (Buten) oder deren Gemischen in verflüssigtem Zustand in handelsüblicher technischer Qualität in Behältern. Die Anlagen werden entsprechend der Lagermenge und der Art der Entnahme des Flüssiggases in folgende Gruppen eingeteilt:

1. Gruppe A: ab 3 Tonnen bis weniger als 200 Tonnen bei Entnahmemöglichkeit nur aus der Gasphase
2. Gruppe B: ab 3 Tonnen bis weniger als 30 Tonnen bei Entnahmemöglichkeit aus der Flüssigphase,
3. Gruppe C: ab 30 Tonnen bis weniger als 200 Tonnen bei Entnahmemöglichkeit aus der Flüssigphase,
4. Gruppe D: ab 200 Tonnen und mehr.

Weichen technisch mögliche und rechtlich zulässige Lagermenge voneinander ab, gilt die kleinere Menge als Kriterium für die Einteilung.

(2) Auswirkungsbegrenzender Abstand ist die Luftlinienentfernung zwischen einem Schutzobjekt und der nächstgelegenen lösbaren Verbindung, an der sich Flüssiggas in Flüssigphase befinden kann.

(3) Lösbare Verbindungen sind alle Flanschverbindungen ohne Schweißlippendichtungen und alle Schraubverbindungen.

(4) Schutzobjekte sind:
1. Einrichtungen, die dem dauernden Aufenthalt von Menschen dienen, wie Wohnhäuser, Altenheime, Krankenhäuser, Gaststätten, Kantinen, Schulen und Kindergärten,
2. Versammlungsstätten,

3. Verkehrswege mit hoher Verkehrsbelastung, wie Straßen außerhalb des Betriebsgeländes mit einer Verkehrsbelastung von im Jahresmittel mehr als 5000 Fahrzeugen am Tag, Eisenbahnstrecken mit einer maximalen Streckenbelastung von im Jahresmittel mehr als 24 Reisezügen am Tag und Fahrrinnen von Wasserwegen, deren Verkehrsaufkommen eine Million Ladetonnen oder 5000 Fahrzeuge im Jahr überschreitet.

(§ 5 [6.52])
Abstandsforderungen
(1) Anlagen zur Lagerung von Flüssiggas dürfen nur errichtet und betrieben werden, wenn die auswirkungsbegrenzenden Abstände nach den Absätzen 2 bis 5 und nach Nummer 1 des Anhangs eingehalten werden.
(2) Die auswirkungsbegrenzenden Abstände zu Altenheimen, Krankenhäusern, Schulen, Kindergärten und Versammlungsstätten müssen mindestens das 1,5fache der sich aus der Tabelle in Nummer 1 des Anhangs ergebenden Abstände betragen; sie dürfen durch Berechnung nicht weiter verringert werden.
(3) Wenn bei Anlagen zur Lagerung von Flüssiggas mindestens eine oder mehrere der Voraussetzungen für die Anwendung der Tabelle in Nummer 1 des Anhangs nicht gegeben sind, sind die auswirkungsbegrenzenden Abstände nach Nummer 2 des Anhangs zu berechnen; hierbei darf ein Abstand von 20 Meter nicht unterschritten werden.
(4) Bei Anlagen zur Lagerung von Flüssiggas mit Schiffsumladestellen in Häfen ist zwischen dem Schiff und einem Schutzobjekt ein Abstand von 30 Meter einzuhalten. Bei Schiffen mit einer Ladekapazität von mehr als 1500 Tonnen Flüssiggas kann die zuständige Behörde anordnen, daß ein größerer Abstand einzuhalten ist, soweit dies zur Begrenzung der Auswirkungen eines Störfalls erforderlich ist. Bei der Festlegung des Abstandes nach Satz 2 darf die Behörde nur berücksichtigen, inwieweit die erforderliche Begrenzung der Auswirkungen eines Störfalls durch organisatorische und technische Maßnahmen des Betreibers, insbesondere auf benachbarten Grundstücken oder Umgebungsbedingungen erreicht wird.
(5) Bei Anlagen zur Lagerung von Flüssiggas mit Eisenbahnumladestellen ist zwischen dem Eisenbahnkesselwagen und einem Schutzobjekt ein Abstand von 60 Meter einzuhalten. Die zuständige Behörde kann auf Antrag des Betreibers gestatten, daß der Abstand auf einer Seite bis auf 20 Meter verkürzt wird, soweit ein gleichwertiger Schutz der Allgemeinheit und der Nachbarschaft durch ein Ausbreitungshindernis erreicht wird. Die bei einem Störfall möglichen Verdämmungseffekte sind bei der Festlegung des Abstandes zu berücksichtigen.

(Anhang (zu § 5) [6.52])
1. Bei horizontalem Gelände ohne Ausbreitungshindernisse beträgt der auswirkungsbegrenzende Abstand (Spalte 3) in Abhängigkeit von der Größe und Art des Lagers (Spalte 1) sowie der größten Nennweite einer Rohrleitung (Spalte 2) (siehe Tabelle 6.18):
2. Unter den Voraussetzungen des § 5 Abs. 3 ist eine Ausbreitungsrechnung für schwere Gase nach VDI 3783 Blatt 2 (Ausgabe Juli 1990) vorzunehmen. Der Ausflußmassenstrom ist wie folgt zu berechnen:

$$m = \mu \cdot A \cdot (2 \cdot p \cdot dp)^{0,5} \cdot 10^{-3}$$

m	Ausflußmassenstrom, [kg/s]
μ	Ausflußziffer = 0,38
A	Freisetzungsquerschnitt, [mm^2], $A = 3,5 \cdot 10^{-4}(DN)^{2,2}$,
DN	Nennweite, [mm]
p	Dichte der Flüssiggase, [kg/m^3] bei 20 °C
dp	Druckdifferenz zwischen Behälter- bzw. Rohrleitungsinnendruck und Umgebungsdruck bei 20 °C, [MPa].

Der Abstand entspricht der Distanz, bei der die untere Explosionsgrenze des Gas-/Luftgemisches unter ungünstigsten Ausbreitungsbedingungen gerade unterschritten wird.

Tabelle 6.18 Auswirkungsbegrenzender Abstand von Flüssiggaslagern zu Schutzobjekten [6.52]

Spalte 1 Lager der Gruppe	Spalte 2 Nennweite bis [mm]	Spalte 3 Auswirkungsbegrenzender Abstand [m]
A	32 50 80	20 30 40
B	50 80 100	30 40 50
C Verbrauchslager	50 80 100	30 40 50
C Umschlag- oder Verteillager	80 100 125	40 50 60
D	80 100 125	40 50 60

Das technische Regelwerk, hier insbesondere TRB 801, Anlage zu Nr. 25 versucht, ingenieurtechnische Erkenntnisse und sicherheitstechnisch notwendige Prämissen miteinander zu verknüpfen, um auf diese Weise praktikable und akzeptierte Hilfen für die Gestaltung und den Betrieb von Flüssiggasanlagen anzubieten.

TRB 801, Anlage „Flüssiggaslagerbehälteranlagen zur Nr. 25 (zuletzt geändert durch Bek. des BMA vom 2. Juni 1997) faßt die zum Sicherheitsabstand relevanten Regelungen wie folgt:

(1. Begriffsbestimmungen [6.35])
Die Flüssiggasanlagen werden wie folgt unterteilt:
Gruppe 0: Lagerkapazität < 3 t
Gruppe A: Lagerkapazität $\geq$ 3 t bis < 200 t   Entnahme nur aus der Gasphase
Gruppe B: Lagerkapazität $\geq$ 3 t bis < 30 t   Entnahme aus der Flüssigphase
Gruppe C: Lagerkapazität $\geq$ 30 t bis < 200 t   Entnahme aus der Flüssigphase
Gruppe D: Lagerkapazität $\geq$ 200 t

(7.1.22 [6.35])
Flüssiggaslagerbehälteranlagen (Anlagen) haben zu Schutzobjekten einen Sicherheitsabstand einzuhalten. Der Sicherheitsabstand ist der Abstand zwischen einer Anlage und einem Schutzobjekt außerhalb der Anlage, das vor den Auswirkungen eines Gasaustritts bei Abweichung vom bestimmungsgemäßen Betrieb geschützt werden soll; er soll auch Vorsorge sein, um die Auswirkungen von störungsbedingten Gasaustritten so gering wie möglich zu halten.

(7.1.22.1 [6.35])
Der Sicherheitsabstand kann bestimmt werden

— nach Abschnitt 7.1.23 über eine Einzelfallbetrachtung oder
— nach Abschnitt 7.1.24

Dieser Sicherheitsabstand stellt unter den Rahmenbedingungen der Vorgaben der Abschnitte 7.1.23 und 7.1.24 sicher, daß außerhalb dessen
— das Auftreten einer explosionsfähigen Atmosphäre ausgeschlossen werden kann, d. h. die untere Explosionsgrenze (UEG) nicht überschritten wird und
— keine Gefährdungen durch die Auswirkungen von Druck- oder Hitzewellen vorliegen.

6.2 Sicherheitstechnische Betrachtungen

(7.1.22.2 [6.35])
Der Sicherheitsabstand ist von den Schutzobjekten nach Abschnitt 7.1.22.3 zu den lösbaren Verbindungen der Flüssiggasanlage zu bemessen, in denen sich Flüssigphase befindet oder beim Befüll- oder Entleervorgang Flüssigphase befinden kann.

(7.1.22.3 [6.35])
Schutzobjekte sind
— Wohngebäude
— betriebsfremde Anlagen, Gebäude und Einrichtungen außerhalb des Werkgeländes, in oder auf denen sich dauernd oder regelmäßig Menschen aufhalten, zu deren Schutz bei störungsbedingten Gasaustritten nicht ebensolche Vorsorgemaßnahmen getroffen sind, wie für die eigenen Mitarbeiter (Alarm- und Gefahrenabwehrpläne),
— betriebsfremde Anlagen, Gebäude und Einrichtungen innerhalb des Werkgeländes, in oder auf denen sich dauernd oder regelmäßig und gleichzeitig eine größere Anzahl von betriebsfremden Menschen aufhalten, zu deren Schutz bei störungsbedingten Gasaustritten nicht ebensolche Vorsorgemaßnahmen getroffen sind, wie für die eigenen Mitarbeiter (Alarm- und Gefahrenabwehrpläne) und
— öffentliche Verkehrswege.
In Abstimmung mit der zuständigen Behörde kann festgelegt werden, daß z. B. Verkehrswege mit geringer Nutzungsintensität keine Schutzobjekte im Sinne dieser TRB sind.

(7.1.22.4 [6.35])
Bei Anlagen der Gruppe 0 beträgt der Sicherheitsabstand 3 m.
Die Einschränkung des Sicherheitsabstandes nach Satz 1 ist durch bauliche Maßnahmen möglich. Bauliche Maßnahmen sind Abtrennungen, die zu Räumen gasdicht sein müssen; eine derartige Maßnahme kann auch Bestandteil des Schutzobjektes sein.
Die Abtrennungen müssen nicht für Beanspruchungen durch Explosionen ausgelegt sein. Um die natürliche Umlüftung zu erhalten, ist eine Einschränkung nur an höchstens zwei Seiten zulässig. Bei Einschränkung an mehr als zwei Seiten ist ergänzend zu lüften.

(7.1.23 [6.35])
Einzelfallbetrachtung
Der Sicherheitsabstand ist durch eine Einzelfallbetrachtung zu ermitteln, z. B. durch eine Ausbreitungsrechnung für schwere Gase nach VDI 3783 Blatt 2. Liegt im Sinne der VDI 3783 Blatt 2 ebenes Gelände ohne Hindernisse vor, sind die Auswirkungen entstehender Druck- und Hitzewellen berücksichtigt.
Liegen andere Ausbreitungsgebiete vor, sind hinsichtlich der Auswirkungen von Druck- und Hitzewellen zulässige Überlegungen erforderlich.
Bei der Einzelfallbetrachtung nach Absatz 1 Satz 1 ist mindestens der Ausflußmassenstrom nach Abschnitt 7.1.24 zugrundezulegen.

(7.1.24 [6.35])
Abweichend von Abschnitt 7.1.23 kann der Sicherheitsabstand auch nach folgender Tabelle 1 (hier Tabelle 6.19) festgelegt werden, wenn die angegebenen Randbedingungen eingehalten sind oder günstigere Ausbreitungsgebiete vorliegen.
Die Tabelle 1 (hier Tabelle 6.19) wurde unter Zugrundelegung folgender Randbedingungen erstellt (aufgerundete Werte):
— Ausflußmassenstrom (nach der *Bernoulli*-Gleichung)

$$m = \mu \cdot A \cdot (2 \cdot D \cdot dp)^{0,5} \cdot 10^{-3}$$

m	Ausflußmassenstrom, [kg/s]; μ Ausflußziffer = 0,38
A	Freisetzungsquerschnitt, [mm^2], $A = 3,5 \cdot 10^{-4} \cdot (DN)^{2,2}$; DN Nennweite, [mm]
D	Dichte der Flüssigphase, [kg/m^3] bei 20 °C
dp	Differenz aus dem Dampfdruck des Flüssiggases bei 20 °C plus Förderdruckdifferenz und dem Atmosphärendruck, [MPa]

Tabelle 6.19 Sicherheitsabstand von Flüssiggaslagerbehälteranlagen zu Schutzobjekten gemäß TRB 801 Anlage zu Nr. 25 [6.35]

Gruppe/Anlagentyp	Fassungsvermögen [t]	maximal zulässige Anschlußnennweite [DN]	Sicherheitsabstand [m]
A Verbrauchslager (Entnahme aus der Gasphase)	$\geq 3 \geq 15$ $> 15 \geq 200$	32 50 80	20 30 40
B Verbrauchslager oder Umschlaglager	$\geq 3 > 30$	50 80 100	30 40 50
C Verbrauchslager Umschlaglager	$\geq 30 > 200$ 80 100 $3 \geq 30 > 200$ 100 125	50 40 50 80 50 60	30 40
D Verbrauchslager oder Umschlaglager	200	80 100 125	40 50 60

– Berechnung nach VDI 3783 Blatt 2
– ebenes Gelände ohne Hindernisse.

Diese Sicherheitsabstände berücksichtigen die Auswirkungen entstehender Druck- und Hitzewellen.

Wenn ungünstigere Ausbreitungsbedingungen wie z. B. windparallele Wand, senkrechte Schlucht, größere Anschlußnennweiten oder ein größerer Ausflußmassenstrom vorliegen, sind die Sicherheitsabstände der Tabelle 1 (hier Tabelle 6.19) nicht anzuwenden, sondern ist eine Einzelfallbetrachtung nach Abschnitt 7.1.23 [6.35] durchzuführen.

Nach Ansicht d. Verf. ist es zweckmäßig, das den Stand der Technik repräsentierende Regelwerk zur DruckbehV als verbindliche und anerkannte Gestaltungsgrundlage für die Planung und Errichtung sowie den Betrieb von Flüssiggaslagerbehälteranlagen anzuerkennen.

6.2.4 Risikoanalysen

Für Lagerbehälteranlagen mit einem Nennfüllgewicht ≥ 200 t sind gemäß Störfallverordnung (12. BImSchV) Sicherheitsanalysen durchzuführen. Diese können allgemein auch zur Bewertung des sicherheitstechnischen Zustandes und damit des Risikopotentials, welches von Flüssiggasanlagen ausgeht, dienen.

Konkrete Hinweise zu Sicherheitsanalysen finden sich in [6.42].

Eine nach Ansicht d. Verf. sehr interessante und konsistente Arbeit liegt mit [6.53] vor und sei zur praktischen Anwendung empfohlen.

Bezüglich der Risikobewertung für MSR-Schutzeinrichtungen in Flüssiggasanlagen sei auf [6.54] hingewiesen.

Anhang

Tabelle A1.1 Stoffdaten bei Sättigung für Propan, zitiert nach [1.28]

Propan C_3H_8

$T_{Sätt.}$, K $P_{Sätt.}$, 10^{-2} bar	231,1 101	248,06 203	259,83 304	275,24 507	291,83 810	317,42 1520	330,70 2026	351,23 3039	359,61 3545	367,18 4052
ϱ', kg/m³	582	562	549	528	504	460	434	381	347	300
ϱ'', kg/m³	2,42	4,63	6,77	11,0	17,5	33,9	47,1	80,4	104	150
h', kJ/kg	421,2	459,7	485,2	522,5	563,1	631,8	672,8	745,7	781,7	829,0
h'', kJ/kg	847,4	866,7	879,2	895,6	911,0	929,5	937,4	942,4	934,9	915,6
Δh_v, kJ/kg	426,2	407,0	394,0	373,1	347,9	297,7	264,6	196,7	153,2	86,6
c_p', kJ/kg	2,24	2,32	2,38	2,47	2,58	2,78	3,27	4,27	6,62	11,42
c_p'', kJ/kg	1,37	1,51	1,65	1,88	2,27	2,37	4,14	6,16	7,01	25,4
η', 10^{-6} kg/(ms)	208,7	177,4	154,9	134,5	114,7	85,7	72,4	51,2	41,0	20,1
η'', 10^{-6} kg/(ms)	6,0	7,0	7,3	7,5	8,5	9,6	10,3	12,1	14,9	
λ', 10^{-3} W/(mK)	134	124	117	108	99	84	76	64	59	
λ'', 10^{-3} W/(mK)	10,7	12,8	14,1	15,9	17,8	21,7	23,9	28,1	31,0	36,1
Pr'	3,49	3,26	3,15	3,08	2,99	2,84	3,07	3,41	4,60	
Pr''	0,77	0,83	0,85	0,89	1,08	1,49	1,78	2,65	3,37	
σ, 10^{-3} N/m	15,5	14,25	13,2	9,5	7,5	4,6	3,0	1,4	1,0	6,36
β, 10^{-3}/K	2,01	2,13	2,31	2,63	3,12	4,10	4,86	9,95	14,13	0,4

Tabelle A1.2 Stoffdaten bei Sättigung für n-Butan, zitiert nach [1.28]

n-Butan $n-C_4H_{10}$

$T_{Sätt.}$, K $P_{Sätt.}$, 10^{-2} bar	273,15 103	289 184	305 304	321 469	337 706	535 1023	369 1526	385 1925	405 2739	425,16 3797
ϱ', kg/m³	603	587	571	551	529	504	475	441	388	225,3
ϱ'', kg/m³	2,81	4,81	7,53	11,6	17,4	25,1	35,6	51,3	80,7	225,3
h', kJ/kg	−1194	−1158	−1121	−1081	−1040	−997	−945	−896	−821	−665
h'', kJ/kg	−809	−789	−769	−747	−725	−706	−681	−663	−648	−665
Δh_v, kJ/kg	385	369	352	334	315	291	264	233	173	
c_p', kJ/kg	2,34	2,47	2,59	2,68	2,80	2,95	3,11	3,36	3,80	
c_p'', kJ/kg	1,67	1,76	1,88	2,00	2,15	2,33	2,62	3,03	4,76	
η', 10^{-6} kg/(ms)	206	179	154	131	112	95	80	65	51	
η'', 10^{-6} kg/(ms)	7,35	7,81	8,32	8,87	9,44	10,20	11,25	12,77	16,3	48,7
λ', 10^{-3} W/(mK)	114,6	109,8	104,9	100,1	95,1	90,4	85,5	80,7	74,6	48,7
λ'', 10^{-3} W/(mK)	13,69	15,19	16,82	18,57	20,47	22,49	24,69	27,24	31,2	
Pr'	4,20	4,02	3,80	3,51	3,30	3,11	2,89	2,72	2,59	
Pr''	0,90	0,90	0,93	0,96	1,00	1,06	1,19	1,42	2,48	
σ, 10^{-3} N/m	14,8	12,8	11,0	9,10	7,29	5,54	4,03	2,75	1,34	
β, 10^{-3}/K	1,73	1,96	2,24	2,56	3,03	3,60	5,76	7,22	6,43	

Tabelle A1.3 Stoffdaten bei Sättigung für i-Butan, zitiert nach [1.28]

iso-Butan iso-C_4H_{10}

$T_{Sätt.}$, K $P_{Sätt.}$, 10^{-2} bar	261,4 101,3	285 233	300 355	315 553	330 805	345 1132	360 1540	375 2066	390 2697	408,1 3647
ϱ', kg/m³	594	567	550	529	508	485	455	422	377	221
ϱ'', kg/m³	2,87	6,33	9,81	14,6	21,2	30,3	42,2	59,7	87,3	221
h', kJ/kg	232,5	286,1	323,3	360,5	397,7	437,3	481,5	528,0	574,5	697,8
h'', kJ/kg	597,8	623,4	646,6	667,6	686,2	704,8	721,1	737,3	744,3	697,8
Δh_v, kJ/kg	365,2	337,3	323,3	307,1	288,5	267,5	239,6	209,3	169,8	
c_p', kJ/kg	2,12	2,34	2,45	2,56	2,68	2,79	2,95	3,16	3,59	
c_p'', kJ/kg	1,53	1,69	1,81	1,94	2,09	2,28	2,55	3,00	4,18	
η', 10^{-6} kg/(ms)	240	190	145	116	101	86	74	61	44	34
η'', 10^{-6} kg/(ms)	6,7	7,4	8,0	8,6	9,1	9,7	10,4	11,3	12,9	34
λ', 10^{-3} W/(mK)	100	92	87	83	80	77	73	68	61	42,4
λ'', 10^{-3} W/(mK)	11,6	14,4	16,3	18,3	20,4	22,7	25,2	27,9	31,2	42,4
Pr'	5,09	4,83	4,08	3,58	3,38	3,12	2,99	2,83	2,59	
Pr''	0,88	0,88	0,89	0,91	0,93	0,97	1,05	1,22	1,73	
σ, 10^{-3} N/m	14,1	11,4	9,7	8,1	6,5	5,0	3,6	2,3	1,1	
β', 10^{-3}/K	1,87	2,12	2,33	2,59	2,94	3,43	4,14	5,37	8,12	

Tabelle A1.4 Stoffdaten bei Sättigung für Propen, zitiert nach [1.28]

Propen C_3H_6

$T_{Sätt.}$, K $P_{Sätt.}$, 10^{-2} bar	225,45 101,3	240 187	255 333	270 530	285 820	300 1210	315 1710	330 2410	345 3190	365 4610
ϱ', kg/m³	611	587	575	556	535	509	481	443	390	233
ϱ'', kg/m³	2,15	3,93	6,68	10,70	16,4	24,4	35,6	51,7	77,2	233
h', kJ/kg	−309,0	−273,7	−237,3	−199,8	−161,2	−121,3	−79,8	−36,2	10,4	119,5
h'', kJ/kg	130,2	150,0	164,8	82,3	196,3	212,0	229,7	220,2	210,5	119,5
Δh_v, kJ/kg	439,2	423,7	402,1	382,1	357,5	333,3	309,5	256,4	220,9	
c_p', kJ/kg	2,39	2,45	2,55	2,64	2,72	2,85	3,10	3,40	3,77	
c_p'', kJ/kg	1,31	1,40	1,49	1,62	1,78	1,96	2,23	2,62	3,71	
η', 10^{-6} kg/(ms)	151	132	108	101	99,2	90,3	80,9	78,7	61,1	32
η'', 10^{-6} kg/(ms)	6,62	7,14	7,53	8,04	8,74	9,26	10,1	11,4	12,7	32
λ', 10^{-3} W/(mK)	119	111	104	98,6	93,6	90,9	88,0	83,3	76,1	49,3
λ'', 10^{-3} W/(mK)	9,52	11,2	13,0	14,9	17,1	19,4	22,2	25,4	29,6	49,3
Pr'	3,03	2,91	2,65	2,70	2,88	2,83	2,85	3,21	3,03	
Pr''	0,91	0,89	0,86	0,87	0,91	0,94	1,01	1,18	1,69	
σ, 10^{-3} N/m	16,5	14,7	12,6	10,5	8,7	6,5	5,1	3,4	2,0	
β', 10^{-3}/K	1,99	2,13	2,37	2,64	2,99	3,47	4,19	5,35	7,79	

Tabelle A1.5 Stoffdaten bei Sättigung für Ethan, zitiert nach [1.28]

Ethan C_2H_6

$T_{\text{sätt}}$, K $P_{\text{sätt}}$, 10^{-2} bar	184,52 101	200 217	210 334	230 700	240 968	260 1712	270 2208	280 2801	290 3510	300 4365
ϱ', kg/m³	546,45	529,10	516,79	489,71	474,60	440,14	419,81	396,35	364,56	316,25
ϱ'', kg/m³	2,04	4,09	6,21	12,75	17,56	31,65	42,03	55,96	77,10	119,18
h', kJ/kg	399,52	437,50	462,53	514,34	541,41	598,79	629,79	663,10	700,28	753,08
h'', kJ/kg	889,19	903,74	912,82	929,18	935,72	943,27	943,23	941,14	930,10	892,31
Δh_v, kJ/kg	489,67	466,24	450,29	414,84	394,31	344,48	313,44	278,04	229,82	139,23
c_p', kJ/kg	2,42	2,48	2,54	2,66	2,70	3,00	3,18	3,42	3,80	9,51
c_p'', kJ/kg	1,40	1,48	1,54	1,70	1,79	2,13	2,42	2,94	3,31	
η', 10^{-6} kg/(ms)	168	139	124	99,4	88,8	70,8	61,6	54,0	46,0	36,1
η'', 10^{-6} kg/(ms)	6,00	6,59	7,03	7,89	8,42	9,85	10,9	12,1	14,2	19,0
λ', 10^{-3} W/(mK)	157	146	140	126	117	99,2	92,7	83,9	76,0	67,4
λ'', 10^{-3} W/(mK)	8,6	10,3	11,5	14,1	15,5	18,6	20,7	22,8	26,1	32,0
Pr'	2,59	2,37	2,26	2,10	2,05	2,14	2,12	2,2	2,23	5,64
Pr''	0,98	0,95	0,94	0,95	0,97	1,13	1,27	1,56	1,80	0,43
σ, 10^{-3} N/m	15,86	13,28	11,71	8,51	6,85	4,28	3,14	2,00	1,14	
β', 10^{-3}/K	2,01	2,24	2,44	2,98	3,30	4,40	5,12	6,82	10,61	55,67

Tabelle A1.6 Stoffdaten bei Sättigung für Ethen, zitiert nach [1.28]

Ethen C_2H_4

$T_{\text{sätt}}$, K $P_{\text{sätt}}$, 10^{-2} bar	169,43 101,3	183 213	193 341	203 518	213 755	223 1063	233 1453	243 1938	263 3240	281 4899
ϱ', kg/m³	567,92	547,95	532,88	517,17	500,61	482,84	463,41	441,61	385,64	287,43
ϱ'', kg/m³	2,09	4,24	6,60	9,81	14,01	19,47	26,58	36,12	69,58	152,70
h', kJ/kg	−662,49	−624,50	−600,49	−578,48	−552,50	−526,51	−498,48	−468,50	−396,51	−301,15
h'', kJ/kg	−179,97	−163,61	−155,64	−151,12	−145,06	−141,54	−140,04	−140,71	−152,62	−213,38
Δh_v, kJ/kg	482,52	460,89	444,85	427,36	407,44	384,97	358,44	327,79	243,89	94,56
c_p', kJ/kg	2,32	2,46	2,54	2,61	2,67	2,73	2,80	2,93	2,89	
c_p'', kJ/kg	1,31	1,35	1,40	1,47	1,56	1,67	1,82	2,02	2,91	
η', 10^{-6} kg/(ms)	162,0	138,5	124,10	112,1	102,6	94,4	86,4	77,6	55,9	28,7
η'', 10^{-6} kg/(ms)	6,04	6,56	6,96	7,37	7,81	8,29	9,82	9,44	11,30	16,25
λ', 10^{-3} W/(mK)	192	178	168	158	147	137	126	116	94,7	77,0
λ'', 10^{-3} W/(mK)	6,44	7,62	8,62	9,71	11,0	12,4	14,0	15,9	21,9	
Pr'	1,96	1,91	1,88	1,85	1,86	1,88	1,92	1,96	2,30	
Pr''	1,23	1,16	1,13	1,11	1,10	1,11	1,14	1,20	1,50	
σ, 10^{-3} N/m	16,46	13,99	12,23	10,52	8,88	7,29	5,78	4,35	1,80	0,16
β', 10^{-3}/K	2,52	2,73	2,93	3,16	3,42	3,83	4,41	5,21	7,06	

Anhang 461

Tabelle A1.7 Stoffdaten bei Sättigung für n-Pentan, zitiert nach [1.28]

n-Pentan C_5H_{12}

$T_{Sätt.}$, K $P_{Sätt.}$, 10^{-2} bar	309,2 101,3	335 227	350 341	365 492	380 688	395 935	410 1249	425 1634	440 2103	469,6 3370
ϱ', kg/m³	610,2	582,9	566,0	548,0	528,9	507,9	484,1	456,5	423,5	280,9
ϱ'', kg/m³	3,00	6,36	9,41	13,51	18,99	26,11	36,21	49,73	68,96	184,1
h', kJ/kg	319,8	383,8	423,3	458,2	504,7	546,6	588,5	637,3	686,2	846,7
h'', kJ/kg	678,0	721,1	744,3	767,6	790,8	814,1	837,4	855,9	876,9	846,7
Δh_v, kJ/kg	358,2	337,3	321,0	309,4	286,1	267,5	248,9	218,6	190,7	
c_p', kJ/kg	2,34	2,52	2,62	2,72	2,82	2,94	3,06	3,20	3,44	
c_p'', kJ/kg	1,79	1,96	2,05	2,16	2,28	2,48	2,66	2,96	3,37	
η', 10^{-6} kg/(ms)	196	159	140	123	108	95	83	72	60	
η'', 10^{-6} kg/(ms)	6,9	7,6	8,1	8,5	9,0	9,5	10,2	11,1	12,4	
λ', 10^{-3} W/(mK)	107	98	93	88	83	79	75	71	69	47
λ'', 10^{-3} W/(mK)	16,7	19,3	21,0	22,8	24,8	26,7	29,0	31,7	34,9	47
Pr'	4,29	4,09	3,94	3,80	3,67	3,53	3,36	3,16	2,84	
Pr''	0,74	0,77	0,79	0,81	0,83	0,88	0,94	1,03	1,19	
σ, 10^{-3} N/m	14,3	11,3	9,7	8,1	6,7	5,2	3,8	2,8	1,6	
β', 10^{-3} /K	1,40	1,84	2,05	2,26	2,53	2,95	3,5	4,45	10,76	

Tabelle A1.8 Stoffdaten bei Sättigung für Penten, zitiert nach [1.28]

Penten C_5H_{10}

$T_{Sätt.}$, K $P_{Sätt.}$, 10^{-2} bar	32204 101,3	350 239	370 406	390 642	410 948	430 1309	450 1861	470 2742	490 3562	511,8 4508
ϱ', kg/m³	706	680	656	635	607	577	547	505	455	272
ϱ'', kg/m³	10,8	20,0	36,3	52,1	69,2	97,5	117	141	176	272
h', kJ/kg	−288,7	−217,3	−179,4	−155,3	−92,8	−44,2	−3,8	62,2	127,4	227,1
h'', kJ/kg	104,9	138,6	163,9	189,6	215,4	240,5	264,1	284,1	294,9	227,1
Δh_v, kJ/kg	393,6	355,9	343,3	334,9	318,2	284,7	267,9	221,9	167,5	
c_p', kJ/kg	1,92	2,05	2,12	2,22	2,37	2,53	2,73	3,04	3,78	
c_p'', kJ/kg	1,34	1,47	1,61	1,79	1,93	2,11	2,40	2,81	3,91	
η', 10^{-6} kg/(ms)	320	255	200	160	128	109	92	76	58	
η'', 10^{-6} kg/(ms)	7,9	8,9	9,7	10,5	11,2	11,9	12,8	13,9	15,9	43
λ', 10^{-3} W/(mK)	125	117	111	105	98	91	85	79	68	43
λ'', 10^{-3} W/(mK)	16,3	18,5	20,8	23,2	25,7	28,4	31,3	34,8	39,0	51,1
Pr'	4,92	4,47	3,82	3,38	3,10	3,03	2,95	2,92	3,22	51,1
Pr''	0,65	0,71	0,75	0,81	0,84	0,88	0,98	1,12	1,59	
σ, 10^{-3} N/m	18,6	15,1	13,0	11,1	8,7	6,6	4,7	2,9	1,3	
β', 10^{-3} /K	1,49	1,69	1,85	2,07	2,35	2,75	3,38	4,45	7,12	

Tabelle A1.9 Stoffdaten bei Sättigung für Methan, zitiert nach [1.28]

Methan CH_4

$T_{\text{Sätt}}$, K $P_{\text{Sätt}}$, 10^{-2} bar	111,42 101	120 192	130 367	140 638	150 1033	160 1588	170 2338	180 3288	185 3854	190 4552
ϱ', kg/m³	424,3	412,0	396,7	379,8	361,0	339,3	312,3	271,9	240,0	182,0
ϱ'', kg/m³	1,79	3,26	5,95	10,03	16,08	25,03	38,57	59,14	76,28	120,9
h', kJ/kg	716,3	747,0	784,1	821,9	860,0	901,4	948,4	1011,1	1057,0	1133,4
h'', kJ/kg	1228,1	1241,8	1255,7	1267,2	1274,9	1277,6	1273,3	1258,9	1245,0	1203,2
Δh_v, kJ/kg	511,8	494,8	471,8	445,3	414,9	376,2	324,9	247,8	188	69,8
c_p', kJ/kg	3,43	3,53	3,63	3,77	3,94	4,12	5,16	7,45	11,3	70,5
c_p'', kJ/kg	2,07	2,11	2,19	2,33	2,53	2,90	3,62	5,95	6,33	277,5
η', 10^{-6} kg/(ms)	106,5	86,05	71,65	61,26	52,24	44,54	37,69	30,98	26,92	19,34
η'', 10^{-6} kg/(ms)	4,49	4,84	5,28	5,74	6,27	6,89	7,69	8,89	9,84	12,96
λ', 10^{-3} W/(mK)	193	178	163	148	133	118	103	88	80	73
λ'', 10^{-3} W/(mK)	12,1	12,9	16,4	19,6	23,0	27,6	33,7	39,9	45,3	62,0
Pr'	1,88	1,70	1,60	1,56	1,55	1,56	1,89	2,62	3,80	18,8
Pr''	0,77	0,79	0,71	0,68	0,69	0,72	0,83	1,33	1,38	58,01
σ, 10^{-3} N/m	13,5	11,5	9,28	7,22	5,31	3,58	2,06	0,81	0,33	0,01
β', 10^{-3}/K	2,27	3,36	4,09	4,64	5,60	7,09	10,45	21,0	33,2	165,1

SICHERHEITSDATENBLATT gemäß 93 / 112 / EG
PROPAN (nach DIN 51 622)

Blatt 1/6

1. Stoff- / Zubereitungs- und Firmenbezeichnung

Handelsname des Produktes: Propan (nach DIN 51 622)

Angaben zum Hersteller / Lieferanten:
Anschrift Hersteller / Lieferant

Tel.
Auskunftgebender Bereich / Telefon:
Anwendungstechnische Informationen:
Notfallauskunft / Notfallnummer:

2. Zusammensetzung / Angaben zu Bestandteilen

* **Chemische Charakterisierung (Zubereitung):** Komplexes, verflüssigtes Kohlenwasserstoffgemisch, bestehend aus mind. 95% Propan und Propen. Rest kann aus Ethan, Ethen, Butan- und Butenisomeren bestehen.

Gefährliche Inhaltsstoffe:

CAS-Nr. / Bezeichnung	Gehalt	Gef. Sym.	R-Sätze
* — Propan/Propen-Gemisch	> 95 w-%	F+	R12

Zusätzliche Hinweise: Keine

3. Mögliche Gefahren

Bezeichnung der Gefahren: Wiederholte oder langanhaltende Exposition kann zur Übelkeit, Benommenheit, Kopfschmerzen führen.
Gefahr von Erfrierungen durch flüssiges Produkt.

Sicherheitsrisiken: Hochentzündlich

4. Erste-Hilfe-Maßnahmen

Nach Einatmen: Den Betroffenen an die frische Luft bringen und ruhig lagern.
Bei Atmung und Bewußtlosigkeit in stabiler Seitenlage lagern.
Bei Atemstillstand, Atemspende notwendig.
Sofort Arzt hinzuziehen.

Nach Hautkontakt: Verunreinigte Kleidung entfernen, erfrorene Stellen steril abdecken und Arzt konsultieren.

Nach Augenkontakt: Sofort unter fließendem Wasser gründlich ausspülen und Arzt konsultieren.

Nach Verschlucken: Im unwahrscheinlichen Fall des Verschluckens sofort Arzt hinzuziehen.

Hinweise für den Arzt: Symptomatische Behandlung.

SICHERHEITSDATENBLATT gemäß 93 / 112 / EG
PROPAN (nach DIN 51 622)

Blatt 2/6

5. Maßnahmen zur Brandbekämpfung

Geeignete Löschmittel:	Schaum, Pulver, Kohlendioxid, Sand oder Erde.
Aus Sicherheitsgründen ungeeignete Löschmittel:	Keinen scharfen Wasserstrahl verwenden.
Besondere Gefährdung durch den Stoff oder Verbrennungsprodukte:	Verdampftes Produkt ist schwerer als Luft und befindet sich daher in Bodennähe. Auch entfernte Zündquellen können eine Gefahr darstellen. Unter den Bedingungen eines unkontrollierten Feuers entstehen komplexe Gas-Aerosol-Gemische, die Kohlenmonoxid, Stickoxide, Ruß, Schwefeldioxid und organische Verbindungen enthalten können.
Besondere Schutzausrüstungen bei der Brandbekämpfung:	Atemschutz bei starker Rauch- oder Dämpfentwicklung. In geschlossenen Räumen ggf. umluftunabhängiges Atemschutzgerät verwenden.
+ Zusätzliche Hinweise:	Einwirken von Feuer kann Bersten/Explodieren des Behälters verursachen. Deshalb Behälter entfernen oder mit Wasser aus geschützter Position kühlen.

6. Maßnahmen bei unbeabsichtigter Freisetzung

Personenbezogene Vorsichtsmaßnahmen:	Gaszufluß absperren. Betroffene Räume gründlich belüften. Hautkontakt vermeiden. Verdampftes Produkt ist schwerer als Luft und verbreitet sich auf dem Boden. Alle umliegenden Zündquellen entfernen. Nicht beteiligte Personen fernhalten. Nicht in die Kanalisation gelangen lassen.
Umweltschutzmaßnahmen:	Nicht in die Kanalisation gelangen lassen.
Verfahren zur Reinigung / Aufnahme:	Verdampfen lassen. Absaugen am Boden.
Zusätzliche Hinweise:	Keine

7. Handhabung und Lagerung

Handhabung: Hinweise zum sicheren Umgang:	Bei der Arbeit nicht essen, trinken oder rauchen. Bei der Handhabung schwerer Gebinde müssen Sicherheitsschuhe und geeignete Werkzeuge verwendet werden. Alle Geräte erden oder leitend verbinden. Von Zündquellen fernhalten. Maßnahmen gegen statische Aufladung treffen.
* Hinweise zum Brand- und Explosionsschutz:	Temperaturklasse T 1 (EN), Explosionsgruppe II A (EN)
Lagerung: Anforderung an Lagerräume und Behälter:	Alle Tanks und Geräte erden oder leitend verbinden. Wärmeeinwirkung und starke Oxidationsmittel vermeiden. Nur zugelassene Behälter verwenden.
Zusammenlagerungshinweise:	Nicht zusammen lagern mit – starken Oxidationsmitteln – Sauerstoffflaschen
Weitere Angaben zu den Lagerbedingungen:	Keine
Lagerklasse:	Nicht anwendbar
Geeignetes Lagermaterial:	Stahl für Lagerbehälter. Stahlflaschen.

Druckdatum 25.06.97   Version: 2   Überarbeitet am: 19.06.97

SICHERHEITSDATENBLATT gemäß 93 / 112 / EG
PROPAN (nach DIN 51 622)

Blatt 3/6

8. Expositionsbegrenzung und persönliche Schutzausrüstung

Zusätzliche Hinweise zur Gestaltung technischer Anlagen: Nur an gut belüfteten Orten verwenden.

Bestandteile mit arbeitsplatzbezogenen, zu überwachenden Grenzwerten:

CAS-Nr. / Bezeichnung	Art	Wert	Einheit
— Propan/Propen-Gemisch	MAK	1000	ppm

Persönliche Schutzausrüstung:

Atemschutz: Unter normalen Umständen nicht notwendig. Bei Auftreten von höheren Konzentrationen Schutzmaske mit Filter für organische Dämpfe verwenden.

Handschutz: Schutzhandschuhe aus PVC oder Nitril-Kautschuk soweit sicherheitstechnisch zulässig. Ansonsten Hautschutzcreme verwenden.

Augenschutz: Schutzbrille oder Gesichtsschutz bei Spritzgefahr.

Körperschutz: Hautkontakt vermeiden. Kleidung mit langen Ärmeln tragen.

Allgemeine Schutz- und Hygienemaßnahmen: Keine

9. Physikalische und chemische Eigenschaften

Erscheinungsbild:
- Form: komprimiertes, verflüssigtes Gas
- Farbe: farblos
- Geruch: wahrnehmbar

Sicherheitsrelevante Daten:

pH-Wert:	nicht anwendbar
Zustandsänderung: Siedebeginn	ca. -48 °C
Zündtemperatur: (DIN 51 794)	ca. 460 °C
Untere Explosionsgrenze (vol.%):	ca. 2
Obere Explosionsgrenze (vol.%):	ca. 11
Dampfdruck (70 °C):	< 31000 hPa
Dichte (50 °C): (DIN 51 618)	> 442 kg/m^3
Löslichkeit in Wasser (20 °C):	prkt. unlöslich
Verteilungskoeffizient n-Octanol/Wasser (log POW):	nicht anwendbar
Viskosität (°C):	0,12 mPas

SICHERHEITSDATENBLATT gemäß 93 / 112 / EG
PROPAN (nach DIN 51 622)

Blatt 4/6

10. Stabilität und Reaktivität

Zu vermeidende Bedingungen:	Stabil bei bestimmungsgemäßer Lagerung. Von Heizquellen, offenen Flammen und anderen Zündquellen fernhalten.
Zu vermeidende Stoffe:	Starke Oxidationsmittel.
Gefährliche Zersetzungsprodukte:	Keine gefährlichen Zersetzungsprodukte unter normalen Lagerbedingungen.
Weitere Angaben:	Bildet mit Sauerstoff explosive Gemische.

11. Angaben zur Toxikologie

Toxikologische Prüfungen:

Akute Toxizität:	Einstufungsrelevante LD/LC50-Werte: (Ratte, Inhalation 4h) > 20 mg/l
Spezifische Symptome im Tierversuch:	Keine bekannt.
Reiz-/Ätzwirkung:	Keine Reizung. Erfrierungen durch flüssiges Produkt.
Sensibilisierung:	Nicht sensibilisierend.
Wirkung nach wiederholter oder länger andauernder Exposition (Subakute bis chronische Toxizität):	Wiederholte oder langanhaltende Exposition kann zur Übelkeit, Benommenheit, Kopfschmerzen führen.
Krebserzeugende, erbgutverändernde sowie fortpflanzungsgefährdende Wirkung:	Nicht als krebserzeugend eingestuft.
Erfahrungen aus der Praxis:	Das Gas wirkt in hohen Konzentrationen narkotisch und erstickend. Symptome: Schläfrigkeit, Schwindelgefühl, Bewußtlosigkeit.
Allgemeine Bemerkungen:	Die toxikologischen Informationen basieren auf toxikologischen Daten ähnlicher Produkte und den toxikologischen Daten der einzelnen Komponenten.

12. Angaben zur Ökologie

Angaben zur Elimination (Persistenz und Abbaubarkeit):	Produkt wird in der Luft photochemisch oxidiert.
Verhalten in Umweltkompartimenten:	Verdampft sehr schnell.
Ökotoxische Wirkungen:	Keine Daten verfügbar.
Weitere Angaben zur Ökologie:	Produkt nicht unkontrolliert in die Umwelt gelangen lassen.

13. Hinweise zur Entsorgung

Produkt:

Empfehlung:	Übergabe an zugelassenes Entsorgungsunternehmen.
Abfallschlüssel-Nr.	598 02 Gase in Stahldruckflaschen.

Ungereinigte Verpackungen:

Empfehlung:	Behälter vollständig entleeren. Druckgasbehälter an Lieferanten zurückgeben.
Empfohlenes Reinigungsmittel:	Reinigung durch Wiederverwerter oder Fachbetrieb.

Anhang 467

SICHERHEITSDATENBLATT gemäß 93 / 112 / EG
PROPAN (nach DIN 51 622)

Blatt 5/6

14. Angaben zum Transport

* *	**Landtransport ADR/RID und GGVS/GGVE (grenzüberschreitend/Inland):**	GGVS/E Klasse: 2 ADR/RID Klasse: 2 Gefahr-Nr. (Warntafel): 23	Ziffer: 2F Ziffer: 2F
* *		UN-Nr.: 1965 Bezeichnung des Gutes: 1965 Kohlenwasserstoffgas, Gemisch, verflüssigt, n.a.g., Gemisch C (Propan)	
* *	**Binnenschiffstransport ADN/ADNR:**	Klasse: 2 Bezeichnung des Gutes: 1965 Gemisch von Kohlenwasserstoffen, verflüssigt, n.a.g., Gemisch C (Propan)	Ziffer/Buchstabe: 2F
	Seeschiffstransport IMDG/GGVSee:	Klasse: 2 UN-Nr.: 1965 EMS-Nr.: 2-07 MFAG: 310 Marine pollutant: No Richtiger techn. Name: Hydrocarbon gases, mixtures, liquified, n.o.s.	
	Lufttransport ICAO-TI und IATA-DGR:	Klasse: 2.1 UN/ID-Nr.: 1965 Richtiger techn. Name: Hydrocarbon gas mixtures, liquified, n.o.s.	
	Transport/weitere Angaben:	Transport in Passagierflugzeugen verboten.	

15. Vorschriften

Kennzeichnung nach EG-Richtlinien:	Unterliegt der Gefahrstoffverordnung in Verbindung mit dem Chemikaliengesetz.
Kennbuchstabe und Gefahrenbezeichnung des Produktes:	F+ Hochentzündlich Enthält: Propan
R-Satz:	R 12: Hochentzündlich
S-Sätze:	S 2: Darf nicht in die Hände von Kindern gelangen. S 9: Behälter an einem gut gelüfteten Ort aufbewahren. S 16: Von Zündquellen fernhalten – Nicht rauchen. S 33: Maßnahmen gegen elektrostatische Aufladungen treffen.

Nationale Vorschriften:

Hinweise zur Beschäftigungsbeschränkung:	Keine Beschränkung.
Störfallverordnung:	Unterliegt der Störfallverordnung bei Lagerung ab 3 t.
Klassifizierung nach VbF:	Nicht klassifiziert.
Technische Anleitung Luft:	Klasse 3 (Organisch)
Wassergefährdungsklasse:	WGK 0 (im allgemeinen nicht wassergefährdende Stoffe)
* Sonstige Vorschriften, Beschränkungen und Verbotsverordnungen:	Druckbehälterverordnung mit Technischen Regeln Druckbehälter (TRB), Technische Regeln Druckgase (TRG), Technische Regeln Rohrleitungen (TRR), Technische Regeln Flüssiggas (TRF), Unfallverhütungsvorschriften, z. B. VBG 21, 50, 61 sowie Richtlinien der BG, z. B. ZH 119, Explosionsschutz-Richtlinien (Ex-RL).

Druckdatum 25.06.97   Version: 2   Überarbeitet am: 19.06.97

SICHERHEITSDATENBLATT gemäß 93 / 112 / EG
PROPAN (nach DIN 51 622)

16. Sonstige Angaben

Weitere Informationen:
DGMK-Bericht 400-1: Mineralölprodukte. Erste-Hilfe-Maßnahmen, Medizinisch-toxikologische Daten und Fachinformation für Ärzte.

Die Angaben in diesem Sicherheitsdatenblatt stützen sich auf den heutigen Stand der Kenntnisse und Erfahrungen und sollen dazu dienen, die Produkte im Hinblick auf etwaige Sicherheitserfordernisse zu beschreiben. Diese Angaben stellen keine Zusicherung von Eigenschaften des beschriebenen Produktes dar.

Anmerkung:
* geänderter Text
+ neuer Text

SICHERHEITSDATENBLATT gemäß 93 / 112 / EG
BUTAN (nach DIN 51 622)

1. Stoff- / Zubereitungs- und Firmenbezeichnung

Handelsname des Produktes: Butan (nach DIN 51 622)

Angaben zum Hersteller / Lieferanten:
Anschrift Hersteller / Lieferant

Tel.

Auskunftgebender Bereich / Telefon:

Anwendungstechnische Informationen:

Notfallauskunft / Notfallnummer:

2. Zusammensetzung / Angaben zu Bestandteilen

* **Chemische Charakterisierung (Zubereitung):** Komplexes, verflüssigtes Kohlenwasserstoffgemisch, bestehend aus mind. 95% Butan- und Butenisomeren. Rest kann aus Propan, Propen, Pentan- und Pentenisomeren bestehen.

Gefährliche Inhaltsstoffe:

	CAS-Nr. / Bezeichnung	Gehalt	Gef. Sym.	R-Sätze
*	— Butan/Buten-Gemisch	> 95 w-%	F+	R12
	106-99-0 1,3-Butadien	< 0,1 w-%	F+ T	R45 R12

Zusätzliche Hinweise: Keine

3. Mögliche Gefahren

Bezeichnung der Gefahren: Wiederholte oder langanhaltende Exposition kann zur Übelkeit, Benommenheit, Kopfschmerzen führen.
Gefahr von Erfrierungen durch flüssiges Produkt.

Sicherheitsrisiken: Hochentzündlich

4. Erste-Hilfe-Maßnahmen

Nach Einatmen: Den Betroffenen an die frische Luft bringen und ruhig lagern.
Bei Atmung und Bewußtlosigkeit in stabiler Seitenlage lagern.
Bei Atemstillstand, Atemspende notwendig.
Sofort Arzt hinzuziehen.

Nach Hautkontakt: Verunreinigte Kleidung entfernen, erfrorene Stellen steril abdecken und Arzt konsultieren.

Nach Augenkontakt: Sofort unter fließendem Wasser gründlich ausspülen und Arzt konsultieren.

Nach Verschlucken: Im unwahrscheinlichen Fall des Verschluckens sofort Arzt hinzuziehen.

Hinweise für den Arzt: Symptomatische Behandlung.

SICHERHEITSDATENBLATT gemäß 93 / 112 / EG
BUTAN (nach DIN 51 622)

Blatt 2/6

5. Maßnahmen zur Brandbekämpfung

Geeignete Löschmittel: Schaum, Pulver, Kohlendioxid, Sand oder Erde.

Aus Sicherheitsgründen ungeeignete Löschmittel: Keinen scharfen Wasserstrahl verwenden.

Besondere Gefährdung durch den Stoff oder Verbrennungsprodukte: Verdampftes Produkt ist schwerer als Luft und befindet sich daher in Bodennähe. Auch entfernte Zündquellen können eine Gefahr darstellen.
Unter den Bedingungen eines unkontrollierten Feuers entstehen komplexe Gas-Aerosol-Gemische, die Kohlenmonoxid, Stickoxide, Ruß, Schwefeldioxid und organische Verbindungen enthalten können.

Besondere Schutzausrüstungen bei der Brandbekämpfung: Atemschutz bei starker Rauch- oder Dämpfentwicklung. In geschlossenen Räumen ggf. umluftunabhängiges Atemschutzgerät verwenden.

\+ **Zusätzliche Hinweise:** Einwirken von Feuer kann Bersten/Explodieren des Behälters verursachen. Deshalb Behälter entfernen oder mit Wasser aus geschützter Position kühlen.

6. Maßnahmen bei unbeabsichtigter Freisetzung

Personenbezogene Vorsichtsmaßnahmen: Gaszufluß absperren.
Betroffene Räume gründlich belüften.
Hautkontakt vermeiden.
Verdampftes Produkt ist schwerer als Luft und verbreitet sich auf dem Boden. Alle umliegenden Zündquellen entfernen.
Nicht beteiligte Personen fernhalten.
Nicht in die Kanalisation gelangen lassen.

Umweltschutzmaßnahmen: Nicht in die Kanalisation gelangen lassen.

Verfahren zur Reinigung / Aufnahme: Verdampfen lassen.
Absaugen am Boden.

Zusätzliche Hinweise: Keine

7. Handhabung und Lagerung

Handhabung:
Hinweise zum sicheren Umgang: Bei der Arbeit nicht essen, trinken oder rauchen.
Bei der Handhabung schwerer Gebinde müssen Sicherheitsschuhe und geeignete Werkzeuge verwendet werden.
Alle Geräte erden oder leitend verbinden.
Von Zündquellen fernhalten.
Maßnahmen gegen statische Aufladung treffen.

* **Hinweise zum Brand- und Explosionsschutz:** Temperaturklasse T 2 (EN), Explosionsgruppe II A (EN)

Lagerung:
Anforderung an Lagerräume und Behälter: Alle Tanks und Geräte erden oder leitend verbinden.
Wärmeeinwirkung und starke Oxidationsmittel vermeiden.
Nur zugelassene Behälter verwenden.

Zusammenlagerungshinweise: Nicht zusammen lagern mit
– starken Oxidationsmitteln
– Sauerstoffflaschen

Weitere Angaben zu den Lagerbedingungen: Keine

Lagerklasse: Nicht anwendbar

Geeignetes Lagermaterial: Stahl für Lagerbehälter. Stahlflaschen.

Druckdatum 25.06.97   Version: 2   Überarbeitet am: 19.06.97

Anhang 471

SICHERHEITSDATENBLATT gemäß 93 / 112 / EG
BUTAN (nach DIN 51 622)

Blatt 3/6

8. Expositionsbegrenzung und persönliche Schutzausrüstung

Zusätzliche Hinweise zur Gestaltung technischer Anlagen: Nur an gut belüfteten Orten verwenden.

Bestandteile mit arbeitsplatzbezogenen, zu überwachenden Grenzwerten:

CAS-Nr. / Bezeichnung	Art	Wert Einheit
* — Butan/Buten-Gemisch	MAK	1000 ppm
106-99-0 1,3-Butadien	TRK	5 ppm

Persönliche Schutzausrüstung:

Atemschutz: Unter normalen Umständen nicht notwendig. Bei Auftreten von höheren Konzentrationen Schutzmaske mit Filter für organische Dämpfe verwenden.

Handschutz: Schutzhandschuhe aus PVC oder Nitril-Kautschuk soweit sicherheitstechnisch zulässig. Ansonsten Hautschutzcreme verwenden.

* Augenschutz: Schutzbrille oder Gesichtsschutz bei Spritzgefahr.

Körperschutz: Hautkontakt vermeiden. Kleidung mit langen Ärmeln tragen.

Allgemeine Schutz- und Hygienemaßnahmen: Keine

9. Physikalische und chemische Eigenschaften

Erscheinungsbild:
Form: komprimiertes, verflüssigtes Gas
Farbe: farblos
Geruch: wahrnehmbar

Sicherheitsrelevante Daten:

pH-Wert:	nicht anwendbar
* Zustandsänderung: Siedebeginn	-12 °C
* Zündtemperatur: (DIN 51 794)	ca 400 °C
Untere Explosionsgrenze (vol.%):	ca. 1,5
Obere Explosionsgrenze (vol.%):	ca. 10
Dampfdruck (70 °C):	< 13000 hPa
Dichte (50 °C): (DIN 51 618)	> 516 kg/m^3
Löslichkeit in Wasser (20 °C):	prkt. unlöslich
Verteilungskoeffizient n-Octanol/Wasser (log POW):	nicht anwendbar
Viskosität (°C):	0,2 mPas

SICHERHEITSDATENBLATT gemäß 93 / 112 / EG
BUTAN (nach DIN 51 622)

Blatt 4/6

10. Stabilität und Reaktivität

Zu vermeidende Bedingungen:	Stabil bei bestimmungsgemäßer Lagerung. Von Heizquellen, offenen Flammen und anderen Zündquellen fernhalten.
Zu vermeidende Stoffe:	Starke Oxidationsmittel.
Gefährliche Zersetzungsprodukte:	Keine gefährlichen Zersetzungsprodukte unter normalen Lagerbedingungen.
Weitere Angaben:	Bildet mit Sauerstoff explosive Gemische.

11. Angaben zur Toxikologie

Toxikologische Prüfungen:

Akute Toxizität:	Einstufungsrelevante LD/LC50-Werte: (Ratte, Inhalation 4h) > 20 mg/l
Spezifische Symptome im Tierversuch:	Keine bekannt.
Reiz-/Ätzwirkung:	Keine Reizung. Erfrierungen durch flüssiges Produkt.
Sensibilisierung:	Nicht sensibilisierend.
Wirkung nach wiederholter oder länger andauernder Exposition (Subakute bis chronische Toxizität):	Wiederholte oder langanhaltende Exposition kann zur Übelkeit, Benommenheit, Kopfschmerzen führen.
Krebserzeugende, erbgutverändernde sowie fortpflanzungsgefährdende Wirkung:	Da der Gehalt an 1,3-Butadien < 0,1% ist, wird das Produkt nicht eingestuft.
Erfahrungen aus der Praxis:	Das Gas wirkt in hohen Konzentrationen narkotisch und erstickend. Symptome: Schläfrigkeit, Schwindelgefühl, Bewußtlosigkeit.
Allgemeine Bemerkungen:	Die toxikologischen Informationen basieren auf toxikologischen Daten ähnlicher Produkte und den toxikologischen Daten der einzelnen Komponenten.

12. Angaben zur Ökologie

Angaben zur Elimination (Persistenz und Abbaubarkeit):	Produkt wird in der Luft photochemisch oxidiert.
Verhalten in Umweltkompartimenten:	Verdampft sehr schnell.
Ökotoxische Wirkungen:	Keine Daten verfügbar.
Weitere Angaben zur Ökologie:	Produkt nicht unkontrolliert in die Umwelt gelangen lassen.

13. Hinweise zur Entsorgung

Produkt:

Empfehlung:	Übergabe an zugelassenes Entsorgungsunternehmen.
Abfallschlüssel-Nr.	598 02 Gase in Stahldruckflaschen.

Ungereinigte Verpackungen:

Empfehlung:	Behälter vollständig entleeren. Druckgasbehälter an Lieferanten zurückgeben.
Empfohlenes Reinigungsmittel:	Reinigung durch Wiederverwerter oder Fachbetrieb.

SICHERHEITSDATENBLATT gemäß 93 / 112 / EG
BUTAN (nach DIN 51 622)

Blatt 5/6

14. Angaben zum Transport

Landtransport ADR/RID und GGVS/GGVE (grenzüberschreitend/Inland):

GGVS/E Klasse:	2 Ziffer: 4b
ADR/RID Klasse:	2 Ziffer: 4b
Gefahr-Nr. (Warntafel):	23
UN-Nr.:	1965
Bezeichnung des Gutes:	1965 Kohlenwasserstoffgas, Gemisch, verflüssigt, n.a.g., Gemisch A (Butan)

Binnenschiffstransport ADN/ADNR:

Klasse:	2 Ziffer/Buchstabe: 2F
Bezeichnung des Gutes:	1965 Gemisch von Kohlenwasserstoffen, verflüssigt, n.a.g., Gemisch A (Butan)

Seeschiffstransport IMDG/GGVSee:

Klasse:	2
UN-Nr.:	1965
EMS-Nr.:	2-07
MFAG:	310
Marine pollutant:	No
Richtiger techn. Name:	Hydrocarbon gases, mixtures, liquified, n.o.s.

Lufttransport ICAO-TI und IATA-DGR:

Klasse:	2.1
UN/ID-Nr.:	1965
Richtiger techn. Name:	Hydrocarbon gas mixtures, liquified, n.o.s.

Transport/weitere Angaben: Transport in Passagierflugzeugen verboten.

15. Vorschriften

Kennzeichnung nach EG-Richtlinien: Unterliegt der Gefahrstoffverordnung in Verbindung mit dem Chemikaliengesetz.

Kennbuchstabe und Gefahrenbezeichnung des Produktes: F+ Hochentzündlich

Enthält: Butan

R-Satz: R 12: Hochentzündlich

S-Sätze:
S 2: Darf nicht in die Hände von Kindern gelangen.
S 9: Behälter an einem gut gelüfteten Ort aufbewahren.
S 16: Von Zündquellen fernhalten – Nicht rauchen.
S 33: Maßnahmen gegen elektrostatische Aufladungen treffen.

Nationale Vorschriften:

Hinweise zur Beschäftigungsbeschränkung:	Keine Beschränkung.
Störfallverordnung:	Unterliegt der Störfallverordnung bei Lagerung ab 3 t.
Klassifizierung nach VbF:	Nicht klassifiziert.
Technische Anleitung Luft:	Klasse 3 (Organisch)
Wassergefährdungsklasse:	WGK 0 (im allgemeinen nicht wassergefährdende Stoffe)
Sonstige Vorschriften, Beschränkungen und Verbotsverordnungen:	Druckbehälterverordnung mit Technischen Regeln Druckbehälter (TRB), Technische Regeln Druckgase (TRG), Technische Regeln Rohrleitungen (TRR), Technische Regeln Flüssiggas (TRF), Unfallverhütungsvorschriften, z. B.VBG 21, 50, 61 sowie Richtlinien der BG, z. B. ZH 119, Explosionsschutz-Richtlinien (Ex-RL).

SICHERHEITSDATENBLATT gemäß 93 / 112 / EG
BUTAN (nach DIN 51 622)

Blatt 6/6

16. Sonstige Angaben

Weitere Informationen:
DGMK-Bericht 400-1:   Mineralölprodukte. Erste-Hilfe-Maßnahmen, Medizinisch-toxikologische Daten und Fachinformation für Ärzte.

Die Angaben in diesem Sicherheitsdatenblatt stützen sich auf den heutigen Stand der Kenntnisse und Erfahrungen und sollen dazu dienen, die Produkte im Hinblick auf etwaige Sicherheitserfordernisse zu beschreiben. Diese Angaben stellen keine Zusicherung von Eigenschaften des beschriebenen Produktes dar.

Anmerkung:
∗ geänderter Text
+ neuer Text

Anhang

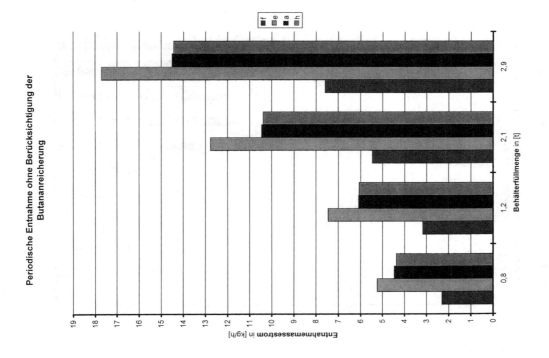

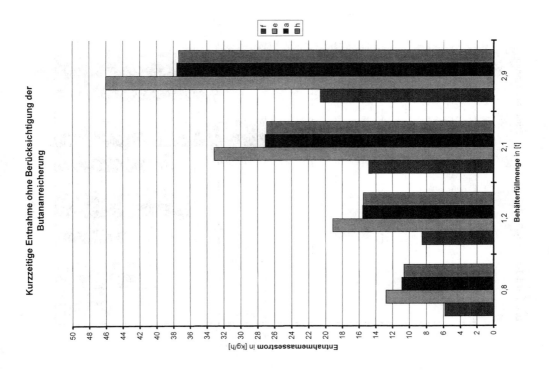

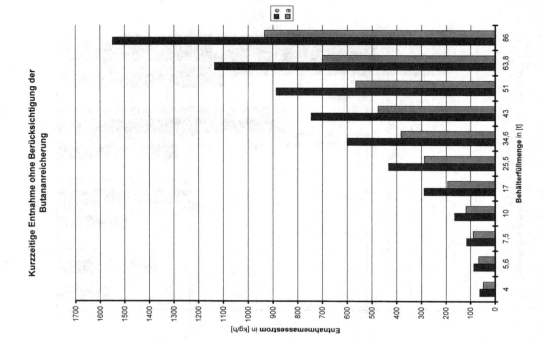
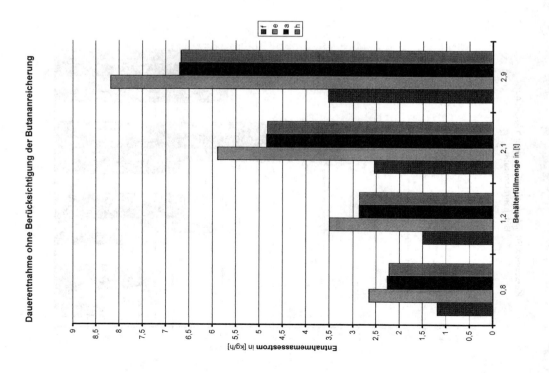

Anhang

477

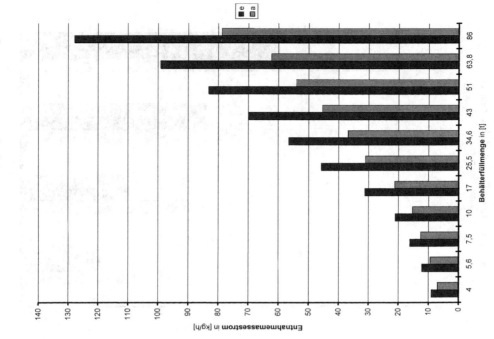

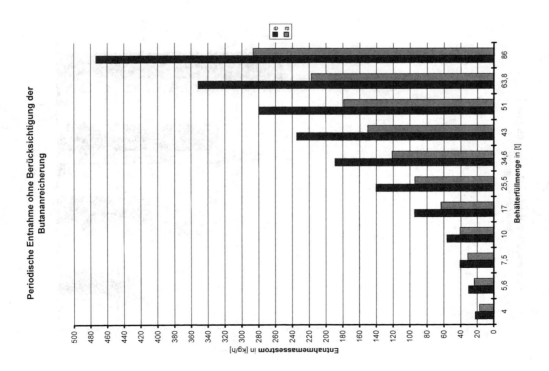

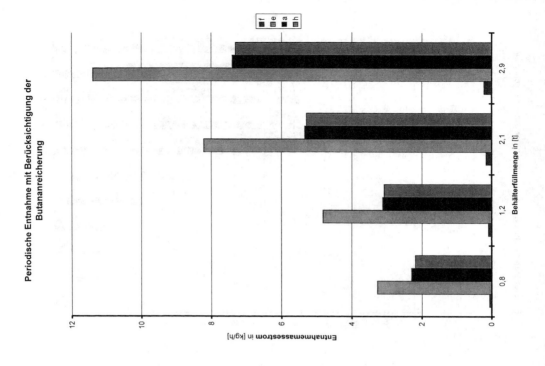
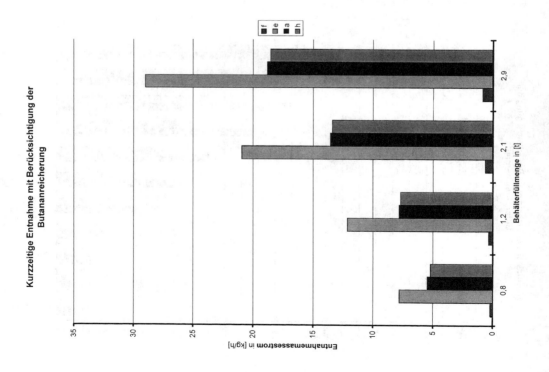

Anhang

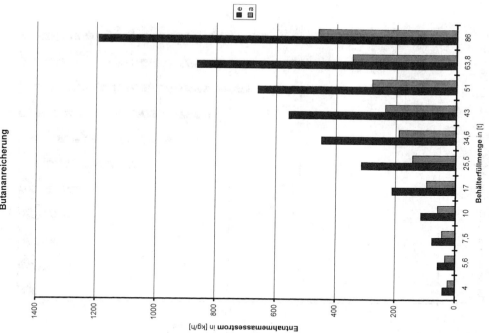

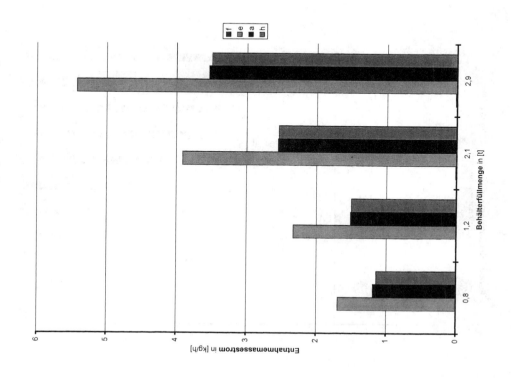

Anhang

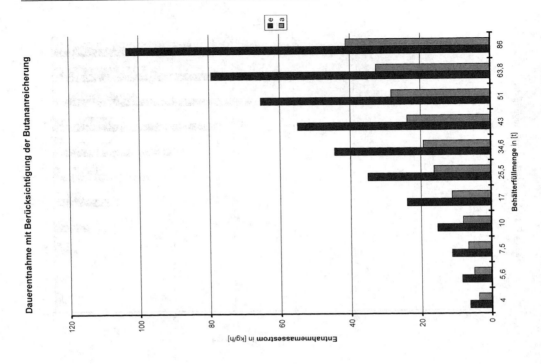

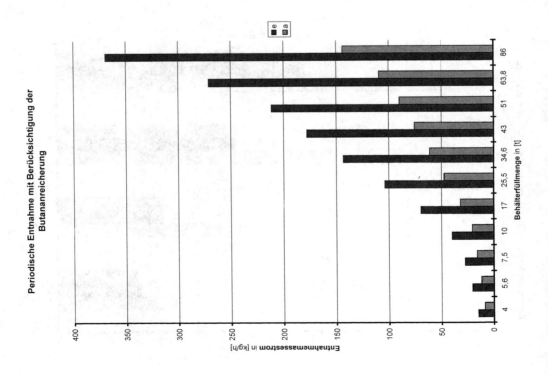

Literaturverzeichnis

Literatur Kapitel 1

[1.1]   *Cerbe, G.* u. a.: Grundlagen der Gastechnik. Gasbeschaffenheit, Gasverteilung und Gasverwendung. 4., bearb. und erw. Auflage. München; Wien: Carl Hanser Verlag 1992.
[1.2]   DIN 1340: Gasförmige Brennstoffe und sonstige Gase. Arten, Bestandteile, Verwendung. (Ausgabe Dezember 1990).
DIN 1340: Beiblatt 1: Gasförmige Brennstoffe und sonstige Gase. Arten, Bestandteile, Verwendung. Bemerkungen zur Erzeugung. (Ausgabe Dezember 1990).
[1.3]   *Schuster, F.*: Energetische Grundlagen der Gastechnik. 2., umgearb. Auflage. Halle (Saale): Verlag von Wilhelm Knapp 1950.
[1.4]   DVGW – G 260/I: Gasbeschaffenheit. (Ausgabe April 1983).
[1.5]   DIN 51622: Flüssggase: Propan, Propen, Butan, Buten und deren Gemische. Anforderungen. (Ausgabe Dezember 1985).
[1.6]   Autorenkollektiv: Flüssiggas – Handbuch. 3., überarbeitete Auflage. Leipzig: VEB Deutscher Verlag für Grundstoffindustrie 1986.
[1.7]   *Preobrashenskij, N. I.*: Shishennye uglevodorodnye gazy (Flüssiggase). Leningrad: Nedra 1975.
[1.8]   *Berghoff, W.*: Erdölverarbeitung und Petrolchemie. Tabellen und Tafeln. Leipzig: Deutscher Verlag für Grundstoffindustrie 1968.
[1.9]   Flüssiggas (Propan, Butan, Isobutan und Gemische) (BUA – Stoffbericht 144). Stuttgart: S. Hirzel Wissenschaftliche Verlagsgesellschaft 1994.
[1.10] *Elsner, N.* und *Dittmann, A.*: Grundlagen der Technischen Thermodynamik. Band 1: Energielehre und Stoffverhalten. 8., grundlegend überarb. und ergänzte Auflage. Berlin: Akademie Verlag 1993.
[1.11] *Stephan, K.* und *Mayinger, F.*: Thermodynamik. Grundlagen und technische Anwendungen. Band 2: Mehrstoffsysteme und chemische Reaktionen. 13. Auflage. Berlin; Heidelberg; New York: Springer Verlag 1992.
[1.12] *Ionin, A. A.*: Gazosnabshenije (Gasversorgungstechnik). 4., überarb. und erg. Auflage. Moskva: Strojizdat 1989.
[1.13] *Kurth, K.* und *Kochs, A.* (Hrsg.): Grundlagen der Gasanwendung. 2., stark überarbeitete Auflage. Leipzig: Verlag für Grundstoffindustrie 1990.
[1.14] *Bukspun, I. D.* und *Butajev, O. A.*: Ustrojstvo i eksplautazija ustanovok shishennogo gaza (Errichtung und Betrieb von Flüssiggasanlagen). Izdatel'stvo literatury po stroitel'stvu 1966.
[1.15] *Kurth, K.*: Beiträge zur Bemessung von Flüssgas-Verwendungsanlagen. Technische Universität Dresden, Dissertation B 1981.
[1.16] *Leggewie, G.*: Flüssiggase. Technische und wissenschaftliche Grundlagen ihrer Anwendung. Band 2. München; Wien: R. Oldenbourg Verlag 1969; Nachtrag 1971.
[1.17] *Staskjevic, N. L.; Maisel', P. B.* und *Vigdorcik, D. Ja.*: Spravocnik po shishennym uglevodorodnym gazam (Handbuch Flüssiggase). Leningrad: Nedra 1964.
[1.18] *Rjabzev, N. I.*: Shishennye uglevodorodnye gazy (Flüssiggase). Moskva: Nedra 1967.
[1.19] *Vargaftik, N. B.*: Tables on the thermophysical properties of liquids and gases. 2nd edition. Washington; London: Hemisphere Publishing Corporation 1975.
[1.20] *Kowaczeck, J.; Kurth, K.* und *Schubert, H.*: Tabellenbuch für die Gastechnik. 3., durchgesehene Auflage. Leipzig: VEB Deutscher Verlag für Grundstoffindustrie 1978.
[1.21] *D'Ans, J.* und *Lax, E.*: Taschenbuch für Chemiker und Physiker. Band II: Organische Verbindungen. 4. Auflage. Berlin; Heidelberg; New York: Springer Verlag 1983.
[1.22] *Staskjevic, N. L.* und *Vigdorcik, D. Ja.*: Spravocnik po shishennym uglevodorodnym gazam (Handbuch Flüssiggase). Leningrad: Nedra 1986.

[1.23] Gase — Handbuch (Hrsg.: Messer Griesheim GmbH). 3. Auflage, überarbeiteter Nachdruck. Frankfurt am Main 1989.
[1.24] *Rubinstein, S. V.* und *Schurkin, Je. P.*: Gazovye seti i oborudovanije dlja shishennych gazov (Gasnetze und Ausrüstungen für Flüssiggase). Leningrad: Nedra 1991.
[1.25] *Babitschev, A. P.; Bartkovskij, A. M.* u. a. (Hrsg.: *Grigorjev, I. S.* und *Melichov, Je. S.*): Fisiceskije veliciny: Spravocnik (Physikalische Größen: Handbuch). Moskva: Energoatomizdat 1991.
[1.26] ASHRAE HANDBOOK FUNDAMENTALS. SI Edition. American Society of Heating, Refrigerating and Air Conditioning Engineers, Inc. Atlanta 1993.
[1.27] *Fratzscher, W.* und *Picht, H.-P.*: Stoffdaten und Kennwerte der Verfahrenstechnik. 4., überarb. Auflage. Leipzig; Stuttgart: Deutscher Verlag für Grundstoffindustrie 1993.
[1.28] VDI-Wärmeatlas: Berechnungsblätter für den Wärmeübergang (Hrsg.: VDI-GVC). 7., erw. Auflage. Düsseldorf: VDI-Verlag 1994.
[1.29] *Glück, B.*: Zustands- und Stoffwerte. Verbrennungsrechnung. 2., bearbeitete und erweiterte Auflage. Berlin: Verlag für Bauwesen 1991.
[1.30] Autorenkollektiv: Berechnung thermodynamischer Stoffwerte von Gasen und Flüssigkeiten. Leipzig: Deutscher Verlag für Grundstoffindustrie 1966.
[1.31] Autorenkollektiv: Verfahrenstechnische Berechnungsmethoden: Teil 7: Stoffwerte. Leipzig: Deutscher Verlag für Grundstoffindustrie 1986.
[1.32] *Müller, W.-D.*: Berechnung von Stoffwerten von Gasen und Flüssigkeiten für Verfahrenstechniker. 1. Lehrbrief. Bergakademie Freiberg 1985.
[1.33] *Müller, W.-D.*: Berechnung von Stoffwerten von Gasen und Flüssigkeiten für Verfahrenstechniker. 2. Lehrbrief. Bergakademie Freiberg 1985.
[1.34] *Adolphi, G.* und *Adolphi, H. V.*: Grundzüge der Verfahrenstechnik. Leipzig: Deutscher Verlag für Grundstoffindustrie 1970.
[1.35] *Köpsel, R.*: Ausgewählte rechnerische Methoden der Verfahrenstechnik. Berlin: Akademie Verlag 1974.
[1.36] *Baklastov, A. M.; Gorbenko, V. A.; Danilov, O. L.* u. a. (Hrsg.: *Baklastov, A. M.*): Promyshlennye teplomassoobmennye prozessy i ustanovki (Industrielle Wärme- und Stoffübertragungsprozesse und -einrichtungen). Moskva: Energoatomizdat 1986.
[1.37] *Reid, R. C.; Prausnitz, J. M.* und *Poling, B. E.*: The Properties of Gases and Liquids. Fourth Edition. New York: McGraw-Hill 1987.
[1.38] *Kneubühl, F. K.*: Repetitorium der Physik. 5., überarbeitete Auflage. Stuttgart: B. G. Teubner 1994.
[1.39] *Dittmann, A.; Fischer, S.; Huhn, J.* und *Klinger, J.*: Repetitorium der Technischen Thermodynamik. Stuttgart: B. G. Teubner 1995.
[1.40] *Elsner, N.*: Grundlagen der technischen Thermodynamik. 7., berichtigte Auflage. Berlin: Akademie Verlag 1988.
[1.41] *Doering, E.* und *Schedwill, H.*: Grundlagen der Technischen Thermodynamik. 4., vollständig überarbeitete und erweiterte Auflage. Stuttgart: B. G. Teubner 1994.
[1.42] *D'Ans, J.* und *Lax, E.*: Taschenbuch für Chemiker und Physiker. Zweite, berichtigte Auflage. Berlin; Göttingen; Heidelberg: Springer Verlag 1949.
[1.43] *Soave, G.*: Equilibrium constants from a modified Redlich-Kwong-equation of state. Chemical Engineering Science 27 (1972) S. 1197–1203.
[1.44] *Nixdorf, J.*: Experimentelle und theoretische Untersuchung der Hydratbildung von Erdgasen unter Betriebsbedingungen. Universität Fridericana zu Karlsruhe (Technische Hochschule), Dissertation 1996.
[1.45] *Knapp, H.* und *Oellrich, L. R.*: KBP^2. Karlsruhe-Berliner-Prozeß-Berechnungs-Paket. Universität Fridericana zu Karlsruhe (Technische Hochschule).
[1.46] *Kortüm, G.*: Einführung in die Chemische Thermodynamik. Göttingen: Vandenhoeck & Ruprecht 1949.
[1.47] *Achmedov, P. B.; Brjuchanov, O. N.; Isserlin, A. S.* u. a.: Razional'noe ispol'zovanije gaza v energeticeskich ustanovkach (Rationelle Gasverwendung in energetischen Anlagen). Leningrad: Nedra: 1990.
[1.48] *Landolt* und *Börnstein*: Zahlenwerte und Funktionen. Bd. IV/4a. Berlin, Göttingen; Heidelberg: Springer-Verlag 1967.
[1.49] *Benedict, M.; Webb, G. B.* und *Rubin, L. C.*: An Empirical Equation for Thermodynamic Properties of Light Hydrocarbons and Their Mixtures.
I. Methane, Ethane and n-Butane. J. Chem. Phys. 8 (1940) S. 334–345.
II. Mixtures of Methane, Etane, Propane and n-Butane. J. Chem. Phys. 10 (1942) S. 747–758.

[1.50] *Benedict, M.; Webb, G. B.* und *Rubin, L. C.*: Constants of Twelve Hydrocarbons. Chem. Eng. Progr. 47 (1951), S. 419–422.
[1.51] *Howell, J. R.* und *Buckies, R. O.*: Fundamentals of Engineering Thermodynamics. SI Version. New York: McGraw-Hill 1987.
[1.52] *Fasold, H.-G.; Wahle, H.-N.* und *Korb, W.*: Die Berechnung ungekühlter Turboverdichter für den Erdgastransport unter Verwendung eines Personal-Computers. gwf Gas/Erdgas 132 (1991) Nr. 3, S. 127–137.
[1.53] *Fasold, H.-G.* und *Wahle, H.-N.*: Berücksichtigung des Realgasverhaltens im Zusammenhang mit der Planung und Berechnung von Erdgasversorgungssystemen. gwf Gas/Erdgas 133 (1992) Nr. 6, S. 265–276.
[1.54] *Riedel, L.*: Eine neue universelle Dampfdruckformel Untersuchungen über eine Erweiterung des Theorems der übereinstimmenden Zustände. Teil 1. Chemie-Ingenieur-Technik 26 (1954), S. 83–89.
[1.55] *Jaeschke, M.*: Zusammenstellung ausgewählter thermodynamischer Kennwerte zur Aufstellung von Zustandsgleichungen für Erdgasgemische. gas wärme international 28 (1979) Nr. 5, S. 278–286.
[1.56] *Wolowski, E.*: Über das Kompressibilitätsverhalten von wasserstoffhaltigen Gasgemischen bei Drücken bis zu 150 atm. Rheinisch-Westfälische Technische Hochschule Aachen, Dissertation 1971.
[1.57] *Teja, A.S.* und *Singh, A.*: Equations of state for ethane, propane and n-Butane. CRYOGENICS 17 (1977) 11, S. 591–596.
[1.58] *Bender, E.*: Equations of state for ethylene, propylene. CRYOGENICS 15 (1975) 11, S. 667–673.
[1.59] *Bender, E.*: Zur Aufstellung von Zustandsgleichungen, aus denen sich die Sättigungsgrößen exakt berechnen lassen – gezeigt am Beispiel des Methans. Kältetechnik – Klimatisierung 23 (1971) 9, S. 258–264. Berichtigung: Kältetechnik – Klimatisierung 23 (1971) 11, S. 348.
[1.60] *McCarty, R. D.*: A modified Benedict-Webb-Rubin equation of state for methane using recent experimantal data. CRYOGENICS 14 (1974) 5, S. 276–280.
[1.61] *Oellrich, L.; Plöcker, U.; Prausnitz, J. M.* und *Knapp, H.*: Methoden zur Berechnung von Phasengleichgewichten und Enthalpien mit Hilfe von Zustandsgleichungen. Chemie-Ingenieur-Technik 49 (1977) Nr. 12, S. 955–965.
[1.62] *Tsonopoulus, C.* und *Prausnitz, J. M.*: Equations of state. A Review for Engineering Applications. CRYOGENICS 9 (1969) 10, S. 315–327.
[1.63] Physical properties of natural gases. Groningen: N.V. Nederlandse Gasunie 1988.
[1.64] *Schwabe, K.*: Physikalische Chemie. Band 1: Physikalische Chemie. 3., stark bearbeitete Auflage. Berlin: Akademie-Verlag 1986.
[1.65] *Näser, K.-H.*: Physikalische Chemie für Techniker und Ingenieure. 15., bearbeitete Auflage. Leipzig: Deutscher Verlag für Grundstoffindustrie 1980.
[1.66] *Bockhardt, H.-D.; Güntzschel, P.* und *Poetschukat, A.*: Grundlagen der Verfahrenstechnik für Ingenieure. 3., durchgesehene Auflage. Leipzig; Stuttgart: Deutscher Verlag für Grundstoffindustrie 1992.
[1.67] *Lewis, G. H.*: The law of physico-chemical change. Proc. Am. Acad. Arts Sci. 37 (1901).
[1.68] *Tham, K.*: Gasleistungsfähigkeit von Flüssiggas-Bereitstellungsanlagen. Diplomarbeit. Technische Universität Dresden 1990 (unveröffentlicht).
[1.69] *Pitzer, K. S.*: The Volumetric and Thermodynamic Properties of Fluids. I.: Theoretical Basis and Virial Coefficients. Journ. of the American Chemical Society vol. 77 (1955) Nr. 13, S. 3427–3433.
[1.70] *Pitzer, K. S.; Lippmann, D. Z.; Curl, R. F.; Huggins, Ch. M.* und *Petersen, D. F.*: The Volumetric and Thermodynamic Properties of Fluids. II.: Compressibility Factor, Vapor Pressure and Entropy of Vaporization. Journ. of the American Chemical Society vol. 77 (1955) Nr. 13, S. 3433–3440.
[1.71] *Fasold, H.-G.; Wahle, H.-N.* und *Korb, W.*: Ein thermodynamisches Modell zur Berechnung der Verdichtungsarbeit von Turboverdichtern beim Transport von Erdgas. gwf Gas/Erdgas 137 (1996) Nr. 11, S. 639–650.
[1.72] OPTIPLAN: PC-Programm zur Berechnung der Kompressibilität und Viskosität (Ruhrgas AG). Version 1.0 (Update: 11. 03. 1996) (Programmierung: *Wahle, H.-N.*), Essen 1996.
[1.73] *Rjabzev, N. I.*: Prirodnye i iskusstvennye gazy (Natur- und hergestellte Gase). 3., überarb. Auflage. Moskva: Izdatel'stvo literatury po stroitel'stvu 1967.

[1.74] *Herning, F.*: Stoffströme in Rohrleitungen. 4., neubearbeitete und erweiterte Auflage. Düsseldorf: VDI Verlag 1966.
[1.75] *Gumz, W.*: Kurzes Handbuch der Brennstoff- und Feuerungstechnik. Zweite verbesserte Auflage. Berlin; Göttingen; Heidelberg: Springer-Verlag 1953.
[1.76] *Tschernyschev, A. K.* und *Kornejev, A. S.*: Vjaskost' gazov i parov pri atmosvernom davlenii (Die Viskosität von Gasen und Dämpfen bei Umgebungsdruck). Gazovaja promyshlennost' 13 (1968) Nr. 2, S. 33—35.
[1.77] *Faltin, H.*: Technische Wärmelehre. Berlin: Akademie-Verlag 1961.
[1.78] *Dittmann, A.*: Ermittlung der thermischen und energetischen Zustandsgrößen von reinen Stoffen im fluiden Zweiphasengebiet. Energietechnik 35 (1985) 12, S. 459—462.
[1.79] *Lempe, D.; Elsner, N.; Schneider, F.* und *Kalz, G.*: Thermodynamik der Mischphasen I. 2. Auflage. Leipzig: Deutscher Verlag für Grundstoffindustrie 1976.
[1.80] *Lempe, D.; Elsner, N.; Schneider, F.* und *Kalz, G.*: Thermodynamik der Mischphasen II. 3., überarbeitete Auflage. Leipzig: Deutscher Verlag für Grundstoffindustrie 1986.
[1.81] *Dadyburjor, D. B.*: SI units for distribution coefficents. Chem. Eng. Progress 74 (1978) 4, S. 85—86.
[1.82] *Meyer, G.* und *Schiffner, E.*: Technische Thermodynamik. 3. Auflage. Leipzig: Fachbuchverlag 1986.
[1.83] *Katz, D. L.* und *Lee, R. L.*: Natural Gas Engineering. Production and Storage. New York: McGraw-Hill Publishing Company 1990.
[1.84] *Christiansen, R. L.* und *Sloan, E. D.*: Mechanism and Kinetics of Hydrate Formation. (Proceedings of the 1. International Conference on Natural Gas Hydrates, New Paltz). The New York Academy of Sciences: New York 1994.
[1.85] *Sloan, E. D.*: Clathrate Hydrates of Natural Gases. Marcel Dekker Inc.: New York 1990.
[1.86] *Makogon Y. F.*: Hydrates of Hydrocarbons. Tulsa/Oklahoma: PennWell Publishing Company 1997.
[1.87] *Bosnjakovic, F.* und *Knoche, K. F.*: Technische Thermodynamik. Teil 1. 7., vollständig neubearbeitete und erweiterte Auflage. Darmstadt: Steinkopff Verlag 1988.
[1.88] *Boberg, R.; Engshuber, M.* und *Garstka, J.*: Erdgas. Bereitstellung, Anwendung, Umwandlung. Leipzig: Deutscher Verlag für Grundstoffindustrie 1974.
[1.89] *Fasold, H.-G.* und *Wahle, H.-N.*: Joule-Thomson-Koeffizienten für in der Bundesrepublik Deutschland vermarktete Erdgase. gwf Gas/Erdgas 135 (1994) Nr. 4, S. 212—219.
[1.90] JOUTE: PC-Programm zur Berechnung von *Joule-Thomson*-Koeffizienten (Ruhrgas AG). Version 1.00 (Update: 09. 08. 1995) (Programmierung: Wahle, H.-N.), Essen 1995.
[1.91] *Glück, B.*: Hydrodynamische und gasdynamische Rohrströmung. Druckverluste. Berlin: Verlag für Bauwesen 1988.
[1.92] *Rist, D.*: Dynamik realer Gase. Grundlagen, Berechnungen und Daten für Thermodynamik, Strömungsmechanik und Gastechnik. Berlin; Heidelberg; New York: Springer 1996.
[1.93] *Racevskij, B. S.; Racevskij, S. M.* und *Radcik, I. V.*: Transport i chranenije uglevodorodnych shishennych gazov (Transport und Lagerung von Flüssiggasen). Moskva: Nedra 1974.
[1.94] *Klimenko, A. P.*: Shishennye uglevodorodnye gazy (Flüssiggase). 3., überarb. und erg. Ausgabe. Moskva: Nedra 1974.
[1.95] *Dudin, I. V.; Guskov, B. I.* und *Krjaschev, B. G.*: Ekspluatazija gazonapolnitel'nych stanzij shishennych uglevodorodnych gazov (Der Betrieb von Flüssiggasfüllstellen). Moskva: Strojizdat 1981.
[1.96] *Truschin, V. P.*: Ustrojstvo i ekspluatazija ustanovok shishennogo uglevodorodnogo gaza (Errichtung und Betrieb von Flüssiggasanlagen). 2., überarb. Auflage. Leningrad: Nedra 1985.
[1.97] LGI Liquid Gas Guide. 2nd edition. Essen: Vulkan-Verlag 1990.
[1.98] *Krylov, Je. V.*: Izmenenije sostava propan-butanovoj smesi pri jestjestvennom isparenii (Die Änderung der Zusammensetzung eines Propan-Butan-Gemisches bei natürlicher Verdampfung). Gazovoe delo (1965) Nr. 8.
[1.99] *Skavtymov, N. A.*: Osnovy gazosnabshenija (Grundlagen der Gasversorgung). Leningrad: Nedra 1975.
[1.100] *Ravic, M. B.*: Toplivo i effektivnost' jego ispol'zovanija (Brennstoff und die Effektivität seiner Nutzung). Moskva: Nauka 1971.
[1.101] DIN 51857: Berechnung von Brennwert, Heizwert, Dichte, relativer Dichte und Wobbeindex von Gasen und Gasgemischen. (Ausgabe März 1997).
[1.102] *Vigdorcik, D. Ja.* und *Maisel', P. B.*: Gazogorelocnye ustrojstva dlja shiganija shishennogo gaza (Brennereinrichtungen für Flüssiggas). Leningrad: Gostoptechizdat 1962.

[1.103] *Isserlin, A. S.*: Osnovy shiganija gazovogo topliva. Spravocnoe posobije (Grundlagen der Verbrennung gasförmiger Brennstoffe. Handbuch). 2., überarb. und erg. Auflage. Leningrad: Nedra 1987.
[1.104] *Skunca, I.*: Gas Verbrennung Wärme II (GWI-Arbeitsblätter). Essen: Vulkan-Verlag 1973.
[1.105] *Skunca, I.*: Gas Verbrennung Wärme III (GWI-Arbeitsblätter). Essen: Vulkan-Verlag 1983.
[1.106] *Boie, W.*: Vom Brennstoff zum Rauchgas. Feuerungstechnisches Rechnen mit Brennstoffkenngrößen und seine Vereinfachung mit Mitteln der Statistik. Leipzig: B. G. Teubner Verlagsgesellschaft 1957.
[1.107] *Rosin, P.* und *Fehling, R.*: Das i, t-Diagramm der Verbrennung. Berlin: VDI-Verlag 1929.
[1.108] *Freytag, H. H.* (Hrsg.): Handbuch der Raumexplosionen. Weinheim/Bergstraße: Verlag Chemie 1965.
[1.109] *Günther, R.*: Verbrennung und Feuerungen. Berlin; Heidelberg; New York; Tokyo: Springer Verlag 1984.
[1.110] *Thiel-Böhm, A.*: Kommentar zum Beitrag „Muster — Sicherheitsdatenblatt für Erdgas/Flüssiggas/Luft-Gemische". gwf Gas/Erdgas 137 (1996) Nr. 12, S. 724—726.
[1.111] DIN 51649: Bestimmung der Explosionsgrenzen von Gasen und Gasgemischen in Luft. (Ausgabe Dezember 1986).
[1.112] *Nabert, K.* und *Schön, G.*: Sicherheitstechnische Kennzahlen brennbarer Gase und Dämpfe. 2., erweiterte Auflage. Braunschweig: Deutscher Eichverlag 1963.
[1.113] *Redeker, T.* und *Schön, G.*: Sicherheitstechnische Kennzahlen brennbarer Gase und Dämpfe. 6. Nachtrag. Braunschweig: Deutscher Eichverlag 1990.
[1.114] Brandschutz. Formeln und Tabellen (Hrsg.: *Hähnel, E.*). 2., korrigierte Auflage. Berlin: Staatsverlag der Deutschen Demokratischen Republik 1979.
[1.115] *Bussenius, S.*: Brand- und Explosionsschutz in der Industrie. 2., überarbeitete Auflage. Berlin: Staatsverlag der Deutschen Demokratischen Republik 1989.
[1.116] *Hamberger, W.*: Sicherheitstechnische Kennzahlen brennbarer Stoffe. Stuttgart; Berlin; Köln: Verlag W. Kohlhammer 1995.
[1.117] *Bussenius, S.*: Wissenschaftliche Grundlagen des Brand- und Explosionsschutzes. Stuttgart; Berlin; Köln: Verlag W. Kohlhammer 1996.
[1.118] *Weßing, W.*: Zündgrenzen von Erdgas in Abhängigkeit von der Gasbeschaffenheit. gwf Gas/Erdgas 135 (1994) Nr. 2, S. 104—108.
[1.119] *Rennhack, W.* und *Thiel-Böhm, A.*: Simulationsmodelle zur Berechnung der Explosionsgrenzen brennfähiger Gemische. Chem. — Ing. — Tech. 66(1994) Nr. 1, S. 50—56.
[1.120] *Olenik, H.; Rentzsch, H.* und *Wettstein, W.*: Handbuch für den Explosionsschutz. Essen: Verlag W. Giradet 1984.
[1.121] *Lewis, B.* und *von Elbe, E.*: Combustion, Flames and Explosions of Gases. Third edition. Orlando/Florida: ACADEMIC PRESS 1987.
[1.122] *Pomeranzev, V. V.* (Hrsg.): Osnovy prakticeskoj teorii gorenija (Grundlagen einer angewandten Theorie der Verbrennung). 2., überarb. und erg. Auflage. Leningrad: Energoatomizdat 1986.
[1.123] *de Soete, G.*: Aspects fondamentaux de la combustion en phase gazeuse. Paris: Institut Francaise du Petrole 1976.
[1.124] *Zel'dovic, Ja. B.; Barenblatt, G. I.; Librovic, V. B.* und *Machviladze, G. M.*: Matematiceskaja teoria gorenija i vzryva (Mathematische Theorie der Verbrennung und Explosion). Moskva: Nauka 1980.
[1.125] *Chitrin, L. N.*: Fizika gorenija i vzryva (Die Physik der Verbrennung und der Explosion). Moskva: Izdatel'stvo Moskovskogo Universiteta 1957.
[1.126] *Pester, J.*: Explosionsgefährdete Arbeitsstätten. 2. Auflage. Berlin: Verlag Tribüne 1990.
[1.127] *Bartknecht, W.*: Explosionsschutz: Berlin; Heidelberg; New York; Tokyo: Springer Verlag 1993.
[1.128] *Waschke, G.; Kulle, E.; Schönemann, U.* und *Richter, H.-G.*: Die Entwicklung der Gaswirtschaft in der Bundesrepublik Deutschland im Jahre 1996. gwf Gas/Erdgas 138 (1997) Nr. 9, S. 453—505.
[1.129] *Herig, H.-U.*: Der Flüssiggas-Ratgeber. Band 1: Grundlagen und Technik. 5. Auflage. Arnsberg: Strobel-Verlag 1991.
[1.130] *Herig, H.-U.*: Der Flüssiggas-Ratgeber. Band 2: Anwendung von Flüssiggasen. 5. Auflage. Arnsberg: Strobel-Verlag 1990.
[1.131] *Drake, F.-D.*: Kumulierte Treibhausgasemissionen zukünftiger Energiesysteme. Berlin; Heidelberg, New York; Barcelona; Budapest; Hongkong; London; Mailand; Paris; Santa Clara; Singapur; Tokio: Springer 1996.
[1.132] Gesamt-Emissions-Modell Integrierter Systeme (GEMIS). Version 2.1/3.0. Erweiterter Endbericht/Kurzbericht (Hrsg.: Hessisches Ministerium für Umwelt, Energie, Jugend, Familie und Gesundheit). Darmstadt; Freiburg; Berlin 1995/1997.

Literatur Kapitel 2

[2.1] Verordnung über Druckbehälter, Druckgasbehälter und Füllanlagen (Druckbehälterverordnung – DruckbehV) und Allgemeine Verwaltungsvorschrift. (Ausgabe Januar 1997).
[2.2] Technische Regeln Druckgase (TRG). Taschenbuch – Ausgabe 1997 (aufgestellt von Deutschen Druckbehälterausschuß (DBA), herausgegeben vom Verband der Technischen Überwachungs-Vereine e. V., Essen). Köln: Carl Heymanns Verlag 1997.
[2.3] DIN 4661: Teil 1 bis Teil 7: Druckgasflaschen, geschweißte Stahlflaschen.
[2.4] DIN 477: Teil 1: Gasflaschenventile.
[2.5] TRG 602: Campingflaschen. (Ausgabe Januar 1985).
[2.6] TRG 765: Richtlinie für wiederkehrende Prüfungen von Druckgasbehältern durch den Sachverständigen. (Ausgabe September 1995).
[2.7] TRG 380: Besondere Anforderungen an Druckgasbehälter. Treibgastanks. (Ausgabe Mai 1992).
[2.8] DIN 4681: Ortsfeste Druckbehälter aus Stahl für Flüssiggas.
Teil 1: Ortsfeste Druckbehälter aus Stahl für Flüssiggas für erdgedeckte Aufstellung; Maße, Ausrüstung. (Ausgabe Januar 1988).
Teil 2: Ortsfeste Druckbehälter aus Stahl für Flüssiggas, mit Außenmantel, für erdgedeckte Aufstellung; Maße, Ausrüstung. (Ausgabe Juni 1984).
Teil 3: Ortsfeste Druckbehälter aus Stahl für Flüssiggas für erdgedeckte Aufstellung; Außenbeschichtung als Korrosionsschutz mit besonderer Wirksamkeit gegen chemische und mechanische Angriffe. (Ausgabe Mai 1986).
[2.9] DIN 2635: Vorschweißflansche. Nenndruck 40.
[2.10] DIN 30673: Umhüllung und Auskleidung von Stahlrohren, -formstücken und -behältern mit Bitumen.
[2.11] TRB 401: Ausrüstung der Druckbehälter. Kennzeichnung. (Ausgabe November 1983 in der Fassung vom Februar 1989).
[2.12] TRG 280: Technische Regeln Druckgase. Allgemeine Anforderungen an Druckgasbehälter. Betreiben von Druckgasbehältern. (Ausgabe Oktober 1995).
[2.13] TRB 851: Füllanlagen zum Abfüllen von Druckgasen aus Druckgasbehältern in Druckbehälter. Errichten. (Ausgabe Februar 1997).
[2.14] TRB 852: Füllanlagen zum Abfüllen von Druckgasen aus Druckgasbehältern in Druckbehälter. Betreiben. (Ausgabe Februar 1997).
[2.15] Muster einer Feuerungsverordnung. Fassung vom 24. Februar 1995.
[2.16] TRF 96: Technische Regeln Flüssiggas, Band 1 und Band 2. Hrsg.: DVGW und DFVG, 1996.
[2.17] TRB 801, Nr. 25: Besondere Druckbehälter nach Anhang II zu § 12 DruckbehV; Nr.25: Druckbehälter für nicht korrodierend wirkende Gase oder Gasgemische. Anlage zu TRB 801, Nr. 25: „Flüssiggaslagerbehälteranlagen". (Ausgabe Dezember 1991 in der Fassung vom Januar 1996, zuletzt geändert durch Bek. des BMA vom 2. Juni 1997).
[2.18] TRB 610: Druckbehälter; Aufstellung von Druckbehältern zum Lagern von Gasen. (Ausgabe November 1995 in der Fassung vom Februar 1997).
[2.19] VDI 3783: Blatt 2: Ausbreitung von störfallbedingten Freisetzungen schwerer Gase – Sicherheitsanalyse. (Juli 1990).
[2.20] TRB 600: Aufstellung der Druckbehälter. (Ausgabe Januar 1984 in der Fassung vom Februar 1997).
[2.21] Flüssiggaslagerung. Ein Nachschlagwerk. Hrsg.: Landesanstalt für Umweltschutz Baden-Württemberg. 3. überarbeitete Auflage. Karlsruhe: 1997.
[2.22] Verordnung zum Schutz vor gefährlichen Stoffen (Gefahrstoffverordnung – GefStoffV). BGBl. I, 1996, S. 818 ff.
[2.23] Verordnung über die innerstaatliche und grenzüberschreitende Beförderung gefährlicher Güter auf der Straße. BGBl. I, 1996, Nr. 64.
[2.24] Bekanntmachung der Neufassung der Anlagen A und B zu dem Europäischen Übereinkommen über die internationale Beförderng gefährlicher Güter auf der Straße. BGBl. II, 1997, Nr. 8.
[2.25] Gefahrgutverordnung Binnenschiffahrt. BGBl. I, 1977, S. 1119 ff.
[2.26] Gefahrgutverordnung Eisenbahn. BGBl. I, 1996, S. 1876 ff.
[2.27] Gefahrgutverordnung See. BGBl. I, 1995, S. 1077 ff.
[2.28] TRG 400: Füllanlagen. Allgemeine Bestimmungen für Füllanlagen. (Ausgabe Oktober 1972).

Literaturverzeichnis 487

[2.29] TRG 401: Füllanlagen. Errichten von Füllanlagen. (September 1990).
[2.30] TRG 402: Füllanlagen. Betreiben von Füllanlagen. (September 1990).
[2.31] TRG 404: Füllanlagen. Anlagen zum Füllen von Treibgastanks: Treibgastankstellen. (Ausgabe Juni 1987).
[2.32] TRG 730: Richtlinie für das Verfahren der Erlaubnis zum Errichten und zum Betreiben von Füllanlagen. (Mai 1992).
[2.33] *Balke, Ch.*: BPU-Seminar: Flüssiggaslagerung. Freising, 04./05. 11. 1996.
[2.34] Anforderungskatalog: Sicherheitstechnische Maßnahmen zur Errichtung und zum Betrieb von Umfüllstellen für Flüssiggas aus Eisenbahnkesselwagen in Straßentankfahrzeuge. TÜV Bayern Sachsen, 1993.
[2.35] DIN 4815: Teil 2: Schläuche für Flüssiggas; Schlauchleitungen.

Literatur Kapitel 3

[3.1] *Berghoff, W.*: Erdölverarbeitung und Petrolchemie. Tabellen und Tafeln. Leipzig: Deutscher Verlag für Grundstoffindustrie 1968.
[3.2] *Leggewie, G.*: Flüssiggase. Technische und wissenschaftliche Grundlagen ihrer Anwendung. Band 2. München; Wien: R. Oldenbourg Verlag 1969; Nachtrag 1971.
[3.3] Autorenkollektiv: Flüssiggas – Handbuch. 3., überarbeitete Auflage. Leipzig: Deutscher Verlag für Grundstoffindustrie 1986.
[3.4] *Elsner, N.*: Grundlagen der technischen Thermodynamik. 7., berichtigte Auflage. Berlin: Akademie-Verlag 1988.
[3.5] *Bronstein, I. N.* und *Semendjajew, K. A.*: Taschenbuch Mathematik 21. Auflage. Leipzig: B. G. Teubner Verlagsgesellschaft 1983.
[3.6] *Kurth, K.*: Beiträge zur Bemessung von Flüssiggas-Verwendungsanlagen. Dissertation B. Technische Universität Dresden 1981.
[3.7] *Juch, T.*: Die Entnahmeleistung von Flüssiggasbehältern. Dissertation, Technische Universität Dresden 1996.
[3.8] *Herig, H.-U.*: Der Flüssiggas-Ratgeber. Bd. 1: Grundlagen und Technik. Arnsberg: Strobel-Verlag 1991.
[3.9] *Schmidt, O.*: Gasleistungsfähigkeit erdreicheingebetteter Flüssiggasbehälter. Dissertation, Technische Universität Dresden 1986.
[3.10] *Kraft, G.*: Ein Beitrag zur Bestimmung der Wärmeverluste erdverlegter Kabel und Rohrleitungen sowie von Kabelkanälen. Dissertation, Technische Universität Dresden 1966.
[3.11] *Tham, K.*: Gasleistungsfähigkeit von Flüssiggasbereitstellungsanlagen, Diplomarbeit, Technische Universität Dresden 1990 (unveröffentlicht).
[3.12] *Nolte, A.*: Berechnung des Wärme- und Jahresenergiebedarfs für periodisch beheizte Räume. Dissertation. Technische Universität Dresden 1988.
[3.13] *Teschke, W.*: Wärmetechnische Berechnungen von Versorgungsleitungen. Dissertation. Technische Hochschule Leipzig 1979.
[3.14] *Teschke, W.*: Zur spezifischen Wärmekapazität von Erdstoffen. Stadt- und Gebäudetechnik (1978) Heft 8, S. 233–234.
[3.15] *Teschke, W.*: Der Temperaturleitwert von Erdstoffen. Stadt- und Gebäudetechnik (1979) Heft 3, S. 77–78.
[3.16] FLÜSSIGGAS Handbuch. Installation von Flüssiggasanlagen nach den „Technischen Regeln Flüssiggas" (TRF 1996) (Hrsg.: DVFG Deutscher Verband Flüssiggas e. V.). 2., vollständig überarbeitete und aktualisierte Auflage. München: MARKETING + WIRTSCHAFT 1996.
[3.17] *Kowaczeck, J.; Kurth, K.* und *Schubert, H.*: Tabellenbuch für die Gastechnik. 3., durchgesehene Auflage. Leipzig: Deutscher Verlag für Grundstoffindustrie 1978.
[3.18] *Glück, B.*: Wärmeübertragung. Wärmeabgabe von Raumheizflächen und Rohren. Berlin: Verlag für Bauwesen 1989.
[3.19] *Glück, B.*: Heizwassernetze für Wohn- und Industriegebiete. Berlin: Verlag für Bauwesen 1985.
[3.20] *Glück, B.*: Strahlungsheizung. Theorie und Praxis. Berlin: Verlag für Bauwesen 1982.
[3.21] *Fischer, S.*: Lehrbriefe für die Lehrveranstaltung „Wärmeübertragung", Technische Universität Dresden 1987.

[3.22] *Drews, G.*: Taschenbuch Technische Gase. Leipzig: Deutscher Verlag für Grundstoffindustrie 1973.
[3.23] *Kurth, K.* und *Kochs, A.* (Hrsg.): Grundlagen der Gasanwendung. 2., stark überarbeitete Auflage. Leipzig: Verlag für Grundstoffindustrie 1990.
[3.24] *Göhler, W.*: Höhere Mathematik. Leipzig: Deutscher Verlag für Grundstoffindustrie 1985.
[3.25] *Bosnjakovic, F.* und *Knoche, K. F.*: Technische Thermodynamik. Teil 1. 7., neubearbeitete und erweiterte Auflage. Leipzig: Deutscher Verlag für Grundstoffindustrie 1987.
[3.26] *Fratzscher, W.* und *Picht, H.-P.*: Stoffdaten und Kennwerte der Verfahrenstechnik. 4., überarb. Auflage. Leipzig; Stuttgart: Deutscher Verlag für Grundstoffindustrie 1993.
[3.27] Technische Regeln für Gasinstallationen (DVGW – TRGI '86, Ausgabe 1996). Bonn 1996.
[3.28] *Grigull, U.* und *Sandner, H.*: Wärmeleitung. 2. Auflage. Berlin; Heidelberg; New York: Springer Verlag 1990.
[3.29] *Massal, D.*: Die numerische Lösung partieller Differentialgleichungen in Wissenschaft und Technik. Leipzig: Wissenschaftsverlag 1976.
[3.30] *Preobrashenskij, N. I.*: Shishennye uglevodorodnye gazy (Flüssiggase). Leningrad: Nedra 1975.
[3.31] *Glück, B.*: Zustands- und Stoffwerte. Verbrennungsrechnung. 2., bearbeitete und erweiterte Auflage. Berlin: Verlag für Bauwesen 1991.
[3.32] *Farouki, O. T.*: Thermal Properties of Soil. Series on Rock and Soil Mechanics. Vol. 11, Trans Tech Publication 1986.
[3.33] *Hillel, D.*: Fundamentals of Soil Physics. Orlando/Florida: ACADEMIC PRESS INC. 1980.
[3.34] VDI (Hrsg.): Arbeitsmappe für Mineralölingenieure. Düsseldorf: VDI-Verlag 1970.
[3.35] ESSO: Flüssiggas-Beratung: Eigenschaften – Transport – Lagerung – Versorgung – Sicherheit. Hamburg: ESSO AG.
[3.36] DVFG Deutscher Verein Flüssiggas e. V.: Jahresbericht 1990. Arnsberg: Strobel-Verlag 1990.
[3.37] *Oldenburg, G.*: Propan – Butan. Berlin; Heidelberg; New York: Springer-Verlag 1978.
[3.38] BP: Wissenswertes über Flüssiggas. Hamburg: Deutsche BP Aktiengesellschaft.
[3.39] *Skunca, I.*: Gas Verbrennung Wärme II (GWI-Arbeitsblätter). Essen: Vulkan-Verlag 1973.
[3.40] *Skunca, I.*: Gas Verbrennung Wärme III (GWI-Arbeitsblätter). Essen: Vulkan-Verlag 1983.
[3.41] BP: Das Buch vom Erdöl. Hamburg: Deutsche BP Aktiengesellschaft.
[3.42] Landesvermessungsamt Sachsen: Kartenverzeichnis Sachsen. 1991.
[3.43] *Stephan, K.* und *Mayinger, F.*: Thermodynamik. Grundlagen und technische Anwendungen. Band 2: Mehrstoffsysteme und chemische Reaktionen. 13. Auflage. Berlin; Heidelberg; New York: Springer-Verlag 1992.
[3.43] *Stephan, K.* und *Mayinger, F.*: Thermodynamik. Grundlagen und Technische Anwendungen. Band 1: Einstoffsysteme. Berlin; Heidelberg; New York: Springer-Verlag 1986.
[3.44] *Schuh, H.*: Differenzenverfahren zum Berechnen von Temperatur-Ausgleichsvorgängen bei eindimensionaler Wärmeströmung in einfachen und zusammengesetzten Körpern, VDI – Forschungsheft 459. Düsseldorf: VDI-Verlag 1957.
[3.45] VDI-Wärmeatlas: Berechnungsblätter für den Wärmeübergang (Hrsg.: VDI-GVC). 7., erw. Auflage. Düsseldorf: VDI-Verlag 1994.
[3.46] *Hell, F.*: Grundlagen der Wärmeübertragung. Düsseldorf: VDI-Verlag 1982.
[3.47] *Feldhaus, G.*: Bundesimmissionsschutzrecht. Kommentar. 2. Auflage. Wiesbaden: Deutscher Fachschriften-Verlag Braun 1990.

Literatur Kapitel 4

[4.1] Autorenkollektiv: Flüssiggas – Handbuch. 3., überarbeitete Auflage. Leipzig: Deutscher Verlag für Grundstoffindustrie 1986.
[4.2] *Kurth, K.*: Flüssiggasanlagen. Energietechnik 37 (1987) Heft 8, S. 289–293.
[4.3] *Sprung, J.*: Gastechnik. 2. Lehrbrief. Technische Universität Dresden. Dresden 1975.
[4.4] TRF 1996: Technische Regeln Flüssiggas. Band 1. (Hrsg.: DVGW Deutscher Verein des Gas- und Wasserfaches e. V.; DVFG Deutscher Verband Flüssiggas e. V.). 1. Auflage 1996.
[4.5] *Schwaigerer, S.* (Hrsg.): Rohrleitungen: Theorie und Praxis. Reprint der 1. Aufl.1967. Berlin; Heidelberg; New York; London; Paris; Tokyo: Springer 1986.
[4.6] *Kecke, H. J.* und *Kleinschmidt, P.*: Industrie-Rohrleitungsarmaturen. Düsseldorf: VDI Verlag 1994.

Literaturverzeichnis 489

[4.7] *Kurth, K.* und *Kochs, A.* (Hrsg.): Grundlagen der Gasanwendung. 2., stark überarbeitete Auflage. Leipzig: Verlag für Grundstoffindustrie 1990.
[4.8] DIN 3230 T. 3: Technische Lieferbedingungen für Armaturen. Zusammenstellung möglicher Prüfungen. (Ausgabe April 1983).
[4.9] G. *Bee* Apparatebau GmbH: Produktkatalog. Bietigheim-Bissingen.
[4.10] FAS Flüssiggas-Anlagen GmbH: Produktkatalog. Salzgitter.
[4.11] *Backhaus, H.*: Fire-Safe-Armaturen in Anlagen für druckverflüssigte Gase. Industriearmaturen 3 (1995) Heft 4, S. 269–272.
[4.12] ARGUS GESELLSCHAFT MBH: Produktkatalog DIN Kugelhähne PN 10-PN 250; Kugelhähne für Flüssiggasanlagen. Ettlingen.
[4.13] KLINGER GmbH: Produktkatalog; Produktinformation KLINGERballostar-A. Idstein.
[4.14] *Werner Böhmer* GmbH: Produktkatalog BÖHMER Kugelhähne. Sprockhövel.
[4.15] GOK Regler und Armaturen GmbH & Co. KG: Produktkatalog Zubehör für Flüssiggasanlagen. Marktbreit.
[4.16] RMG-GASELAN Regel + Meßtechnik GmbH: Produktkatalog. Fürstenwalde.
[4.17] RMG-Taschenbuch. Ausgabe 1997. 11. Auflage. Kassel 1997.
[4.18] *Bozoki, G.*: Überdrucksicherungen für Behälter und Rohrleitungen. 1. Auflage. Berlin: Verlag Technik 1986.
[4.19] *Glück, B.*: Sicherheitsventile. 1. Auflage. Berlin: Verlag für Bauwesen 1990.
[4.20] Fr. Buschjost GmbH + Co.: Ventiltechnik mit System. Sonderdruck aus Flüssiggas 4/1995. Bad Oeynhausen.
[4.21] Fr. Buschjost GmbH + Co.: Produktkatalog Ventiltechnik. Bad Oeynhausen.
[4.22] *Lange, W.*: Abnahmeprüfzeugnisse DIN 50049 (EN 10204). Sonderdruck Fr. Buschjost GmbH + Co.. Bad Oeynhausen.
[4.23] Verordnung über Druckbehälter, Druckgasbehälter und Füllanlagen (Druckbehälterverordnung – DruckbehV). (Ausgabe Januar 1997).
[4.24] TRR 100: Technische Regeln zur Druckbehälterverordnung. Rohrleitungen: Bauvorschriften: Rohrleitungen aus metallischen Werkstoffen. (Ausgabe Mai 1993 in der Fassung vom Januar 1996).
[4.25] Flüssiggaslagerung. Ein Nachschlagwerk. Hrsg.: Landesanstalt für Umweltschutz Baden Württemberg. 3. überarbeitete Auflage. Karlsruhe: 1997.
[4.26] Stahlrohr – Handbuch. 12. Auflage. Essen: Vulkan Verlag 1995.
[4.27] FLÜSSIGGAS Handbuch. Installation von Flüssiggasanlagen nach den „Technischen Regeln Flüssiggas" (TRF 1996) (Hrsg.: DVFG Deutscher Verband Flüssiggas e. V.). 2., vollständig überarbeitete und aktualisierte Auflage. München: MARKETING + WIRTSCHAFT 1996.
[4.28] *Sander, J., Wüst, H.* und *Zingrefe, H.*: Handbuch zu den technischen Regeln für Gasinstallationen. DVGW-TRGI '86, Ausgabe 1996 (Hrsg.: DELIWA Berufsvereinigung für das Energie und Wasserfach e. V.; DVGW Deutscher Verein des Gas und Wasserfaches e. V.). Bonn/Hannover 1996.
[4.29] *Kurth, K.*: Gasbereitstellung mit Hilfsenergie in Flüssiggasanlagen. Flüssiggas Heft 4/1995, S. 20–26.
[4.30] Torpedo GmbH: Produktkatalog Flüssiggasverdampfer. Pinneberg.
[4.31] DIN 30696: Verdampfer für Flüssiggas. (Entwurf April 1996, vorgesehen als Ersatz für Ausgabe 1977-02).
[4.32] Anlage zu TRB 801 Nr. 25: Technische Regeln zur Druckbehälterverordnung. Druckbehälter: Flüssiggaslagerbehälteranlagen. (Ausgabe Dezember 1991 in der Fassung vom Januar 1996, zuletzt geändert durch Bek. des BMA vom 2. Juni 1997).
[4.33] *Lutze, I.*: Flüssiggas-Verdampfer, die sichere Bereitstellung großer Gasmengen. Flüssiggas Heft 5–6 / 1987, S. 10–12.
[4.34] Richtlinien für die Vermeidung der Gefahren durch explosionsfähige Atmosphäre mit Beispielsammlung (Explosionsschutz-Richtlinien-Ex-RL). Köln: Carl Heymanns Verlag 1990.
[4.35] *Cerbe, G.* u. a.: Grundlagen der Gastechnik. Gasbeschaffenheit, Gasverteilung und Gasverwendung. 4., bearb. und erw. Auflage. München; Wien: Carl Hanser Verlag 1992.
[4.36] GOK Regler und Armaturen GmbH & Co. KG: Produktinformation Gas I: Behälterregler und Anlagen. TRF-Bereich. Marktbreit.
[4.37] *Dornauf, H.*: Gasdruckregelung: Funktionsweise, Sicherheitseinrichtungen, Auswahlkriterien. (Die Bibliothek der Technik; Bd. 120) Landsberg/Lech: Verlag Moderne Industrie 1995.
[4.38] Schlumberger Rombach GmbH: Gasbuch. 2. Auflage. Karlsruhe 1996.

[4.39] MEDENUS Gas-Druckregeltechnik GmbH: Produktinformationen Gas-Druckregelgeräte / Sicherheits-Abblaseventile / Sicherheits-Absperrventile. Rösrath/Köln.
[4.40] *Wagner, W.*: Kreiselpumpen und Kreiselpumpenanlagen. 1. Auflage. Würzburg: Vogel 1994.
[4.41] Sulzer Kreiselpumpenhandbuch (Hrsg.: Gebrüder Sulzer Aktiengesellschaft, Produktbereich Pumpen, Winterthur/Schweiz). 3. Auflage. Essen: Vulkan Verlag 1990.
[4.42] Technisches Handbuch Pumpen (Hrsg.: VEB Kombinat Pumpen und Verdichter, Halle/Saale). 7., durchgesehene Auflage. Berlin: Verlag Technik 1987.
[4.43] *Kalide, W.*: Energieumwandlung in Kraft- und Arbeitsmaschinen. Kolbenmaschinen, Strömungsmaschinen, Energiestationen (Kraftwerke). 8., durchgesehene und verbesserte Auflage. München; Wien: Carl Hanser Verlag 1995.
[4.44] *Sigloch, H.*: Strömungsmaschinen. Grundlagen und Anwendungen. 2., vollständig überarbeitete und erweiterte Auflage. München; Wien: Carl Hanser Verlag 1993.
[4.45] *Lehmann, W.* und *Fandrey, P.*: Kreiselpumpen zur Förderung verflüssigter Gase. Sonderdruck aus Flüssiggas 4/1995. SIHI GmbH & Co. KG, Itzehoe.
[4.46] *Lehmann, W.*: Selbstansaugende Kreiselpumpe mit Seitenkanalstufe zum Mitfördern von Gasen. Maschinenmarkt 89 (1983) 17, S. 304–307.
[4.47] *Lehmann, W.*: Seitenkanalpumpe zum Kombisystem erweitert mit Zentrifugalstufen. Maschinenmarkt 89 (1983) 45, S. 1029–1032.
[4.48] *Lehmann, W.* und *Fandrey, P.*: Kreiselpumpen zur Förderung verflüssigter Gase. DECHEMA: 16. Konstruktions-Symposium, 10.–12. 06. 1987.
[4.49] SIHI-HALBERG: Produktinformation Seitenkanalpumpen. Sterling Fluid Systems, SIHI-HALBERG Vertriebsgesellschaft mbH, Itzehoe.
[4.50] SIHI-HALBERG: Anwendungstechnik Flüssiggas. Pumpen und Anlagen. Sterling Fluid Systems, SIHI-HALBERG Vertriebsgesellschaft mbH, Itzehoe.
[4.51] Grundlagen für die Planung von Kreiselpumpenanlagen (Hrsg.: SIHI-Gruppe). Ludwigshafen 1978.
[4.52] *Schubert, W.*: Thermische Kavitationseffekte bei oszilierenden Verdrängerpumpen für Flüssiggase. Universität Erlangen-Nürnberg, Dissertation 1994.
[4.53] NINNELT GmbH & Co. KG: CORKEN – Trockenlaufkompressoren. Technische Information Nr. TI 30.6 2. Stuttgart; Wien.
[4.54] *Fasold, H.-G.; Wahle, H.-N.* und *Korb, W.*: Ein thermodynamisches Modell zur Berechnung der Verdichtungsarbeit von Turboverdichtern beim Transport von Erdgas. gwf Gas/Erdgas 137 (1996) Nr. 11, S. 639–650.
[4.55] JOSEF MEHRER GMBH & CO. Maschinenfabrik: Produktunterlagen Mehrer-Kompressoren. Balingen.
[4.56] P & A Propan & Ammoniak Anlagen GmbH: Produktkatalog. Salzgitter.
[4.57] NINNELT GmbH & Co. KG: CORKEN-Trockenlaufkompressoren. Technische Information Nr. TI 30.6-3. Stuttgart; Wien.
[4.58] G 459/I (E): Gas-Hausanschlüsse für Betriebsdrücke bis 4 bar; Planung und Errichtung (Entwurf Mai 1997).
[4.59] *Hüning, R.* (Hrsg.): Hausanschlüsse für die Gasversorgung und Wasserversorgung. 3. Auflage. München; Wien: Oldenbourg Verlag 1998.
[4.60] FEMA Regelgeräte, Honeywell AG: Druck- und Temperaturüberwachung in Ex-Bereichen. Magnetventile für Ex-Anwendungen (Firmenschrift). Schönaich.
[4.61] FEMA Regelgeräte, Honeywell AG: Drucküberwachung in wärmetechnischen und verfahrenstechnischen Anlagen (Firmenschrift). Schönaich.
[4.62] *Albring, W.*: Angewandte Strömungslehre. 6., bearbeitete Auflage. Berlin: Akademie-Verlag 1990.
[4.63] *Sigloch, H.*: Technische Fluidmechanik. 3., vollständig überarbeitete und erweiterte Auflage. Düsseldorf: VDI Verlag 1996.
[4.64] *Prandtl, L.; Oswatitsch, K.* und *Wieghardt, K.*: Führer durch die Strömungslehre. 9., verbesserte und erweiterte Auflage. Braunschweig; Wiesbaden: Vieweg 1990.
[4.65] *Glück, B.*: Hydrodynamische und gasdynamische Rohrströmung. Druckverluste. 1. Auflage. Berlin: Verlag für Bauwesen 1988.
[4.66] *Richter, H.*: Rohrhydraulik. Ein Handbuch zur praktischen Strömungsberechnung. 5., neubearbeitete Auflage. Berlin; Heidelberg; New York: Springer 1971.
[4.67] *Herning, F.*: Stoffströme in Rohrleitungen. 4., neubearbeitete und erweiterte Auflage. Düsseldorf: VDI Verlag 1966.

[4.68] *Fasold, H.-G.* und *Wahle, H.-N.*: Physikalische Grundlagen des Transports von Fluiden in Rohrleitungen mit Folgerungen für die Leitungsplanung (aufgezeigt an den Medien Erdgas, Wasser und Mineralöl). 3R international Teil I: 31 (1992) Heft 10/11, S. 637–644; Teil II: Besonderheiten bei Transport von zähflüssigen Mineralölen in wärmegedämmten Rohrleitungen Heft 12, S. 725–729.
[4.69] *Kurth, K.*: Beiträge zur Bemessung von Flüssiggas-Verwendungsanlagen. Technische Universität Dresden, Dissertation B 1981.
[4.70] *Kurth, K.*: Bemessung von ND-Flüssiggas-Rohrleitungssystemen. Stadt- und Gebäudetechnik (1977) Heft 8, S. 247–249.
[4.71] *Kurth, K.*: Bemessen von Rohrleitungen für den Transport von Flüssiggas. Stadt- und Gebäudetechnik (1979) Heft 4, S. 100–103.
[4.72] *Rubinstein, S. V.* und *Schurkin, Je. P.*: Gazovye seti i oborudovanije dlja shishennych gazov (Gasnetze und Ausrüstungen für Flüssiggase). Leningrad: Nedra 1991.
[4.73] *Leggewie, G.*: Flüssiggase. Technische und wissenschaftliche Grundlagen ihrer Anwendung. Band 2. München; Wien: R. Oldenbourg Verlag 1969; Nachtrag 1971.
[4.74] *Kurth, K.*: Gasversorgungstechnik: Brenngase. 1. Lehrbrief. 1., veränderte Ausgabe. Technische Universität Dresden. Dresden 1986.
[4.75] *Idel'cik, I. Je.*: Spravocnik po gidravliceskim soprotivlenijam (Handbuch der hydraulischen Widerstände). Moskva: Maschinostrojenije 1975.
[4.76] *Grigorjev, V. A.; Zorin, V. M.* u. a.: Teoreticeskije osnovy teplotechniki: Teplotechniceskij eksperiment. Spravocnik. Kniga 2 (Theoretische Grundlagen der Wärmetechnik: Wärmetechnisches Experiment. Handbuch. Buch 2). 2., überarb. Auflage. Moskva: Energoatomizdat 1988.
[4.77] *Bolsius, J.*: Modellierung von Luft-Abgas-Systemen unter Berücksichtigung des Wärmerückgewinnungseffektes. Technische Universität Dresden, Dissertation 1997.
[4.78] *Zanke, U.*: Zur Berechnung von Strömungs-Widerstandsbeiwerten. Wasser + Boden (1993) 1, S. 14–16.
[4.79] *Bostelmann, T.*: Grundlagen der Bemessung von Rohrleitungen in Flüssiggasanlagen. Fachhochschule Erfurt, Großer Beleg 1996 (unveröffentlicht).
[4.80] Richtlinien für die Vermeidung von Zündgefahren infolge elektrostatischer Aufladungen (Richtlinien „Statische Elektrizität") (Hrsg.: Hauptverband der gewerblichen Berufsgenossenschaften, Zentralstelle für Unfallverhütung und Arbeitsmedizin). Köln: Carl Heymanns Verlag (Ausgabe Oktober 1989).

Literatur Kapitel 5

DVGW TRGI '86. Ausgabe 1996: Technische Regeln für die Gas-Installationen. Bonn 1996.
TRF 1996: Technische Regeln Flüssiggas. Band 1 und 2. (Hrsg.: DVGW Deutscher Verein des Gas- und Wasserfaches e. V.; DVFG Deutscher Verband Flüssiggas e. V.). 1. Auflage 1996/1997.
FLÜSSIGGAS Handbuch. Installation von Flüssiggasanlagen nach den „Technischen Regeln Flüssiggas" (TRF 1996) (Hrsg.: DVFG Deutscher Verband Flüssiggas e.V.). 2., vollständig überarbeitete und aktualisierte Auflage. München: MARKETING + WIRTSCHAFT 1996.
Herig, H.-U.: Der Flüssiggas-Ratgeber. Band 1: Grundlagen und Technik. 5. Auflage. Arnsberg: Strobel-Verlag 1991.
Herig, H.-U.: Der Flüssiggas-Ratgeber. Band 2: Anwendung von Flüssiggasen. 5. Auflage. Arnsberg: Strobel-Verlag 1990.

Einschlägige Gesetze, Verordnungen und Technische Regeln

Bundes-Immissionsschutzgesetz (BImSchG)
- Vierte Verordnung zur Durchführung des Bundes-Immissionsschutzgesetzes (Verordnung über genehmigungsbedürftige Anlagen – 4. BImSchV)
- Neunte Verordnung zur Durchführung des Bundes-Immissionsschutzgesetzes (Grundsätze des Genehmigungsverfahrens – 9. BImSchV)
- Zwölfte Verordnung zur Durchführung des Bundes-Immissionsschutzgesetzes (Störfall-Verordnung – 12. BImSchV)

Bundes-Immissionsschutzgesetz: Erste Verordnung zur Durchführung des Bundes-Immissionsschutzgesetzes (Verordnung über Feuerungsanlagen — 1. BImSchV)
Verordnung über Druckbehälter, Druckgasbehälter und Füllanlagen (Druckbehälterverordnung — DruckbehV.) und allgemeine Verwaltungsvorschrift
AD-Merkblätter, von der Arbeitsgemeinschaft für Druckbehälter herausgegebene Berechnungsrichtlinien und Werkstoffhinweise, VdTÜV Vereinigung der Technischen Überwachungsvereine
Richtlinien zur Vermeidung der Gefahren durch explosionsfähige Atmosphäre — Explosionsschutz-Richtlinie
Verordnung über elektrische Anlagen in explosionsgefährdeten Räumen (ElexV) — Explosionsschutz-Richtlinien (EX-RL)

Technische Regeln Druckbehälter (TRB)
TRB 001: Allgemeines, Aufbau und Anwendung der TRB
TRB 403: Ausrüstung der Druckbehälter; Einrichtungen zum Erkennen und Begrenzen von Druck und Temperatur
TRB 502: Sachkundiger nach § 32 DruckbehV.
TRB 600: Aufstellung von Druckbehältern
TRB 610: Druckbehälter; Aufstellung von Druckbehältern zum Lagern von Gasen
TRB 801 Nr. 25: Besondere Druckbehälter nach Anhang II zu § 12 DruckbehV.; Nr. 25 Druckbehälter für nicht korrodierend wirkende Gase oder Gasgemische
Anlage zu Nr. 25: Flüssiggaslagerbehälteranlagen
TRB 801 Nr. 45: Besondere Druckbehälter nach Anhang II zu § 12 DruckbehV.; Nr. 45 Gehäuse von Ausrüstungsteilen

Technische Regeln Druckgase (TRG)
TRG 001: Allgemeines, Aufbau und Anwendung der TRG
TRG 102: Druckgase — Gasgemische
TRG 280: Allgemeine Anforderungen an Druckgasbehälter, Betreiben von Druckgasbehältern
TRG 300: Besondere Anforderungen an Druckgasbehälter; Druckgaspackungen
TRG 301: Druckgaskartuschen, Halterungen und Entnahmeeinrichtungen
TRG 310: Flaschen aus Stahl
TRG 330: Fässer aus Stahl
TRG 380: Treibgastanks
TRG 400: Allgemeine Bestimmungen für Füllanlagen
TRG 404: Anlagen zum Füllen von Treibgastanks, Treibgastankstellen
TRG 602: Campingflaschen

Technische Regeln Rohrleitungen (TRR)
TRR 100: Bauvorschriften — Rohrleitungen aus metallischen Werkstoffen
TRR 512: Prüfungen durch Sachverständige — Erstmalige Prüfung
TRR 513: Prüfungen durch Sachverständige — Abnahmeprüfung
TRR 514: Prüfungen durch Sachverständige — Wiederkehrende Prüfungen
TRR 521: Bescheinigung der ordnungsgemäßen Herstellung/Errichtung und Druckprüfung
TRR 531: Prüfungen durch Sachverständige; Abnahmeprüfung
TRR 532: Prüfungen durch Sachverständige; Wiederkehrende Prüfungen
Bauordnung der Länder
Feuerungsverordnungen der Länder
VdTÜV Merkblatt 100: Überfüllsicherung; Richtlinie für die Bauteilprüfung von Überfüllsicherungen für Druckbehälter zur Lagerung von Flüssiggas; Bau- und Prüfgrundsätze
VdTÜV Werkstoffblatt 410: Installationsrohre / nahtlos gezogen aus SF-Cu 37

DIN-Normen
DIN EN 287 Teil 1: Prüfung von Schweißern, Schmelzschweißen Teil 1, Stähle
DIN 477 Teil 1: Gasflaschenventile
DIN EN 751: Dichtungsmaterial für Gewindeverbindungen in Kontakt mit der 1., 2. und 3. Gasfamilie
DIN 1056: Freistehende Schornsteine in Massivbauart; Berechnung und Ausführung
DIN 1298: Verbindungsstücke für Feuerungsanlagen; Rohre, Rohrknie und Rohrbogen aus Metall, für Abgase

Literaturverzeichnis 493

DIN 1626: Geschweißte kreisförmige Rohre aus unlegierten Stählen für besondere Anforderungen; Technische Lieferbedingungen
DIN 1629: Nahtlose kreisförmige Rohre aus unlegierten Stählen für besondere Anforderungen; Technische Lieferbedingungen
DIN 1786: Installationsrohre aus Kupfer, nahtlos gezogen
DIN 1787: Kupfer; Halbzeug
DIN 2353: Lötlose Rohrverschraubungen mit Schneidring; Vollständige Verschraubung und Übersicht
DIN 2391 Teil 1: Nahtlose Präzisionsstahlrohre mit besonderer Maßgenauigkeit; Maße
DIN 2391 Teil 2: Nahtlose Präzisionsstahlrohre mit besonderer Maßgenauigkeit; Technische Lieferbedingungen
DIN 2393: Geschweißte maßgewalzte Präzisionsrohre
DIN 2403: Kennzeichnung von Rohrleitungen nach dem Durchflußstoff
DIN 2440: Stahlrohre; mittelschwere Gewinderohre
DIN 2441: Stahlrohre; schwere Gewinderohre
DIN 2442: Gewinderohre nach Gütevorschrift, Nenndruck 1 bis 100
DIN 2448: Nahtlose Stahlrohre; Maße, längenbezogene Massen
DIN 2458: Geschweißte Stahlrohre; Maße, längenbezogene Massen
DIN 2512: Flansche; Feder und Nut, Nenndrücke 10 bis 160, Konstruktionsmaße, Einlegringe
DIN 2513: Flansche; Vor- und Rücksprung, Nenndrücke 10 bis 100, Konstruktionsmaße
DIN 2605 Teil 1: Formstücke zum Einschweißen; Rohrbogen: Maße
DIN 2605 Teil 2: Formstücke zum Einschweißen; Rohrbogen mit verstärkter Wanddicke: Maße
DIN 2606: Rohrbogen aus Stahl, zum Einschweißen; Bauart 5d
DIN 2607: Rohrbogen aus Kupfer, zum Einschweißen
DIN 2608: Rohrbogen aus Kupfer-Knetlegierungen, zum Einschweißen
DIN 2615: Stahlfittings zum Einschweißen; T
DIN 2616: Stahlfittings zum Einschweißen; Reduzierstücke
DIN 2617: Stahlfittings zum Einschweißen; Kappen
DIN 2618: Stahlfittings zum Einschweißen; Sattelstutzen, Nenndruck 16
DIN 2619: Stahlfittings zum Einschweißen; Nenndruck 16
DIN 2634: Vorschweißflansche; Nenndruck 25
DIN 2691: Flachdichtungen für Flansche mit Feder und Nut; Nenndruck 10 bis 160
DIN 2692: Flachdichtungen für Flansche mit Rücksprung; Nenndruck 10 bis 100
DIN 2856: Fittings für Lötverbindungen; Anschlußmaße und Prüfungen
DIN 2950: Tempergußfittings
DIN 2980: Stahlfittings mit Gewinde
DIN 3258 Teil 1: Flammenüberwachung an Gasgeräten; Zündsicherungen
DIN 3258 Teil 2: Flammenüberwachung an Gasgeräten; Automatische Zündeinrichtungen, Sicherheitstechnische Anforderungen und Prüfung
DIN 3374: Zähler; Gaszähler mit verformbaren Trennwänden; Balgengaszähler
DIN 3383 Teil 1: Gasschläuche und Gasanschlußarmaturen; Sicherheitsgasschläuche mit Anschlußstecker; Sicherheitsgasanschlußarmaturen
DIN 3383 Teil 2: Gasschläuche und Gasanschlußarmaturen; Gasschläuche für festen Anschluß
DIN 3384: Edelstahlschläuche für Gas
DIN 3387: Verbindungsstücke für metallische Rohre, mit glatten Enden, für Gasleitungen
DIN 3388 Teil 2: Abgasabsperreinrichtungen für Feuerstätten für flüssige oder gasförmige Brennstoffe, mechanisch betätigte Abgasklappen; Sicherheitstechnische Anforderungen und Prüfung
DIN 3389: Einbaufertige Isolierstücke für Hausanschlußleitungen in der Gas- und Wasserversorgung; Anforderungen und Prüfungen
DIN 3537 Teil 1: Gasabsperrarmaturen bis PN 4; Anforderungen und Anerkennungsprüfung
DIN 3535 Teil 1: Dichtungen für die Gasversorgung; Dichtungswerkstoffe aus Elastomeren für Gasarmaturen in der Hausinstallation; Anforderungen und Prüfung
DIN 3535 Teil 3: Dichtungen für die Gasversorgung; Dichtungswerkstoffe aus Elastomeren für Gasversorgungs- und Gasfernleitungen; Anforderungen und Prüfung
DIN 3859: Rohrverschraubungen; Technische Lieferbedingungen
DIN 4133: Schornsteine aus Stahl
DIN 4661 Teil 1: Druckgasflaschen; Geschweißte Stahlflaschen, Flaschen, Prüfdrücke 30 atü
DIN 4661 Teil 2: Druckgasflaschen; Geschweißte Stahlflaschen, zugelassene Gase
DIN 4661 Teil 3: Druckgasflaschen; Geschweißte Stahlflaschen, Bodenformen

DIN 4661 Teil 4: Druckgasflaschen; Geschweißte Stahlflaschen, Ventilmuffen
DIN 4661 Teil 5: Druckgasflaschen; Geschweißte Stahlflaschen, Füße
DIN 4661 Teil 6: Druckgasflaschen; Geschweißte Stahlflaschen, Ventilschutz
DIN 4661 Teil 7: Druckgasflaschen; Geschweißte Stahlflaschen, Kennzeichnung, Schilder, Schildrahmen, Plombenniet
DIN 4680 Teil 1: Ortsfeste Druckbehälter aus Stahl für Propan, Butan und deren Gemische für oberirdische Aufstellung, Maße, Ausrüstung
DIN 4680 Teil 2: Ortsfeste Druckbehälter aus Stahl für Propan, Butan und deren Gemische für halboberirdische Aufstellung, Maße, Ausrüstung
DIN 4681 Teil 1: Ortsfeste Druckbehälter aus Stahl für Flüssiggas für erdgedeckte Aufstellung, Maße, Ausrüstung
DIN 4681 Teil 2: Ortsfeste Druckbehälter aus Stahl für Flüssiggas, mit Außenmantel, für erdgedeckte Aufstellung, Maße, Ausrüstung
DIN 4681 Teil 3: Ortsfeste Druckbehälter aus Stahl für Flüssiggas für erdgedeckte Aufstellung, Außenbeschichtung als Korrosionsschutz mit besonderer Wirksamkeit gegen chemische und mechanische Angriffe
DIN 4705: Berechnung von Schornsteinabmessungen
DIN 4788: Gasbrenner
DIN 4795: Nebenluftvorrichtungen für Hausschornsteine; Begriffe, Sicherheitstechnische Anforderungen, Prüfung, Kennzeichnung
DIN 4811 Teil 3: Druckregelgeräte für Flüssiggas bis zu einem Betriebsdruck von 4 bar
DIN 4811 Teil 4: Druckregelgeräte für Flüssiggas; Druckregelgeräte und Sicherheitseinrichtungen für Anlagen mit Flüssiggasflaschen
DIN 4811 Teil 5: Druckregelgeräte für Flüssiggas; Druckregelgeräte und Sicherheitseinrichtungen für ortsfeste Flüssiggasbehälter
DIN 4811 Teil 6: Druckregelgeräte für Flüssiggas; Druckregelgeräte und Sicherheitseinrichtungen mit geregeltem Eingangsdruck bis 1 bar
DIN 4815 Teil 1: Schläuche für Flüssiggas; Schläuche mit und ohne Einlagen
DIN 4815 Teil 1: Schläuche für Flüssiggas; Schlauchleitungen
DIN 4817 Teil 1: Absperrarmaturen für Flüssiggas; Begriffe, Sicherheitstechnische Anforderungen, Prüfung, Kennzeichnung
DIN 8074: Rohre aus Polyethylen hoher Dichte (PE-HD); Maße
DIN 8075: Rohre aus Polyethylen hoher Dichte (PE-HD); Allgemeine Anforderungen
DIN 8563 Teil 2: Sicherung der Güte von Schweißarbeiten; Anforderungen an den Betrieb
DIN EN 10242: Gewindefittings aus Temperguß
DIN 17243: Schmiedestücke und gewalzte oder geschmiedeter Stabstahl aus warmfesten schweißgeeigneten Stählen; Technische Lieferbedingungen
DIN 18017 Teil 1: Lüftung von Bädern und Toilettenräumen ohne Außenfenster, Einzelschachtanlagen ohne Ventilatoren
DIN 18017 Teil 3: Lüftung von Bädern und Toilettenräumen ohne Außenfenster, mit Ventilatoren
DIN 18160: Hausschornsteine
DIN EN 20898: Mechanische Eigenschaften von Verbindungselementen
DIN EN 24014: Sechskantschrauben mit Schaft; Produktionsklassen A und B
DIN EN 24034: Sechskantschrauben; Produktionsklassen C
DIN 30696: Verdampfer für Flüssiggas
DIN 50049: Metallische Erzeugnisse; Arten von Prüfbescheinigungen; Deutsche Fassung

Bestimmungen des DVGW
G 260/1: Gasbeschaffenheit
G 459: Gas-Hausanschlüsse für Betriebsdrücke bis 4 bar; Errichtung
G 462/I: Errichtung von Gasleitungen bis 4 bar Betriebsüberdruck aus Druckrohren und Formstücken aus duktilem Gußeisen
G 462/II: Errichtung von Gasleitungen mit Betriebsüberdrücken von mehr als 4 bar bis 16 bar aus Druckrohren und Formstücken aus duktilem Gußeisen
G 472: Verlegen von Rohrleitungen aus PVC hart mit einem Betriebsüberdruck bis 1 bar und aus PE hart mit einem Betriebsüberdruck bis 4 bar für Gasleitungen
G 477: Herstellung, Gütesicherung und Prüfung von Rohren aus PVC hart und HD-PE für Gasleitungen und Anforderungen an Rohrverbindungen und Rohrleitungsteile

G 600: Technische Regeln für Gasinstallation (DVGW-TRGI 96)
G 603: Kathodischer Korrosionsschutz für erdgedeckte Flüssiggasbehälter
G 622: Typprüfung von Gasverbrauchseinrichtungen am Aufstellort
G 623: Prüfung von Feuerstätten mit nachträglich eingebautem Gasbrenner ohne Gebläse
G 625: Meßtechnischer Nachweis ausreichender Verbrennungsluftversorgung
G 626: Abführung der Abgase von Gaswasserheizern über Zentrallüftungsanlagen nach DIN 18017 Teil 3
G 637/I: Anschluß von Gasfeuerstätten mit mechanischer Abgasabführung ohne Strömungssicherung an Hausschornsteine, Gasgeräte der Art D 3.1 und/oder D 3.2
G 660: Abgasanlagen mit mechanischer Abgasabführung für Gasfeuerstätten mit Brennern ohne Gebläse; Installation
G 670: Aufstellung von Gasfeuerstätten in Räumen, Wohnungen oder ähnlichen Nutzungseinheiten mit mechanischen Entlüftungseinrichtungen
GW 2: Verbinden von Kupferrohren für die Gas- und Wasserinstallation innerhalb von Grundstücken und Gebäuden
GW 6: Kapillarlötfittings aus Rotguß und Übergangsfittings aus Kupfer und Rotguß; Anforderungen und Prüfbestimmungen
GW 8: Kapillarlötfittings aus Kupferrohren; Anforderungen und Prüfbestimmungen
GW 11: Verfahren für die Erteilung der DVGW-Bescheinigung für Fachfirmen auf dem Gebiet des kathodischen Korrosionsschutzes
GW 12: Planung und Errichtung kathodischer Korrosionsschutzanlagen für erdverlegte Lagerbehälter und Stahlrohrleitungen
GW 330: Lehr- und Prüfplan Schweißen und Verlegen von Rohren und Rohrleitungsteilen aus PE hart für Gas- und Wasserleitungen
GW 392: Nahtlosgezogene Rohre aus Kupfer für Gas- und Wasserinstallationen; Anforderungen und Prüfbestimmungen

Unfallverhütungsvorschriften
VBG 1: Allgemeine Vorschriften
VBG 15: Schweißen, Schneiden und verwandte Arbeitsverfahren
VBG 17: Druckbehälter
VBG 21: Verwendung von Flüssiggas
VBG 37: Bauarbeiten
VBG 50: Arbeiten an Gasleitungen
VBG 61: Gase

Literatur Kapitel 6

[6.1] Verordnung über Druckbehälter, Druckgasbehälter und Füllanlagen (Druckbehälterverordnung – DruckbehV). (Ausgabe Januar 1997).
[6.2] TRF 1996: Technische Regeln Flüssiggas. Band 1. (Hrsg.: DVGW Deutscher Verein des Gas- und Wasserfaches e. V.; DVFG Deutscher Verband Flüssiggas e. V.). 1. Auflage 1996.
[6.3] Gesetz über technische Arbeitsmittel (Gerätesicherheitsgesetz – GSG) und Allgemeine Verwaltungsvorschrift. (Ausgabe November 1996).
[6.4] Prüfhandbuch für Flüssiggas-Anlagen (Hrsg.: DVFG Deutscher Verband Flüssiggas e. V.). 1. Auflage. Arnsberg: Strobel Verlag 1997.
[6.5] Flüssiggaslagerung. Ein Nachschlagwerk. Hrsg.: Landesanstalt für Umweltschutz Baden-Württemberg. 3. überarbeitete Auflage. Karlsruhe: 1997.
[6.6] *Wefers, H.; Deuster, B.* u. a.: Die neue Störfall-Verordnung. Störfallvorsorge, Sicherheitsanalyse, Arbeitshilfen. Band I (Losebl.-Ausg.). Kissing; Zürich; Paris; Mailand; Amsterdam; Wien; London; New York: WEKA-Fachverlag 1991 (Stand Mai 1998).
[6.7] UVV: Arbeiten an Gasleitungen (VBG 50) (Hrsg.: Hauptverband der gewerblichen Berufsgenossenschaften). Köln: Carl Heymanns Verlag (Ausgabe vom 1. April 1988).
[6.8] Durchführungsanweisungen zur UVV: Arbeiten an Gasleitungen (VBG 50) (Hrsg.: Hauptverband der gewerblichen Berufsgenossenschaften). Köln: Carl Heymanns Verlag (Ausgabe vom April 1988).

[6.9] UVV: Gase (VBG 61) (Hrsg.: Hauptverband der gewerblichen Berufsgenossenschaften). Köln: Carl Heymanns Verlag (Ausgabe vom 1. April 1974, in der Fassung vom 1. April 1977).
[6.10] Durchführungsanweisungen zur UVV: Gase (VBG 61) (Hrsg.: Hauptverband der gewerblichen Berufsgenossenschaften). Köln: Carl Heymanns Verlag (Ausgabe vom April 1977).
[6.11] UVV: Verwendung von Flüssiggas (VBG 21) (Hrsg.: Hauptverband der gewerblichen Berufsgenossenschaften). Köln: Carl Heymanns Verlag (Ausgabe vom 1. Oktober 1993).
[6.12] Durchführungsanweisungen zur UVV: Verwendung von Flüssiggas (VBG 21) (Hrsg.: Hauptverband der gewerblichen Berufsgenossenschaften). Köln: Carl Heymanns Verlag (Ausgabe vom Oktober 1993).
[6.13] Richtlinien für die Verwendung von Flüssiggas (Hrsg.: Hauptverband der gewerblichen Berufsgenossenschaften, Zentralstelle für Unfallverhütung und Arbeitsmedizin). Köln: Carl Heymanns Verlag (Ausgabe 3. 1978).
[6.14] Sichere Verwendung von Flüssiggas in Metallbetrieben (Hrsg.: Arbeitsgemeinschaft der Metall-Berufsgenossenschaften). Köln: Carl Heymanns Verlag (Ausgabe 1993).
[6.15] Richtlinien für Laboratorien (Hrsg.: Hauptverband der gewerblichen Berufsgenossenschaften, Zentralstelle für Unfallverhütung und Arbeitsmedizin). Köln: Carl Heymanns Verlag (Ausgabe Oktober 1993).
[6.16] Richtlinien für die Vermeidung von Zündgefahren infolge elektrostatischer Aufladungen (Richtlinien „Statische Elektrizität") (Hrsg.: Hauptverband der gewerblichen Berufsgenossenschaften, Zentralstelle für Unfallverhütung und Arbeitsmedizin). Köln: Carl Heymanns Verlag (Ausgabe Oktober 1989).
[6.17] EKAS-Richtlinie Nr. 1941: Flüssiggas. Teil 1: Behälter, Lagern, Umschlagen und Abfüllen (EKAS Eidgenössische Koordinationskommission für Arbeitssicherheit). (Ausgabe Januar 1990).
[6.18] Schweizerische Unfallversicherungsanstalt (SUVA): Merkblatt: Grundsätze des Explosionsschutzes mit Beispielsammlung Ex-Zonen (SUVA-Form. 2153). (Ausgabe 1995).
[6.19] Flüssiggas-Richtlinien Teil 2: Verwendung von Flüssiggas in Haushalt, Gewerbe und Industrie. (Hrsg.: SUVA Schweizerische Unfallversicherungsanstalt; VKF Vereinigung kantonaler Feuerversicherungen; SVDB Schweizerischer Verein für Druckbehälter-Überwachung; SVGW Schweizerischer Verein von Gas- und Wasserfachmännern; SVS Schweizerischer Verein für Schweißtechnik; BVD Brand-Verhütungs-Dienst für Industrie und Gewerbe). (Ausgabe 1977).
[6.20] Flüssiggas-Richtlinien Teil 3: Verwendung von Flüssiggas auf Fahrzeugen. (Hrsg.: SUVA Schweizerische Unfallversicherungsanstalt; VKF Vereinigung kantonaler Feuerversicherungen; SVDB Schweizerischer Verein für Druckbehälter-Überwachung; SVGW Schweizerischer Verein von Gas- und Wasserfachmännern; SVS Schweizerischer Verein für Schweißtechnik; BVD Brand-Verhütungs-Dienst für Industrie und Gewerbe). (Ausgabe 1979).
[6.21] Verordnung über gefährliche Stoffe (Gefahrstoffverordnung – GefStoffV) vom 26. Oktober 1993 in der geänderten Fassung vom 19. September 1994.
[6.22] *Bernhart, M.* und *Ott, A.*: Muster-Sicherheitsdatenblatt für Erdgas/Flüssiggas/Luft-Gemische. gwf Gas/Erdgas 137 (1996) Nr. 7, S. 317–320.
[6.23] Flüssiggas (Propan, Butan, Isobutan und Gemische) (BUA-Stoffbericht 144). Stuttgart: S. Hirzel Wissenschaftliche Verlagsgesellschaft 1994.
[6.24] G 280: Gasodorierung. (Ausgabe März 1990).
[6.25] Praxis der Ortsgasverteilung (Hrsg.: Klocke, H.) (Reihe: Praxiswissen Gasfach). Essen: Vulkan-Verlag 1996.
[6.26] *Bussenius, S.*: Austritt von Gasen, Dämpfen, Flüssigkeiten und Stäuben beim Anlagenbetrieb sowie bei Entspannungs- und Entleerungsvorgängen. In: Brandschutz, Explosionsschutz Band 17. Berlin: Staatsverlag der Deutschen Demokratischen Republik 1988.
[6.27] *Bussenius, S.*: Brand- und Explosionsschutz in der Industrie. 2., überarbeitete Auflage. Berlin: Staatsverlag der Deutschen Demokratischen Republik 1989.
[6.28] *Bierl, A.*: Untersuchung der Leckraten von Dichtungen in Flanschverbindungen. Universität Bochum, Dissertation 1978.
[6.29] SIHI-HALBERG: Produktinformation Seitenkanalpumpen. Sterling Fluid Systems, SIHI-HALBERG Vertriebsgesellschaft mbH, Itzehoe.
[6.30] *Lützke, K.*: Untersuchungen über das Verhalten von Flüssiggas beim Austritt ins Freie. Teil I: Einleitung, Versuchsbedingungen, Versuchseinrichtung, Versuche mit gasförmigem Propan. Erdöl und Kohle – Erdgas – Petrochemie vereinigt mit Brennstoffchemie 24 (1971) Nr. 3, S. 165–172; Teil II: Versuche mit flüssigem Propan und Butan, Versuchsauswertung, zusammenfassende Schlußbetrachtung. Erdöl und Kohle – Erdgas – Petrochemie vereinigt mit Brennstoffchemie 24 (1971) Nr. 4, S. 231–238.

Literaturverzeichnis 497

[6.31] *Hess, K.; Leuckel, W.* und *Stoeckel, A.*: Ausbildung von explosiblen Gaswolken bei Überdachentspannung und Maßnahmen zu deren Vermeidung. Chemie-Ing.-Techn. 45 (1973) Nr. 5, S. 323–329.

[6.32] *Marx, Ch.*: Theoretische Grundlagen der Gasfreisetzung aus Hochdrucksystemen. Anwendung bei Sicherheitsanalysen für Anlagen der Gasspeicherung. gwf Gas/Erdgas 130 (1989) Nr. 2, S. 70–77.

[6.33] *Leuckel, W.; Nastoll, W.* und *Müller, H.-W.*: Methodik zur Abschätzung von Kohlenwasserstoff-Freisetzungen. DGMK Forschungsbericht 248-02, 1982.

[6.34] *Giesbrecht, H.; Seifert, H.* und *Leuckel, W.*: Dispersion of vertical free jets. Second Symposium on Heavy Gases and Risk Assesment. Frankfurt/Main: 1982, S. 103–126.

[6.35] Anlage zu TRB 801 Nr. 25: Technische Regeln zur Druckbehälterverordnung. Druckbehälter: Flüssiggaslagerbehälteranlagen. (Ausgabe Dezember 1991 in der Fassung vom Januar 1996, zuletzt geändert durch Bek. des BMA vom 2. Juni 1997).

[6.36] *Lützke, K.*: Die Ausbreitung von Flüssiggas im Freien beim Ausströmen aus der Flüssigphase – ein Vergleich mit meteorologischen Parametern. Staub – Reinhaltung der Luft 34 (1974) Nr. 2, S. 41–47.

[6.37] VDI 3783 Blatt 2: Ausbreitung von störfallbedingten Freisetzungen schwerer Gase – Sicherheitsanalyse. (Ausgabe Juli 1990).

[6.38] *Leuckel, W.* und *Nastoll, W.*: Druckwellen und Wärmestrahlung als Folgen emissionsbedingter atmosphärischer Explosionen. In: VDI-Bericht Nr. 558, S. 91–111. Düsseldorf: VDI Verlag 1986.

[6.39] *Giesbrecht, H.; Hess, K.; Leuckel, W.* u. a.: Analyse der potentiellen Explosionswirkung von kurzzeitig in die Atmosphäre freigesetzten Brenngasmengen. Chemie-Ing.-Techn. Teil I: 52 (1980) Nr. 2, S. 114–122; Teil II: 53 (1981) Nr. 1, S. 1–10.

[6.40] *Becker, R.; Huth, W.* und *Müller, E.*: Berechnung von erforderlichen Abständen zu möglichen Brandlasten. Flüssiggas Sonderbeitrag 5/1991, S. 2–10.

[6.41] *Metzger, U.*: Brandlast-Strahlungsversuche zur Ermittlung von Mindestabständen von Druckbehältern für Flüssiggas zu möglichen Brandlasten. Flüssiggas Sonderbeitrag 5/1991, S. 11–15.

[6.42] *Wefers, H.; Deuster, B.* u. a.: Die neue Störfall-Verordnung. Störfallvorsorge, Sicherheitsanalyse, Arbeitshilfen. Band II (Lösebl.-Ausg.). Kissing; Zürich; Paris; Mailand; Amsterdam; Wien; London; New York: WEKA-Fachverlag 1991 (Stand Mai 1998).

[6.43] *Brandl, H.; Wiedemann, G.* und *Strohmeier, K.*: Beanspruchung und Öffnungsquerschnitt von Lecks in druckbelasteten Komponenten. Forschungsjournal Verfahrenstechnik, Heft 1 1987.

[6.44] *Friedel, L.* und *Westphal, F.*: Modelle für die Berechnung der Leckraten aus druckführenden Apparaten und Rohrleitungen (DECHEMA Monographien, Band 107). Weinheim: VCH Verlagsgesellschaft 1987.

[6.45] *Wietfeldt, P.*: Beobachtungen bei der Freisetzung von unter Druck verflüssigtem Propan. Technische Überwachung 30 (1989) Nr. 4, S. 173–176.

[6.46] *Herrmann, R.* und *Schwierczinski, A.*: Praxisbezogene Ermittlung von Sicherheitsabständen bei der Ausbreitung freigesetzter schwerer Gase. Siemens AG, Energietechnik KWU Offenbach, 1989.

[6.47] Guidelines for chemical process quantitative risk analysis (Center for Chemical Process Safety of the American Institute of Chemical Engineers). New York 1989.

[6.48] Anlage zu TRB 801 Nr. 25: Technische Regeln zur Druckbehälterverordnung. Druckbehälter: Flüssiggaslagerbehälteranlagen. (Ausgabe Dezember 1991 in der Fassung vom Januar 1996).

[6.49] Sicherheitstechnische Anforderungen an Flüssiggasanlagen. Gemeinsamer Erlaß des TUM 4/ TMSG 2. Erfurt, den 26. 11. 1991. Thüringer Staatsanzeiger (1992) Nr. 5, S. 184–195.

[6.50] Niedersächsische sicherheitstechnische Anforderungen an Flüssiggasanlagen (1995). Gem. RdErl. d. MS u. d. MU v. 6. 7. 1995. Nds. MBl. Nr. 27/1995, S. 851 ff.

[6.51] Errichtung und Betrieb von Anlagen zur Lagerung von Flüssiggas. Gem. RdErl. des Ministeriums für Umwelt, Naturschutz und Raumordnung und des Ministeriums für Arbeit, Soziales, Gesundheit und Frauen vom 19. Januar 1996. Amtsblatt für Brandenburg – Nr. 8 vom 20. Februar 1996).

[6.52] Entwurf: Verordnung zur Durchführung des Bundes-Immissionsschutzgesetzes (Flüssiggaslager-Verordnung – BImSchV). Bundesministerium für Umwelt, Naturschutz und Reaktorsicherheit (BMU), Stand 2. 7. 1997.

[6.53] Basler & Hofmann, Ingenieure und Planer AG, Zürich: Rahmenbericht Flüssiggas-Tankanlagen zum Kurzbericht und zur Risikoermittlung im Hinblick auf die Störfallvorsorge (Hrsg.: Arbeitsgruppe Flüssiggas-Tankanlagen). 1. Ausgabe vom 11. Dezember 1992.

[6.54] *Jatzlau, B.*: Anforderungsklassen nach DIN V 19250 und Ersatzmaßnahmen für die sicherheitsgerichteten MSR-Einrichtungen von Flüssiggasanlagen. Flüssiggas 5/1997, S. 22–29.

Rheingas – ein guter Name für Flüssiggas

Die reine Energie

Rheingas ist praktisch: In Tanks und Flaschen ist die mobile Energie überall zur Stelle. Rheingas ist umweltgerecht: Es verbrennt ohne Rückstände. Und Rheingas ist vielseitig: für Haus & Garten, Camping & Freizeit, Gewerbe, Industrie & Landwirtschaft.

Beratung · Planung · Installation · Versorgung:
Propan Rheingas GmbH & Co. KG · Fischenicher Str. 23 · 50321 Brühl
Telefon 0 22 32 / 70 79-0 · Telefax 0 22 32 / 70 79 147 · T-online: *rheingas# oder *22087# · Internet: http://www.rheingas.de

GASANSCHLUSS – SOFORT UND ÜBERALL

Wir sorgen für Energie. Leitungsunabhängig und für jeden Anwendungsbereich. Zum Heizen und Kochen, privat oder gewerblich, für den mobilen oder stationären Einsatz und mit dem zuverlässigen Lange Service.

Lange Gas
59556 Lippstadt
Ünninghauser Str. 70
Telefon: 02945/808-0

Dezentrale Gasversorgung für Eigenheim, Landwirtschaft und Gewerbe

- Errichtung von Sanitär-, Heizungs- und Gasanlagen aller Art
- Tanklagerung und Regenerierung
- Gefahrguttransporte
- Betriebsführung Rohrnetze
- 24-Stunden-Dauerbereitschaft
- Zulassungsbetrieb nach § 32 DBVO und G 607

GAS-BACH GmbH · Lohmühle 4 · 99897 Tambach-Dietharz/Thür. · ☎ (036252) 34 20 · Fax (036252) 3 62 22

- Großhandel für Flüssiggastechnik, Heizungstechnik und Sanitär
- Flüssiggas-Abfüllbetrieb
- Autogas-Tankstelle
- Vertrieb von technischen Gasen
- Verleih von Flüssiggasheizgeräten

BANA GmbH · Lohmühle 4 · 99897 Tambach-Dietharz/Thür. · ☎ (036252) 34 10 · Fax (036252) 3 62 35

Zubehör für Flüssiggasanlagen

Für Sie – das komplette Programm!

Regler- und Armaturen-GmbH & Co. KG
Postfach 52 • D-97338 Marktbreit
Tel. 09 332 / 404-0 • Fax 09 332 /404-49
e-mail: info@gok-online.de
Internet: www.gok-online.de

Druckbegrenzer für Flüssiggasanlagen

Nenndruck PN 40

Einstellbereich: 3 – 16 bar

Eigensicher EEx ia (mit Trennschaltverstärker in Sicherheitstechnik)

Leitungsbruch- und Kurzschlußüberwachung

Selbstüberwachender Drucksensor

Verriegelung des Abschaltzustandes

Umgebungstemperatur: – 25 ° bis + 60 °C

Honeywell

FEMA Regelgeräte · Honeywell AG · Lindenstraße 2 · D-71101 Schönaich
Telefon 07031/637-02 · Telefax 07031/637-850

Sachwortverzeichnis

1000-Punkte-Regel   224

Abblaseleitung   399, 407
Abgaszusammensetzung   139 f.
Abnahmeprüfzeugnis   327
Absperrarmaturen   312 f., 400
Aggregatzustand   22
Alarmplan   196 ff., 406, 410
Armaturen   305 ff.
Aufladung, elektrostatische   388 ff.
Aufstellplätze   400
Aufstellraum   178, 393, 395, 406 f., 415
Aufstellungsarten   397, 399
Aufstellungsort   395, 407
Auftriebssicherung   409
Ausbreitungsrechnung   434 ff.
Ausrüstung   74 ff.
Azentrischer Faktor   33, 52

Beförderung   206 ff.
Behälterbatterien   410
Belastung, mechanische   403 f., 407
Belüftung   395, 396, 407, 415
Betankungsstation   233 ff.
Betriebsanweisung   195, 395, 410, 416
Betriebsbedingungen   399
BImSch-Antrag   223
BImSch-Gesetz   419
Brandlast   404 f.
Brandschutz   401, 402, 407
Brechungsindex   159
Brennbarkeit   149
Brennwert   133 f.
Brisanz   157 f.
Bunsen-Koeffizient   105 f.
Butananreicherung   277 f.

D*alton*sches Gesetz   28
Dampfdruck   85 ff.
Deflagration   55
Dennoch-Störfall   450
Detonation   155

Detonationsgeschwindigkeit   156
Dichte   58 ff.
Dichteverhältnis   58 ff.
Dielektrizitätskonstante   159 f.
Diffusionskoeffizient   98 ff.
Domschacht   399, 410
Drosselung   118 f.
Druckbegrenzer   370 f.
Druckbehälter   165, 171, 179, 230
Druckbehälterverordnung   417 ff.
Druckggasbehälter   165, 175, 230
Druckmeßeinrichtung   400
Druckregler   346 ff.
Druckverlustberechnung   377 ff.

Einstiegsöffnung   400
Einzelwiderstandsbeiwert   382
Eisenbahnkesselwagen   171 f.
EKW-Umfüllstationen   245
Elektroinstallationen   396, 407
Emissionsfaktor   162 ff.
Energiewandlungskette   161 ff.
Entleerungsstation   233 ff.
Entlüftung   395, 396, 407, 415
Entnahmeleistung   257 ff., 276 ff., 285 ff.
Entnahmeventil, Flüssigphase   400
Entnahmevorgänge   251 ff.
Erwärmung   404
Explosionen   150 ff.
Explosionsdruck   156 f., 433, 446
Explosionsfähigkeit   149
Explosionsgefährdeter Bereich   393 ff., 401 ff., 412, 416
Explosionsgrenzen, s. Zündgrenzen
Explosionsschutz   401, 402, 407
Ex-Zonen-Plan   193 f.

Feuerlöscher   406
Feuerwiderstandsklasse   395, 406 f., 415
Fire-Safe   312
Flammengeschwindigkeit   152
Flaschenschrank   395

Flaschenventil 392
Flüchtigkeit, relative, s. Trennfaktor
Flüssiggasanlage 301, 391
Flüssiggaserlaß 448 ff.
Flüssiggasflasche 391 ff., 167
Flüssiggaskompressor 365 ff.
Flüssiggasläger 167
Flüssiggaslagerbehälter 396 ff.
Flüssiggaslagerbehälter, Aufstellung von 175 ff.
Flüssiggaslagerbehälter, Ausrüstung 399 f.
Flüssiggaspumpen 356 ff.
Flüssiggasverdampfer 328 ff., 411 ff.
Flüssiggasversorgungsanlage 393 ff., 400 ff.
Flüssigkeitsabscheider 370
Fugazität 49 f.
Füllanlagen 230 ff.
Füllgrad 68 f.
Füllgrenze 400
Füllventil 317, 400

Gasausbreitung 431 ff., 438 ff.
Gasbereitstellung 250 ff.
Gasbeschaffenheit 15
Gasentnahme 130 ff.
Gasentnahmeventil 400
Gasfeuchte 106 f.
Gasfreisetzungen 426 ff.
Gaskonstante 25 ff., 50 f.
Gasleistungsfähigkeit 278 ff.
Gaswolken 430 ff.
Gaswolkenexplosion 432 f.
Gaszusammensetzung 122
Gefahrenabwehrplan 196 ff., 406
Gefahrguttransport 224
Geländebedingungen 409
Gemische 25
Genehmigung 410 f.
Gerätesicherheitsgesetz 418 ff.
Geruch 424
Gleichgewicht, thermodynamisches 20 f.
Gleichgewichtsverdampfung 122 ff.
Gleichgewichtswert 95 ff.
Grenzspaltweite 150
Grundplatte 407 f.

Heizwert 133 f.
Henry-Konstante 107 f.
Höchststandspeileinrichtung 400
Hydratbildung 109 ff.

Ideales Gas 20
Inhaltsanzeiger 400
Isentropenkoeffizient 121
Isolierflansch 370

Joule-Thomson-Effekt 118 ff.

Kanäle 393 ff., 407 ff., 410
Klimawirksamkeit 162
Kohlenwasserstoffe 18 f.
Kombipumpen 357 ff.
Komponente 22
Kompressibilitätskoeffizient 64 ff.
Kompressibilitätszahl 56 f.
Korrosionsschutz 173, 398, 409
Kritische Temperatur 39, 50
Kritischer Druck 39, 50

Lagerung 165 ff.
Leckage 425 ff.
Leckrate 312 f., 437 f.
Löslichkeit 105 ff.
Luftbedarf 134 f.
Lüftung 401, 403, 407, 409

Magnetkupplung 363
Magnetventil 324
Masseanteil 21, 25, 30
Methanol-Fülleinrichtung 376
Mindestabstände 410
Mindestzündenergie 148 f.
Minimale Endmasse 132 f.
Mitteldruckregler 347
Molanteil 21, 25, 30
Molare Masse 50
Mollier-p, h-Diagramm 98 ff.

Naßverdampfer 330, 412 ff.
Niederdruckregler 347
Not-Aus-System 412, 416
Nutzungsfaktor der Brennstoffbereitstellung 161 ff.

Oberflächenspannung 103 ff.
Odorierung 425
Ostwald-Koeffizient 105 f.

Partialdruck 28
Peilventil 400
Phase 22
Phasendiagramm 112
Phasengleichgewicht 44 ff.

Phasenregel, Gibbssche 22f.
Phlegmatisierende Mindestkonzentration 147
Prandtl-Zahl 85f.
Propanhydrat 114
Prüfakte 400
Prüfbuch 399
Prüfung von Flüssiggasanlagen 392f., 396f., 399, 409, 420ff.

Quadrupelpunkt 112ff.
Quelltherm 437f.

*Raoult*sches Gesetz 45ff.
Raumanteil 29, 30
Realgasfaktor 42
Realgasverhalten 51ff.
Regelstation 413ff.
Regelwerk, technisches 417ff.
Riedel-Parameter 37f.
Risikoanalyse 456
Rohrbruchventil 315
Rohrleitungen 301, 325
Rohrrauhigkeit 382
Rohrreibungszahl 378
Rückschlagventil 315

Sachkundiger 418
Sachverständiger 418
Sättigungsdruck, s. Dampfdruck
Sauerstoffäquivalent 151
Sauerstoffbedarf 134f.
Schächte, s. Kanäle
Schallgeschwindigkeit 120f.
Schlauchabreißkupplung 375
Schlauchanschluß 375
Schmutzfänger 318
Schnellschlußarmaturen 323
Schutzbereich 238ff., 247ff., 393ff., 401ff.
Schwergasmodell 439f.
Seitenkanalpumpen 57ff.
Sicherheitsabblaseventil 321, 349
Sicherheitsabsperrventil 319, 349
Sicherheitsabstand 447ff.
Sicherheitsanalyse 410
Sicherheitsbetrachtungen 180ff.
Sicherheitsventil 399, 407, 412
Siedelinie 47
Siedepunkt 92ff.
Siedetemperatur 45ff.
Spezifisches Volumen 58ff.

Stöchiometrisches Gemisch 146
Stoffgemisch 23
Stoffmengenanteil 21
Störfall-Verordnung 420
Strahlungsschutz 395, 404
Straßentankwagen 168f.
Strömungsgeschwindigkeit 387, 390
Sutherland-Konstante 75
System, thermodynamisches 20f.

Taulinie 47
Taupunkt 92ff.
Temperaturfeld 270ff.
Temperaturleitfähigkeit 83
Theorem der übereinstimmenden Zustände 37ff.
Thermometer 400
THG-Emissionen 161ff.
Toxizität 424
Treibgastanks 168
Treibgastankstellen 241ff.
Trennfaktor 49
Trockenlaufkompressor 365ff.
Trockenverdampfer 329, 412

Überfüllsicherung 170, 373ff., 400
Überströmventil 315
Umfüllen 228ff.
Untere Zünddistanz 440f.

Verbrauchsanlage 391
Verbrennungsgasmenge 137f.
Verbrennungstemperatur 140ff.
Verdampferanlagen 411ff.
Verdampferstation 338ff., 411ff.
Verdampfungsenthalpie 90ff.
Verkehrslast 410
Verschlußmutter 392
Versorgungsanlage 391
Viskosität 69ff.
Volumenanteile, s. Raumanteile
Volumenausdehnung 68f.
Volumenausdehnungskoeffizient 64ff.

Wärmekapazität, spezifische 76ff.
Wärmeleitfähigkeit 82ff.
Wärmestrahlung 395
Wassergefährdung 424
Wechselwirkungsparameter 34f.
Werkszeugnis 327
Wobbe-Zahl 133f.

Zähigkeit, s. Viskosität
Zulässiger Druckverlust 386 f.
Zündbereitschaft 142
Zündfähigkeit 142
Zündgrenzen 142 ff.
Zündtemperatur 148 f.

Zusammensetzung 16
Zustandsgleichung, idealer Gase 26 ff.
Zustandsgleichung, realer Gase 30 ff.
Zustandsgrößen, reduzierte 37 ff.
Zustandsgrößen, thermische 23
Zustandsgrößen, thermodynamische 20 ff.